[哲学元典选读丛书]

The Readings in
Theory of Knowledge

# 知识论读本

洪汉鼎 陈治国／编

中国人民大学出版社
·北京·

图书在版编目(CIP)数据

知识论读本/洪汉鼎,陈治国编.
北京:中国人民大学出版社,2010
(哲学元典选读丛书)
ISBN 978-7-300-11739-3

Ⅰ.①知…
Ⅱ.①洪…②陈…
Ⅲ.①知识学
Ⅳ.①G302

中国版本图书馆 CIP 数据核字(2010)第 032124 号

哲学元典选读丛书

**知识论读本**

洪汉鼎　陈治国　编

Zhishilun Duben

| 出版发行 | 中国人民大学出版社 | | |
|---|---|---|---|
| 社　　址 | 北京中关村大街 31 号 | 邮政编码 | 100080 |
| 电　　话 | 010-62511242(总编室) | 010-62511398(质管部) | |
| | 010-82501766(邮购部) | 010-62514148(门市部) | |
| | 010-62515195(发行公司) | 010-62515275(盗版举报) | |
| 网　　址 | http://www.crup.com.cn | | |
| | http://www.ttrnet.com(人大教研网) | | |
| 经　　销 | 新华书店 | | |
| 印　　刷 | 北京联兴盛业印刷股份有限公司 | | |
| 规　　格 | 170 mm×228 mm　16 开本 | 版　次 | 2010 年 3 月第 1 版 |
| 印　　张 | 42.75 插页 1 | 印　次 | 2010 年 3 月第 1 次印刷 |
| 字　　数 | 732 000 | 定　价 | 79.80 元 |

版权所有　侵权必究　印装差错　负责调换

## 总 序

# 面向经典,与大师一起思考

陈 波

每当我走入大书店时,面对如潮水般涌来的新出版物,面对堆得像小山一样的装帧考究的新书,我常常会产生一种挫折感和压迫感。作为一名作者,我的书可能默默无闻地躺在某个角落里,也许没有多少读者光顾它,也许没有多少读者购买它,即使购买了,也许没有多少读者认真地阅读它。作为一名作者,虽然写过那么几本书,却没有什么值得骄傲的;相反,倒是有理由生出某种惶惑、谦卑和敬畏的心情。作为一名读者,"其生也有涯",面对这浩如烟海的出版物,其"读"也无涯,即使一辈子全用来读书,也读不了多少书。怎么办?我想到了《红楼梦》中贾宝玉所说的话:"弱水三千,我只取一瓢饮。"问题是取哪一"瓢"? 我以为,最保险的办法是:面向经典,面向大师,与大师一起去感受和思考。这就是构想此套丛书的思想背景。

应中国人民大学出版社邀请,我与该社李艳辉女士一起策划、主持了这套"哲学元典选读丛书",以作为先前出版的"国外经典哲学教材译丛"的补充。因为如"国外经典哲学教材译丛"总序所言,当时就想在引进一本西方哲学教材时,同时引进一本与之配套的"读本"(readings)。例如,若引进一本《知识论》,就同时引进一本《知识论读本》,前者着重阐发该分支的基本理论,后者则选编从古至今在知识论方面有影响的论著,由此引导学生去阅读原著,阅读经典,并与哲学大师一起去思考。由于在联系版权等方面遇到困难,我们决定,干脆邀请国内知名专家编选"读本"系列,并加入中国哲学的本土资源。按照我们的构想,"读本"系列应该大体满足以下要求:

1. 哲学的各主要分支学科各编选一个读本;
2. 编选内容包括中西哲学元典,从古代到当代;

3. 所选内容尽量完整，只在必要时做少量删节；
4. 每篇选文前有作者简介和一段导读性文字；
5. 每个读本有一个编选说明，不超过 1 万字；
6. 每个读本的篇幅控制在 40 万字左右。

在具体编排方式上，允许基于不同学科特点有所不同。我们总的想法是：大学生不能只读教科书，而应该同时阅读经典文本，应该去"抠原著"。为什么应该这样？我想大致有以下理由：

（1）经典文本是经过时间的无情淘洗所留下来的珍珠或黄金，是经过无数双挑剔的眼睛筛选所留下来的精品。尽管各个时代的出版物浩如烟海，但真正有真知灼见、能够流传后世的并不多。有不少书籍，其诞生就是其死亡；还有一些书籍，刚出版的时候，也许热闹过一阵子，但时间无情，很快就从人们的视野中消失，并被人们完全遗忘。只有真正有价值的东西，才会被后人反复翻检，不断被重新阅读、审查和思考。之所以如此，是因为这些经典或者提出了真正重要的问题，或者阐述了真正有创见的思想，或者对某个思想做出了特别有智慧的论证，或者其表达方式特别有感染力，更多的时候，是以上各者兼而有之。

（2）经典文本在今天仍然没有过时，仍然有其生命力、冲击力和感染力。有这样的说法，一部西方哲学史，只不过是以苏格拉底、柏拉图、亚里士多德哲学为代表的古希腊哲学的注脚。在同样的意义上，也可以说，一部中国哲学史，只不过是《周易》、孔、孟、老、庄哲学的延伸与展开。经典之所以为经典，就在于它们塑造了我们的文明与文化，塑造了我们的传统甚至民族性格，因为它们触及了人类生存最普遍、最根本的问题，只要人类在这个世界上活着，只要有智慧的大脑仍在思考着，这些东西就仍然有价值和吸引力，就能够成为新的灵感的源泉。我们仍然生活在经典的影子中。

如何阅读大师们的经典文本？我这里提出以下建议，仅供参考：

（1）留心那些大师们提出了什么样的新问题，并且如何提出那些问题，由此去感受和把握大师们心灵的悸动、灵魂的颤栗和情感的搏击。爱因斯坦说得好，提出一个问题往往比解决一个问题更重要。

（2）留心那些大师们提出了何种新的思想和创见，这些思想和创见为什么是有价值的，其在当今的价值何在？应该知道，思想从来是稀缺资源，特别是那些真正具有原创性的思想。市面上的很多"新"思想只不过是古老旧货的重新包装。

（3）留心那些大师们如何论证他们的思想，其论证理由充分吗？其论证结构合理吗？有这样的说法：就哲学而言，论证的过程甚至比论证的结论更重要，因为正是论证过程赋予哲学以可理解和可批判的形式。

（4）留心那些大师们如何表述他们的问题、思想和论证。哲学大师并不是思想的木乃伊，他们对其思想的独具魅力的表达方式，也是人类文明的珍贵遗产。

（5）更重要的是，要带着批判的态度去读书。如美国哲人爱默生所言："如果天才产生了过分的影响，那么天才本身就足以成为天才的敌人。"听话的年轻人在图书馆里长大，他们相信自己的责任就是去接受西塞罗、洛克、培根在书中所表达的思想，而忘记了西塞罗、洛克、培根在写这些书的时候，也只不过是图书馆里的年轻人。爱默生要求读者在面对书籍时，要始终记住：读书的目的是为了开启你的心智，激活你自己的灵感，以便让你投身于创造。"我们听别人讲，是为了自己也能够说！"

因此，这套"哲学元典选读丛书"的口号是：不要只是记住大师们的观点和文字，而是要与大师们一起去思考，从中体会到思考的快乐和创造的快乐，让人类文明的薪火代代相传，并且愈烧愈旺！

# 编选说明

　　认识论（epistemology），又称知识论（theory of knowledge），源自希腊文 episteme（知识）和 logos（理论），可谓哲学的入门之学。因为，在传统哲学的基本架构中，作为旨在探讨万事万物的最后本原与根据的形而上学虽然在亚里士多德那里就被确认为"第一哲学"，但是在如何把握此一本原乃至如何确认这种把握是正当而充分的等诸如此类问题中，最重要者显然就归属于知识论的问题。诚然，由于古典时期的哲学家基本上专志于形而上学的讨论，而以理性认知能力能够确定无疑地把握或切中万事万物的超越属性乃至万事万物的最后本原为理所当然，并且似乎无暇亦无意于专书专著研究知识论问题，然而，苏格拉底的"知识即德性"命题的提出，柏拉图首次明确阐述的知识定义即知识就是被证明为真实的信念等，都充分表明了知识（论）问题的重要性。尤其是柏拉图的知识定义，至今仍然在推动着哲学家们围绕着知识与信念、知识与真理、知识与证成或辩护（justification）之间的复杂关系等问题而进行不懈的探索。

　　知识论的问题不仅仅限于知识的定义，它广泛地涉及知识的性质、知识的界限和范围、知识的来源和获得知识的手段乃至知识的效力等方面。其中，尤以知识的来源和获取知识的手段为重要。一般来说，epistemology 一词应当区分为两种理论：一是知识论（theory of knowledge），它的重点在于知识推理逻辑（the reasoning logic of knowledge）；二是认识论（theory of cognition），它的重点在于认知心理学（cognitive psychology），或认知过程（cognitive process），这两方面尽管相互联系，但各有重点。一门好的知识论课程或一部好的知识论教材必须包括这两种理论。

　　从哲学史上看，近代以来哲学家们关于认识论或知识论问题的讨论比较充分而又深入，并且大致可以区分为两大思想派别。以笛卡儿、斯宾诺莎和莱布尼茨为代表的理性主义基本上以数学和逻辑学作为知识的典范，把理性看做是知识的来源，坚持直觉和推理在知识尤其是必然性真理获得过程中的重要性，因而理性的性质和功能、逻辑推理的正当性、真理的标准和性质等问题就是理性主义者特别关注的问题。而以洛克、休谟等人为代表的经验主义则以自然科学例如物理学作为知识的典范，认为经验是真理的来源，进而观察、实验构成了获取知识的关键手段。所以，有关感觉能力、证据、归纳、检验等就是必须集中考察的内容。对于理性主义和经验主义的这种争论，康德试图调和两者。他站在所谓批判理性的立场上，认为知识只有通过结合先天直观与知性概念和经验材料才是可能的。不仅如此，康德还认为，知识论并非仅仅涉及知识的来源和构成要素，它决定性地构成了哲学大厦的基础。这就是说，数学是否可能、自然科学是否可能、形而上学是否可能都首先必须在知识理论的领域中寻找答案。

当代知识论主要由英美哲学支配，并且基本上是经验主义的，在哲学的语言和意义的总体转向中，非常重视对知识的诸种条件的研究。尤其是在知识的确证理论方面，争论相当热烈，并逐步形成了基础论（foundationalism）与一致论（coherentism）、内在主义（internalism）与外在主义（externalism）等诸多分野。这些争执和讨论的精细化、技术化对于深入了解知识的根据和性质、知识的意义和效力都有着不可替代的推动作用。当然，欧洲大陆哲学对于当代知识论的贡献同样不容忽视。例如，海德格尔基于现象学的方法，决定性地改变了两千多年来西方哲学的传统真理观，要求以"显现"（aletheia）代替"符合"（conformity）来重新定义"真理"。哈贝马斯等则充分论证了被传统哲学刻意忽视的利益、兴趣等因素在知识领域的重要地位。

从传统知识论到当代知识论，对于知识主体的认知能力和类型、对于知识的来源或获得知识的方法手段都进行了多种多样的说明和探索，那么这些说明和探索是否足够可靠？是否严密而充分？实际上，从高尔吉亚到皮浪主义，从休谟到葛梯尔，延绵不绝的怀疑论始终都与知识论的每一个前进脚步如影相随。怀疑论的挑战既表达了对人类认知能力和知识效力的担忧，也从侧面构成了知识论探究的真正动力。

此外，在知识论领域，知觉、记忆、判断、反省、想象以及他人的心灵也都是经常讨论的重要论题。尤其是伴随着心理学、心灵哲学和科学哲学的发展，这些论题的讨论方式也不断得以更新，其理论成果也日渐丰硕。

如何在一部篇幅有限的《知识论读本》中涵纳上述两千多年的知识论事业的方方面面，显然就构成了一项极具挑战性的任务。这首先就涉及编选原则的甄选问题。第一种可能性就是按照主题的方式，先行架构起一个知识论大厦的框架，例如可以把知识论的主题划分为知识的定义、知识的性质、知识的来源、知识的等级、知识的确证条件、知识的效力等，然后把相关材料归并到相关主题之下。这种编选策略的优势在于可以为读者提供一个直观、清晰的印象，但是无疑会将各个哲学家相对完整的知识理论肢解得七零八落，使其各个主题之间失去相互支撑、相互说明的逻辑连贯性，从而沦为一个个没有来龙去脉的孤立观点。第二种可能性就是按照学术派别的方式，将不同哲学家在知识论方面的相关论述依据某种逻辑顺序排列组合在某个标题之下，例如，怀疑论、基础论、一致论、归纳问题、先天知识等。这种编选方式有助于读者对知识论的某一派别、某一取向及其发展进行比较集中的了解和把握，但是存在着重大缺陷。这就是，不同的内容根据不同的分类标准，可以归属于不同的标题，而编选者过强的主观性选择显然不利于读者自主而多向地理解经典文本。有鉴于这种认识，本书的编选主要依据历史原则，即按照历史发生顺序，将哲学家们在知识论方面的经典论述分置于古代、近代、当代三个时期之中，力求原色原味地展现知识论事业确立、变化与发展的原貌，促使读者自身从不同的视野和立场出发，独立而自觉地去领会、把握、研判哲学家们在知识论领域的种种洞见和成就。

　　由于精力和时间的限制，本书编选的经典文本大多采用比较可靠的已有中文译本，其中某些字句编者作了些微改动；当然，其中也不乏首次面世的高质量译文，例如，洪汉鼎先生翻译的葛梯尔《有证成的真的信念是知识吗？》等。另外，本书在编选之初，也曾打算能将东方哲学中有关知识论问题的经典讨论——例如印度的龙树和中国的庄子、荀子在知识论方面的独到见解——涵纳进来，后来由于篇幅的限制，不得不忍痛割爱，实属遗憾。

## 目录
## CONTENTS

### 上编　古代知识论

3　一、前苏格拉底学派

5　　　米利都学派
5　　　　阿那克西美尼
6　　　毕达哥拉斯学派
6　　　　毕达哥拉斯
8　　　赫拉克利特
10　　　爱利亚学派
10　　　　克塞诺芬尼
11　　　　巴门尼德
12　　　　芝诺
14　　　恩培多克勒
16　　　阿那克萨戈拉
18　　　原子论者
18　　　　德谟克里特
21　　　智者派
21　　　　普罗泰戈拉
23　　　　高尔吉亚

25　二、苏格拉底与柏拉图

27　　　苏格拉底
57　　　柏拉图

87　三、亚里士多德

89　　　亚里士多德

101　四、亚里士多德之后的希腊哲学

103　　　伊壁鸠鲁
107　　　斯多葛派
110　　　怀疑主义
110　　　　古代学园派怀疑论
111　　　　皮浪
118　　　新柏拉图派
118　　　　柏罗丁

121　五、中世纪

123　　　奥古斯丁
140　　　托马斯·阿奎那
147　　　奥卡姆

## 中编　近代知识论

153　一、经验论

155　　　培根
174　　　霍布斯
182　　　洛克
204　　　贝克莱
216　　　休谟

231　二、理性论

233　　　笛卡儿
259　　　斯宾诺莎
294　　　莱布尼茨

| | |
|---|---|
| 313 | **三、德国观念论** |
| 315 | 康德 |
| 346 | 黑格尔 |

## 下编　当代知识论

| | |
|---|---|
| 389 | **一、现象学** |
| 391 | 胡塞尔 |
| 405 | 海德格尔 |
| 428 | 伽达默尔 |
| 442 | 哈贝马斯 |
| 447 | **二、后现代哲学** |
| 449 | 后现代 |
| 449 | 范蒂莫 |
| 466 | 利奥塔 |
| 474 | 罗蒂 |
| 481 | **三、分析哲学** |
| 483 | 皮尔士 |
| 504 | 罗素 |
| 524 | 石里克 |
| 550 | 维特根斯坦 |
| 565 | 奎因 |
| 598 | 波普尔 |
| 622 | 艾耶尔 |
| 635 | 齐硕姆 |
| 648 | 苏珊·哈克 |
| 668 | 葛梯尔 |

# 上编

# 古代知识论

知识论读本

# 一、前苏格拉底学派

知 识 论 读 本

# 米利都学派

## 阿那克西美尼

> 阿那克西美尼作为第一个具有单一化与统一观念的古希腊哲学家,他认为,不仅气构成了人类生命和一切事物的源泉,而且此一源泉也就是它们所由以构成的东西,并支配它们的一切活动。

### 作者简介

阿那克西美尼(Anaximenes,约卒于公元前528—前525年,鼎盛年约在公元前546—前545年),古希腊哲学家,属米利都学派。著作失传,留有残篇。

### 著作选读:

著作残篇,见《苏格拉底以前哲学家残篇》(H. Diels, Die Fragmente der Vorsokratiker, 1912, Berlin),以下该书以 D 为简称代号。

**《苏格拉底以前哲学家残篇》——我们的灵魂是气**

我们的灵魂是气,这气使我们结成整体,整个世界也是一样,由气息①和气包围着。(D2)②

### 选文出处

北京大学哲学系外国哲学史教研室编译:《西方哲学原著选读》(上卷),北京,商务印书馆,1981年,第18页。

---

① 气息 [πνεῦμα],即呼吸的气。——中文本编者
② D是第尔斯辑本《苏格拉底以前哲学家残篇》(H. Diels, Die Fragmente der Vorsokratiker, 1912, Berlin) 的代号,数字即该书该章编码,下同。——中文本编者

# 毕达哥拉斯学派

## 毕达哥拉斯

毕达哥拉斯可能是最早论述人类感觉与认识的哲学家，他认为人的灵魂有三部分：表象、思维与生气。表象与思维来自于热的蒸汽，他说："热的蒸汽产生出思维和感觉"。他认为，一般感觉，特别是视觉，是一种很热的蒸汽，由于热蒸汽存在于感官中，而感觉事物又是冷的，冷热发生作用，便在热的感官中产生冷的事物的感觉。人死了，由于眼睛里原来的热蒸汽变冷了，也就无法与冷的事物发生作用，因而就没有感觉。

### 作者简介

毕达哥拉斯（Pythagoras，约公元前580—前500，鼎盛年约在公元前532年），古希腊哲学家、数学家。生于萨摩斯岛，曾到埃及、巴比伦和希腊各地游历，以博学闻名于世。后创建毕达哥拉斯学派，无著作。

**著作选读：**

无著作传世，论述见亚里士多德《形而上学》记载。

**《形而上学》记载——数是万物的本原**

在这个时候，甚至更早些时候，所谓毕达哥拉斯派曾经从事数学的研究，并且第一个推进了这个知识部门。他们把全部时间用在这种研究上，进而认为数学的本原就是万物的本原。由于在这些本原中数目是最基本的，而他们又认为自己在数目中间发现了许多特点，与存在物以及自然过程中所产生的事物有相似之处，比在火、土或水中找到的更多，所以他们认为数目的某一种特性是正义，另一

种是灵魂和理性,另一种是机会,其他一切也无不如此。(亚里士多德:《形而上学》,I.5,985b)

### 选文出处

北京大学哲学系外国哲学史教研室编译:《西方哲学原著选读》(上卷),北京,商务印书馆,1981年,第18～19页。

# 赫拉克利特

> 主张火是宇宙万物的根源，它具有规律，在一定分寸上燃烧，在一定分寸上熄灭，即逻各斯。逻各斯虽然万古长存，但我们对它理解不了。智慧是通过灵魂在逻各斯中呼吸而产生的。

## 作者简介

**赫拉克利特**（Herak-leitos，鼎盛年约公元前504—前501年），古希腊哲学家。出身爱非斯王族，但主动放弃王位继承权，避居山林，后患水肿病去世。由于文风晦涩而被称为"晦涩者"。著作失传，留有残篇。

## 著作选读：

著作残篇，见《苏格拉底以前哲学家残篇》。

### 《苏格拉底以前哲学家残篇》——逻各斯万古长存，但我们对它理解不了

这个世界，对于一切存在物都是一样的，它不是任何神所创造的，也不是任何人所创造的；它过去、现在、未来永远是一团永恒的活火，在一定的分寸上燃烧，在一定的分寸上熄灭。（D30）

逻各斯（λόγος）虽然万古长存，可是人们在听到它之前，以及刚刚听到它的时候，却对它理解不了。一切都遵循着这个逻各斯，然而人们试图像我告诉他们的那样，对某些言语和行为按本性——加以分析，说出它们与逻各斯的关系时，却立刻显得毫无经验。另外还有些人则完全不知道自己醒时所做的事情，就像忘了梦中所做的事情一样。（D1）

如果你们不是听了我的话，而是听了我的逻各斯，那么，承认"一切是一"就是智慧的。（D50）

思想是最大的优点，智慧就在于说出真理，并且按照自然行事，听自然的话。(D112)

思想是人人共有的。(D113)

每一个人都能认识自己，都能明智。(D120)

清醒的人们有一个共同的世界，可是在睡梦中人们却离开这个共同的世界，各自走进自己的世界。(D89)

自然喜欢躲藏起来。(D123)

眼睛是比耳朵可靠的见证。(D101a)

眼睛和耳朵对于人们是坏的见证，如果他们有着粗鄙的灵魂的话。(D107)

我听过许多人讲演，这些人没有一个能够认识到智慧是与一切事有分别的东西。(D108)

博学并不能使人智慧。否则它就已经使赫西阿德、毕达哥拉斯以及克塞诺芬尼和赫卡泰智慧了。(D40)

智慧只在于一件事，就是认识那善于驾驭一切的思想。(D41)

我们对于神圣的东西大都不理解，因为我们不相信它。(D86)

### 选文出处

北京大学哲学系外国哲学史教研室编译：《西方哲学原著选读》(上卷)，北京，商务印书馆，1981年，第21~27页。

# 爱利亚学派

## 克塞诺芬尼

> 克塞诺芬尼认为，神是不动的，无生灭，永远处于同一地方，是整体、全体，是全视、全知、全闻的。神有心灵和思想，但不像人那样需要认识器官才能推进认识。总之，克塞诺芬尼致力于以推理的方式来为自己的理论作论证，其思想促进了以巴门尼德为主要代表的爱利亚学派的形成。

### 作者简介

克塞诺芬尼（Xenophanes，鼎盛年约公元前570—前540年），古希腊哲学家、游吟诗人，爱利亚学派的先驱。著作有《哀歌》、《讽刺诗》、《论自然》，均佚，留有41则残篇，是古希腊哲学家中第一个留下可靠论著的哲学家。

### 著作选读：

著作残篇《论自然》。

**《论自然》——神是全知**

神是全视、全知、全闻的。（D24）

至于诸神的真相，以及我所讲的一切事物的真相，是从来没有、也决不会有任何人知道的。即便他偶然说出了最完备的真理，他自己也还是不知道果真如此。各人可以有各人的猜想。（D34）

### 选文出处

北京大学哲学系外国哲学史教研室编译：《西方哲学原著选读》（上卷），北京，商务印书馆，1981年，第29~30页。

# 巴门尼德

> 巴门尼德最早提出真理与意见的区分，即感性认识与理性认识的区分，他认为感觉不可靠，思维才重要。他在其《论自然》里指出意见之路与真理之路的区分，意见之路是按照众人的习惯认识感觉对象，而真理之路则是用理智来进行思考，理智得到的是真理，而感觉得到的只是意见，不过，即使是意见，我们也应要加以体验，这样才能对假象做出判断。

**作者简介**

巴门尼德（Parmenides，鼎盛年约在公元前 504—前 501 年），古希腊哲学家。著作有《论自然》，失传，留有残篇。

**著作选读：**

著作残篇《论自然》。

**《论自然》——真理和意见两条路，能被思维者和能存在者是同一的**

青年人，你在不朽的驭手陪同下，乘着高车驷马来到我的门庭，十分欢迎！领你走上这条大道的不是恶煞（因为这大道离开人间的小径确实很远），而是公平正直之神。所以你应当学习各种事情，从圆满真理的牢固核心，直到毫不包含真情的凡夫俗子的意见。意见尽管不真，你还是要加以体验，因为必须通过彻底的全面钻研，才能对假象做出判断。

要使你的思想远离这种研究途径，别让习惯用经验的力量把你逼上这条路，只是以茫然的眼睛、轰鸣的耳朵或舌头为准绳，而要用你的理智来解决纷争的辩论。你面前只剩下一条道路，可以放胆遵循。(D1)

来吧，我告诉你（我的话你要谛听），只有哪些研究途径是可以设想的。第一条是：存在者存在，它不可能不存在。这是确信的途径，因为它遵循真理。另一条是：存在者不存在，这个不存在必然存在。走这条路，我告诉你，是什么都学不到的。因为不存在者你是既不能认识（这当然办不到），也不能说出的。(D4)

因为能被思维者和能存在者是同一的。(D5)

必定是：可以言说、可以思议者存在，因为它存在是可能的，而不存在者存在是不可能的。这就是我教你牢记在心的。这就是我吩咐你注意的第一条研究途径。然后你还要注意另一条途径：在那条途径上，那些什么都不明白的凡人们两头彷徨。因为他们的心中不知所措，被摇摆不定的念头支配着，所以像聋子和瞎子一样无所适从。这些不能分辨是非的群氓，居然认为存在者和不存在同一又不同一，一切事物都有正反两个方向！（D6）

可以被思想的东西和思想的目标是同一的；因为你找不到一个思想是没有它所表达的存在物的。存在者之外，决没有、也决不会有任何别的东西，因为命运已经用锁链把它捆在那不可分割的、不动的整体上。因此凡人们在语言中加以固定的东西，如产生和消灭，是和不是，位置变化和色彩变化，只不过是空洞的名词。（D7）

▽ **选文出处**

北京大学哲学系外国哲学史教研室编译：《西方哲学原著选读》（上卷），北京，商务印书馆，1981年，第31～33页。

# 芝 诺

> 芝诺以反面的说法"多不可能"和"运动不可能"支持他老师巴门尼德的"一"和"静止"的观点。

**作者简介**

芝诺（Zenon，鼎盛年约公元前464—前461年），古希腊哲学家和逻辑学家，巴门尼德的学生，著作有《论自然》，失传，留有残篇。

**著作选读：**

残篇《论自然》。

### 《论自然》——多不可能，运动也不可能

如果事物是多数的，那就必须同实际存在的事物数目刚好相等，不多不少。可是如果有像这么多的事物，它们在数目上就是有限的了。

如果事物是多数的，它们在数目上就会是无限的。因为在个别事物之间永远有另一些事物，而在后者之间又有

另一些事物。这样，事物就在数目上是无限的了。(D3)

运动的东西既不在它所在的地方运动，又不在它所不在的地方运动。(D4)

### ▼ 选文出处

北京大学哲学系外国哲学史教研室编译：《西方哲学原著选读》（上卷），北京，商务印书馆，1981年，第37页。

# 恩培多克勒

> 恩培多克勒提出了流射说，他认为客观事物不断发出"流射"，而人们的感官有无数的"孔道"，当流射物通过与之相适应的孔道时，就会产生感觉和思想。流射物与孔道相适应的原则是"同类相知"。

## 作者简介

恩培多克勒(Empedokles,鼎盛年约在公元前444—前443年)，古希腊哲学家。生于西西里岛，曾积极从事民主政制的政治活动，并且在天文、气象、生物、医学等方面卓有建树。著作有哲学诗《论自然》、《净化篇》，失传，留有残篇。

### 著作选读：

残篇《论自然》。史料记载。

### 《论自然》——同类相知

你要用每一种官能来考察每一件事物，看看它明晰到什么程度。不要认为你的视觉比听觉更可信，也不要认为你那轰鸣的听觉比分明的味觉更高明，更不要因此低估其他官能的可靠性，那也是一条认识的途径。你要考察每一件事物明晰到什么程度！（D4）

我们是以自己的土来看"土"，以自己的水来看"水"，以自己的气来看神圣的"气"，以自己的火来看毁灭性的"火"，更以自己的爱来看"爱"，以自己憎恶来看"憎"。（D108）

### 史料记载

恩培多克勒以同样的方式讲一切感觉，他说知觉是那些适于进入各种感官的孔道的"流射"所造成的。因为这个缘故，一种感官是不能判别另一种感官的对象的，因为有些感官的孔道太宽，有些感官的孔道太窄，不适合某一种感觉对象，它要么一穿而过，毫无接触，要么根本进不去。

  他也试图解释视觉的本性。他说眼睛中间是火，周围是土和气，这气很稀薄，所以火能通过，就像灯笼里的光能通过一样。水与火的孔道是安排得一条隔着一条的；通过火的孔道，我们看到亮的对象，通过水的孔道，我们看到黑暗；每一类对象都有与它适合的孔道，各种颜色是由流射带给视觉的。（泰奥弗拉斯多：《论感觉》，7）

### 选文出处

  北京大学哲学系外国哲学史教研室编译：《西方哲学原著选读》（上卷），北京，商务印书馆，1981年，第41～45页。

# 阿那克萨戈拉

> 与恩培多克勒不同，阿那克萨戈拉提出"异类相知"原则，认为相同的不会受相同的作用，不能凭相同的甜或苦去感知甜或苦，而只能凭客观物体同感官所含的相异的成分，才能发生物理变化产生感觉，进而形成认识。他说，我们由热而知冷，由酸而知甜，由黑而知白。

## 作者简介

阿那克萨戈拉(Anaxagoras,约公元前500—前428)，古希腊哲学家。作为将自然哲学从伊奥尼亚带入雅典的第一人，对其时雅典思想文化产生了重要影响。著作有《论自然》，失传，留有残篇。

### 著作选读：

著作残篇《论自然》。

### 《论自然》——异类相知

我们必须假定：结合物中包含很多各式各样的东西，即万物的种子，带有各种形状、颜色和气味。人就是由这些种子组合而成的，其他具有灵魂的生物也是这样。(D4)

凡是混合的、分开的、分离的东西，全都被心所认识。将来会存在的东西，过去存在过现已不复存在的东西，以及现存的东西，都是心所安排的。现在分开了的日月星辰的旋转，以及分开了的气和清气的旋转，也都是心所安排的。(D12)

希腊人说产生和消灭，是用词不当的。因为没有什么东西产生或消灭，而只是混合或与已有的东西分离。因此正确的说法是把产生说成混合，把消灭说成分离。(D17)

由于感官的无力，我们才看不到真理。(D21)

可见的东西使我们看到了看不见的东西。(D21a)

［在体力和敏捷上我们比野兽差，］可是我们使用我们自己的经验、记忆、智慧和技术。(D21b)

### 选文出处

北京大学哲学系外国哲学史教研室编译：《西方哲学原著选读》（上卷），北京，商务印书馆，1981年，第38～40页。

# 原子论者

## 德谟克里特

德谟克里特和他的老师留基波提出一种影像说,即认为我们之所以感觉外物,是因为外物的影像进入我们的眼睛,按照他们的观点,物体表面不断放射出物体本身的影像(ειδψλα),此影像经空气和人的感官相结合传至大脑即成感觉,由感觉而后再形成思维。他说:"感觉与思维是由钻进我们身体中的影像而产生的,因为任何一个人若无影像接触他,则无感觉亦无思维。"认识分为暗昧的认识与真实的认识两种,真实的认识就是理性认识,它是由更精细的影像通过感官的孔道,直接作用于灵魂原子而引起的,暗昧的认识就是感觉、听觉、嗅觉、味觉和触觉。他说:"当暗昧的认识在无限小的领域中再也看不到、再也听不见、再也闻不出、再也尝不到、再也摸不到,而研究又必须精确的时候,真实的认识就参加进来了,它有一种更精致的工具。"这里德谟克里特强调了理性认识高于感性认识。

### 作者简介

德谟克里特(Demokritos,约公元前460—前370,鼎盛年约公元前420年)。著作宏富,包括物理学、伦理学、数学、音乐、技术等,如《大宇宙秩序》、《小宇宙秩序》、《论自然》、

### 著作选读:

史料记载。

### 史料记载——影像论

他的学说是这样:一切事物的本原是原子和虚空,别的说法都只是意见。世界有无数个,它们是有生有灭的。没有一样东西是从无中来的,也没有一样东西在毁灭之后

《论人性》、《论心》等，不过均失传，留有残篇。

归于无。原子在大小和数量上都是无限的，它们在宇宙中处于涡旋运动之中，因此形成各种复合物：火、水、气、土。这些东西其实是某些原子集合而成的；原子由于坚固，是既不能毁坏也不能改变的。太阳和月亮同样是由光滑的圆形原子构成的，灵魂也由这种原子构成；灵魂就是心。我们能够看见东西，是由于影像投进了眼睛的缘故。（第欧根尼·拉尔修：《著名哲学家的生平和学说》，IX，7，§44—45）

有些人说，引起运动的东西主要是、首先是灵魂；他们相信本身不动的东西是不能引起别的东西运动的，所以把灵魂看成一种运动的东西。因此德谟克里特说灵魂是一种火或热的东西。原子的形状同原子本身一样是无限多的，他就把那些球形的原子称为火和灵魂，并且把它们比做空气中的尘埃，在窗口射进的阳光中可以看见它们浮动着；他在种子的混合体中发现了整体自然的元素。留基波也是这样看的。他们主张球形的原子构成灵魂，是因为这种形状的原子最适于穿过一切事物，自己运动着，同时使其他的一切运动。他们认为灵魂就是动物身上产生运动的东西。因此他们把呼吸看成生命的标志。（亚里士多德：《论灵魂》，I.2，403b—404a）

德谟克里特说，灵魂和心是一回事。它是原始的、不可分的物体。由于它的精细和它的形状，它有产生运动的能力。最能运动的形状是球形，这就是心和火的形状。（亚里士多德：《论灵魂》，I.2，405a）

留基波和德谟克里特说感觉和思想都是身体的变形。（艾修斯：《学述》，IV.8，5）

留基波、德谟克里特和伊壁鸠鲁主张感觉和思想是由钻进我们身体中的影像产生的；因为任何一个人，如果没有影像来接触他，是既没有感觉也没有思想的。（艾修斯：《学述》，IV.8，10）

其他的哲学家说感觉是自然给予的，留基波、德谟克里特和第欧根尼却主张感觉只是约定的东西，也就是说，感觉是意见和情感所决定的。在原子和虚空这两种元素以外，没有一样东西是真实的、可以理解的。只有这两种元素

是自然给予的，那些由于原子的位置、次序和形状而彼此区别开来的对象都是偶性。（艾修斯：《学述》，IV.9，8）

德谟克里特说禽兽没有理性，圣贤和诸神则有一些更高级的官能。（艾修斯：《学述》，IV.10，9）

很多别的动物从同样的对象得到和我们相反的印象，甚至每一个人对同一对象的印象似乎也不是永远相同。这些印象中间哪些真哪些假是无法决定的，因这些并不比那些更真，彼此一样。因此德谟克里特说，要么是根本没有什么真的，要么是我们见不到真理。总的说来，这是因为他们认定知识就是感觉，感觉就是身体的改变，所以他们说我们感觉到的现象必然就是真的。（亚里士多德：《形而上学》，IV.5，1009b）

德谟克里特明白地说真理就是现象，与显示于感官的东西毫无区别，凡是对每一个人都显现，并且每一个人都觉得存在的东西，就是真的。（费罗培门：《论灵魂》，P.71）

德谟克里特说了"颜色是约定的，甜是约定的，苦是约定的，实际上只有原子和虚空"，从而贬低了现象之后，又让感官用下面的话来反对理性："无聊的理性，你从我们这里取得了论证以后，又想打击我们！你的胜利就是你的失败。"（伽仑：《论医学经验》残篇）

在名叫《规范》的著作中，德谟克里特逐字逐句说："有两种认识：真实的认识和暗昧的认识。属于后者的是视觉、听觉、嗅觉、味觉和触觉。但是真实的认识与这完全不同。"他指出真实的认识优于暗昧的认识，接着又说："当暗昧的认识在无限小的领域中再也看不到、再也听不见、再也闻不出、再也尝不到、再也摸不到，而研究又必须精确的时候，真实的认识就参加进来了，它有一种更精致的工具。"（塞克斯都：《反数学家》，VII.139）

### 选文出处

北京大学哲学系外国哲学史教研室编译：《西方哲学原著选读》（上卷），北京，商务印书馆，1981年，第47～52页。

# 智者派

## 普罗泰戈拉

> 普罗泰戈拉主张"人是万物的尺度"的相对主义和人本主义观点。

### 作者简介

**普罗泰戈拉**（Protagoras，公元前481—约前411），古希腊哲学家，最早收费授学的智者。曾受托为雅典的新城邦里翁制定法律，70岁左右被指控为无神论者，有关著作被焚毁，本人逃离雅典，途中溺海。主要著作有《真理或毁灭性的言论》《伟大的话》《论神》等，均失传。

### 著作选读：

史料记载。

### 史料记载——感觉论

普罗泰戈拉第一个宣称每一样东西都可以有两种完全相反的说法，并使用这种方法论证。在一部著作的某处，他以下面话开头说："人是万物的尺度，是存在者存在的尺度，也是不存在者不存在的尺度。"他断言灵魂只不过是感官（见柏拉图的《泰阿泰德篇》），一切都是真的。他的另一部著作的开头说："至于神，我既不能说他们存在，也不能说他们不存在，因为阻碍我认识这一点的事情很多，例如问题晦涩，人寿短促。"就是由于这段开场白，他被雅典驱逐出境，他的著作被放在广场上焚毁了。（第欧根尼，IX. 51—52）

苏格拉底：你说知识就是感觉？
泰阿泰德：是的。

苏格拉底：好，你说出了一种非常重要的知识学说；这就是普罗泰戈拉的意见，不过他是以另外一种方式表达的。他说，人是万物的尺度，是存在者存在的尺度，也是不存在者不存在的尺度。——你读过他的著作吗？

泰阿泰德：读过，读过不止一遍。

苏格拉底：他不是说，事物对于你就是它向你显现的那样，对于我就是它向我显现的那样，而你和我都是人？

泰阿泰德：是的，他是这样说的。

苏格拉底：一个聪明人是不会说没有意义的话的。我们来理解一下他的话吧：同样的风在刮着，然而我们中间有一个人会觉得冷，另一个人会觉得不冷，或者还有一个人会觉得稍微有点冷，又有一个人会觉得很冷。是不是？

泰阿泰德：对呀。

苏格拉底：风本身究竟是要么冷要么不冷，还是像普罗泰戈拉说的那样，对于感觉冷的人冷，对于不感觉冷的人不冷？

泰阿泰德：我认为后一种说法对。

苏格拉底：那么风就该对每一个人显现出一个样子了。

泰阿泰德：是啊。

苏格拉底："对他显现"的意思就是"他感觉"。

泰阿泰德：对呀。

苏格拉底：那么，显现与感觉在热和冷这个事例里是一回事，在类似的事例里也是一回事；因为事物对每一个人的显现（也可以说存在），就是他感觉到事物的那个样子。是不是？

泰阿泰德：是啊。

苏格拉底：那么，感觉永远是对于存在的感觉，既然它是知识，它也就是无误的了。

泰阿泰德：显然如此。

苏格拉底：天哪，普罗泰戈拉该是一个多么大的聪明人！他向你我这些普通人用比喻说出这个意思，向他的学生们则秘密地说出真理，说出"他的真理"。

泰阿泰德：你这是什么意思呢，苏格拉底？

苏格拉底：我是说一个了不起的论证，它把一切都说成相对的，你不能正确地用任何名称来称呼任何事物，比方说，大或小，重或轻，因为大的会是小的，重的会是轻的——并没有什么单个的事物或性质，万物都是运动变化和彼此混合所产生的；这个变化，我们把它不正确地称为存在，其实是变化，因为没有什么永远常存的东西，一切事物都在变化中。你去问问所有的哲学家——普罗泰戈拉，赫拉克利特，恩培多克勒，以及其余的人，一个一个地问，除去巴门尼德以外，他们都会同意你这个说法的。（柏拉图：《泰阿泰德篇》，151D—152D）

### 选文出处

北京大学哲学系外国哲学史教研室编译：《西方哲学原著选读》（上卷），北京，商务印书馆，1981年，第54～56页。

## 高尔吉亚

高尔吉亚作为怀疑主义者，认为任何感觉、意见都是假的，不真实的，倾向于一种不可知论。他提出并论证了三个著名论题：无物存在；即使有某物存在，人也无法认识；即便可以认识，也无法告知他人。

### 作者简介

高尔吉亚（Gorgias，约公元前483—约前375），古希腊智者和修辞学家。西西里岛人，后定居雅典，以从事讲演和传授修辞学为生。著有《论不存在者或论自然》，失传。

### 著作选读：

史料记载。

**史料记载——哲学怀疑三原则**

高尔吉亚一连提出了三个原则：——第一，无物存在；第二，如果有某物存在，人也无法认识它；第三，即便可以认识它，也无法把它告诉别人。关于无物存在这个论点，高尔吉亚是这样论证的：如果有某物，它就或者是存在者，或者是不存在者，或者同时既是存在者又是不存在者。

存在者和不存在者都不存在。这是不难设想的。因为如果不存在者存在，存在者也存在，那么在存在这一点上，不存在者与存在者就是同一个东西。因此两者都不存在。

因为我们已经同意不存在者不存在，并且指出了存在者与不存在者是同一个东西。所以存在者并不存在。然而，既然存在者与不存在者同一，那它就不能是这一个和那一个；因为如果它是这一个和那一个，那它就不是同一个，如果它是同一个，它就不是两个了；由此可知无物存在。因为，如果存在者并不是不存在者，也不是存在者和不存在者，而在这以外我们又无法设想任何东西，所以结论是无物存在。

应该以同样的方式指出：即便有某物存在，这个某物也是不可认识的。因为照高尔吉亚说，如果我们所想的东西并不因此就存在，我们就思想不到存在。

我们告诉别人时用的信号是语言，而语言并不是给予的东西和存在的东西；所以我们告诉别人的并不是存在的东西，而是语言，语言是异于给予的东西的。（塞克斯都：《反数学家》，65—66，75—76，77，84）

▽ **选文出处**

北京大学哲学系外国哲学史教研室编译：《西方哲学原著选读》（上卷），北京，商务印书馆，1981年，第56～57页。

# 二、苏格拉底与柏拉图

# 苏格拉底

> 苏格拉底很有智慧，但他认为自己是无知的，即所谓"博学的无知"。主张知识的助产术，即不是传授给求知者知识，而只是把其原有的知识"接生"出来。

**作者简介**

苏格拉底（Sokrates，约公元前469—前399），古希腊哲学家。终生好以与智者等辩论和教育青年为己任，述而不作。前399年因受指控反对信奉城邦原先的神灵另立新神和蛊惑青年，被判处死刑。一般研究他的思想主要依据柏拉图的早期对话集和另一学生色诺芬的著作《回忆苏格拉底》。

**著作选读：**

《申辩篇》19a—28d。
《拉凯斯篇》185e—201b。
《普罗泰戈拉篇》348d—361d。

## 1 《申辩篇》(19a—28d) ——博学的无知

好吧，先生们，我必须开始申辩了。我必须试着在我可以说话的短暂时间里，消除多年来在你们心中留下的虚假印象。但愿最后我能够达到这样的结果，先生们，因为这样的结果对你们、对我都有益；但愿我的申辩是成功的，但我想这很难，我相当明白我的任务的性质。不过，还是让神的意愿来决定吧，依据法律我现在必须为自己辩护。

那么，让我们开始，请你们考虑使我变得如此不得人心，并促使美勒托起诉我的指控到底是什么。还有，我的批评者在攻击我的人品时说了些什么？我必须把他们的誓词读讲一遍，也就是说，他们就好比是我法律上的原告：苏格拉底犯有爱管闲事之罪，他对地上天上的事物进行考察，还能使较弱的论证击败较强的论证，并唆使其他人学他的样。他们的讼词大体上就是这样。你们在阿里斯托芬的戏剧中已经看到，戏中的苏格拉底盘旋着前进，声称自己在空中行走，并且说出一大堆胡言乱语，而我对此一无所知。如果有人真的精通这样的知识，那么我并不轻视它，我不想再受到美勒托对我提出的法律起诉，但是先生们，事实上我对这种知识毫无兴趣。更有甚者，我请你们中的大多数人为我作证，听过我谈话的人很多，我呼吁所有曾经听到过我谈话的人在这一点上都可以向你们的邻居查询。你们之间可以说说看，是否有人曾经听过我谈论这样的问题，无论是长是短，然后你们就会明白事情真相，而其他关于我的传闻也是不可信的。

事实上，这些指控全是空话；如果你们听到有人说我想要收费授业，那么这同样也不是真话。不过，我倒希望这是真的，因为我想，如果有人适宜教人，就像林地尼的高尔吉亚、开奥斯的普罗狄科、埃利斯的希庇亚一样，那倒是件好事。他们个个都能去任何城市，劝说那里的青年离开自己的同胞公民去依附他们，这些青年与同胞交际无须付任何费用，而向他们求学不仅要交学费，而且还要感恩不尽。

还有另一位来自帕罗斯的行家，我知道他在这里访问。我偶然碰到一个人，他在智者身上花的钱超过其他所有人的总和，我指的是希波尼库之子卡里亚。卡里亚有两个儿子，我对他说："卡里亚，你瞧，如果你的两个儿子是小马驹或小牛犊，我们不难找到一位驯畜人，雇他来完善他们的天性，这位驯畜人不外乎是一位马夫或牧人。但由于他们是人，你打算请谁来做他们的老师？谁是完善人性和改善他们的社会地位的专家？我想你有儿子，所以你一定考虑过这个问题。有这样的人，还是没有？"

他说："当然有。"

我说："他是谁？从哪里来？他要收多少钱？"

他说："苏格拉底，他是帕罗斯来的厄文努斯，收费五个明那①。"

如果厄文努斯真是一位这种技艺的大师，传授这种技艺而收费又如此合理，那真是可喜可贺。如果我也有这种本事，那我肯定会为此感到自豪并夸耀自己，但是事实上，先生们，我不知道这种技艺。

也许你们有人会打断我的话，说"苏格拉底，你在干嘛？你怎么会被说成这个样子？无风不起浪。如果你老老实实，规规矩矩，那么这些关于你的谣言决不会产生，你的行为肯定有逾越常规之处。如果你不想要我们自己去猜测，那么给我们一个解释"。

这在我看来是一个合理的要求，我会试着向你们解释是什么原因使我蒙上如此恶名。所以请你们注意听。你们中有些人也许会想我不是认真的，但

---

① minas，希腊货币名，约合银 436 克。——中译者

我向你们保证,我要把全部事实真相告诉你们。

先生们,我得到这种名声无非就是因为有某种智慧。我指的是哪一种智慧?我想是人的智慧。在这种有限的意义上,我好像真是聪明的。我刚才提到的这些天才人物拥有的智慧可能不止是人的智慧。我不知道其他还有什么解释。我肯定没有这种智慧的知识,任何人说我有这种知识都是在撒谎,是故意诽谤。现在,先生们,如果我好像是在口出狂言,请别打断我,因为我将要告诉你们的这些话并非我自己的看法。我将向你们提起一个无可怀疑的权威。这个权威就是德尔斐的神①,他将为我的智慧作证。

你们当然认识凯勒丰。他自幼便是我的朋友,也是一位优秀的民主派,在最近的那次放逐中,他和你们的人一起被放逐,也和他们一起回来。你们知道他的为人,一做起事来便热情百倍。有一天,他竟然去了德尔斐,向那里的神提出这个问题。先生们,我在前面讲过,请别打断我的话。他问神,是否有人比我更聪明。女祭司回答说没有。凯勒丰已经死了,但他的兄弟在这法庭上,他可以为我的话作证。

请想一想我为什么要把这件事告诉你们。我想解释对我的名声进行攻击是怎样开始的。听到这个神谕,我对自己说,神说这话是什么意思?他为什么不明明白白地把他的意思讲出来呢?我非常明白我是没有智慧的,无论大小都没有。那么,神为什么要说我是世上最聪明的人呢?神不可能撒谎,否则便与其本性不合。

困惑了很长时间,我最后终于勉强决定用这样的方法去试探这个神谕的真意。我去拜访一位有着极高智慧声望的人,因为我感到这样一来我就可以成功地否认那个神谕,可以反驳我那神圣的权威了。你说我是最聪明的人,但这里就有一个人比我更聪明。

于是我对这个人进行了彻底的考察,我不需要提到他的名字,但我可以说他是我们的一位政治家。我与他交谈时得到了这种印象,尽管在许多人眼中,特别是在他自己看来,他好像是聪明的,但事实上他并不聪明。于是我试着告诉他,他只是认为自己是聪明的,但并不是真的聪明,结果引起他的愤恨。在场的许多人也对我不满。然而,我在离开那里时想,好吧,我肯定比这个人更聪明。我们两人都无任何知识值得自吹自擂,但他却认为他知道某些他不知道的事情,而我对自己的无知相当清楚。在这一点上,我似乎比他稍微聪明一点,因为我不认为自己知道那些我不知道的事情。

---

① 指阿波罗,希腊神话中的太阳神和智慧之神。德尔斐是希腊宗教圣地,建有著名的阿波罗神庙。——中译者

后来我又去访问一个人，他在智慧方面的名气更大，结果我得到了同样的印象，也把那个人和其他许多人给惹恼了。

　　从那以后，我一个接一个地去访问。我明白这样做会使别人讨厌我，也感到苦恼和害怕，但我感到必须将我的宗教义务放在第一位。因为我正在试着寻找那个神谕的意义，我必须访问每一个拥有知识名望的人。先生们，凭着神犬①的名义起誓，我必须对你们坦白，这就是我诚实的印象。当我服从神的命令进行考察的时候，我看到那些有着极大声望的人几乎全都是有缺陷的，而那些被认为低劣的人在实际的理智方面倒比他们要好得多。

　　我希望你们把我的冒险当做一种朝圣，想要一劳永逸地弄清那个神谕的真相。在结束了对政治家的访问后，我又访问诗人、戏剧诗人、抒情诗人，还有其他各种诗人，相信在这种场合我自己会显得比他们更加无知。我曾经挑出某些我认为是他们最完美的作品，问他们写的到底是什么意思，心里希望他们会扩大我的知识。先生们，我很犹豫是否要把真相告诉你们，但我必须说出来。我毫不夸张地说，当时在场的人没有一个能够比诗歌的真正作家更好地解释这些诗歌。所以我也马上就有了对诗人的看法。我确定使他们能够写诗的不是智慧，而是某种天才或灵感，就好像你在占卜家和先知身上看到的情况，他们发布各种精妙的启示，但却不知道它们到底是什么意思。在我看来，诗人显然处在大体相同的状况下，我也观察到，他们是诗人这一事实使他认为自己对其他所有行当都具有完善的理解，而对这些行当他们实际上是无知的。所以我就结束了对诗人的考察，心中的感觉与我在对政治家进行考察后得到的感觉是一样的。

　　最后我去找那些有本领的工匠。我很清楚自己根本没有任何技术，也确信可以发现他们充分地拥有深刻的知识。我没有失望。他们懂那些我不懂的事情，在这个范围内，他们比我更聪明。但是，先生们，这些职业家似乎也犯了我在诗人那里观察到的同样的错误。我指的是，依据他们的专业能力，他们声称对其他行当也都具有完善的理解，而无论这些事情有多么重要，我感到他们的这个错误掩盖了他们的确定的智慧。于是我就代那神谕问我自己，我是愿意像我原来那样，既没有他们的智慧也没有他们的愚蠢，还是两方面都像他们一样呢？我自己代那神谕回答说，我最好还是像我原来那个样子。

　　先生们，我的这些考察使自己四面树敌，引来极为恶毒和固执的诽谤，这些邪恶的谎言包括把我说成是一名智慧的教师。因为，当某人声称自己在

---

①　此处原文为"狗"，指埃及的神犬。希腊人发誓的一种说法。——中译者

某个既定的主题中是智慧的，而我成功地对他进行了驳斥的时候，旁观者就假定我本人知道关于这个主题的一切。但是，先生们，真正的智慧是神的财产，而我们人的智慧是很少的或是没有价值的，那个神谕无非是他用来告诉我们这个真理的一种方式。在我看来，神并不是真的在说苏格拉底，而只是在以我的名字为例，他就好像在对我们说，你们人中间最聪明的是像苏格拉底一样明白自己的智慧实际上毫无价值的人。

时至今日，我仍然遵循神的旨意，到处察访我认为有智慧的人，无论他是本城公民还是外地人；每想到有人不聪明，我就试图通过指出他是不聪明的来帮助神的事业。这个事业使我无暇参与政治，也没有时间来管自己的私事。事实上，我对神的侍奉使我一贫如洗。

还有另外一个原因使我遭人厌恶。有许多悠闲安逸的富家子弟主动追随我，因为他们喜欢听到别人受盘问。他们经常以我为榜样，也去盘问别人。借此，我想，他们发现有许多人自以为知道某些事情，而实际上知道极少或一无所知。结果他们的受害者被惹火了，但不是对他们发火，而是冲着我。他们抱怨说，有个传播瘟疫的大忙人叫苏格拉底，他把错误的观念灌输给青年。如果你们问这些人，苏格拉底干了些什么，苏格拉底教了些什么，以至于产生这样的结果，他们说不出来，也不知如何回答。但是由于他们不想承认自己的困惑，于是就随口说些现成的对哲学家的指责，说苏格拉底对地上天上的事物进行考察，不信诸神，还能使较弱的论证击败较强的论证。我想，他们很不情愿承认这个事实。他们在有些地方假装有知识，而实际上一无所知。所以我想，出于对我的妒忌，再加上精力充沛，人数众多，为了维护他们自己的名声，于是他们就对我精心策划了这样一个貌似有理的指控，你们的双耳早已灌满他们对我的猛烈批判。

这些原因导致美勒托、阿尼图斯和吕孔对我的攻击。美勒托代表诗人，阿尼图斯代表职业家和政治家，吕孔代表演说家，为他们鸣冤叫屈。所以我一开始就说，如果我能在我可以说话的短暂时间内消除你们头脑中根深蒂固的错误印象，那简直是个奇迹。

先生们，你们已经知道了事实真相，我把它告诉你们，事情无论巨细，都没有任何隐瞒。我非常清楚我的坦率言论是你们厌恶我的原因，但这样一来反而更加证明我说的是实话，我已经准确地揭示了那些诬蔑我的流言飞语的性质，指出了它们的根源。无论你们现在还是今后对这些事情进行检查，都会发现我刚才说的是事实。

关于我的第一批原告对我的指控，我的申辩就到这里。

### 选文出处

《柏拉图全集》第一卷，王晓朝译，北京，人民出版社，2003年，第4~10页。

### 2 《拉凯斯篇》（185e—201b）——我们每个人都应当为我们自己找一位最好的老师

苏格拉底：尼昔亚斯和拉凯斯，让我们照着吕西玛库和美勒西亚的请求去做。把刚才那些问题向我们自己提出来应该没有什么坏处。在这种训练中，我们自己的老师是谁？或者说，我们自己使谁变好过？不过，如果我们换一种考察方式也会达到同样的结果，说不定这种方式的出发点更接近第一原则。如果我们知道增添某个事物会改良另一事物，并且这种增添是可行的，那么我们显然也一定知道为什么我们就此所提的建议是最好的和最容易做到的。你们也许听不懂我的意思。让我换个方式说得更明白些。假定我们知道给拥有视力的眼睛增加视力能使眼睛得到改良，也知道如何给眼睛增添视力，那么很显然，我们知道视力的性质，也能够就此提出建议，怎样才能增进视力，怎样才容易做到这一点。但若我们既不知什么是视力，也不知什么是听力，那么我们就不可能成为很好的眼科医生或耳科医生，也不能告诉人们怎样才能拥有最佳的视力和听力。

拉凯斯：这话没错，苏格拉底。

苏格拉底：拉凯斯，我们的两位朋友此刻不正在请我们考虑用什么样的方式才能把美德灌输给他们的儿子，改善他们的心灵吗？

拉凯斯：完全正确。

苏格拉底：那么我们是否必须首先知道美德的性质？如果我们对某个事物的性质完全无知，我们又怎么能够就如何获得该事物而向他人提出建议呢？

拉凯斯：我认为不可能，苏格拉底。

苏格拉底：拉凯斯，那么我们说我们知道美德的性质。

拉凯斯：对。

苏格拉底：我们既然知道，那么也一定能够说出来，对吗？

拉凯斯：确实如此。

苏格拉底：我的朋友，我不想从考察整个美德开始，要是这样的话我们就无法完成了。让我们先考虑我们是否对某一部分美德拥有充分的知识，这样做可能会容易些。

拉凯斯：照你说的去做吧，苏格拉底。

苏格拉底：那么我们该选择哪一部分美德呢？是否应该选与穿盔甲作战的技艺有关的那个部分？那个部分不就是勇敢吗？

拉凯斯：对，确实如此。

苏格拉底：那么，拉凯斯，让我们首先确定一下勇敢的性质，然后再来讨论年轻人如何通过学习和训练获得这种性质。如果你行的话，告诉我什么是勇敢。

拉凯斯：苏格拉底，这个问题在我看来确实不难。勇敢的人就是不逃跑，坚守阵地，与敌人作战的人。这样说不会有错。

苏格拉底：很好，拉凯斯，不过我恐怕没把话说清楚，你回答的问题不是我要问的，而是另一个问题。

拉凯斯：你这是什么意思，苏格拉底？

苏格拉底：我会努力作解释。你把坚守阵地、与敌人作战的人称做勇敢的，是吗？

拉凯斯：我当然会这样说。

苏格拉底：我也会这样说，但是对另一个跑动着作战而非固守一处的人，你会把他称做什么？

拉凯斯：怎么个跑法？

苏格拉底：你说怎么个跑法，就像西徐亚人那种战法，跑着追击，荷马赞扬埃涅阿斯的马，说它们知道"如何熟练地追击或是逃跑，在平原上跑向东跑向西"[①]，还称赞埃涅阿斯本人具有害怕和逃跑的知识，称他为"恐惧和溃退的制造者"[②]。

拉凯斯：对，苏格拉底，荷马说的没错，他讲的是车战，而你讲的是西徐亚人的骑兵。骑兵有骑兵的战法，但是重装步兵的战法是要保持队形的。

苏格拉底：那么，拉凯斯，你就得把拉克戴孟人在普拉蒂亚战役中的表现当做一个例外，在波斯人摆出的轻盾阵面前，他们不肯与之交锋，而是溜掉了。等波斯人摆下的阵势散去，他们却又像骑兵一样进行回击，打赢了普拉蒂亚战役。

拉凯斯：这件事没错。

---

① 荷马：《伊利亚特》第5卷，第233行。——中译者
② 同上书，第8卷，第108行。——中译者

苏格拉底：我说我的问题提得很糟糕，也使你的回答很糟糕，就是这个意思。因为我问你的不仅是重装步兵的勇敢，还有骑兵和各种士兵的勇敢，不仅是战争中的人的勇敢，还有在海上冒险的人的勇敢，处于疾病、贫穷，还有政治事务中的人的勇敢，不仅是抗拒痛苦或恐惧的人的勇敢，还有抗拒欲望和快乐的人的勇敢，既是保持阵脚，又是打击敌人。拉凯斯，你说有没有这样一种勇敢？

拉凯斯：肯定有，苏格拉底。

苏格拉底：所有这些人都是勇敢的，但有些人在抗拒快乐中表现出勇敢，有些人在忍受痛苦中表现出勇敢，有些人在克制欲望中表现出勇敢，有些人在克服恐惧中表现出勇敢。当然我也应该想，在同样情况下有些人则显得胆怯。

拉凯斯：你说得对。

苏格拉底：我在问的是一般的勇敢和胆怯。我想从勇敢开始再次提问，这种普遍的性质是什么？这种普遍的性质在所有具体事例中都同样被称做勇敢。你现在该明白我说的意思了吧？

拉凯斯：我还是不太明白。

苏格拉底：我的意思是这样的，比如我问什么是被称做快的这种性质，这种性质可以在跑步、弹琴、讲话、学习以及其他各种类似的行为中找到，或者倒不如说，我们可以在我们拥有的、值得一提的胳膊、腿、嘴、声音、心灵的各种行为中找到，难道你们不会用快这个术语来描述它们吗？

拉凯斯：你说得对。

苏格拉底：假定有人问我，苏格拉底，这种存在于各种活动中，被称做快的普遍性质是什么？那么我会说，这种性质就是在较短的时间里做较多的事，无论是跑步和讲话，还是别的任何一种行为。

拉凯斯：你说得很对。

苏格拉底：拉凯斯，现在你能否试着以同样的方式告诉我，被称做勇敢的这种普遍性质是什么？包括可以使用这个术语的各种勇敢，也包括可以用于快乐和痛苦的勇敢，以及我刚才提到的各种勇敢。

拉凯斯：如果我要说的是渗透在各种事例中的这种普遍性质，那么我得说勇敢就是灵魂的某种忍耐。

苏格拉底：如果要回答我们自己的问题，这正是我们必须做的。不过在我看来，并非每一种忍耐都称得上勇敢。请听我的理由。我敢肯定，拉凯斯，你把勇敢视为一种非常高尚的品质。

拉凯斯：它确实是最高尚的。

苏格拉底：那么你会说聪明的忍耐也是好的和高尚的，对吗？

拉凯斯：非常高尚。

苏格拉底：那么对愚蠢的忍耐你会怎么说？这种忍耐是否要被当做坏的和有害的？

拉凯斯：对。

苏格拉底：有什么高尚的东西是坏的和有害的吗？

拉凯斯：我一定不会这样说，苏格拉底。

苏格拉底：那么你也不会承认这种忍耐是高尚的，因为它不是高尚的，而勇敢是高尚的，对吗？

拉凯斯：你说得对。

苏格拉底：那么，按照你的说法，只有聪明的忍耐才是勇敢，对吗？

拉凯斯：好像是这么回事。

苏格拉底：但是这个表示性质的形容词"聪明的"指哪方面的聪明？在大事情上还是在小事情上？比如，某个人在花钱方面表现出聪明的忍耐，现在花钱为的是最后能够挣钱，你会称他为勇敢的吗？

拉凯斯：肯定不会。

苏格拉底：又比如，假定某人是医生，他的儿子或他的某个病人患了肺炎，请求医生允许他吃喝某种食物，而医生坚决地加以拒绝，这也称得上勇敢吗？

拉凯斯：不，这根本不是勇敢，与勇敢毫无关系。①

苏格拉底：再以战争为例，假定某人在战斗中表现出忍耐，但又精于算计，他知道不久就会有援兵到来，到那时候敌人就会比现在少，攻击力也会比现在弱，而他现在所占的地势也很有利，于是就奋勇作战。你会说这样有智慧、有准备的人是勇敢的，还是说处在相反形势下，但仍旧表现出忍耐、坚守阵地的敌人更加勇敢？

拉凯斯：我会说后者更加勇敢，苏格拉底。

苏格拉底：但是与前者的忍耐相比，这显然是一种愚蠢的忍耐，对吗？

拉凯斯：对。

苏格拉底：懂得骑术的骑兵表现出忍耐，不懂骑术的骑兵也表现出忍耐，那么你会说懂骑术的反而不如不懂骑术的那么勇敢吗？

拉凯斯：我会这样说。

---

① 此处原文为"连最末一种勇敢都算不上"。——中译者

苏格拉底：那么掌握投石、射箭或其他技艺的忍耐的人，不如缺乏这些知识的忍耐的人勇敢吗？

拉凯斯：对。

苏格拉底：照你这种说法，那么能下井、潜水或做其他类似事情的人，不如没有潜水技能或其他类似技能的人勇敢吗？

拉凯斯：为什么不能这样说？苏格拉底，除此之外，这个人还能怎么说？

苏格拉底：如果这就是这个人的想法，那么确实无法再有别的说法了。

拉凯斯：但这就是我的想法。

苏格拉底：然而，拉凯斯，与那些掌握了技能的人相比，无技能的人的冒险和忍耐是愚蠢的。

拉凯斯：对。

苏格拉底：我们在前面说过，愚蠢的鲁莽和忍耐是坏的、有害的，对吗？

拉凯斯：对。

苏格拉底：而我们承认勇敢是一种高尚的品质。

拉凯斯：对。

苏格拉底：但我们现在却自相矛盾，把前面当做耻辱的那种愚蠢的忍耐说成是勇敢。

拉凯斯：是这样的。

苏格拉底：我们这样说对吗？

拉凯斯：肯定不对，苏格拉底。

苏格拉底：那么按照你的说法，拉凯斯，你和我没有把自己调和得像多利亚式音乐那么和谐，这种和谐就是言语和行动的一致，而我们的言语和行动不一致。任何人看到我们的行为都会说我们拥有勇敢这种品质，而我想，听了我们刚才有关勇敢的讨论，人们都不会说我们拥有勇敢这种品质。

拉凯斯：你说得很对。

苏格拉底：这种状况能令我们满意吗？

拉凯斯：完全不能。

苏格拉底：然而，假定我们承认这样一条原则，我们谈论的勇敢是有范围的？

拉凯斯：你说的原则和范围是什么意思？

苏格拉底：这条原则就是忍耐。如果你同意的话，我们在考察中也必须忍耐和刚毅，这样一来，勇敢就不会嘲笑我们在寻求勇敢的时候表现得那么胆小，毕竟勇敢也经常可以是忍耐。

拉凯斯：我愿意继续讨论下去，苏格拉底，但说实话我对这种考察不熟悉。

刚才已经说过的话激起了我争论的勇气，但是词不达意使我感到悲哀。我认为自己对勇敢的性质是知道的，但不知怎么地，我总是抓不住它，无法说出它的性质。

苏格拉底：我亲爱的朋友，一名好运动员是否应当坚持到底，决不轻言放弃？
拉凯斯：那当然了，他应当这样做。
苏格拉底：那么我们能否请尼昔亚斯加入讨论？他可能比我们都要擅长运动。你意下如何？
拉凯斯：我看是可以的。
苏格拉底：那么好，来吧，尼昔亚斯，请尽力帮帮你的朋友，他随着论证的波浪漂流，就要喘不过气来了。你看，我们走到了绝路上，如果你能把你对勇敢的看法告诉我们，那么就请说出来，这样就能拯救我们，也能确定你自己的观点。
尼昔亚斯：我正在考虑，苏格拉底，你和拉凯斯没有按照正确的方式给勇敢下定义，因为你忘了一句良言，而我是从你的嘴里听到这句话的。
苏格拉底：那是一句什么话，尼昔亚斯？
尼昔亚斯：我经常听你说："好人就是聪明人，坏人就是不聪明的人"。
苏格拉底：这话肯定是对的，尼昔亚斯。
尼昔亚斯：因此，如果勇敢的人是好人，那么他也是聪明人。
苏格拉底：你听到他说什么了吗，拉凯斯？
拉凯斯：我听到了，但是我不太明白他的意思。
苏格拉底：我明白，他好像是在说勇敢是一种智慧。
拉凯斯：一种什么样的智慧，苏格拉底？
苏格拉底：这个问题你必须问他！
拉凯斯：对。
苏格拉底：告诉他吧，尼昔亚斯，你认为勇敢是一种什么样的智慧，因为你肯定不会认为这种智慧就是吹笛子的智慧，对吗？
尼昔亚斯：肯定不是。
苏格拉底：也不是弹竖琴的智慧？
尼昔亚斯：不是。
苏格拉底：那么这是一种什么样的知识，是关于什么的知识？
拉凯斯：我认为你向他提出的问题非常好，苏格拉底，我希望他说出这种知识或智慧的性质是什么。
尼昔亚斯：拉凯斯，我想说勇敢是一种在战争中，或在其他事情上激发人的恐惧或自信的知识。

拉凯斯：他说的话真是离奇，苏格拉底。

苏格拉底：你为什么要这样说，拉凯斯？

拉凯斯：你问为什么，因为勇敢是一回事，智慧肯定是另一回事。

苏格拉底：这正是尼昔亚斯要加以否定的。

拉凯斯：对，这是他要加以否认的，但也是他愚蠢的地方。

苏格拉底：我们可以开导他，但不要骂他。

尼昔亚斯：当然应该这样，苏格拉底。不过刚才是拉凯斯自己说了蠢话，还想证明我也说了蠢话。

拉凯斯：说得好，尼昔亚斯，你是说了蠢话，我会告诉你蠢在什么地方。我来问你，是医生知道疾病的危险，还是勇敢的人知道疾病的危险？或者说医生和勇敢者是一回事？

尼昔亚斯：根本不是一回事。

拉凯斯：那么知道农耕危险的农夫也不是勇敢的人。或者说，拥有某种技艺的知识，能在他们实施自己的技艺时激起他们的恐惧或自信的工匠，都不能算是勇敢者。

苏格拉底：你认为拉凯斯的论证怎么样，尼昔亚斯？他说的意思似乎很重要。

尼昔亚斯：他是说了一些话，但不见得正确。

苏格拉底：为什么？

尼昔亚斯：因为他认为医生关于疾病的知识超越了健康和疾病的性质范围。而事实上，医生的知识不可能超越这个范围。你想，拉凯斯，医生知道健康和疾病哪一个对人来说更加可怕吗？不是有许多人从来不愿离开病床吗？我想知道你是否认为生一定比死好？不是有生不如死的时候吗？

拉凯斯：对，我也是这样想的。

尼昔亚斯：你认为使宁愿死的人感到害怕的事情也会使宁愿生的人感到害怕吗？

拉凯斯：肯定不会。

尼昔亚斯：那么你认为医生，或者别的专家知道这种事，而熟悉害怕和希望一类事情的人反而不知吗？我把知道害怕与希望的理由的人称做勇敢者。

苏格拉底：你听懂他的意思了吗，拉凯斯？

拉凯斯：听懂了，不过按他的说法，预言家可以称得上是勇敢者。除了预言家，还有谁能知道某人是生好还是死好？尼昔亚斯，你自己算得上是一名预言家吗？或者说你既不是预言家，又不是勇敢者？

尼昔亚斯：你在说什么！你认为预言家必须知道希望或害怕的理由吗？

拉凯斯：我是这个意思。预言家不知道谁知道？

尼昔亚斯：我倒想说别人知道他不知道，因为预言家只知道将要发生的事情的征兆，死亡、疾病、破财、打败仗、其他输赢。但是某人要不要承受这些事情并不是由预言家决定的，在这一点上预言家并不比其他人更有把握。

拉凯斯：苏格拉底，我不明白尼昔亚斯到底想要证明什么，因为他说预言家、医生或者其他人，都称不上勇敢，除非他认为只有神才是勇敢的。我看他实际上是不愿承认自己说的话都是没有意义的，为了掩饰他的难处，他就东拉西扯。苏格拉底，只有在想要避免表面上的不一致的时候，你和我可能也会这样东拉西扯。如果我们是在法庭上争论，那么这样做也许还有些理由，但是我们现在是朋友间的聚会，有什么必要说出这样一大堆废话来呢？

苏格拉底：我很赞成你的话，拉凯斯，他不应该这样做。不过，尼昔亚斯也许是认真的，他不是为说话而说话。让我们请他再作些解释，如果他说的有理，我们就赞成，如果他说的无理，我们再来开导他。

拉凯斯：如果你愿意，那么你来提问，苏格拉底。我已经问得够多了。

苏格拉底：我好像没有理由不提问，不过我的提问得代表我们两个。

拉凯斯：很好。

苏格拉底：请告诉我，尼昔亚斯，或者倒不如说告诉我们，因为拉凯斯和我在争论中是同伙，你想肯定勇敢就是关于希望和害怕的理由的知识吗？

尼昔亚斯：是的。

苏格拉底：并非每个人都拥有这种知识，医生和预言家没有这种知识，因此他们不是勇敢的，除非他们获得这种知识，这是你说的意思吗？

尼昔亚斯：是的。

苏格拉底：那么，如谚语所说，这种事肯定不是每只牝猪都知道的，因此牝猪不会是勇敢的。

尼昔亚斯：我想不会。

苏格拉底：显然不会，尼昔亚斯，连克罗密昂的大母猪①也不能被称做勇敢的。我这样说不是在开玩笑，而是因为我在想，凡是赞同你的学

---

① 希腊神话中的猛兽，被英雄忒修斯杀死在科林斯境内的一个村庄克罗密昂（Crommyon）。——中译者

说的人都不会同意把任何野兽说成是勇敢的,除非他承认狮子、豹子或者野猪,具有某种程度的智慧,知道只有很少人通过思考自己的难处才知道的这种事情。接受你对勇敢的看法的人必须肯定,狮子不会生来就比鹿更勇敢,公牛也不会生来就比猴子更勇敢。

拉凯斯:好极了,苏格拉底!嗳呀,你说的确实好。尼昔亚斯,我希望你告诉我们,你是否真的认为那些我们全都认为是勇敢的动物实际上比人还要聪明,或者说你是否有胆量当着世人的面否认它们的勇敢。

尼昔亚斯:为什么不敢,拉凯斯?我并没有说那些由于缺乏理智因此不害怕危险的动物是勇敢的,而只是说它们不晓得害怕,麻木不仁罢了。你想,婴儿不知道害怕,因为他们都没有理智,我会说他们勇敢吗?按照我的想法,不害怕和勇敢之间还有差别。我认为,深思熟虑的勇敢是一种只有少数人才拥有的品质,而鲁莽、大胆、无畏都没有预先的思考,许多男人、女人、小孩、动物都具有这种非常普遍的品质。被你或者一般人称做勇敢的行为,在我看来是鲁莽,我所说的勇敢的行为是聪明的行为。

拉凯斯:你瞧,苏格拉底,他满口漂亮话,真是令人钦佩。这些人的勇敢是世所公认的,而他却想要剥夺他们的荣誉。

尼昔亚斯:我不想剥夺你的荣誉,拉凯斯,所以你不必惊慌失措。我愿意说,你,还有拉玛库斯,还有其他许多雅典人,你们是聪明的,也是勇敢的。

拉凯斯:我可以继续对你做出答复,但我不想落下口实,免得你把我说成一个狂妄自大的埃克松尼亚人。①

苏格拉底:不要对他做出答复,拉凯斯。我想你可能还不知道他这点智慧的来源。告诉你吧,全都来自我的朋友达蒙,达蒙总是与普罗狄科在一起,而普罗狄科在所有智者中最擅长分析这一类语词的含义。

拉凯斯:对,苏格拉底,考察这种细微的差别适合智者,不适合城邦选来管理公共事务的大政治家。

苏格拉底:没错,我的好朋友,但是做大事需要有大智慧。我想尼昔亚斯的观点值得我们考虑,当他给勇敢下定义时,我们应当弄清他的看法。

拉凯斯:那么你自己去弄清楚吧,苏格拉底。

---

① 埃克松尼亚(Aexonia)是阿提卡地方的一个区,该地人以说大话出名。——中译者

苏格拉底：我会这样做的，我亲爱的朋友。不过不与你合伙了，我希望你能用心与我一道考虑问题。

拉凯斯：如果你认为我必须这样做，那么我会的。

苏格拉底：我是这样想的，但我现在必须请尼昔亚斯从头开始。尼昔亚斯，你还记得我们最初把勇敢当做美德的一部分吗？

尼昔亚斯：没错。

苏格拉底：你自己说过，勇敢是美德的一部分，除了勇敢，美德还有许多部分，所有这些部分加在一起叫做美德。

尼昔亚斯：确实如此。

苏格拉底：你同意我对这些部分的看法吗？因为我说正义、节制，等等，全都是美德的部分，当然还有勇敢。你也这么看吗？

尼昔亚斯：是的。

苏格拉底：那么好，到此为止我们还没有分歧。现在让我们开始迈出新的一步，试着看我们在害怕和希望上是否也能保持一致。我不希望你想的是一回事，而我们想的是另一回事。让我把我们的看法告诉你，如果我错了，请加以纠正。我们认为，可怕的事情和希望的事情并不能创造或不创造恐惧，恐惧不是针对现在，也不是针对过去，而是针对未来，是一种期待中的恶。你同意这种看法吗，拉凯斯？

拉凯斯：我完全同意，苏格拉底。

苏格拉底：这就是我们的观点，尼昔亚斯。我应当说，可怕的事情是坏的，是未来的；希望的事情是好的或不坏的，也是未来的。你同意还是不同意我的观点？

尼昔亚斯：我同意。

苏格拉底：你把关于这些事情的知识称做勇敢吗？

尼昔亚斯：正是。

苏格拉底：那么让我们来看，在第三点上你是否同意拉凯斯和我的观点。

尼昔亚斯：你所谓第三点是什么？

苏格拉底：我会告诉你的。拉凯斯和我有这样一种看法，并不是有一门知识是关于过去的，有一门知识是关于现在的，还有一门是关于将来的，涉及将来的状况和应对，而是这三种知识就是一种知识。例如，医学是一门学问，它同时关注所有时间内的健康，包括过去、现在和将来，也还有一门农学，它关心的是所有时间内土地的生产。至于军事，你本人可以作我的见证，它要像考虑现在的事一样考虑为将来作准备，将军是占卜师的主人，而不是他们的奴隶，因为他比占卜师更能预见到战争中将要发生的事，按照法律，占卜师的地位也在将军之下而不是在将军之上。我这样说不对吗，拉凯斯？

拉凯斯：你说得很对。

苏格拉底：你呢，尼昔亚斯，你也承认一种知识是对同类事物的理解，而无论这些事物是将来的，还是现在的或过去的？

尼昔亚斯：对，苏格拉底，这确实是我的看法。

苏格拉底：我的朋友，如你所说，勇敢是关于可怕和希望的知识，是吗？

尼昔亚斯：是的。

苏格拉底：可怕和希望被当做将来的恶与将来的善，对吗？

尼昔亚斯：对。

苏格拉底：一种知识必须研究相同的事物，无论这些事物是将来的，还是其他时间的，对吗？

尼昔亚斯：对。

苏格拉底：那么勇敢这种知识不仅涉及可怕和希望，因为它们只和将来有关。勇敢像其他任何知识一样，不仅与将来的善恶有关，而且与现在和过去，以及其他任何时候的善恶有关。

尼昔亚斯：我想这样说是对的。

苏格拉底：那么你提供的答案只包括勇敢的三分之一，尼昔亚斯，但是我们的问题涉及勇敢的全部性质。按照你的看法，亦即按照你现在的看法，勇敢不仅是关于希望和可怕的知识，而且也几乎是关于任何时间的善恶的知识。对这种新的说法你有什么要说的吗？

尼昔亚斯：我同意，苏格拉底。

苏格拉底：但是，我亲爱的朋友，如果某人知道所有善恶，知道它们过去和现在的状况，知道它们将来是否会产生，那么他岂不是已经十全十美了，不再需要正义、节制、虔敬这些美德了吗？他自己就足以区分可怕和不可怕，自然与超自然，会采取恰当的防范措施确保一切安好，因为他必然知道如何正确地对待诸神，对待他人。

尼昔亚斯：我想，苏格拉底，你说得很有道理。

苏格拉底：那么，尼昔亚斯，按照你的这个新定义，勇敢就不是美德的一部分，而是全部美德，对吗？

尼昔亚斯：似乎如此。

苏格拉底：但是我们前面说勇敢是美德的一部分，是吗？

尼昔亚斯：是的，我们前面是这样说过。

苏格拉底：那么我们前面的看法与我们现在的看法是矛盾的吗？

尼昔亚斯：好像是的。

苏格拉底：那么，尼昔亚斯，我们还没有发现什么是勇敢。

尼昔亚斯：好像没有。

拉凯斯：哈哈，我的朋友尼昔亚斯，你刚才讥笑我对苏格拉底的回答，当时我还以为你能做出这个发现。我真心希望你能依靠达蒙的智慧来得到这个答案。

尼昔亚斯：拉凯斯，我知道你并不在乎自己在勇敢的性质问题上表现出来的无知，你所注意的只是我是否同样无知。我们双方对这样一件任何有自尊心的人都应当知道的事情是否无知，我认为并不要紧。在我看来，你和世上寻常人一样，总是盯着你的邻人，而不反观自己。对我们正在讨论的问题，我已经把我的看法都说出来了，如果有什么不妥，可以在达蒙或其他人的帮助下加以纠正，你讥笑达蒙，但你从来没有见过他。如果我得到了满意的回答，我也会把结果告诉你，因为我认为你确实缺乏知识。

拉凯斯：你是一名哲学家，尼昔亚斯，我明白这一点。但不管怎样，我要告诉吕西玛库和美勒西亚，在教育他们的孩子的问题上，不要请你和我当顾问，而应该像我开始时说的那样，向苏格拉底请教，别让他离开，如果我自己的儿子已经长大，我也会这样做。

尼昔亚斯：如果苏格拉底愿意负起这个责任来，我也会表示同意。除了他，我也不希望别人做尼刻拉图的老师。但是我注意到，每当我提到这件事，他总是加以推辞，把别的老师推荐给我。也许他比较愿意听从你的要求，吕西玛库。

吕西玛库：他会的，尼昔亚斯，因为我会为他做的事是我不会替别人做的。你在说什么，苏格拉底，你要回话吗？你打算帮助我使年轻人学好吗？

苏格拉底：如果我拒绝帮助任何人学好，吕西玛库，那么我就大错特错了。如果我在讨论中表现出我拥有尼昔亚斯和拉凯斯所没有的知识，那么我承认你请我负起这个责任来是对的，但是既然我们刚才在讨论中全都犹豫不决，为什么还要在我们中间找一个人来负这个责任呢？我认为我们中间没有人能够承担这个责任，在这种情况下，我向你们提出一个忠告，当然，只限于在我们中间。我的朋友们，我认为我们每个人都应当为我们自己找一位最好的老师，首先是为自己找，我们确实需要一位老师，然后是为年轻人找，无论代价有多大。我不想建议说，我们自己就安于现状吧。如果有人笑话我们这把年纪还要去上学，那么我会引用荷马的话来回答："羞怯对于乞讨人不是好品格。"① 所以不管别人怎么说，让我们把我们自己的教育和年轻人的教育放在一起考虑。

吕西玛库：我喜欢你的倡议，苏格拉底，我年纪最大，我也最愿意与孩子们一起去上学。请你帮个忙，明天清早到我家来商谈这些事。现在时候已经不早了，我们的谈话就到此结束吧。

苏格拉底：如果情况许可的话，吕西玛库，谨遵你的吩咐，我明天一定来。

📎 选文出处

《柏拉图全集》第一卷，王晓朝译，北京，人民出版社，2003年，第176~198页。

## 3 《普罗泰戈拉篇》(348d—361d)——知识的功效，美德是一种知识

于是我开始提问了。我说："普罗泰戈拉，除了探讨那些令我长期困惑的问题，请你不要认为我有其他目的。我相信，当荷马说'两人一起行走，有一个人会先拿主意'② 时候，他讲到了事情的要害之处。然而，我们全都感觉得到，无论是在行动中，还是在言语和思想上，若有人做伴就可以增强我们的力量。但荷马接着又说，'但若只有一个人拿主意'，这就促使我们思考，为什么这个人要马上去寻找另一个人，对他说明自己的想法，从他那里得到确认，而如果找不到这样的人，他的想法就得不到检验。这就是为什么我宁可与你交谈，而不与其他人交谈，因为我认为你最有能力解释一个好人会关注的问题，尤其是美德问题。我还有必要去找其他人吗？如你自己所相信的那样，有许多好人自己很好，但却不能把他们的好品质传给其他人，而你不仅是社会的一名优秀成员，而且还有能力使其他人变好。带着这样的自信，尽管有些人把他们的技艺当做一种秘密，而公开对希腊人宣称自己是智者，是文化与美德的教师，并且第一个宣称提供这种服务是要收费的。因此，我当然要请你帮我思考这些主题，请你回答我的问题。此外不可能有别的方式。"

"我现在要从头来过，重提我向你提出过的关于这个主题的第一个问题。

---

① 荷马：《奥德赛》第17卷，第347行。——中译者
② 荷马：《伊利亚特》第10卷，第224行。——中译者

有些事我希望你能提醒我，有些事我想在你的帮助下进行考察。如果我没搞错，这个问题是关于智慧、节制、勇敢、正义和虔诚这五个术语的。它们是一个单一的实体，还是各自是一个实体，有其自身分离的功能，相互之间也不同吗？你的回答是，它们不是同一事物的不同名称，而是不同分离实体的名称，但所有这些东西都是美德的组成部分。它们不像一块金子的各个同质的组成部分，而像一张脸的组成部分，各部分与整体不同，相互之间也不同，各部分有不同的功能。如果你现在仍旧保持这种看法，那么请你说一下，如果你已经改变看法，那么也请你说明自己的观点。如果你现在表达了不同的看法，我一定不会抓住不放。你可以大胆地讲，就好像你在对我进行考察一样。"

"不，"他说道，"我认为它们全都是美德的组成部分，其中有四个组成部分相互之间非常相似，但是勇敢则与它们很不相同。我的证据是，有许多人你可以发现他们是不正义、不虔诚、不节制、无智慧的，然而却又是非常勇敢的。"

"请停一下，"我说道，"你说的这些话值得深究。你把勇敢视为一种自信，或是别的什么东西？"

"对，勇敢是一种自信，渴望面对那些大多数人都会怕得发抖的危险。"

"你把美德视为高尚的，而正因为你假定美德是高尚的，所以你要把它教给别人，对吗？"

"美德是一切事物中最高尚的，除非我发了疯。"

"部分卑鄙部分高尚，还是全部高尚？"我问道。

"全部高尚，极为高尚。"

"你知道有什么人会无畏无惧地钻入水中？"

"我知道，潜水员。"

"那是因为他们知道这是他们的工作，还是因为别的原因？"

"因为他们知道这是他们的工作。"

"什么人在骑马时感到自信，训练有素的人还是未经训练的人？"

"训练有素的人。"

"在使用轻盾作战时谁会感到自信，轻盾步兵还是其他人？"

"轻盾步兵。如果你要问的就是这些，那么一般说来都是这样。拥有相关知识的人比那些不拥有相关知识的人更加自信，学会某项工作的时候比没学会以前更加自信。"

"但是，"我说道，"难道你从来没有遇到过这样的人，他对某种危险的工作一无所知，但仍旧自信地从事这项工作？"

"确实有这样的人,他们过于自信了。"

"他们的自信不也包含着勇敢吗?"

"不包含,如果是这样的话,那么勇敢就会成为某种可耻的东西了。这样的人是疯子。"

"那么你如何定义勇敢?你不是说勇敢就是自信吗?"

"是的,我仍旧这样看。"

"好吧,那些无知地自信的人表明他们自己不是勇敢,而是疯狂,相反,在另一个例子中,最聪明的人也是最自信的人,因此也是最勇敢的人,是吗?根据这个论证,他们的知识必定是勇敢。"

"不,苏格拉底,"他说道,"你没有正确地记住我的答复。你问我勇敢是否自信,我说是,但是你并没有问我自信是否勇敢,如果你现在问我这一点,那么我会说,'并非全部自信都是勇敢',因此,通过揭示勇敢不是自信,你并不能否证我的观点。还有,当你论证说学会某些知识的时候比没学会以前更加自信,也比那些没有知识的人更加自信,由此得出结论说勇敢和智慧是一回事,那么你也可以据此得出结论说体力就是知识。你可以一开始就问,强大是否就是有力量,我会表示同意。接下去你就问我那些懂得如何摔跤的人是否比那些不懂的人更加有力量,是否比他们学会摔跤以前更加有力量,对此我仍旧得表示同意,这时候就可以随你说了,你可以添加同样的证据,最后说我自己承认智慧就是体力。此时我会再次承认有力量就是强大,但是仅当强大就是有力量时才会这样。力量和体力不是一回事,力量可以从知识中得来,也可以从疯狂或热情中得来,而体力是一种天然的构成和身体的培育。同理,在我们现在的讨论中,我否认自信和勇敢是一回事,因为我说过勇敢是自信,但并非一切自信都是勇敢。自信就像力量一样,可以来自技艺,也可以来自疯狂或热情,但是勇敢是一种自然的事,是灵魂的恰当培育。"

"那好吧,"我说道,"你说过有些人生活得好,有些人生活得坏,是吗?"

他表示同意。

"那么你认为生活得好的人会在痛苦和烦恼中度过一生吗?"

"不会。"

"那么要是快乐地度过一生,你会把他算做生活得好吗?"

"是的。"

"那么快乐地生活就是好,痛苦地生活就是坏,对吗?"

"对,只要这种快乐是高尚的。"

"你在说什么,普罗泰戈拉?你肯定不知道流行的看法,有些快乐是坏的,有些快乐是好的,对吗?我的意思是说,撇开它们可能产生的任何后果不谈，就快乐本身而言，它们是好的吗？同理，痛苦就其本身而言，是坏的吗？"

"苏格拉底，"他说道，"我不知道是否应当对你这个不恰当的问题做出一个不恰当的回答，说一切快乐都是好的，一切痛苦都是坏的。但我坚信，有些快乐不是好的，有些快乐不是坏的，另外我们还得说有第三类不好不坏的快乐，这不仅是我现在的看法，而且我会在我的一生中加以坚持。"

"快乐的意思不就是得到或给予快乐吗？"我说道。

"没错。"

"那么我的问题是，快乐之作为快乐是否好。我在问的实际上是快乐本身是否是一样好事情。"

"让我们一起来考察这个问题，"他答道，"这是你在自我标榜时喜欢说的话。如果我们正在考察的这个命题是合理的，快乐和好可以等同，那么我们都会表示赞同。如果不是这样，那么我们应当表示不同意见。"

"很好，"我说道，"由你来引导这项考察，还是由我来引导？"

"你来引导，因为是你把这个主题引进来的。"

"我怀疑我们是否能够把这个问题说清楚，"我说道，"如果某人正在尝试着根据外表判断别人的健康或身体的某些功能，他会看对方的脸和手，还会说，'让我看看你的胸膛和后背，这样才能得到更加令人满意的检查'。为了我们当前的考察，我想提一些与此相似的要求。为了能够观察到你对好和快乐的态度是否就像你自己说的一样，我想这样做。把你的心灵的另一个部分敞开吧，普罗泰戈拉。你对知识采取什么态度？你在这方面的观点和流行看法一样吗？一般说来，大多数人认为知识并不是最强大的东西，也不是占主导或统治地位的因素。他们并不这样看。他们认为支配人的并不是知识，而是别的东西，有时候是情欲，有时候是快乐，有时候是痛苦，有时候是爱情，人们经常提到的还有恐惧。他们把知识只当做奴仆，受其他东西的役使。你也是这样看的吗？或者说，你宁愿说知识是一样好东西，能够支配人，只要能够区分善恶，人就不会被迫以知识所指示的以外的方式行事，因为智慧就是他所需要的全部援兵。"

"这不仅是我的观点，"普罗泰戈拉答道，"而且我比其他任何人都更加强调，把智慧和知识视为其他什么东西，而不视为人生最重要的因素，是可耻的。"

"你的回答好极了，非常真实，"我说道，"但是我希望你知道大多数人并不相信我们。他们坚持说，有许多人知道什么是最好的，只是不愿意去获取它。做好事的大门对他们敞开着，但他们却去做其他事。每当我问这是为什么，他们就回答说，以这种方式行事的人被快乐、痛苦或其他我刚才提到的事情征服了。"

"苏格拉底，民众说错话是司空见惯的事，有什么可惊讶的。"

"那么就试着和我一起来说服他们，告诉他们所谓被快乐征服是怎么回事，为什么尽管他们知道什么是好事，但却不愿意去做好事。如果我们只是简单地说，'你们错了，你们说的话是错的'，那么他们会问，'如果不是被快乐所征服，那又是什么呢？你们两个说得出来吗？告诉我们吧。'"

"我们为什么一定要去理会那些普通人的观点，他们说话从来不经过思考？"

"我相信这样做能帮助我们发现勇敢如何与美德的其他部分相连，"我答道，"所以，如果你乐意继续遵守我们的决定，由我来引导讨论，而无论我朝着什么方向努力，只要我认为有助于解决问题，那么就请你跟随我。否则，如果你愿意的话，我只好中断谈话。"

"不，你说得对，"他说道，"请继续说吧。"

"那么我就接着说。如果他们问我们，'你们用什么名称指标那些被我们叫做由于快乐而变坏了的事情？'我会回答说，'听着，普罗泰戈拉和我会向你们解释的。你们说的无非就是你们经历过的事情，比如你们被饮食男女之类的欲望所征服，食物、饮料、性是快乐的事情，尽管你们知道它们是恶的，但却沉迷于其中。'对此他们会表示同意。然后我们得问，'在哪方面你们称之为恶？因为它们所提供的快乐，还是因为它们会引起疾病或贫困一类的后果？如果不会引发这些后果，而只是产生纯粹的快乐，那么它们无论怎样提供快乐，它们仍旧是恶的吗？'也就是说，依据它们所产生的真实的、当下的快乐，它们不是恶的，而依据它们带来的后果，比如疾病等等，它们是恶的，除此之外，我们还能期待有别的什么回答吗？"

"我相信他们会这样回答。"普罗泰戈拉说。

"'那么，引起疾病和贫困就是引起痛苦。'我想他们会同意这一点的。"

普罗泰戈拉点了点头。

"'所以我们认为，你们把这些快乐视为恶的唯一原因在于它们会引起痛苦，剥夺我们进一步的快乐。'他们会同意这种看法吗？"

我们都认为他们会同意。

"现在假定我们向他们提出一个相反的问题。'你们还说痛苦也可以是好的。我想你们指的是体育、军训、医生的治疗，包括烧灼术、外科手术、吃药、节食等等，是吗？你们说这些事情是好的，但却是痛苦的吗？'他们会表示同意吗？"

"他们会同意。"

"'那么你们称这些事情为好的,因为它们在某个时刻引起极度的痛苦和呻吟,还是因为它们在将来能够带来身体的健康和强壮、国家的安全、支配其他民族的财富。'我认为他们会选择后一种理由。"

普罗泰戈拉也这样想。

"'这些事情被称做好的,除了它们的后果是快乐,是终止或防止痛苦,还有别的什么理由吗?当你们称这些事情为好的时候,除了因为快乐或痛苦,你们还能说自己心中有别的什么目的吗?'我认为他们会说没有。"

"我也这样认为。"他说道。

"'所以你们把追求快乐视为善,而把避免痛苦视为恶?'对此,他们会表示同意吗?"

"他们会的。"

"'那么你们说的恶就是痛苦,而你们说的善就是快乐。即使自己能够快乐,但只要这种快乐会引起快乐的丧失,或者导致的痛苦超过快乐,你们就会称之为恶。'如果你们把快乐称为恶还有别的什么意思,或者说你们并不是这样想的,那么就请你们说出来,但我想你们做不到。"

"我同意,他们做不到。"普罗泰戈拉说。

"如果我们再来谈论痛苦,结果不也一样吗?你们把受苦称为好的,只要它们能驱逐更大的痛苦或引出快乐来压倒痛苦。如果当你们把真的承受痛苦称做一件好事时心中还有别的想法,那么你们可以告诉我们,但我想你们做不到。"

"对。"普罗泰戈拉说。

我继续说道:"先生们,如果你们问我说这些冗长的废话有什么意义,那么我请求你们的宽容。要解释你们所谓被快乐征服是什么意思不是一件容易的事,而任何解释都与此相关。如果你们能说出善是快乐以外的某样东西,恶是痛苦以外的某样东西,那么你们还可以改变想法。你们的一生只要有快乐而没有痛苦就足够了吗?你们可以提到有既不好又不坏的事情,这些事情最终不能归结为善与恶,如果是这样的话,那么请听我下一个要点。"

"'这个要点会使你们的论证显得滑稽可笑。你们说有人经常知道邪恶的行为是恶的,但却要去作恶,而且并没有外来的压力,因为他受快乐的引导和吸引;另一方面,尽管他知道什么是善,但他不愿行善,因为他被眼前的快乐征服了。如果我们停止使用快乐、痛苦、善、恶这些名称,这个说法的荒唐之处就能显示出来,因为它们实际上只是两样东西,用两个名称来称呼它们也就可以了。它们是善与恶,而快乐和痛苦只是善与恶的不同阶段。如果你们同意这一点，那么我们现在可以假设一个人通过知道什么是恶而作恶。为什么？因为他被征服了。他被什么东西征服了？我们不能再说被快乐征服了，因为快乐已经改了名字，被称做善了。要问我们被什么东西征服，我们得说被善征服。我担心如果向我们提问的人脾气不好，那么他会笑着挖苦我们说，多么荒谬的胡说八道，一个人要是知道什么是恶就不会去作恶，因为他被善征服了。我得假设你们说的善与恶相同还是不同？我们显然会回答说，善不同于恶，否则的话我们说被快乐征服了的人就不会作恶了。提问的人会说，善以什么样的方式不同于恶，或恶以什么方式不同于善？恐怕不会是以较大或较小的方式，也不会是以较多或较少的方式吧？对此我们得表示同意。所以，你们说的被征服的意思一定是用较大的恶交换较小的善。

"'注意到这个结果，假定我们就同一现象重新表述快乐和痛苦，好比说一个人作恶，他作的恶是我们从前说的恶，但我们现在说他采取一些痛苦的行为，他知道这些行为是痛苦的，但他被快乐所征服，而快乐显然与痛苦并不匹配。当我们把快乐与痛苦联系起来使用时，与某某不匹配这个短语除了与某事物相比较而言超过或不足又能有什么意思呢？它取决于某事物与另一事物相比是否比较大或比较小，或者在程度上比较强或比较弱。如果有人反对说现在的快乐与痛苦和将来的快乐与痛苦有很大的区别，我会回答说这种区别只能是快乐和痛苦，而不会是别的事物。就好比一名称重量的行家，把快乐与痛苦放在一起，一头担起快乐，一头担起痛苦，竭力保持平衡，并且说出何者更重。把快乐与快乐作比较，人们一定总是选择较大的快乐和更大的快乐；把痛苦与痛苦作比较，人们一定总是选择较小的痛苦和更小的痛苦；要是把快乐与痛苦作比较，只要快乐超过痛苦，那么不管是眼前的，还是将来的，人们一定会选择那些会带来快乐的过程；但若痛苦超过了快乐，那么人们会避免它。难道不是这样吗，我的先生？'我得说他们对此无法加以否认。"

普罗泰戈拉对此表示同意。

我继续说："'如果这样的话，那么请你们继续回答。同样大小的东西放在眼前看起来比较大，而放在远处则显得比较小。事物的厚薄和数量也一样。同样的声音，距离较近听起来就比较响，距离较远听起来就比较轻。现在如果我们的幸福取决于行动，我的意思是取决于选择较大的和避免较小的，那么我们的出路在哪里呢？在于度量的技艺还是在于由现象产生的印象？我们难道没有看到现象把我们引上歧途，使我们陷入混乱，因此在我们的行为和选择大小中，我们不断地接受和拒绝相同的东西，而度量的技艺则会消除印象产生的效果,通过对事物真实状态的揭示,可以使灵魂生活在平静与安宁之中,与真理在一起,以此拯救我们的生命。这样说对吗?'出于这些考虑,人们会同意我们的拯救与度量的技艺相连吗?"

普罗泰戈拉表示,他们会同意的。

"'再说,如果我们的幸福取决于我们对奇数和偶数的选择,我们知道当较小的数以各种方式与它自身或其他数相连时,无论它是远是近,我们一定会选择较大的数,知道这样的选择一定是正确的,那么又会怎样?又有什么能确保我们过上幸福的生活?当然是知识以及度量这种专门的学问,因为这种为人们所需的技艺包含着对过度与不足的估量,或者更加精确地说,是一种算术,因为算术就是处理奇数和偶数的一门学问。'人们会同意我们这种看法吗?"

普罗泰戈拉认为他们会同意。

"我会说,'那么好吧,既然我们的生命要想获得拯救取决于正确地选择善恶,或大或小,或多或少,或近或远,那么包括考虑过度、不足、相等在内的度量问题岂不成了头等重要的事情了吗?'"

"确实如此。"

"'如果是这样的话,那么它一定是一门专门的技艺或知识。'"

"对,他们会同意这个说法。"

"'我们以后再说它是一门什么样的技艺或知识,要解释你们向我和普罗泰戈拉提的问题,我想事实已经足够了。我想提醒你们,这个问题的产生是因为我们两人同意没有什么比知识更强大的东西了,只要有知识就可以发现它对快乐和别的事情起支配作用。而另一方面,你们坚持快乐经常支配着有知识的人,如果不是快乐在起支配作用,你们就要我们回答这种经历到底是什么。如果我们直截了当地回答说是无知,那么你们会嘲笑我们,但若你们现在嘲笑我们,那么你们实际上也在嘲笑你们自己,因为你们已经同意当人们对快乐与痛苦,亦即善与恶,做出错误选择时,使他们犯错误的原因就是缺乏知识。我们还可以进一步称这种知识为度量的技艺,这是你们同意了的,你们知道自己在没有知识的情况下采取的错误行为是无知的。所以,所谓被快乐支配实际上是被无知支配,这是一种最严重的无知,普罗泰戈拉、普罗狄科、希庇亚自称能治疗这种无知。而另一方面,你们相信它是另外一种东西,因此自己不去向智者学习,也不让自己的孩子去向智者学习,而智者是处理这些事情的专家。正是因为相信没有什么东西是可以传授的,因此你们只想守住你们的金钱。这种做法对你们自己是有害的,对你们的社群也是有害的。'"

"这就是我们应当对普通人做出的回答。现在我要问你们，希庇亚、普罗狄科，还有普罗泰戈拉，因为我想要你们分享我们的讨论，你们认为我说的是否正确。"

他们全都表示同意，并且强调我说的是正确的。

"那么你们同意快乐是善，痛苦是恶，"我说道，"我现在请求普罗狄科豁免对我所提的精确区分语词的要求，无论是称之为快乐、惬意，还是喜悦。亲爱的普罗狄科，无论你喜欢用什么名称，请按照我要求的意思加以回答。"

普罗狄科笑着表示同意，其他人也一样。

我继续说："下面是另外一个要点。一切行为旨在一个目的，亦即快乐地、无痛苦地生活，为此可采取的良好行为必定是善的和有益的。"

他们表示同意。

"如果快乐就是善，那么不会有人知道或相信有另一种可能的行为过程比他正在追随的行为过程更好，可以供他选择。'不自觉的行动'完全是无知的结果，而'做自己的主人'是一种智慧。"

所有人都表示同意。

"那么我们可以把无知定义为拥有一种错误的看法或在当前的事情上犯了错误吗？"

他们对此也都表示同意。

"由此可以推论，无人会选择恶或想要成为恶人。想要做那些他相信是恶的事情，而不是去做那些他相信是善的事情，这似乎违反人的本性，在面临两种恶的选择时，没有人会在可以选择较小的恶时去选择较大的恶。"

他们又再次表示同意。

"现在该说到害怕或恐惧这种情感了，我相信你们知道这种情感。但是我怀疑你们的理解能和我一样吗？我是针对你而言，普罗狄科。你是否称之为害怕或恐惧，而我把它定义为等待恶的到来。"

普罗泰戈拉和希庇亚认为这个定义覆盖害怕和恐惧，但普罗狄科说这个定义只适用于害怕，而不适用于恐惧。

"好吧，普罗狄科，"我说道，"这其实没有什么区别。关键在于我说的是否真实，当人们可以遇到他不害怕的东西时，是否有人愿意遇到他害怕的东西？我们已经表示同意的那些结论会使它成为不可能的吗？我们已经承认人们会把他害怕的东西当做恶的，没有人会自愿遇到或接受他认为是恶的事情。"

他们全都表示同意。

"在此基础上，"我继续说道，"让普罗泰戈拉作一番辩护吧，让他告诉我们他最初的回答是正确的。我指的不是他一开始说的话，他当时坚持美德的五个部分相互之间都不同，各自有其分离的功能，而是指他后来的观点，美德的五个部分中有四个非常相似，只有一个，亦即勇敢，与其他部分不同。他当时说，下面的证据会告诉你这一点，'苏格拉底，你会发现有些人极为不虔诚、不正义、荒淫无耻、无知识，然而却非常勇敢，这就表明勇敢与美德的其他部分很不相同。'当时我对这个回答感到非常惊讶，但是我们现在的讨论使我更加惊讶。我问他是否把勇敢描述为自信，而他回答说，'是的，并且急于想去。'你还记得你说过的这句话吗，普罗泰戈拉？"

他承认了。

"那么请你告诉我，"我说道，"那个勇敢的人急于想朝着什么方向去？朝着胆怯的方向吗？"

"不。"

"朝着别的什么事情吗？"

"是的。"

"胆小鬼会碰到信心的鼓舞，而勇敢者会碰上可怕的事情吗？"

"人们是这样说的，苏格拉底。"

"我知道他们这样说，但那不是我要问的。你说勇敢的人急于想去碰到什么？既然知道要碰上可怕的事情，难道那还不是可怕的事情吗？"

"你自己的论证已经表明那是不可能的。"

"没错，所以我论证是健全的，没有人会去与那些他相信是可怕的事情相遇，因为受自己支配的人都不是无知的。"

他表示承认。

"至于说到信心，那么每个人都会受到信心的鼓舞，无论是胆小鬼还是勇敢者，因此胆小鬼和勇敢者做的是同一件事。"

"不管你怎么说，"他答道，"胆小鬼做的事和勇敢者做的事完全相反。比如说，勇敢者想要参加战斗，而其他人不愿意。"

"这种愿意是高尚的还是可耻的？"

"高尚的。"他说道。

"如果是高尚的，那么我们在前面讲过它是好的，因为我们同意所有高尚的行为都是好的。"

"没错，我仍旧这样想。"

"非常正确，"我说道，"尽管参加战斗是一件好事，但仍有人不愿意参加，那么你说不愿意参加战斗的人是哪一类人？"

"胆小鬼。"他答道。

"好吧,如果它是高尚的和好的,那么它也是快乐的。"

"我们对此一定会表示同意。"

"那么这些胆小鬼在拒绝接近这些比较高尚、比较好、比较快乐的事情时有没有知识呢?"

"如果我们说有,那么就会与我们前面的结论相冲突了。"他答道。

"那么就说勇敢者好了。他会选择做那些比较高尚、比较好、比较快乐的事情吗?"

"我无法否认。"

"一般说来,当勇敢者感到害怕时,他们的害怕并没有什么可耻,而当他们感到自信时,他们的自信也没有什么可耻可言。对吗?"

"对。"

"所以他们的害怕和自信都是高尚的,如果是高尚的,那么当然也是好的,是吗?"

"是。"

"另一方面,胆小鬼,以及鲁莽者和疯子,会感受到那种丢脸的害怕或自信,他们这种表现除了因为无知,还有别的原因吗?"

"没有。"

"那么好,使人成为胆小鬼的是胆怯还是勇敢?"

"胆怯。"

"但是我们已经看到对可怕事物的无知才使他们成为胆小鬼。如果使他们胆怯的是这种无知,你对此也已经表示同意,那么胆怯一定是不知道什么应当害怕,什么不应当害怕。"

他点了点头。

"那么好,勇敢是胆怯的对立面。"

他表示同意。

"关于什么应该害怕、什么不应该害怕的知识是对这些事情无知的对立面。"

他再次点了点头。

"这就是胆怯。"

在这个地方,他犹豫了很长时间才表示同意。

"因此,关于什么应该害怕、什么不应该害怕的知识就是勇敢。"

对此,普罗泰戈拉无法再表示同意了,他只好保持沉默。于是我说:"普罗泰戈拉,你怎么啦,对我的问题既不说是,也不说不是。"

"你自己把它了结掉吧。"他说道。

"还得再问一个问题。"我答道。"你仍旧像原先那样相信,人可以是完全无知的,但却又是非常勇敢的吗?"

"你好像已经得逞了,苏格拉底,让我来回答。为了让你高兴点,我会说,根据我们一致同意的假设,这是不可能的。"

"我向你保证,"我说道,"在提所有这些问题的时候,我心中并无其他用意,只想着要了解关于美德的真理,想知道美德本身是什么。我知道,如果我们弄清了这一点,那么就会帮助我们解开你我作了一连串的论证想要解决的问题。这个问题就是我认为美德不可教,而你认为美德可教。在我看来,我们的谈话到目前为止所取得的结果就像人们在争论中指向我们的一根手指头,是对我们的指责。如果它会说话,那么它会说苏格拉底和普罗泰戈拉,你们真是荒唐的一对。你们中有一个在开始的时候说美德不可教,但是后来却自相矛盾,想要证明一切都是知识,比如正义、节制、勇敢等等,以为这是证明美德可教的最佳方式。如果像普罗泰戈拉想要证明的那样,美德是知识以外的某种东西,那么显然它是不可教的。但若它作为一个整体是知识,这是你苏格拉底热衷的,那么如果美德不可教,可就太奇怪了。另一方面,普罗泰戈拉一开始假定美德可教,现在则矛盾地倾向于说明它是知识以外的任何东西,而不是知识,而只有把它说成是知识才最容易把它说成是可教的。"

"普罗泰戈拉,当我看到人们关于这个主题的看法如此混乱时,我感到有一种最强烈的冲动,想要弄清它。我应当继续我们当前的谈话,下定决心弄清美德本身和它的基本性质。然后我们可以返回到美德是否能教这个问题上来,免得你的厄庇墨透斯会把我们搞糊涂,让我们在考察中受骗,正好像在你讲的这个故事中,他在分配技艺时把我们给忽略了。我更喜欢神话中的普罗米修斯,胜过厄庇墨透斯,所以我会按照他的指引,把时间花在这些事情上,以便对我的整个生活做出预见。如果你愿意,那么就像我在开始时说过的那样,你是我最乐意与之共同进行这项考察的人。"

"我对你的热情和你讲解的技能表示祝贺,苏格拉底,"普罗泰戈拉答道,"我希望自己的表现也不太坏,我是最不会妒忌的人。我曾经告诉过许多人,我从未遇到过像你这样令我尊敬的人,在你的同龄人中肯定没有。我现在要说的是,如果你成为我们时代最杰出的哲学家之一,那么我也不会感到有什么惊讶。好吧,我们以后见面时会再谈这些事,只要你喜欢,不过我们现在得去干些别的事了。"

"就这样吧,如果你希望如此,"我说道,"我确实早就该去赴约了。我之所以还呆在这里,那是因为对卡里亚的奉承的一个让步。"

这场谈话就这样结束了，我们各自离去。

### ▼ 选文出处
《柏拉图全集》第一卷，王晓朝译，北京，人民出版社，2003年，第473~489页。

# 柏拉图

> 柏拉图主要学说可用三个喻来说明：洞穴喻说我们人类只看到现象，而看不到真实的理型，或者说只看到模仿，而看不到真实的事物；线喻说我们认识分意见与知识，前者是错误，后者是真理，意见再分想象与感觉，而知识分推理与直观；太阳喻说最高伦理范畴是善。关于知识是真信念加上解释，是柏拉图第一个提出来的。

### 作者简介

柏拉图（Plato，公元前 427—前 347），古希腊哲学家。生于贵族世家。其师苏格拉底去世后，离开雅典到麦加拉、埃及、昔勒尼、意大利等地讲学。约于前 387 年返回雅典创建学园，使之一度成为当时希腊世界的学术文化中心。作品以对话集形式完成，主要有《会饮篇》、《国家篇》、《斐多篇》、《巴门尼德篇》、《泰阿泰德篇》、《美诺篇》、《法律篇》等。

### 著作选读：

《泰阿泰德篇》；《国家篇》第 5 卷，V475c—480a；《国家篇》第 6 卷，VI507a—511e；《国家篇》第 7 卷，VII514a—521b。

[知识就是真的信念＋解释。按照柏拉图的看法，真信念尽管可能会达到知识，但它要成为知识，它还必须对自己的信念提供解释（理由，根据）。

柏拉图在《泰阿泰德篇》里曾通过苏格拉底与泰阿泰德两人讨论知识究竟是什么。当苏格拉底问什么是知识时，泰阿泰德首先泛举了一些一般的知识，如几何、科学或工艺学问，苏格拉底立即纠正他说，"我问你的问题不是知识的对象是什么，也不是有多少种知识。我们不想数清知识的门类，而是想发现知识本身是什么"（146e）。此时，泰阿泰德终于尝试地回答说："就我现在的理解来说，知识无非就是感官知觉（sense-perception）。"（151e）按照泰阿泰德的看法，说某人知道某事，就是说他知觉到他所知之事。

这里"感官知觉"一词，希腊文名词为 aesthesis，意即觉察到外物（awarness of outer objects），其动词为 aisthesthai，意即为去觉察（to become aware of something）。按照柏拉图的看法，感官知觉包括视、听、嗅、尝、触等感觉。

苏格拉底立即对这种观点做出批评，首先，知觉是"因人而异"的，"事物对于我就是它向我呈现的样子，对于你就是它向你呈现的样子"（152a），例如一阵风吹，我感到冷，你却感到舒畅，同样的食物，病人感到反胃，而健康人感到有味；其次，借知觉所接触的现象也是常变迁的，"我们喜欢说的一切'存在的'事物，实际上都处在变化的过程中，是运动，变化，彼此混合的结果，把它们叫做'存在'是错误的，因为没有什么东西是永远常存的，一切事物都在变化中"（152d-e）。这里我们看到一种知觉与知识的对立：

知觉 { 知觉活动——因人而异，可错乱的 / 被知觉现象——变易流逝的 } 个别的

知识 { 认知活动——不因人而异，正确无误的 / 被知成果——恒常不变，真实无妄的 } 普遍的

苏格拉底在论述了知觉并不是知识之后，接下来转到真实的信念是否是知识，以及真实的信念加上解释是否是知识。]

## 1 《泰阿泰德篇》——知识是真的信念加上解释

苏格拉底：那么让我们再次从头开始，知识是什么？我们肯定还没有想要放弃这问题。

泰阿泰德：没有，除非你放弃。

苏格拉底：那么告诉我，我们能提供什么样的定义而自相矛盾的危险最小？

泰阿泰德：我们前面尝试过的那个定义，苏格拉底。其他我没有什么建议可提。

苏格拉底：那个定义是什么？

泰阿泰德：知识就是真实的信念。相信真实的事物确实不会有错，结果也总是令人满意的。

苏格拉底：当被问及这条河能否涉水而过时，泰阿泰德，人们常说，试试看你就会明白了。所以，如果继续我们的探索，我们会碰上我们正在寻找的东西。如果我们停留在原地，我们就什么都找不到。

泰阿泰德：对。让我们继续前进，看看到底有什么。

苏格拉底：好吧，不过在这一点上我们不需要走得远。你会发现有种职业完

全证明了真实的信念不是知识。
泰阿泰德：怎么会这样？什么职业？
苏格拉底：那些理智的完人从事的职业，人们称之为演说家和律师。这些人使用他们的技艺使他人产生信念，不是通过教导，而是通过使人相信他们想要他相信的任何事情。你几乎无法想象竟有如此能干的教师，能在计时沙漏允许的短暂时间里用那些听众并未亲眼所见的抢劫案或其他暴力的事实教导听众。
泰阿泰德：我很难想象，但他们能使听众信服。
苏格拉底：你所说的信服指的是使他们相信某事。
泰阿泰德：当然。
苏格拉底：陪审团正当地相信了只有目击者才知道的事实，于是他们根据传闻做出判决，并接受一种真实的信念，尽管我们可以说，如果他们找到了正确的裁决，表明他们的信念是正确的，但他们是在没有知识的情况下做出判决的，对吗？
泰阿泰德：当然对。
苏格拉底：如果真实的信念和知识是一回事，那么最优秀的陪审员决不会拥有正确的信念而没有知识。而现在我们似乎得说，真实的信念和知识一定是不同的。
泰阿泰德：你说得对，苏格拉底，我听某人作过这种区别。我已经把它给忘了，不过现在又想起来了。他说，真实的信念加上解释（逻各斯）就是知识，不加解释的信念不属于知识的范围。如果对一个事物无法作解释，那么该事物不是"可知的"，这个词是他的用法；如果能作解释，那么该事物是可知的。
苏格拉底：这个建议很好。但请告诉我，他如何把这些可知的事物从不可知的事物中区别出来。也许你听说过的这些事与我听说过的有些吻合。
泰阿泰德：我不敢肯定我是否能回想得起来，但如果我听到有人能讲述一遍，我想我能认得出来。
苏格拉底：就好比你做了一个梦，却让我把我的梦告诉你。我好像听说过，某些人说我们和其他一切事物均由某些所谓的基本元素组成，对基本元素无法作任何解释。每个基本元素只有用它自身来指称，我们不能将它进一步归于任何事物，或者说它们存在或不存在，因为这样一说，马上就会把存在或不存在附加于它，而如果我们要做到只用它自身来表达它，那么我们什么都不能添加。我们甚至一定不能添加"只有"、"它"、"各自"、"独自"、"这"或者任何一个该类术语。这些术语可以随处使用，添加于一切事物，而与它们所添加于其上的事物有别。如果某个元素有可能用完全包括某类事物的公式来表达，那么其他术语一定不能进入这个公式。但是事实上没有这样能用来表述任何元素的公式，元素只能用来指称，因为名称就是属于它的全部东西。但是，当我们说到由这些元素构成的事物时，正像这些事物是复合的一样，名称也结合起来构成一个描述（逻各斯），所谓描述就是名称的结合。同理，元素是不可解释的和不可知的，但是它们能够被觉察，而元素的复合体（"音节"）是可解释的和可知的，你可以拥有关于它们的真实的观念。所以当一个人拥有关于某事物的真实的观念但没有解释时，他的心灵确实真实地想到了这个事物，但他不知道这个事物，因为如果说一个人不能给出或接受关于某事物的解释，那么他就没有关于该事物的知识。但若他也拥有了一个解释，那么知识这件事对他来说就变成可能的了，他完全拥有了知识。这番梦话与你听说的一样，还是不一样？

泰阿泰德：完全一样。

苏格拉底：所以这个梦得到了青睐。你认为真实的观念加上解释就是知识，对吗？

泰阿泰德：完全对。

苏格拉底：泰阿泰德，我们今天此刻发现的东西，就是那么多聪明人长年累月，到老都没能发现的东西吗？

泰阿泰德：无论如何，我对我们现在的诊断相当满意，苏格拉底。

苏格拉底：对，这个诊断就其本身而言是令人满意的，因为没有解释和正确的信仰怎么会有知识呢？但是在我们所陈述的这个理论中有一个要点我感到不妥。

泰阿泰德：什么要点？

苏格拉底：这个要点可以视为这个理论最单纯的特点。它说那些元素是不可知的，但是复合物（"音节"）是可知的。

泰阿泰德：这样说不对吗？

苏格拉底：我们必须把问题找到。我们在陈述这个理论时用的例子可以作为把柄。

泰阿泰德：亦即？

苏格拉底：字母和音节，字母就是写作的元素。除此之外，这个理论的作者在心中并无其他原型，你不这样认为吗？

泰阿泰德：是这样的。

苏格拉底：那么就让我们来考察这个例子，向它提问，或者倒不如说向我们自己提问。我们按照这个原则学习字母，还是不按照这个原则学习字母？让我们从这个地方开始，音节可以作解释，而字母不能作解释，对吗？

泰阿泰德：可能是这样的。

苏格拉底：我明确地表示同意。假定有人问"苏格拉底"这个词的第一个音节。请解释一下，泰阿泰德，什么是"SO"[①]？你会怎样回答？

泰阿泰德：SO就是S和O。

苏格拉底：这样你就有了对这个音节的解释吗？

泰阿泰德：是的。

苏格拉底：那么继续，给我一个同样的关于S的解释。

泰阿泰德：对这个元素的元素如何能够加以说明？当然，苏格拉底，S是辅音之一，这是一个事实，它除了是声响以外什么也不是，就像舌头发出的嘶嘶声，而另一个辅音字母B不仅没有清晰的声响，而且甚至连声响都不是，大部分字母都是这样。当字母中最清晰的七个元音本身只是声响时，其他字母确实可以说是无法加以说明的，对它们提不出任何种类的解释。

苏格拉底：那么，到此为止，我们获得了关于知识的正确结论。

泰阿泰德：这很清楚。

苏格拉底：那么现在要正确地宣布，尽管音节可知，但字母是不可知的吗？

泰阿泰德：这样说似乎完全正确。

苏格拉底：那么，让我们来看音节。所谓音节我们指的是这两个字母吗？或者如果一个音节由两个以上字母组成，我们指的是组成音节的全部字母吗？或者说，音节指的是一个单一的实体，从字母被放在一起的那一时刻，这个实体就存在了？

泰阿泰德：我应该说，我们指的是构成音节的全部字母。

苏格拉底：那么以字母S和O为例。这两个字母放在一起是我的名字的第一个音节。任何人知道这音节就知道这两个字母，对吗？

泰阿泰德：当然了。

苏格拉底：所以这个人知道S和O。

---

[①] SO指苏格拉底名字的第一个音节。

泰阿泰德：对。
苏格拉底：但是他并没有关于它们中每个字母的知识，所以他知道这两个字母而又没有关于这两个字母的知识吗？
泰阿泰德：这是极端荒谬的，苏格拉底。
苏格拉底：然而，一个人要知道这两个字母，他就必须先知道它们中的每一个，如果他知道音节，那么他就必须先知道字母，这样一来，我们精致的理论就崩溃了，它把我们给抛弃了。
泰阿泰德：这真是突如其来。

..........

苏格拉底：我想我们确实还能找到其他论据来证明这一点。但是我们一定不能让它们把我们的注意力引向别处，以至于遗忘当前的问题，亦即真实的信念加上说明原因的解释产生最完善的知识，这样说到底是什么意思。
泰阿泰德：对，我们一定要弄清这种说法的意思。
苏格拉底：那么好吧，"解释"这个术语想要向我们表达的是什么意思？我想无非就是三个意思。
泰阿泰德：哪三个？
苏格拉底：第一，通过语音用名称和动词为某人的思想提供明显的表达，用嘴唇间流出的话语构造出人的观念的影像，就像镜中或水中的倒影。你同意对"解释"做这样的表述吧？
泰阿泰德：我同意。我们确实把这样做称做用语言表达自己的想法。
苏格拉底：另一方面，任何人都能程度不同地进行解释。如果一个人不是天生聋哑，就能指出他对任何事情的想法。所以在这个意义上，任何人只要拥有正确的观念，就会拥有"对它的解释"，而正确的观念只能是知识而不会是其他东西。
泰阿泰德：对。
苏格拉底：但是我们一定不要过于轻率地指责我们面前这位知识定义的作者是在胡说。这可能并非他的本意。他的本意可能是为了能够通过列举某事物的元素，来回答该事物是什么的问题。
泰阿泰德：请举例，苏格拉底。
苏格拉底：行。赫西奥德说过"聚百木而成车"。我不能叫出车上每块木头的名字，我想你可能也做不到。但若有人问什么是车，如果我们能提到车轮，车轴，车身，车厢，车轭，也就可以满足了。
泰阿泰德：确实如此。

苏格拉底：但我要大胆地说，他会认为我们的回答是可笑的，就好像有人问你的名字，而你用构成你的名字的那些音节加以回答。我们要正确地思考和表达，但若我们以为自己是语法学家，能够给泰阿泰德这个名字提供像语法学家会提供的那种解释，那么我们是荒唐可笑的。他会说，如果不给你的真实观念列举一个完整的构成该物的元素表，要想对任何事物做出科学的解释都是不可能的，我想这是我在前面说过的。

泰阿泰德：对，我们前面是这样说过。

苏格拉底：他还会说，以同样的方式，我们可以拥有关于车的正确观念，能够一一列举构成车的上百个部分并对车的性质做出完整陈述的人也就给他的正确观念增添了一种解释，通过历数车这个整体的所有元素，他获得了关于车的性质的专门知识，而不再是仅仅拥有的信念。

泰阿泰德：你是否赞成这种说法，苏格拉底？

苏格拉底：我的朋友，如果你赞成，请告诉我，你是否接受这种观点，完整地列举元素才是对某事物的解释，而用音节或任何更大的单位作描述仍然没有解释该事物。然后我们可以作进一步的考察。

泰阿泰德：好吧，我接受这种看法。

苏格拉底：那么，当某人认为某事物有时是一事物的组成部分，有时是另一事物的组成部分，或者说，他一会儿相信一事物是某事物的组成部分，一会儿相信另一事物是该事物的组成部分，在这些情况下，你认为他拥有对该事物的知识吗？

泰阿泰德：当然没有。

苏格拉底：那么你忘了，当你开始学习阅读和写字，你和你的同学不就是处在这种状况下吗？

泰阿泰德：你的意思是，我们一会儿认为一个字母，一会儿认为另一个字母是某音节的组成部分，我们把某个字母有时候放入某个特定的音节，有时候放入其他音节？

苏格拉底：这正是我的意思。

泰阿泰德：那我肯定没有忘记，只要这个人还处在这种状态下，我就不认为他获得了知识。

苏格拉底：好吗，假定你正处在学写"泰阿泰德"这个名字的阶段，你想你必须写T，H，E，等等，而且这样做了，然后当你想写"塞奥多洛"的时候，你认为你必须写T，E，等等，在这种情况下，我们能说你知道这两个名字的第一个音节吗？

泰阿泰德：不能，我们刚刚才同意，只要处在这种状况下，一个人就没有知识。

苏格拉底：对名字的第二、三、四个音节，我们没有理由否认他也处在这种情况下？

泰阿泰德：无法否认。

苏格拉底：我们能说在写"泰阿泰德"时，只要将字母按序写下来，他就拥有了正确的信仰和完整的元素表？

泰阿泰德：显然能。

苏格拉底：但是在这种情况下，他仍旧像我们同意过的那样，尽管他的信念是正确的，但他没有知识，对吗？

泰阿泰德：对。

苏格拉底：尽管他在正确的信念之外还拥有"解释"，对吗？因为我们同意他写下那些字母就表明他拥有元素表，而这个元素表是一种"解释"。

泰阿泰德：对。

苏格拉底：所以我的朋友，正确的信念加上解释还不能被称做知识。

泰阿泰德：恐怕是这样的。

苏格拉底：那么，我们以为自己找到了知识的完全正确的定义，而这个定义显然并不比黄粱美梦更好些。或者说，我们还不应该谴责这个理论吗？也许"解释"的意思并非如此，而是三种意思中剩下的那一种，我们说过，任何想把知识定义为正确的信念加上解释的人都一定会对此表示满意。

泰阿泰德：提醒得好。还剩下一种意思。第一种意思是说话声音中的思想的影像，第二种就是我们刚才讨论的列举所有元素而达到整体。第三种是什么？

苏格拉底：这是大多数人会赞同的意思，亦即能够指出一事物与其他任何事物相区别的标志。

泰阿泰德：你能举个例子来说明这种对事物的解释吗？

苏格拉底：以太阳为例。我大胆地说，你会对这样一个解释感到满意，太阳是围绕大地的最明亮的天体。

泰阿泰德：当然。

苏格拉底：让我再解释一下这个例子中的要点。这个例子可以说明我们正在说的意思，如果你拥有了一事物与其他一切事物的区别，那么如某些人所说，你就拥有了对该事物的"解释"，而如果你只是确定了该事物与其他事物的共同点，你的解释就是对分有这个共同点的所有事物的解释。

泰阿泰德：我明白。我同意你所说的完全可以被称做"解释"。

苏格拉底：还有除了关于任一事物的正确观念之外，你也把握了该事物与其他一切事物的区别，到了这个时候，你就获得了你原先只拥有观念的该事物的知识。

泰阿泰德：我们确实这样说过。

苏格拉底：泰阿泰德，我现在真的逼近这个论断进行观察，发现它就像一幅风景画。尽管我在远处观看时觉得它有些意思，但我现在根本无法理解它。

泰阿泰德：你这是什么意思？为什么会这样？

苏格拉底：如果我能做到，我会作解释。假定我拥有关于你的正确观念，再加上关于你的一个解释，那么我们就会明白，我认识你。否则的话，我只拥有一个观念。

泰阿泰德：是的。

苏格拉底："解释"意味着把你与其他事物的区别用话语说出来。

泰阿泰德：对。

苏格拉底：所以，当我只拥有观念的时候，我的心灵不能把握你与其他事物的任何区别吗？

泰阿泰德：当然不能。

苏格拉底：那么，我的心灵必定拥有你和其他人的某个共同点。

泰阿泰德：这是可以推论出来的。

苏格拉底：但是请看！如果是这样的话，我怎么可能拥有关于你的观念而不是别人的？假定我正在想，泰阿泰德是一个男人，有鼻子，眼睛，嘴巴，等等，并列举身体的每个部分。这样想就能使我认为这是泰阿泰德，而不是塞奥多洛，或如常言所说的街头流浪汉吗？

泰阿泰德：这怎么可能呢？

苏格拉底：好吧，现在假定我不仅想到一个有鼻有眼之人，而且想到一个塌鼻暴眼之人。这样一来，就能使我拥有一个关于你的观念，而不是关于我的，或者关于其他塌鼻暴眼之人的吗？

泰阿泰德：不能。

苏格拉底：我想，除非这个特殊的塌鼻子被标示出来，在我心中留下可以与其他我曾见过的塌鼻子相区别的记录，你的身体的每一个其他部分也都得这样做，否则，在我心中实际上不会有关于泰阿泰德的观念。如果我明天碰到你，这些标记会唤醒我的记忆，向我提供一个关于你的正确观念。

泰阿泰德：相当正确。

苏格拉底：如果是这样的话，那么关于任何事物的正确观念必须包括该事物与其他事物的差异。

泰阿泰德：显然如此。

苏格拉底：那么把握添加于正确观念的"解释"还有什么意思呢？一方面，如果它的意思只是添加某事物与其他事物的差异点，那么这样的叮嘱是非常荒唐的。

泰阿泰德：怎么会这样？

苏格拉底：我们已经拥有某些事物与其他事物之差异的正确观念，而它告诉我们要添加一个关于这些事物与其他事物之差异的正确观念。由此可见，这种叮嘱无非是一个最邪恶的圈套。称之为盲人指路或者更为恰当。为了认识某些我们正在思考的事物，它要我们去把握我们已经拥有的东西，这样的建议正是盲人所为。

泰阿泰德：你前面讲了一方面，这表明你的假设蕴涵着你还要说出另一种替换。那么另一方面是什么？

苏格拉底：另一方面，如果添加"解释"意味着我们将去认识差异，而非仅仅是拥有关于差异的一个观念，那么按照这个所有知识定义中最令人尊敬的定义去做就是一项优秀的事业，因为"去认识"的意思就是去获得知识，对吗？

泰阿泰德：对。

苏格拉底：所以，对"什么是知识"这个问题来说，我们的定义会答以"正确的信念伴以差异的知识"。因为，按照这个定义，"添加解释"的意思就是说出差异。

泰阿泰德：似乎如此。

苏格拉底：是啊，当我们在探索知识性质的时候，没有什么比说它是正确的信念伴以差异的知识，或者伴以别的什么的知识，更加愚蠢的说法了。①

所以，泰阿泰德，感觉，真实的信念，真实的信仰加上解释，都

---

① 此处，苏格拉底指出这个定义实际上也是要人们去把握已经拥有的东西，因此是愚蠢的。参阅上文。——中译者

不会是知识。

泰阿泰德：显然不是。

### 选文出处

《柏拉图全集》第二卷，王晓朝译，北京，人民出版社，2003年，第736~752页。

### 2 《国家篇》第5卷（V475c—480a）——知识、无知与意见

那么一个不爱学习的学生，尤其是在他还年轻，还不能凭借理智判断什么有用，什么没用的时候，我们不会说他热爱学习，或称之为爱智者，就好比一个人对食物很挑剔，而且也不饿，这时候我们不会说他胃口好，说他爱吃东西，而只会说他挑食。

我们这样说是对的。

如果有人对任何一门学问都想涉猎一下，乐意学习各种知识，不知满足，那么我们可以正确地称他为爱智者或哲学家吗？

对此，格老孔答道，如果想学一点儿知识就算是爱智的话，那么你得把哲学家这个名称用于许许多多千奇百怪的人。有些人总是渴望听到各种新鲜事情，因此你也得把他们算做哲学家。但你不可能引导他们参加任何认真严肃的辩论或研究，因为他们的耳朵仿佛已经租了出去，凡是这块土地上有合唱表演，他们就每场必到，无论是在城里还是在乡下举行酒神节的庆祝活动，他们从来不愿错过。那么我们要不要把这些人，以及那些从事很次要的技艺的人也都称做哲学家呢？

我说，绝对不要，他们只不过有点儿像哲学家罢了。

那么你心目中的真正的哲学家是哪些人呢？

我说，那些对真理情有独钟的人。

他说，你说得没错，但这话到底是什么意思呢？

我说，要是对别人作解释，那么很难讲清楚，但我想你会同意我的论点。

什么论点？

由于美与丑是对立的，因此它们是二；由于高尚与卑鄙是对立的，因此它们是二。

当然。

它们既然是二，那么它们各自为一。

当然是。

对于正义与不正义、善与恶，以及其他所有的"型"来说，这个表述也

能成立,也就是说,就它们自身而言,它们各自为一,但从它们与各种行为和物体相结合,以及从它们相互之间的结合来看,它们无处不在,各自呈现为一个多重的杂多。

他说,对。

我说,那么这就是我的划分。一边是你刚才说的看戏迷、艺术迷、爱干实务的人,另一边是与我们的论证有关的人,只有这种人才配称为哲学家或爱智者。

他说,你这是什么意思?

我说,一种人是声音与颜色的爱好者,喜欢美丽的声调、色彩、形状以及一切由其组成的艺术品,但他们的思想不能把握和喜爱美本身。

他说,噢,对,确实如此。

另一方面,只有少数人能够把握美本身,凭借美本身来领悟美,是吗?

这种人确实很少。

如果有人认识许多美丽的事物,但他既不认识美本身,又不能追随他人的引导去认识美本身,那么你认为他的一生是在做梦还是清醒的呢?请你想想看,一个人无论是睡还是醒,只要他把相似的东西当成了事物本身,那不就等于是在梦中吗?

他说,我一定会说他一生如梦。

好吧,再说与此相反的情况,有人能够认识美本身,能够区分美本身和分有美本身的具体事物,而又不会把美本身与分有美本身的具体事物相混淆。那么在你看来,他的一生是清醒的还是处在梦中呢?

他答道,他清醒得很。

那么我们可以正确地把这种人的心智状态称做知道,也就是拥有知识,而把另一种人的心智状态称做有某种见解或看法,对吗?

肯定对。

假定我们说的那个只有见解而没有知识的人朝我们大发脾气,指责我们的陈述不真实,那么我们有没有办法可以对他好言相劝,然后又婉转地让他知道他的心智不太正常呢?

他说,我们必须试试看。

那么就让我们来想一想该对他说些什么。或者说你希望我们以这样的方式向他发问,起先假定他有知识,但我们对他非但不妒忌,反而很高兴,然后再问他肯不肯回答这个问题:一个有知识的人是知道某些事物还是一无所知?你来代他回答一下。

他说,我会这样回答,有知识的人知道某些事物。

这个某些事物是存在的还是不存在的？

是存在的。不存在的事物如何能够被知道？

那么，无论从哪个方面对这个观点进行考察，我们都可以确凿无疑地断言，完全存在的事物是完全可知的，完全不存在的事物是完全不可知的。

我们完全可以这样说。

好。如果有某个事物处于既存在又不存在的状态之中，那么这个事物不就处于绝对、无限的存在和不存在之间吗？

是的，它是处于二者之间。

那么，知识与存在相关，无知必然与不存在相关，而那些处于知识与无知二者之间的状态如果也有东西与之相对应，我们一定要把它找出来。

务必如此。

不是有一种被我们称做意见的东西吗？

确实有。

它和知识是同一种能力，还是不同的能力？

是不同的能力。

那么意见和知识是不同的能力或力量，意见相对于某些事物而言，知识相对于另一些事物而言。

是这样的。

那么我们能否说，知识生来就与存在相关，知识就是知道存在和知道存在者如何存在，对吗？但在开始论证前，我想我们必须做出下列区分。

什么区分？

功能、力量、官能属于同一类，凭着它们，我们和其他一切事物能够做各种能做的事情，这样说对吗？如果你能理解我所说的这个类或类型，那么你会明白我的意思，比如说，视或听是一种官能。

他说，我懂。

那么请听我对这些功能的看法。我看不出功能有颜色、形状或其他类似的性质，而在别的许多场合，我依据对这些性质的关注在思想上区分不同的事物。对于功能我只注意一件事情，即它的相关者和效果，以这种方式我把各种功能中的每一个称做功能。与同一事物相关，并能完成同一件事，我就称之为相同的功能；而与另一事物相关并完成另一件事，我就称之为另一种功能。你怎么看？你是不是这样做的？

他说，我的做法和你一样。

我说，那么，我的好朋友，再回到知识或真知这个问题上来。你会说知识是一种功能和力量吗？或者说你想把知识归入别的类型？

他说，知识是一种功能，是一切功能中最强大的。

那么如何给意见归类，它属于功能以外的其他类别吗？

他说，不行，因为能够使我们发表见解的只能是一种发表意见的功能，而不是别的什么东西。

但是刚才你还说过知识和意见不是一回事。

有哪个有理智的人会把绝对无误的东西与会有错误的东西混为一谈？

我说，好极了，我们显然都认为意见和知识不是一回事。

对，它们是不同的。

那么它们各有各的力量，各自与不同的对象相关。

必然如此。

我假定，知识与存在者相关，就是知道存在者的状况，是吗？

是的。

至于意见，我们认为它只不过就是产生见解。

是的。

意见的对象与知识的对象相同，可以认知的事物与可以产生看法的事物相同吗？或者说这是不可能的？

他说，根据我们一致同意的前提，它们不可能相同。如果不同的功能生来就与不同的对象相关，而意见和知识都是某种功能，各有其自身不同的对象，那么如我们所说，这些前提没有留下任何余地，使我们可以把可知的事物与可产生意见的事物等同起来。

如果某事物是可知的，那么它就不是可产生意见的事物。

对，它是可产生意见的事物之外的事物。

那么意见这种功能的对象是非存在，或者说想要对非存在产生意见是不可能的，是吗？想想看吧。一个人有某种见解，但他的意见却不针对任何事物，或者说我们得改变自己的看法，承认意见的对象是非存在，对非存在产生意见是可能的？

不，这是不可能的。

那么有某种意见的人是对某个事物有见解，是吗？

是的。

但是非存在肯定不能说成是某个东西，而称之为无才是最正确的。

对。

我们必须把与非存在相关的功能称做无知，而把与存在者相关的功能称做知识。

他说，对。

那么存在者与非存在都不是意见的对象。

好像都不是。

那么意见既不是无知，也不是知识。

好像是这么回事。

那么意见这种功能是否位于无知和知识之外，是否既超越明朗的知识，也超越昏暗的无知？

意见既不是无知，又不是知识。

但你是否把意见看成比知识要昏暗，而比无知要明亮一些的东西？

他说，我的想法与你很相似。

意见这种功能介于知识与无知这两种功能之间吗？

是的。

那么意见也介于知识和无知之间。

绝对如此。

我们前不久说过，如果有什么事物显得既存在又不存在，那么它就处于完全的存在与完全的非存在之间，这种事物位于绝对、纯粹的存在和绝对的非存在之间，与之相关联的功能既非知识，亦非无知，而是那个在无知和知识之间似乎拥有一席之地的功能。

对。

我们称之为意见的那个事物存在于知识和无知之间。

是的。

那么看起来，我们剩下要做的事情就是去发现这个分有二者的东西，它既存在又不存在，既不能把它确定为绝对纯粹的存在，又不能把它确定为纯粹的不存在，所以我们要是能够正确地发现它，就可以公正地称之为可以对之产生意见的东西，这样一来，我们就把位于两端的东西与两端相连，把介于两端之间的东西与两端之间相连。是这么回事吗？

是的。

承认了这些原则，那么我会说，让那位喜爱观看美景的人来回答我的提问，他不相信有永远不变的美本身或美的型，而只相信有许多美的事物，我的意思是，他绝对不能容忍任何人说美本身是一，正义本身是一，以及其他事物本身是一，等等。我们要这样问他：我的好朋友，在如此众多美丽而又高尚的事物中，难道就没有一样事物会在某个时候看起来丑陋或卑鄙吗？在诸多正义的事物中，难道就没有一样事物会显得不正义吗？在诸多虔敬的事物中，难道就没有一样事物会显得不虔敬吗？

他说，不，这些情况是不可避免的，它们都会以某种方式显得美丽，而又会以另一种方式显得丑陋。你涉及的其他事物也莫不如此。

还有，许多事物是其他事物的两倍，但却又显得是另一些事物的一半，对吗？

没错。

大事物与小事物、轻事物与重事物也一样，这些性质也都可以接受与之相对立的性质吗？

他说，每个事物都将一直拥有或分有对立的性质。

那么在如此众多的事物中，每一个为人所肯定存在的事物都可以说成是非存在的吗？

他答道，这很像那些在宴席上用模棱两可的话语来逗趣的把戏，或者像给儿童猜的那个太监打蝙蝠的谜语，——他用什么去打，蝙蝠停在什么上面，等等。① 这些事物都非常晦涩，无法确定它们到底是还是不是，也无法确定它们二者都是或二者都不是。

我说，那么你有没有对付它们的办法呢？除了位于是与不是之间，你还能找到更好的位置去安放它们吗？因为我们肯定找不到比非存在更加黑暗的地方了，也肯定找不到比存在更加明亮的地方了。

他说，你说得极是。

那么我们似乎已经为许多关于美丽、高尚的事物，以及关于其他许多事物的传统看法，找到了一个中间的位置，位于真正的、绝对意义上的非存在与存在之间。

没错，我们已经找到了。

但我们在前面已经同意，如果我们找到了这种东西，那么必须称之为可以对之产生意见的东西，而不可称之为对之可以产生知识的东西，这种东西游移于存在与非存在之间，由一种游移于知道和无知之间的能力来把握。

我们同意过。

那么我们要肯定，一方面，那些只看见许多美的事物但看不到美本身的人不能跟随他人的指导看到美本身，那些只看见许多正义的事物但看不到正义本身的人也不能跟随他人的指导看到正义本身，其他各种情况亦如此——对这样的人我们要说，他们对各种事物都拥有见解，但他们对他们自己拥有见解的那些事物实际上一无所知。

---

① 这个谜语是，一个男人（又不是男人）看见（又没看见）一只鸟（又不是鸟）停在一根树枝（又不是树枝）上，他用一块石头（又不是石头）去打它。谜底是一位太监瞥见一只蝙蝠停在一根芦苇上，他用一块石头片去打它。——中译者

这是必然的。

另一方面，对那些能在各种情况下对永恒不变的事物本身进行沉思的人，我们该怎么说呢？我们难道不应该说他们拥有知识而非只有意见吗？

这也是一条必然的结论。

我们不是还得说，一种人思考和关注的是作为知识对象的事物，而另一种人思考和关注的是作为意见对象的事物吗？你还记得吗，我们曾经说过有些人喜爱和关注声色之美，以及其他相似的事物，但他们绝对想不到美本身的真实存在？

是的，我还记得。

那么我们得冒昧地称他们为爱意见者，而非爱智者，如果我们这样说，他们不会生气吧？

他说，如果他们听从我的劝告，那么他们不会生气，因为对真理生气是不合理的。

那么对那些在各种场合下以各种方式欢迎真正的存在者的人，我们必须称之为爱智者而非爱意见者。

务必如此。

### 选文出处

《柏拉图全集》第二卷，王晓朝译，北京，人民出版社，2003年，第464～472页。

### 3 《国家篇》第6卷（VI507a—511e）——太阳喻与线段喻

我说，我认为，不管怎么说，如果不知道正义、荣耀的东西与善的关系，那么正义、荣耀的东西无法保证无知的卫士能够高尚。我的猜测是，不知道这一点，就不能理解正义和荣耀。

他说，你的猜测很好。

仅当我们有了这样一位知道这些事情的护卫者监督我们的城邦，这个国家的体制才会完善和健全。

他说，这是必然的。但是你本人，苏格拉底啊，你认为知识是善还是快乐，还是别的什么东西呢？

我说，你果然名不虚传。你早就表明你对别人的想法是不会满意的。

他说，苏格拉底，轻易接受别人的看法在我看来是不对的，当一个人长期思考以后应该有自己的看法。

我说，但是你认为一个人谈论自己不懂的事情，好像有这方面知识似的，这样做就对吗？

他说，这样做当然不对，但一个人可以把自己的想法作为意见来谈论。

我说，不，你难道没看到，与知识分离的意见是丑恶的吗？连最好的意见也是盲目的。或者说，你认为具有某些正确意见而没有理智的人与瞎子走对了路有什么不同吗？

他说，没有什么不同。

那么，当你可以从别人那里听到光明、美好的事情时，你宁愿去思考那些丑恶的、盲目的、歪曲的事情吗？

格老孔说，以上天的名义发誓，我不会这样做。苏格拉底，我们好像快要到达目的地了，你可别再折回去呀。哪怕你能像解释正义、节制以及其他美德的本性一样对善作一些解释，我们也就满意了。

我说，我亲爱的伙伴，如果我能做到，那么我也会和你们一样感到满意。但我担心自己能力有限，尽管充满热情，但却画虎不成反类狗，惹人嗤笑。不，我亲爱的朋友，让我们暂时搁置一下善的本性问题，要解决这个问题是我今天力不能及的；但我可以谈一谈善的儿子，它看上去很像善本身。如果你们也愿意听，我很乐意谈一谈，否则就算了。

他说，好吧，你说吧，下一次再把你欠下的债还清，给我们讲这位父亲的事。

我说，我真希望能马上还清债务，而你也能收回全部贷款，而不是像现在这样只收利息，但不管怎么说，你还是把这个善的儿子当做利息收下吧。[①] 不过还要请你们当心，别让我无意之中把这笔利息算错了，结果又把你们给骗了。

他说，我们一定会提高警惕。你就只管讲吧。

我说，行，但我先要和你们沟通一下，提醒你们我在前面说过的话，以及在其他场合多次表达过的意思。

他说，你有什么要对我们说？

我们说过有许多美和善的事物，并且说它们"存在"，在我们的语言中对它们作了这样的界定。

我们是这样做的。

另外，我们又说过美本身，说过唯一的善本身，相对于杂多的万物，我们假定每一类杂多的东西都有一个单一的"型"或"类型"，假定它是一个统一体而称之为真正的实在。

---

[①] 此处的"儿子"和"利息"的希腊原文均为 τόκος，一语双关。——中译者

是这样的。

我们说，杂多的事物可见而不可思，单一的"类型"可思而不可见。

确实如此。

那么，我们看那些可见的事物，凭的是我们的哪一个部分，用的是我们的哪一种能力呢？

他说，用视力。

我说，我们不是在用听力听可听的事物，用其他感觉力来感受所有可感的事物吗？

没错。

我说，但你是否注意到，感觉的创造者花费了多么大的气力使我们能够看，使可见的事物能够被看吗？

他说，没有，我一点都没有注意到。

那么就来看一下。听觉和声音是否需要另一种媒介才能使听觉能听见，使声音能被听，但若缺乏这第三种因素，那么听觉就听不见，而声音也无法被听见？

他说，它们并不需要。

我说，我以为其他许多感觉也不需要，但我们不说任何感觉都不需要；或者说，你知道有哪种感觉需要这种媒介吗？

我不知道。

但你难道没有注意到视觉和可见的东西有这种进一步的需要吗？

怎么会呢？

尽管眼睛里面有视觉能力，视力的拥有者也企图使用它，并且有颜色呈现，但若没有专门适合这一目的的第三种东西出现，那么你明白，视力仍旧什么也看不到，而颜色也仍旧是不可见的。

他说，你说的这种东西是什么？

我说，就是你称做光的那种东西。

他答道，你说得对。

那么，如果光是可敬的，那么连接可见事物与视力的这条纽带比起连接其他事物的纽带来说，就显得更加珍贵了。

他说，确实要珍贵得多。

你能说出天上的哪一位神是这件事的创造者和原因，他的光使我们的视力能够很好地看，使可见的事物很好地被看见吗？

他说，你这个问题的答案显然是太阳，你和其他人也都会这样说。

那么这不就是视力和这位神的关系吗？

什么关系？

视力本身也好，视力所在的那个被我们称做眼睛的器官也好，都不等于太阳。

它们不是一回事。

但我认为，在所有感觉器官中，眼睛最像太阳。

眼睛确实最像太阳。

眼睛能放出一股射线，这种能力不就是来自太阳的射线吗？

没错。

太阳不是视力，但它作为视力的原因又能被视力本身所看见，这不也是事实吗？

他说，是这样的。

那么你一定懂得我说善生下来的儿子与善本身具有某种关系是什么意思了。就好像善作为理智的原因在理智领域内与理智具有某种关系，同样，善作为视力的对象在可见世界里与视力具有某种关系。

他说，怎么会这样？你再解释一下。

我说，你知道，当事物的颜色不再被白天的阳光所照耀，而只是被夜晚的微光所照着的时候，物体会变得轮廓模糊，白天在阳光照耀下显然可见的颜色也不见了，这个时候眼睛几乎像瞎了一样，好像眼睛里的视觉已经不存在似的。

他说，确实如此。

但是，我认为，当眼睛被引导着朝向那些阳光照耀的物体时，眼睛就看得很清楚，好像视力又恢复了似的。

对。

让我们以这种方式把人的灵魂比做眼睛。当灵魂凝视着真理与实在所照耀的区域时，灵魂就能够认识和理解，好像拥有理智似的，但当它转向那个黑暗的区域，那个有生有灭的世界时，物体便模糊起来，只能产生动荡不定的意见，又显得好像没有理智了。

对，是这样的。

那么你必须说，把真理赋予知识对象的这个实在，使认知者拥有认识能力的这个实在，就是善的"型"，你必须把它当做知识和迄今为止所知的一切真理的原因。真理和知识都是美好的，但是善的"型"比它们更美好，你这样想才是对的。至于知识和真理，你绝对不能认为它们就是善，就好比我们刚才在比喻中提到光和很像太阳的视力，但绝不能认为它们就是太阳。因此，我们在这里把知识和真理比做它们的相似物是可以的，但若将它们视为善，那就不对了。善的领地和所作所为具有更高的荣耀。

他说，如果善是知识和真理的源泉，而且比二者更加美好，那么你所说的是一种多么不可思议的美妙的东西啊！因为你肯定不认为善就是快乐。

我说，我决没有这个意思，不过还是请你进一步以这样的方式考察一下这个比喻。

怎么个考察法？

我假定你会说，太阳不仅使可见事物可以被看见，而且也使它们能够出生、成长，并且得到营养，尽管太阳本身不是被产生的。

当然不是。

同样，你会说知识的对象不仅从善那里得到可知性，而且从善那里得到它们自己的存在和本质，但是善本身不是本质，而是比本质更加尊严、更有威力的东西。

格老孔面带讽刺地说，天哪，没有比这更高的夸张了！

我说，这要怪你，是你强迫我把想法说出来的。

他说，别停止，至少把那个太阳的比喻说清楚，要是还有什么遗漏的话。

我说，我确实省略了很多内容。

他说，那你就全说出来吧。

我说，我想有许多内容不得不省略，但进到这个地步，我实在不愿意再省略。

他说，你不需要省略。

我说，那么请你这样设想，我说过有两样真实存在的东西，一个统治着理智的秩序和区域，另一个统治着眼球的世界，我们用这个词，而不说"天界"，这一点我们就算已经同意了。你肯定明白这样两类事物：可见的和可理解的。

我明白。

那么请你画一条线来表示它们，把这条线分成不等的两部分，然后把它们按照同样的比例再分别分成两部分。假定原来的两个部分中的一个部分相当于可见世界，另一部分相当于可知世界，然后我们再根据其清晰程度来比较第二次分成的部分，这样你就会看到可见世界的一部分表示影像。所谓影像我指的首先是阴影，其次是在水里或表面光滑的物体上反射出来的影子或其他类似的东西。你懂我的意思吗？

我懂。

至于第二部分表示的是实际的东西，即我们周围的动物和植物，以及一切自然物和人造物。

他说，就这样假定吧。

我说，你是否愿意说可见世界的这两个部分的不同比例相当于不同程度的真实性，因而其中的摹本与原本之比正如意见世界与知识世界之比呢？

我肯定愿意这样说。

请你再考虑一划分理智世界的方法。

怎么个分法呢？

把这个世界分成两部分，在一个部分中，人的灵魂被迫把可见世界中那些本身也有自己的影子的实际事物作为影像，从假设出发进行考察，但不是从假设上升到原则，而是从假设下降到结论；而在另一个部分中，人的灵魂则朝着另一方面前进，从假设上升到非假设的原则，并且不用在前一部分中所使用的影像，而只用"类型"，完全依据"类型"来取得系统的进展。

他说，我还没有完全弄懂你的意思。

我说，那么我就再试一试，等我做一些预备性的解释以后，你会理解得好一些。你知道，那些研究几何与算术一类学问的人首先假设有奇数与偶数，有各种图形，有三种角以及其他与各个知识部门相关的东西。他们把这些东西当做已知的，当做绝对的假设，不想对他们自己或其他人进一步解释这些事物，而是把它们当做不证自明、人人都明白的。从这些假设出发，他们通过首尾一贯的推理，最后达到所想要的结论。

他说，没错，这我知道。

你不是也知道，他们进一步使用和谈论一些可见的图形，但是他们真正思考的实际上不是这些图形，而是这些图形所模仿的那些东西，不是他们所画的某个特殊的正方形或某条特殊的对角线，而是正方形本身，对角线本身，等等，是吗？各种场合莫不如此。他们模仿和绘制出来的图形也有自己的影子，在水中也有自己的影像，但他们真正寻求的是只有用心灵才能"看到"的那些实在。

他说，对。

这些东西确实就属于我说的可理解的那一类，但有两点限制：第一，在研究它们的过程中，人的心灵必须使用假设，但由于心灵不能超出这些假设，因此不可能向上活动而达到第一原理；第二，在研究它们的过程中，人的心灵利用在它们下面的那一部分实际事物作为影像，这些实际的东西也有自己的影像，并且和它们自己的影像相比，这些事物被认为更加清晰，更有价值。

他说，我明白你讲的是那些地位在几何学之下的学科以及与这些学科相关的技艺。

至于可知世界的另一部分，你要明白，我指的是理性本身凭着辩证法的力量可以把握的东西。在这里,假设不是被当做绝对的起点,而是仅仅被用做假设,也就是说假设是基础、立足点和跳板,以便能从这个暂时的起点一直上升到一个不是假设的地方,这个地方才是一切的起点,上升到这里并且从中获得第一原理以后,再回过头来把握那些依赖这个原理的东西,下降到结论。在这个过程中,人的理智不使用任何感性事物,而只使用事物的型,从一个型到另一个型,最后归结为型。

他说,我懂你的意思了,但还没有完全弄懂,因为你心里想的这件事确实不简单。不过,我总算明白了你的意思,你想把辩证法所研究的实在和理智当做比那些所谓技艺和科学的对象更加真实、更加精确的东西,因为这些技艺和科学所使用的假设是一些人为的起点。尽管这些技艺和科学在思考它们的对象时也要使用理智而不是使用感觉,然而由于这些研究从假设出发而不能返回到真正的起点上来,因此在理解这些研究的对象与第一原理的关系时,你认为尽管它们的研究对象是可理解的,但从事这些研究的人并不拥有真正的理智。我想你会把几何学家和研究这类学问的人的心理状态叫做理智而不叫做理性,因为你把理智当做介乎理性和意见之间的东西。

我说,你的解释很充分;现在我们假定灵魂相应于这四个部分有四种状态:最高一部分是理性,第二部分是理智,第三部分是信念,最后一部分是借助图形来思考或猜测。你可以考虑到它们的清晰程度和精确性,以及它们的对象分有真理和实在的程度,把它们按比例排列起来。

他说,我懂了,我同意你的意见,也愿意照你的吩咐把它们排列一下。

### 选文出处

《柏拉图全集》第二卷,王晓朝译,北京,人民出版社,2003年,第502～510页。

### 4 《国家篇》第七卷(VII514a—521b)——洞穴喻

我说,接下来让我们把受过教育和缺乏教育的人的本质比做下述情形。请你想象有这么一个地洞,一条长长的通道通向地面,和洞穴等宽的光线可以照进洞底。一些人从小就住在这个洞里,但他们的脖子和腿脚都捆绑着,不能走动,也不能扭过头来,只能向前看着洞穴的后壁。让我们再想象他们背后远处较高的地方有一些东西在燃烧,发出火光。火光和这些被囚禁的人之间筑有一道矮墙,沿着矮墙还有一条路,就好像演木偶戏的时候,演员在自己和观众之间设有一道屏障,演员们把木偶举到这道屏障上面去表演。

他说,好吧,我全看见了。

那么你瞧，有一些人高举着各种东西从矮墙后面走过，这些东西是用木头、石头或其他材料制成的假人和假兽，再假定这些人有些在说话，有些不吭声。

他说，你这个想象倒很新颖，真是一些奇特的囚徒。

我说，他们也是和我们一样的人。你先说说看，除了火光投射到他们对面洞壁上的阴影外，他们还能看到自己或同伴吗？

他说，如果他们的脖子一辈子都动不了，那么他们怎么能够看到别的东西呢？

还有那些在他们后面被人举着过去的东西，除了这些东西的阴影，囚徒们还能看到什么吗？

肯定不能。

那么如果囚徒们能彼此交谈，你难道不认为他们会断定自己所看到的阴影就是真实的物体吗？

必然如此。

如果有一个过路人发出声音，引起囚徒对面洞壁的回声，你难道不认为囚徒们会断定这个声音是在他们对面的洞壁上移动着的阴影发出的吗？

他说，我以宙斯的名义发誓，他们一定会这样想。

那么这样的囚徒从各方面都会认为实在无非就是这些人造物体的阴影。

他说，必然如此。

那么请你考虑一下，如果某一天突然有什么事发生，使他们能够解除禁锢，矫正迷误，那会是一种什么样的情景。假定有一个人被松了绑，他挣扎着站了起来，转动着脖子环顾四周，开始走动，而且抬头看到了那堆火。在这样做的时候，他一定很痛苦，并且由于眼花缭乱而无法看清他原来只能看见其阴影的实物。这时候如果有人告诉他，说他过去看到的东西全部都是虚假，是对他的一种欺骗，而现在他接近了实在，转向比较真实的东西，看到比较真实的东西，那么你认为他听了这话会怎么回答呢？如果再有人把那些从矮墙上经过的东西一样样指给他看，并且逼着他回答这是什么，在这种时候，你难道不认为他会不知所措，并且认为他以前看到的东西比现在指给他看的东西更加真实吗？

他说，对，他会这样想。

如果强迫他看那火光，那么他的眼睛会感到疼痛，他会转身逃走，回到他能看得清的事物中去，并且认为这些事物确实比指给他看的那些事物更加清晰、更加精确，难道不会吗？

他说，他会这样做。

我说，再要是有人硬拉着他走上那条陡峭崎岖的坡道，直到把他拉出洞穴，见到了外面的阳光，你难道不认为他会很恼火地觉得这样被迫行走很痛苦，等他来到阳光下，他会觉得两眼直冒金星，根本无法看见任何一个现在被我们称做真实事物的东西？

他说，是的，他不可能马上就看见！

那么我想要有一个逐渐适应的过程，他才能看见洞外高处的事物。首先最容易看见的是阴影，其次是那些人和其他事物在水中的倒影，再次是这些事物本身，经过这样一个适应过程，他会继续观察天象和天空本身，他会感到在夜里观察月光和星光比白天观察太阳和阳光要容易些。

那当然了。

经过这样一番适应，我认为他最后终于能观察太阳本身，看到太阳的真相了，不是通过水中的倒影或影像来看，也不借助于其他媒介，而是直接观察处在原位的太阳本身。

他说，必定如此。

这时候他会做出推论，认为正是太阳造成了四季交替和年岁周期，并主宰着可见世界的所有事物，太阳也是他们过去曾经看到的一切事物的原因。

他说，这很明显，他接下去就会做出这样的推论。

如果在这种时候他回想起自己原先居住的洞穴，想起那时候的智力水平和一同遭到禁锢的同伴，那么他会为自己的变化感到庆幸，也会对自己的同伴感到遗憾，你难道不这样认为吗？

他确实会这样想。

如果洞穴中的囚徒之间也有某种荣誉和表扬，那些敏于识别影像、能记住影像出现的通常次序，而且最能准确预言后续影像的人会受到奖励，那么你认为这个已经逃离洞穴的人还会再热衷于取得这种奖励吗？他还会妒忌那些受到囚徒们的尊重并成为领袖的人，与他们争夺那里的权力和地位吗？或者说，他会像荷马所说的那样，宁愿活在世上做一个穷人的奴隶，一个没有家园的人，受苦受难，也不愿再和囚徒们有共同的看法，过他们那样的生活，是吗？

他说，是的，我想他会宁愿吃苦也不愿再过囚徒的生活。

我说，再请你考虑一下这种情况，如果他又下到洞中，再坐回他原来的位置，由于突然离开阳光而进入洞穴，他的眼睛难道不会因为黑暗而什么也看不见吗？

他一定会这样。

如果这个时候那些终身监禁的囚徒要和他一道"评价"洞中的阴影，而这个时候他的视力还很模糊,还来不及适应黑暗,因为重新习惯黑暗也需要一段不短的时间,那么他难道不会招来讥笑吗?那些囚徒难道不会说他上去走了一趟以后就把眼睛弄坏了,因此连产生上去的念头都是不值得的吗?要是那些囚徒有可能抓住这个想要解救他们,把他们带出洞穴的人,他们难道不会杀了他吗?

他说,他们一定会这样做。

亲爱的格老孔,我们必须把这番想象整个地用到前面讲过的事情上去,这个囚徒居住的地方就好比可见世界,而洞中的火光就好比太阳的力量。如果你假设从洞穴中上到地面并且看到那里的事物就是灵魂上升到可知世界,那么你没有误解我的解释,因为这正是你想要听的。至于这个解释本身对不对,那只有神知道。但不管怎么说,我在梦境中感到善的型乃是可知世界中最后看到的东西,也是最难看到的东西,一旦善的型被我们看见了,它一定会向我们指出下述结论:它确实就是一切正义的、美好的事物的原因,它在可见世界中产生了光,是光的创造者,而它本身在可知世界里就是真理和理性的真正源泉,凡是能在私人生活或公共生活中合乎理性地行事的人,一定看见过善的型。

他说,就我能理解的范围来说,我同意你的看法。

我说,那么来吧,和我一起进一步思考,而且你看到下面这种情况也别感到惊奇!那些已经达到这一高度的人不愿意做那些凡人的琐事,他们的灵魂一直有一种向上飞升的冲动,渴望在高处飞翔。如果我们可以作此想象,那么这样说我认为是适宜的。

没错,可以这么说。

我说,再说,如果有人从这种神圣的凝视转回到苦难的人间,以猥琐可笑的面貌出现,当他两眼昏花,还不习惯黑暗环境时,就被迫在法庭或在别的什么地方与人争论正义的影子或产生影子的偶像,而他的对手却从未见过正义本身,那么你会感到这一切都很奇怪吗?

他说,不,一点也不奇怪。

我说,但是聪明人都记得,眼睛会有两种不同的暂时失明,由两种原因引起:一种是由亮处到了暗处,另一种是由暗处到了亮处。聪明人相信灵魂也有同样的情况,所以在看到某个灵魂发生眩晕而看不清时,他不会不假思索地嘲笑它,而会考察一下这种情况发生的原因,弄清灵魂的视力产生眩晕是由于离开比较光明的世界进入不习惯的黑暗,还是由于离开了无知的黑暗进入了比较光明的世界。然后他会认为一种经验与生活道路是幸福的,另一种经验与生活道路是可悲的;如果他想要讥笑,那么应当受到讥笑的是从光明下降到黑暗，而不是从黑暗上升到光明。

他说，你说得很有理。

如果这样说是正确的，那么我们对这些事情的看法必定是，教育实际上并不像有些人在他们的职业中所宣称的那个样子。他们声称自己能把真正的知识灌输到原先并不拥有知识的灵魂里去，就好像他们能把视力塞入瞎子的眼睛似的。

他说，他们确实这样说过。

我说，但是我们现在的论证表明，灵魂的这种内在力量是我们每个人用来理解事物的器官，确实可以比做灵魂的眼睛，但若整个身子不转过来，眼睛是无法离开黑暗转向光明的。同理，这个思想的器官必须和整个灵魂一道转离这个变化的世界，就好像舞台上会旋转的布景，直到灵魂能够忍受直视最根本、最明亮的存在。而这就是我们说的善，不是吗？

是的。

我说，关于这件事情也许有一门技艺，能最快、最有效地实现灵魂的转向或转换。它不是要在灵魂中创造视力，而是假定灵魂自身有视力，只不过原来没能正确地把握方向，没有看它应该看的地方。这门技艺就是要促成这种转变。

他说，对，很像是这么一回事。

那么灵魂所谓的其他美德确实与身体的优点相似。身体的优点确实不是身体本来就有的，而是通过后天的习惯和实践养成的。但是思想的优点似乎确实具有比较神圣的性质，是一种永远不会丧失能力的东西，但是按照它转变的方向，它可以变得既有用又有益，或者再变得既无用又有害。你难道没有注意到，有些人通常被认为是坏人，但却又非常精明能干？他们的灵魂渺小，但目光敏锐，能很快地觉察那些他感兴趣的事情，这就证明他们的灵魂虽然渺小，但视力并不迟钝，只不过他们的视力被迫服务于邪恶，所以他们的视力愈敏锐，做的坏事也就愈多。

他说，我确实注意到这种情况了。

我说，那么你再来看，这种灵魂的这个部分从小就已经得到锤炼，在我们出生的这个多变的世界里身受重负，被那些贪食一类的感官快乐所拖累，使它只能向下看。现在假定这种重负突然解脱了，灵魂转向了真实的事物，那么这些人的灵魂的同样的功能也一定会具有同样敏锐的视力去看较高的事物，就像灵魂没有转向以前一样。

他说，很像是这么回事。

我说，从我们已经说过的这些话里也可以得出一个必然的结论：没有受过教育和不懂真理的人都不适宜治理国家，那些被允许终生从事文化事业的人也不适宜治理国家。这是因为，没受过教育的人缺乏一个生活目标来指导他们的一切行动，无论是公共的还是私人的，而那些文化人不愿意采取任何实际行动，因为他们在还活着的时候就相信自己将要离世，去那福岛了[①]。

他说，对。

我说，那么作为这个国家的创建者，我们的责任是促使最优秀的灵魂获得我们说过的这种最伟大的知识，使它们具有能看见善的视力，能上升到那个高度。不过，等它们到了那里并且已经看够了的时候，我们就一定不能允许它们再呆在那里。

这是为什么？

我说，因为如果让它们继续呆下去，它们就会拒绝返回下界，与那些囚徒在一起，分担他们的劳动，分享他们的荣誉，而无论这些事情有无价值。

你的意思是说我们要委屈他们，在他们能过一种比较好的生活的时候让他们去过一种比较差的生活？

我说，我的朋友，你又忘了，我们的立法不涉及这个国家中某个阶层的具体幸福，而是想要为整个城邦造就一个环境，通过说服和强制的手段使全体公民彼此协调合作，要求他们把各自能为集体提供的利益与他人分享。这种环境本身在城邦里造就这样的人，不是让他们随心所欲，各行其是，而是用他们来团结这个共同体。

他说，对，我确实忘了。

我说，那么请你注意，格老孔，我们这样做不会损害那些在我们中间产生的哲学家，我们可以公正地强迫他们管理其他公民，做他们的卫士。因为我们会对他们说：产生于其他城邦的哲学家有理由不参加辛苦的工作，因为他们的产生完全是自发的，不是政府有意识地培养造就的结果。完全自力更生的人不欠任何人的情，因此也没有想要报答培育之恩的热情；但对你们来说，我们已经把你们培养成为蜂房中的蜂王和领袖，这样做既是为了你们自己，也是为了城邦的其他公民，你们接受的教育比别人更加好，也更加完整，

---

[①] 在希腊神话中，人死以后灵魂下到地狱中接受审判，正义者的灵魂将被送往福岛安居。——中译者

你们更有能力同时过两种生活①；因此你们每个人都必须轮流下去与其他人生活在一起，使自己习惯于观察那里的模糊事物；一旦习惯了，你们就会比原来住在那里的人更加善于观察各种事物，你们知道每个影像表示什么，它与什么原型相似，因为你们已经看见过美本身、正义本身和善本身。因此，我们的国家将由我们和你们来共同治理，我们的心灵是清醒的，而现今大多数国家都被一些昏庸的人所统治，他们为了争权夺利而互相斗殴，把权力当做最大的善，就好像在睡梦中与影子搏斗。事实上，由那些最不热衷于权力的人来统治的城邦能治理得最好、最稳定，而由相反类型的人来统治的城邦情况也必定相反。

他说，必定如此。

那么我们的这些同学听了这番话会不会服从我们呢？他们还会拒绝轮流分担治理国家的辛劳吗？当然了，在大部分时间里，他们还是被允许一起住在这个比较纯洁的世界里。

他说，他们不可能拒绝，因为我们是在向正义的人提出正义的要求；他们会把承担这项工作视为义不容辞，这一点与我们这些城邦现在的统治者是相反的。

我说，我亲爱的朋友，事实上只有当你能够为你们将来的统治者找到一种更好的生活方式时，治理良好的城邦才有可能出现。因为只有在这样的国家里，统治者才是真正富有的，当然他们的富有不在于拥有黄金，而在于拥有幸福的生活，一种善的和智慧的生活。但若未来的统治者是一些乞丐和饿死鬼，一旦由他们来处理公务，他们想到的首先就是从中为自己捞取好处，在这种情况下国家要想治理好就不可能了。因为一旦职位和统治成了竞赛的奖品，那么这种自相残杀的争夺不仅毁了竞争者自己，也毁了国家。

他说，你说得非常正确。

我问道，除了真正的哲学家的生活以外，你还能举出别的什么蔑视政治权力的生活方式吗？

他说，我以宙斯的名义起誓，我举不出来。

我说，但我们就是想要那些不爱统治的人掌权，否则就会出现热衷于权力的人之间的争斗。

---

① 指哲学生活和政治生活。——中译者

没错。

那么，他们最懂治国之道，也过着另外一种比政治生活更好的生活，除了这些人以外，你还能强迫别的什么人来保卫城邦呢？

他说，没有别的人了。

### ▶ 选文出处

《柏拉图全集》第二卷，王晓朝译，北京，人民出版社，2003年，第510～519页。

# 三、亚里士多德

知 识 论 读 本

# 亚里士多德

> 亚里士多德对人类知识的说明有两个部分：真理的科学知识的性质和条件是在《后分析篇》里讨论，亚里士多德特别推崇知识和直观；通过感觉获得的知识则是在《动物志》和一些相关的论文里涉及，对于这种知识亚里士多德表现了某种悬而未决的疑惑。

## 作者简介

亚里士多德（Aristotle，公元前384—前322），古希腊哲学家、逻辑学家、自然科学家。生于马其顿的卡尔西迪亚地区的斯塔吉亚城。前367—前347年在柏拉图学园从事学习、研究，前347—前335年到小亚细亚游历、讲学，并于前335年回到雅典，在吕克昂创建学园，形成亚里士多德学派或逍遥学派。主要著作有《形而上学》、《范畴篇》、《分析篇》、《工具篇》、《论灵魂》、《物理学》等。

## 著作选读：

《论灵魂》II 424a17—424b4，III 429a9—430a9；《后分析篇》I 1—4、31，II 19。

### 1 《论灵魂》（II 424a17—424b4）——感官接受事物的感性形式，有如蜡块接受图章的印迹

我们现在可以概括出下列几点适用一切感官的总结。

（A）"感官（觉）"是指这样一种东西，它能够撇开事物的质料而接纳其可感觉的形式。这正像一块蜡接纳图章的印迹而撇开它的铁或金子。我们说产生印迹的是铜的或金的图章，而它的特殊金属素质如何却不相干。同样情形，感官受到有颜色的、有香味的或者发声音的东西影响，至于那个东西的实质是什么却没有关系；唯一有关系的是它有什么性质，即它的组成部分是以什么比例组合的。

（B）"感觉器官"是指寄托这样一种能力的东西。感官（觉）和感觉器官事实上是一回事，但是它们的本质却不是一回事。那个有知觉的东西当然是有体积的，可是我们决不能承认知觉能力的本质或感官（觉）本身是有体积的；它

们的本质是一个体积中的某种比例或能力。这样，我们就能够说明，为什么感官对象所具有的对立性质一方过强，压倒了对方，就对感觉器官起破坏作用：如果一个对象所引起的运动太强烈，器官受不了，其中的对立性质（这就是它的感觉能力）就保持不了平衡；正如琴弦拨得过猛，和谐和乐调就破坏了。这也可以说明为什么植物不能有知觉：植物虽然也包含一部分灵魂，而且显然也受触觉对象的影响，因而温度可以升降，可是它们没有调节对立性质的本领，没有办法接纳感觉对象的形式而排除其质料，它们受的影响是形式和质料合在一起的影响。

▶ 选文出处

北京大学哲学系外国哲学史教研室编译：《西方哲学原著选读》（上卷），北京，商务印书馆，1981年，第149～150页。

### 2《论灵魂》（III 429a9—430a9）——思维被动地接受对象的形式

现在我们谈谈灵魂用来认识和思维的那个部分，不管它只是在定义上可以与其他部分分开，还是在空间上也可以分开。我们必须研究：（1）把这一部分区别开的标志是什么，（2）思维怎样能够发生。

思维如果像知觉一样，那就必定要么是一个接受可思维的对象影响的过程，要么是一个与知觉不同然而类似的过程。所以灵魂的这个思维部分虽然不能感知，却必定能够接纳一个对象的形式，就是说，它虽然不是对象，在性质上却必定潜在地与对象一致。心灵与可思维的对象的关系，必定如感官与可感觉的东西的关系一样。

因此，既然每件东西都可能是一个思维对象，心灵为了像阿那克萨戈拉说的那样统治一切，即认识一切，就必须是纯粹的，不与任何东西混杂；因为有异物与它并存，是一种阻碍，所以它也像感觉的部分一样，除了是一种能力以外，别无其他本性。所以灵魂中被称为心灵的那个部分（心灵就是灵魂用来进行思维和判断的东西），在尚未思维的时候，实际上是没有任何东西的。由于这个缘故，把它看成与身体混在一起是不合理的，因为如果是这样，那它就会获得某种性质，例如暖或冷，甚至会像感觉机能一样有一个自己的器官，但是事实上它并没有。把灵魂称为"形式的所在地"，是很好的想法。不过（1）这个说法只适用于思维的灵魂；（2）即使思维的灵魂，它之为形式，也只是潜在的，并不是现实的。

对感觉器官及其运用进行观察，就知道感觉机能的麻木和思维机能的麻木不一样。一种感官受到强刺激之后,我们就不大能像以前那样运用这个感官,例如听到一声巨响之后,我们就不能立刻顺利地听别的声音,看到太明亮的颜色或闻到太浓烈的气味之后,我们就不能立刻去看或闻;但是,在心灵方面,关于一件极难领会的东西的思想,会使心灵以后更能够思维较易领会的东西,而不是更不能够,其理由就在于感觉机能是依赖身体的,而心灵则是与身体分开的。

心灵一旦变成了它的每一组可能的对象,像一个学者——指现实的学者(即当他能够主动发挥能力的时候)——那样,它的状况还是一种潜在性的状况,但是,这种潜在性的意义是不同于凭学习或发现而获得知识以前的那种潜在性的,那时候心灵也能思维它自己。

既然大小与大小的形式不一样,水与水的形式不一样,许多别的情况也是如此(虽然不是全部,因为在有些场合,事物与事物的形式是一样的),分辨肉的形式的就是另外一种机能,或者是一种结构与肉不同的机能,因为肉不能没有质料,就像"塌鼻者"一样,是一个"这个"在一个"这个"里[①]。我们凭感觉分辨热和冷,即按一定比例构成肉的因素,然而肉的本质特性,我们却是凭另外一种东西认知的,那东西要么与感觉机能完全分开,要么同它发生这样一种关系,就像一条曲线与一条拉直了的曲线的关系那样。

再者,在抽象对象的场合,"直的"和"塌鼻的"是相似的,因为它必然包含一个连续体作为它的质料,构成它的本质是不同的,如果我们能够分辨"直"和"直的"的话;我们假定它是"二"。因此它必须由一种不同的能力或一种结构不同的能力来认识。总起来说,就心灵所认识的各种实在性能够与它们的质料分开而言,心灵的各种能力也是这样。

有人提出这样的问题:如果思维是一种被动的作用,那么,心灵若是单纯的、不能感知的,并且跟别的东西毫无共同之处,像阿那克萨戈拉所说的那样,它怎么能够思维呢?因为人们认为,两个因素之间必须先有一种本性上的共同之点,才能互相作用。再者,还可以问:心灵是不是它自己的一个可能的思维对象?因为如果心灵本身是可思维的,而凡是可思维的东西在种类上总是一样的,那么,要么是(1)心灵将为每一件东西所具有,要么是(2)心灵将包含某种它和其他一切实在的东西所共有的东西,就是这种东西使它们都成为可思维的。

(1)我们说过:心灵在一种意义下,潜在地是任何可思维的东西,虽然实际上在已经思维之前它什么也不是——难道这不是已经消除了"互相作用

---

[①] 即一个特殊的形式在一个特殊的质料里。——编者

必定涉及一个共同因素"这一困难吗？心灵所思维的东西，必须在心灵中，正如文字可以说是在一块还没写什么东西的蜡版上一样，灵魂的情形完完全全就是这样。

（2）心灵本身是可思维的，跟它的对象完全一样。因为（1）在不涉及质料的东西方面，思维者和被思维者是一样的；因为思辨的知识和它的对象是一样的。（为什么心灵并不是永远在思维，这一点我们要在以后考察。）（2）在那些包含质料的东西方面，每一个思维对象都只是潜在地存在着。因此它们虽然不包含心灵（因为说心灵是它们的一种潜在性，只是就它们能与质料分开而言），心灵还是可思维的。

▸ 选文出处

北京大学哲学系外国哲学史教研室编译：《西方哲学原著选读》（上卷），北京，商务印书馆，1981年，第150～153页。

### 3《后分析篇》第Ⅰ卷（1—4、31）——知识前提与证明

【1】一切通过理智的教育和学习都依靠原先已有的知识而进行。只要考虑一下各种情况，这一点便显得十分清楚。数学知识以及其他各种技术都是通过这种方式获得的。各种推理，无论是三段论的还是归纳的，也是如此。它们都运用已获得的知识进行教育。三段论假定了前提，仿佛听众已经理解了似的。归纳推理则根据每个具体事物的明显性质证明普遍。修辞学家说服人的方法也与此相同：他们要么运用例证（这是一种归纳），要么运用论证（这是一种三段论）。

在两种情况下，必定要求原先就具有知识。有时必须首先假定事实，有时必须理解所使用的术语是什么意思，有时两者都是必需的。例如，我们必须了解，某个陈述要么其肯定是真实的，要么其否定是真实的；必须知道，"三角形"这一术语的含义；至于"单位"，我们必须既搞清它的含义，也确定它是存在的。这些东西并不是同样明显地显示给我们的。对一个事物的认识既需要原先已具有的知识，同时也需要在认识中所获得的知识。譬如说，对归属于我们已知的某种普遍的特殊事物的认识。已知所有三角形的内角和等于两直角，但这个半圆中的图形，我们只有在把特殊与普遍联系起来时，才认识到它的内角和等于两直角（对某些事物，譬如对不能述说主体的具体存在物而言，学习就是通过这种方式进行的，即端词不能通过中词而得到认识）。在还没有完成归纳过程或推出结论时，我们或许可以说，在一种意义

上，这一事实已被了解，而在另一种意义上则没有。因为如果我们还没有确定地知道它是否存在，那我们怎么能确定地了解到这个图形的内角之和等于两个直角呢？很显然，我们对这一事实的理解并不是纯粹的，而是在我们理解了一个普遍原则的意义上而言的。

如果我们不做出区分，那就会遇到《曼诺篇》中的难题：要么一个人什么也没有学，要么他只是在学习他已经知道的东西。我们一定不要去作某些人在试图解决该难题时所作的那种解释。设想某人被问道："你知不知道所有的双数都是偶数？"如果他说"知道"，那么他的论敌就会找出一些他不知道其存在的双数。因此他也就不知道它们是偶数。这些人则解答说，他们并不是知道所有的双数都是偶数，而是他们所知道的双数是偶数。然而他们所知道的乃是他们已证明是如此的东西，即已经确定的东西。他们所把握的不是他们所知道的这一个三角形或这一个数，而是纯粹的数和三角形，在诸如"你知道什么是一个数"或"你知道什么是一个直线图形"这样的问题中。没有一个前提被断定。谓项属于主项的全体。但（我认为）没有什么阻止一个人学习他在一种意义上知道、在另一种意义上不知道他正在学习的东西。如果他在某种意义上知道他所学习的东西，这并不荒唐；但如若是指他知道学习它的方法和方式，那就荒唐了。

【2】当我们认为我们在总体上知道：（1）事实由此产生的原因就是那事实的原因，（2）事实不可能是其他样子时，我们就以为我们完全地知道了这个事物，而不是像智者们那样，只具有偶然的知识。显然，知识就是这样子的。在无知识的人和有知识的人中，无知者只是自以为他们达到了上述条件，而有知者则确实是达到了。因而，如果一个事实是纯粹知识的对象，那么，它就不能成为异于自身的他物。

是否还具有其他认识的方法，我们在下文再加讨论。我们知道，我们无论如何都是通过证明获得知识的。我所谓的证明是指产生科学知识的三段论。所谓科学知识，是指只要我们把握了它，就能据此知道事物的东西。

如若知识就是我们所规定的那样，那么，作为证明知识出发点的前提必须是真实的、首要的、直接的，是先于结果、比结果更容易了解的，并且是结果的原因。只有具备这样的条件，本原才能适当地应用于有待证明的事实。没有它们，可能会有三段论，但决不可能有证明，因为其结果不是知识。

前提必须是真实的，因为不存在的事物——如正方形的对角线可用边来测量——是不可知的。它们必定是最初的、不可证明的，因为否则我们只有通过证明才能知道它们；而在非偶然的意义上知道能证明的事物意味着具有对它的证明。它们必定是原因，是更易了解的和在先的：它们是原因，因为只有当我们知道一个事物的原因时，我们才有了该事物的知识；它们是在先的，因为它们是原因；它们是先被了解的，不仅因为它们的含义被了解，而且因为它们被认识到是存在的。

事物在两种意义上可以说是在先的，更易了解的。本性上在先的事物与相对于我们而在先的事物是不相同的；本性上更被了解的事物与为我们所更加了解的事物也是不相同的。相对于我们而言的"在先"和"更了解"，我是指与我们的感觉比较接近的东西，而纯粹意义上的"在先"和"更易了解"则是指远于感觉的东西。最普遍的概念最远离我们的感觉，而具体事物则最与它相近。它们是相互对立的。

从最初前提出发即是从适当的本原出发。"最初前提"和"本原"我所指的是同一个东西。证明的本原是一个直接的前提。所谓直接的前提即是指在它之先没有其他前提。前提是判断的这个或那个部分，由一个词项作为另一个的谓词而构成。如果是辩证的，它就随便地断定任何一部分。如果是证明的，它就明确肯定某一部分是真实的。判断的各部分是矛盾的。矛盾是在本性上排斥任何中间物的对立。在矛盾的各部分中，肯定某物为其他某物的部分是肯定判断，否定某物为其他某物的部分是否定判断。我把三段论的直接的本原叫做"命题"，它是不能证明的，要获得某些种类的知识也不必然要把握它。任何知识的获得都必须把握的东西我叫做"公理"。确实存在着一些具有这种性质的东西，我们习惯于用"公理"这个名称来指称它们。判定某判断的这个或那个部分（例如说某物是存在的，或者说它是不存在的）这种命题，我叫做假设；与此相反的命题是定义。定义是一种命题，因为算术家把它规定为在量上不可分的单位。但它不是一种假设，因为单位的是什么与单位的存在是不相同的。

由于要相信和认识某个事物的前提条件是必须具有我们称做证明的那种三段论，由于三段论依赖它的前提的真实性，所以不仅必须预先知道最初的前提（全部的或部分的），而且必须比结论更好地了解它们。因为使某种东西拥有某一属性的东西，其自身往往在更大的程度上拥有那个属性。例如，使我们喜欢某物的那个东西其自身对我们来说往往更加可爱。如果最初前提是我们的知识和信念的原因，那么我们必定也在更高的程度上相信和知道它们。因为正是从它们出发我们才获得后面的知识。如果我们既不确实地知道某物，而且即使确实地知道了它也不会处于更佳状态，那么，相信它要胜过相信我们所知道的事物是不可能的。但如果一个人通过证明得出的信念没有先在的知识，那么这种情况就可能出现。我们必然更加相信（全部或部分的）本原而不是结论。如果某人要获得出于证明的知识，那么他不仅必须更加明确地认识和相信本原而不是被证明的东西,而且对任何与本原对立的事物,以及由此导致一个相反的错误三段论的事物的相信和理解必须绝不比对这些本原的相信来得更深,认识得更好;因为有着无条件的知识的人是不应动摇他的信念的。

【3】由于必须知道最初前提,所以,有些人认为,知识是不可能的,另一些人承认知识是可能的,但却认为所有的事物都是可以证明的,这两种观点都不正确,也不是必然的。断定知识不可能的人认为这会产生无穷后退。因为我们不能通过在先的真理知道在后的真理,除非在先的真理自身建立在最初的前提之上(在这一点上,他们是正确的,因为穿过一个无穷系列是不可能的)。如果系列到了尽头,存在着本原,那么它们是不可认识的,因为它们不能证明。而这些人认为证明乃是知识的唯一条件。如果最初前提是不可认识的,那么也就不可能无条件地、精确地认识由此推得的结论。相反,我们只能通过假定最初前提是真实的,从而假设性地知道它们。另一派同意证明是知识的唯一条件,知识只有通过证明才能获得,但他们主张一切都可以证明,没有什么阻止这一点,因为证明可能是循环的和交互的。

我们认为,并不是所有知识都是可以证明的。直接前提的知识就不是通过证明获得的,这很显然并且是必然的。因为如果必须知道证明由己出发的在先的前提,如果直接前提是系列后退的终点,那么直接前提必然是不可证明的。以上就是我们对这个问题的看法。我们不仅主张知识是可能的,而且认为还存在着一种知识的本原。我们借助它去认识终极真理。

如果证明必须从在先的和更为了解的前提出发,那么无条件的证明显然不可能通过循环方法进行。因为同一事物不可能同时既先于又后于同一事物,除非是在不同的意义上。例如,有些是相对于我们而言的,有些是在总体上我们通过归纳会熟悉它们的。如果是这样的,那么我们关于无条件知识的定义就不完满了。因为它有着两种含义。另一种证明方式从更为我们了解的前提出发,并不是总体的、无条件的。

认为证明是循环的人所面临的困难,并不止上面这一些,他们的理论无非就是说,如果一个事物是如何,那它就如何如何。用这个方法可以很容易地证明一切。很显然,只要确定三个词项,就可以清楚地看到他们所面临的这一困难。因为只要所用的词项不少于两个,那么说一个循环证明有着较多的词项还是只有较少的词项,这并不会产生差异。如果 A 存在时,B 必然存在,如果 B 存在,C 必然存在,那么,如果 A 存在时,C 必然存在。这样,如果 A 存在时,B 必然存在,如果 B 存在时,A 必然存在(这就是循环证明),让 A 表示前证明中的 C,那么 B 存在时,A 存在,就等于说 B 存在时,

C存在；这也等于说，A存在时，C存在。但C与A是相同的，由此可见，那些断定证明是循环的人不过是说，如果A存在，那么A存在。用这种方法当然可以轻而易举地证明一切。

此外，除了那互为后件的事物（例如特性）而外，即使这种证明方式也是不可能的。我们已经证明，设定一件事物（我所谓的一件事物要么是指一个词项，要么是指一个命题）并不必然能从中推出另一件事物。如果是三段论，那么命题的数量最起码也必须有两个。只有这样，才能得出一个必然的结论。因而，如果A是B和C的结论，而B和C既互为结论，又是A的结论，那么就能用第一格交替证明我们的一切断定。我们在关于三段论的讨论中已经证明过这一点。但我们也证明了，在其他格中要么三段论不能产生，要么产生了，却不能证实我们的论断。其词项不能互为谓语的命题是不能用循环论证证明的。由于这样的词项极少出现在证明中，所以很明显，所谓证明是交互的并且一切都可由此证明的这一观点是空洞的，也是不可能的。

【4】因为纯粹意义上的知识对象不可能是异于自身的他物，所以，通过证明科学而获得的知识具有必然性。当我们借助于一个证明而拥有知识时，那它就是证明的。所以，证明就是从前提中必然推出的结论。因此，我们必须把握证明所从出之前提的性质和特性。首先，让我们说明：什么是"述说所有的"、什么是"就其自身"和"普遍"的含义。

所谓"述说所有的"，即是说它并不是只可作为一个主项的谓项，却不能作为另一个主项的谓项，在某时可作为谓项，而在另一时又不行。例如，如果"动物"可以作一切"人"的谓项，如果说A是一个人是真实的，那么说A是一个动物也是真实的。如果前一个论断现在是真实的，那么后一个论断现在也是真实的。如果点在线中，则情况也是一样的。对于这一定义，有这样的事实作根据：我们对一个与可"述说所有的"相关的命题所提出的异议，要么不是它的真实事例，要么在那时谓项并不适用于它。

说一个事物"就其自身"是指，它是另一事物的本质因素。例如，一条线属于三角形以及点属于线。因为其实体乃是由它们构成的。它们是描述其本质定义的一个因素。它是一个其本质定义包括着它自身所从属之主体的属性。例如，直和曲属于线，奇和偶、单一和复合、正方形和长方形属于数。它们各自的本质定义都包含着线或数。我说过的其他那些是就其自身而言属于他物的东西也是如此；反之，不在上述任何一种意义上所属于的就是偶性。如"有教养的"和"白的"就是动物的偶性。不述说其他某个主体的东西也是就其自身而言的。例如，"行走"并不是某个另外的行走者在行走。"白"亦然。但是，实体，或表示个体的东西却不是与其自身相异的。因而，我把不述说某个主项的事物叫做"就其自身"而言的,把述说某个主项的东西称做偶性。在另一种意义上,由于自身的性质而属于他物的是"就其自身"而言的。不是由于自身的性质属于他物的是偶性。例如,一个人行走时,天空打了个电闪,这就是偶性。因为天不是因为他在走路而打电闪的,我们认为,它乃是偶然出现的。但如果一件事物的发生是由于其自身的性质,那它就是就其自身而言的。例如,某物被杀死,并且由于"杀"这一行为而死去,因为它死亡的原因是被杀,所以它被杀而死就不是一个偶性。就纯粹的知识而言,我们称做"就其自身"的东西,无论内在于它们的主项之中,还是为它们的主项所包含,都是由于它们自身的性质并且是出于必然的。它们不可能不属于主项,总是或者在总体上属于,或者按相反属性同属一主项的方式而属于。例如直和曲之于线,奇和偶之于数。因为一个属性的反面,要么是缺失,要么是同一个种之下的矛盾面。例如,在数上,非奇数即是偶数。因为偶数是随着非奇数而出现的。这样,由于一个属性必定要么肯定于要么否定于一个主体,所以,就其自身而言的属性必然属于它们的主体。

关于"述说所有的"及"就其自身"的定义就说这么多。至于"普遍",我是指这样的事物,它作为"述说所有的"而属于其主体,并且是"就其自身"和"作为自身"而属于那个主体的。这样,十分明显,所有的"普遍"都必然属于它们的主体。"就其自身"而言与"作为自身"相等同,例如,"点"和"直"就其自身而言属于"线",因为它们也是作为线而属于它的;"其内角之和等于两直角"是作为三角形而属于三角形的,因为三角形就其自身而言就是其内角之和等于两直角。只有当一个属性被证明是属于那个主体的例证,并且是在最初意义上属于那个主体时,它才是普遍属性。例如,"其内角之和等于两直角"并不是普遍地属于"形状"(诚然,我们可以使某一形状的内角之和等于两直角,但却不能证明任一形状的内角和等于两直角,一个人也不能运用任一形状来证明。例如,正方形是一个形状,但它的内角和却并不是等于两直角)。再者,任一等腰三角形都有等于两直角之和的内角,但它不是满足这一要求的最初形状,而是三角形先于它。这样,能被证明在任何情况中都在最初意义上满足包含两直角之和的内角这一条件并且也满足任何其他条件的那个事物,就是普遍属性在最初意义上所属于的那个主体;对这个谓项普遍真实地属于其主体的证明在它们之间建立了一种就其自身而言的联系,反之,与其他谓项所建立的联系在某种意义上却不是就其自身而言的。再者,"其内角之和等于两直角"也不是等腰三角形的普遍属性;它具有更广泛的范围。

【31】科学知识不可能通过感官知觉而获得。即使感官是关于有性质的对象而不是关于某个东西的。我们所感觉到的必定是在某一地点、某一时间中的某个东西,但普遍的而且在一切情况下都是真实的东西是不可能被感觉到的,因为它既不是一个特殊的东西也不处在某个特定的时间中,否则,它就不再是普遍的了。因为只有永远而且在各处都可得到的东西才是普遍的。所以由于证明是普遍的,普遍不能为感官所感知,所以很明显,知识不能通过感官知觉而获得。但很显然,即使感觉到三角形的内角和等于两直角是可能的,我们仍然要寻求对它的证明,而不应像有些人所认为的那样,把它看成是如此。感官知觉必定是关涉特殊的,而知识则是对普遍的认识。因而,设定我们在月球上,看见地球遮住了阳光,我们也不会了解月食的原因。我们只感觉到月食在那时发生,却根本察觉不到它的原因。因感官知觉并未告诉我们任何关于普遍的东西。不过,如果通过不断重复地观察对象,我们成功地把握住了普遍,那么,我们便有了证明。因为从特殊经验的不断重复中,我们得到关于普遍的见解。普遍的价值在于它展示了原因。这样,在考虑这类具有与自身不同的原因的事实时,普遍的知识比通过感官或理会得来的知识更为宝贵。最初真理另当别论。

很显然,通过感觉不可能获得任何可证明事物的知识,除非"感觉"一词是指借助证明而获得的知识。不过,确有某些问题与感官的失败相关。例如,有某些现象,如果我们看见它们的发生,那么解释它们便没有什么困难。不是因为我们通过看一个事物知道了它,而是因为看它能使我们把握普遍。例如,如果我们能看见玻璃中有许多通道,光通过它们射进来,那就明白了它为何能照亮。因为在每一个具体事例中,我们都能分别看到这个结果,并且理会到在所有情况下它都必然如此。

### 选文出处

亚里士多德:《工具论》,余纪元译,北京,中国人民大学出版社,2003年,第243~254、302~304页。

### 4 《后分析篇》第Ⅱ卷(19)——科学知识与直观

【19】我们已经阐明了三段论和证明的性质及条件。与此同时,与证明相同的证明科学的定义及条件也得到了阐明。至于我们如何认识基本前提及如何保证这种知识的问题,如果我们首先考察一些基本的困难就会获得清楚的答案。

我们在上面说过，如果不把握直接的基本前提，那么通过证明获得知识是不可能的。对直接的基本前提的知识，人们可以提出许多问题：它是否与对间接前提的认识相一致？是否有包括两者的科学知识，还是只有关于后者的科学知识，而前者为一不同种类的知识所认识？持久保持知识的功能我们以前是不拥有的，还是一直拥有这些功能却不知道它？

说我们一直拥有它们似乎不能成立。因为它会得出结论说，我们拥有比证明更为精确的认识力量却不知道它。另一方面，如果我们是获得它们的，而不是预先拥有它们的，那我们怎么能在没有某种先在的认识能力的情况下认识和学习呢？这是不可能的，正如我们在讨论证明时所说过的那样。因而，十分明显，我们一方面不可能始终拥有它们，另一方面如果我们一无所知，没有确定的能力，那也就不可能获得它们。因此，我们必定具有某种能力，但并不是在精确性上高于上面提到过的那些东西的能力。显然，这是一切动物所具有的一种属性。它们具有一种我们叫做感官知觉的天生的辨别能力。所有的动物都具有它，但有些动物的感官知觉后来被固定下来了，而另一些则不。没有被固定下来的动物，要么在感觉活动以外完全没有认识，要么对于其知觉不能固定的对象没有认识，而感官知觉能被固定下来的动物在感觉活动过去后，仍能在灵魂中保存感觉印象。当这种进程不断重复时，可从感官知觉的这种固定中获得一种道理的动物与没有这种能力的动物之间，便会出现进一步的差。

这样，正如我们所确定的，从感官知觉中产生出了记忆，从对同一事物的不断重复的记忆中产生了经验。因为数量众多的记忆构成一个单一的经验。经验在灵魂中作为整体固定下来即是普遍的。它是与多相对立的一，是同等地呈现在它们之中的统一体。经验为创制和科学（在变动世界中是创制，在事实世界中是科学）提供了出发点。这样，这些能力既不是以确定的形式天生的，也不是从其他更高层知识的能力中产生的，它们从感官知觉中产生。比如在战斗中溃退时，只要有一个人站住了，就会有第二个人站住，直到恢复原来的阵形，灵魂就是这样构成的，因而它能够进行同样的历程。让我们把刚才说得不十分精确的话重复一遍。只要有一个特殊的知觉对象"站住了"，那么灵魂中便出现了最初的普遍（因为虽然我们所知觉到的是特殊事物，但知觉活动却涉及普遍，例如是"人"，而不是一个人，如加里亚斯）。然后另一个特殊的知觉对象又在这些最初的普遍中"站住了"。这个过程不会停止，直到不可分割的类，或终极的普遍的产生。例如，从动物的一个特殊种导向动物的类，如此等等。很显然，我们必须通过归纳获得最初前提的知识。因为这也是我们通过感官知觉获得普遍概念的方法。

我们在追求真理时理智运用的能力中，有些始终是真实的，另一些则可能是错误的，例如意见和计算，而科学知识和直观是始终真实的。除了直观而外，没有其他类知识比科学知识更为精确。基本前提比证明更为无知，而且一切科学知识都涉及推论的。由此可以推出，没有关于基本前提的科学知识。由于除了直观外，没有比科学知识更为正确的知识，所以把握基本前提的必定是直观。这个结论不仅从上述考虑中可以清楚地看到，而且也因为证明的本原自身并不是证明，所以科学知识的出发点自身也不是科学知识。由于除科学知识外，我们不拥有其他真实的官能，因而这种知识的出发点必定是直观。这样，科学知识的最初源泉把握本原，而科学知识作为一个整体与全部事实整体发生了同样的关系。

◢ 选文出处

亚里士多德：《工具论》，余纪元译，北京，中国人民大学出版社，2003年，第344～347页。

# 四、亚里士多德之后的希腊哲学

知 识 论 读 本

# 伊壁鸠鲁

> 伊壁鸠鲁坚持一切知识都依赖于感觉，感觉是 eidola，即对象发出的原子影像与感官相接触的结果，因此感觉是直接的，不容有任何间隔。

## 作者简介

伊壁鸠鲁(Epikouros, Epicurusxqy，约公元前341—前270)，萨摩斯人，主要活动在雅典，著作宏富，但已失传，只留下残篇。

### 著作选读：

《规范》，《物理学》。

**《给赫罗多德的信——伊壁鸠鲁哲学简介》——原子微粒激动感官产生感觉，感觉是推理的基础**

宇宙为形体所组成。形体的存在是感觉充分证明了的，感觉，我再说一遍，就是推理的基础，我们就是根据它推知感觉不到的东西的。可是，如果没有我们说的那个"虚空"、"场所"、"不可触的实体"，形体就无处存在，不能像我们看到的那样运动了。

原子永远不断在运动，有的直线下落，有的离开正路，还有的由于冲撞而向后退。冲撞后有的彼此远远分开，有的一再向后退，一直退到它们碰机会与其他原子卡在一起才停止，还有的为卡在它们周围的原子所包围。这一方面是由于那将各个原子分隔开来的虚空的本性使然，因为虚空不能提供抵抗力，另一方面，则是由于原子的坚硬使它们冲撞后向后退，一直退到冲撞后与其他原子卡在一起时所能容许的那样远的距离。这些运动都没有开端，因为原子与虚空是永恒的。

而且还有许多影像,与坚固的物体形状相似,而在结构的细微上则远超过可感觉的东西。因为并不是不可能在围绕对象的东西中形成这样一些放射物,也不是不可能有机会形成这种稀薄的结构,也不是不可能有一些流出物保持着自己以前在坚固物体中原有的位置与秩序。这些影像我们称为"相"。

　　其次,在可感觉的事物中,并没有什么东西与我们认为影像在结构上有不可超越的细微性的那种信念相矛盾。因此,影像也具有不可超越的运动速度,因为它们的一切原子的运动都是一致的,此外,也没有东西或极少东西以冲撞来阻止它们放射,而一个由许多个或无限个原子构成的物体,则会立刻为冲撞所阻止。此外,也没有什么东西与我们认为"相"的产生和思想一样迅速的那个信念相矛盾。因为原子之从物体表面流出,是继续不断的,可是这并不能根据物体的大小有任何减少而觉察出来,因为丢失后又不断地填充上了。影像的流出,在一个长的时间里,保持着坚固物体中原子的位置与次序,虽然有时是混乱的。

　　我们也一定要认定,当某样东西从外物进入我们时,我们不只是看见它们的形状,并且还想到它们的形状。① 因为外物不能借助处在它们与我们之间的气体,也不能借助任何一种从我们流到它们的射线或流出物,来使我们形成关于它们本身的颜色与形状的性质的印象,——作得像影像那样好:与外物在颜色与形状上相似,离开对象,按照它们各自的大小,或者进入我们视觉,或者进入我们心中,迅速地运动着,并且以这种方式重新产生一个个别的连续物的形象,而且与原来的对象保持相应的性质与运动的次序,当它们激动感官时,这种撞击是由于具体物体内的原子振动所造成的。

　　我们由于心灵或感官的认识活动而得到的每个影像,不拘是关于形状还是性质的影像,都是具体对象的形式或性质,这是由于影像不断重复或留下印象而产生的。错误永远在于把意见加到待证明的或不矛盾的事情上面。而结果竟没有得到证明,或者竟发生矛盾了。因为,我们所谓真实存在着的东西,以及作为与存在物相似的东西而被接受的影像(它们或者在睡眠者身上产生,或者是由于心灵或其他判断工具的某些其他认识活动而产生),这二者之间的相似,若不是有这种性质的某些流出物实际上与我们的感官接触,是不会出现的。若不是有他种运动也在我们内部产生,与影像的认识紧密相连,可是又不相同,谬误是不会存在的;而正是由于这样,假如认识没有得到证明,或是矛盾的,错误就发生了;假如它被证明了,或者不矛盾,那它就是

---

① 伊壁鸠鲁认为视觉是由于影像流入眼睛所造成,而且认为思想也是由于影像流入心中所造成,不过流入心中的影像更精细。——编者

真的。所以我们要极力记住这个学说，一方面为的是使依据清晰见证的判断标准不致被推翻，另一方面为的是使谬误不致像真理那样得到稳固的根据，因而把一切弄得混淆不清。

再者，听觉也是由于从对象跑出的一种流，这就是说话、发声、发噪音或以任何其他方式引起听觉的对象。这个流分散成为微粒，每一个微粒都与整体相似，它们同时保持着性质上的互相符合，还保持着一种特性的统一，这个统一一直引回到发出声音的对象：就是这个统一在大多数情况下在听者方面产生了解，或者，如果没有这种特性的统一的话，那就仅仅表明有外部对象出现。因为如果没有从对象传送过来的某种性质上的符合物，这种了解是不会产生的。因此我们不要设想实在的气被发出的语音或被其他相似的声音弄成了一种形状——因为气根本不像这样受到声音的作用——，而是当我们发音时，在我们身上发生一击，立刻挤出一些微粒，这些微粒产生一种气流，具有提供我们听觉的特性。

还有，我们要这样设想：嗅觉正如听觉一样，若不是从大小合适的对象跑出某些微粒来激动感官，是不会引起任何感觉的；微粒有些是这一种的，有些是那一种的，它们激动感官时，有些是以混乱而且奇特的方式，有些是以安静而且悦人的方式。

还有，我们要认定原子除了形状、重量、大小以及必然伴随着形状的一切以外，并没有属于可知觉的东西的任何性质。因为每一个性质都变化，而原子根本不变，因为在引起变化的复合物分解时，一定有某样东西依然是坚固而不可分解的；变化不是变成不存在或由不存在变来，变化是由于某些微粒的地位移动，以及另一些微粒的增加或离开。……

其次，永远要以感觉以及感触作根据，因为这样你将会获得最可靠的确信的根据。你应该认为灵魂是散布在整个构造中间的一团精细的微粒，很像混合着热的风，在某些方面像风，在另一些方面像热。还有一部分在组织的精微上甚至于比这两部分还远远高出许多倍，因此它更能够与整个构造的其他部分保持密切接触。所有这些部分，都由灵魂的活动和感触、灵魂运动的敏捷、灵魂的思想过程以及我们死亡时所失掉的东西而显示出来。此外，你还要理解到灵魂拥有感觉的主要原因，可是灵魂如果不是以某种方式为结构的其余部分所包住，它就不会提到感觉。而这个其余的部分又由于供给灵魂以这种感觉的原因，它自己也就从灵魂获得一份这种偶然的能力。可是它并没有得到灵魂所具有的全部能力，所以灵魂离开了身体，身体就不再有感觉。因为身体永远不是自身具有这种能力，只是常常对另一个存在物为这种能力提供机会，而这个存在物是与它自身同时出现的，这个存在物由于具有本身内部准备好的力量作为运动的结果，常常自发地为自身产生出感觉能力，然后把它也传达给身体，这是由于接触以及运动的配合所造成，我已经说过的。——所以，只要灵魂留在身体里，即使身体的某个其他部分失掉了，灵魂也不会没有感觉；可是，当包住灵魂的东西或是全部或是部分离开时，灵魂的某些部分也就随之消灭了，而灵魂只要继续存在，就保有感觉。（第欧根尼·拉尔修：《著名哲学家的生平和学说》，X）

### 选文出处

北京大学哲学系外国哲学史教研室编译：《西方哲学原著选读》（上卷），北京，商务印书馆，1981年，第160～169页。

# 斯多葛派

> 斯多葛派主张一种乐观的形而上学和一种自信的理性主义知识论。上帝统治宇宙的法则是理性，逻各斯，上帝本性为火本身。内在于人心中乃是此理性的一部分。理性如果正确地使用，它就能指导我们达到一切本质真理的知识。逻辑学是知识论重要部分。

### 作者简介

斯多葛派系由塞浦路斯地方的希腊人芝诺（Zenon，公元前4世纪末）在公元前300年左右创建于雅典，该派的创建可能出于对抗伊壁鸠鲁，主要代表人物是克吕西普（Chrysippos，约公元前281—前205），西塞罗（Ciceron，公元前106—前43）和奥勒留（Aurelius，120—180）等。

### 著作选读：

芝诺与克吕西普，著作不存，西塞罗有《论目的》、《神性论》与《论命运》，奥勒留有《沉思录》。

**文献记载——哲学三大部分：逻辑学、自然哲学和伦理学；真理的正当标准是具有说服力的印象**

斯多葛派把哲学比做一个动物，把逻辑学比做骨骼与腱，自然哲学比做有肉的部分，伦理哲学比做灵魂。他们还把哲学比做鸡蛋，称逻辑学为蛋壳，伦理学为蛋白，自然哲学为蛋黄。也拿肥沃的田地作比，逻辑学是围绕田地的篱笆，伦理学是果实，自然哲学则是土壤或果树。他们还把哲学比做城墙防守的城市，为理性所管理，并且，像他们之中一些人所说，任何一部分也不被认为比别一部分优越，它们乃是联结着并且不可分地统一在一起，因此他们把这三部分全都结合起来讨论。但是另外一些人则把逻辑放在第一位，自然哲学第二位，伦理学第三位。

有些人又说逻辑的部分正好可以再分成两门学科，即修辞学与辩证法。有些人还加上研究定义的部分以及关于规则或标准的部分，可是有些人却不要关于定义的那部分。他们认为研究规则或标准的部分是发现真理的一种方法，因为他们在那里面解释了我们所有的种种不同的知觉。同样，关于定义的那部分被认为是认识真理的方法，因为我们是用一般概念来认知事物的。还有，他们认为修辞学是把平铺直叙的记事中的事情讲得佳妙的科学，辩证法是以问答来正确地讨论课题的科学；于是就有了他们关于辩证法的另外一个不能并行的定义，即：关于真、伪与既不真又不伪的论断的科学。

他们把证明规定为从知道得较多的东西推进到知道得较少的东西的方法。还有，知觉是在心上产生的印象，这名称是很恰当地从印章在蜡上所作的印迹借来的。他们把知觉分为有说服力的知觉和缺乏说服力的知觉。有说服力的知觉——这个他们称为事实的标准——是由真实的对象所产生的，所以同时是符合于那个对象的。缺乏说服力的知觉与任何实在对象无关，或者，假如它有任何这一类的关系，可是由于与对象并不相一致，也只是模糊不清的表象。

斯多葛派首先愿意讨论知觉与感觉，因为确定事实的真理性的标准是一种知觉，并且因为表示赞同与相信的判断，以及对于事物的了解，没有知觉就不能存在。因为知觉是领路的，然后是思想，用词句发表出来，以字来解释它得自知觉的感情。

知觉的过程与结果是有区别的。后者是心中的像，可以在睡眠里出现，前者是在心灵中印上某样东西的活动，是一个变化过程，如克吕西普在他的《论心灵》的第二篇中所说明的。他说，我们不要把"印象"照直了解为印章所打的印，因为不能设想有很多这样的印象会在同一时间出现于同一地点。所谓知觉，乃是来自真实对象的东西，与那个对象一致，并且是被印在心灵上，被压成一定形状的，如果它来自一个不真实的对象，就不会是这样。

他们认为某些知觉是可以感觉的，某些则不是。他们所谓可以感觉的，就是我们得自某一个或较多的感官的，而他们不叫做可以感觉的，则是直接发自思想的，例如与非具体的对象相关联的知觉，或为理性所包含的任何别的知觉。还有，可以感觉的知觉是为真实的对象所产生的，真实的对象把自身强加于理智，使它顺从。还有某些别的知觉，只是似乎如此的，只是模糊的影像，与真实对象所产生的知觉相似。

他们主张真理的正当标准是具有说服力的印象，那就是说，这印象是来自于真实的对象。像克吕西普在他的《物理学》第十二卷里所肯定的，安提帕特与阿波罗多洛都赞成他的说法。因为博爱丘留下了很多的标准，像理智、感觉、欲望与知识，但克吕西普不同意他的看法，克吕西普在他的《论理性》

第一卷里说感觉与预想是仅有的标准。他所谓预想是一种得自自然秉赋的一般的观念（对于共相或一般概念的先天的了解）。但是早期斯多葛派其他的人物则承认健全理性是真理的一个标准。（第欧根尼·拉尔修：《著名哲学家的生平和学说》，VII，1，40—45）

### 选文出处

北京大学哲学系外国哲学史教研室编译：《西方哲学原著选读》（上卷），北京，商务印书馆，1981年，第178～180页。

# 怀疑主义

## 古代学园派怀疑论

与主张独断形而上学的斯多葛派极端相对，柏拉图学园逐渐发展到怀疑论学派，这学派贬低柏拉图的积极形而上学并以苏格拉底的不可知论（agnoia）作为它的模式。它的成功的领导人阿塞西劳（Arcesilaus，约公元前315—前240）和卡尔尼亚德（Carneades，约公元前214—前129）反对斯多葛派的自明的知觉知识概念。阿塞西劳引用苏格拉底争论说，"只有一件事我知道，这就是我一无所知"，并补充说"我甚至连这一点也不知道"。卡尔尼亚德一定是一位有名的辩证法家。在公元前155年，他作为外交使节来到罗马。在业余时间他作了两次讲演。第一天他颂扬正义，给他的听众留下深刻印象。第二天使他们大为吃惊的，他嘲笑了正义，说不承认正义也有同样好的理由。从而他使罗马人抛弃所有他们的掠夺物并返回他们的简单生活。这种对一个问题的两方面论证的平衡使罗马人精通诡辩，不久之后通过一项反对哲学家的法律。因为这些怀疑论者是在柏拉图学园产生的，所以他们被称之为"学园怀疑派"。

# 皮 浪

> 皮浪主义作为古典怀疑论的典型代表,在认识论上,认为事物的本性是不可知的,是人类认识无法穿透的,是无法理解的,因而,对任何事物的恰当态度只能是不置可否,悬搁判断,进而保持心灵上的宁静乃至伦理生活上的幸福。皮浪主义还特别强调与以克莱多马库斯、卡尔尼亚德等为代表的怀疑学派以及以伊壁鸠鲁、斯多葛学派为代表的独断论的哲学体系之间的重大区别。

### 作者简介

皮浪(Pyrrhon,约公元前365—前275),古希腊哲学家,怀疑学派的奠基人。生于埃利斯[Elis],以绘画为生,习于孤寂。不过,在世时就备受埃利斯人和雅典人的尊重,威望颇高。生前并无著作,古罗马塞克斯都·恩披里柯著有《皮浪学说纲要》(亦译《悬搁判断与心灵宁静》),流传至今。

### 著作选读:

塞克斯都·恩披里柯:《悬搁判断与心灵宁静》,I1—13。

## 1 《悬搁判断与心灵宁静》第Ⅰ卷——皮浪怀疑主义

(1) 关于各种哲学体系的主要区别

任何研究的自然结果必然是下列三种之一,研究者或是找到了真理;或是认为真理不可知、不可理解;或是继续从事探究。所以,同样关于哲学所研究的对象,有人宣称已经发现了真理,有人断言真理不可被把握,有人继续求索。那些宣称已经发现了真理的人是"独断论者",举例来说,尤其是亚里士多德,还有伊壁鸠鲁、斯多葛派以及其他某些人。克莱多马库斯(Cleitomachus)和卡尔尼亚德(Carneades)以及其他的学园派把真理看成是不可把握的。怀疑论者则继续研究。这样,人们似乎可以合情合理地把哲学分成三种主要类型:独断论、学园派和怀疑论。其他的学派最好由其他的人去说,我们目前的任务是扼要地描述怀疑论。首先我们要指出,我下面要说的一切,并没有断定其事实真是如此;我只是像一个编年史家那样,按照事实当下向我呈现的样子,简单地记下每件事实。

(2) 关于怀疑论的论证

在怀疑论哲学中,有一类论证(或一个部门)被称为"一般的",还有一类被称为"专门的"。在一般的论证中,我们将提出怀疑论的特征,表述它的意图和原则,它的逻辑方法、标准和目的；还有它导向悬而不决的"式"或"方式"；以及在何种意义上我们采用怀疑论的公式，还有怀疑论和与之相近的哲学的区别。在专门的论证中，我们将陈述对于所谓哲学的几个部门的批判。让我们从一般论证开始，首先看看赋予怀疑论的几个名称。

(3) 关于怀疑论者的命名

怀疑论在历史上有多种不同的名称。由于其积极从事研究和探询活动，它也被称做"研究派"；从研究者在研究后的心境出发，它得名"存疑派"；由于如有些人说的那样，他们有怀疑和追寻的习惯，或者出于他们对肯定与否定不作决定的态度，他们也被称做"困惑派"；由于皮浪看起来比前人更加彻底、公开地致力于怀疑论，又被称做"皮浪派"。

(4) 怀疑论是什么

怀疑论是一种能力或心态，它使用一切方式把呈现与判断对立起来，结果出于对立的对象和理性的同等有效性，我们首先产生心灵的悬而不决状态，接着产生"不被扰乱"或"宁静"的状态。我们称它为一种"能力"，并不指什么微妙的含义，只是指"能够"的意思。我们说的"呈现"指感知的对象，我们把它们与思想或"判断"的对象进行对照。"用一切方式"可以与"能力"一词联系起来，此处的能力是我们说过的那种通常的意义所理解的"能力"一词；也可以与"把呈现与判断对立起来"联系在一起，因为我们以各种各样的方式把它们对立起来，于是有呈现与呈现的对立，判断与判断对立，或判断与呈现对立。为了把所有这些对立包容进来，我们采用"以一切方式"的说法。我们也可以把"以一切方式"与"呈现与判断"联系起来，以便使我们不必去研究呈现是如何呈现的，或者思想对象是如何进行判断的，只在简单的意义上使用这些词。"对立的判断"一语，并不指否定或肯定，而只是当成"冲突的判断"的同义词。"同等有效性"是指在可能性和不可能性上的相同，表明冲突中的判断没有一个在可能性上优先于其他。"悬而不决"（epoche 悬搁，悬疑）是一种心灵的休憩，即既不否定也不肯定任何事物。"宁静"是灵魂的不被扰乱、平静的状态。宁静是如何随着悬而不决判断而进入灵魂的，我们将在第12章"关于目的"中加以解释。

(5) 关于怀疑论者

在对怀疑论体系的定义中，"皮浪派哲学家"已经被隐含于其中，皮浪派哲学家就是拥有这种"能力"的人。

(6) 怀疑论的原则

怀疑论的起因在我们看来是希望获得心灵的宁静。有才能的人受到事物中的矛盾的困扰，怀疑自己应当接受那种选择，就去研究事物中何真何假，希望能够通过解决这些问题而获得宁静。怀疑论体系主要的基本原则是：每一个命题都有一个相等的命题与之对立，因为我们相信这一原则带来的结果就是停止独断。

（7）怀疑论也独断吗？

当我们说怀疑者有意回避独断时，我们并不和某些人一样在广义的"同意一件事"的意义上使用"断言"（dogma）一词，因为怀疑者是承认作为感性印象之必然结果的感受的。比如，他在感受到热或冷的时候，他不会说："我觉得不热或不冷。"当我们说"他不独断"时，"独断"的意思只是有人所用的那个意思，即"赞同（assent to）科学研究中的不明对象"，因为皮浪派哲学家不承认任何不明白的事物。进一步说，即使是在列举怀疑论关于不明白事物的公式——比如公式"谁也不更（可取）"，或"我什么也不断定"，或其他我们下面就要谈到的公式——时，他也不独断。因为独断论者在独断事情的时候是把它当做确实存在的东西，而怀疑论并不在任何绝对的意义上提出这些公式；因为他认识到，正像"一切都是错的"这一公式在宣称其他事情是错的同时也宣称了该公式本身是错的一样，"没有任何东西是真的"也是如此；"谁也不更"的公式也宣称了自己和其他事物一样"也不更"可取，从而把自己和其他事物一起否定了。其他的公式也是如此。故而，独断论者把自己的对象当实质性真理提出来，怀疑论者表述自己的公式的方式却是要让它们实际上也被自己所否定了；这样的表述不能算独断。更重要的是，在表述这些公式的时候，他表达的只是向他显现的事情，以非独断的方式说出他自己的印象，不对外部实在作任何正面的肯定。

（8）怀疑论有没有教义原则

在回答"怀疑论有没有教义原则"时，我们也遵循同样的思路。如果人们把"教义原则"定义为"遵循一系列相互依赖并依赖现象的教条"，并把"教条"（dogma）定义为"承认一个不明白的命题"，那么可以说怀疑论没有教义原则。但如果把"教义原则"定义为"这样一种程序，即依据现象，遵守一定的推理——即那种表明如何能看上去正当地（'正当'是广义的，不仅指德性）生活而且有助于人们悬而不决的推理"，那么，我们说怀疑论者有教义原则，因为我们确乎遵循这样的推理——它是与现象一致的，并能为我们指出一种与我们国家的习俗、法律及体制，以及我们的本能感受一致的生活。

（9）怀疑论讨论自然学吗？

在"怀疑论者应当讨论自然学问题吗"的问题上，我们的回答也是类似的。因为一方面，在对于任何自然学中独断地讨论的问题做出确信的、肯定的判断的意义上，我们不讨论自然学；而另一方面，就我们的思维方式——即给每一个命题对立一个同等有效的相反命题——而言，以及就我们的追寻心灵宁静的理论而言，我们是讨论自然学的。这也是我们看待所谓"哲学"中的逻辑学部门和伦理学部门的态度。

（10）怀疑论否认呈现吗？

那些说"怀疑论者否认呈现"或现象的人，在我看来那是不熟悉我们学派的表述。我们并不推翻那些我们必然感受到的感性印象。这些印象就是呈现。当我们探问背后的客体是否正如它所呈现的这样时，我们是肯定了它呈现这一事实。我们的怀疑并不涉及呈现本身，而只涉及对呈现的判断——这与怀疑呈现本身不是一回事。比如，蜂蜜对我们呈现为甜的（这个我们是承认的，因为我们通过感觉觉得甜）；但是它本身是否甜，我们就不能确定了，因为这已经不是呈现，而是对于呈现的判断。即使我们真的批判呈现，我们也不是想要否认呈现，而是要指出独断论者的草率。如果理性是一个诡计多端的家伙，它把呈现从我们的眼皮底下夺走，那么，我们当然要在有关不明白的事情上去怀疑它，不要出于跟着它而草率行事。

（11）怀疑论的标准

我们坚持呈现，这也可以从我们关于怀疑论学派的标准的讨论中看出来。"标准"一词有两种用法。它可以指"判定信念的真假的尺度"（我们在下面会批判这种用法）；它也可以指行为的标准——在生活行为中我们根据这些标准做某些事情或不做某些事情。我们现在讨论的是后一种用法上的标准。怀疑论的标准是"呈现"，它基本上指感觉呈现。因为这居于感情和非主动性的感受，它不在可以怀疑之列。所以，我认为没有人会争论背后的对象有这种或那种呈现；争论的焦点是：背后的对象是否真的像它呈现的那个样子。

坚持呈现，这就使我们按照通常的生活规则非独断地生活，因为我们无法完全不行动。这一生活的准则具体又可分为四种：一方面是自然的指导，一方面是情感的驱使，一方面是法律和习俗的传统，再一方面是技艺的教化。自然的指导使我们通过它们自然地能够感觉和思考；情感的驱使是诸如饥渴令人去饮食；习俗和法律的传统使我们据以认为生活中的虔敬是善，不虔敬是恶；技艺的教化是使我们不至于不懂技艺。但是我们并非独断地说这些话的。

（12）怀疑论的目的是什么？

我们的下一个主题是怀疑论体系的最终目的。所谓"终极目的"就是

"一切行为和思考都是为了它而做的，但是它却不是因为其他的事物而存在的"东西。或者换句话说，是"追求的最终对象"。我们肯定怀疑论的终极目的是对于意见之争保持灵魂的平静状态，面对不可避免的事情情绪平和。怀疑论做哲学研究，希望判定感觉印象中谁真谁假，希望通过解决这些问题获得安宁；可是却发现自己陷入了同等有效的矛盾命题中。他无法决定谁真谁假，只好悬搁判断。当他陷入这种悬而不决状态之中后，面对意见之争的宁静却出现了。因为一个相信事物有本性上的好与坏的人永远处于不宁静当中：当他没有获得他认为是本性上的好的东西时，他就相信自己遭受着本性上坏的东西的折磨，他要追求那些他认为是好的东西；但是当他得到了好东西后，他还是不断烦恼，因为他的非理性的和非节制的狂喜，也因为他害怕命运变化；他用尽了一切办法来避免失去他认为是好的东西。但是，一个不断定任何本性上的好与坏的人，既不会过分热心地追求什么，也不会过分努力地逃避什么；这样，他就不会感到烦恼。

事实上，怀疑派曾有过画家阿派勒斯曾经的经历。有一次，阿派勒斯画马，想画出马的唾沫，但他失败了，气得他把用来擦洗画笔上油彩的海绵扔向画面。未曾料到，海绵留下的痕迹却产生了马的唾沫的效果。同样的，怀疑论曾通过希望在感性及思想的对象的种种分歧之中做出是非判定来获致宁静。由于做不到，他们悬搁判断。这时他们却发现平静好像是偶然似的随着悬搁判断出现了，就像影子随着物体出现一样。我们不是说怀疑派能够完全不受扰乱，而是说他们只受必然发生的事情的扰乱，因为我们认为他会有时感到冷或渴，以及遭受其他类似的麻烦。但是，即使在这一情况下，普通人也受到两种困扰，一种是感受本身，另一种，同样激烈地，是因为这些遭遇是本性上的坏事之信念。怀疑论者由于拒斥在这些情况中附加上去的"本性坏"之信念，就避开了遭受更多的烦恼。所以我们说，在有关意见的事情上，怀疑论的最终目的是宁静；在不可避免的事情上，是"平和的感受"。不过有些著名的怀疑论者还加上了一个定义："在研究中悬搁判断。"

(13) 导向悬搁判断的一般的"式"

我们既然已经说过宁静伴随悬搁判断而来，下面的任务就要解释我们怎么达到这一悬而不决。一般地说，这是把事情对立起来的结果。我们或者把呈现与呈现对立起来，或者把思想的对象相互对立起来，或者把呈现与思想对立起来。比如，当我们说"同一座塔从远处看是圆的，走近看是方的"时，我们就是把呈现与呈现对立起来。当我们对那些从天体运行的有序性推论出天命存在的人提出一个相反的事实：好人常常过得差，坏人常常享着福，并由此推出天命不存在，这就是把思想与思想对立起来。至于思想与呈现对立的例子，可以举阿那克萨戈拉反对"雪是白色的"时的论证："雪是冻住的水，而水是黑色的，所以雪是黑色的。"换个角度，我们有时把现在的事情与现在的事情对立起来，比如前面讲的；有的时候把现在的事情与过去的和未来的事情对立起来，比如当有人向我们提出一个我们无法反驳的理论时，我们回答说："正像在贵学派创始人诞生之前，贵派的理论虽然已经存在，但是还显得不那么确实可信；同样，很可能与你所提出的对立的理论现在已经存在了，只是我们还不太知晓而已。所以，我们不应当承认你的这个在目前显得可信的理论。"

但为了更精确地理解这些对立，我将描述"悬而不决"得以产生的各种"式"；同时，我们对它们的数目和可信性不作任何正面肯定，因为它们也许是不可靠的，也许比我提到的还要多。

### 选文出处

塞克斯都·恩披里柯：《悬搁判断与心灵宁静》，包利民等译，北京，中国社会科学出版社，2004年，第3~10页。

## 2 《皮浪言论辑录》——最高的善就是不作任何判断

（1）万物一致而不可分别。因此，我既不能从我们的感觉也不能从我们的意见来说事物是真的或假的。所以我们不应当相信它们，而应当毫不动摇地坚持不发表任何意见，不作任何判断，对任何一件事物都说，它既不不存在，也不存在，或者说，它既不存在而也存在，或者说，它既不存在，也不不存在。

（2）它既不是这样，也不是那样，也不是这样和那样的。

（3）没有任何事物是美的或丑的，正当的或不正当的，这只是相对于判断而言。没有任何事物真正是这样的（像判断的那样），只是人们按照风俗习惯来进行一切活动。每一件行为都既不能说是这样的，也不能说是那样的。

（4）没有一件事情可以固定下来当做教训，因为我们对任何一个命题都可以说出相反的命题来。

（5）最高的善就是不作任何判断。随着这种态度而来的就是灵魂的安宁，就像影子随着形体一样。

（6）生与死之间并无分别。

（内斯特勒编辑：《苏格拉底以后哲学家》）

### 选文出处

北京大学哲学系外国哲学史教研室编译：《西方哲学原著选读》（上卷），北京，商务印书馆，1981年，第177页。

# 新柏拉图派

## 柏罗丁

> 柏罗丁认为,太一是万物的本原,太一流射出心智,心智喷射出灵魂。灵魂通过心智享受对太一的观照。

**作者简介**

柏罗丁(Plotinos,约公元205—270),埃及人。主要活动在罗马。新柏拉图主义者,主张太一是万物的根本,由太一流射出世界,其理论称为"流射说"(Emanation)。

**著作选读:**

《九章集》。

### 《九章集》——通过心智享受对"太一"的观照

"太一"是一切事物,而不是万物中的一物。因为一切事物的来源是它本身,而不是它们自己;万物有其来源,因为它们都可以回溯到它们的源头去。

存在的产生,乃是第一个产生的活动。"太一"是完满的,因为它既不追求任何东西,也不具有任何东西,也不需要任何东西,它是充溢的,"流射"出来的东西便形成了别的实体。

它以后最伟大的次一等的东西就是心智。

心智既然像"太一",现在它就仿效"太一",喷出巨大的力量来。这个力量是它自身的一种特殊形式,正如那先于它的本原所喷出来的一样。这种由本质里发出来的活动就是灵魂,灵魂的产生并不需要心智变化或运动,因为心智的产生也不要先于它的本原变化或运动。但是灵魂并不创造，它是常住不变的，只是在变化和运动中产生出一种形相。灵魂在观看它的存在的来源时，是充满着心智，但是当它向别的相反的运动前进时，它便产生出自身的形相，产生出感觉和植物的本性来。但是这些东西没有一件是与先于它的东西脱离或割断的。

我们正是拿"太一"作为我们的哲学深思的对象的，我们一定要像下面这样做。既然我们在追求的是"太一"，我们在观看的是万物的来源，是"好"和原始的东西，我们就不应当从那些最先的东西的附近出发，也不应当沉入那些最后才来的东西，而要抛开这些东西，抛开这些东西的感性外观，委身于原始的事物。如果我们致力追求"好"的话，我们还必须摆脱一切罪恶，必须上升到藏在我们内部的原则，抛开我们的多而变成一，进而成为这个原则，成为"太一"的一个观看者。我们必须变成心智，必须把我们的灵魂信托给我们的心智，在心智中建立起我们的灵魂，这样我们才能意识到心智所观看的东西，并且通过心智享受对"太一"的观照。我们不可以加进任何感性经验，也不可以在思想中接受任何来自感觉的东西，只能用纯粹的心智，用心智的原始部分去观看那最纯粹的东西。

### 选文出处

北京大学哲学系外国哲学史教研室编译：《西方哲学原著选读》（上卷），北京，商务印书馆，1981年，第213~217页。

# 五、中世纪

# 奥古斯丁

> 奥古斯丁擅长以新柏拉图主义阐述、论证基督教教义，认为基督教哲学必须建立在对上帝和自我的认识上。对于上帝，人们只能通过思辨去直观和认识，人的自我存在同样由于思辨的确切性而得到证实，而思辨的确切性最终有赖于上帝对人之灵魂的直接照耀，从而主张一种"光照论"的神学知识论。

### 作者简介

奥古斯丁（Aurelius Augustinus，354—430），古罗马基督教神学家、拉丁教父主要代表，早期基督教哲学体系的完成者。生于罗马帝国北非行省的塔迦斯特，早年信奉摩尼教，后于386年皈依基督教，395年任北非希波主教。

### 著作选读：

《忏悔录》X 1—29。

### 《忏悔录》卷十一——神学知识论

一

主，你认识我，我也将认识你，"我将认识你和你认识我一样"①。我灵魂的力量啊，请你渗透我的灵魂，随你的心意抟塑它，占有它，使它"既无瑕疵，又无皱纹"②。这是我的希望，我为此而说话；在我享受到健全的快乐时，我便在这希望中快乐。人生的其他一切，越不值得我们痛哭的，人们越为此而痛哭；而越应该使我们痛哭的，却越没有人痛哭。但你喜爱真理，"谁履行真理，谁就进入光明"③。因此我愿意在你面前，用我的忏悔，在我心中履行真理，同时在许多证人之前，用文字来履行真理。

---

① 见《哥林多前书》13章12节。
② 见《以弗所书》5章27节。
③ 见《约翰福音》3章21节。

## 二

主,你洞烛人心的底蕴,即使我不肯向你忏悔,在你鉴临之下,我身上能包蕴任何秘密吗?因为非但不能把我隐藏起来,使你看不见,反而把你在我眼前隐藏起来。现在我的呻吟证明我厌恶自己,你照耀我,抚慰我,教我爱你,向往你,使我自惭形秽,唾弃我自己而选择你,只求通过你而使我称心,使你满意。

主,不论我怎样,我完全呈露在你的面前。我已经说过我所以忏悔的目的。这忏悔不用肉体的言语声息,而用你听得出的心灵的言语、思想的声音。如果我是坏的,那么我就忏悔我对自身的厌恶;如果我是好的,那么我只归功你,不归功于自己,因为,主,你祝福义人,是先"使罪人成为义人"①。为此,我的天主,我在你面前的忏悔,既是无声,又非无声。我的口舌缄默,我的心在呼喊。我对别人说的任何正确的话,都是你先听到的,而你所听我说的,也都是你先对我说的。

## 三

我和别人有什么关系?为何我要人们听我的忏悔,好像他们能治愈我的一切疾病似的?人们都欢喜探听别人的生活,却不想改善自己的生活。他们不顾听你揭露他们的本来面目,为何反要听我自述我的为人。他们听我谈我自己,怎能知道我所说的真假?因为除了本人的内心外,谁也不能知道另一人的事。相反,如果他们听你谈论有关他们自身的事,那么决不能说:"天主在撒谎。"因为听你谈论他们自身的事,不就是认识自己吗?一人如果不说谎,那么认识自己后,敢说"这是假的"吗?但"爱则无所不信"②,至少对于因爱而团结一致的人们是如此。因此,主啊!我要向你如此忏悔,使人们听到。虽则我无法证明我所言的真假,但因爱而倾听我的人一定相信我。

我内心的良医,请你向我清楚说明我撰写此书有何益处。忏悔我已往的罪过——你已加以赦免而掩盖,并用信仰和"圣事"变化我的灵魂,使我在你里面获得幸福——能激励读者和听者的心,使他们不再酣睡于失望之中,而叹息说:"没有办法";能促使他们在你的慈爱和你甘饴的恩宠中苏醒过来,这恩宠将使弱者意识到自己的懦弱而转弱为强。对于心地良好的人们,听一个改过自新者自述过去的罪恶是一件乐事,他们的喜乐不是由于这人的罪恶,而是因为这人能改过而迁善。

---

① 见《罗马书》4章5节。
② 见《哥林多后书》13章7节。

我的天主，我的良心每天向你忏悔，我更信赖你的慈爱，过于依靠我的纯洁。但现在我在你面前，用这些文字向人们忏悔现在的我，而不是忏悔过去的我，请问这有什么用处？忏悔已往的好处，我已经看到，已经提出。但许多人想知道现在的我，想知道写这本《忏悔录》的时候我是怎样一个人，有些人认识我，有些人不认识我，有些人听过我的谈话，或听别人谈到我，但他们的双耳并没有准对我的心，而这方寸之心才是真正的我。为此他们愿意听我的忏悔，要知道耳目思想所不能接触的我的内心究竟如何；他们会相信我，因为不如此，他俩不可能认识我。好人的所以为好人在乎爱，爱告诉他们我所忏悔的一切并非诳语，爱也使我信任他们。

四

但是他们希望得到些什么益处呢？是否他们听到我因你的恩赐而接近你，愿意向我道贺，或听到我负担重重，逡巡不前，将为我祈祷？对这样的人，我将吐露我的肺腑。因为，主、我的天主，有许多人代我感谢你，祈求你，为我大有裨益。希望他们以兄弟之情，依照你的教训，爱我身上所当爱的，恨我身上所当恨的。

这种兄弟之情，只属于同类之人，不属于"口出诳语，手行不义的化外人"①；一人具有弟兄之情，如赞成我的行为，则为我欣喜，不赞成我，则为我忧伤；不论为喜为忧，都出于爱我之忧。我要向他们吐露肺腑：希望他们见我的好而欢呼，见我的坏而太息。我的好来自你，是你的恩赐；我的坏由于我的罪恶，应受你的审判。希望他们为我的好欢呼，为我的坏太息；希望歌颂之声与叹息之声，从这些弟兄心中，一如在你炉中的香烟，冉冉上升到你庭前。

主，你如果欣悦你的圣殿的馨香，那么为了你的圣名，请按照你的仁慈垂怜我，填补我的缺陷，不要放弃你的工程。

这是我的忏悔的效果，我不忏悔我的过去，而是忏悔我的现在；不但在你面前，怀着既喜且惧、既悲伤而又信赖的衷情，向你忏悔，还要向一切和我具有同样信仰、同样欢乐、同为将死之人、或先或后或与我同时羁旅此世的人们忏悔。这些人是你的仆人、是我的弟兄，你收他俩为子女，又命令我侍候他们如主人，如果我愿意依靠你、和你一起生活。你的"道"如果仅用言语来命令，我还能等闲视之，但他先自以身作则。我以言语行动来实践，在你的复翼之下实践，因为假如我的灵魂不在你复翼之下，你又不认识我的懦弱，则前途的艰险不堪设想。我是一个稚子，但我有一个永生的父亲，使

---

① 见《诗篇》143首7节。

我有恃无恐；他生养我，顾复我。全能的天主，你是我的万善，在我重返你膝下之前，你是始终在我左右。因此，我将向你所命我伺候的人们吐露肺腑，不是追叙我过去如何，而是诉说我目前如何，今后如何；但"我不敢自评功过"①。

希望人们本着这样的精神来听我的忏悔。

## 五

因为主，判断我的是你。虽则"知人之事者莫若人之心"②，但人心仍有不知道的事，唯有你天主才知道人的一切，因为人是你造的。虽则在你面前，我自惭形秽，自视如尘埃，但对于我自身所不明了的，对于你却知道一二。当然，"我们现在犹如镜中观物，仅能见影，尚未觌面"③；因此，在我们远离你而作客尘世期间，虽则我距我自己较你为近；但是我知道你绝不会受损伤，而对我自己能抵拒什么诱惑却无法得知。我的希望是在乎你的"至诚无妄，决不容许我受到不能忍受的试探，即使受到试探，也为我留有余地，使我能定心忍受"④。

因此，我要忏悔我对自身所知的一切，也要忏悔我所不知的种种，因为对我自身而言，我所知的，是由于你的照耀，所不知的，则我的黑暗在你面前尚未转为中午，仍是无从明彻。

## 六

主，我的爱你并非犹豫不决的，而是确切意识到的。你用言语打开了我的心，我爱上了你。但是天、地以及覆载的一切，各方面都教我爱你，而且不断地每一人爱你，"以致没有一人能推诿"⑤。你对将受哀怜的人更将垂怜，而对于已得你哀怜的人也将加以垂怜，否则天地的歌颂你，等于奏乐于聋聩。

但我爱你，究竟爱你什么？不是爱形貌的秀丽，暂时的声势，不是爱肉眼所好的光明灿烂，不是爱各种歌曲的优美旋律，不是爱花卉膏沐的芬芳，不是爱甘露乳蜜，不是爱双手所能拥抱的躯体。我爱我的天主，并非爱以上种种。我爱天主，是爱另一种光明、音乐、芬芳、饮食、拥抱，在我内心的光明、音乐、馨香、饮食、拥抱：他的光明照耀我心灵而不受空间的限制，他的音乐不随时间而消逝，他的芬芳不随气息而散失，他的饮食不因吞啖而减少，他的拥抱不因久长而松弛。我爱我的天主，就是爱这一切。

① 见《哥林多前书》4章3节。
② 同上书，2章11节。
③ 同上书，13章12节。
④ 同上书，10章13节。
⑤ 见《罗马书》1章20节。

这究竟是什么呢？

我问大地，大地说："我不是你的天主。"地面上的一切都作同样的答复。我问海洋大壑以及波臣鳞介，回答说："我们不是你的天主，到我们上面去寻找。"我问飘忽的空气，大气以及一切飞禽，回答说："阿那克西美尼①说错了，我不是天主。"我问苍天、日月星辰，回答说："我们不是你所追求的天主。"我问身外的一切："你们不是天主，但请你们谈谈天主，告诉我有关天主的一些情况。"它们大声叫喊说："是他创造了我们。"我静观万有，便是我的咨询，而万有的美好即是它们的答复。

我扪心自问："你是谁？"我自己答道："我是人。"有灵魂肉体，听我驱使，一显于外、一藏于内。二者之中，我问哪一个是用我肉体、尽我目力之所及，找遍上天下地而追求的天主。当然，藏于形骸之内的我，品位更高；我肉体所做出的一切访问，和所得自天地万有的答复："我们不是天主"，"是他创造我们"，必须向内在的我回报，听他定夺。人的心灵是通过形体的动作而认识到以上种种；我，内在的我，我的灵魂，通过形体的知觉认识这一切。关于我的天主，我问遍了整个宇宙。答复是："不是我，是他创造了我。"

是否一切具有完备的官觉的都能看出万有的美好呢？为何万有不对一切说同样的话呢？大小动物看见了，但不能询问，因为缺乏主宰官觉的理性。人能够发问，"对无声无形的天主，能从他所造的万物而心识目睹之"②，但因贪恋万物，为万物所蔽而成为万物的附庸，便不能辨别判断了。万物只会答复具有判断能力的人，而且不能变换言语，不能变换色相，不能对见而不问的人显示一种面目，对见而发生疑问的人又显示另一副面目；万物对默不作声或不耻下问的两类人，显示同样的面目，甚至作同样的谈话，唯有能以外来的言语与内在的真理相印证的人始能了解；因为真理对我说："天地和一切物质都不能是你天主。"自然也这样说。睁开眼睛便能看到：物质的部分都小于整体。我的灵魂，我告诉你，你是高出一筹，你给肉体生命，使肉体生活，而没有一种物质能对另一种物质起这种作用；但天主却是你生命的生命。

七

我爱天主，究竟爱些什么呢？这位在我灵魂头上的天主究竟是什么？我要凭借我的灵魂攀登到他身边。我要超越我那一股契合神形、以生气贯彻全身的力量。要寻获我的天主，我不能凭借那股力量，否则无知的骡马也靠这股力量而生活，也能寻获天主了。

---

① 公元前第6世纪的希腊哲学家，以空气为万物之原。——中译者
② 见《罗马书》1章20节。

我身上另有一股力量，这力量不仅使我生长，而且使我感觉到天主所创造而赋予我的肉体，使双目不听而视，双耳不视而听，使其他器官各得其所，各尽其职；通过这些官能我做出各种活动，同时又维持着精神的一统。但我也要超越这股力量，因为在这方面，我和骡马相同，骡马也通过肢体而有感觉。

八

我要超越我本性的力量，拾级而上，趋向创造我的天主。我到达了记忆的领域、记忆的殿廷，那里是官觉对一切事物所感受而进献的无数影像的府库。凡官觉所感受的，经过思想的增、损、润饰后，未被遗忘所吸收掩埋的，都皮藏在其中，作为储备。

我置身其间，可以随意征调各式影像，有些一呼即至，有些姗姗来迟，好像从隐秘的洞穴中抽拔出来，有些正当我找寻其他时，成群结队，挺身而出，好像毛遂自荐地问道："可能是我们吗？"这时我挥着心灵的双手把它们从记忆面前赶走，让我所要的从躲藏之处出现。有些是听从呼唤，爽快地、秩序井然地鱼贯而至，依次进退，一经呼唤便重新前来。在我叙述回忆时，上述种种便如此进行着。

在那里，一切感觉都分门别类、一丝不乱地储藏着，而且各有门户：如光明、颜色以及各项物象则属于双目，声音属耳，香臭属鼻，软硬、冷热、光滑粗糙、轻重，不论身内身外的都属全身的感觉。记忆把这一切全都纳之于庞大的府库，保藏在不知哪一个幽深屈曲的处所，以备需要时取用。一切都各依门类而进，分储其中。但所感觉的事物本身并不入内，库藏的仅是事物的影像，供思想回忆时应用。

谁都知道这些影像怎样被官觉摄取，藏在身内。但影像怎样形成的呢？没有人能说明。因为即使我置身于黑暗寂静之中，我能随意回忆颜色，分清黑白或其他色彩之间的差别，声音绝不会出来干扰双目所汲取的影像，二者同时存在，但似乎分别储藏着。我随意呼召，它们便应声而至；我即使钳口结舌，也能随意歌唱；当我回忆其他官感所收集的库藏时，颜色的影像虽则在侧，却并不干涉破坏；虽则我并不嗅闻花朵，但凭仗记忆也自能辨别玉簪与紫罗兰的香气；虽则不饮不食，仅靠记忆，我知道爱蜜过于酒，爱甜而不爱苦涩。

这一切都在我身内、在记忆的大厦中进行的。那里，除了遗忘之外，天地海洋与宇宙之间所能感觉的一切都听我指挥。那里，我和我自己对晤，回忆我过去某时某地的所作所为以及当时的心情。那里，可以复查我亲身经历或他人转告的一切；从同一库藏中，我把亲身体验到的或根据体验而推定的事物形象，加以组合，或和过去联系，或计划将来的行动、遭遇和希望，而且不论瞻前顾后，都和在目前一样。我在满储着细大不捐的各式影像的窈深缭曲的心灵中，自己对自己说："我要做这事，做那事"，"假使碰到这种或那种情况……""希望天主保佑，这事或那事不要来……"我在心中这么说，同时，我说到的各式影像便从记忆的府库中应声而至，如果没有这些影像，我将无法说话。

我的天主，记忆的力量真伟大，太伟大了！真是一所广大无边的庭宇！谁曾进入堂奥？但这不过是我与性俱生的精神能力之一，而对于整个的我更无从捉摸了。那么，我心灵的居处是否太狭隘呢？不能收容的部分将安插到哪里去？是否不容于身内，便安插在身外？身内为何不能容纳？关于这方面的问题，真使我望洋兴叹，使我惊愕！

人们赞赏山岳的崇高，海水的汹涌，河流的浩荡，海岸的迤逦，星辰的运行，却把自身置于脑后；我能谈论我并未亲见的东西，而我目睹的山岳、波涛、河流、星辰和仅仅得自传闻的大洋，如果在我记忆中不具有广大无比的天地和身外看到的一样，我也无从谈论，人们对此却绝不惊奇。而且我双目看到的东西，并不被我收纳在我身内；在我身内的，不是这些东西本身，而是它们的影像，对于每一个影像我都知道是由哪一种器官得来的。

九

但记忆的辽阔天地不仅容纳上述那些影像。那里还有未曾遗忘的学术方面的知识，这些知识好像藏在更深邃的府库中，其实并非什么府库；而且收藏的不是影像，而是知识本身。无论文学、论辩学以及各种问题，凡我所知道的，都藏在记忆之中。这不是将事物本身留在身外仅取得其影像。也不是转瞬即逝的声音，仅通过双耳而留遗影像，回忆时即使声息全无，仍似余韵在耳；也不像随风消失的香气，刺激嗅觉，在记忆中留下影像，回忆时如闻香泽；也不比腹中食物，已经不辨滋味，但回忆时仍有余味；也不似肉体所接触的其他东西，即使已和我们隔离，但回忆时似乎尚可捉摸。这一类事物，并不纳入记忆，仅仅以奇妙的速度摄取了它们的形影，似被分储在奇妙的仓库中，回忆时又奇妙地提取出来。

十

有人提出，对每一事物有三类问题，即：是否存在？是什么？是怎样？当我听到这一连串声音时，虽则这些声音已在空气中消散，但我已记取了它们的影像。至于这些声音所表达的意义，并非肉体的官感所能体味，除了我心灵外，别处都看不到。我记忆所收藏的，不是意义的影像，而是意义本身。这些思想怎样进入我身的呢？如果它们能说话，请它们答复。我敲遍了肉体的每一门户，没有找到它们的入口处。因为眼睛说："如果它们有颜色的话，我自会报告的。"耳朵说："如果它们有声音，我们自会指示的。"鼻子说："如果有香气，必然通过我。"味觉说："如果没有滋味，不必问我。"触觉说："如果不是物体，我无法捉摸，捉摸不到，便无法指点。"那么它们来自何处，怎样进入我的身内呢？我不清楚。我的获知，不来自别人传授，而系得之于自身，我对此深信不疑，我嘱咐我自身妥为保管，以便随意取用。但在我未知之前，它们在哪里？它们尚未进入我记忆之中。那么它们究竟在哪里？我何以听人一说，会肯定地说："的确如此，果然如此。"可见我记忆的领域中原已有它们存在着，不过藏匿于邃密的洞穴，假使无人提醒，可能我绝不会想起它们。

十一

于此可见，这一类的概念，不是凭借感觉而摄取的虚影，而是不通过印象，即在我们身内得见概念的真面目；这些概念的获致，是把记忆所收藏的零乱混杂的部分，通过思考加以收集，再用注意力好似把概念引置于记忆的手头，这样原来因分散、因疏略而躲藏着的，已和我们的思想相稔，很容易呈现在我们思想之中。

我们已经获致的，上文所谓在我们手头的概念，我们的记忆中不知藏有多少，人们名之为学问、知识。这些概念，如果霎时不想它们，便立即引退，好像潜隐到最幽远的地方，必须重新想到它们时，再把它们从那里——因为它们并无其他藏身之处——抽调出来，重新加以集合，才会认识，换言之，是由分散而合并，因此拉丁文的思考："Cogitare"，源于 Cogere（集合），一如 "agitare" 源于 "agere"，"factitare" 源于 facere。① 但 cogitare 一词为理智所擅有，专指内心的集合工作。

十二

记忆还容纳着数字、衡量的关系与无数法则。这都不是感觉所镌刻在我们心中的，因为都是无色、无声、无臭、无味、无从捉摸的。人们谈论这些关系法则时，我听到代表数字衡量的声音，但字音与意义是两回事。字音方面有希腊语、拉丁语，意义却没有希腊、拉丁或其他语言的差别。我看见工人画一条细如蜘丝的线，但线的概念并非我肉眼所见的线的形象。任何人知道何谓"直线"，即使不联系到任何物质，也知道直线是什么。通过肉体的每一官能，我感觉到一、二、三、四的数字，但计数的数字，却又是一回事，并非前者的印象，而是绝对存在的。由于肉眼看不到，可能有人讪笑我的话，

---

① agitare 意为摇动，agere 意为行动；factitare 意为习于……facere 意为作为。——中译者

我对他们的讪笑只能表示惋惜。

**十三**

以上种种，我用记忆牢记着，我还记得我是怎样得来的。我又听到反对者的许多谬论，我也牢记着，尽管是谬论，而我的牢记不忘却并不虚假。我又记得我怎样分别是非，我现在更看出分别是非是一回事，回想过去怎样经过熟思而分别是非又是一回事。这样，我记得屡次理解过，而对于目前的理解分析我又铭刻在记忆之中，以便今后能记起我现在理解过。因此我现在记得我从前曾经记忆过，而将来能想起我现在的记忆。这完全凭借记忆的力量。

**十四**

记忆又拥有我内心的情感，但方式是依照记忆的性质，和心灵受情感冲动时迥乎不同。

我现在并不快乐，却能回想过去的快乐；我现在并不忧愁，却能回想过去的忧愁；现在无所恐惧、无所觊觎，而能回想过去的恐惧、过去的愿望。有时甚至能高兴地回想过去的忧患或忧伤地回想以往的快乐。

对于肉体的感觉，不足为奇，因为肉体是肉体，灵魂是灵魂。譬如我愉快地回想肉体过去的疼痛，这是很寻常的。奇怪的是记忆就是心灵本身。因为我们命一人记住某事时，对他说："留心些，记在心里"；如果我们忘掉某事，便说："心里想不起来了"，或说："从心里丢掉了"：称记忆为"心"。

既然如此，那么当我愉快地回想过去的忧愁时，怎会心灵感到愉快而记忆缅怀忧愁？我心灵愉快，因为快乐存在心中，但为何忧愁在记忆之中，而记忆不感到忧愁？那么记忆是否不属于心灵了？这谁也不敢如此说的。

那么记忆好似心灵之腹，快乐或忧愁一如甜的或苦的食物，记忆记住一事，犹如食物进入腹中，存放腹中，感觉不到食物的滋味了。

设想这个比喻，当然很可笑，但二者并非绝无相似之处。

又如我根据记忆，说心灵的感情分：愿望、快乐、恐惧、忧愁四种，我对每一种再分门类，加上定义；所有论列，都得之于记忆，取之于记忆，但我回想这些情感时，内心绝不感受情绪的冲动。这些情感，在我回忆之前，已经在我心中，因此我能凭借回忆而取出应用。

可能影像是通过回忆，从记忆中提出来，犹如食物的反刍，自胃返回口中。但为何谈论者或回忆者在思想的口腔中感觉不到快乐的甜味或忧愁的苦味？是否二者并不完全相仿，这一点正是二者的差别？如果一提忧愁或恐惧，就会感到忧惧，那么谁再肯谈论这些事呢？另一方面，如果在记忆中除了符合感觉所留影像的字音外，找不到情感的概念，我们也不可能谈论。这些概念，并不从肉体的门户进入我心，而是心灵本身体验这些情感后，交给记忆，或由记忆自动记录下来。

**十五**

是否通过影像呢？这很难讲。

我说："石头"，"太阳"；面前并没有岩石、太阳，但记忆中有二者的影像，供我使唤。我说身上的"疼痛"，我既然觉不到疼痛，疼痛当然不在场，但如果记忆中没有疼痛的影像，便不知道指什么，也不知道和舒服有什么区别。我说身体的"健康"，我的确无病无痛，因此健康就在身上，但如果健康的影像不存在我的记忆中，我绝对不可能想起"健康"二字的含义；病人听到"健康"二字，如果记忆中没有健康的影像，虽则他身上正缺乏健康，但也不会知道健康是什么。

我说计数的"数字"，呈现在我记忆中的，不是数字的影像，而是数字本身。我说"太阳的影像"，这影像在我记忆之中，我想见的，不是影像的影像，而是太阳的影像，是随我呼召，供我使唤的影像。我说"记忆"，我知道说的是什么，但除了在记忆之中，我哪里去认识记忆呢？那么呈现在记忆之中的，是记忆的影像呢，还是记忆本身？

**十六**

我说"遗忘"，我知道我说的是什么；可是不靠记忆，我怎能知道？我说的不是"遗忘"二字的声音，而是指声音所表达的事物，如果我忘却事物本身，便无从知道声音的含义。因此在我回想记忆时，是记忆听记忆的使唤；我回想遗忘时，借以回想的记忆和回想到的遗忘同在我前。但遗忘是什么？只是缺乏记忆。既然遗忘，便不能记忆，那么遗忘怎会在我心中使我能想见它呢？我们凭记忆来记住事物，如果我们不记住遗忘，那么听到"遗忘"二字，便不能知道二字的意义，因此记忆说着遗忘。这样遗忘一定在场，否则我们便会忘掉，但有遗忘在场，我们便不能记忆了。

那么，能否作下面的结论：遗忘并非亲身，而以它的影像存在记忆中，如果亲自出场，则不是使记忆记住，而是使记忆忘记！

谁能揭开这疑案？谁能了解真相？

主，我正在探索，在我身内探索：我自身成为我辛勤耕耘的田地。现在我们不是在探索寥廓的天空，计算星辰的运行，研究大地的平衡；是在探索我自己，探索具有记忆的我，我的心灵。一切非我的事物和我相隔，不足为奇。但有什么东西比我自身更和我接近呢？而我对于记忆的力量便不明了，但如果没有这记忆力，我将连我自己的姓名都说不出来！我又能记得我的遗忘，这是确无可疑的事实。这怎样讲呢？是否能说我记起的东西并不在我记忆之中？或是说遗忘在我记忆之中，是为了使记忆不遗忘。这两说都讲不通。

对第三种解释有什么看法？我能否说我回忆遗忘时，记忆所占有的不是遗忘本身，而是遗忘的影像？我如此说有什么根据？事物的影像刻在记忆中之前，必须事物先在场，然后能把影像刻下。譬如我记得迦太基或我所到过的其他地方，我记得我所遇见的人物，或其他感觉所介绍的东西，如记得身体的健康或病痛：事物先在场，记忆然后撷取它们的影像，使我能想见它们，如在目前，以后事物即使不在，我仍能在心中回想起来。

因此，如果记忆保留了遗忘的影像，而不是遗忘本身，那么遗忘必先在场，然后能摄取影像，如果遗忘在场，怎能把影像留在记忆之中？因为遗忘一出场，便勾销了所认识的一切。但不论如何深奥难明，一点是确无可疑的，便是我记得这个破坏记忆的遗忘。

### 十七

我的天主，记忆的力量真伟大，它的深邃，它的千变万化，真使人望而生畏；但这就是我的心灵，就是我自己！我的天主，我究竟是什么？我的本性究竟是怎样的？真是一个变化多端、形形色色、浩无涯际的生命！

瞧，我记忆的无数园地洞穴中充塞着各式各类的数不清的事物，有的是事物的影像，如物质的一类；有的是真身，如文学艺术的一类；有的则是不知用什么概念标识着的，如内心的情感——即使内心已经不受情感的冲动，记忆却牢记着，因为内心的一切都留在记忆之中——我在其中驰骋飞翔，随你如何深入，总无止境：在一个法定死亡的活人身上，记忆的力量、生命的力量真是多么伟大！

我的天主，我真正的生命，我该做什么？我将超越我本身名为记忆的这股力量，我将超越它而飞向你、温柔的光明。你有什么吩咐？你高高在上照临着我，我将凭借我的心神，上升到你身边，我将超越我身上名为记忆的这股力量，愿意从你可接触的一面到达你左右，愿意从你可攀附的一面投入你的怀抱。飞禽走兽也有记忆，否则它们找不到巢穴，做不出习惯的动作，因为没有记忆，便没有习惯。我将超越记忆而达到你天主，达到使我不同于走兽，使我比飞禽更聪明的天主那里。我将超越记忆而寻获你。但在哪里寻获你，真正的美善、可靠的甘饴，我将在哪里寻获你？如果在记忆之外寻获你，那么我已忘掉了你。如果我忘掉你，那么我怎能寻获你呢？

### 十八

一个妇人丢了一文钱，便点了灯四处寻找，如果她记不起这文钱，一定找不到，即使找到，如果记不起，怎能知道是她的钱？我记得我找到许多丢失的东西，找寻时，别人问我："是否这个？是否那个？"在未获我所遗失的东西之前，我只能回答："不是。"假如我记不起，即使拿到手中，也认不出，找不到。我们每次找寻并寻获失去的东西，都是如此。一件物质的可见的东西在我眼前不见，但并不被我的记忆丢失，记忆抓住了这东西的影像，我们凭此找寻，直至重现在我们眼前为止。东西找到后，根据我们心中的影像，便能认识。假如记不起，便不认识，不认识，便不能说失物已经找到。因此，一样东西在我眼前遗失，却仍被记忆保管着。

十九

但是，如果记忆本身丢失了什么东西，譬如我们往往于忘怀之后，尽力追忆，这时哪里去找寻呢？不是在记忆之中吗？如果记忆提出另一样东西，我们拒而不纳，直至所找寻的东西前来；它一出现，我们便说："就是这个。"我们如果不认识，便不会这样说；如果记不起，便不会认识。可是这东西我们一定已经遗忘过了。

是否这事物并未整个丢失，仅仅保留一部分而找寻另一部分？是否记忆觉得不能如经常的把它整个回想出来，好似残缺不全，因此要寻觅缺失的部分？

我们看见或想到一个熟悉的人而记不起他的姓名，就是这种情况。这时想到其他姓名，都不会和这人联系起来，我们一概加以排斥，因为过去思想中从不把这些姓名和那人相连，直到出现那个姓名和我俩过去对那人的认识完全相符为止。这个姓名从哪里找来的呢？当然来自记忆。即使经别人的提醒而想起，也一样得自记忆。因为不是别人告诉我们一个新的东西，我们听信接受，而是我们回忆起来，认为别人说的确然如此。如果这姓名已经完全忘怀，那么即使有人提醒，我们也想不起来的。因此记得自己忘掉什么，正说明没有完全忘怀。一件丢失的东西，如果完全忘掉，便不会去找寻的。

二十

主啊，我怎样寻求你呢？我寻求你天主时，是在寻求幸福的生命。我将寻求你，使我的灵魂生活，因为我的肉体靠灵魂生活，而灵魂是靠你生活。我怎样寻求幸福生活呢？在我尚未说，在我不得不说"够了，幸福在此"之前，我还没有得到幸福。为此，我怎样寻求幸福生活呢？是否通过记忆，似乎已经忘怀，但还能想起过去的遗忘？是否通过求知欲，像追求未知的事物，或追求已经忘怀而且已经记不起曾经遗忘的事物？不是人人希望幸福，没有一人不想幸福吗？人们抱有这个希望之前，先从哪里知道的呢？人们爱上幸福之前，先在哪里见过幸福？的确，我们有这幸福；但用什么方式占有的？那我不知道了。一种方式是享受了幸福生活而幸福，一种是拥有幸福的希望而幸福。后者的拥有幸福希望当然不如前者的实际享受幸福，但比既不享受到也不抱希望的人高出一筹；他们的愿意享福是确无可疑的，因此他们也多少拥有这幸福，否则不会愿意享福的。他们怎样认识的呢？我不知道，他们不知怎样会意识到幸福。我正在探索这问题。这意识是否在记忆中？如果在记忆中，那么过去我们曾经享受过这幸福。是否人人如此，或仅仅是首先犯罪的那一个人，"我们都在他身上死亡"[①]，因此生于困苦之中？现在我不讨论这个问题。我仅仅问：幸福生活是否存在记忆之中？如果我们不认识，便不会爱。我们一听到这名词，都承认自己向往幸福生活，而不是这名词的声音吸引我们，希腊人听了拉丁语便无动于衷，因为不懂拉丁语；如果我们听到了，或希腊人听到希腊语，便心向往之，原因是幸福本身不分拉丁、希腊，不论拉丁人、希腊人或其他语言的人都想望幸福本身。于此可见，人人知道幸福，如果能用一种共同的语言问他们是否愿意幸福，每一人都毫不犹豫地回答说："愿意。"假如这名词所代表的事物本身不存在他们的记忆之中，便不可能有这种情况。

二十一

这种回忆是否和见过迦太基的人回忆迦太基一样？不是，因为幸福生活不是物质，不是肉眼所能看见。

是否如我们回忆数字那样？不是，对于数字，我们仅有概念，并不追求，而幸福的概念使我们爱幸福，使我们希望获得幸福，享受幸福。

是否如我们回忆辩论的规则那样？不是，虽则我们一听到"雄辩学"这名词就联想到事物本身，而且许多不娴于词令的人都希望能擅长此道——这也证明先已存在于我们意识之中——但这是通过感觉而注意、欣赏别人的词令，从而产生这种愿望。当然，欣赏必然通过内在的认识，能欣赏然后有愿望。幸福生活却绝不能凭肉体的感觉从别人身上体验而得。

是否如我们回忆过去的快乐呢？可能如此，因为即使我们现在忧闷，却能回忆快乐，一如我们在苦难之中能回忆幸福生活。我的快乐不能用肉体的官觉去视、听、嗅、闻，体味捉摸，我欢乐时仅在内心领略到，快乐的意识便胶着在记忆之中，以后随着不同的环境回想过去的快乐或感到不屑，或表示向往。譬如过去对于一些可耻的事物感到快乐，现在回忆起来，觉得厌恶痛恨；有时怀念着一些正经好事，可能目前办不到，因此带着惋惜的心情回想过去的乐趣。

至于幸福生活，过去我在何时何地体验过，以致现在怀念不忘、爱好想望呢？这不仅我个人或少数人如此，我们每一人都愿享幸福。如果对它没有明确的概念，我们不会有如此肯定的愿望。但这怎么说呢？如果问两人是否

---

[①] 见《哥林多前书》15章22节，按指亚当。

愿意从军，可能一人答是，一人答否；但问两人是否愿意享受幸福，两人绝不犹豫，立即回答说：希望如此；而这人的愿意从军，那人的不愿从军，都是为了自己的幸福。是否这人以此为乐，那人以彼为乐？但两人愿得幸福是一致的。同样，如果问两人愿否快乐，答复也是一致的，他们称快乐为幸福。即使这人走这条路，那人走那条路，两人追求的目的只有一个：快乐。没有一个说自己从未体验过快乐，因此一听到"幸福"二字，便在记忆中回想到。

二十二

主，在向你忏悔的仆人心中，决不存有以任何快乐为幸福的观念。因为有一种快乐决不是邪恶者所能得到的，只属于那些为爱你而敬事你、以你本身为快乐的人们。幸福生活就是在你左右、对于你、为了你而快乐；这才是幸福，此外没有其他幸福生活。谁认为别有幸福，另求快乐，都不是真正的快乐。可是这些人的意志始终抛不开快乐的影像。

二十三

那么，人人愿意幸福，这句话不确切了？因为只有你是真正的幸福，谁不愿以你为乐，也就是不要幸福。是否虽则人人愿意幸福，但"由于肉体与精神相争，精神与肉体相争，以致不能做愿意做的事"[1]，遂退而求其次，满足于力所能及的；对于力所不能的，他们的意志不够坚强，不足以化不可能为可能？

我问不论哪一人：宁愿以真理为乐，还是以虚伪为乐？谁也毫不迟疑地说：宁愿真理，和承认自己希望幸福一样。幸福就是来自真理的快乐，也就是以你为快乐，因为你"天主即是真理"[2]，是"我的光明，我生命的保障，我的天主"[3]。由此可见，谁也希望幸福，谁也希望唯一的真正幸福，谁也希望来自真理的快乐。

我见到许多人喜欢欺骗别人，但谁也不愿受人欺骗。他们在哪里认识幸福生活的呢？当然在认识真理的同时，他们爱真理，因为他们不愿受欺骗。他们既然爱幸福，而幸福只是来自真理的快乐，因此也爱真理，因此在记忆中一定有真理的某种概念，否则不会爱的。

但为何他俩不以真理为快乐呢？为何他们没有幸福呢？原因是利令智昏，他们被那些只能给人忧患的事物所控制，对于导致幸福的事物仅仅保留着轻淡的记忆。人间"尚有一线光明"；前进吧，前进吧，"不要被黑暗所笼罩"[4]。

---

[1] 见《新约·加拉太书》5章17节。
[2] 见《约翰福音》14章6节。
[3] 见《诗篇》26首1节、41首12节。
[4] 见《约翰福音》12章35节。

既然人人爱幸福，而幸福即是来自真理的快乐，为何"真理产生仇恨"[①]？为何一人用你的名义宣传真理，人们便视之为仇敌呢？原因是人们的爱真理，是要把所爱的其他事物作为真理，进而因其他事物而仇恨真理了。他们爱真理的光辉，却不爱真理的谴责。他们不愿受欺骗，却想欺骗别人，因此真理显示自身时，他们爱真理，而真理揭露他们本身时，便仇恨真理。结果是：即使他们不愿真理揭露他们，真理不管他们愿不愿，依旧揭露他们，而真理启示却不显示给他们看了。

确然如是，人心确然如是；人心真的是如此盲目偷情，卑鄙无耻，只想把自己掩藏起来，却不愿有什么东西蒙蔽自己的耳目。结果适得其反，自身瞒不过真理，真理却瞒着他。同时，他们虽则如此可怜，却又欢喜真实，不爱虚伪。假如他对一切真理之源的唯一真理能坦坦荡荡，不置任何障碍，便能享受幸福了。

### 二十四

主啊！我走遍了记忆的天涯地角找寻你，在记忆之外没有找到你。从我知道要认识你时开始，凡我找到有关你的东西，都不出乎我的记忆的范围，因为从那时起，我从未忘掉你。哪里我找到了真理，便找到真理之源、我的天主；哪一天我认识了真理，便没有忘掉真理。从你认识我时，你就常驻在我的记忆之中，我在记忆中想起你，在你怀中欢欣鼓舞，找到了你。这是我精神的乐趣，也是你哀怜我的贫困而赐予的。

### 二十五

主啊，你驻在我记忆之中，究竟驻在哪里？你在其中建筑了怎样的屋宇，兴造了哪一种圣堂？你不嫌我记忆的卑陋，惠然肯来，但我要问的是究竟驻在记忆的哪一部分。在我回忆你的时候，我超越了和禽兽相同的部分，因为那里在物质事物的影像中找不到你；我到达了心灵庋藏情感的部分，但也没有找到你。我进入了记忆为心灵而设的专室——因为心灵也回忆自身——你也不在那里，因为你既不是物质的影像，也不是生人的情感，如忧、乐、愿望、恐惧、回忆、遗忘或类似的东西，又不是我的心灵：你是我心灵的主宰，以上一切都自你而来，你永不变易地鉴临这一切；自我认识你时起，你便惠然降驻于我记忆之中。

那么我怎能探问你的居处，好像我记忆中有楼阁庭宇似的？你一定驻在其中，既然从我认识你时起我就想着你；而且我想起你时，一定在记忆中找到你。

---

[①] 拉丁诗人戴伦西乌斯（公元前194—前159）的诗句。——中译者

## 二十六

但我想认识你时,哪里去找你呢?因为在我认识你之前,你尚未到我记忆之中。那么要认识你,该到哪里找你?只能在你里面,在我上面。你我之间本无间隔,不论我们趋就你或离开你,中间并无空隙。你是无往而不在的真理,处处有你在倾听一切就教的人,同时也答复着一切问题。你的答复非常清楚,但不是人人能听清楚。人人能随意提出问题,但不是时常听到所希望的答复。一人不管你的答复是否符合他的愿望,只要听你说什么便愿意什么,这人便是你最好的仆人。

## 二十七

我爱你已经太晚了,你是万古长新的美善,我爱你已经太晚了!你在我身内,我驰骛于身外。我在身外找寻你;丑恶不堪的我,奔向着你所创造的炫目的事物。你和我在一起,我却不和你相偕。这些事物如不在你里面便不能存在,但它们抓住我使我远离你。你呼我唤我,你的声音振醒我的聋聩,你发光驱除我的幽暗,你散发着芬芳,我闻到了,我向你呼吸,我尝到你的滋味,我感到饥渴,你抚摩我,我怀着燃热的神火想望你的和平。

## 二十八

我以整个的我投入你的怀抱后,便感觉不到任何忧苦艰辛了;我的生命充满了你,才是生气勃勃。一人越充满你,越觉得轻快;由于我尚未充满你,我依旧是我本身的负担。我理应恸哭的快乐和理应欢喜的忧苦,还在相持不下,胜利属于哪一方,我尚不得而知。

主啊,求你垂怜这可怜的我。我的罪恶的忧苦和良好的喜乐正在交绥,我不知胜负谁属。主啊,求你垂怜这可怜的我。我并不隐藏我的创伤,你是良医,我患着病;你是无量慈悲,我是真堪怜悯。"人生岂不是一个考验"①吗?谁愿担受艰难?你命我们忍受,不命我们喜爱。一人能欢喜地忍受,但谁也不会喜爱所忍受的。即使因忍受而快乐,但能不需忍受则更好。在逆境中希望顺利,在顺境中担心厄逆。两者之间能有中间吗?能有不受考验的人生吗?世间使人踌躇满志的事是真可诅咒的;由于患得患失,由于宴安鸩毒,更该受双重的诅咒。世间的逆境也应受诅咒,由于贪恋顺境,由于逆境的艰苦,由于耐心所受的磨难,应受三重诅咒。人的一生真是处于连续不断的考验中!

## 二十九

我的全部希望在于你至慈极爱之中。把你所命的赐予我,依你所愿的命令我。你命我们清心寡欲。古人说:"我知道,除非天主恩赐,无人能以贞白

---

① 见《旧约·约伯记》7章1节。

自守的；而且能知此恩何自而来，也就是智慧。"① 清心寡欲可以收束我们的意马心猿，使之凝神于一。假使有人在爱你之外，同时为外物所诱，便不算充分爱你。我的天主，你是永燃不熄的爱，请你燃烧我。你命我清心寡欲，便请将所命的赐予我，并依照你的所愿而命令我。

### 选文出处

奥古斯丁：《忏悔录》，周士良译，北京，商务印书馆，1963年，第185～210页。

---

① 见《智慧书》8章21节。

# 托马斯·阿奎那

> 认识的两种途径：信仰与理性。当奥古斯丁认为信仰优于理性，托马斯·阿奎那则主张要使凭信仰与神恩得来的知识从凭自然认识得来的知识分离出去，他使感觉与感官经验成为一切认识与知识的基础。真理可分为不可证明的启示的真理与人类理智可以证明的可理解的真理。

## 作者简介

托马斯·阿奎那（Thomas Aquinas,1225—1274），意大利神学家，中世纪经院哲学集大成者。先后在本尼迪克特修道院、那不勒斯大学学习，后加入多明我修会。在科隆期间曾师从于大阿尔波特。阿奎那一生的主要活动是游学于各学术中心，撰写了大量著作，并于1323年封圣。主要著作有《神学大全》、《反异教大全》、《君王论》、《答辩诸问》等等。

### 著作选读：

《神学大全》。

**1《神学大全》1集1部1题1条——除了哲学真理以外还需要有神学真理**

有人反对在哲学以外还需要其他理论，理由：第一，除了哲学理论，似乎不需要其他理论了。因为我们没有必要追求超出人类理智的事情。《训道篇》上说："你不要找高于你的事"。一切属于可理解的事，用哲学理论就足够讲述清楚了。所以除哲学外，其他理论都是多余的。

第二，再说，理论就在于论述存在，知识就是求真理，真理与存在是相通的。哲学既讨论了一切存在，而且也讨论了上帝。所以，哲学中有一部分就是神学，亦称关于上帝的学问。亚里士多德的《形而上学》一卷六章上就说过了。所以，除了关于自然的学问外，不必要其他理论了。

这些理由是片面的。——《致提摩太书》[①] 第二卷三章

---

[①] 见《圣经·新约》。——中文本编者

上说:"全部经书,都是凭上帝启示写下的,对于教导,对于谴责,对于使人归正,对于使人受正义的教育,都是有益的"。这就是凭上帝启示写的,它并不属于人类凭理智获得的哲学理论。所以在哲学外,建立一种凭上帝启示的学问,是有益的。

解释——除了哲学理论以外,为了拯救人类,必须有一种上帝启示的学问。第一,因为人都应该皈依上帝,皈依一个理智所不能理解的目的。《依撒亚》[①] 64章上说:"上帝,除了你,人眼是看不见你给爱你的人所准备的"。不过,人是应该先知道上帝的目的,这样才可驾御自己的意志、行为,趋向目的。所以,为了使人类得救,必须知道一些超出理智之外的上帝启示的道理。——至于人用理智来讨论上帝的真理,也必须用上帝的启示来指导。凡用理智讨论上帝所得的真理,这只能有少数人可得到,而且费时很多,还不免带着许多错误。但是,这种真理的认识,关系到全人类在上帝那里得到拯救,所以为了使人类的拯救来得更合适、更准确,必须用上帝启示的道理来指导。因此,除了用人的理智所得的哲学理论外,还必须有上帝启示的神圣道理。

对上述不同意见的回答:(一)虽然超出人类理智的事物,用理智不能求得,但若有上帝的启示,凭信仰就可取得。所以《训道篇》上又加一句:"许多超出人的知觉的事,都指示给你了"。神的道理,就是这样。(二)对事物,从不同的方面去认识,就可得出不同的学问。例如论地圆的学说,天文学家和物理学家就得出同一的结论。不过,天文学家是对物质采用抽象的数学方法,而物理学家则就物质讨论物质。同样道理,我们也不应该禁止用上帝启示的学问去讨论哲学家用理智去认识的理论。所以说,讲圣道的神学和哲学中的神学是不同类的。

**2 《神学大全》1集1部82题1条,84题6条——人的认识能力占什么地位**

(1)

认识的对象是和认识能力相应的。认识能力有三等:一种认识能力是感觉,它是一个物质机体的活动;因此,每一感觉能力的对象都是存在于有形物质中的一种形式;这样的物质是个体化的本原,所以感觉部分的每种能力所取得的知识只能是个体的知识。另一等认识能力既不是一个物质机体的活动,也和有形体的物质没有任何关系。这就是天使的理智。这种认识能力的

---

[①] 见《圣经·旧约》。——中文本编者

对象是脱离物质而存在的一种形式。天使虽然认识物质事物，但也只有从非物质事物（或从自身、或从上帝）的地位去认识。再一等是人类的理智，处于中间地位。它不是一个机体的活动，而是灵魂的一种能力。灵魂本是身体的形式。所以，它在有形物质中去认识单个地存在着的形式，是适当的。不过，不可认为这形式就存在于这一单个的物质中。从个别物质中去认识其形式而不把它当做存在于那样的物质中，这就是从表现为影像的个别物质抽出其形式。所以，我们必须说：我们的理智是用对种种影像进行抽象的方法来了解物质事物，而我们正是通过这样了解的物质事物获得某些非物质的事物的知识，反之，天使却是通过非物质事物来认识物质事物。

（2）

大哲学家亚里士多德证明：知识来源于感觉。

这个问题，哲学家有三种不同的意见。德谟克里特主张：一切知识都来源于影像，这影像是从我们所想到的物体所产生并渗透入我们灵魂中的（见奥古斯丁致狄奥斯科罗信）；亚里士多德说，德谟克里特曾主张知识来源于影像的流射。这个主张，在亚里士多德看来，是由于德谟克里特和早期希腊哲学家对于感性和理智没有辨别清楚。所以，他们看到感觉受可感觉的东西的影响而变化，因此便以为我们一切知识都只由于可感觉的事物的变化所引起的。这种变化，德谟克里特认为是由于影像的流射所推动的。

柏拉图从另一方面主张：理智和感性有所不同，它是不依赖一个有形体的机体来活动的非物质的能力。他看到无形体的东西决不受有形体的东西的影响，所以主张理性的知识不是由感性事物所带来，而是由于理智分沾了各别的"理智形式"① 所取得的结果。

亚里士多德采取中间的办法。他同意柏拉图分别理智和感性，但他却主张：感性如果没有身体的合作，它决不会有适当的活动。感觉活动决不仅仅是灵魂的活动，而是一个"组合体"的活动。至于所有感官各部分的活动，也如此。所以说在灵魂之外的感性事物，会对"组合体"产生某种结果，这是不恰当的，因此亚里士多德同意德谟克里特这种看法：各种感觉的活动本来是由于感性事物对感性施加影响所引起的。但不赞同德谟克里特说这是由于影像的流射，而是由于可感觉的事物的某种活动的结果。必须记着，德谟克里特是主张一切活动都是由于原子的流射（参看亚里士多德：《论生灭》I. 8, 324b 25）。亚里士多德认定：理智具有一种不涉及身体的活动。没有一种有形体的东西能在无形体的东西上造出印象，所以，据亚里士多德说，要使

---

① 即理念。——中文本编者

理智活动，单靠可感觉的物体造成的印象，是不够的，还必须有更高级的东西。主动者总是比被动者高贵，他这样说。但是，也要注意，他也不是说理智活动只依靠某种高级事物的印象来推动，如柏拉图所主张的，而是如前面所述，我们是以我们称为"主动的理智"的更高贵的主动力，采用抽象的方法，把从各种感觉所接受的幻象变成现实上可以理解的。

根据这个意见，在幻象这一部分上，理智的知识是由感觉引起的，但幻象不能凭自己使可能的理智有变化，它还必须依靠主动的理智来使自己变为在现实上可理解的。所以，决不能说感性认识是理智知识的总原因或全部原因，它只是在一个方面可作为原因看待。

**3 《神学大全》1 集 1 部 85 题 3 条，2 条之 2——共相既在先又不在先**

（1）

在我们的知识中，有两件事要注意。第一，理智的知识在某一阶段上是来源于感性的知识。由于感性是以单个的和个体的事物作为它的对象，理智则以共相（普遍的事物）作为自己的对象。因此，感性的认识先于理智的认识。第二，我们要看到：我们的理智总是从一种潜能的状态转到现实的状态。这样从潜能到现实的能力，在它未成为完全的活动之前，总是首先是一种不完全的活动，介于潜能与现实之间。等到理智的活动达到完善，认识对象已被清楚地确定地认识，这就是完全的知识。至于不完全的活动，对象认不清，依然混乱一团，那就是不完全的知识。这样一种不完全的认识，产生的原因一部分在于现实活动，一部分在于潜能。大哲学家亚里士多德说：我们认识到的明白确实的知识，最初都是混乱不清的，后来由于我把它们的原理和原素区别清楚，然后才知道它。显然，要知道某一个包含有许多事物的事物，如果不把它们中的每一事物弄清楚，那么，对这某一事物的了解就是混乱的。从这里可看到我们不仅能够有普遍的全体的知识，并可能包含各部分的知识，而且也能够有整体的知识。因为每一全体，如果不是把其中各部分都弄清楚，那对全体的了解也只能是糊涂不清的。同时，对普遍的全体的内容认识清楚，对较少普遍共同性的东西也认识清楚。所以，我们混乱不清地认识动物，我们就会把它看成是动物就停止了；如果清楚明白地认识动物，我们就会弄清它是理性的动物，还是非理性的动物，即弄清它是人还是狮子。所以，我们的理智认识动物，总是先于认识人。这个道理，也可同样应用于任何较普遍的概念和较不普遍的概念的关系。

再说，感性也和理智一样是从潜能到现实活动，相同的认识秩序也出现于感性中。我们应用感性在判断较不普遍的东西之前来判断较普遍的东西，要牵涉到时间和地点的问题。就地点来说，当一事物被看到的时候，总是先看到是一个形体，然后看到是一个动物；先看到是一个动物，然后看到是一个人；先看到是一个人，然后看到是苏格拉底或柏拉图。

因此，我们得出结论：单独的、个体的知识，就我们来讲，它是先于普遍的知识，正如感性知识是先于理智知识一样。但就感性和理智二者而言，对较普遍的东西的认识则先于对较不普遍的东西的认识。

[答问 1] 共相[①]可从两方面考察。第一，共相的性质可看做共相是和普遍性的概念在一起的。由于普遍性的概念来自理智的抽象，所以这样的共相是在我们的已有知识之后获得的。所以，有人说："普遍的动物不是空无所有的东西，就是后来加添的东西"（亚里士多德：《论灵魂》I.1，402b 7）。但是，根据柏拉图的见解：共相是潜存的东西，这样的共相是先于殊相而存在，因为后者只是分沾了潜存的共相。柏拉图称这样的共相为"理念"。

第二，共相也可从它存在于个体中的性质本身（如动物性或人性）来看。这样，我们必须弄清楚两种自然次序。一是经由发生先后和时间的次序，在这次序中，不完善的和有潜能的东西总是先出现；较普遍的东西也在自然次序内居先。人和动物的产生就是明显的例子。因为，"动物先于人产生"，亚里士多德这样说。另一次序，是完善或自然意向的次序。从绝对意义看行动，它自然比潜能在先；完善比不完善在先；从而可知较不普遍的东西自然比较普遍的东西在先，例如人比动物占先；因为自然的意向决不止于产生动物，而在于产生人。

（2）

"实际上被认识的"这一说法有两个含义，一方面指被认识的东西，一方面指"被认识"本身。与此类似，我们也从两个含义理解"被抽象出的共相"这一说法，一方面把它了解成事物的本质，另一方面把它了解成抽象概念或普遍概念。本质自身之被认识、被抽象，或者发生普遍性的思维关系，那是偶然的事情，它是只存在于个别事物中的；至于那被认识、被抽象，或者普遍性的思维关系，则恰恰存在于理智之中。这一点，我们可以从感觉能力方面的一个类似情况看出。这就是：视觉见到苹果的颜色，而撇开它的香味。如果有人问这个被撇开香味看到的颜色是在哪里，那很明显，这被看到的颜色只是存在于苹果里。它之被撇开香味感觉到，却是偶然的事情，是由于视觉的缘故，因为视觉与颜色有类似处，而与香味无类似处。"人类"也以类似

---

① 即"普遍者"。——中文本编者

的方式存在着，它只是在这个或那个人身上被认识到的；它之被撇开各种个别情节理解到——这就在于它被抽象出来了，由于抽出来了，才有思维中的普遍性关系——只是偶然的，因为它是由理智知觉到的，理智与"种"有类似处，而与个体原则无类似处。

**4 《神学大全》1 集 1 部 32 题 1 条，16 题 8 条——人的自然理性不能认识三位一体，上帝理智中的真理才是不变的**

（1）

西拉良①说："人不要想凭自己的聪明去认识上帝的奥妙"。安布罗斯②说："人要认识上帝的奥妙，是不可能的。因为话一到口唇上，心灵就无力，语言就失效。"我们辨别上帝的三位一体性，也只是从生育和生长的根源上去讲。这道理已在前面讲清楚了。因为人们对于不能用无可辩驳的论证去证明的事，是不能从这里得到知识和理解的。所以，三位一体，是不能凭我们的自然的理性能力所可认识的。

详细解释：——人的自然理性，不能认识三位一体性。前面已讲过，人的自然理性只能通过受造物去认识上帝。从受造物认识上帝是从结果推溯至原因。因此，人的自然理性所能认识的上帝，只是就其必然是世界万事万物的根源这一特点。前面论上帝，也只以此为根据。既把上帝的创造能力放在三位一体的整体上，那么，这就只归到其一体性，而没有归到有区别的三个位上。所以，通过自然理性只能认识上帝的一体性方面的事，而不能认识上帝的三个位方面的事。

如果用自然的理性能力去证明三位一体，有两方面会违反信仰：第一，违反信仰的尊严。因为信仰的对象是超出人类理性所能达到的不可见的东西。圣保罗说："信仰是对未见的事物的确断。""我们在完人中间倒也宣讲智慧，但却不是现实世界的智慧，也不是现实世界的根源，而是讲上帝的隐秘而奥妙的智慧。"第二，违反引人信仰的益处。因为，如用不足以取信于人的论证去证明信仰，这不免要引起不信教的人的嘲笑。因为我们凭论证而去信仰就等于为论证而信仰。

所以，我们要证明信仰的真理，只能用权威的力量来讲给愿接受权威的人。对于其他的人，则只说信仰所坚持的事不是不可能，便已足够了。所以

---

① 西拉良［Hilarion］，4 世纪神学家。——中文本编者
② 安布罗斯［Ambrosius］，4 世纪神学家。——中文本编者

第欧尼修①说:"如果有人完全拒绝圣教的言论,他便远离了我们的哲学;但是如果他小心谨慎对待自己所持的真理,他就会和我们一样,是应用同一规则了。"

(2)

严格讲,真理只在理智之中。一切事物被称为真实的,都和某一理智中的真理有关系。因此,凡说真理的变化,也都和理智相连。理智中的真理就在于理智和所了解的事物一致。但是这种一致有两种变化的方式;如像其他两相一致的事物,可能通过双方之一的变化而引起两方面都变化一样:第一,真理的变化是由理智方面,例如一件事物并无变化,但人对这事物的意见都发生了变化;第二,事物发生了变化,但人对它的意见还保持原样。这两种变化都是从真实变为错误。如果有这样一种理智:它既不能有意见的变化,而一切事物都不能逃脱它的掌握,在这样的理智中,所得的真理就是不变的真理。上帝的理智就是这种理智。

因此,上帝的理智中的真理是不变的。另一方面,我们人类理智中的真理却是可变化的。这不是说真理本身是变化的主体,而是说我们的理智是从真变到伪。因为,在那种意义下,种种形式可说是变化的。但是一切物质事物所赖以称为真实的真理,都是上帝的理智中的真理。它是完全不能变化的。

### 选文出处

北京大学哲学系外国哲学史教研室编译:《西方哲学原著选读》(上卷),北京,商务印书馆,1981年,第259~260、269~276页。

---

① 第欧尼修 [Dionysius],即皈依保罗的雅典最高法官第欧尼修。中世纪流传他的著作,但这部著作实际上是伪托的。——中文本编者

# 奥卡姆

> 基于唯名论的立场，奥卡姆认为，只有个别事物才是认识的第一对象，认识是从感性直观开始，在感觉经验的基础上，人们通过记忆把数个体认识相比较，由此而形成具有普遍性的抽象知识，所以，普遍、一般只是一个逻辑存在或一种精神虚构，但它又是对象的真实说明。

## 作者简介

**奥卡姆**（William of Occam，约1285—1349），中世纪英格兰哲学家，晚期经院哲学家中唯名论的创立者。曾在牛津大学学习、研究和讲授神学。因反对托马斯主义于1327年被教皇判为"异端"，是当时著名的思想领袖，被称为"不可战胜的博士"。主要著作有《逻辑大全》、《箴言集》等。

**著作选读：**

《逻辑大全》。

### 《逻辑大全》——对个别事物的认识是一切认识的基础

就知识的起源说，个别事物是不是首先被认识到的东西？它不是首先被认识到的东西：因为共相才是理智的第一个真正的对象；所以，就知识的起源说，共相才是首先被认识到的东西。

反对意见：理智和感觉两者的对象是完全相同的；不过，在我们谈到认识的起源时，个别事物是感官的第一个对象；所以就知识的起源说，个别事物才是首先被认识到的东西。

回答：首先我们必须弄清楚问题的意思，然后再来回答。

第一点，我们所说的"个别事物"并不是用数来表示是一的各种东西；因为，在这种意义上，各种东西都是个别的。在这里，我们用"个别事物"来表达这样一种东西，它不仅用数来表示不是一，而且也不是为许多东西所共有的某种自然的或约定的符号。在这种意义上，文字表达、概念或有意义的口头发音都不是个别的东西，只有不是某种共同符号的东西才是个别的东西。

其次，我们应当知道，我们的问题并不是无区别地涉及个别事物的任何一种认识。因为在一种意义上，每一种普遍的认识都是关于个别事物的一种认识，因为一种普遍的认识给予我们的仅仅是关于一件个别事物或一些个别事物的知识。我们的问题只涉及一件个别事物真正的单纯的认识。

第二点，在承认了问题只涉及关于个别事物的真正的认识以后，就上述意义的个别事物而言，我认为它是首先被认识的东西，这种认识是对于个别事物的单纯的真正的认识。

这个结论是以下述方式证明的：被这种认识首先认识到的东西是在心智以外的东西，它不是一个符号。而且，每一个外在于心灵的东西都是个别的东西；所以它是首先被认识到的东西。

再者，对象先于它所特有的活动，从起因上看，它也是在先的；而且只有个别事物才先于这种活动；所以，如此等等。

其次，首先被获得的关于个别事物的这种单纯的特有的认识，我认为是直观的认识。这种认识是第一位的，这是清楚的；因为关于个别事物的抽象认识是以同一对象的直观认识为前提的，反之则不然。直观的认识才是关于个别事物的真正的认识，这也是清楚的；因为它只能由这个个别事物直接产生，或者它的本性是为这个个别事物所产生的；它的本性不能由别的个别事物所产生，即使是同一类的事物。

第三，我认为，单纯的和从起因看在先的某种抽象的认识，并不是关于个别事物的真正的认识，相反的，它甚至永远是对许多东西的共同的认识。这个论题的第一部分证明如下：如果我们不能获得关于个别事物的特殊知识，我们就没有关于个别事物的真正的和单纯的认识。例如，曾经有过这种情况，当某人在一定距离内接近我时，使我产生一种感觉与知觉，凭这种感觉与知觉，我只能断定有某种东西存在。显然在这种情况下，我最初的抽象认识（最初即从起因看）是关于存在的认识，而且恰恰是关于一般的认识；因此，它既不是"种"概念，也不是关于个别事物所特有的概念。这个论题的第二部分也是清楚的。因为，单纯的抽象认识与一个个别事物的类似不会比这个事物与另一个个别事物更为完全相似些，这种认识也不是由一个东西产生，或者本性不能由一个东西产生，所以这种认识不是一个个别事物所特有的，每一种这样的认识都是普遍的。

但是，在这里产生了几点怀疑。

第一，直观的认识似乎不是真正的认识。因为，任何一种被给予的直观的认识与一个个别事物的类似也不会比这个事物与另一个个别事物更为完全相似，它表达这一个东西正如表达另一东西一样。因此，不能认为它似乎是关于这个东西的认识而不是关于另一个东西的认识。

第二，如果这时最初的抽象认识是关于存在的认识或观念，正如你在一个人从远处走过来的例子中所主张的，那么在这种情况下，最初的直观认识也是关于一般存在的认识，因为对同一个东西不可能有几个单纯的观念。除非当一个人由远处走过来时，我一看就能断定这是一个存在，再看，我便断定这是一种动物，第三次看，我又断定这是一个人，第四次看，我断定他是苏格拉底。然而，这些不同的观察在性质上是有区别的。所以，它们不可能都属于这个被看到的个别事物。

第三，最初的抽象认识似乎是一种真正的认识，特别是在对象充分接近时，凭借最初的抽象认识，我能够回忆起我以前看见过的同样的东西，除非我的抽象认识是对这个东西的真正的认识，否则是不会发生这种情况的。

第四，根据已经说过的，一个"类概念"从一个个体中抽象出来似乎是可能的，例如我们说"动物"这个概念；在一个人从一定的距离内走过来的例子中，当我足以看出我看到的是一种动物时，上述说法是清楚的。

对于第一个怀疑，我回答说，对一个个别事物，我们有一种真正的认识，这不是由于它对这一个事物比对另一个事物具有更大的相似，而是因为这种直观的认识本来就仅是由这个东西而不是由另一个东西所引起的，而且也不可能被另一个东西所引起。

假如你说，这只能为上帝所引起，我承认这是真的。然而，这里是讨论各种被创造物，通常认为它具有被一个客体而不是被另一个客体所引起的性质；而且如果它本来就是被引起的，那么它只能为一个客体而不能由另一个客体所引起。所以最初的抽象认识不是只有直观认识才是对个别事物的真正认识的理由，不是相似性，而仅仅是因果性；不能归结为别的理由。

对于第二个怀疑，我回答说，有时一些看法是同类的，而其不同仅仅是同类中确切的程度不同而已。例如，如果我看到一种同质的成分所组成的东西，在那里只有一种偶性，例如说白色，是可见的，那么当它接近我时，我的视觉就会变得更加强烈、更加清楚，从而做出不同的判断，这是可能的，即我看到一种存在，或者看到一个物体，或者看到一种颜色，或者看到白色，如此等等。

你或许要反驳："不能成为同一特殊结果的原因的那些东西，在种类上是不同的。而清楚的视觉和模糊的视觉不能成为同一特殊结果的原因，所以，它们在种类上是不同的"。我的回答是："有些原因，不管它们如何被加强和增加，都不能成为在种类上相同的结果的原因，所以它们在种类上是不同的；否则便不是。但是，视力如果增强了，就能产生清楚的视力所能产生的各种效果。因此，清楚的视觉和模糊的视觉是同类的"。然而，有时清楚的视觉和模糊的视觉在种类上是不同的，例如，从或远或近的距离观察表现为各种保护色的某种东西时，就会看到不同的对象，但是看到的这些东西不是同一个对象，而是不同的对象。

对第三个怀疑，我认为，当我看到某种东西时，我有一种真正的抽象的认识；它不仅是一种单纯的认识，而且是由单纯的认识所组成的。这种合成的知识是回忆的基础；我所以回忆起苏格拉底，是因为我在一定的地点曾经看见过有一定形象、颜色、高度和宽度的苏格拉底，由于这些结合在一起才使我回忆起曾经一度看见过的苏格拉底。如果你忽略了其中之一以外的所有单纯概念，你就不能借此记忆联系到苏格拉底，而不联系到另一个与之完全相似的人；我完全能回忆起某个人，但到底是苏格拉底还是柏拉图，我显然不知道。所以一个单纯的抽象认识并不是关于个别事物的真正的认识，而合成的认识才是对于一个个体事物的真正的认识。

对于第四个怀疑，我的回答是："一个'种概念'是决不能仅仅从一个个体中抽象出来。"在有人从一定距离内走过来的例子中，我说，我断定他是一个动物，那是因为我早已具有"动物"这样一种概念；借这个概念我才得到了认识。因此，如果我不是早已具有了"动物"这个概念，我将只能断定我所看到的仅仅是某种东西。

假如你说，抽象的认识是借直观认识的帮助而首先获得的，那我回答说："有时仅仅是存在的概念，有时是一个'种概念'，有时是一个最终的'属概念'，而所有这些都依赖于对象的远近的程度"。然而，我总能获得某种"存在"的概念的印象，因为，在对象充分地靠近时，一个"属概念"和"存在"的概念就同时被心智以外的个别事物所引起。

对于主要的反驳，我的回答是：共相在适当（即对理智对象的适当）的序列中是一个对象，但不是认识的起源的第一个对象。

### 选文出处

北京大学哲学系外国哲学史教研室编译：《西方哲学原著选读》（上卷），北京，商务印书馆，1981年，第291~296页。

# 中编

# 近代知识论

知识论读本

# 一、经验论

知识论读本

# 培 根

培根的《新工具》有别于亚里士多德的《工具论》，与亚里士多德强调演绎法相对，培根推崇归纳法是获得新知识的根本方法。为了推进科学，我们必须打倒四种假象。培根认为知识就是力量，新的哲学或积极的科学将在一个有序的公理系统中展示出归纳的全部结果。

## 作者简介

培根（Francis Bacon, 1561—1626），英国哲学家、现代实验科学的鼻祖。曾就读于剑桥大学。1613年任首席检察官，1617年为掌玺大臣，翌年又任大法官。多次接受贵族封号。1621年被国会指控受贿，结束政治生活，专心著书。主要作品有《培根论说文集》（1597）、《学术的进展》（1605）、《新工

## 著作选读：

《新工具》。

### 1 《新工具》第 1 卷 1—3——知识就是力量

一

人作为自然界的臣相[①]和解释者，他所能做、所能懂的只是如他在事实中或思想中对自然进程所已观察到的那样多，也仅仅那样多；在此以外，他是既无所知，亦不能有所作为。

二

赤手做工，不能产生多大效果；理解力如听其自理，也是一样。

---

[①] 拉丁文为 naturaeminister，英译文作 servant of nature；英译本原注指出：据盖仑（Galen，公元2世纪时希腊名医）在其著作中所屡次引述，希波克拉底（Hippocratēs，公元前5世纪时希腊名医，号称"医学之父"）曾称医生为 naturaeminister。这句话似乎是说医生有"参赞造化"的作用；培根袭用此词来说明人在自然中的地位，似乎亦有此意；若译为"臣仆"或"仆从"，似未尽达，故译作"臣相"，试供商榷。——中译者（本文以下脚注均为中译者注）

具》(1620)、《新大西岛》(1623)等。

事功是要靠工具和助力来做出的,这对于理解力和对于手是同样的需要。① 手用的工具不外是供以动力或加以引导,同样,心用的工具也不外是对理解力提供启示或示以警告。

三

人类知识和人类权力归于一;因为凡不知原因时即不能产生结果。要支配自然就须服从自然②;而凡在思辨中为原因者在动作中则为法则。

> **选文出处**

培根:《新工具》,许宝骙译,北京,商务印书馆,1984年,第7~8页。

**2 《新工具》第 1 卷 11—19——现有的逻辑并不能帮助发现新科学**

一一③

正如现有的科学不能帮助我们找出新事功,现有的逻辑亦不能帮助我们找出新科学。

一二

现在所使用的逻辑,与其说是帮助着追求真理,毋宁说是帮助着把建筑在流行概念上面的许多错误固定下来并巩固起来。所以它是害多于益。

一三

三段论式不是应用于科学的第一性原理④,应用于中间性原理又属徒劳;这都是由于它本不足以匹对自然的精微之故。所以它是只就命题迫人同意,而不抓住事物本身。

一四

三段论式为命题所组成,命题为字所组成,而字则是概念的符号。所以假如概念本身(这是这事情的根子)是

---

① 参看序言第二节。
② 参看一卷一二九条,七节;二卷一、二、三、四诸条。
③ 弗勒指出,从一一到一四应当连起来看;它们说明培根对于旧逻辑的总的非难。
④ 弗勒指出,这相当于亚里士多德所说的"最后原理";他经常申言,这种"最后原理"既是三段论所从以出发的最后大前提,所以它本身是不容易用三段论式来证明的。

混乱的以及是过于草率地从事实抽出来的，那么其上层建筑物就不可能坚固。所以我们的唯一希望乃在一个真正的归纳法①。

一五②

我们的许多概念，无论是逻辑的或是物理的，都并不健全。"本体"、"属性"、"能动"、"受动"及"本质"自身，都不是健全的概念；其他如"轻"、"重"、"浓"、"稀"、"湿"、"燥"、"生成"、"坏灭"、"吸引"、"排拒"、"元素"、"物质"、"法式"以及诸如此类的概念，就更加不健全了。它们都是凭空构想的，都是界说得不当的。

一六

我们的另一些属于较狭一种的概念，如"人"、"狗"、"鸽"等等，以及另一些属于感官直接知觉的概念，如"冷"、"热"、"黑"、"白"等等，其实质性不致把我们引入迷误；但即便是这些概念有时仍不免因物质的流动变易和事物彼此掺和之故而发生混乱。至于迄今为人们所采用的一切其他概念，那就仅是些漫想，不是用适当的方法从事物抽出而形成起来的。

一七

这种任意性和漫想性，在原理的构成中也不减于在概念的形成中；甚至即在那些确借普通归纳法③而获得的原理中也不例外；不过总以在使用三段论式所绎出的原理以及较低级的命题中为更多得多。

一八

科学当中迄今所做到的一些发现是邻于流俗概念，很少钻过表面。为要钻入自然的内部和深处，必须使概念和原理都是通过一条更为确实和更有保障的道路从事物引申而得；必须替智力的动作引进一个更好和更准确的方法。

一九

钻求和发现真理，只有亦只能有两条道路。一条道路是从感官和特殊的东西飞越到最普遍的原理，其真理性即被视为已定而不可动摇，而由这些原则进而去判断，进而去发现一些中级的公理。这是现在流行的方法。另一条道路是从感官和特殊的东西引出一些原理，经由逐步而无间断的上升，直至最后才达到最普通的原理。这是正确的方法，但迄今还未试行过。④

---

① 这里第一次提到真正的归纳法。参看一卷一〇四、一〇五、一〇六条；注意一七、六九和一〇五诸条中对普通归纳法的批判。

② 本条和下一条应与一卷六〇条合看。

③ 弗勒指出，这是指那种仅凭简单枚举的归纳法，有别于培根自己所要用以代之的科学的归纳法。参看一卷六九、一〇五两条。

④ 参看约翰·密尔（J. S. Mill）对这条的批评，见他所著《逻辑》一书第六卷第五章第五节；参看一卷二二、一〇四两条。

## 选文出处

培根：《新工具》，许宝骙译，商务印书馆，1984年，第10～12页。

### 3 《新工具》第1卷 38——44——四假象说

**三八**[①]

现在劫持着人类理解力并在其中扎下深根的假象和错误的概念，不仅围困着人们的心灵以致真理不得其门而入，而且即在得到门径以后，它们也还要在科学刚刚更新之际聚拢一起来搅扰我们，除非人们预先得到危险警告而尽力增强自己以防御它们的猛攻。

**三九**

围困人们心灵的假象共有四类。[②] 为区分明晰起见，我各给以定名：第一类叫做族类的假象，第二类叫做洞穴的假象，第三类叫做市场的假象，第四类叫做剧场的假象。[③]

**四○**

以真正的归纳法来形成概念和原理，这无疑乃是排除和肃清假象的对症

---

[①] 弗勒在注中说：培根的最著名的、无疑亦是《新工具》全书中最重要部分之一的假象学说于本条开始。这里要指出的是，培根所举的诸种假象，其较早的形式（从 Advancement of Learning 一书中所举可见）乃相当于族类假象、洞穴假象和市场假象三种，而"这一学说所经历的一个实质变化则为剧场假象之随后加入"。这个假象学说遍见于 VaLerius Terminus、Advancement of Learning、Temporis Partus Masculus、Partis Secundae De lineatio、Distributio Operis 和 DeAugmentis 等书，而以在《新工具》中所论最为完整。人们常说，这假象学说在此以前早经培根的那位伟大的同姓者即罗杰·培根（Roger Bacon）提出过，他在 Opus Majus 一书中曾指出人心的障碍（offen dicula）有四种，就是引用不够格的权威、习惯、俗见和掩饰无知并炫示表面知识。但是爱理斯（R. Ellis）对这点作了正确的辩驳。他说，一则 Opus Majus 这书当时还仅有手稿，培根恐怕不会看到；二则这位培根所说的"假象"与那位培根所说的"障碍"二者之间并无多大相应和之处。人们之所以想到前者系袭自后者，或许是因为有见于二者所共有的四分法；但我们看到，"假象"在这学说的原始形式下，却是仅有三种而并没有四种。

[②] 弗勒指出，培根原先曾把这四种假象分为两组，这在一卷六一条开头处还留有痕迹。在介绍剧场假象时，他在那里写道："剧场假象不是固有的，亦不是隐秘地渗入理解力之中，而是由各种哲学体系的'剧本'和走入岔道的论证规律所公然印入人心而为人心接受进去的。"从这句话可以看出，四种假象曾分为固有的和外来的两组，前者包括前三种假象，后者则就是剧场假象一种。这种分法在 Distributio Operis 一书中曾见采用。还可参看 Partis Secundae De lineatio 一书中的说法（见爱理斯和斯佩丁（J. Spedding）所编《培根哲学论著全集》第三卷第五四八页）。在《新工具》当中，这个更高一层的分法却不见了。这是因为，诚如斯佩丁所说，"当培根要把这些假象分别地一一加以描述时，他就觉到，若把市场假象划入固有的一组则有逻辑上的矛盾，若把它划入外来的一组又有实际上的不便；于是便决定根本放弃这个对分法而把四种假象通列起来了"。

[③] 弗勒指出，这在 Valerius Terminus 一书中叫做宫殿的假象。

良药。而首先指出这些假象，这亦有很大的效用；因为论述"假象"的学说之对于"解释自然"正和驳斥"诡辩"的学说之对于"普通逻辑"① 是一样的。

**四一**

族类假象植基于人性本身中，也即植基于人这一族或这一类中。若断言人的感官是事物的量尺，这是一句错误的话。正相反，不论感官或者心灵的一切觉知总是依个人的量尺而不是依宇宙的量尺②；而人类理解力则正如一面凹凸镜，它接受光线既不规则，于是就因在反映事物时掺入了它自己的性质而使得事物的性质变形和褪色。

**四二**

洞穴③假象是各个人的假象。因为每一个人（除普遍人性所共有的错误外）都各有其自己的洞穴，使自然之光屈折和变色。这个洞穴的形成，或是由于这人自己固有的独特的本性；或是由于他所受的教育和与别人的交往；或是由于他阅读一些书籍而对其权威性发生崇敬和赞美；又或者是由于各种感印，这些感印又是依人心之不同（如有的人是"心怀成见"和"胸有成竹"，有的人则是"漠然无所动于中"）而作用各异的；以及类此等等。这样，人的元精④（照各个不同的人所秉受而得的样子）实际上是一种易变多扰的东

---

① 拉丁本原文为 dialectica。

② 本句中的两个"量尺"，在拉丁本原文均为 analogia；二卷四〇条末句有相同的话，原文亦均为 analogia。而英文本在这里则译作 according to the measure of，在那里则译作 with reference to。这样，同一原文的两处译文就有分歧，两句之间意义就有不同；而就本句来说则与原文就有出入，并且还和上句中的"量尺"（拉丁本原文为 mensuram）混淆起来，以致本条整个意义不明。按：analogy 一词，在这里也和在三四条当中一样，是用其一般的意义，即"参照"、"比照"之意。据此，故本句应照拉丁本原文以及二卷四〇条正确的英译文改译为"不论感官或者心灵的一切觉知总是参照着人而不是参照着宇宙"。这样，才合于原本，前后诸条之间才无歧义，而本条意义亦才得澄清。

③ 弗勒指出，这个譬喻系袭自柏拉图所讲的洞穴的神话，见 Republic 一书第七卷开头的一段。但是如汉弥尔顿（W. Hamilton）所指出，柏拉图的原喻实相当于族类假象而无当于本条所述的这类假象。

④ "元精"这概念在一卷五〇条以及二卷七条和四〇条中屡见讲到，尤其在后两条中有些颇为怪诞的说法。这学说是这样的：一切有生的和无生的物体之中都包有元精，渗透于可触分子，它是完全触不到的，亦没有任何重量，只借动作或作用来显示它自己；活的物体之中更有两种元精：一种是粗重的，就像其他质体中所有的那样，另一种是动物元精或有生命力的元精，为肉体与灵魂之间交通的媒介，为生命现象的基础。培根深信此说，但并没有说出根据。克钦指出，这是学院派的用语和学说，而培根由于既看到自然过程中有些事物未得说明，又提不出什么较好的见解，于是就乐意依从了他们。爱理斯说，作为培根的寿命论的基础的这一概念，似乎是和揣想生理学的开端同一时代的产物。弗勒则说，这一学说或许是直接袭自帕拉塞萨（Paracelsus，公元 1493 至 1541 年，瑞士医学家和炼金家），亦或许一般地袭自当时的物理哲学；他还指出，这种学说亦可视为原始的物神崇拜思想的一种残存。

西,又似为机运所统治着。因此,赫拉克利特(Heraclitus)① 曾经说得好,人们之追求科学总是求诸他们自己的小天地,而不是求诸公共的大天地。

四三

另有一类假象是由人们相互间的交接和联系所形成,我称之为市场的假象,取人们在市场中有往来交接之意。人们是靠谈话来联系的;而所利用的文字则是依照一般俗人的了解。因此,选用文字之失当害意就惊人地障碍着理解力。有学问的人们在某些事物中所惯用以防护自己的定义或注解也丝毫不能把事情纠正。而文字仍公然强制和统辖着理解力,弄得一切混乱,并把人们岔引到无数空洞的争论和无谓的幻想上去。

四四

最后,还有一类假象是从哲学的各种各样的教条以及一些错误的论证法则移植到人们心中的。我称这些为剧场的假象②;因为在我看来,一切公认的学说体系只不过是许多舞台戏剧,表现着人们自己依照虚构的布景的式样而创造出来的一些世界。我所说的还不仅限于现在时兴的一些体系,亦不限于古代的各种哲学和宗派;有见于许多大不相同的错误却往往出于大部分相同的原因,我看以后还会有更多的同类的剧本编制出来并以同样人工造作的方式排演出来。我所指的又还不限于那些完整的体系,科学当中许多由于传统、轻信和疏忽而被公认的原则和原理也是一样的。

### 选文出处

培根:《新工具》,许宝骙译,北京,商务印书馆,1984年,第18~21页。

**4 《新工具》第 1 卷 49—50——人的理智受到感情意志和感官迟钝的阻碍**

四九

人类理解力不是干燥的光③,而是受到意志和各种情绪的灌浸的;由此就出来了一些可以称为"如人所愿"的科学。大凡人对于他所愿其为真的东西,

---

① 古代唯物主义哲学家,以弗所(Ephesus)人,公元前约536至前470年。他认为"世界是包括一切的整体,它并不是由任何神或任何人所造成的,它过去、现在和将来都是按规律燃烧着、按规律熄灭着的永恒活火"。

② 弗勒指出,这在 Temporis Partus Masculus 一书中叫做剧幕的假象。

③ 弗勒指出,这一用语是借自赫拉克利特,他有一句常被称引的名言说,"最聪明的心乃是一种干燥的光"。

就比较容易去相信它。因此，他排拒困难的事物，由于不耐心于研究；他排拒清明的事物，因为它们对希望有所局限；他排拒自然中较深的事物，由于迷信；他排拒经验的光亮，由于自大和骄傲，唯恐自己的心灵看来似为琐屑无常的事物所占据；他排拒未为一般所相信的事物①，由于要顺从流俗的意见。总之，情绪是有着无数的而且有时觉察不到的途径来沾染理解力的。

五〇

人类理解力的最大障碍和扰乱却还是来自感官的迟钝性、不称职以及欺骗性；这表现在那打动感官的事物竟能压倒那不直接打动感官的事物，纵然后者是更为重要。由于这样，所以思考一般总是随视觉所止而告停止，竟至对看不见的事物就很少有所观察或完全无所观察。由于这样，可触物体中所包含的元精的全部动作就隐蔽在那里而为人们所不察。由于这样，较粗质体的分子②中的一切较隐微的结构变化（普通称为变化，实际则是通过一些极小空间的位置移动）也就同样为人所不察。可是恰是上述这两种事物，人们如不把它们搜到并揭示出来，则在自然当中，就着产生事功这一点来说，便不能有什么巨大成就。同是由于这样，还有普通空气以及稀于空气的一切物体（那是很多的）的根本性质亦是人们所几乎不知的。感官本身就是一种虚弱而多误的东西；那些放大或加锐感官的工具也不能多所施为；一种比较真正的对自然的解释只有靠恰当而适用的事例和实验才能做到，因为在那里，感官的裁断只触及实验，而实验则是触及自然中的要点和事物本身的。

### 选文出处

培根：《新工具》，许宝骙译，北京，商务印书馆，1984年，第25~26页。

**5 《新工具》第1卷61—65——诡辩的、经验的、迷信的哲学体系危害理智很大**

六一

剧场假象不是固有的，也不是隐秘地渗入理解力之中，而是由各种哲学

---

① 拉丁文原文是 Paradoxa，应据以改译为"他排拒似非而是的事物"。
② 弗勒指出，培根在物质的最后构成的问题上似乎采取了在某些方面与德谟克里特（Democritus）的原子论相同的学说；这就是说，他认为一切物质的东西都是若干极小的分子在一定的排列之下所组成。他与德谟克里特不同之处则在：他否认存在虚空的假设；他亦不承认物质是不可变的。参看二卷八条。

体系的"剧本"和走入岔道的论证规律所公然印入人心而为人心接受进去的。若企图在这事情上进行辩驳,那是与我以前说过的话相违了——我曾说过:我和他们之间既在原则上和论证上都无一致之处,那就没有辩论之余地。① 而这样却也很好,因为这样便不致对古人的荣誉有所触动。古人们并未遭受任何样的贬抑,因为他们和我之间的问题乃仅是取径的问题。常言说得好,在正路上行走的跛子会越过那跑在错路上的快腿。不但如此,一个人在错路上跑时,愈是活跃,愈是迅捷,就迷失得愈远。

我所建议的关于科学发现的途程,殊少有赖于智慧的锐度和强度,却倒是把一切智慧和理解力都置于几乎同一水平上的。譬如要画一条直线或一个正圆形,若是只用自己的手去做,那就大有赖于手的坚稳和熟练,而如果借助于尺和规去做,则手的关系就很小或甚至没有了;关于我的计划,情形也正是这样。② 但是,虽说针对某种特定对象的驳斥实属无益,关于那些哲学体系的宗派和大系我却仍须有所论列③;我亦要论到那足以表明它们是不健全的某些表面迹象④;最后我还要论列所以发生这样重大的立言失当和所以发生这样持久而普遍一致的错误的一些原因。⑤ 这样,可使对于真理的接近较少困难,并可使人类理解力会比较甘愿地去涤洗自身和驱除假象。⑥

六二

剧场假象,或学说体系的假象,是很多的,而且是能够亦或者将要更多起来的。迄今多少年代以来,若不是人心久忙于宗教和神学;若不是政府,特别是君主政府,一向在反对这种新异的东西,甚至连仅仅是思考的东西也反对,以致在这方面辛苦从事的人们都有命运上的危险和损害,不仅得不到报酬,甚且还遭受鄙视和嫉视;——若不是有这些情形,那么无疑早就会生出许多其他哲学宗派,有如各家争鸣灿烂一时的古代希腊一样。正如在天体的现象方面人们可以构出许多假设,同样(并且更甚)在哲学的现象方面当然亦会有多种多样的教条被建立起来。在这个哲学剧场的戏文中,你会看到和在诗人剧场所见到的同样情况,就是,为舞台演出而编制的故事要比历史上的真实故事更为紧凑,更为雅致,和更为合于人们所愿有的样子。

---

① 参看一卷三五条。
② 参看一卷一二二条。
③ 见一卷六二至六五条。
④ 见一卷七一至七七条。
⑤ 见一卷七八至九二条。
⑥ 参看一卷七〇条末尾。

一般说来，人们在为哲学采取材料时，不是从少数事物中取得很多，就是从多数事物中取得很少；这样，无论从哪一方面说，哲学总是建筑在一个过于狭窄的实验史和自然史的基础上，而以过于微少的实例为权威来做出断定。唯理派的哲学家们只从经验中攫取多种多样的普通事例，既未适当地加以核实，又不认真地加以考量，就一任智慧的沉思和激动来办理一切其余的事情。

另有一类哲学家，在辛勤地和仔细地对于少数实验下了苦功之后，便由那里大胆冒进去抽引和构造出各种体系，而硬把一切其他事实扭成怪状来合于那些体系。

还有第三类的哲学家，出于信仰和敬神之心，把自己的哲学与神学和传说糅合起来；其中有些人的虚妄竟歪邪到这种地步以致要在精灵神怪当中去寻找科学的起源。

这样看来，诸种错误的这株母树，即这个错误的哲学，可以分为三种：就是诡辩的、经验的和迷信的。

## 六三

第一类中最显著的例子要推亚里士多德。他以他的逻辑①败坏了自然哲学：他以各种范畴范铸出世界；他用二级概念的字眼强对人类心灵这最高贵的实体赋予一个属类②；他以现实对潜能的严峻区分来代行浓化和稀化二者的任务（就是去做成物体体积较大或较小，也即占据空间较多或较少）③；他断言单个物体各有其独特的和固有的运动，而如果它们参加在什么别的运动之中，则必是由于一个外因；此外他还把无数其他武断的限制强加于事物的性

---

① 拉丁本原文为 dialectica。

② 克钦指出，这或许是指亚里士多德在 De Anima 一书第二卷第一章第七和第十一节中对心灵所下的定义而言。按：那个定义是说，"心灵乃是自然有机物体中的潜在心灵的现实化"；这样一来，就把心灵分为现实的和潜在的两个属类，亦就是对心灵多赋予了后者一个属类。而所谓"现实"和"潜在"则是二级概念的字眼。按经院派的逻辑的术语说，凡关于具体事物的性质、类别以及具体事物与具体事物之间的关系的概念，叫做初级概念（first intention）；凡关于初级概念的性质、类别以及初级概念与初级概念之间的关系的概念，则叫做二级概念（second intention）——例如"现实"对"潜在"就正是指称这类关系的字眼。

③ 弗勒指出，这似乎是指亚里士多德在 Physica 一书第四卷第五章中的一种说法而言。按：爱奥尼亚学派的阿那克西曼尼（Anaximenes）曾首先提出浓化与稀化来说明某些元素的相互转化，例如水是浓化了的空气，空气是稀化了的水。亚里士多德有见于此，认为二者是互为潜能与现实，于是就把浓化和稀化这两个性质转为现实对潜能这一对概念。培根对这一点的指责似乎是说：浓化和稀化是物质的性质，有着自己的任务，就是去做成物体体积较大或较小，亦即占据空间较多或较少，这些正是自然哲学所应观察和研究的；而在亚里士多德的物理学中却把它们化为逻辑的字眼，这是亚里士多德以他的逻辑败坏自然哲学的又一点。

质。总之，他之急切于就文字来对问题提供答案并肯定一些正面的东西，实远过于他对事物的内在真理的注意；这是他的哲学的一个缺点，和希腊人当中其他著名的体系一比就最看得明白。如阿那克萨戈拉（Anaxagoras）的同质分子遍在说①、留基伯和德谟克里特的原子说②、巴门尼德（Parmenides）的天地说③、恩培多克勒（Empedocles）的爱憎说④，以及赫拉克利特所主张的物体皆可融解为无所差别的火质而复重铸为各种固体的学说等等，——他们都有些自然哲学家的意味，都有些属于事物性质、属于经验和属于物体的味道；而在亚里士多德的物理学中，则除逻辑的字眼之外便几乎别无所闻；而这些字眼，他在他的形而上学当中，在这一更庄严的名称之下，以居然较像一个实在论者而不大像一个唯名论者的姿态，还又把它们玩弄了一番。在他的关于动物的著作⑤和问题集以及其他论著当中，诚然常常涉及实验，但这事实亦不值得我们予以任何高估。因为他是先行达到他的结论的；他并不是照他所应做的那样，为要构建他的论断和原理而先就商于经验；而是首先依照自己的意愿规定了问题，然后再诉诸经验，却又把经验弯折得合于他的同意票，像牵一个俘虏那样牵着它游行。这样说来，在这一条罪状上，他甚至是比他的近代追随者——经院学者们——之根本抛弃经验还要犯罪更大的。

---

① 古希腊哲学家（公元前约 430 年）。他的学说，要点如下：一切东西都由与它同质的分子（homaeomera）所构成，例如骨的分子同于骨，血的分子同于血，这叫做"种子"；和恩培多克勒所讲的火、空气、土、水四种元素各为一个"根子"不同，"种子"是每一个都包含着这四种元素；因此，"在一个世界里的东西不是可以像用一把斧子般把它们分开或切断的"，每一东西当中都有其他东西的"部分"在内；至于"种子"与"种子"之间以及东西与东西之间的不同，则是因为它们彼此间相互含有的"部分"多少不同；这就是阿那克萨戈拉的同质分子遍在说。

② 关于这两位哲学家，已见一卷五一、五七两条的脚注。他们的原子论要点如下：一切物体都由一些小到知觉不到的、不可分的、坚固不变的分子即原子所构成，这些原子在质上没有差别，差别只在形状、方位和排列，在这些方面的千差万别的花样就形成物体的千差万别的属性；这些原子，通过虚空，游荡于无限的空间之中，一切东西之生成乃是它们运动和偶然凑拢的结果。

③ 古希腊哲学家（公元前 6 至前 5 世纪），爱利亚学派领袖。亚里士多德在 Metaphysica 一书第一卷第五章曾有如下的叙述：巴门尼德既然宣称除存在外别无不存在的东西存在，所以他就认为存在必然为一，而别无其他东西存在；可是他又被迫随循眼见的事实，假认在法式上为一的东西在我们感觉上则多于一，于是他就举出两个原因亦即两个原理，那就是热和冷，亦即火和土；并把前者列于存在，把后者列于不存在。培根所说巴门尼德的天地说（coelumetterra），或许是据此而言。

④ 古希腊哲学家（公元前约 490 至前 430 年）。他提出土、水、空气和火为四大元素的学说，认为一切东西都由这四者混合而成；而爱和憎则为运动的原因，从而亦为这些元素所以混合的原因。

⑤ 在生物学方面，亚里士多德有 Historia Animalium、De PartibusAnimalium、De Motuet De Incessu Animalium、De Generatione Animalium 等著作。

**六四**

经验派哲学所产生的教条却比诡辩派或唯理派还要畸形怪状。因为它的基础不是得自普通概念之光亮（这种光亮虽然微弱和浮浅，却不论怎样是普遍的，并且这种概念的形成是参照到许多事物的），而只是得自少数实验之狭暗。因此这样一种哲学，在那些日日忙于这些实验而其想象力又被它们所沾染的人们看来是可然的，并且只能是准确的；而在一切其他的人看来则是虚妄的和不可信的。关于这方面，在炼金家及其教条当中有着显而易见的例子，虽然在这些时候除在吉尔伯忒①的哲学当中再难在别处找到这种例子了。对于这一类的哲学，有一点警告是不可少的：我已先见到，假如人们果真为我的忠告所动，竟认真地投身于实验而与诡辩的学说宣告永别，但随即跟着理解力的不成熟的躁进而跳跃或飞翔到普遍的东西和事物的原则，那么这类哲学所孕的莫大危险是很可顾虑的。对于这个毛病，我们甚至在此刻就该准备来防止它。

**六五**

迷信以及神学之糅入哲学②，这对哲学的败坏作用则远更广泛，而且有着最大的危害，不论对于整个体系或者对于体系的各个部分都是一样。因为人类理解力之易为想象的势力所侵袭正不亚于其易为普通概念的势力所侵袭。那类好争的、诡辩的哲学是用陷阱来困缚理解力；而这类哲学，由于它是幻想的、浮夸的和半诗意的，则是多以谄媚来把理解力引入迷途。因为人在理解方面固有野心，而在意志方面的野心也复不弱，特别在意气昂扬的人更是如此。

关于这类哲学，在古希腊人当中有两个例子：毕达哥拉斯（Pythagoras）③ 是一个刺眼的例子，他是把他的哲学和一种较粗糙的、较笨重的迷信

---

① 参看一卷五四条和脚注。
② 参看一卷八九条。
③ 古希腊哲学家（公元前约572至前497年）；曾在意大利南部克鲁顿（Kroton）地方聚徒结社，既是宗教团体，又是学术宗派，称为"毕达哥拉斯之徒"（Pythagoreans），大盛于公元前6世纪后五十年，至前4世纪末叶渐熄。

培根指责他以迷信或宗教糅入哲学，又称他为神秘主义者（见一卷七一条），他把宗教上的洁净观念引入生活和学术：除奉行某些食戒和某些仪式外，并认定以药物洁净肉体，以音乐洁净灵魂。他主张轮回说或再生说。他的数理哲学亦带有神秘主义：认为奇数与偶数的对立同于法式与质料的对立，认为"一"同于理性，"二"同于灵魂。

联结在一起；另一个是柏拉图（Plato）及其学派①，则是更为危险和较为隐微的。在其他哲学的部分当中，同样也表现出这个情形，如人们引进了抽象的法式，引进了目的性原因和第一性原因，而在最多数情节上却删除了中间性原因，以及类此的情况。在这一点上，我们应当加以最大的警惕。因为要尊奉错误为神明，那是最大不过的祸患；而虚妄之易成为崇敬的对象，却正是理解力的感疫性的一个弱点。而且现代一些人们②正以极度的轻浮而深溺于这种虚妄，竟至企图从《创世记》第一章上，从《约伯记》上，以及从圣书的其他部分上建立一个自然哲学的体系，这乃是"在活人中找死人"③。正是这一点也使得对于这种体系的禁止和压制成为更加重要，因为从这种不健康的人神糅合中，不仅会产生荒诞的哲学，而且还要产生邪门的宗教。因此，我们要平心静气，仅把那属于信仰的东西交给信仰，那才是很恰当的。④

## 选文出处

培根：《新工具》，许宝骙译，北京，商务印书馆，1984年，第33~39页。

## 6 《新工具》第 1 卷 95——真正的科学是实验与理性密切结合

九十五⑤

历来处理科学的人，不是实验家，就是教条者。⑥ 实验家像蚂蚁，只会采

---

① 古希腊哲学家（公元前427至前347年），雅典（Athens）人；20岁从学于苏格拉底（Socrates）；30岁出游，学到苏格拉底以前一些学派的哲学知识；40岁返雅典，创立学园（Academy），聚徒讲学，亚里士多德即其弟子之一。

培根指责柏拉图的哲学有迷信和宗教成分，具体地说，是指他的忆往说（doctrine of Reminiscence，见 Meno 和 Phaedo 两篇对话）；但主要的是一般地指他的绝对理念说（doctrine of absolute Ideas）。培根还说过，柏拉图以自然神学败坏了自然哲学（见一卷九六条），这话可资参证。

至公元3世纪，新柏拉图主义更发展了柏拉图思想的神秘的一面。

② 克钦指出，这或许是指弗洛德（Robert Fludd，1574至1637年，医生和通神学者）而言；他著有《摩西哲学》一书，就是根据《创世记》头几章建立起一个物理学概略。还有赫钦逊（John Hutchinson，1674至1737年，一个神学狂热者，著有《关于宗教的一些思想》一书，从《圣经》引绎出一切宗教和哲学），亦属这一流人物。

③ 此成语出自《路加福音》第二四章第五节。培根在 De Augmentis Scientiarum 一书第九卷中曾再次引用。（按：照上文读来，似乎应说是"在死人中找活人"才对。）

④ 克钦指出，这是暗指《马太福音》第二二章第二一节。弗勒提示说："我们必须记住，这种情操，在我们今天已经成为老生常谈，在培根的时代却是新奇，几乎讲不通的。"

⑤ 自九五至一〇八诸条所举各点错误，与前文论假象各条所提到者颇多相同之处，虽有重复之病，也可互相阐发。

⑥ 参看一卷七〇、八二两条。

集和使用；推论家像蜘蛛，只凭自己的材料来织成丝网。① 而蜜蜂却是采取中道的，它在庭园里和田野里从花朵中采集材料，而用自己的能力加以变化和消化。哲学的真正任务就正是这样，它既非完全或主要依靠心的能力，也非只把从自然历史和机械实验收来的材料原封不动、囫囵吞枣地累置在记忆当中，而是把它们变化过和消化过而放置在理解力之中。这样看来，要把这两种机能，即实验的和理性的这两种机能，更紧密地和更精纯地结合起来（这是迄今还未做到的），我们就可以有很多的希望。

### 选文出处

培根：《新工具》，许宝骙译，北京，商务印书馆，1984年，第75页。

### 7 《新工具》第1卷 102—105——科学的归纳方法

一○二

再说，特殊的东西乃是数目极其庞大的一支军队，而且那支队伍又是如此星罗棋布，足以分散和惑乱我们的理解力，所以我们若凭智力的一些小的接战、小的攻击以及一些间歇性的运动，那是没有多大希望的。要想有希望，必须借着那些适用的、排列很好的、也可说是富有生气的"发现表"，把与探讨主题有关的一切特殊的东西都摆开而排起队来，并使我们的心就着那些"发现表"所提供的、经过适当整理和编列的各种补助材料而动作起来。

一○三②

即使特殊的材料已经恰当有序地摆列在我们面前，我们还不应一下子就过渡到对于新的特殊东西或新的事功的查究和发现；或者，假如我们这样做了，无论如何亦不应停止在那里。虽然我不否认，一旦把一切方术的一切实验都集合起来，加以编列，并尽数塞入同一个人的知识和判断之中，那么，借着我上面所称做"能文会写"的经验，只需把一种方术的实验搬到另一些方术上去，就会发现出许多大有助于人类生活和情况的新事物——虽然我不否认这点，可是从这里仍不可能希望到什么伟大的东西；只有从原理的新光亮当中——这种新原理一经在一种准确的方法和规律之下从那些特殊的东西抽引出来，就转过

---

① 参看序言和一卷六七条。
② 本条和下一条充分表明培根是怎样把演绎法与归纳法结合起来，而不是只要归纳法而不要演绎法；充分表明他不是不要最普遍的原理，而是只要那种从特殊的东西出发、通过真正的归纳法、经由正当的上升阶梯而最后达致的非抽象的最普遍的公理，然后它就转过来又指出通向新的特殊东西的道路。

来又指出通向新的特殊东西的道路——方能期待更伟大的事物。我们的这条路不是一道平线，而是有升有降的，首先上升到原理，然后降落到事功。

一〇四①

但我们却又不允许理解力由特殊的东西跳到和飞到一些遥远的、接近最高普遍性的原理上（如方术和事物的所谓第一性原则），并把它们当做不可动摇的真理而立足其上，复进而以它们为依据去证明和构成中级原理。这是过去一向的做法，理解力之被引上此途，不只是由于一种自然的冲动，亦是由于用惯了习于此途和老于此道的三段论式的论证。但我们实应遵循一个正当的上升阶梯，不打岔，不蹦等，一步一步，由特殊的东西进至较低的原理，然后再进至中级原理，一个比一个高，最后上升到最普遍的原理；这样，亦只有这样，我们才能对科学有好的希望。因为最低的原理与单纯的经验相差无几，最高的、最普遍的原理（指我们现在所有的）则又是概念的②、抽象的、没有坚实性的。唯有中级公理却是真正的、坚实的和富有活力的，人们的事务和前程正是依靠着它们，也只有由它们而上，到最后才能有那真是最普遍的原理，这就不复是那种抽象的，而是被那些中间原理所切实规限出的最普遍的原理。

这样说来，对于理解力切不可赋以翅膀，倒要系以重物，以免它跳跃和飞翔。这是从来还没有做过的；而一旦这样做了，我们就可以对科学寄以较好的希望了。

一〇五③

在建立公理当中，我们必须规划一个有异于迄今所用的、另一形式的归纳法，其应用不应仅在证明和发现一些所谓第一性原则，也应用于证明和发现较低的原理、中级的原理，实在说就是一切的原理。那种以简单的枚举来进行的归纳法是幼稚的，其结论是不稳定的，大有从相反事例遭到攻袭的危险；其论断一般是建立在为数过少的事实上面，而且是建立在仅仅近在手边的事实上面。对于发现和论证④科学方术真能得用的归纳法，必须以正当的排

---

① 参看一卷一九、二二两条。

② 拉丁文为notionalia，英译文为notional。克钦指出，这是烦琐学派所喜用的一个字眼，这里的意思则只是说"居于人心的概念之中，而不是居于实存的事物之中"。

③ 培根在这里述明了自己的真正归纳法，参看一卷一七、四六、六九、七〇、八八诸条，以便从普通归纳法与它的对比中来加以理解。

④ 拉丁文为demonstratio，英译文为demonstration。克钦指出：培根在这里把这一术语错用到指称相反的东西上去了，照以前的逻辑著作家们的用法，"论证"一词是严格地专用于演绎法的，由于培根根本否认演绎法为达致真理的有系统的方法，所以就把"论证"一词照近代的意义来使用，等于"严格证据"的同义语了。

拒法和排除法来分析自然，有了足够数量的反面事例，然后再得出根据正面事例的结论。

这种办法，除柏拉图一人而外——他是确曾在一定程度上把这种形式的归纳法应用于讨论定义和理念的①——至今还不曾有人实行过或者企图尝试过。但是为要对这种归纳法或论证做很好的和很适当的供应以便利它的工作，我们应当准备许许多多迄今还没有人想到的事物，因此我们也就必须在此中比迄今在三段论式中做出更大的努力。我们还不要把这种归纳法仅仅用于发现原理，也要把它用于形成概念。正是这种归纳法才是我们的主要希望之所寄托。

▍选文出处

培根：《新工具》，许宝骙译，北京，商务印书馆，1984年，第80～82页。

## 8 《新工具》第2卷1—5——科学的任务在于发现自然的规律

一

要在一个所与物体上产生和添入一种或多种新的性质，这是人类权力的工作和目标。对于一个所与性质要发现其法式，或真正的种属区别性，或引生性质的性质，或发射之源（这些乃是与那事物最相近似的形容词），这是人类知识的工作和目标②。附属于这两种首要工作之下，另有两种次要的、较低的工作：属于前者的，是要尽可能范围把具体的物体转化；属于后者的，是要就每一产生和每一运动来发现那从明显的能生因和明显的质料因行进到所引生的法式的隐秘过程③，同样在静止不动的物体则是要发现其隐秘结构④。

二

人类知识现时处于何等恶劣的情况，这甚至从一般公认的准则中也可看出。人们说，"真正的知识是凭原因而得的知识"⑤，这是对的。人们又把原因

---

① 这又是若干段文字之一，足以表明培根毫无自命为归纳法的创见者之意。
② 本卷整个说来就是就发现性质的法式这个目标来进行讨论的。
③ 详见二卷六条。
④ 详见二卷七条。
⑤ 克钦指出，亚里士多德曾说："我们对于一个事物，只有知道了它的原因时，才能说对它有了科学的知识。"见 Posterior Analytics 一书第一卷第二章。

分为四种，即质料因、法式因、能生因和目的因，这亦并无不当①。但且看这四种原因，目的因除对涉及人类活动的科学外，只有败坏科学而不会对科学有所推进。法式因的发现则是人们所感绝望的。能生因和质料因二者（照现在这样被当做远隔的原因而不联系到它们进向法式的隐秘过程来加以查究和予以接受）又是微弱、肤浅，很少有助甚至完全无助于真正的、能动的科学。还请不要忘记我在前文曾说到法式产生存在这种意见乃是人心本身的一个错误，我并曾加以纠正。② 在自然当中固然实在只有一个一个的物体，依照固定的法则作着个别的单纯活动，此外便一无所有③，可是在哲学当中，正是这个法则自身以及对于它的查究、发现和解释就成为知识的基础也成为动作的基础。我所说的法式，意思就指这法则，连同其各个条款④在内；我所以采用此名，则是因为它沿用已久成为熟习之故。

三

一个人如果仅只对某几种东西认识到其性质（如白或热）的原因，他的知识就算是不完全的；如果他只能对某几种质体加添一种效果（在能够有所感受而发生这种效果的质体上），他的权力也同样算是不完全的。要知道，假如一个人的知识是局限于能生因和质料因（二者都是不稳定的原因，都只是仅在某些情节上会引出法式的转运工具或原因），他固然也可能就预经选定的、相互有几分类似的某些质体方面做到一些新的发现，但是他没有接触到事物的更深一层的界限。可是如果有谁认识到法式，那么他就把握住若干最不相像的质体中的性质的统一性，从而就能把那迄今从未做出的事物，就能把那永也不会因自然之变化、实验之努力，以至机缘之偶合而得实现的事物，就能把那从来也不会临到人们思想的事物，侦察并揭露出来。由此可见，法式的发现能使人在思辨方面获得真理，在动作方面获得自由。

四

虽然通向人类权力和通向人类知识的两条路途是紧相邻接，并且几乎合而为一，但是鉴于人们向有耽于抽象这种根深蒂固的有害的习惯，比较妥当的做法还是从那些与实践有关系的基础来建立和提高科学，还是让行动的部

---

① 克钦指出，这些亦就是亚里士多德所提出的四种原因，参看他所著 Metaphysica 一书第二卷第二章。

② 克钦指出，所谓法式产生存在之说是指柏拉图的理念说（或译理型说）。参看一卷五一条有关的注。

③ 这几句话（还有一卷一二〇条中的一些话）充分表明了培根的唯物论的立场。

④ 拉丁本原文为 paragraphos，英译文为 clauses。克钦指出，所谓法则的条款，特别是所谓法式的条款，殊难明其所指；二卷二〇条在描述热的法式时把运动作为热的类属而给以若干点规限，也许这些规限就算是热的法式的条款。

分自身作为印模来印出和决定出它的模本，即思辨的部分。于是我们就必须想到，如果一个人想在一个所与物体上产出和添入一种什么性质，他所最愿意得到的是怎样一种规则、指导或引导；我们也还要用最简单的、最不艰深的语言把这些表述出来。譬如说，如果有人（注意到物质的法则）想在银子上面添入金子的颜色或是增加一些重量，或者想在不透明的石头上面添入透明的性质，或者想对玻璃添入韧性，或者想对一些非植物的质体加上植物性质——如果有人想这样，我说我们必须想一想他所最想要的是怎样一种规则或指导。第一点，他无疑是愿意被指引到这样一种事物，在结果上不致把他欺骗，在尝试中不致使他失败。第二点，他必定愿意得到这样一种规则，不致把他束缚于某些手段和某些特定的动作方式。因为他可能既没有那些手段，也不能很方便地取得它们。因为亦可能在他能力所及之内另有其他手段和其他方法（在所规定者外）去产出所要求的性质，而一为规则的狭隘性所拘束，他就将被摈在那些手段和方法之外而不能把它们利用。第三点，他必定要求指给他这样一些事物，不像计议中所要做的事物那样困难，而是比较接近于实践的。

这样说来，对于动作的一种真正而完善的指导规则就应当具有三点：它应当是确实的，自由的，倾向或引向行动的。而这和发现真正法式却正是一回事。首先，所谓一个性质的法式乃是这样：法式一经给出，性质就无讹地随之而至。这就是说，性质在，法式就必在；法式本义就普遍地包含性质在内；法式经常地附着于性质本身。其次，所谓法式又是这样：法式一经取消，性质就无讹地随之而灭。这就是说，性质不在，法式就必不在；法式本义就包含性质的不在在内；性质不在，法式就别无所附。最后，真正的法式又是这样：它以那附着于较多性质之内的，在事物自然秩序中比法式本身较为易明的某种存在为本源，而从其中绎出所与性质。这样说来，要在知识上求得一个真正而完善的原理，其指导条规就应当是：要于所与性质之外发现另一性质，须是能和所与性质相互掉转，却又须是一个更普遍的性质的一种限定，须是真实的类的一种限定。现在我们可以看出，上述两条指示——一是属于行动方面的，一是属于思辨方面的——乃是同一回事：凡在动作方面是最有用的，在知识方面就是最真的。

五

关于物体转化的规律或原理分为两种。第一种是把一个物体作为若干单纯性质的队伍或集合体来对待的。例如在金子，有下述许多性质汇合在一起。它在颜色方面是黄的；有一定的重量；可以拉薄或展长到某种程度；不能蒸发，在火的动作下不失其质体；可以化为具有某种程度的流动性的液体；只有用特殊的手段才能加以分剖和熔解；以及其他等等性质。由此可见，这种原理是从若干单纯性质的若干法式来演出事物的。人们只要知道了黄色、重量、可展性、固定性、流动性、分解性以及其他等等性质的法式，并且知道了怎样把这些性质加添进去的方法以及它们的等级和形态，他们自然就要注意把它们集合在某一物体上，从而就会把那个物体转化成为黄金。关于物体转化的第一种动作就是这样。要产出多种单纯性质，其原则是和产出某一种单纯性质一样的；不过所要求产出的愈多，在动作中就愈感到缚手缚脚，因为要在自然踏惯的通常途径之外把这许多本来不便于聚在一起的性质硬凑合为一体，这原是很困难的。但须指出，这种动作的方式（着眼于复合物体中的若干单纯性质）乃是从自然当中经常的、永恒的和普遍的东西出发，开拓出通向人类权力的广阔道路，为人类思想（就现状而论）所不易领会到或预想到的广阔道路。

关于物体转化的第二种原理是有关发现隐秘过程的，这便不是就着单纯性质来进行，而是就着复合物体（照我们在自然的通常进程中所见到的那样）来进行的。例如，我们要探究黄金或其他金属或石类是从何开始，是以何方法、经何过程而生成的，是怎样由最初的熔液状态和初形而进至完全的矿物的。同样，我们也可探究一些草木植物又是经何过程而生成的，是怎样经由不断的运动和自然的多方的、连续的努力而从最初在地中凝结的汁液或者是从种子而进至成形的植物的。同样，我们还可探究动物生成的发展过程，从交媾到出生的过程。此外，对于其他物体也都可作同样的探究。

这种查究不只限于物体的生成，还可施于自然的他种运动和动作。例如，我们要探究营养的全部历程和连续活动，由最初受食到完全消化的历程和活动。又如，我们要探究动物的自发运动，看它怎样从想象力上的最初感受经由元精的不断努力而进至肢体的屈伸和各种活动。再如，我们还可探究唇舌和其他器官的运动，看它是通过怎样一些变化而达到最后发出清晰的声音。上述这第二种的各项探究也是涉及若干具体的性质，也是涉及合成一个结构的若干性质，但这却是着意在自然的所谓特定的和特殊的习惯，而不是着意在自然的那些足以构成法式的基本的和普遍的法则。可是必须承认，这个计划和那个始基的计划相比，看来是较为便当，较为切近，也是提供着较多的希望的根据的。

同样，与思考部分相对应的整个动作部分，由于它是以自然的通常细事为出发点，所以它的动作也只能及于一些直接切近的事物，或至多能及于离开不远的事物。至于要对自然施加任何深刻的和根本的动作，那就完全依靠始基的原理。

还有，关于人们只能有所知晓而无法施以动作的一些事物，譬如说关于天体（这是人们所不能施以动作，加以改变或使之转化的），我们要查究这事实自身或这事物的真际，正和关于原因和关于同意的知识一样，也必须求之于那些关于单纯性质的始基的和普遍的原理，例如关于自发旋转的性质的原理，关于吸力或磁力的性质的原理，以及关于其他比天体自身具有较普遍的法式的东西的性质的原理。因为人们如果不先了解自发旋转的性质，就不必希望去断定在逐日运转当中究竟是地在转动还是天在转动。[1]

◆ 选文出处

培根：《新工具》，许宝骙译，北京，商务印书馆，1984年，第106~111页。

---

[1] 关于自发旋转运动的性质的问题，以及由此而联系到的地转还是天转的问题，培根在二卷三六条和四八条（论第十七种运动）中还有详细的论说。克钦指出，培根在这里和那里的说法都否定了考伯尼的体系，在我们今天看来显然是荒谬的；但是，尽管这样，我们必须回顾并记住，在当时，培根的这些见解却几乎是普遍公认的见解，而考伯尼的体系倒被认做只是一种假设；须知最后永久解决这个问题的法则和原理是直到牛顿发现万有引力的法则时才显现出来的。

# 霍布斯

> 霍布斯认为，感觉是人们认识物体性质的基本方式，但感觉经验仅仅是获得知识的开端，因为认识物体之存在根据，是推理的任务。所谓推理，就是心灵对概念的加减运算，而概念仅仅是一种符号或标记。

## 作者简介

霍布斯(Thomas Hobbes, 1588—1679)，英国哲学家。曾就读于牛津大学，毕业后任贵族家庭教师，多次赴欧洲大陆游历，并在意大利结识伽桑狄、伽利略等学者。1640年流亡法国，1651年返英。主要著作有《论公民》(1647)、《利维坦》(1651)、《论物体》(1655)、《论人性》(1658)等。

著作选读：

《利维坦》第 1 部分第 1 章、第 5 章、第 9 章。

### 1 《利维坦》第 1 部分第 1 章——论感觉

关于人类的思想，我首先要个别地加以研究，然后再根据其序列或其相互依存关系加以研究。个别的来说：每一思想都是我们身外物体的某一种性质或另一种偶性的表象或现象。这种身外物体通称为对象，它对人类身体的眼、耳和其他部分发生作用；由于作用各有不同，所以产生的现象也各自相异。

所有这些现象的根源都是我们所谓的感觉；（因为人类心里的概念没有一种不是首先全部或部分地对感觉器官发生作用时产生的。）其余部分则都是从这根源中派生出来的。

认识感觉的自然原因，对目前的讨论说来并不十分必要，我在其他地方已经著文详加讨论。但为了使我目前的方法每一部分都得到充实起见，在这里还要把这问题简短地提一提。

感觉的原因就是对每一专司感觉的器官施加压力的外界物体或对象。其方式有些是直接的，比如在味觉和触觉等方面便是这样；要不然便是间接的，比如在视觉、听觉和嗅觉等方面便是这样。这种压力通过人身的神经以及其他经络和薄膜的中介作用，继续内传而抵于大脑和心脏，并在这里引起抗力、反压力或心脏自我表达的倾向，这种倾向由于是外向的，所以看来便好像是外在之物。这一假象或幻象就是人们所谓的感觉。对眼睛说来这就是光或成为形状的颜色，对耳朵说来这就是声音，对鼻子说来这就是气味，对舌和腭说来这就是滋味。对于身体的其他部分说来就是冷、热、软、硬和其他各种通过知觉来辨别的性质。一切所谓可感知的性质都存在于造成他们的对象之中，它们不过是对象借以对我们的感官施加不同压力的许多种各自不同的物质运动。在被施加压力的人体中，它们也不是别的，而只是各种不同的运动；（因为运动只能产生运动。）但在我们看来，它们的表象却都是幻象，无论在醒的时候和在梦中都是一样。正好像压、揉或打击眼睛时就会使我们幻觉看到一种亮光、压耳部就会产生鸣声一样，我们所看到或听到的物体通过它们那种虽不可见却很强大的作用，也会产生同样的结果。因为这些颜色和声音如果存在于造成它们的物体或对象之中，它们就不可能像我们通过镜子或者在回声中通过反射那样和原物分离；在这种情形下我们知道自己所见到的东西是在一个地方，其表象却在另一个地方。真正的对象本身虽然在一定的距离之外，但它们似乎具有在我们身上所产生的幻象，不过无论如何，对象始终是一个东西，而映象或幻象则是另一个东西。因此，在一切情形下，感觉都只是原始的幻象；正如我在前面所说的，它们是由压力造成的，也就是由外界物体对我们的眼、耳以及其他专属于这方面的器官发生的运动所造成的。

　　但基督教世界各大学哲学学派，却根据亚里士多德的某些文句，传授着另一种学说。他们说，视觉的原因是所见的物体向各方散发出一种可见素，用英文说便是散发出可见的形状、幻象、相或被视见的存在；眼睛接受这一切就是视见。至于听觉的原因，则是被听见的东西发出一种可闻素，也就是一种可闻的相或被感知的可闻存在；它进入耳朵就造成听觉。不仅如此，他们还说，理解的原因也是被理解的东西散发出一种可理解素，也就是一种被感知的可理解存在；它进入悟性中就使我们发生理解。我之所以说这一切，不是为了否定大学的用处，而是因为往后我要谈到它们在共和国中的作用，所以就必须顺便一有机会就让大家看到，他们当中有哪些事情要加以纠正，经常出现无意义的说法就是其中之一。

**选文出处**

霍布斯：《利维坦》，黎思复、黎廷弼译，北京，商务印书馆，1985年，第4~6页。

## 2 《利维坦》第1部分第5章——论推理与学术

当一个人进行推理时，他所做的不过是在心中将各部分相加求得一个总和，或是在心目中将一个数目减去另一个数目求得一个余数。这种过程如果是用语词进行的，他便是在心中将各部分的名词序列连成一个整体的名词或从整体及一个部分的名词求得另一个部分的名词。人们在数字等方面虽然除开加减等以外还用乘、除等其他运算法，但这些运算法实际上是同一回事。因为乘法就是把相等的东西加在一起，而除法则是将一个东西能减多少回就减多少回。这些运算法虽然并不限于数字方面，而是所有可以相加减的事物全部适用，因为正像算术家在数字方面讲加减一样，几何学家在线、形（立体与平面）、角、比例、倍数、速度、力与力量等等方面也讲加减，逻辑学家在语词系列、两个名词相加成为一个断言、两个断言相加成为一个三段论法、许多三段论法形成一个证明以及从一个三段论证的总结的或结论中减去一个命题以求出另一个命题等等方面，也同样讲加减运算。政治学著作家把契约加起来以便找出人们的义务，法律学家则把法律和事实加起来以便找出私人行为中的是和非。总而言之，不论在什么事物里，用得着加减的地方就用得着推理，用不着加减法的地方就与推论完全无缘。

根据以上所说的一切，我们就可以界说或确定推理这一词在列为心理官能之一时其意义是什么。因为在这种意义下，推理就是一种计算，也就是将公认为标示或表明思想的普通名词所构成的序列相加减；我所谓的标示是我们自己进行计算时的说法，而所谓表明则是向别人说明或证明我们的计算时的说法。

在算术方面，没有经过锻炼的人必然会出错，其计算靠不住，即使是教授们也会常常出现这种情形。任何其他推理问题也正是这样，最精明、最仔细和最老练的人都可能让自己受骗，做出虚假的结论。然而推理本身却始终是正确的推理，如同算术始终是一门确定不移、颠扑不破的艺学一样。但任何一个人或一定数目的人的推理都不能构成确定不移的标准，正如一种计算并不因为有许多人一致赞同他就算得正确一样。因此，在计算中如果发生争执时，有关双方就必须自动把一个仲裁人或裁定人的推理当成正确的推理。这人的裁决双方都要遵从，否则他们就必然会争论不休而动手打起来，或者是由于没有天生的正确推理而成为悬案。所有各种辩论情形也都是这样。有时一些人认为自己比所有其他人都聪明，喧嚷着要用正确的推理来进行裁定；

但他们所追求的却只是不能根据别人的推理来决定事情,而只能根据他们自己的推理来决定;这在人类社会上,就像打桥牌时定了王牌之后,每一回都把他们手里最长的那一副牌来当王牌一样,令人不能容忍。他们所做的,只是当自己的每一种激情在他们身上取得支配地位时就拿来当成正确的推理,从而在他们自己的争论之中由于自称正确而暴露出他们缺乏正确的理性。

推理的用处和目的,不是去找出一个或少数几个跟名词的原始定义和确定含义相去很远的结论的总和与真理,而是从这些定义和确定含义开始,由一个结论推到另一个结论。因为最后的结论,在其自身据以推论出来的一切断言和否定不确定时,不可能是确定的。正像一个家长算账一样,如果他只是结算所有开支账单上的总数,而不管每一张账单的算账人是怎样算出总数来的,也不管付钱买来的东西是什么;他这样做,等于一揽子地把账目整个接受下来,完全相信每一个算账人的技术和诚实是不会给他带来任何好处的。在所有其他事物的推理中也是这样。一个人如果信赖作者,把结论接受下来,而不从每一次计算的原始账目中去取得(这些原始账目就是由定义确定下来的名词含义);这样他便也像那位家长一样,白费了气力而不会知道任何东西,只能盲信他人而已。

在个别的事物中,推理是可以不用语词进行的。比如我们见到某一事物后,推论它前面所出现的事物是什么,或后面将随着出现什么事物时,情形便是这样。一个人像这样进行推理时,如果他认为可能出现于后的并没有随着出现,而他认为可能出现于前的也没有在前面出现,便叫做发生了错误,这种错误其至连最谨慎的人也在所难免。但如果我们用一般意义的语词推理而得出一个虚假的一般推论,人们虽然也通称之为错误,实际上却是荒谬或无意义的语言。因为错误只是在假定过去或未来的事物时所发生的迷误,这种事物虽然在过去不存在或在未来没有出现,但却找不出会不可能的地方。然而当我们做出一个一般的断言时,那就除非它是真确的,否则其可能性便是无法想象的。那些除了声音外什么也想象不出的语词便是所谓的谬论、无意义或无稽之词。因此,如果有人向我大谈其"圆四角形"、"干酪具有面包的偶性"、"非实质的实体"、"自由臣民"、"自由意志"或不受反对阻挠的以外的任何自由时,我都不会说是他发生了错误,而说他的言词毫无意义,也就是荒谬。

在前面第二章中我已经讲过,人类有一种优于其他动物的能力,这就是当他想象任何事物时,往往会探询其结果,以及可以用它得出什么效果。现在我要补充这一优越性的下一阶段,也就是通过语词将自己所发现的结果变成被称为定理或准则的一般法则。换句话说,他不但能在数字方面推理或计算，而且还能在所有其他可以相加减的事物方面进行推理或计算。

但这种特点却又由于另一种特点而变得逊色，那便是荒谬言词。这种特点任何其他动物都没有，只有人类才有；而人们之中这种言词最多的则是教哲学的人。西塞罗在某个地方谈到他们时所说的话再真确也没有了，他说：天下事没有一件是荒谬到在哲学家的书籍里找不出来的。道理很明显，因为他们进行推理时，没有一个是从所用的名词的定义或解释开始的。这种方法只有在几何学中才运用了，其结论也因此而成为无可争辩的。

1. 造成荒谬结论的第一种原因，我认为是不讲究方法。在这种情形下，他们的推理不是从定义开始，也就是说，不是从他们的语词的既定意义开始的，就好像他们可以不知道数词一、二、三的值而能算账一样。

所有的物体都可以由于我在前一章中所提到的各种不同的考虑而列入计算。这些考虑既有种种不同的名称，于是在用这些混乱而又连系不恰当的名词来构成论断时便产生了种种不同的荒谬言词。这样便出现了第二种原因：

2. 荒谬断言的第二个原因，我认为是将物体的名词赋予了偶性，或是将偶性的名词赋予了物体。有人说"信仰被灌入或吹入时便是这样，其实除物体以外没有任何东西可以被灌入或被吹入任何另一种东西"。还有人说"广延就是物体"、"幻影就是精灵"等等也都是这样。

3. 我认为第三种原因是把我们身外物体的偶性的名词赋予我们本身的偶性。有人说"颜色存在于物体之中"、"声音存在于空气之中"等等便是这样。

4. 第四种原因是将物体的名词赋予名词或语言。有人说"有些事物是普遍的"、"一个生物是一个种属或一个普遍的东西"等等便是这样。

5. 第五种原因是把偶性的名词赋予名词或语言。有人说"一种事物的性质就是它的定义"、"一个人的命令就是他的意志"等等便是这样。

6. 第六种原因是用隐喻、比喻或其他修辞学上的譬喻而不用正式的语词。比方在日常谈话中我们虽然可以合法地说：这条路走到，或通到这里、那里；格言说这个、说那个等等；其实路本身根本不可能走，格言本身也不可能说。但在进行计算或探寻真理时，这种说法是不能容许的。

7. 第七种原因是无意义的名词，这些都是用死背的方式从经院学派学来的，例如两位共体①、体位转化②、体位同化③、永恒的现在以及其他经院哲

---

① 意指基督的神位与人位共体；亦指被假定为真实存在的观念。——中译者（以下均为中译者注）

② 意指圣餐中面包与酒转化为基督的血与肉，亦指实体转化，但哲学上一般认为实体无所谓转化。

③ 意指圣餐中基督的血存在于面包和酒里，与上说不同，亦指实体同化。哲学上一般也认为实体无所谓同化。

学家的类似流行语都是。

能避免这一切的人，除非是计算太长，否则是不容易陷入任何荒谬之中的；在计算太长时，他可能把前面的东西忘了。因为根据天性说来，所有的人都能同样地推理。而在他们具有良好的原则时，便能很好地推理。试问谁又会笨到一个程度，以致在几何里面弄出错误来以后，有人给他看出错误时，还要坚持错误呢？

根据这一切，显然可以看出，理性不像感觉和记忆那样是与生俱来的，也不像慎虑那样单纯是从经验中得来的，而是通过辛勤努力得来的。其步骤首先是恰当地用名词，其次是从基本元素——名词起，到把一个名词和另一个名词连接起来组成断言为止这一过程中，使用一种良好而又有条不紊的方法；然后再形成三段论证，即一个断言与另一个断言的联合，直到我们获得有关问题所属名词的全部结论为止。这就是人们所谓的学识。感觉和记忆只是关于事实的知识，这是木已成舟不可改变的东西。学识则是关于结果以及一个事实与另一个事实之间的依存关系的知识。通过学识，我们就可以根据目前所能做的事情，推知在自己愿意的时候，怎样做其他的事情，或者怎样在其他的时候做类似的事情；因为当我们看到某一事物是怎样发生的、由于什么原因以及在什么方式之下产生的以后，当类似的原因处于我们能力范围以内时，我们就知道怎样使它产生类似的结果。

因此，儿童在不会运用语言以前，是不能推理的，然而却被称为理性动物，因为他们将来显然会能够运用推理。大部分成年人虽然也稍微会一些推理，如在一定程度内进行计数，但在日常生活中却没有多大用处，在这方面，根据经验、记忆的敏捷以及对若干种目的的倾向等方面的不同，他们在管理自己的事情上，有的好些，有的坏些。尤其还要看运气的好坏以及相互间发生的错误而定。至于谈到学识方面，或者他们某些行为的准则方面，他们则与之相差太远，以致根本不知道那是怎么一回事。几何学他们认为是鬼画桃符；至于其他学识，有人是既未发蒙、也未稍事精进，不知道这些学问是怎么产生和得来的；他们在这一点上就像小孩一样，对于人是怎样生出来的完全莫名其妙，于是妇妪们便让他们相信，他们的兄弟姊妹不是生出来的，而是园子里捡来的。

然而没有学识的人，凭借他们的自然慎虑，情况还是比较好，也比较高尚的；更糟的是有些人由于自己推理错误，或由于信赖进行错误推理的人，而堕入了虚假和荒谬的一般法则。因为不懂得原因和法则虽然也使人误入歧途，但其程度与那些信赖虚假的法则，把相反的原因当做自己热心追求的东西的人相比起来，则远远不是那么严重。

总结起来说：人类的心灵之光就是清晰的语词，但首先要用严格的定义去检验，清除它的含混意义；推理就是步伐，学识的增长就是道路，而人类的利益则是目标。反之，隐喻、无意义和含混不清的语词则像是鬼火，根据这种语词推理就等于在无数的谬论中迷走，其结局是争斗、叛乱或屈辱。

积累许多经验就是慎虑，同样的道理，积累许多学识就是学问。一般对于两者虽然都只用智慧这一个字来表示，但拉丁人对于慎虑和学问却始终是加区别的，他们把前者归于经验，把后者归于学识。为了使他们的区别更加清楚起见，我们不妨假定一个人天生十分善用武器，并且用法也十分熟练；另一人则除开熟练之外，还学得一门学识，知道在一切可能的姿势中，从哪里进攻敌手或被敌手进攻，从哪里防御。前者的能力对于后者而言，就相当于慎虑对学问的关系。两者都有用处，但后者是万无一失的。而只相信书本的权威、闭着眼睛跟着瞎子跑的人就像是信赖击剑师的虚假法则的人一样，他冒冒失失地冲向敌人，要不是被敌人杀死，就是名誉扫地。

学识的证据有些是肯定而不致有误的，有些则不肯定。如果一个人自称对任何一种事物具有学识而又能传授这种学识，也就是能清晰地对其他人说明其中的真谛，那便是肯定的；如果只有某些特殊事情和他自称具有的学识相符，而且他所说的必然要出现的情形，在许多时候也证明是这样的话，那便是不肯定的。所有慎虑的证据都是不肯定的。因为要通过经验观察，并记忆所有对事情成败有影响的条件是不可能的。但在没有万无一失的学识可循的任何事务中，一个人如果放弃天生的判断力不用，而只把权威作家例外重重的普泛词句当做指南，那便是愚蠢的证明，一般都被嘲笑为迂腐。即便那些在共和国的议会中喜欢炫耀政治与历史学识的人中，除了极少数人外在私事上都是足够慎虑的，他们在有关切身利害的家事中，也很少人会像那样炫学。但在公事方面，他们考虑得更多的却是自己才智的声誉，而不是他人事务的成败。

### 选文出处

霍布斯：《利维坦》，黎思复、黎廷弼译，北京，商务印书馆，1985年，第27~35页。

### 3 《利维坦》第1部分第9章——论各种知识的主题

知识共分两种，一种是关于事实的知识，另一种是关于断言间推理的知识。前一种知识就是感觉和记忆，是绝对的知识。例如当我们看见某一事物正在进行时所得到的知识，或是回想已完成的事物所得到的知识就是这类的知识。要求于证人的也就是这类的知识。后一种知识被称为学识，是有条件的知识。例如当我们知道"如果所示图形为一圆形，那么通过它的中心点所作的任何直线都会将其分成两等分"时所具有的知识就是这种知识，要求于以推理自命的哲学家的知识也就是这种知识。

关于事实的知识记录下来就称为历史，共分两类：一类是自然史（博物志），这就是不以人的意志为转移的自然事实或结果的历史，如金属史、植物史、动物史、区域地理史等等都属于这一类，另一类历史是人文史，也就是国家人群的自觉行为的历史。

学识的记载是包含断言推理之论证的书籍，一般称为哲学书籍，由于所论事物不同而有许多种，可按下（插）表加以分类。

### 选文出处

霍布斯：《利维坦》，黎思复、黎廷弼译，北京，商务印书馆，1985年，第61～62页。

# 洛 克

> 洛克探讨了知识的起源、可靠性、范围、等级等问题，提出了白板说，批判了笛卡儿的天赋观念论，考察了认识活动的复杂性和多样性，在近代知识论领域具有相当重要的地位。

### 作者简介

洛克（John Lock，1632—1704），英国哲学家。1652年进入牛津大学，毕业后留校任教。1668年当选为英国皇家学会会员。1682年因政治问题流亡荷兰，1688年光荣革命胜利后回国，主要从事著述活动。主要著作有《政府论》(1690)、《人类理解论》(《人类理智论》)(1690)、《论教育》(1693)、《基督教的合理性》(1695)等。

### 著作选读：

《人类理解论》第2卷，第4卷。

**1 《人类理解论》第2卷第1章（1—6）——观念通论以及观念的起源**

1. 观念是思维的对象——人人既然都意识到，自己是在思想的，而且他在思想时，他的心是运用在心中那些观念上的，因此，我们分明知道，人在心中一定有一些观念，如"白、硬、甜、思、动、人、象、军、醉"等等名词所表示的。在这里，我们第一就该问，他是如何得到那些观念的？我知道，按传统的学说来讲，人们一定以为，人在受生之初就在心中印了一些天赋的观念和原始的标记。不过这个意见，我已经详细考察过了；而且我想，我们如果能指示出理解如何可以得到一切观念，而且那些观念又由什么方式、什么层次进入人心，则我前边所说的，一定更容易得到人的承认。不过说到观念发生的方式和层次，则我亦只有求诉于各人自己的观察和经验了。

2. 一切观念都是由感觉或反省来的——我们可以假定人心如白纸似的，没有一切标记，没有一切观念，那么它如何会又有了那些观念呢？人的匆促而无限的想象既然能在人心上刻画出几乎无限的花样来，则人心究竟如何能得到那么多的材料呢？他在理性和知识方面所有的一切材料，都是从那里来的呢？我可以一句话答复说，它们都是从"经验"来的，我们的一切知识都是建立在经验上的，而且最后是导源于经验的。我们因为能观察所知觉到的外面的可感物，能观察所知觉、所反省到的内面的心理活动，所以我们的理解才能得到思想的一切材料。这便是知识的两个来源；我们所已有的，或自然要有的各种观念，都是发源于此的。

3. 感觉的对象是观念的一个来源——第一点，我们的感官，在熟悉了特殊的可感的物象以后，能按照那些物象刺激感官的各种方式，把各种事物的清晰知觉传达于人心。因此，我们就得到了黄、白、热、冷、软、硬、苦、甜，以及一切所谓可感物等等观念。我所以说，各种感官能把这些观念传达在心中，亦就是说，它们把能产生知觉的那些东西，传达在心中。我们观念的大部分，既导源于感官，既是由感官，进到心中的，因此，我们便叫这个来源为"感觉"。

4. 心理活动是观念的另一个来源——第二点，经验在供给理解以观念时，还有另一个源泉，因为我们在运用理解以考察它所获得的那些观念时，我们还知觉到自己有各种心理活动。我们的心灵在反省这些心理作用，考究这些心理作用时，它们便供给理解以另一套观念，而且所供给的那些观念是不能由外面得到的。属于这一类的观念，有知觉（perception）、思想（thinking）、怀疑（doubting）、信仰（believing）、推论（reasoning）、认识（knowing）、意欲（willing），以及人心的一切作用。这些观念都是我们所意识到，都是我们在自身中所观察到的，而我们的理解所以能得到那些清晰的观念，乃是因为有这些心理作用，亦正如我们的理解所以能得到前一些观念，是因为有能影响感官的各种物象似的。这种观念的来源是人人完全在其自身所有的；它虽然不同感官一样，与外物发生了关系，可是它和感官极相似，所以亦正可以称为内在的感官。不过我既然叫前一种为感觉，所以应叫后一种为"反省"。因为它所供给的观念，只是人心在反省自己内面的活动时所得到的。在本书以下的部分，我在用"反省"一词时，就是指人心对自己活动所加的那层注意，就是指人心对那些活动方式所加的那层注意；有了这种注意，我们才能在理解中有了这些活动的观念。总而言之，外界的物质东西，是感觉的对象，自己的心理作用是反省的对象，而且在我看来，我们的一切观念所以能发生，两者就是它们唯一的来源。此外，我还要补述的，就是，我在这里所用的"活动"（operations）一词，乃是用的广义，它不但包括了人心对于自己观念所起的一切动作，而且亦包括了有时由观念所起的一些情感，就如由任何思想所发生的满意或不快便是。

5. 我们所有的观念总是由两者之一来的——在我看来，我们理解中任何微弱的观念都是由这两条途径中之一来的。外界的物象使理解得到各种可感性质的观念，这些观念就是那些物象在我们心中所产生的各种不同的知觉。至于心灵则供给理解以自己活动的观念。

我们如果充分观察这些观念，同它们的各种情状、结合和关系，则我们便会看到，它们包括了我们所有的全部观念，而且会看到，我们心中所有的任何东西总是由这两条途径之一来的。我们可以先让任何人来考察自己的思想，并且彻底搜索自己的理解，然后再让他告诉我们，他心中所有的全部原始观念，究竟是不是他的感官的对象的观念，或他所反省的心理活动（这些活动当然亦可当做对象）的观念。他无论想象心中存着多少知识，可是在严密考察以后，他一定会看到，他在心中所有的任何观念，都是由此两条途径之一所印入的，只是人的理解或可以把它们组合、增大，弄出无限的花样来罢了；这一层下边将看到。

6. 在儿童方面可以看出这一点——人如果仔细考察儿童初入世时的状态，则他便不会有什么理由来想象，儿童原赋有许多的观念，以为他将来知识的材料。儿童的观念是渐渐学得的，各种常见的明显性质，虽然在他能记忆时间和秩序以前，早已把各种观念印在他的心中，可是不寻常的各种性质，往往是很迟才出现的。

因此，人们大半能记得自己初次认识它们的时候。我们如果愿意试验一下，则我们很可以让一个儿童直至达到成年时候一直具有很少的寻常观念。不过一切人类在入世以后，周围既然有各种物体由各种途径来刺激他们，因此，各种观念不论儿童注意它们与否，都一定能印在儿童的心上。眼只要一张开，则各种光同颜色会不断地到处刺激它们；至于声音以及其他可触的性质，亦都能激起与它们相适合的各种感官，强迫进入人心。虽则如此，但是我们很容易承认，一个儿童如果处在一个地方，到了成年以后，所见的仍是除了黑白以外，再无别的，则他一定不能有了红或绿的观念。这个亦正如同一个人自幼没有尝过牡蛎或菠萝，终不能分辨那些特殊的滋味似的。

◆ 选文出处

洛克：《人类理解论》（上册），关文运译，北京，商务印书馆，1959年，第68～71页。

## 2 《人类理解论》第 2 卷第 8 章（1—26）——关于简单观念的进一步考察

1. 由消极原因所生的积极观念——关于简单的感觉观察，我们应当知道，任何东西的性质只要能刺激感官，在心中引起任何知觉来，就能在理解中引起简单的观念来。这种观念不论其外面的原因如何，只要它为我们分辨的官能所注意，别人心便认为它是理解中一个真正的积极观念，它的原因虽或是主物中一种消极属性，可是它仍同其他任何观念一样是积极的。

2. 我们的感官能从各种主物得到各种观念，不过能产生那些观念的各种原因，有的只是主物中的一种消极属性。虽然如此，可是冷和热、光和暗、白和黑、动和静等等观念，都一样是人心中清晰的、积极的观念。理解在考虑它们时，以为它们都是清晰的、积极的观念，并不必过问产生它们的那些原因。因为这种考察并不是涉及理解中的观念，而是涉及存在于我们以外的事物本质。这两件事情是很差异的，我们应该详细分别才是。因为要知觉，要知晓，黑、白观念是一件事，至于要考察，它们的分子同它们的表层怎样才能使任何物象现成白的或黑的，则那是又一件事。

3. 一个哲学家虽然忙于考察白、黑等色的属性，虽然以为自己很知道它们各自的积极原因同消极原因，可是一个画家或染色家虽然不曾考察这些原因，亦一样能在理解中清楚地、明晰地、完全地，观念到白、黑以及其他等等颜色，而且他的观念或者比哲学家还要较为清楚。黑的原因纵然只是外物的一种消极属性，可是在画家的理解中，黑的观念同白的观念是一样积极的。

4. 如果我现在的职务意在研究知觉的自然原因和方式，则我亦正可以在此说明，何以消极原因，至少在一些情形下，能产生出一个积极观念的原因来。因为我们的一切感觉所以发生，乃是因为各种外物以各种不同的途径来刺激我们的元精，使元精发生了程度不同、情状各异的运动。因此，先前（任何）的运动如果一有减退，亦必然能产生出一种新感觉来，正如那种运动有了变化和增加似的。因此，我们就生起一个新观念来，不过这个观念仍是依靠于那个感官中元精的另一种运动的。

5. 这种说法究竟是否合理，我现在且不决定，我只希望人们凭着自己的经验观察观察，人的影子是否是由光被剥夺所形成的？是不是光愈缺乏，影子愈显？人在看它时，它是不是如满被阳光的人一样能在心中引起明白的积极的观念来？我们知道，画着影子的一幅画亦一样是一种积极的事物。真的，我们确有许多消极的名词，不是直接代表积极的观念，而是代表着它们的不存在的。就如乏味（insipid）、寂静（silence）、空虚（nihil）等等名词，一面虽表示着积极的观念，如滋味、声音、存在等等，可是它们是指这些性质的不存在而言的。

6. 由消极原因所生的积极观念——因此，人真可以说是能看到黑暗的。因为如果有一个完全黑暗的孔隙，其中一点光亦不能反射回来，则人确乎可以看到它的形相，而且可以把它画出来（至于写字用的墨水，是否能造成另一个观念，那却是另一个问题）。我这里给积极观念所找出的消极原因，是根据于通俗意见的，不过据实说来，我们如果不能决定，静止是否比运动更为消极，则我们便不容易决定是否真正有由消极原因而来的任何观念。

7. 心中的观念，物体的性质——要想更妥当地发现观念的本性，并且有条有理加以讨论，则我们可以把它们加以区分。它们可以从两方面来观察，一面可以看做是心中的观念或知觉，一面可以看做是物体中能产生这类知觉的物质的变状。这样区分之后，我们便可以不至如一般人的样子，以为它们是主物中一些性质的精确影像或相似。人心中许多的感觉观念，并不必是外物的真正影像，正如代表它们的那些名词，虽然在一听以后能使我们生起各种观念来，可是那些名词仍不能说是观念的真正肖像。

8. 人心在自身所直接观察到的任何东西，或知觉、思想、理解等等的任何直接对象，我叫它们做观念，至于能在心中产生观念的那种能力，则我叫它做主物（能力主体）的性质（qualities）。比如一个雪球有能力在我们心中产生白、冷、圆等等观念，则在雪球中所寓的那些能产生观念的各种能力，我叫它们为各种性质；至于它们在理解中所生的那些感觉或知觉，则我叫它们为观念。我谈到这些观念时，如果是指事物本身，则我所说的，乃是指物体中能产生观念的那些性质。

9. 物体的第一性质（primary qualities）——我们所考察的物体中的性质可以分为两种：第一种不论在什么情形之下，都是和物体完全不能分离的；物体不论经了什么变化，外面加于它的力量不论多大，它仍然永远保有这些性质。在体积较大而能为感官所觉察的各物质分子方面讲，"感官"是能恒常感到这些性质的，在感官所感不到的个别微细物质分子方面讲，"人心"亦是恒常能看到这些性质的。你如果把一粒麦子分成两部分，则每部分仍有其凝性、广袤、形相、可动性；你如果再把它分一次，则它仍有这些性质。你纵然一直把它们分成不可觉察的各部分，而各部分仍各各能保留这些性质。因为分割作用（磨、杵或其他物体所能做的，亦只是能把麦子分成不可觉察的部分）并不能把任何物体的凝性、广袤、形相和可动性取消了，它只能把以前是一体的东西，分成两个或较多的单独物团，这些独立的物团，都是独立的实体，它们分割以后，就成了一些数目。总而言之，所谓凝性、广袤、形相、运动、静止、数目等等性质，我叫它们做物体的原始性质或第一性质，而且我们可以看到它们能在我们心中产生出简单的观念来。

10. 物体的第二性质（secondary qualities）——第二种性质，正确说来，并不是物象本身所具有的东西，而是能借其第一性质在我们心中产生各种感觉的那些能力。类如颜色、声音、滋味等等，都是借物体中微细部分的体积、形相、组织和运动，表现于心中的；这一类观念我叫做第二性质。此外，还可以加上第三种性质。这些性质虽然亦同我所称的那些性质（按照普通说法），一样是真实性质，虽然亦同我为分别起见所称的第二性质，一样是真实性质，可是人们往往承认它们只是一种能力。不过这种能力仍是一种性质。因为火所以能在蜡上或泥上产生一种新颜色或新密度，亦正同它所以能在我心中产生一种新的热的观念，或烧的感觉似的；两种能力都是一种性质，都是凭借于同一的原始性质的，都是凭借于火的细部分的体积、组织和运动的。

11. 第一性质产生观念的途径——其次应当考察的，就是物体如何能在我们心中产生观念。这分明是由于推动力（impulse）而然的，因为我们只能想到，物体能借这个途径发生作用。

12. 外物在心中产生观念时，既然不和人心相连接，那么我们如何又能在我们感官面前所现的物象中，知觉各种原始性质来呢？那分明是因为有一种运动能从那些物体出发、经过神经，或元气，以及身体的其他部分，达到脑中（或感觉位置），在心中产生了一些特殊的观念。较大物体的广袤、形相、数目和运动，既能隔着距离为眼官所知觉，因此，我们就可以断言，一定有一些不可觉察的（就其个别情形而言）物体从那里来到眼中，并且把一种运动传在脑中，在那里产生了我们对它们所有的这些观念。

13. 第二性质如何产生它们的观念——我们可以设想，第二性质的观念所以能够产生，亦是由于不可觉察的部分在我们感官上起了作用，这和第一性质的观念产生时所由的途径一样。我们既然知道有许多物体，小的程度，竟至使我们的任何感官不能发现出它们的体积、形相和运动来（就如空气和水的分子，又如比这些分子还小的那些分子——前后两者大小的差异程度，甚至如空气和水的分子比扁豆和霉子），因此，我们就可以假定，那些分子的各种运动和形相、体积和数目，在影响了我们的一些感官以后，就能使我们从物体的颜色和香气得到不同的感觉。就如紫罗兰就可以借形体特殊，不可觉察的物质分子的推动力，并且借那些分子的各种程度各种方式的运动，在我们心中引生起那个花的蓝色观念和香气观念。我们很容易想象，上帝在那些运动上附加了一些同那些运动不相似的观念。因为他既然把痛苦观念附加在铜片割肉的运动上，而且那个观念同那种运动又不相似，则他为什么不可把各种观念附加在那些分子的运动上呢？

14. 关于颜色同香气所说的话，亦一样可以适用在滋味和声音，以及其他相似的可感性质上。这些性质我们虽认识它们有真实性，其实，它们并不是物体本身的东西，而是能在我们心中产生各种感觉的能力，而且是依靠于我所说的各部分的体积、形相、组织和运动等第一性质的。

15. 第一性质的观念是与原型相似的，第二性质的观念则不如此：—由此我们可以断言，物体给我们的第一性质的观念是同它们相似的，而且这些性质的原型切实存在于那些物体中。至于由这些第二性质在我们心中所产生的观念，则完全同它们不相似；在这方面，外物本身中并没含有与观念相似的东西。它们只是物体中能产生感觉的一种能力（不过我们在形容物体时，亦以它们为标准）。在观念中所谓甜、蓝或暖，只是所谓甜、蓝或暖的物体中微妙分子的一种体积、形相和运动。

16. 我们说火焰是热的；雪是白的、冷的，天粮（传系天所降赐的食物。——译者）是白的、甜的。我们所以如此称呼它们，乃是因为它们在我们心中产生了那些观念。人们在此往往想象，物体中这些性质正是人心中这种观念，并且以为后一种正是前一种的完全肖像，正如它们是在镜中似的。因此，有人如果说不是如此，则平常人们会以为他是很狂妄的。不过人如果知道，同一种火在某种距离下能产生某种热的感觉，在走近时便产生了极不相同的一种痛的感觉，则他应该自己忖度，他究竟有什么理由，可以说，火给他所产生的这个热的观念是真在火中的，而由同一途径所产生的痛的观念却是不在火中的。雪在产生冷和白的观念时，既然亦同产生痛的观念时一样，既然都是凭着它那些凝固部分的体积、形相、数目和运动来的，则我们如何只说，白和冷是在雪中，而痛却不在其中呢？

17. 火或雪的各部分的特殊体积、数目、形相和运动，不论任何人的感官知觉它们与否，它们仍是在火或雪中的，因此，它们可以叫做真正的性质，因为它们是真正存在于那些物体中的。不过光、热、白、冷，并不在它们里面，亦正如疾病或痛苦不存在于天粮里边似的。那些感觉如果一去掉，眼如果看不到光或色，耳如果听不到声，上颚如果不尝味，鼻官如果不嗅香，则一切颜色、滋味、香气、声音等等特殊的观念便都消散停止，而复返于它们的原因，复返于各部分的体积、形相和运动。

18. 较大的一块天粮可以使我们生起圆形或方形的观念来，而且它在由此地移到彼地以后，又产生出运动的观念来。这个运动的观念实在代表着正在运动中的天粮的运动。至于圆形或方形，不论是在观念中或实在中，不论是在心中或天粮中，亦都是代表着一种真正性质。这种运动和形相真正是在天粮中的，不论我们注意它与否，全无变化。这一点是人人立刻会承认的。不过除此以外，天粮还有一种能力，可以借其各部分的体积、形相、组织和运动，产生出疾病的感觉来，有些还可以产生极端痛苦的感觉来。这些疾病和痛苦的感觉，并不是存在于天粮中的，只是它在我们身上所生的作用，我们如果觉不到它们，它们亦就不存在。这一层亦是人人所能立刻承认的。不过人虽然承认，由天粮所引起的疾病和痛苦，只是它借其细微部分的体积、运动和形相，在肠胃中所发生的结果，可是你很难使人们相信，甜味和白色不是在天粮中的，实则这两种性质亦是天粮借其分子的运动、大小、形相在眼和上颚上所发生的影响。他们好像只相信，天粮可以在肠胃中起作用，并且由此产生出它所原来不曾具有的独立观念；可是不相信，它能在眼和上颚上起作用，并且由此在心中产生出它原来不含有的独立观念来。这些观念既然都是天粮借其各部分的大小、形相、数目和运动，在人体各部分上所作用的结果，因此，我们就不解由眼和上颚所生的那些观念何以真正是在天粮中的，而由肠胃所生的那些观念何以便不是。人们既然以为痛苦和疾病，是天粮所生的结果，继而又以为这些观念在不被人知觉时，便不存在，因此，我们就不解，甜和香既然亦是由同一天粮由同一不可知的途径在身体各部分所生的结果，人们为什么，在它们不被看见、不被尝到时，还以为它们是在天粮中存在着的，这个理由需要解释一番。

19. 第一性质的观念是肖像，第二性质的观念便不是——现在我们可以考察一下云斑石的红白颜色，你如果不使光照射它，则它的颜色立刻会消逝了，它再不能给我们产生那些观念。不过光如果再照上去，则它又会把这些现象重新现出来。人们在这里能想，光的存在或不存在在云斑石上引起了真正的变化么？它在暗中既然没有颜色，那么那些红白颜色的观念真正是在光下存在的云斑石中么？这块坚石的分子组织，诚然可以不论昼夜，借着各部分反射来的光线，有时产生红的观念，有时产生白的观念。不过白色或红色任何时候都不是存在于石中的，它只是能以使我们生起那种感觉来的那样一种组织。

20. 你如果把杏仁捣碎，则它的清白颜色可以变成污浊的，它的香甜气味亦可以变成油腻的。一个杵子的捣击究能使物体发生什么变化呢？不是只能把它的组织变化了么？

21. 我们既然这样分别观察过各种观念，因此，我们就可以解说，同一的水，在同一时间内，怎样能在一只手中产生出冷的观念来，在另一只手中产生出热的观念来。如果那些观念真是在水中的，则同一的水万不能在同时又冷又热。不过我们如果想象，手中的热不是别的，只是我们神经中（或元气中）微细分子的某程度的运动，则我们便容易理解，同一的水何以在同时，能在一只手中生出热来，在另一只手中生出冷来。至于形相，则绝不如此，它如果在这一只手中产生出圆球观念来，在那一只手中便不能产生出方形观念来，由此看来，冷热感觉所以成立，只是因为人体中微细部分的运动成增或减的缘故，而这种运动又是由其他物体的分子所引起的。由此我们就可以知道，外来的一种运动如果在这一只手比在那一只手为大，而且一种物体在接触两只手后，它的微细分子的运动如果比这一只手的微细分子的运动为大，比那一只手的微细分子的运动为小，则它会增加了这一只手的运动，减少了那一只手的运动，并且从而引起各异的冷热感觉来。

22. 方才所说纯系物理的研究，这已经略为超出我原来的意思。不过我们必须稍为明白一点感觉的本质，并且使人知道清楚物体中的性质，和它们在心中所产生的观念，有什么差异之点。因为要没有这点区别，则我们谈起这些性质来，便毫无意义。因此，我虽然在自然哲学中稍事勾留，可是我很希望人们原谅这一层。因为在现在这种研究中，我们必须分别物体中常在的原始的真正性质（就是凝性、广袤、形相、数目或静止。这些性质所寓的物体如果体积稍大，足以分别为人所辨认，则这些性质可以为我们所知觉），同第二的、附加的性质。原始性质在起作用时，如果不能清晰地被人分别出，则它们的各种组合所发生的各种能力，便是所谓第二性质。有了这层分别，则我们可以知道，某些观念是真正存在着的外物性质的真正肖像，某些观念不是（我们是根据这些性质来称呼外物的）。

23. 物体中的三种性质——因此在正确地考察之后，我们知道物体的性质可以分为三类。

第一就是物体中各凝固部分的体积、形相、数目、位置、运动和静止。这些性质不论我们知觉它们与否，总是在物体中存在的。物体如果大到足以使我们把这些性质发现出来，则我们便可以由此得到事物本身的观念，就如许多人造的东西便是。这些性质我叫它们做第一性质。

第二就是任何物体中一种特殊的能力，它可以借不可觉察的第一性质，在某种特殊形式下，在我们的感官上生起作用来，并且由此使我们生起不同的各种颜色、声音、气味、滋味等等观念。人们常叫这些性质为可感的性质。

第三亦是任何物体中一种特殊的能力，它可以借第一性质的特殊组织，使别的物体的体积、形相、组织和运动，发生了变化，以异乎先前的另一个方式来影响我们的感官。就如太阳就有能力来使蜡变成白的，火就有能力来使铅变成流动的。这些性质，人都叫做能力。这些性质中第一种性质，如前所说，我想可以叫做真实的、原始的，第一的性质，因为不论我们看到它们与否，它们总是在物体中存在的；而且第二性质亦是依靠于它们的各种变化的。至于其他两种性质，则是在其他物体上能发生各异作用的两种能力，而且这两种能力亦是由那些第一性质的各种变状来的。

24. 第一种是真正的肖像，至于第二种，别人们虽以为它们亦是肖像，实则不是的，至于第三种，则实际既不是肖像，而且人们亦不以为它们是肖像——后边这两种性质虽然都只是两种能力，虽然都只是同其他一些物体相关的两种能力，虽然都是由第一性质的各种变状来的，可是人们往往以为它们是各不相同的。人们看第二种性质（就是能通过感官给我们产生观念的那些能力）是影响我们的那些物体中的真正性质；可是他们看第三种性质只是能力，而且亦只叫它们为能力。就如我们以视和触从日所得的光或热的观念，往往被人认为是存在于日中的真正性质，而不只是一些能力。不过我们如果一考究日和它所熔化所漂白的蜡，则我们以为蜡中所生的白色和柔性不是日中的性质，只是日中能力所生的结果。实则，在正确考察之后，我们可以说，我在受日所照所热时，所得到的光和热的知觉，亦并不是日中所含的性质，正如蜡在被漂被熔后所生的变化亦不存在于日中一样，它们都一样是太阳中的能力，都是依靠于第一性质的，因为日在手和眼方面，可以借其第一性质，变化了手眼的一些微妙部分的体积、形相、组织和运动，因而产生出光和热的观念来。而在蜡方面，它亦可以借其第一性质，变化了蜡的微妙部分的体积、形相、组织和运动，因而产生出清晰的"白"的观念和"流动"的观念来。

25. 我们平常所以认一种是真正的性质，认另一种只是能力，似乎是因为我们所有的颜色、声音等等观念，并不曾含有一种体积、形相和运动，因此我们就不容易想象它们是这些第一性质的结果，因为这些观念产生时，我们的感官并看不到有这些第一性质作用其间，而且这些观念同这些性质亦并无明显的调和和可想象的联络。因此，我们就直然想象，那些观念真正是物象中所存性质的肖像，因为在那些观念产生时，感官并没有发现出各部分的体积、形相和运动，而且理性亦并不能指示出，物体如何可以借其体积、形相和运动，在人心中产生出蓝或黄的观念来。不过在另一方面，各种物体在互相作用，变化了性质以后，则我们分明看到，所产生的性质，同能产生的东西，完全无一点相似，因此，我们就认那种性质只是一种能力。因为我们从太阳接受到热或光的观念时，虽然以为它是一个知觉，是太阳性质的一种肖像，不过我们如看到，蜡或美容，因为日光，起了变化，则我们便不容易想象它是一种知觉或太阳中任何性质的肖像。因为我们在太阳本身中，并看不到那些各别的颜色。因为我们的感官，既能在不同的两个外物中察看出可感质的相似性或不相似来，因此，任何物体中如有任何可感的性质产生出来，则我们便一直断言，那只是一种能力所产生的结果，而不以为是那种真正由能生因的性质来的传递，因为我们在能产生的物体中，并不能看到有那种可感的性质。不过我们的感官既然不能察看出，我们的观念同物体中能产生它的那种性质有什么不相似的地方，因此，我们就容易想象，我们的观念是物体中一些性质的肖像，不是第一性质变化后，一些能力所产生的结果，实则我们的观念同这些第一性质并没有任何相似的地方。

26. 第二性质是双重的，第一是直接知觉到的，第二是间接知觉到的——总而言之，物体中除了上述的那些第一性质而外，就是除了它们各凝固部分的体积、形相、广袤、数目和运动而外，我们在物体中所见的其余两种不同的性质，只是依靠于那些第一性质的两种能力。它们借这些第一性质，有时可以直接在我们身上发生作用，产生出各种观念来；有时可以在别的物体上起作用，改变了那些物体的第一性质，使那些物体给我们所产生的观念，异乎以前所产生的。前者我想，可叫做直接知觉到的第二性质；后者我想，可以叫做间接知觉到的第二性质。

### ▌选文出处

洛克：《人类理解论》（上册），关文运译，北京，商务印书馆，1959年，第98~109页。

### 3 《人类理解论》第 2 卷第 9 章（1—4，7—10，15）——论知觉

1. 知觉是最初的、简单的反省观念——知觉是人心运用观念的第一种能力，因此，知觉这个观念是我们反省之后所得到的最初而最简单的一种观念。有些人概括地称这个作用为思想（thinking），不过按照英文的本义说来，所谓思想应该是指人心运用观念时的一种自动的作用；而且在这里人心在考察事物时，它的注意一定是有几分要自动的。——这里所以谈思想是自动的，乃是因为在赤裸裸的知觉中，人心大部分是被动的，而且它所知觉的亦是它所不能不知觉的。

2. 人心只有在接受印象时，才能发生知觉——要问什么是知觉，则一个人如果反省自己在看时、听时、思时、觉时，自身所经验到的，就可以知道，并不必再求助于我的谈论。任何人只要一反省自己心中的经验，就会看到什么是知觉。如果他毫不反省，则你虽用尽世界上所有的言语，亦不能使他明

白什么是知觉。

3. 我们分明知道，身体上不论有如何变化，外边各部分不论有如何印象，只要那些变化不能达于人心，那些印象不能为内面所注意，则便无所谓知觉。火的燃烧运动如果不能连续达在脑中，在心中产生了热的感觉或痛的观念，以使人发生了现实的知觉，则火虽能烧我们的身体，其结果亦同烧弹丸一样。

4. 一个人如果专心一意，来思维一些物象，并且仔细观察在那里的观念，则别的发声的物体虽在他的听觉器官上印了印象，并且产生了寻常能发生声音观念的那种变化，而他依然会完全不注意那些印象。这是人所常常在自身中所察看到的。在器官上纵然有充分的刺激，可是人心如果观察不到它，则亦生不起知觉来。因此，耳中虽有平常能发生声音观念的那种运动，他亦不会听到声音。在这种情形下，感觉所以不生，并非因为器官有任何缺陷，亦非因为耳中所受的刺激比平常听声时所有的刺激为小，乃是因为能产生声音观念的那种运动虽被平常的器官传达而来，可是人的理解并未注意到它；因此，它在心中亦没有印了观念，因而亦就无所谓感觉了。因此，任何地方只要有知觉，那里一定有一些真正的观念，那种观念一定是存在于理解中的。

7. 儿童们在母胎中时，我们可以合理地想象，他们在受了生活必然性的支配以后心中会发生一些观念。同样现在我们还可以说，在他们出生以后，他们最初所接受的观念一定是最初呈现于他们的那些可感的性质。在这些性质中，光是比较最重要的，而且力量亦是较强的。在这里，人心是十分贪图得到不含痛苦的那些观念的。这一层容易在新生的儿童们看出来，因为你不论把他们置在什么地方，他们总是爱把眼官转向光的发源地的。不过最熟悉的各种观念，起初既按儿童们初入世时所遇的各种情节而有差异，因此各种观念进入心中的程序，亦是很复杂、很不定的；不过这种程序知与不知并无大关系。

8. 感觉观念常为判断所改变——在知觉方面，我们还可以进一步说，我们由感官所得的各种观念在成年人方面常常不知不觉地被判断所变化了。就如我眼前有一个原本一色的圆球（或金的，或石膏的，或玉石的），则我们心中由此所印的观念本来是一个平面的圆形，而且其颜色亦是参差的，其射入眼中的明暗度数亦有几等。不过我们既然习知凸形物体在我们心中所造成的现象，而且习知物体的各种可感形相，在被光反射时会有什么变化，因此，我们的判断就会借着日常的习惯，立刻把所见的现象变回它们的原因。这样，判断就会把原由种种明暗集合成的一个形圆（或影子）认为是一个形象的标记，而且自己构成一个"一色"的"凸形"知觉；实则我们由此所得的观念，只是各种颜色错杂的一个平面，就如在画中所见的那样。为证实这一层起见，我们可插入莫邻诺（Malineux）先生数月前给我的信中叙述的一个问题。莫氏先生是富有学问和令德的一个学者，并且是一个精勤敏慧的真理探求者，他说："假如一个成年的生盲，一向可依其触觉，来分辨同金属、同体积（差不多）的一个立方形和球形，并且在触摸到它们时，能说出那一个是立方形，那一个是球形。再假定我们以一个立方形同一个球形置在桌上，并且能使那个盲人得到视觉。我们就问，他在以手摸它们以前，是不是可以凭着视觉分辨出、指示出，哪一个是圆球，哪一个是立方体？"那位聪明伶俐的发问人就回答说："不会的。因为他虽然可以凭经验知道，一个立方体怎样刺激其触觉，一个圆球又怎样刺激其触觉，可是他还不曾经验到，在触觉方面是怎样的，在视觉方面一定是怎样的，他还不曾经验到，一个突起的角子（可以在他的手中引起不平衡之感来），在他的眼官前所现的现象亦如在立方体中（在触觉方面。——译者）一样。"这个深思的人（我可以自豪地称他为我的朋友）对这个问题所给的答案，可以说是先得我心的。而且我相信，那个盲人虽然可以借其触觉所感的差异形相无误地指示出、分辨出哪一个是立方形，哪一个是圆球形，可是他在初视之下，一定不能确乎断言，他所见的，哪一个是圆球形，哪一个是立方形。我所以要引证这一段文字，乃是要使读者借此机会想一想，自己虽然常以为自己无须乎经验、进步和后得的意念，实则他是处处离不了经验的。而我所以要引证，尤其是因为，这个善于观察的人，在谈到我这部书时，曾向许多聪明人提出这个问题来，而他所得到的答案，几乎都是不能满他的意的；一直等他把自己的理由提出来，他们才能相信了这一点。

9. 不过判断改正感觉的这种例子，并不常出现于任何观念方面，只是能出现于视觉方面。因为我们的视觉在一切感觉中是范围最广的，它不但能把自己所特有的光色观念传于心中，而且能把极相差异的空间、形相和运动的观念传于心中：后边这些性质的各种变化，既然可以改变了它的特有对象——光和色——的现象，因此，我们便常以此一种来判断彼一种。在许多情形下，我们可以依照确立的习惯对我们所经验到的事物，进行这种改变，而且在进行时，毫不间断非常迅速，因此，我们就我们判断所形成的观念认为是感觉所引起的一种知觉。因此，在这里，感觉所传来的知觉只足以刺激判断所造成的知觉，而且他们往往注意不到它。就如一个人在用心听时或读时，就不注意那些声音和文字，只注意它们所生起的那些观念。

10. 我们如果考究人心的动作如何之快，则我们正不必惊异；我们何以注意不到前边的转移过程。因为人心既被设想为不占空间，没有广袤，所以它的动作似乎是不需时间的，而且它的许多动作似乎都是挤在一个刹那以内的。我们说的这种心理作用正是和身体的作用相比较的。任何人只要肯费辛苦来反省自己的思想，则他一定会看到这种情形。就如一个很长的解证，我们在用文字逐步来向他人表达它时，则我们必须用较长时间，不过我们的心却能在一刹那以内立刻瞥见那个解证的各部分。第二点，我们所以不必惊异，前述的转移过程何以不为人所注意，还有一层理由。因为我们知道，久做各种事情，则我们可以借习惯之力，熟极生巧，使我们在做时不注意它们。因此，习惯，尤其是很早养成的习惯，就终于能使我们在行动时不注意自己的行动。就如我在一日之内，虽然时时闭上眼皮盖住眼睛；可是我们并觉不到自己处在黑暗之中。又如一个人如果惯用口头语，则他在每句中，要常常发出自己所听不到并且不加以注意的声音，实则别人是能注意到那种声音的。

因此，我们正不必惊异，人心为什么会把它的感觉观念变成判断观念，并且不知不觉地使前一种只来刺激后一种。

15. 知觉是知识的进口——知觉既是趋向知识的第一步和第一极，而且是知识的一切材料的进口，因此，一个人或动物的感官愈少，它们所接受的印象愈少而愈暗，而且运用那些印象的各种能力亦愈纯：则他们便愈不能达到某些人所有的那些知识。不过知觉的程度既然千差万别（在人方面可以看出），因此，我们就一定不能发现出各种动物具有那么多的知觉程度，更不能发现出某些特殊个体具有那些知觉程度。我现在只说了知觉是一切智慧能力中最初的一种动作，而且是人心中一切知识的进口，那就够了。而且我很爱想象，动物和较低的生物区别之点，正在于最低的知觉程度。不过我所以提到这一点，只不过作为顺带的猜想罢了，至于学者们如何决定这个问题，那是无关紧要的。

### 选文出处

洛克：《人类理解论》（上册），关文运译，北京，商务印书馆，1959年，第109～115页。

### 4 《人类理解论》第2卷第23章（1—3，15）——论复杂的实体观念

1. 实体观念是怎样形成的——我已经声明过，人心中所接受的许多简单的观念一面是由外物经感官传来的，一面是由人心反省它自己的动作来的。不过人心在得到这些动作以后，它又注意到，有些简单的观念是经常在一块的。这些简单的观念既被人认为是属于一个事物，因此，人们就为迅速传递起见，把它们集合在一个寓体中，而以众所了解的一个名词称呼它。后来我们又因为不注意的缘故，往往谈起来时把它当做一个简单的观念看，实则它是由许多观念所凑合成的。因为，如前所说，我们不能想象这些简单的观念

怎样会自己存在，所以我们便惯于假设一种基层，以为它们存在的归宿，以为它们产生的源泉。这种东西，我们就叫做实体（substance）。

2. 概括的实体观念——因此，任何人如果一考察自己的概括的纯粹实体观念，他就会看到，他的观念只是一个假设，因为他只是假设有一种莫名其妙的东西，来支撑能给我们产生简单观念的那些性质［这些性质普通称为附性（accidents）］。你如果问任何人说，颜色或重量所寄托的那种寓体究竟是什么东西，则他亦只能说，那是有凝性、有广袤的一些部分。你如果再问他说，凝性和广袤是在什么以内寄寓着的？则他的情况正有类于前边所说的那个印度人似的。他说，世界是为一个大象所支撑的。可是人又问他说象在什么上站着，他又说，在一个大龟上。可是人又追问他说，什么支撑着那个宽背的大龟，他又说，反正有一种东西，不过他不知道。在这里，亦同在别处一样，我们虽用文字，可是并没有明白清晰的观念。因此，我们的谈话，就如同小孩似的。你如果问他一个他自己不知道的东西，则他会立刻给你一个满意的回答说，那是某种东西。这话不论出于儿童或成人，究其实都不过是说，这种东西是他们所不知道的，而且他们所装为知道，假作谈论的那种东西，实在是他们所不会清晰地观念到的，实在是他们所完全不知晓，而对之黑漆一团的。因此，我们以概括的实体一名所称的那种观念，只是我们所假设而实不知其如何的一种支托。我们以为它是支撑一切存有着的性质的一种支托，因为我们设想那些性质离了支托（sine re substance）便不能存在。我们叫这种支托为实体（substantia），而这个名词，在英文中的真正意义，就是支撑（standing under）或支持（upholding）。

3. 实体的种类——我们既然形成了含糊的相对的概括的实体观念，因此，我们就渐渐得到特殊的实体观念。我们既然凭着经验和感官的观察，知道某些简单观念的集合体是常在一块存在的，因此，我们就把这些观念的集合体结合为一实体，并且假设这些观念是由那个实体的特殊的内在组织或不可知的本质中流露出的。因此，我们就得到了人、马、金、水等等观念；至于人们对于这些实体所有的观念，是否除了一些共存的简单观念而外，还有别的明白的观念没有，则我可以求诉于各人自己的经验好了。铁和金刚石的真正的复杂的实体观念，是由铁和金刚石中普通可观察到的性质凑合起来所形成的。这一类观念，铁匠和珠宝商人普通知道得比一个哲学家要清楚。因为哲学家虽然爱谈什么实体的形式，可是他所有的实体观念亦只是由实体中所有的那些简单观念的集合体所形成的。不过我们应当注意，我们的复杂的实体观念，除了具有它们所发源的这些简单观念以外，还永远含着另一种含糊的意念，我们总想，在这里有一种东西是为那些简单观念所依属、所寄托的。

因此，在我们谈说任何种实体时，我们总说它是具有某些性质的一种东西。就如我们说物体就是一种有广袤、有形相、能运动的一种东西；精神就是能思想的一种东西；同样，我们也说，硬度、脆性、吸铁的力量，是磁石中的性质。这一类的说法，就暗示说，人们永远假定，实体之为物，除了广袤、形相、凝性、运动、思想或别的可观察到的观念而外，别有所在，只是我们不知道是什么罢了。

15. 精神实体的观念同物质实体的观念明白的程度一样——上边已经论说过我们对物质的可感的实体所形成的复杂观念，不过除此以外，我们亦可以借自己对于自己日常心理作用所形成的简单观念，对非物质的精神形成一个复杂的观念。因为我们日日在自身经验到：各种心理作用，如思想、理解、意欲、知识，发生运动的能力，同时共存于一个实体以内。因此，我们在把思想、知觉、自由、自动力、动他力等等观念，集合在一块以后，则我们对于非物质的实体亦可以得到一个相当的知觉和意念，而且那种意念的明白程度正如我们对物质的实体所形成的意念一样。因为要把思想、意志（或发生或停止物质运动的能力）等等观念，同我们所不知究竟的实体观念联合在一块，我们就会得到一个非物质的精神观念。正如把凝固的部分、受动的能力等等观念，同我们所不能积极观念到的实体观念联合在一块以后，我们能得到相当的物质观念一样。两种观念的清晰程度和明白程度都是一样的。我们对思想和运动物体的能力所形成的观念，同对于广袤、凝性、被动力等等所形成的观念，其清晰程度和明白程度都是一样的。至于我们的实体观念，则它在两方面，都是一样含糊，或是完全不存在的。它只是假设的一种"我所莫名其妙"的东西，它只是假设的一种支持所谓附性的东西。我们所以容易想象，自己的感官只呈现出物质的事物来，乃是因为我们缺乏着反省。每一种感觉作用，在充分考究之后，都可以使我们看到自然中的那两部分——物质和精神。因为在听着、看见时，我们固然知道，在自身以外有一种物质的东西——感官的对象——可是我们更确乎知道，我自身中有一种精神的实质，在看、在听。这一种动作，我相信它不是由无知觉的物质出发的。而且离了非物质的能思想的东西，它亦是不能存在的。

### 选文出处

洛克：《人类理解论》（上册），关文运译，北京，商务印书馆，1959年，第265~267、276~277页。

## 5 《人类理解论》第4卷第1章（1—2）——知识通论

1. 我们的知识有关于我们的观念——人心在一切思想中、推论中，除了自己的观念而外，既然没有别的直接的对象，可以供它来思维，因此，我们可以断言，我们的知识只有关于观念。

2. 所谓知识，就是人心对两个观念的契合或矛盾所生的一种知觉——因此，在我看来，所谓知识不是别的，只是人心对任何观念间的联络和契合，或矛盾和相连而生的一种知觉。知识只成立于这种知觉。一有这种知觉，就有知识，没有这种知觉，则我们只可以想象、猜度或信仰，而却不能得到什么知识。我们所以知道，白不是黑，不是因为我们知觉到这两个观念不相契合么？我们所以确乎不疑地相信"三角形三内角之和等于两直角"的这个解证，不是因为我们知觉到，三角形的三角必然等于两直角而不能有所变化么？

### 选文出处

洛克：《人类理解论》（上册），关文运译，北京，商务印书馆，1959年，第515页。

## 6 《人类理解论》第4卷第11章（1—10）——我们对别的事物的存在所有的知识

1. 这种知识只能借感觉得到——我们对自己的存在所有的知识是凭直觉得来的。至于上帝的存在，则是理性明白昭示我们的。这是以前所说过的。至于我们对任何别的事物的存在所有的知识，则只是由感觉得来的。因为实在的存在和一个人记忆中所有的任何观念，既然没有必然的联系，而且只有上帝的存在和特殊的人的存在才有必然的联系（其他任何事物的存在与人民存在并无此种关系），因此，任何东西只有现实地影响了一个特殊的人以后，他才能知觉到它，除此以外，他便不能知觉到别的东西。因为我们心中之具有任何观念，并不能证明那个事物的存在，正如一张人像不能证明他在世上实在存在着似的，亦正如梦中的幻景不能成功为真正的史迹似的。

2. 以纸的白性为例——因此，我们所以注意到别的事物的存在，并且知道在那时候外界确实存在着一种东西，引起我们那个观念来（虽然我们也许不知道或不思考它是怎样引起那个观念的），只是因为我们现实地接受了那些观念。因为我们虽然不知道各种观念产生的途径，可是这并减少不了我们感官的确实性，并且减少不了由感官所得的那些观念的确实性。就如我写这篇论文时，纸就实在地刺激了我的两眼，在我心中发生了所谓白的那个观念（不论什么东西产生它），而且我亦由此知道那个性质或附性（它在我们眼前的现象永远引起那个观念来）是在我以外的外界实在存在着的。对于这一点，我所有的最大的确信，和我的才具所能达到的最大的确信，就在于我这两眼所有的证据，因为两个眼睛正是这回事情的唯一专管的判官。它们的证据我有理由认为是十分确定的，因此，我在写这篇论文时就不怀疑自己看见白和黑，而且不怀疑有一种实在存在的东西引起我那个感觉，正如我不怀疑自己正在写字，或正在运动自己的手似的。除了在人自己或上帝方面以外，关于任何事物的存在，人性所能得到的确实性，亦就以此为最大的了。

3. 这虽然不如解证一样确实，可是亦可以叫做知识，而且证明外界事物的存在——我们借感官对各种外物的存在所发生的知识，虽然不如我们的直觉的知识那样确定，虽然不如理性在心中的明白抽象的观念方面所有的推论那样确定，可是它仍然是配得上称为知识的一种确信。我们如果相信各种官能是在活动着并把刺激它们的那些物象的存在正确地报告出来，则这并不是全无根据的一种自信。因为我想没有人会当采取怀疑态度，以至不能确信他所见所觉的那些事物的存在。至少我可以说，人如果怀疑到那样程度，则他不论怎样处理自己的思想，他总不能同我谈话；因为他从不能确知，我曾说了与他的意见相反的话。说到我自身，我想上帝已经使我充分确信外界事物的存在，因为我如果在各种途径下来使它们接触我的身体，我就能以在自身中产生出我们在现世所极关心的苦和乐来。我相信我们的官能在这方面并不会欺骗我们，而且这种信念就是我们在物质事物的存在方面所能达到的最大的确信。这一点是毫无疑义的。因为我们做任何事情都是凭借于自己的官能，而且我们在谈论知识本身时，亦不能不借助于可以了解知识是什么一回事的那些官能。由此我们就可以确信，在各种外物刺激我们时，我们的官能，关于它们的存在所做的报告，是不会错误的。不过除此以外，我们还有别的与此可以互相印证的一些理由来证实我们这种确信。

4. 第一点，因为我们不借感官的入口，就不能得到它们——第一点，我们分明看到，那些知觉是由刺激我们感官的一些外界原因给我们所产生的；因为缺乏任何感觉器官的人，就不能在心中生起属于那个感官的观念来。这是分明不容怀疑的；因此，我们不能不相信，它们是由那些感觉器官来的，而不是由别的途径来的。器官本身并不能产生它们，因为要是如此，则一个人的眼在暗中亦可以产生出颜色来,而且在冬天,他的鼻子亦可以嗅着玫瑰花香。因此,我们看到,人如果不到产菠萝蜜的东印度群岛亲自尝尝它,则他便不会得到那种滋味。

5. 第二点,因为由感觉来的一个观念和由记忆来的另一个观念,是很不相同的两种知觉——第二点,因为我们常见我们不能避免心中出现的那些观念。当我的眼帘紧闭,窗子紧合时,我一面可以任意在心中唤起先前感觉贮于记忆中的光或日的观念来,而且一面又可以把那个观念抛弃了,转而来观察玫瑰花香的观念,或糖味的观念。但是我如果在正午时分把眼睛转向太阳,则我并不能避免光或太阳给我产生出的它们的观念。因此,存于记忆中的那些观念,和强迫而入的那些观念,显然有一种区别(前一种观念只要在心中,我就有能力来安排它们,搁置它们)。由此,我们就知道,一定有一种外界的原因,一定有一种外物的活跃动作,不论我们愿意与否,总要给我们心中产生出那些观念来,因为它们的效力,我是不能抵抗的。不但如此,任何人都可以在自身看到,在思维记忆中的日的观念时,和现实观察日时,显然有所区别。这两种观念,他是可以极其清晰地知觉到的,因此,很少有别的观念,能如它们那样彼此有所分别。因此,他就可以确知,它们并不都是记忆,并不单纯是他自身心理和想象的作用;而那种现实的视觉是有一个外界原因的。

6. 第三点伴随现实感觉而来的苦和乐,在那些观念复现时,并不相随而至,因为已经没有外物了——第三点,此外我们还可以附加说,有许多观念在产生时,虽然伴有痛苦,可是在后来我们记忆起它们的时候,并无些小难堪。就以冷或热的痛苦来说,则我们分明知道,它的观念在复现于人心中时,并不能搅扰我们。可是我们在真感觉它时,它原是很难受的,而且我们如果真再感觉它一次,它仍是很难受的。我们所以感到这种难受,正是因为外界物体在我们的身体上引起一种失调来。不过在我们记忆起饥渴头痛时,我们并感不到痛苦;这些观念永久不能搅乱我们,否则我们只要思想到它们,它们就会给我们痛苦,假使我们心中只有一些浮游的观念,和娱乐想象的一些现象,并没有打动我们实在存在的事物。说到伴随各种实在感觉而来的快乐,我们亦可以有同样的说法。数学的解证虽然不依靠于感官,可是我们如用图解来考察它,就可以使我们视觉的证据得到大的信用,并似乎给予它以一种接近于解证的确实性的确实性。因为一个人既然以线和角做成图解来度量一个形相的两角,并且由此承认此一角大于彼一角为一个不容否认的真理,那么他如果还怀疑在度量时亲眼所见的线和角的存在,那不是很奇怪的么?

7. 第四点，我们的各种感官，在外物的存在方面，可以互相帮助其证据——第四点，关于外界可感物的存在，我们的各种感官可以互相证明其所报告的真理。一个人看到火以后，如果疑问，它是否只是一个幻想，则他可以再摸摸它，并且把手搁进去来试试它。单纯的观念或想象一定不能使他的手发生剧烈的痛苦，除非那个痛苦亦是一个幻想。不过即在幻想中，当创伤好了以后，他也不能只借唤起火的观念，再发生这种痛苦。

因此，我就看到，在我写这篇论文时，我就能把纸的现象变了，而且我在想好字母以后，还可以预先说出，我只要一挥笔，下一刻的纸上就可以现出什么新观念来。我如果只是想象，而手却不动，或者手虽动，而眼却闭着，这些新观念就不会现出来；可是那些字一写在纸上以后，则我后来又不能不照它们的样子看见它们，又不能不发生了我所写的那些文字的观念。因此，它们显然不只是我们想象的游戏，因为我发现那些字母原来虽是由我的自由思想写就的，可是在写就以后，它们就不服从我们的思想了。我虽然随时可以想象它们消灭了，它们亦并不消灭，它们仍然继续按照我所写的那样，经常地、有规则地来刺激我的感官。此外我们如果再加上一点说，别人在看见它们以后，还会自然发出我原来写它们时所想表示出的那些声音，那么我们就更没有理由来怀疑我所写的那些文字是真在外界存在的，因为它们可以引起一系列有规则的声音，来刺激我的耳官，而这些声音并不能是我的想象的结果，而且我的记忆亦并不能都照那种秩序来保存它们。

8. 这种确实性所能及的程度，正与人生所需要的相适合——不过说了半天，如果还有任何人怀疑存心，不信任自己的感官，并且断言，在我们一生中，我们所见、所听、所觉、所尝、所想、所做的，只是大梦中的一长串惑人幻象，并没有实在，因此，他就会怀疑一切事物的存在，或我们对任何事物所有的知识。不过我可以请他考虑，一切如果都是梦境，则他亦只有梦见自己发生这个疑问了；那么一个醒者答复他与否，亦就无关系了。不过他假如爱听的话，则他正不妨梦见我向他作下述的回答。我可以说，在自然界中存在着的各种事物的确实性，如果我们的感官亲自证实的，那么这种确实性不只是我们这身体的组织所能达到的最大的确实性，而且它是和我们的需要相适合的。我们的各种官能虽并不足以达到全部存在物的范围，并不能毫无疑义地对一切事物得到完全的、明白的、含蓄的知识，它们只足以供保存自我营谋生命之用，因此，它们只要能把有利有害的事物确实地报告我们，那它们的功用就已经不小了。一个人如果看见一盏灯燃着，并且把自己的手指置在焰里试试它的力量，则他不会怀疑，能烧他、使他发生剧痛的那种东西是在外面存在的。这种确信是中用的，因为一个人在支配自己的行动时，所需要的确实性,只同他自己的行动一样确实,那就够了。我们这个做梦的人如果肯把自己的手搁在玻璃炉内,试试它的剧热,是否只是昏睡者想象中的一种浮游的幻想,则他会惊醒起来,确乎知道有一些东西不仅仅是想象,而且他的这种知识的确实性,远过于他原来所想象的。因此,这种明显性已经达到我们所希望的程度,因为它是同我们的快乐和痛苦,幸福和患难,一样确定的。超过这种限度,我们对于知识或存在就不必再关心了。我们对于外物存在的这样一种确信,已经足以指导我们来趋或避这些外物所引起的福与祸,而我们所以要想知道它们,重要的目的亦正在于此。

9. 不过这种确实性不能超过实在的感觉——总而言之,我们的感官,既然实实在在把一个观念输入于我们的理解中,所以我们不得不相信,在那时,外界真正有一种东西在刺激我们的感官,并且借感官使我们的理解官能注意到它,因而确实产生了我们由此所知觉到的那个观念。我们并不能过分怀疑它们的证据,以至于怀疑我们感官所见为联合在一块的简单观念的集合体,并不真正在一块存在。不过这种知识所及的范围,亦只以感官运用于刺激它们的特殊物象时所得的直接证据为限,它并超不出这个范围。因为我在一分钟前,纵然见过号称为人的一些简单观念的集合体是在一块存在的,可是现在我如果只是一个人独在这里,那我就不能确知,那个人还存在着,因为他在一分钟前的存在和他现在的存在并没有必然的关系;因为我刚才虽可以凭感官知道他的存在,可是他仍会在千万种方式下消灭了。在今天方才见的人,我如果此刻尚且不能确知他的存在,则一个人如果同我的感官远隔起来,而且我自从昨天或去年还未见过他,则我更不知道他是存在的;至于别的人我如果从未看见他,则我更是不能确知他的存在的。因此,在我独处一室,写这篇论文时,千千万万人们虽然多半是存在的,可是我对于这件事并没有严格意义可称为知识的确定信念。此事发生的很大概然性,虽然使我无法怀疑,虽然使我不得不相信某些人现在还活在世界上(而且这些人们是我的相识,是同我共事的),并且应当本着这个信念来做一些事情,可是这只能说是概然性,并说不上是知识。

10. 在样样事情方面要求解证,那是很愚昧的——因此,我们可以说,一个人虽然有理性,可以判断事物的各种差异的明显性和概然性,并且由此规制其行为,可是他的知识既然是有限的,因此,他并不当在本不能解证的事物方面要求解证和确信,而且他亦不当因为很合理的命题,和很明白的真理不能解证得克服了他的肤浅的怀疑口实(不是理由),就不来相信那些命题,而且就反着那些真理行事。倘若如此,那就很愚鲁,很妄诞了。因为一个人在日常生活中如果除了直接明白的解证以外,再不愿承认别的一切,则他便不能确信任何事物，只有速其死亡罢了。他的饮食虽精美，他亦会不敢来尝试；而且我亦真不知道，还有什么事情，他在做时，是凭借毫无疑义、毫不能反驳的根据的。

### 选文出处

洛克：《人类理解论》（下册），关文运译，北京，商务印书馆，1959年，第626～633页。

# 贝克莱

> 贝克莱主张"存在就是被感知"（esse est percipi）这一原则，这不仅是本体论原则，也是认识论原则。反对洛克所谓第一性质与第二性质的两种性质学说，认为实在的东西只有上帝，自我，其他一切都是我们心灵的观念。

**作者简介**

贝克莱（George Berkely，1685—1753），英国哲学家。1721年获都柏林大学神学博士学位，任高级研究员。1734年任爱尔兰南部克罗因地区基督教新教主教。1752年移居牛津。主要著作有《视觉新论》(1709)、《人类知识原理》(1710)、《希勒斯和斐洛诺斯的三篇对话》(1713)、《论运动》(1744)等。

**著作选读：**

《人类知识原理》第一章。

## 《人类知识原理》第一章——人类知识的对象无非是三种观念

1）人类知识的对象：人们只要稍一观察人类知识的对象，他们就会看到，这些对象就是观念，而且这些观念又不外三种。(1) 一种是由实在印入感官的；(2) 一种是心灵的各种情感和作用所产生的；(3) 一种是在记忆和想象的帮助下形成的（这里想象可以分、合或只表象由上述途径所感知的那些观念）。借着视觉，我就有了各种光和色以及它们的各种程度、各种变化的观念。借着触觉我就感知到硬、软、热、冷、运动、阻力，以及这些情况的各种程度或数量。嗅觉给我以气味；味觉给我以滋味；听觉把调子不同、组织参差的各种声音，传到我的心灵中。心灵有时看到这些观念有几个是互相联合着的，因此，它就以一个名称来标记它们，认它们为一个东西。例如，它如果看见某种颜色、滋味、气味、形象和硬度常在一块，则它便会把这些性质当做一个独立的事物，而以苹果一名来表示它。别的一些观念的集合又可以构成一块石、一棵树、一本书和其他相似的可感觉的东西。这些东西，又按其为适意的或不适意的，刺激起爱、怕、喜、忧等等情感来。

2）心灵——精神——灵魂：除了那些无数的观念（或知识的对象）外，还有别的一种东西在认识或感知它们，并且在它们方面施展各种能力，如意志、想象、记忆等。这个能感知的能动的主体，我们叫它做心灵、精神或灵魂，或自我。这些名词并不表示我的任何观念，只表示完全和观念不同的另一种东西。这些观念是在那种东西中存在的，或者说，是为它所感知的；因为一个观念的存在，正在于其被感知。

3）一般人的同意到了什么程度：人人都承认，我们的思想、情感和想象所构成的观念，并不能离开心灵而存在。而在我看来，感官所印入的各种感觉或观念，不论如何组合，如何混杂（就是说不论它们组成怎样一个对象），除了在感知它们的心灵以内就不能存在，这一点是同样明显的。我想，只要人一思考"存在"二字用于可感知事物时作何解释，他是可以凭直觉知道这一点的。我写字用的这张桌子所以存在，只是因为我看见它，摸着它；我在走出书室后，如果还说它存在过，我的意思就是说，我如果还在书室中，我原可以看见它或者是说，有别的精神当下就真看见它。我所以说曾有香气，只是说我曾嗅过它，我所以说曾有声音，只是说我曾听过它，我所以说，曾有颜色，有形象，只是说我曾看见它或触着它。我这一类的说法，意义也就尽于此了。因为要说有不思想的事物，离开知觉而外，绝对存在着，那似乎是完全不可理解的。所谓它们的存在（esse）就是被感知（percepi），因而它们离开能感知它们的心灵或能思想的东西，便不能有任何存在。

4）世俗之见含着一种矛盾：人们有一种特别流行的主张，以为房屋、山岳、河流，简言之，一切可感知的东西，都有一种自然的、实在的存在，那种存在是和被理解所感知的存在不同的。不过世人虽然极力信仰接受这个原则，可是任何人只要在心中一寻究这个原则，他就会看到，它原含着一个明显的矛盾。因为上述的对象只是我们借感官所感知的东西，而我们所感知的又只有我们的观念或感觉；既然如此，那么你要说这些观念之一，或其组合体，会离开感知而存在，那不是矛盾么？

5）这个通行的错误是由何而起的：我们如果仔细思考这个论点，就会看到它归根究底是依靠于抽象观念的学说的。因为要把可感知的对象的存在与它们的被感知一事区分开，以为它们可以不被感知就能存在，那还能有比这更精细的一种抽象作用么？光和色，热和冷，广延和形象，简言之，我们所见和所触的一切东西，不都是一些感觉、概念、观念或感官所受的印象么？

在思想中，我们能把它们和知觉分离开么？在我自己，这是不易做到的，就如我不易把事物和其自身分开一样。诚然，有些事物，我虽然不曾借感官知道它们是分离的，可是我也可以在思想中把它们彼此分开。例如：我可以把人的躯干和他的四肢分开；也可见离开玫瑰花而专想象出它的香味。在这种范围内我不否认，我能抽象（如果这可以叫做抽象作用）。不过在这里我们所设想为分离的各种事物只限于那些实际能分开存在的（或被感知为分开存在的）各种对象。但是我们的想象能力并不能超出实在存在（或感知）的可能性以外。我如果没有实在感觉到一种事物，我就不能看见它或触着它，因此，我们即在思想中也不能设想：任何可感知的事物可以离开我们对它应产生的感觉或感知。事实上，对象和感觉原是一种东西，因此是不能互相抽象而彼此分离的。

6）有一些真理对于人心是最贴近、最明显的，人只要一张开自己的眼睛，就可以看到它们。我想下边这个重要的真理就是属于这一类的；就是说天上的星辰，地上的山川景物，宇宙中所含的一切物体，在人心灵以外都无独立的存在；它们的存在就在于其为人心灵所感知、所认识，因此它们如果不真为我所感知，不真存在于我的心中或其他被造精神的心中，则它们便完全不能存在，否则就是存在于一种永恒精神的心中。要说事物的任何部分离开精神有一种存在，那是完全不可理解的，那正是含着抽象作用的一切荒谬之点。读者如不相信，可以在思想中试试自己能否把可感知事物的存在和其被感知一事分离开。

7）第二论证：由前边所说的看来，我们就可以说，除了精神或能感知的东西以外，再没有任何别的实体。不过为求较充分地证明这一点起见，我们还应当知道，一切可感知的性质都是颜色、形象、运动、气味、滋味等等，那就是说，它们都只是感官所感知的一些观念。既然如此，那么你要说，任何观念可以存在于不能思想的物体中，那就分明是矛盾了。因为具有一个观念与感知一个观念是完全同一件事。因此，颜色、形象和相似的性质，不论在任何东西中存在，那种东西一定会感知到它们；因此，显然那些观念并不能有不思想的实体或基质。

8）不过，您或者会说，各种观念自身离了心灵虽然不能存在，但是也许有与它们相类似的东西，为它们所摹拟、所肖似，而那些东西是可以在心灵外，存在于一种不能思想的实体中的。不过我仍然可以答复说，一个观念只能和观念相似，并不能与别的任何东西相似。一种颜色或形象只能和别的颜色或形象相似，不能和别的任何东西相似。我们只要稍一考察自己的思想，就会看到，只有在我们各种观念之间，我们才能设想一种相似关系。其次，我还可以问，各种观念所摹拟所表象的那些假设的原本和外物，本身也是可感知的不是？如果它们是可感知的，则它们也是观念，这正符合我们的论断；如果你说它们不能被感知，那么我请问任何人，要说颜色和一种不可见的东西相似，软和硬可以和一种不可触的东西相似，那是否是合乎情理的呢？说到其他性质，也是一样。

9）哲学上的物质观念含着一个矛盾：有些人把各种性质分为第一性的和第二性的两种。所谓第一的性质是指广延、形象、运动、静止、凝固（或不可入性）和数目而言的。所谓第二的性质是指其他可感知的性质而言的，如颜色、声音、滋味等。我们对后一种性质所获得的观念，他们承认不是心灵外（不被感知的）事物的肖像。不过他们却以为心灵对第一性质所获得的观念是心灵外存在的事物的摹本和图像，而且他们以为那些事物是在所谓物质的一种不能思想的实体以内存在的。因此，所谓物质就是一种被动、无感觉的实体，而广延、形象、运动真是在其中存在的。不过由我们前边所说的看来，我们已经知道，所谓广延、形象、运动，也只是存在于心中的一些观念，而且一个观念也只能和一个观念相似，不能和别的任何东西相似，因此，不论观念自身或它们的原型，都不能存在于一种无感知作用的实体中。因此，我们就看到，所谓物质（或有形实体）的概念本身就含着一个矛盾。说到这里，我本想不必再费时间来揭露它的荒谬了。不过物质存在的学说已经在哲学家的心灵中如此根深蒂固，并引起那么多的坏结果来，所以我就不避繁冗，而将凡可以充分揭发那个偏见而加以根绝的任何事情，一概陈述，不加省略。

10）反诘论证：那些人虽然主张形象、运动和其他第一的或原始的性质，都离开心灵存于不能思想的实体中，不过他们同时却也承认，颜色、声音、热、冷以及相似的第二性性质，都不存在于心外。他们告诉我们说，这些都只是在心中存在的一些感觉，它们是依靠于物质中微细粒子的不同的大小、组织和运动的，而且是由它们所引起的。他们认为这是无疑的真理，而且以为这是可以无例外地证明出来的。不过那些原始的性质如果同那些别的可感知的性质不可分离，紧连在一块，而且即在思想中也不能分离，那它们分明只是在人心中存在的。不过我希望任何人都思考一下，试试自己是否可以借着思想的抽象作用，来设想一个物体的广延和运动，而不兼及其别的可感觉的性质？在我自己，我并没有能力来只构成一个有广延、有运动的物体观念。我在构成那个观念时，同时一定要给它一种颜色和其他可以感知的性质，而这些性质又是被人承认为只在心中存在着的。一句话，所谓广延、形象和运动，离开一切别的可感知的性质，都是不可想象的。因此，这些别的性质是在什么地方存在的，则原始性质也一定是在什么地方存在的，就是说，它们只是在心中存在的，并不能在别的地方存在。

11) 第二次反诘论证：复次，所谓大、小、快、慢我们都公认为是在人心中以外存在的，因为它们完全是相对的，是跟着感觉器官的组织或位置变化的。因此，存于心外的广延便不是大，也不是小，存于心外的运动，既不是快，也不是慢，它们是根本不能存在的。您一定又会说，它们是一般的广延和一般的运动。是的，这样就更可以见到，关于心外存在的有广延而能运动的实体的信条是怎样依靠于那种奇怪的抽象观念的学说了。这里，我还不得不说，现代哲学家被他自己的原则所陷，对于物质（或有形的实体）所作的这个暧昧不定的叙述，正近似那个陈腐过时、被人嘲笑的原始物质（materia prima）的概念，就如在亚里士多德和他的信徒方面所见到的那样。离了广延，凝聚是不能存在的：我们既然说过，广延不能存在于不能思想的实体中，因此，关于凝聚我们也可以有同样说法。

12) 我们纵然承认别的性质是在心外存在的，我们也会清楚地看到数完全是心灵的产物，只要我们思考到同一事物可以按照心灵观察它的方面不同，而有几种数的名称。因此，同一种广延，心灵如果把它参照于一码、一呎或一时时，则它可以成为一、三、六等数。数显然是相对的，是依靠于心灵，因此，人们如果认为它在心外有一种绝对的存在，那就很可怪了。我们虽说，一部书，一页，一行，可是它们都一样是单位。尽管其中有些单位包含着许多其他单位。在每个例证中，我们都可以看到，所谓单位只是指着人心任意所归拢起来的一些观念的特殊集合体。

13) 我知道，有些人或者以为单一体是一个简单的，或者非复合的观念，它是伴随一切其他观念进于心灵的。不过我看不到自己有一个观念和单一体这个名字相对应。如果我有这个观念，那我不能找不到它。不但如此，而且它应该是我的理解所最熟悉的观念，因为您说，它是伴随一切其他观念而来的，而且是被一切感觉和思考所感知的。不用多说，它是一个抽象观念了。

14) 第三次反诘论证：我还可以补充说，现代哲学家既然由某种途径证明某些可感知的性质，并不存在于物质中，并不存在于心外，因此，我们也可以由同样途径，证明任何别的可感知性质也都是这样的。例如，人们说热和冷都只是人心中的感觉，它们并不是实在事物的摹本，并不在于激起它们来的有形实体中，因为同一物体在一只手感觉为冷，在另一只手则感觉为热，不过我们何以不可说，形象和广延也不是存在于物质中的各种性质的摹本或肖像呢？因为同一只眼在不同的几个位置，或组织不同的几只眼在同一个位置，所见的形象和广延都是不一样的，因此，它们并非是心外存在的任何确定事物的影像。人们还证明，所谓甜并非真正是在甜物中的，因为同一种东西虽无变化，可是甜也会变成苦，就如在患热症时或上颚起了变化时就是这样的。既然如此，那么我们不可以一样合理地说运动也不是在心外存在的么？因为人们承认，心中各个观念的交替如果较为快些，则外物虽不变，运动亦会慢起来的。

15) 这种说法在广延方面还没有结论：我们已经用各种论证证明颜色和滋味只是在人心中存在的，任何人一思考这些论证，他一定就会看到，我们也一样可以应用它们来证明：广延、形象和运动只是在人心中存在的。我们自然承认，这种辩论方法可以证明我们不能借感官认识什么是对象的真正广延或颜色；而并不足以充分证明外物中没有广延和颜色。不过前边的各种论证已经表明，任何颜色、广延或其他一切可感知的性质，都不能在心外一个不思想的实体中存在，而且已经充分指示出，所谓外在对象为物根本是不会存在的。

16) 现在我们可稍稍考察流行的意见。他们说，广延是物质的一种形态或偶性，物质是支撑广延的基质。不过我希望您给我解释，所谓物质支撑广延是什么意义？您或者说，"我没有物质观念，因此也不能解释它"。不过您虽然没有绝对的物质观念，可您的话如果稍有意义，则您至少也该有一个相对的物质观念。您虽然不知道它本身是什么，可是我想您必定知道它和各个偶性有什么关系，什么是所谓"它支撑它们"。显然，所谓支撑一定不是通常字面的意义而言，一定不是像我们所说的柱子支撑屋宇那样，那么我们究竟该在什么意义之下去了解它呢？至于我，则完全不能发现可以应用于它上面的任何意义。

17) 在哲学中所谓物质的实体有两层意义：我们如果研究一下最认真的哲学家所谓"物质的实体"究竟有何种意义，我们便会看到，他们承认在那几个音节上并未附有别的意义，只附有一个一般的存在观念以及"支撑偶性"的这一个相对概念。但是在我看来，一般的存在观念是最抽象、最不能理解的。至于所谓支撑偶性则我方才已经说过，那是不能照普通的意义去理解的。因此，我们必须承认它有别的意义；不过那种意义究竟是什么，他们没有说明。因此，我在考究"物质的实体"这几个文字意义的两部分以后就相信它们并没有清晰的意义。不过我们又何必费心来讨论形象的、运动的以及其他可感知性质的物质的基质或支柱呢？要来讨论，不是已经假设它们在心外有存在么？这不是明显的矛盾，而是完全不可想象的么？

18) 外界物体的存在是不能证明的：不过凝聚的、有形的、被动的实体，纵然可以在心外存在，与我们所有的物体观念相符合，我们又如何能知道这一点呢？我们若不是借感官知道，就是借理性知道的。说到我们的感官，我们只能借它们来知道我们的感觉、观念或直接为感官所感知的那些东西；不过它们却不会告诉我们说，心外有一些东西存在着，虽不被我们所感知，却与所感知的东西相似。这一点，就是唯物主义者也是承认的。因此，我们如果尚能知道外界的事物，则只有借助于理性了，因为只有理性可以由感官根据所感知的东西推知外物的存在。但是我看不到有什么理由可以使我们根据所感知的东西来相信心外有物体存在，因为就在主张物质说的人们，也不妄谓在外物和观念之间，有任何必然的联系。人人都承认，外界纵然没有相似的事物存在，可是我们也一样可以为我们现在所有的观念所刺激。睡梦中、疯狂中以及相似的情节中所发生的事实，已经使这一点无辩论的余地。因此，我们就分明看到，观念的产生，并不必要假设外界的事物。因为人们都承认，纵然没有外物同观念同时存在，观念有时也可以按照我们所常见的秩序产生出来，而且也可以永远产生出来。

19) 外界物体的存在，也并不足以解释我们观念产生的方式：但是人们或者又会说，离了外物，我们虽然也可以有感觉，可是我们如果假设有外界物体同它们相似，则比没有这种假设，较为容易解释它们产生的方式。因此，至少我们可以推想，外界有所谓物体之为物，在心中引起它们的观念来。不过这样说也是没有用的。因为我们纵然向唯物主义者承认他们那些外界的物体，可是他们仍然承认自己并不能因此就会进一步地认识我们的观念是怎样产生的。因为他们承认，自己并不能了解物体以何种方式能够对精神发生作用的，何以物质会在心灵中印上任何观念。因此，显然我们心中虽然产生了各种观念或感觉，可是我们并不能据此为理由就假设有物质或有形的实体，因为他们承认，不论有无这种假设，观念的产生是一样不可了解的。因此，物体纵然有在心外存在的可能性，我们这种主张也不能不说是一种危险的意见。因为这样就毫无根据地假设，上帝所创造的无数事物，都是完全无用的，并没有任何功用了。

20) 难题：简单地说，如果有外界物体存在，那我们是不能知道它们的；如果没有，则我们仍有同样理由相信，自己会有现在所有的外界物体。假如有一种智能，没有外界物体的帮助，也可以感受到您所受的那一观念或感觉，而且那些观念在他心中的地位和活跃过程，也正如在您心中一样。那么我就问，那个智能是否也有您所有的那些理由来相信那些有形的实体存在，来相信它们是被观念所表象，是在他心中刺激起那些观念来的，这一点，是毫无问题的。任何有理性的人只要一思考到这一点，就可以相信，自己所以相信心外物体的存在，理由实在是很薄弱的。

21) 在说了这些话以后，我们如果还必须进一步举一些证明来反对物质的存在，则我仍可以举那个教条所引起的一些错误和困难（且不用提亵渎）。这个教条在哲学中已经引起无数的辩难和争论，在宗教中引起了有重大意义的一些争论。不过我在这里，并不愿意详细论述这一点。一方面因为我以后还有机会来讨论这个题目；另一方面因为我觉得，我在这里先验地所充分证明出的道理，不必用后验的论证来证实。

22）我恐怕人们在这里或者以为我讲的这个题目太冗长了。因为我们既然可以向稍能思考的人们用一两行文字把这个真理极其明白地证明出来，那么我们又何必一再申述呢？你只要看看自己的思想，只要想想一个声音，一个形象，一种运动，一种颜色，是否能在心外不被感知而存在，你就会看到自己所争执的只是一个矛盾。我很愿意就此结束我们的争论，如果您能设想，一个有广延而能被运动的实体，或者（较一般地说）一个观念，或者一个与观念相似的东西，不在能感知它的心内也可存在，那我可以立刻放弃我的主张。至于您所坚持的那些外物组成的系统（compages），则我也可以相信它的存在，纵然您不能给我解释（1）您何以相信物质的存在，（2）纵然您不能指示出它如果存在时有什么功用。只要您的意见稍有一点真的可能性，并且，作为您的意见的论据事实上是真的，我就可以承认它是真的。

23）不过您又说，我们很容易想象，例如，公园中有树，壁橱里有书，并且不必有人来感知它们。我可以答复说，您自然是可以如此设想的，这并没有什么困难。不过我要问，您这不是只在心中构成所谓树和书的观念么？您只是在同时没有构成任何能感知它们的人的观念罢了！实则您自己一向是在感知或想象它们的。因此，您这种说法是不中用的。您这种说法只足以表明您能在自己心中构成各种观念；可是它并不曾表明，您能够设想您的思想的对象可以在心外存在。要想证明这一点，则您必须想象它们是不被设想而能存在的，那就分明是一个矛盾了。我们纵然尽力设想外界事物的存在，而我们所能为力的，也只是思维自己的观念。不过人心因为不曾注意到自己，因此，它便错认自己可以设想：各种物体以不被思想而能存在，或在人心以外存在。实则那些物体同时是为它所了解的，存在于它自身中的。任何人只要稍注意一下，他就可以发现我这话是真实而明白的，因此，我们也就不必再援引别的证明，来反驳物质实体的存在了。

24）所谓"无思想的事物的绝对存在"，只是一些无意义的文字：显然，我们稍一考察自己的思想，就可以知道，自己是否可以理解：所谓可感物本身的绝对存在，或心外的存在，究竟有何种意义。在我看来，这些文字只不过标记出一个明显的矛盾来，否则便是全无意义的。要想使人相信我这种说法，则最简短、最公平的方法，就是让他们平心静气观察他们自己的思想。

他们在注意观察之后，如果看到这些说法是空洞的和矛盾的，则他们再不用别的东西，就可以确信我的说法了。因此，我必须坚持，所谓"无思想事物的绝对存在"只是一句无意义的或含有矛盾的话。这一点是我一再强调，极愿使读者认真思想一番的。

25）第三论证——反驳洛克：我们的一切观念感觉，或所感知到的一切事物，不论我们以什么名义来分辨它们，它们都显然是被动地并没有含着能力或主体活动等等东西。因此，一个观念（或思想的对象）并不能产生或改变别的观念。要相信我这种说法的真实，我们只要观察一下自己的思想就成，并无须乎别的，因为它们或它们的一切部分既然只存于心中，因此，它们所包含的无一不是被感知到的。不过不论谁来考察自己的感觉观念或反省观念，都不会看到它们里边含着任何能力或动力；它们根本不含有那些事物。我们在稍一思维之后，就可以看到，观念的存在只含着被动性或迟钝性。因此，任何观念都不能有什么作用，或者严格地说来，都不能为任何事物的原因；不但如此，而且它也并不能是任何能动事物的影像或模型（如第 8 节所指出的那样）。因此，我们可以断言，广延、形象和运动，并不能成为我们感觉的原因。因此，要说这些感觉是各种能力的结果，而且这些能力又是由物质粒子的形象、数目、运动和大小来的，那一定是一种错误的说法。

26）观念的原因：我们常常感知到继续不断的一串观念；其中有的是新刺激起来的，有的变化了，或者完全消灭了。因此，这些观念一定有一种原因为它们所依靠，并且产生它们，改变它们。不过我们由前节看来，可以知道，这种原因一定不是任何性质、观念或观念的复合。因此，它必然是一种实体了；不过我们已经指出，它不能是有形的或物质的实体，因此，我们只得说，观念的原因乃是一个无形体的、能动的实体或精神。

27）精神不是观念对象：所谓精神是一个单纯能动而不可分的、能动的存在。由于它能感知观念，因此我们就把它叫做知性；由于可以产生观念，或在观念方面有别的作用，因此它又叫做意志。因此，我们并不能对精神或灵魂形成任何观念，因为一切观念既然都是被动的、无活力的（参照第 25 节），它们便不能借映像或图影，把能动的东西给我们表象出来。任何人只要稍一注意，就可以看到，我们对于能使各种观念运动和变化的那种能动的原则，绝对不能有约略近似的观念。我们只能借精神所生的结果来感知它，此外，并无别的方法来感知它；这正是精神（或能动实体）的本性。有人如果怀疑我这里所说的真理，则他只要思考一下，试试自己是否对于任何能力或能动的存在物能构成任何观念；看看自己对于意志和知性两个名称所表示的彼此不同的那两种主要的能力能否构成两个清晰的观念；他还可以试试自己对于灵魂或精神一词所表示的那种东西能否构成一个第二种实体观念或一般存在观念，并正在构成这个观念时，还附带着一个相对概念即它是支撑上述那些能力或为其主体的。有的人是主张肯定一面的，不过据我所知，所谓意志、灵魂、精神等等名词，并不表示各种差异的观念或者根本就不表示任何观念；它所表示的完全与观念不一样，而且它既是一个能动主体，它就不与任何观念相似，不能为任何观念所表示。不过我们同时仍然承认，我们对于灵魂、精神和心理作用（如意愿、爱、恨之类）等等名词的意义，既然也有几分理解，因此我们对它们也有一些概念。

28）我发现，我可以任意在自己心中激起各种观念来，并且可以随意变换情景。我们只要一发动意志，则这个或那个观念就立刻可以在想象中生起；而且我们可以根据同一能力，消灭那个观念，再生起别的观念来。人心因为有这种创生和消灭的能力，因此我们很可以说它是能动的。这一点是很确定的，而正是建立在经验上的。但是我们如果说有不能思想的主体，或者说离开意志可以激起观念来，那就只是玩弄文字罢了。

29）感觉观念和反省观念（或记忆观念）是有分别的：可是，不论我有什么能力来运用我自己的思想，我又看到，凭感官实际所感到的感觉，并不依靠于我的意志。在白天的时候，我只要一张开自己的眼帘，我便没有能力来自由选择看或不看，也不能决定要使哪一些特殊的物象呈现于我的视野。说到听觉和别的感官，则我也知道，印于它们之上的观念也并不是我的意志的产物。因此，一定有别的意志或精神来产生它们。

30）**自然规律**：感觉观念要比想象观念更为强烈，更为活跃，更为清晰。它们是稳定的，有秩序的，而且是互相衔接的；它们并不是意志的结果，并不能任意刺激起来；它们是在有规则的系列中出现的，其互相联系之神妙，足以证明造物主的智慧和仁慈。我们所依靠的那个"心灵"，在我们心中刺激起感觉观念来时，要依据一定的规则或确定的方法，那些规则就是所谓自然规律。这些规律是由经验得来的，因为经验可以告知我们，在事物的日常进程中，某些一定的观念是常会引起某些一定的其他观念的。

31）处理日常事物，必须知道那些规律：我们由此可以得到一种先见，来作为自己的行为规范，以促进人生的利益。如果没有这种先见，那我们会永久陷于迷惑；永远不知道应该怎样去做一件事，才能得到更多的感官快乐，或避免最小的感官痛苦。我们所以知道，食物可以养人，睡眠可以息身，火可以暖人，在下种时下种，就能在秋收时有所收获，一般说来，采用某种方法，才可以达到某种目的；并不是因为我们在各种观念之间发现了任何必然的联系，只是因为我们观察了自然的确定规律。如果离开这些规律，我们会完全处于不定和纷乱中，而且一个成年人就会像新生的婴儿似的，不知道在日常生活中，如何处理事物。

32）不过这种和谐的、一致的作用，虽然已经表示出主宰精神的善意和智慧（上帝的意志就是自然规律），可是它却没有使我们的思想追求上帝，反而促使它们追求所谓次等的原因。我们既看到某些感觉观念常常引起别的一些观念，而且我们知道这不是自己所作出来的，因此，我们就一直认为观念自身有一种能力和能动作用，并且认为这一观念为另一观念的原因，实则这是最荒谬、最不能理解的。例如当我们看到，我们在以视觉看到圆而发光的形象时，同时又凭触觉感到所谓热的观念或感觉，则我们会由此断言，太阳是热的原因。同样，我们如果看到各种物体在运动中相冲击以后，发生了声音，则我们也会认为声音为运动冲击的结果。

33）实在的事物和观念（或幻想）：造物主在我们感官上所印的各种观念就叫做实在的事物，至于在想象中所刺激起的那些观念，则比较不规则，不活跃，不固定，因此，它们可以叫做观念或事物的影像，因为它们是摹拟事物、表象事物的。不过我们的实在感觉虽然十分活跃，十分清晰，它们仍只是一些观念，那就是说，它们是在心中存在的，是为心所感知的，正和它自己所造的观念一样。我们自然承认，感觉观念比人心灵的产物有较大的实在性，而且较为强烈，较为有序，较为连贯，不过这并不足见证明，它们是在心外存在的。它们自然比较少依赖于能感知它们的那个精神或能思想的实体，因为它们是为另一个较有力的精神的意志所刺激起来的。不过它们依然只是观念，而观念呢，不论强弱，那是不能于能感知它的心外而存在的。

34）第一种一般的责难——答辩：在我们进一步讨论之前，我们可费一些时间来答复人们对于我这里的原则所可能加的责难。在回答时，理解敏捷的人们如果觉得我过于啰嗦，则我希望他们能原谅我，因为这一类事物的本性并不是人人都能同样易于了解的，而我是愿意人人对它们都能了解的。——第一点，人们会反对说，按照前面的原则，自然中一切实在的、实质的东西，都被放逐于世界以外；代替它的是一个虚幻的观念系统。一切存在的事物，既然都存在于心中，都是纯粹属于概念的，那么日、月、星都成了什么样的呢？我们应该如何来设想房屋、河流、山区、树林、石头甚或自己的身体呢？这些东西都是想象中的一些幻想？对于这一类责难，我可以回答说，按照我所举出的原则讲，我们并不曾失掉自然中的任何事物。我们所见、所触、所听、所想象、所理解的任何东西，都仍和先前一样固定，一样真实。这里还有一种自然，而且实在和虚幻的分别仍是完全有效的。这一点，在第29节、第30节、第33节可以看到；在那里，我们已经指明，与幻想

（或我们自己造的观念）对立的实在事物有何不同意义。不过它们都一样存在于心中，而且在那一种意义下，都一样是观念。

35）我们不承认一般哲学家所说的那种物质的存在：我并不否认我们凭感官或思考所能了解的任何事物的存在。我眼所见的事物，和我手所触的事物，都是存在的，都是实在存在的；这一点，我丝毫也不怀疑。我所不承认为存在的唯一东西，只是哲学家所说的物质或有形的实体。不过我虽否认这一点，可是我对于其余人类并不曾有所损害，因为他们根本就不需要这种东西。只有无神论者会因此少了一个粉饰其不敬神明的空洞名称，只有哲学家或许会因此觉得自己在烦琐的争论中失了大的把握。

### 选文出处

贝克莱：《人类知识原理》，关文运译，北京，商务印书馆，1973年，第20～35页。

# 休 谟

> 休谟认为，认识的对象有印象与观念两种，前者是强烈的，后者是不强烈的。人类知识也分两种，一种是关于观念之间关系的知识，另一种是关于实际事情的知识，除此之外没有第三种知识。因果律是不存在的，必然联系只是心灵的习惯，因此归纳推理是不可靠的。

### 作者简介

休谟（David Hume, 1711—1776），英国哲学家、历史学家、经济学家。1722 年进爱丁堡大学攻读法律，后曾到法国、加拿大、维也纳和都灵等地。1767 年左右任副国务大臣，直至 1769 年退休。主要著作有《人性论》（1734—1737）、《人类理解研究》(1748)、《自然宗教的对话》(1779)等。

**著作选读：**

《人类理解研究》第 2 章，第 12 章。

## 1 《人类理解研究》第 2 章——观念的起源

人人都会立刻承认，人心中的知觉（Perception）有两种，而且这两种知觉之间有很大的差异。一个人在感到过度热的痛苦时，或在感到适度热的快乐时，他的知觉是一种样子；当他后来把这种感觉唤在记忆中时，或借想象预先料到这种感觉时，他的知觉又是一种样子。记忆和想象这两种官能可以摹仿或摹拟感官的知觉，但是它们从来不能完全达到原来感觉的那种强力同活力。这两种官能即在以最大的力量活动时，我们至多也只能说，它们把它们的对象表象得很活跃，使我们几乎可以说，我们触到了它或看见了它。但是除了人心在被疾病或疯狂搅乱以后，那些官能从不能达到最活跃的程度，使这两种知觉完全分不开。诗中的描写纵然很辉煌，它们也不能把自然的物象绘画得使我们把这种描写当做真实的景致。最活跃的思想比最钝暗的感觉也是较为逊弱的。

在人心中的其他一切知觉方面,我们也可以看到有同样的分别。一个人在真正发了怒时,他所受的激动,和一个只思想愤怒情绪的人所受的激动很不一样。你如果告我说,一个人正在热恋中,那我很容易明白你的意思,我很可以正确设想他的情况;但是我从不会把那种设想认为是那种情感的真正纷乱和搅扰。我们如果反省我们过去的感觉和感情,那我们的思想诚然是一个忠实的镜子,它可以把它的对象按照实在的样子摹拟出来。但是思想所用的颜色是微弱的、暗淡的,远不及我们的原来知觉所有的颜色。我们并不需要细致的识别力或哲学家的头脑,就可以标记出这两种知觉的分别来。

因此,在这里我们就可以把人心中的一切知觉分为两类,而这两类就是借它们的强力和活力来分辨的。较不强烈、较不活跃的知觉,普通叫做思想或观念(Thoughts or ideas)。至于另一种知觉,在英文中缺少相当的名称,而且在许多别的语言中也缺少相当的名称;我想这是因为只有在人们从事于哲学的思想时,才需要把它们归在一个名称下,平常就无此需要。

我们可以稍随便一点,叫它们为印象(Impression)。不过我们在这里用的这个名词,意义和寻常稍有不同。我所谓"印象"一词,乃是指我们的较活跃的一切知觉,就是指我们有所听、有所见、有所触、有所爱、有所憎、有所欲、有所意时的知觉而言。

印象是和观念有别的,所谓观念就是在反省上述的那些感觉和运动时我们所意识到的一些较不活跃的知觉。

初一看来,没有别的东西像人的思想那样没有界限,人的思想不只能逃掉人类的权力和权威,而且它甚至不能限制在自然和实在的范围以内。我们的想象在构成妖怪观念时,在把不相符合的各种形象和现象接合在一块时,也正如同它在设想最自然最习见的物象时一样,并不多费一点辛苦。我们的身体虽然限制在一个星球上,并且带着痛苦和困难在其上攀缘着,但是我们的思想却能在一刹那以内把我们运载到宇宙中最远的地方;甚至于超出了宇宙,达到那个无界限的混沌中——人们假设在那里宇宙完全纷乱起来。没有看过,没有听过的东西,也是可以构想的。任何东西,凡在其自身不含有绝对矛盾的,都是可以为我们所思想的。

但是我们的思想虽然似乎有这种无限的自由,可是我们在细密地考察之后,就会看到,它实在是限于很狭窄的范围以内的,而且人心所有的全部创造力,只不过是把感官和经验供给于我们的材料混合、调换、增加或减少罢了,它并不是什么奇特的官能。当我们思想一座黄金山时,我们只是把我们以前所熟悉的两个相符的观念——黄金和山——联合起来。我们所以能构想一个有德性的马,乃是因为我们凭自己的感觉可以构想德性,并且把这种德性接合在我们所习见的一匹马的形象上。总而言之，思想中的一切材料都是由外部的或内部的感觉来的。人心和意志所能为力的，只是把它们加以混合和配列罢了。我如果用哲学的语言来表示自己，那我可以说，我们的一切观念或较微弱的知觉都是印象或是较活跃的知觉的摹本。

要想证明这一点，我想，我们只用下边两种论证就够了。

第一点，当我们分析我们的思想或观念（不论它们如何复杂或崇高）时，我们常会看到它们分解成简单的观念，而且那些简单的观念是由先前的一种感情或感觉来的。有些观念虽然似乎和这个来源相去甚远，但是在仔细考察之后，我们仍会看到它们是由这个根源来的。就如上帝观念虽是指着全智全善的一个神明而言，实则这个观念之生起，也是由于我们反省自己的心理作用，并且毫无止境地继续增加那些善意和智慧的性质。我们这种考究不论进行到什么程度，而我们也总会看到，我们所考察的各个观念是由相似的印象来的。人们如果说，我们这个论旨不是普遍真实的，不是没有例外的，而他们只有一个简易的方法来反驳此说，他们只需拿出他们认为不由这个来源出发的（在他们以为）那个观念来（但是这是不可能的）。所以我们如果想主张我们的学说，那我们就必须拿出与那个观念相应的印象或活跃的知觉来。

第二点，一个人如果因为感官有了缺陷，以致不能有任何感觉，那我们也总会看到，他也一样不能形成与此相应的观念。一个瞎子并不能构成颜色观念，一个聋子并不能构成声音观念。但是你如果给他们恢复了他们所缺的那种感官，你在给他们的感觉开了入口以后，同时也就给他们的观念开了入口，而且他也就因此不难在无印象时来构想这些对象。同样，一个物象虽然可以刺激起某种感觉来，但是它如果从未同感官接触过，而人也就不能得到那种感觉。一个兰勃兰人或一个黑人对于酒的滋味就没有任何意念。在人心方面虽然很少有同样缺陷的例子，我们虽然不曾见一个人从未感到或根本不能感到人类所共有的一种情趣或情感，可是我们也见到有同样现象，只是程度较小罢了。一个柔和的人并不能观念到难以消解的报复心理或残忍心理；一个自利的人心也不容易设想深谊厚爱。我们很容易承认，别的灵物或者具有许多感官是我们所意想不到的；因为它们的观念从没有照一个观念进入我们心中所由的唯一途径来进入我们心中，那就是说，它们并不曾借真实的感情和感觉来进入我们心中。

不过有一种奇特的现象，很可以证明，离了相对应的印象，观念并非绝对不能生起。我相信，人们都会承认，由眼来的各种颜色观念（或由耳来的各种声音观念），真是互相有差异的——虽然它们同时又是互相类似的。这种说法如果可以适用于各种不同的颜色，那它也一样可以适用于同一颜色的浓淡不同的各种色调；每一色调会产生出异于其余色调的一个观念来。你如果不承认这一点，那我们还可以借各种浓淡色调的逐渐推移使一种颜色于不知不觉中进到与原来很远的地步；你如果不承认中间的任何分段是互相差异的，而你如果再承认两个极端不是同一的，那就不能不陷于荒谬之中了。假定有一个人三十年以来继续享有其视觉，并且完全熟习了一切颜色，只是一生中未曾遇到蓝色的某种色调。你如果把蓝色的各种色调置在他面前（只是除了那一个特殊的色调），由最深的逐渐进到最浅的：他一定会看到，那个色调缺乏的地方有一个空白，而且他会感觉到，在那里，靠近的两个色调距离比在别的地方较远。现在我就可以问，那个特殊的色调观念虽然未曾由他的感官进入他的心中，但是他是否可以借想象的力量补充起这种缺陷来，并且把那个观念由自己心里生起来？我相信，多数人都会以为他能够这样。这个现象可以证明，简单的各个观念不个个是由相对应的观念来的——虽然这个例证很稀少，几乎不值得我们注意，而且我们也一定不能由此就改变了我们的公理。

在这里，我们就有一个命题，它本身不仅是简单的、可了解的，而且我们如果把它运用得当，那我们还可以使各种争论都一样可以理解，并且把一切妄语都驱散了，使它们不能再照原来的样子弥漫于哲学的推论，并且使那些推论蒙受了耻辱。我们可以说：一切观念，尤其是抽象的观念，天然都是微弱的、暧昧的，人心并不能强固地把握住它们，它们最容易和其他相似的观念相混淆，而且在我们习用了任何一种名词以后，则它虽没有任何清晰的意义，我们也容易想象它附有一种确定的观念。在另一方面，一切印象，也就是一切感觉，不论内部外部，都是强烈的、活跃的；它们的界限较为精确而确定，而且在这方面，我们也不容易陷于错误中。

因此，我们如果猜想，人们所用的一个哲学名词并没有任何意义或观念（这是常见的），而我们只需考究，"那个假设的观念是由什么印象来的"？如果我们找不出任何印象来，这便证实了我们的猜想。我们如果把各种观念置在这样明白的观点之下，我们正可以合理地希望，借此来免除人们关于观念的本性和实在方面所有的一切争论。

▶ 选文出处

休谟：《人类理解研究》，关文运译，北京，商务印书馆，1972年，第19~23页。

## 2 《人类理解研究》第 12 章——怀疑哲学

### 第一节

人们为证明神明的存在和无神论者的错误起见，曾经有过许多许多哲学的推论，在任何别的题目方面，都没有过那样多的推论。可是最富于宗教性的哲学家们还在争论，是否有任何人可以盲目到家，竟至在沉思冥想之后还是一个无神论者。这两种矛盾我们将如何加以调和呢？巡游骑士们在周历各处来扩清世上的毒龙和巨人时，他们对于这些妖怪的存在，是从不曾有丝毫怀疑的。

怀疑论者是宗教的另一个仇敌，他自然而然地激起了一切神学家和较严肃的哲学家的愤怒（这种愤怒是没有来由的），因为我们还不曾见有一个荒谬万分的人物，在行动或思辨方面对于任何题目概没有任何意见或原则。这就生起一个自然而然的问题来，就是，所谓"怀疑论者"是什么意思？而且我们能把这些怀疑的哲学原则推进到多么远的地步。

有一种先行于一切研究和哲学的怀疑主义，笛卡儿以及别的人们曾以此种主义谆谆教人，认为它是防止错误和仓促判断的无上良药。那个主义提倡一种普遍的怀疑，它不只教我们来怀疑我们先前的一切意见和原则，还要我们来怀疑自己的各种官能。他们说，我们要想确信这些原则和官能的真实，那我们必须根据一种不能错误、不能欺骗的原始原则来一丝不紊地往下推论。不过我们并不曾见有这样一种原始原则是自明的，是可以说服人的，是比其他原则有较大特权的。

纵然有这种原则，而我们要是超过它再往前进一步，那也只能借助于我们原来怀疑的那些官能。因此，笛卡儿式的怀疑如果是任何人所能达到的（它分明是不能达到的），那它是完全不可救药的。而且任何推论都不能使我们在任何题目方面达到确信的地步。

但是我们必须承认，这种怀疑主义在较中和的时候，我们正可以认为它是很合理的，而且它正是研究哲学的一种必需的准备，因为它可以使我们的判断无所偏倚，并且使我们的心逐渐脱离我们由教育或浅见所学来的一切成见。在哲学方面，我们必须从显然明白的原则开始，必须借小心而稳定的步骤往前进行，必须屡屡复检我们的结论，必须精确地考察它们的一切结果。这些方法，我们虽然只能借它们在自己的体系中徐徐前行、无大进步，可是只有借这些方法我们可以希望达到真理，并且使我们的结果勉强可以稳定和确定。

还有一种怀疑主义是在经过科学和研究以后来的，在这时人们发现了他们的心理官能是绝对错误的，或是发现了那些官能在它们寻常所研究的那些奇特的思辨题目方面，并不能达到任何确定的结论。有一类哲学家甚至怀疑我们的感官，日常生活中的公理也受到同样的怀疑，正如哲学中和神学中那些最深奥的原则或结论似的。这些奇僻的教条（如果它们可以说是教条）既然被一些哲学家所主张，又被少数哲学家所反驳，所以它们自然引起我们的注意，使我们来研究它们所依以建立的那些论证。

在各时代，怀疑家都曾用过一些陈腐的论点来反对感官的证验。他们说，我们的器官在很多方面是不完全的、谬误的，例如桨落在水中就显得弯曲起来；又如各种物象在不同的距离以外就呈出不同的形状；又如把一眼紧挤时，就会看见双像，此外还有别的相似的一些现象。不过这些论题我现在并不加以深论，这些怀疑的论题只足以证明，我们不应当单独凭信各种感官，而应当用理性来考究媒介物的本性、物象的远近、器官的方位，以便来改正它们的证据，以便使它们在它们的范围内成为真理和虚妄的适当标准。此外还有反对感官的较深一层的论证，并不容易就照这样解决。

我们似乎看到，人类都凭一种自然的本能或先见，来信托他们的感官。我们似乎看到，不借任何推论（甚或几乎是在我们运用理性之前），人类就恒常假设有一个外在的宇宙，以为它是不依靠于我们的知觉，以为它可以独立存在——纵然我们以及一切有感情的东西都不在场或被消灭了。就是动物界也被这种信念所支配，而且在它们的思想中、计划中和行动中，都保持这种对外物的信仰。

我们还似乎看到，人们在信从这种盲目而有力的自然本能时，他们总是假设，感官所呈现出的那些影像正是外界的事物，他们从来想不到，前者不是别的，只是后者的表象。我们所见为白、所触为硬的这张桌子，他们相信它是独立于我们的知觉以外存在的，相信它是在能知觉它的心以外而存在的一种东西。我们在场，也并不能给它以存在，我们不在，也并不能消灭它。它把它的存在保持得齐一而完整，不论能知觉它、能思维它的那些智能生物处于什么方位。

不过全人类这种普遍的原始的信念，很容易被肤浅的哲学所消灭。哲学教我们说，除了影像或知觉而外，什么东西也不能呈现于心中，而且各种感官只是这些影像所由以输入的一些入口，它们并不能在人心和物象之间产生什么直接交通。我们所看见的这张桌子，在我们往后倒退时，它就似乎变小了。不过在我们以外独立存在的那张桌子并没有经过什么变化。因此呈现于心中的，没有别的，只有它的影像。这分明是理性的指示。任何人只要一反省，就会相信，当我们说"这个屋"和"那棵树"时，我们所考究的存在，不是别的，只是心中的一些知觉，只是别的独立而齐一的一些事物在心中所引起的迅速变化的一些摹本或表象。

由此看来，理性的推论使我们不得不来反驳或抛弃自然的原始本能，在感官的证验方面接受一种新体系。但是当哲学企图辩护这个新体系，并且排除怀疑派的指责和反驳时，它在这里又看到它自己陷于极端迷惑的境地中。它已经不能再为那个无误的不可抗的自然本能来辩护，因为那就使我们陷于另一种十分差异的体系，而那个体系又是公认为虚妄而谬误的。它并不能借明白有力的一串论证，或任何貌似的论证，来辨正这个新的哲学体系，这种企图是超过人类全部才干的力量的。

我们借什么论证能够证明人心中的知觉定是由和它们相似（如果这是可能的）而实际完全差异的一些外物所引起呢？我们凭什么论证来证明它们不能由人心的力量生起呢？我们凭什么论证来证明它们不能由一种无形而不可知的精神的暗示生起呢？我们凭什么论证来证明它们不能由更难知晓的一种别的原因生起呢？人们都承认，事实上这类知觉许多不是来自外物，如在做梦时、发疯时或得其他病时那样。我们既然假设，心和物是两种十分相反，甚至于相矛盾的实体，所以物体究竟在什么方式下来把它的影像传达到心里，那真是最难解释的一件事。

感官传来的这些知觉，究竟是否是由相似的外物所产生的呢？这是一个事实问题。我们该如何来解决这个问题呢？当然借助于经验；正如别的一切性质相同的问题都是如此解决的。但是经验在这里，事实上，理论上，都是完全默不作声的。人心中从来没有别的东西，只有知觉，而且人心也从不能经验到这些知觉和物象的联系。因此，我们只是妄自假设这种联系，实则这种假设在推论中并没有任何基础。

要想求助于崇高神明的真实无妄，来证明我们感官的真实无妄，那只是很无来由的一个绕弯。他的真实无妄如果与这事情有关，那我们的感官都该完全是无误的，因为他是不会骗人的。——此外，我们如果怀疑外在的世界，我们就更茫然地找不出证据来，以证明那个神明的存在或他的任何属性的存在（指笛卡儿）。

因此，在这个论题方面，那些较深奥较富于哲学意味的怀疑家，是永获胜利的，——当他们努力把一种普遍怀疑应用在人类知识和研究的一切题目上时。他们会说，你顺从自然的本能和倾向来相信感官的真实无妄么？但是这样就会使你相信知觉或可感的影像就是外界的事物。你把这个原则抛弃了，以便来接受一个较合理的信念，以为各种知觉只是外界事物的一种表象么？

但是你这里又离弃了你的自然的倾向和较明显的感觉，而且同时也不能满足你的理性，因为理性从不能在经验中找到任何强有力的证据，来证明各种知觉是和任何外界事物相联系着的。

此外还有另一个相似的怀疑论题，乃是从最深奥的哲学来的。这个论题或者也是值得我们注意的，如果我们需要这样深究，以便来发现一些无关宏旨的论证和推论来。现代的研究家都普遍地承认，物象的一切可感的性质，如硬、软、热、冷、白、黑等，都只是次等的性质，并不存在于外物本身中，它们只是心中的一些知觉，并不表象任何外界的原型或模型。

在次等性质方面我们如果承认此说，则在所假设的原始性质方面，如广袤和填充性，我们也必然得承认此说，而且广袤等也同次等性质一样没有权利得到原始性质这个名称。广袤的观念是完全由视和触两种感官来的，因此，这两种感官所知觉到的一切性质如果都是在心中的，而不是在物象中的，那同样结论也必须扩及于广袤观念上，因为这个观念是完全依靠于可感的观念或次等性质的观念的。我们如果想逃避这个结论，那我们只有说，那些原始性质的观念是由抽象作用获得的。但是这个意见，我们如果精密地考察一番，则我们便可以看到，它是不可了解的，甚至于是荒谬的。一个既不可触而又不可见的广袤是不能被我们所构想的；如果广袤是可触的或可见的，则我们再说它又非硬、又非软、又非黑、又非白，那也一样不是人类所能构想出来的。你可以让任何人来构想一个又非等腰又非不等边，而又无确定边长的概括三角形。他一定立刻会看到，在抽象作用和概括观念方面，经院哲学的一切意念乃是荒谬万分的。

由此看来，对于感官的证验，或对于外物存在的信念，第一种哲学的反对就是说：那样一个信念如果建立在自然的本能上，那它是违反理性的，如果参照于理性，又是和自然的本能相反的，而且它同时也并不带着合理的证验来说服一个无偏向的考察者。至于第二层反驳，就又进了一层，它把这种信念形容得是违反理性的，至少也是说，那种信念如果是理性的原则，而一切可感的性质都是在心中的，不是在物象中的。你如果把物质的一切可觉察的性质（不论原始的或次等的）都剥夺了，你差不多就把它消灭了，只留下一种不可知、不可解的东西，作为我们的知觉的原因。这个莫须有的意念太不完全了，所以没有一个怀疑者会以为它是值得辩驳的。

第二节

要借论证和推论来消灭理性，那似乎是怀疑者的一种很狂妄的企图。不过这实在是他们一切研究和争辩的最大目的。

他们竭力想找寻一些理由，来反对我们的抽象推论和关于实际事实与存在的那些推论。

反对一切抽象推论的主要理由，是由空间观念和时间观念来的。这些观念在一些对日常生活不留心的人看来，是很明白而可了解的，但是当它们经过各种深奥科学的研究时（它们正是这些科学的主要对象），它们却似乎给了我们一些充满了荒谬和矛盾的原则。人们为驯服并征服人类的反叛的理性起见，曾经发明了许多祭司式的教条，这些教条中最能摇撼常识的，就是广袤的可以无限分割说，和此说的各种推论。几何学家和哲学家都得意忘形地以堂皇之词表现这种理论。他们说，一个实在数量虽然比任何有限数量小无数倍，可是其中还包含着比它自己小无数倍的无限数量，如此可以推到无限。这个大的建筑是太大胆，太怪异，太沉重了，所以任何自命的解证都不能来支持它，因为它正是摇动了人类理性的最明白最自然的原则。不过使这件事体更为奇特的是，这些似乎荒谬的意见乃是被最明白最自然的一串推论所支撑的。我们只要承认了前提，就不能不承认其结论。最动人最满意的结论莫过于涉及圆形的和三角形的性质的那些结论。

但是我们接受了这些结论，我们就不能不承认，圆和切线间的接触角小于任何直线角，而且你如果把圆形的直径无限增大，则这个接触角也可以无限缩小，而且别的曲线和其切线间的接触角，还可以比任何圆形和其切线间的接触角小了无限，如此可以推到无限。这些原则的解证似乎是无可非难的，正如证明三角形三角等于两直角的那些解证是无可指责的一样，虽然后边这个意见是自然的、容易的，前边那个意见是充满矛盾和荒谬的。理性在这里似乎被陷于一种惊异和犹疑中，这种情形，不借任何怀疑家的暗示，就可以使它怀疑自己，怀疑它所践的土地。它看见一片炫烂的光照耀着某一个地方；不过那片光却和极度的黑暗相与为邻。在光和暗中间，它晕眩了，迷惑了，所以它对于任何一个物象都难有任何确定的断言。

抽象科学中这些大胆结论的荒谬背理，在时间方面比在广袤方面更为显著——如果还能更显著的话。要说时间的各实在部分可以有无限数目，前灭后生的一连串继续下去，那分明是一种矛盾，因此，我们会想，一个人的判断只要不被这些科学所污损（不是改良），那他一定不会相信它。

但是这些貌似的荒谬和矛盾，虽然把理性驱迫到怀疑主义的地步，可是理性即在这方面也仍不能安然停顿起来。要说一个明白而清晰的观念所含的情节，可以反乎它自己，反乎其他任何明白而清晰的观念，那是绝对不可解的，而且这种说法荒谬的程度可以同任何荒谬的命题相比。由几何学或数量科学中的一些怪论得出的这种怀疑主义，乃是最富于怀疑色彩，最充满疑虑和踌躇的，这是任何理论所不及的。

关于可然性的证据或关于实际事实的推论，人们有两种怀疑的反驳：一为通俗的，一为哲学的。通俗的反驳所根据的理由不外是说：（一）人类的理解天生是脆弱的；（二）在各时期各国人们所怀的意见是矛盾的；（三）我们在疾病时和在健康时，在青年时和在老年时，在兴隆时和在穷困时，判断常是互相差异的，而且（四）各人自己的意见和信念都是不断冲突的；此外还有许多别的论据。我们对于这一项反驳，现在也无须申论。这些反驳只是脆弱的。因为在日常生活中，我们既然每时每刻对实在的事实和存在有所推论，而且我们如果不是继续用这种论证，就难以存在，所以由这方面得来的通俗反驳，并不足以消灭那种证据。最能推翻皮浪主义（Pyrrhonism）或过分的怀疑原则的，乃是日常生活中的行动、业务和工作。这些原则在经院中诚然可以繁荣，可以胜利，在那里我们是难以（纵非不可能）反斥它们的。但是它们一离开它们的庇护所，并且借触动我们情感和感觉的那些实在物象，和我们天性中那种较有力的原则对立起来，那它们立刻会烟消云散，并且使最有决心的怀疑者和其他生物处于同一状况之下。

因此，怀疑者顶好是守住自己的范围，并且发挥出由较深奥的研究而发生的那些哲学的反驳。在这里，他似乎有充分取胜的地方，他可以合理地主张说，在存在于记忆证据或感官证据以外的任何事实方面，我们的全部证明都是由因果关系来的；他可以合理地主张说，我们对于这种关系并没有别的观念，我们只是对恒常在一块会合着的两个物象有一种观念；他可以合理地主张说，我们并没有什么充分的论证可以使我们相信，我们经验到常在一块会合着的那些物象，在别的例证下，也照样会合在一块；他还可以合理地主张说，除了习惯或我们天性中一种本能以外，并没有别的情节可以使我们得到这种推测，这种本能自然是难以反抗的，不过它也和别的一些本能一样，也可以是错误的、骗人的。一个怀疑家如果坚持这些论点，那他就充分表现出他的力量来，或者可以说，表现出他自己以及我们全人类的弱点来，而且他就似乎（至少在当下）消灭了一切信念和确信。如果我们能从这类论证给社会求到任何可以经久的幸福或利益，那我们原不妨加以详细的叙述（但它们并无任何经久的利益，所以我们就不再仔细说了）。

因为在这里，过分的怀疑主义正受了最重要、最可以颠覆它的一种反驳。那种反驳是说，这个怀疑主义如果保持其充分的力量，那它对于社会并不能贡献任何经久的利益。我们只要问那样一个怀疑家说，他的意思是要怎样？他想借这些奇怪的研究给我们贡献什么？那他就立刻不知如何来答复。

一个哥白尼信徒或托勒密派信徒（Ptolemaic）在拥护其各自的天文学说时，他希望在他的听众方面产生一种可以经久的确信。一个斯多葛信徒或伊壁鸠鲁信徒所号召于人的原则可能不是经久的，但是它们在人类行为上还可以有一种影响。但是一个皮浪主义者并不能期望他的哲学在人心上会有任何恒常的影响；纵然它能有那种影响，他也不能期望那种影响会有益于社会。正相反的，他还必须承认（如果他可以承认任何事情），他的原则如果有了普遍的稳定的影响，人生就必然会消灭。一切推论，一切行动都会立刻停止起来，一切人都会处于昏然无知的状态中，一直到自然的需要，因为不满足之故，了结他那可怜的生涯。的确，这样不幸的一种事件是不必怕的。自然的强力常不是原则所能胜过的。一个皮浪主义者虽然可以借他自己的深奥的推论，使他自己或别人陷于暂时的惊讶和纷乱中，可是人生中第一次些小的事情就会驱散他的一切犹疑和怀疑，使他在行动和思辨的每一方面，都同一切其他派别的哲学家，甚至同未曾致力于哲学研究的人们，处于同一情势之下。当他由他的梦中惊醒时，他一定是第一个同人一道非笑自己的人，并且承认他的一切反驳只是一种开心的玩艺，并没有别的倾向，它们只足以指示出人类的奇怪状态来，因为人类虽然不得不行动、不得不推理、不得不信仰，但是他们却不能借他们的最精勤的考察，使自己完全明了这些作用的基础，或者免除反对这些作用的那种理论。

### 第三节

不过也有一种较和缓的怀疑主义或学院派的哲学是既可以经久而又可以有用的，而且它有几分是这个皮浪主义或过度的怀疑主义的结果；是后者的彻底怀疑有几分被常识和反省所改正了以后的结果。人类的大部分在表示自己的意见时天然是易于肯定、专断的；他们如果只看到物象的一面，而且对于任何相反的论证没有一个观念时，那他们就会鲁莽地接受他们心爱的原则；而且他们对于持相反意见的那些人，毫不能稍事纵容。他们是不能踌躇和计虑的，因为这就可以迷惑他们的理解，阻止他们的情感，停顿他们的行动。因此，他们就想急于逃脱这样不自在的一种状态，而且他们以为，他们纵然借猛烈的肯定和专断的信仰，也恐怕不能把这个状态完全脱除了。但是这些专断的推理者如果能觉察到人类的理智，即在最完全的状态下，即在它最精确最谨慎地做出结论时，也是特别脆弱的；则这种反省自然会使他们较为谦和、较为含蓄一些，且会使他们减少偏爱自己的心理和厌恶其对敌的心理。目不识丁的人应该体会博学者的心向，因为那些博学者虽从研究和反省得到许多利益，可是他们在其结论中仍然往往是不敢自信的。在另一方面，博学的人们如果天性倾向于骄傲和固执，那他们稍一沾染皮浪主义就可减低他们的骄傲，因为那种主义可以指示给他们说，他们对于其同辈所占的一点上风，如果和人性中生来就有的那种普遍的迷惑和纷乱比较起来，实在是不足道的。

总而言之，一个合理的推理者在一切考察和断言中应该永久保有某种程度的怀疑、谨慎和谦恭才是。

此外，还有另一种缓和的怀疑主义，也或者是有益于人类的。这种怀疑主义也或者是皮浪式的怀疑自然的结果，它主张把我们的研究限于最适于人类理解这个狭窄官能的那些题目。人的想象力天然是崇高的，它欢喜悠远而奇特的任何东西，它会毫无约束地跑到最远的时间和空间，以求避免因习惯弄成平淡无奇的那些物象。至于一个正确的判断，它遵守着一种相反的方法，它要避免一切高而远的探求，使它自己限于日常生活中，限于日常实践和经验的题目上。它把较崇高的论题留给诗人和演说家来润饰，或留给僧侣和政治家来铺张。要想使我们得到这样有益的一个结论，最有效的方法，莫过于有一度完全信服了皮浪式的怀疑的力量，并且相信了，除了自然本能的强力而外，没有任何东西可以使我们摆脱这种怀疑的力量。有哲学嗜好的人仍然要继续他们的研究，因为他们借反省知道，除了那种钻研直接所带来的快乐而外，哲学的结论也并不是别的，只是系统化的修正过的日常生活的反省。但是他们万不会受引诱，跑到日常生活以外，只要他们想到他们所运用的官能是不完全的、它们的范围是狭窄的、它们的作用是不精确的。我们既不能拿出一个满意的理由来，说明我们何以在经过一千次实验以后，就来相信石要下坠，火要燃烧，那么我们关于世界的起源和自然在悠久时间中起讫的位置，如果有任何断言，我们还能自己相信得过自己么？我们对自己研究所加的这种狭窄限制，在各方面是很合理的，所以我们稍一考察人心的自然能力并且把它们和它们的对象相比较，那我们就得来赞成这种限制。因此，我们可以来找寻什么是科学和研究的固有题目。

在我看来，抽象科学和解证的唯一对象，只在于量和数，而且我们如果想把这种较完全的知识扩充到这些界限以外，那只是诡辩和幻想。量和数的组成部分虽然完全是相似的，可是它们的关系却是复杂的，错综的；我们如果借各种媒介，在各种形相下，来推察它们的相等或不相等，那是再好玩不过，再有用不过的。但是除了数和量的关系以外，别的一切观念既然是互相分别、互相差异的，所以我们纵然借极深的考察，也不能进得很远，我们只能观察这种差异，并且借明白的反省来断言此物不是彼物。在这些判断中如有任何困难，则那种困难是完全由不确定的字义来的，这种字义是可以用较正确的定义来改正的。"弦之方等于其他两边之方"的这个定理，我们纵然把其中的名词都精确地下了定义，但是我们如果没有一串推论和考究，我们也不能知道它。但是要想使我们相信"没有财产，就没有非义"这个命题，那我们只需给这些名词下个定义，并且解释非义就是侵犯他人的财产。这个命题本身实际也就是一种较不完全的定义。除了数量科学以外，各科学中那些妄立的连珠式的推论都是这样的。只有数量科学，我想，可以确乎断言是知识和解证的适当对象。

人类别的一切探究都只是涉及实际的事实和存在的，这些分明是不能解证的。凡"存在"者原可以"不存在"。一种事实的否定并没含着矛盾。任何事物的"不存在"，毫无例外地和它的"存在"一样是明白而清晰的一个观念。凡断言它为不存在的任何命题（不论如何虚妄）和断言它为"存在"的任何命题，乃是一样可构想、可理解的。至于严格的科学就不是这样的。在那里，凡不真实的命题都是纷乱的，无意义的。要说"六四"的立方根等于十数之半，这乃是一个虚妄的命题，从不能被我们所清晰地了解的。但是要说恺撒（Caeasar）、天使加伯列（Gabriel）或其他人物不曾存在过，那也许是一个虚妄的命题，但是它仍是完全可以想象的，并没有含着矛盾。

因此，任何事物的存在，只能以其原因或结果为论证，来加以证明，这些论证是完全建立在经验上的。我们如果先验地来推论，那任何事物都可以产生任何别的事物。① 石子的降落也许会把太阳消灭了，人的意志也许可以控制住行星的运转。只有经验可以把因果的本性和范围教给我们，使我们可以根据一件事物的存在，来推测另一件事物的存在。或然性的推论，其基础就是这样的，虽然这种推论形成了大部分人类知识，并且是一切人类行为的源泉。

可然性的推论有两种对象，一为特殊的事实，一为概括的事实。人生中一切思考都涉及前者；历史学中、年代学中、地理学中和天文学中一切研究，也涉及前者。

至于研究概括事实的科学，则有政治学、自然哲学、物理学、化学等等。在这些方面我们所考究的是一切物象的性质和因果。

神学既然是要证明神圣的存在和灵魂的不灭，所以它的推论一部分是关涉于特殊的事实，一部分是关涉于概括的事实。在它可以为经验所证实的范围以内，它在理性中也有一部分基础。但是它的最好的最牢固的基础乃是信仰和神圣的启示。

道德学和批评学宁可说是趣味和情趣的对象，而不可说是理解的对象。所谓美，不论是道德的，抑或自然的，只可以说是被人所感觉的。而不可说

---

① 古代哲学中有一条亵渎的公理说，"无中不能生有"。这个公理曾把物质创造说取消了。但是按照现在这种哲学说来，这条公理就不成其为公理。不只崇高神明的意志可以产生出物质来，而且按照我们先验的推论说来，任何"实有"的意志都可以产生它，而且最奇幻的想象所能幻想出的任何原因也能产生它。

是被人所观察的。如果我们关于这一点有所推论，并且努力来确定它的标准，那我们所关心的又是一种新事实——就是人类一般的趣味，或可以供我们推论和研究的这一类事实。

我们如果相信这些原则，那我们在巡行各个图书馆时，将有如何大的破坏呢？我们如果在手里拿起一本书来，例如神学书或经院哲学书，那我们就可以问，其中包含着数和量方面的任何抽象推论么？没有。其中包含着关于实在事实和存在的任何经验的推论么？没有。那么我们就可以把它投在烈火里，因为它所包含的没有别的，只有诡辩和幻想。

### 选文出处

休谟：《人类理解研究》，关文运译，北京，商务印书馆，1972年，第132~145页。

# 二、理性论

# 笛卡儿

> 经过普遍怀疑之后，笛卡儿得出"我思故我在"这一命题，由此命题，笛卡儿又建立一条普遍规则：凡是我极清楚、极明白地知觉到的东西都是真的。最后笛卡儿得出上帝这一绝对实体以及精神与物质这两个相对实体的存在。

### 作者简介

笛卡儿（René Descartes, 1596—1650），法国哲学家、数学家、自然科学家，近代西方哲学的创始人。1604—1612年就读于耶稣会公学，学习神学、经院哲学和自然科学。1628年移居荷兰，从事学术研究和著述。1649年应瑞典女王邀请移居瑞典，卒于斯德哥尔摩。主要著作有《方法谈》（1637）、《第一哲学沉思集》（1641）、《哲学原理》（1644）、《论心灵的各种感情》（1649）等。

### 著作选读：

《第一哲学沉思集》第一、二、三沉思。

**1 《第一哲学沉思集》第一个沉思——论可以引起怀疑的事物**

由于很久以来①我就感觉到我自从幼年时期起就把一大堆错误的见解当做真实的接受了过来，而从那时以后我根据一些非常靠不住的原则建立起来的东西都不能不是十分可疑、十分不可靠的，因此我认为②，如果我想要在科学上建立起某种坚定可靠、经久不变的东西的话，我就非在我有生之日认真地把我历来信以为真的一切见解统统清除出去，再从根本上重新开始不可。可是这个工作的规模对我来说好像是太大了，因此我一直等待我达到一个十分成熟的年纪，成熟到我不能再希望在这以后还会有更合适于执行这项工作的时候为止，这就使我拖延了如此之久，直到我认为如果再把我的余生不去用来行动，光是考虑来、考

---

① 法文第二版："并不是从今天起"。——中译者（本文以下脚注均为中译者注）
② 法文第二版："从那时起我就认为"。

虑去的话，那我就铸成大错了。

而现在，由于我的精神已经从一切干扰中解放了出来①，我又在一种恬静的隐居生活中得到一个稳定的休息，那么我要认真地、自由地来对我的全部旧见解进行一次总的清算。可是，为了达到这个目的，没有必要去证明这些旧见解都是错误的，因为那样一来，我也许就永远达不到目的。不过，理性告诉我说，和我认为显然是错误的东西一样，对于那些不是完全确定无疑的东西也应该不要轻易相信，因此只要我在那些东西里找到哪管是一点点可疑的东西②就足以使我把它们全部都抛弃掉。这样一来，就不需要我把它们拿来一个个地检查了，因为那将会是一件没完没了的工作。可是，拆掉基础就必然引起大厦的其余部分随之而倒塌，所以我首先将从我的全部旧见解所根据的那些原则下手。

直到现在，凡是我当做最真实、最可靠而接受过来的东西，我都是从感官或通过感官得来的。不过，我有时觉得这些感官是骗人的；为了小心谨慎起见，对于一经骗过我们的东西就决不完全加以信任。

可是，虽然感官有时在不明显和离得很远的东西上骗过我们，但是也许有很多别的东西，虽然我们通过感官认识它们，却没有理由怀疑它们：比如我在这里，坐在炉火旁边，穿着室内长袍③，两只手上拿着这张纸，以及诸如此类的事情。

我怎么能否认这两只手和这个身体是属于我的呢，除非也许是我和那些④疯子相比？那些疯子的大脑让胆汁的黑气扰乱和遮蔽得那么厉害，以致他们尽管很穷却经常以为自己是国王；尽管是一丝不挂，却经常以为自己穿红戴金；或者他们幻想自己是盆子、罐子，或者他们的身了是玻璃的。但是，怎么啦，那是一些疯子，如果我也和他们相比，那么我的荒诞程度也将不会小于他们了。

虽然如此，我在这里必须考虑到我是人，因而我有睡觉和在梦里出现跟疯子们醒着的时候所做的一模一样、有时甚至更加荒唐的事情的习惯。有多少次我夜里梦见我在这个地方，穿着衣服，在炉火旁边，虽然我是一丝不挂

---

① 法文第二版："而今天对于实行这个计划是再好不过了，因为我的精神已经从各种各样的顾虑中摆脱出来，幸而我在情绪上又没有感到有任何激动。"

② 法文第二版："假如在每一个东西里边找到什么怀疑的理由"。

③ 指在室内穿的长便服。很多人把 robe de chambre 译为"睡衣"，错了；因为欧洲17世纪还没有睡衣，欧洲人那时习惯于脱光了衣服睡觉，所以笛卡儿，在下一段里说："一丝不挂地躺在我的被窝里"。

④ 法文第二版是："某些"。

地躺在我的被窝里！我现在确实以为我并不是用睡着的眼睛看这张纸，我摇晃着的这个脑袋也并没有发昏，我故意地、自觉地伸出这只手，我感觉到了这只手，而出现在梦里的情况好像并不这么清楚，也不这么明白。但是，仔细想想，我就想起来我时常在睡梦中受过这样的一些假象的欺骗。想到这里，我就明显地看到没有什么确定不移的标记，也没有什么相当可靠的迹象①使人能够从这上面清清楚楚地分辨出清醒和睡梦来，这不禁使我大吃一惊，吃惊到几乎能够让我相信我现在是在睡觉的程度。

那么让我们现在就假定我们是睡着了，假定所有这些个别情况，比如我们睁开眼睛，我们摇晃脑袋，我们伸手，等等，都不过是一些虚幻的假象；让我们就设想我们的手以及整个身体也许都不是像我们看到的这样。尽管如此，至少必须承认出现在我们的梦里的那些东西就像图画一样，它们只有摹仿某种真实的东西才能做成，因此，至少那些一般的东西，比如眼睛、脑袋、手以及身体的其余部分②并不是想象出来的东西，而是真的③、存在的东西。因为，老实说，当画家们用最大的技巧，奇形怪状地画出人鱼和人羊的时候，他们也究竟不能给它们加上完全新奇的形状和性质，他们不过是把不同动物的肢体掺杂拼凑起来；或者就算他们的想象力达到了相当荒诞的程度，足以捏造出来什么新奇的东西，新奇到使我们连类似的东西都没有看见过，从而他们的作品给我们表现出一种纯粹出于虚构和绝对不真实的东西来，不过至少构成这种东西的颜色总应该是真实的吧。

同样道理，就算这些一般的东西，例如眼睛④、脑袋、手以及诸如此类的东西都是幻想出来的，可是总得承认有⑤更简单、更一般的东西是真实的、存在的，由于这些东西的掺杂，不多不少正像某些真实的颜色掺杂起来一样，就形成了存在于我们思维中的东西的一切形象，不管这些东西是真的、实在的也罢，还是虚构的、奇形怪状的也罢。一般的物体性质和它的广延，以及具有广延性东西的形状、量或大小和数目都属于这一类东西；还有这些东西所处的地点，所占的时间，以及诸如此类的东西。

这就是为什么我们从以上所说的这些将做出这样的结论也许是不会错的：物理学、天文学、医学以及研究各种复合事物的其他一切科学都是可疑的、靠不住的；而算学、几何学，以及类似这样性质的其他科学，由于他们所对

---

① "也没有什么相当可靠的迹象"，法文第二版缺。
② "的其余部分"，法文第二版缺。
③ 法文第二版："实在的"。
④ 法文第二版："例如身子、眼睛……"。
⑤ 法文第二版："至少还有其他"。

待的都不过是一些非常简单、非常一般的东西，不大考虑这些东西是否存在于自然界中，因而却都含有某种确定无疑的东西。因为，不管我醒着还是睡着，二和三加在一起总是形成五的数目，正方形总不会有四个以上的边；像这样明显的一些真理，看来不会让人怀疑有什么错误或者不可靠的可能。

虽然如此，自从很久以来我心里就有某一种想法：有一个上帝，他是全能的，就是由他把我像我现在这个样子创造和产生出来的。可是，谁能向我保证这个上帝①没有这样做过，即本来就没有地，没有天，没有带有广延性的物体，没有形状，没有大小，没有地点，而我却偏偏具有这一切东西的感觉，并且所有这些都无非是像我所看见的那个样子存在着的？还有，和我有时断定别的人们甚至在他们以为知道得最准确的事情上弄错一样，也可能是上帝有意让我②每次在二加三上，或者在数一个正方形的边上，或者在判断什么更容易的东西（如果人们可以想出来比这更容易的东西的话）上弄错。但是也许上帝并没有故意让我弄出这样的差错，因为他被人说成是至善的。尽管如此，如果说把我做成这样，让我总是弄错，这是和他的善良性相抵触的话，那么容许我有时弄错好像也是和他的善良性绝对③相反的，因而我不能怀疑他会容许我这样做。

这里也许有人宁愿否认一个如此强大的上帝的存在而不去相信其他一切事物都是不可靠的。不过我们目前还不要去反对他们，还要站在他们的方面去假定在这里所说的凡是关于一个上帝的话都是无稽之谈。尽管如此，无论他们把我所具有的状况和存在做怎样的假定，他们把这归之于某种命运或宿命也罢，或者归之于偶然也罢，或者把这当做事物的一种连续和结合也罢，既然④失误和弄错是一种不完满，那么肯定的是⑤，他们给我的来源所指定的作者越是无能，我就越可能是不完满以致我总是弄错。对于这样的一些理由，我当然无可答辩；但是我不得不承认，凡是我早先信以为真的见解，没有一个是我现在⑥不能怀疑的，这决不是由于考虑不周或轻率的缘故，而是由于强有力的、经过深思熟虑的理由。

因此，假如我想要在科学上找到什么经久不变的⑦、确然可信的东西的

---

① 法文第二版："可是我怎么知道是否他……"。
② 法文第二版："我怎么知道上帝是否让我也在……"。
③ "绝对"，法文第二版缺。
④ 法文第二版：在"既然"之前，还有"或者最后用其他的什么方式也罢"。
⑤ "肯定的是"，法文第二版缺。
⑥ "现在"在法文第二版里是"有点"。
⑦ "经久不变的"在法文第二版里是"可靠的"。

话，我今后就必须对这些思想不去下判断，跟我对一眼就看出是错误的东西一样，不对它们加以更多的信任①。但是，仅仅做了这些注意还不够，我还必须当心把这些注意记住；因为这些旧的、平常的见解经常回到我的思维中来，它们跟我相处的长时期的亲熟习惯给了它们权利，让它们不由我的意愿而占据了我的心，差不多成了支配我的信念的主人。只要我把它们按照它们的实际情况那样来加以考虑，即像我刚才指出的那样，它们在某种方式上是可疑的，然而却是十分可能的，因而人们有更多的理由去相信它们而不去否认它们，那么我就永远不能把承认和信任它们的习惯破除。

就是因为这个缘故，我想，如果我反过来千方百计地来骗我自己，假装所有这些见解都是错误的，幻想出来的，直到在把我的这些成见反复加以衡量之后，使它们不致让我的主意偏向这一边或那一边，使我的判断今后不致为坏习惯所左右，不致舍弃可以导向认识真理的正路反而误入歧途，那我就做得更加慎重了。② 因为我确实相信在这条路上既不能有危险，也不能有错误，确实相信我今天不能容许我有太多的不信任，因为现在的问题还不在于行动，而仅仅在于沉思和认识。

因此我要假定有某一个妖怪，而不是一个真正的上帝（他是至上的真理源泉），这个妖怪的狡诈和欺骗手段不亚于他本领的强大，他用尽了他的机智来骗我③。我要认为天、空气、地、颜色、形状、声音以及我们所看到的一切外界事物都不过是他用来骗取我轻信的一些假象和骗局④。我要把我自己看成是本来就没有手，没有眼睛，没有肉，没有血，什么感官都没有，而却错误地相信我有这些东西。我要坚决地保持这种想法；如果用这个办法我还认识不了什么真理，那么至少我有能力不去下判断。就是因为这个缘故，我要小心从事，不去相信任何错误的东西，并且使我在精神上做好准备去对付这个大骗子的一切狡诈手段，让他永远没有可能强加给我任何东西，不管他多么强大，多么狡诈。

可是这个打算是非常艰苦吃力的，而且由于某一种惰性使我不知不觉地又回到我日常的生活方式中来。就像一个奴隶在睡梦中享受一种虚构的自由，

---

① "我今后……信任"在法文第二版里是："今后我就应该和对显然是错误的东西一样，不轻易下判断。"

② 法文第二版是："就是因为这个缘故，我想假如我故意采取一种敌对的情绪，我自己骗我自己，假如我一时假装所有这些见解完全都是错误的、幻想出来的，直到终于把我的旧的和新的成见……那么就做得很好了"。

③ 法文第二版："我要假定，用尽全部机智来骗我的，不是上帝（他是非常善良的，并且是至上的真理源泉）而是某一个恶魔，他的狡猾和欺骗手段不亚于他本领的强大。"

④ 法文第二版："……以及其他一切外界事物都不过是他用来骗取我轻信的一些假象和梦幻"。

当他开始怀疑他的自由不过是一场黄粱美梦而害怕醒来时，他就和这些愉快的幻象串通起来，以便得以长时间地受骗一样，我自己也不知不觉地重新掉进我的旧见解中去，我害怕从这种迷迷糊糊的状态中清醒过来，害怕在这个休息的恬静之后随之而来的辛勤工作不但不会在认识真理上给我带来什么光明，反而连刚刚在这些难题上搅动起来的一切乌云都无法使之晴朗起来。

**2 《第一哲学沉思集》第二个沉思——论人的精神的本性以及精神比物体更容易认识**

我昨天的沉思给我心里装上了那么多的怀疑，使我今后再也不能把它们忘掉。可是我却看不出能用什么办法来解决它们；我就好像一下子掉进非常深的水潭里似的，惊慌失措得既不能把脚站稳在水底也不能游上来把自己浮到水面上。

虽然如此，我将努力沿着我昨天已经走上的道路继续前进，躲开我能够想象出有一点点可疑的什么东西，就好像我知道它是绝对错误的一样。我还要在这条路上一直走下去，直到我碰到什么可靠的东西，或者，假如我做不到别的，至少直到我确实知道在世界上就没有什么可靠的东西时为止。

阿基米得只要求一个固定的靠得住的[①]点，好把地球从它原来的位置上挪到另外一个地方去。同样，如果我有幸找到哪管是一件确切无疑的事，那么我就有权抱远大的希望了。因此我假定凡是我看见的东西都是假的；我说服我自己把凡是我装满了假话的记忆提供给我的东西都当做连一个也没有存在过。我认为我什么感官都没有，物体、形状、广延、运动和地点都不过是在我心里虚构出来的东西。那么有什么东西可以认为是真实的呢？除了世界上根本就没有什么可靠的东西而外，也许再也没有别的了。

可是我怎么知道除了我刚才断定为不可靠的那些东西而外，还有我们不能丝毫怀疑的什么别的东西呢？难道就没有上帝，或者什么别的力量，把这些想法给我放在心里吗？这倒并不一定是这样；因为也许我自己就能够产生这些想法。那么至少我，难道我不是什么东西吗？可是我已经否认了我有感官和身体。尽管如此，我犹豫了，因为从这方面会得出什么结论来呢？难道我就是那么非依靠身体和感官不可，没有它们就不行吗？可是我曾说服我自己相信世界上什么都没有，没有天，没有地，没有精神，也没有物体；难道我不是也曾说服我相信连我也不存在吗？绝对不；如果我曾说服我自己相信

---

① 法文第二版："不动的"。

什么东西，或者仅仅是我想到过什么东西，那么毫无疑问我是存在的。可是有一个我不知道是什么的非常强大、非常狡猾的骗子，他总是用尽一切伎俩来骗我。因此，如果他骗我，那么毫无疑问我是存在的；而且他想怎么骗我就怎么骗我，只要我想到我是一个什么东西，他就总不会使我成为什么都不是。所以，在对上面这些很好地加以思考，同时对一切事物仔细地加以检查之后，最后必须做出这样的结论，而且必须把它当成确定无疑的，即有我，我存在这个命题，每次当我说出它来，或者在我心里想到它的时候，这个命题必然是真的。

可是我还不大清楚，这个确实知道我存在的我到底是什么，所以今后我必须小心从事，不要冒冒失失地把别的什么东西当成我，同时也不要在我认为比我以前所有的一切认识都更可靠、更明显的这个认识上弄错了。

就是为了这个缘故，所以在我有上述这些想法之前，我先要①重新考虑我从前认为我是什么；并且我要把凡是可以被我刚才讲的那些理由所冲击到的②东西，全部从我的旧见解中铲除出去，让剩下来的东西恰好是完全可靠和确定无疑的。那么我以前认为我是什么呢？毫无疑问，我想过我是一个人。可是一个人是什么？我是说一个有理性的动物吗？当然不；因为在这以后，我必须追问什么是动物，什么是有理性的，这样一来我们③就将要从仅仅一个问题上不知不觉地陷入无穷无尽的别的一些更困难、更麻烦的问题上去了，而我不愿意把我剩有的很少时间和闲暇浪费在纠缠像这样的一些细节上。可是我要在这里进一步思考从前在我心里生出来的那些思想（那些思想不过是在我进行思考我的存在时从我自己的本性中生出来的），我首先曾把我看成是有脸、手、胳臂，以及由骨头和肉组合成的这么一架整套机器，就像从一具尸体上看到的那样，这架机器，我曾称之为身体。除此而外，我还曾认为我吃饭、走路、感觉、思维，并且我把我所有这些行动都归到灵魂上去；但是我还没有进一步细想这个灵魂到底是什么；或者说，假如我进一步细想了，那就是我曾想象它是什么极其稀薄、极其精细的东西，好像一阵风，一股火焰，或者一股非常稀薄的气，这个东西钻进并且散布到我的那些比较粗浊的部分里。至于物体，我决不怀疑它的性质；因为我曾以为我把它认识得非常清楚了，并且如果我要按照我那时具有的概念来解释它的话，我就会这样地描述它：物体，我是指一切能为某种形状所限定的东西；它能包含在某个地方，

---

① 法文第二版："现在先要"。
② 法文第二版："多少冲击到的"。
③ 法文第二版："我"。

能充满一个空间,从那里把其他任何物体都排挤出去;它能由于触觉,或者由于视觉,或者由于听觉,或者由于味觉,或者由于嗅觉而被感觉到;它能以若干方式被移动,不是①被它自己,而是被在它以外的什么东西,它受到那个东西的接触和压力,从而被它所推动。因为像本身有自动、感觉和思维等能力的这样一些优越性,我以前决不认为应该把它们归之于物体的性质②,相反看到像这样一些功能出现在某些物体之中,我倒是非常奇怪的。

可是,现在我假定有某一个极其强大,并且假如可以这样说的话,极其恶毒、狡诈的人③,他用尽他的力量和机智来骗我,那么我到底是什么呢?我能够肯定我具有一点点我刚才归之于④物体性的那些东西吗?我在这上面进一步细想,我在心里把这些东西想来想去,我没有找到其中任何一个是我可以说存在于我心里的。用不着我一一列举这些东西。那么就拿灵魂的那些属性来说吧,看看有没有一个是在我心里的。

首先两个是吃饭和走路;可是,假如我真是没有身体,我也就真是既不能走路,也不能吃饭。另外一个是感觉;可是没有身体就不能感觉,除非是我以为以前我在梦中感觉到了很多东西,可是醒来之后我认出实际上并没有感觉。另外是思维。现在我觉得思维是属于我的一个属性,只有它不能跟我分开。有我,我存在这是靠得住的;可是,多长时间?我思维多长时间,就存在多长时间;因为假如我停止⑤思维,也许很可能我就同时停止⑥了存在。我现在对不是必然真实的东西一概不承认;因此,严格来说我只是一个在思维的东西,也就是说,一个精神,一个理智,或者一个理性,这些名称的意义是我以前不知道的。那么我是一个真的东西,真正存在的东西了;可是,是一个什么东西呢?我说过:是一个在思维的东西。还是什么呢?我要再发动我的想象力来看看我是不是再多一点的什么东西,我不是由肢体拼凑起来的人们称之为人体的那种东西;我不是一种稀薄、无孔不入、渗透到所有这些肢体里的空气;我不是风,我不是呼气,不是水汽,也不是我所能虚构和想象出来的任何东西,因为我假定过这些都是不存在的,而且即使不改变这个假定,我觉得这并不妨碍我确实知道我是一个东西。

---

① 法文第二版:"实际上不是"。
② 法文第二版:"本身有自动的能力,同时也有感觉或者思想的能力,我以前决不认为这是属于物体的性质的"。
③ 法文第二版:"某一个妖怪"。
④ 法文第二版:"我刚才说过属于"。
⑤ 法文第二版:"完全停止"。
⑥ 法文第二版:"完全停止"。

可是，能不能也是这样：由于我不认识而假定不存在的那些东西，同我所认识的我并没有什么不同？我一点也不知道。关于这一点我现在不去讨论，我只能给我认识的那些东西下判断：我已经认识到我存在，现在我追问已经认识到我存在的这个我究竟是什么。可是关于我自己的这个概念和认识，严格来说既不取决于我还不知道其存在的那些东西，也更不取决于任何一个用想象虚构出来的和捏造出来的东西①，这一点是非常靠得住的。何况虚构和想象这两个词就说明我是错误的；因为，如果我把我想象成一个什么东西，那么实际上我就是虚构了，因为想象不是别的，而是去想一个物体性东西的形状或影像。我既然已经确实知道了我存在，同时也确实知道了所有那些影像，以及一般说来，凡是人们归之于物体性质的东西都很可能不过是梦或幻想。其次，我清楚地看到，如果我说我要发动我的想象力以便更清楚地认识我是谁②，这和我说我现在是醒着，我看到某种实在和真实的东西，但是由于我看得还不够明白，我要故意睡着，好让我的梦给我把它更真实、更明显地提供出来，是同样不合道理的。这样一来，我确切地认识到，凡是我能用想象的办法来理解的东西，都不属于我对我自己的认识；认识到，如果要让精神把它的性质认识得十分清楚，那么我就需要让它不要继续用这种方式来领会，要改弦更张，另走别的路子。

　　那么我究竟是什么呢？是一个在思维的东西。什么是一个在思维的东西呢？那就是说，一个在怀疑，在领会，在肯定，在否定，在愿意，在不愿意，也在想象，在感觉的东西。

　　当然，如果所有这些东西都属于我的本性，那就不算少了。可是，为什么这些东西不属于我的本性呢？难道我不就是差不多什么都怀疑，然而却了解、领会某些东西，确认和肯定只有这些东西是真实的，否认一切别的东西，愿意和希望认识得更多一些，不愿意受骗，甚至有时不由得想象很多东西，就像由于身体的一些器官的媒介而感觉到很多东西的那个东西吗？难道所有这一切就没有一件是和确实有我、我确实存在同样真实的，尽管我总是睡觉，尽管使我存在的那个人用尽他所有的力量③来骗我？难道在这些属性里边就没有一个是能够同我的思维有分别的，或者可以说是同我自己分得开的吗？因为事情本来是如此明显，是我在怀疑，在了解，在希望，以致在这里用不着增加什么来解释它。并且我当然也有能力去想象；因为即使可能出现这种情

---

① 法文第二版："可是，我对我的存在的认识，严格说来，并不取决于我还不知道其存在的那些东西，因而也不取决于任何一个我用想象所能虚构出来的东西"。

② 法文第二版："我是什么"。

③ 法文第二版："技智"。

况（就像我以前曾经假定的那样），即我所想象的那些东西不是真的，可是这种想象的能力仍然不失其为实在在我心里，并且组成我思维的一部分。总之，我就是那个在感觉的东西，也就是说，好像是通过感觉器官接受和认识①事物的东西，因为事实上我看见了光，听到了声音，感到了热。但是有人将对我说：这些现象是假的，我是在睡觉。就算是这样吧；可是至少我似乎觉得就看见了，听见了，热了②，这总是千真万确的吧；真正来说，这就是在我心里叫做在感觉的东西，而在正确的意义上，这就是在思维。从这里我就开始比以前稍微更清楚明白地认识了我是什么。

可是③，我不能不相信：对于其影像是我的思维做成的、落于感官的④那些有物体性的东西，比不落于想象、不知道是哪一部分的我自己认识得更清楚，虽然我认为可疑的、我以外的一些东西倒被我认识得比那些真实的、确切的、属于我自己本性的东西更明白、更容易，这实际上是一件非常奇怪的事情。不过我看出了这是怎么回事：我的精神是心猿意马，还不能把自己限制在真理的正确界限之内。让我们再一次给它放松一下缰绳吧，好让我们以后再慢慢地、恰如其分地把缰绳拉住，我们就能够更容易地节制它、驾御它了。⑤让我们开始考虑一下最认识的、我们相信是了解得最清楚的东西⑥，也就是我们摸到、看见的物体吧。我不是指一般物体说的（因为"一般"这一概念通常是比较模糊的），而是考虑一下一个特殊物体。举一块刚从蜂房里取出来的蜡为例：

它还没有失去它含有的蜜的甜味，还保存着一点它从花里采来的香气；它的颜色、形状、大小，是明显的；它是硬的、凉的、容易摸的⑦，如果你敲它一下，它就发出一点声音。总之，凡是能够使人清楚地认识一个物体的东

---

① "接受和认识"，法文第二版是："发觉"。
② 法文第二版："看见了光，我听见了声音，我感觉到了热"。
③ 法文第二版："可是我仍然觉得"。
④ 法文第二版："落于感官的，感官本身检查的"。
⑤ 法文第二版："虽然如此，对于我觉得其存在性是可疑的、我不知道的、不属于我的那些东西，比起我所认识的、我相信其真实性的、属于我的本性的东西，一句话，比起我自己来，我倒认识和了解得更清楚，这说起来实际上是很奇怪的。不过我看出来这是怎么回事了。我的心是个放浪不羁的家伙，它喜欢乱跑乱窜，还不能忍受把它拴在真理的界限以内。那么再把它的缰绳放松一次，给它全部自由，允许它观察出现在它以外的东西吧，好让我们以后再慢慢地、恰如其分地拉住缰绳，让它停下来考虑它的本质和它里边的一些东西，这样，在这以后它就比较容易受我们的节制和驾御了。"
⑥ 法文第二版："那么现在我们考虑一下人们通常认为是最容易认识，也相信是认识得最清楚的东西"。
⑦ 法文第一版里是 onletouche（人们摸到它），第二版里是 maniable（可拿的，顺手的）。这里是按照拉丁文版里 faciletangitur 译的。

西，在这里边都有。

可是，当我说话的时候，有人把它拿到火旁边：剩下的味道发散了，香气消失了，它的颜色变了，它的形状和原来不一样了，它的体积增大了，它变成液体了，它热了，摸不得了，尽管敲它，它再也发不出声音了。在发生了这个变化之后，原来的蜡还继续存在吗？必须承认它还继续存在；而且对这一点任何人不能否认①。那么以前在这块蜡上认识得那么清楚的是什么呢？当然不可能是我在这块蜡上通过感官的媒介所感到的什么东西，因为凡是落于味觉、嗅觉、视觉、触觉、听觉的东西都改变了，不过本来的蜡还继续存在。也许是我现在所想的这个东西，也就是说蜡，并不是这个蜜的甜味，也不是这种花的香味，也不是这种白的颜色，也不是这种形状，也不是这种声音，而仅仅是一个刚才在那些形式之下表现而现在又在另外一些形式之下表现的物体。可是，确切说来，在我像这个样子领会它时，我想象的什么呢？让我们对这件事仔细考虑一下，把凡是不属于蜡的东西都去掉，看一看还剩些什么。当然剩下的只有有广延的、有伸缩性的、可以变动的东西。那么有伸缩性的、可以变动的，这是指什么说的？是不是我想象这块圆蜡可以变成方的，可以从方的变成三角形的？当然不是，不是这样，因为我把它领会为可能接受无数像这样的改变，而我却不能用我的想象来一个个地认识无数的改变，因此我所具有的蜡的概念是不能用想象的功能来做到的。

那么这个广延是什么呢？它不也是不认识的吗？因为在蜡融化的时候它就增大，在蜡完全融化的时候它就变得更大，而当热度再增加时它就变得越发大了。如果我没有想到蜡②能够按照广延而接受更多的花样，多到出乎我的想象之外，我就不会清楚地、按照真实的情况来领会什么是蜡了。所以我必须承认我甚至连用想象都不能领会这块蜡是什么，只有我的理智才能够领会它。我是说这块个别的蜡，因为至于一般的蜡，那就更明显了。那么只有理智或精神才能领会③的这个蜡是什么呢？当然就是我看见的、我摸到的、我想象的那块蜡，就是我一开始认识④的那块蜡。可是，要注意的是对它的知觉，或者我们用以知觉它的行动⑤，不是看，也不是摸，也不是想象，从来不是，虽然它从前好像是这样，而仅仅是用精神去察看，这种察看可以是片面的、模糊的，像它以前那样，或者是清楚的、分明的，像它现在这样，根据我对

二、理性论

243

---

① 法文第二版："任何人都不怀疑，谁都这样断定"。
② 法文第二版："甚至我们所考虑的这块蜡"。
③ 法文第二版："了解"。
④ 法文第二版："相信"。
⑤ "或者我们用以知觉它的行动"，法文第二版缺。

在它里边的或组成它的那些东西注意得多或少而定。

可是，当我考虑我的精神是多么软弱，多么不知不觉地趋向于错误的时候，我不能太奇怪。因为即使我不言不语地在我自己心里考虑这一切，可是言语却限制了我，我几乎让普通言语的词句引入错误；因为如果人们把原来的蜡拿给我们，我们说我们看见这就是那块蜡，而不是我们判断这就是那块蜡，由于它有着同样的颜色和同样的形状。从这里，假如不是我偶然从一个窗口看街上过路的人，在我看见他们的时候，我不能不说我看见了一些人，就如同我说我看见蜡一样，那么我几乎就要断定说：人们认识蜡是用眼睛看，而不是光用精神去观察。可是我从窗口看见了什么呢？无非是一些帽子和大衣，而帽子和大衣遮盖下的可能是一些幽灵或者是一些伪装的人①，只用弹簧才能移动。不过我判断这是一些真实的②人，这样，单凭我心里的判断能力我就了解我以为是由我眼睛看见的东西。

一个人要想把他的认识提高到一般人的认识水平以上，就应该把找碴儿怀疑一般人说话的形式和词句③当做可耻的事。我先不管别的，专门去考虑一下：我最初看到的，用外感官，或至少像他们说的那样，用常识，也就是说用想象力的办法来领会的蜡是什么，是否比我现在这样，在更准确地④检查它是什么以及能用什么办法去认识它之后，把它领会得更清楚、更全面些。当然，连这个都怀疑起来，那是可笑的。因为在这初步的知觉里有什么是清楚、明显的，不能同样落于最差的动物的感官里呢⑤？可是，当我把蜡从它的外表分别出来，就像把它的衣服脱下来那样，我把它赤裸裸地考虑起来，当然，尽管我的判断里还可能存在某些错误，不过，如果没有人的精神，我就不能把它像这个样子来领会。

可是，关于这个精神，也就是说关于我自己（因为直到现在除了我是一个精神之外，我什么都不承认），我将要说什么呢？我说，关于好像那么清楚分明地领会了这块蜡的这个我，我将要说什么呢⑥？我对我自己认识得难道不是更加真实、确切而且更加清楚、分明吗？因为，如果由于我看见蜡而断定有蜡，或者蜡存在，那么由于我看见蜡因此有我，或者我存在这件事当然也

---

① "一些幽灵或者是一些假装的人"，法文第二版是："一些人造的机器"。
② "真实的"，法文第二版缺。
③ 法文第二版："一般人所发明的说话形式"。
④ 法文第二版："更仔细地"。
⑤ 法文第二版："在这个知觉里，有什么不同的呢？有什么好像是不能以同样方式属于最差的动物的感官里呢？"
⑥ 法文第二版："这个好像……的我，是什么呢？"

就越发明显，因为，有可能是我所看见的实际上并不是蜡；也有可能是我连看东西的眼睛都没有。

可是，当我看见或者当我想是看见（这是我不再加以区别的）的时候，这个在思维着的我倒不是个什么东西，这是不可能的。同样，如果由于我摸到了蜡而断定它存在，其结果也一样，即我存在；如果由我的想象使我相信而断定它存在，我也总是得出同样的结论。我在这里关于蜡所说的话也可以适用于外在于我、在我以外的其他一切东西上。

那么，如果说蜡在不仅经过视觉或触觉，同时也经过很多别的原因而被发现了①之后，我对它的概念和认识②好像是更加清楚、更加分明了，那么，我不是应该越发容易、越发明显、越发分明地认识我自己了吗？③ 因为一切用以认识和领会蜡的本性或别的物体④的本性的理由都更加容易、更加明显地⑤证明我的精神的本性。除了属于物体的那些东西以外，在精神里还有很多别的东西能够有助于阐明精神的本性，那些东西就不值得去提了。

可是，我终于不知不觉地回到了我原来想要回到的地方。

因为，既然事情现在我已经认识了，真正来说，我们只是通过在我们心里的理智功能，而不是通过想象，也不是通过感官来领会物体，而且我们不是由于看见了它，或者我们摸到了它才认识它，而只是由于我们用思维领会它，那么显然我认识了没有什么对我来说比我的精神更容易认识的东西了。

可是，因为几乎不可能这么快就破除一个旧见解⑥；那么，我最好在这里暂时打住，以便，经过这么长的沉思，我把这一个新的认识深深地印到我的记忆里去。

### 3 《第一哲学沉思集》第三个沉思——论上帝及其存在

现在我要闭上眼睛，堵上耳朵，脱离开我的一切感官，我甚至要把一切物体性的东西的影像都从我的思维里排除出去，或者至少（因为那是不大可能的）我要把它们看做是假的；这样一来，由于我仅仅和我自己打交道，仅

---

① "被发现了"，法文第二版是："使我更清楚"。
② "概念和认识"，法文第二版是："概念或知觉"。
③ 法文第二版："我必须……承认我现在认识了我自己"。
④ 法文第二版："不管什么别的物体"。
⑤ "更加容易、更加明显地"，法文第二版是："更好地"。
⑥ 法文第二版："因为，既然事情现在对我来说已经明白了，即物体本身并不是由于被看见或者被摸到，而不过是被理解到或者通过思想被了解到才被认识的，那么我看得很清楚，没有再比我的精神对我来说更容易认识的了。但是，由于不容易这么快就破除一个习以为常的见解"。

仅考虑我的内部,我要试着一点点地进一步认识我自己,对我自己进一步亲热起来。我是一个在思维的东西,这就是说,我是一个在怀疑,在肯定,在否定,知道的很少,不知道的很多,在爱、在恨、在愿意、在不愿意、也在想象、在感觉的东西。因为,就像我刚才说过的那样,即使我所感觉和想象的东西也许决不是在我以外、在它们自己以内的,然而我确实知道我称之为感觉和想象的这种思维方式,就其仅仅是思维方式来说,一定是存在和出现在我心里的。而且我刚才说得虽然不多,可是我认为已经把我真正知道的东西,或至少是我直到现在觉得我知道了的东西,全部都说出来了。

现在我要更准确地考虑一下是否在我心里也许就没有我还没有感觉的其他认识。① 我确实知道了我是一个在思维的东西;但是我不是因此也就知道了我需要具备什么,才能使我确实知道什么事情吗?在这个初步的认识里,只有我认识的一个清楚、明白的知觉。② 老实说,假如万一我认识得如此清楚、分明的东西竟是假的,那么这个知觉就不足以使我确实知道它是真的。从而我觉得我已经能够把"凡是我们领会得十分清楚、十分分明的东西都是真实的"这一条订为总则。虽然如此,我以前当做非常可靠、非常明显而接受和承认下来的东西,后来我又都认为是可疑的、不可靠的。那些东西是什么呢?是地、天、星辰以及凡是我通过我的感官所感到的其他东西。可是,我在这些东西里边曾领会得清楚、明白的是什么呢?当然不是别的,无非是那些东西在我心里呈现的观念或思维。并且就是现在我还不否认这些观念是在我心里。可是还有另外一件事情是我曾经确实知道的,并且由于习惯的原因使我相信它,我曾经以为看得非常清楚,虽然实际上我并没有看出它,即有些东西在我以外,这些观念就是从那里发生的,并且和那些东西一模一样。我就是在这件事情上弄错了;或者,假如说我也许是按照事实真相判断的,那也决不是对我的判断的真实性的原因有什么认识。可是当我考虑有关算学和几何学某种十分简单、十分容易的东西,比如三加二等于五,以及诸如此类的其他事情的时候,我不是至少把它们领会得清清楚楚,确实知道它们是真的吗?当然,假如从那以后,我认为可以对这些东西怀疑的话,那一定不是由于别的理由,而只是因我心里产生这样一种想法,即也许是一个什么上帝,他给了我这样的本性,让我甚至在我觉得是最明显的一些东西上弄错。但是每当上述关于一个上帝的至高无上的能力这种见解出现在我的思维里时,我

---

① 法文第二版:"现在,为了进一步开展我的认识,我要小心谨慎,仔细考虑在我心里是否还能发现我至今还没有看出来的别的什么东西。"

② 法文第二版:"在这个初步的认识里,只有我所说的清楚、明白的知觉才能使我确实知道真实性。"

都不得不承认，如果他愿意，他就很容易使我甚至在我相信认识得非常清楚的东西上弄错。可是反过来，每当我转向我以为领会得十分清楚的东西上的时候，我是如此地被这些东西说服，以致我自己不由得说出这样的话：他能怎么骗我就怎么骗我吧，只要我想我是什么东西，他就决不能使我什么都不是；或者既然现在我存在这件事是真的，他就决不能使我从来或者有那么一天没有存在过；他也决不能使三加二之和多于五或少于五，或者在我看得很清楚的诸如此类的事情上不能像我所领会的那个样子。

并且，既然我没有任何理由相信有个什么上帝是骗子，既然我还对证明有一个上帝的那些理由进行过考虑，因此仅仅建筑在这个见解之上的怀疑理由当然是非常轻率的，并且是（姑且这么说）形而上学的。可是，为了排除这个理由，我应该在一旦机会来到的时候，检查一下是否有一个上帝；而一旦我找到了有一个上帝，我也应检查一下他是否是骗子。因为如果不认识这两个事实真相，我就看不出我能够把任何一件事情当做是可靠的。而为了我能够有机会去做这种检查而不致中断我给我自己提出来的沉思次序，即从在我心里首先找到的概念一步步地推论到后来可能在我心里找到的概念，我就必须在这里把我的全部思维分为几类，必须考虑在哪些类里真正有真理或有错误。

在我的各类思维之中，有些是事物的影像。只有在这样一些思维才真正适合观念这一名称：比如我想起一个人，或者一个怪物，或者天，或者一个天使，或者上帝本身。除此而外，另外一些思维有另外的形式，比如我想要，我害怕，我肯定，我否定；我虽然把某种东西领会为我精神的行动的主体，但是我也用这个行动把某些东西加到我对于这个东西所具有的观念上；属于这一类思维的有些叫做意志或情感，另外一些叫做判断。

至于观念，如果只就其本身而不把它们牵涉到别的东西上去，真正说来，它们不能是假的；因为不管我想象一只山羊或一个怪物，在我想象上同样都是真实的。

也不要害怕在情感或意志里边会有假的；即使我可以希望一些坏事情，或者甚至这些事情永远不存在，但是不能因此就说我对这些事情的希望不是真的。

这样，就只剩下判断了。在判断里我应该小心谨慎以免弄错。而在判断里可能出现的重要的和最平常的错误在于我把在我心里的观念判断为和在我以外的一些东西一样或相似；因为，如果我把观念仅仅看成是我的思维的某些方式或方法，不想把它们牵涉到别的什么外界东西上去，它们当然就不会使我有弄错的机会。

在这些观念里边，有些我认为是与我俱生的，有些是外来的，来自外界的，有些是由我自己做成的和捏造的。因为，我有领会一般称之为一个东西，或一个真理，或一个思想的功能，我觉得这种功能不是外来的，而是出自我的本性的；但是，如果我现在听见了什么声音，看见了太阳，感觉到了热，那么一直到这时候我判断这些感觉都是从存在于我以外的什么东西发出的；最后，我觉得人鱼、鹫马以及诸如此类的其他一切怪物都是一些虚构和由我的精神凭空捏造出来的。可是也许我可以相信所有这些观念都是属于我称之为外来的、来自我以外的这些观念，或者它们都是与我俱生的，或者它们都是由我做成的；因为我还没有清楚地发现它们的真正来源。我现在要做的主要事情是，在有关我觉得来自我以外的什么对象的那些观念，看看有哪些理由使我不得不相信它们是和这些对象一样的。

第一个理由是：我觉得这是自然告诉我的；第二个理由是：我自己体会到这些观念是不以我的意志为转移的，因为它们经常不由我自主而呈现给我，好像现在，不管我愿意也罢，不愿意也罢，我感觉到了热，而由于这个原因就使我相信热这种感觉或这种观念是由于一种不同于我的东西，即由于我旁边的①火炉的热产生给我的。除了判断这个外来东西不是把什么别的，而是把它的影像送出来印到我心里以外，我看不出有什么我认为更合理的了。

现在我必须看一看这些理由是否过硬，是否有足够的说服力。当我说我觉得这是自然告诉我的，我用"自然"这一词所指的仅仅是某一种倾向，这种倾向使我相信这个事情，而不是一种自然的光明②使我认识这个事情是真的。这二者之间③有很大的不同；因为对于自然的光明使我看到都是真的这件事，我一点都不能怀疑，就像它刚才使我看到由于我怀疑这件事，我就能够推论出我存在一样。在辨别真和假上，我没有任何别的功能或能力能够告诉我说这个自然的光明指给我是真的东西并不是真的，让我能够对于那种功能或能力和对于自然的光明同样地加以信赖。可是，至于倾向，我觉得它们对我来说也是自然的；我时常注意到，当问题在于在对善与恶之间进行选择的时候，倾向使我选择恶的时候并不比使我选择善的时候少；这就是为什么在关于真和假上，我也并不依靠倾向的缘故。

至于另外的理由，即这些观念既然不以我的意志为转移，那么它们必然是从别处来的，我认为这同样没有说服力。因为我刚才所说的那些倾向是在

---

① 法文第二版："我坐在旁边的"。
② 即理性。
③ 法文第二版："这两种说法"。

我心里，尽管它们不总是和我的意志一致，同样，也许是我心里有什么功能或能力，专门产生这些观念而并不借助于什么外在的东西，虽然我对这个功能和能力还一无所知；因为事实上到现在我总觉得当我睡觉的时候，这些观念也同样在我心里形成而不借助于它们所表象的对象。最后，即使我同意它们是由这些对象引起的，可也不能因此而一定说它们应该和那些对象一样。相反，在很多事例上我经常看到对象和对象的观念之间有很大的不同。

比如对于太阳，我觉得我心里有两种截然不同的观念；一种是来源于感官的，应该放在我前面所说的来自外面的那一类里；根据这个观念，我觉得它非常小。另外一个是从天文学的道理中，也就是说，从与我俱生的某些概念里得出来的，或者是由我自己无论用什么方法制造出来的，根据这个观念，我觉得太阳比整个地球大很多倍。我对太阳所领会的这两个观念当然不能都和同一的太阳一样；理性使我相信直接来自它的外表的那个观念是和它最不一样的。

所有这些足够使我认识，直到现在，我曾经相信有些东西在我以外，和我不同，它们通过我的感官，或者用随便什么别的方法，把它们的观念变成影像传送给我，并且给我印上它们的形象，这都不是一种可靠的、经过深思熟虑的判断，而仅仅是从一种盲目的、鲁莽的冲动得出来的。

可是还有另外一种途径可以用来考虑一下在我心里有其观念的那些东西中间，是否有些是存在于我以外的，比如，如果把这些观念看做只不过是思维的某些方式，那么我就认不出在它们之间有什么不同或不等，都好像是以同样方式由我生出来的。可是，如果把它们看做是影像，其中一些表示这一个东西，另外一些表示另外一个东西，那么显然它们彼此之间是非常不同的。因为的确，给我表象实体的那些观念，无疑地比仅仅给我表象样式或偶性的那些观念更多一点什么东西，并且本身包括着（姑且这样说）更多的客观[①]实在性，也就是说，通过表象而分享程度更大的存在或完满性。再说，我由之而体会到一个至高无上的、永恒的、无限的、不变的、全知的、全能的、他自己以外的一切事物的普遍创造者的上帝的那个观念，我说，无疑在他本身里比给我表象有限的实体的那些观念要有更多的客观实在性。

现在，凭自然的光明显然可以看出，在动力的[②]、总的原因里一定至少和在

---

① "客观的"（objectif），或"客观地"（objectivement），在17世纪的含义和今天的含义不同。在笛卡儿的用法是：仅就其在观念上的存在而言的就叫做"客观的"，或"客观地"存在。在19世纪，"客观的"一词的反义词不是"主观的"，而是"真实的"或"形式的"。

② 亚里士多德哲学里四种原因之一。亚里士多德的四因是：（1）质料因，（2）形式因，（3）动力因，（4）目的因。

它的结果里有更多的实在性；因为结果如果不从它的原因里，那么能从哪里取得它的实在性呢？这个原因如果本身没有实在性，怎么能够把它传给它的结果呢？

　　由此可见，不仅无中不能生有，而且比较完满的东西，也就是说，本身包含更多的实在性的东西，也不能是比较不完满的东西的结果和依据。这个真理无论是在具有哲学家们称之为现实的或形式的①那种实在性的那些结果里，或者是在人们仅仅从中考虑哲学家们称之为客观的实在性的那些观念里，都是清楚、明显的。例如：还没有存在过的石头，如果它不是由一个东西所产生，那个东西本身形式地或卓越地②具有进入石头的组织中的一切，也就是说，它本身包含着和石头所有的同样的东西或者更美好的一些别的东西，那么石头现在就不能开始存在；热如果不是由于在等级上、程度上，或者种类上至少是和它一样完满的一个东西产生，就不能在一个以前没有热的物体中产生。其他东西也是这样。此外，热的观念或者石头的观念如果不是由于一个本身包含至少像我在热或者石头里所领会的同样多的实在性的什么原因把它放在我的心里，它也就不可能在我心里。因为，虽然那个原因不能把它们现实的或形式的实在性的任何东西传授到我的观念里，但是不应该因此就想象那个原因不那么实在；不过必须知道，既然每个观念都是精神的作品，那么它的本性使它除了它从思维或精神所接受或拿过来的那种形式的实在性以外，自然不要求别的形式的实在性，而观念只是思维或精神的一个样态，也就是说，只是思维的一种方式或方法。一个观念之所以包含这样一个而不包含那样一个客观实在性，这无疑地是来自什么原因，在这个原因里的形式实在性至少同这个观念所包含的客观实在性一样多。因为如果我们设想在观念里有它的原因里所没有的东西，那么这个东西就一定是从无中来的。然而一种东西客观地，或者由于表象，用它的观念而存在于理智之中的这种存在方式，不管它是多么不完满，总不能说它不存在，因而也不能说这个观念来源于无。虽然我在我的观念里所考虑的实在性仅仅是客观的，我也不应该怀疑实在性必然形式地存在于我的观念的原因里，我也不应该认为这种实在性客观地存在于观念的原因里就够了③；因为，正和这样存在方式之由于观念的

---

　　①　"形式的"（formel），或"形式地"（formellement），在笛卡儿的用法是：存在于我们所具有的观念所表象的东西之上，亦即真实地、实在地存在于我们的观念之所本的对象上。

　　②　"卓越地"（éminement）存在，指存在于高于自己而且包含了自己的东西。一个东西可以有三种存在方式：(1) 客观地存在；(2) 形式地存在；(3) 卓越地存在。前两种已见于前面的注解中。

　　③　法文第二版："并且，我也不应该想象，我在我的观念里所考虑的实在性既然不过是客观的，那么这个实在性就不必要非得是形式地或现实地存在于这些观念的原因里不可，而是只要它也是客观地存在于这些观念的原因里就够了"。

本性而客观地属于观念一样，存在方式也由于观念的本性而形式地属于这些观念的原因（至少是属于观念的原始的、主要的原因）。而且即使一个观念有可能产生另一个观念，可是这种现象也不可能是无穷无尽的，它最终必须达到一个第一观念，这个第一观念的原因就像一个样本或者一个原型一样，在它里边形式地、实际地包含着仅仅是客观地或由于表象而存在于这些观念之中的全部实在性或者完满性。这样，自然的光明使我明显地看出，观念在我心里就像一些绘画或者一些图像一样，它们，不错，有可能很容易减少它们之所本的那些东西的完满性，可是决不能包含什么更伟大或者更完满的东西。

　　越是长时间地、仔细地考察所有这些事物，我就越是清楚、明白地看出它们是真的。不过最后我从这里得出什么结论来呢？这就是：如果我的某一个观念的客观实在性①使我清楚地认识到它②既不是形式地，也不是卓越地存在于我，从而我自己不可能是它的原因，那么结果必然是在世界上并不是只有我一个人，而是还有别的什么东西存在，它就是这个观念的原因；另外，如果这样的观念不存在于我，我就没有任何论据能够说服我并且使我确实知道除了我自己以外就没有任何别的东西存在；因为，我曾经仔细地寻找过，可是直到现在我没有找到任何别的论据。

　　在所有这些观念之中③，除了给我表象我自己的那个观念在这里不可能有任何问题以外，还有一个观念给我表象一个上帝，另外的一些观念给我表象物体性的、无生命的东西，另外一些观念给我表象天使，另外一些观念给我表象动物，最后，还有一些观念给我表象像我一样的人。可是，至于给我表象其他的人，或者动物，或者天使的那些观念，我容易领会它们是可以由我关于物体性的东西和上帝所具有的其他一些观念混合而成的，尽管除了我以外，世界上根本就没有其他的人，没有动物，没有天使。至于物体性的东西的观念，我并不认为在它们里边有什么大得不得了和好得不得了的东西使我觉得它们不能来自我自己；因为，如果我再仔细地考虑它们，如果我像昨天考察蜡的观念那样考察它们，我认为在那里只有很少的东西是我领会得清清楚楚的，比如大小或者长、宽、厚的广延；用这种广延的这几个词和界限④形成起来的形状⑤；不同形状形成起来的各个物体之间所保持的地位，以及这种地位的运动或变化；还可以加上实体、时间和数目。至于别的东西，像光、

---

① 法文第二版："客观的实在性或完满性"。
② 法文第二版："这种实在性或完满性"。
③ 法文第二版："在所有存在于我的这些观念之中"。
④ "词和界限"是指"长、宽、厚"说的。
⑤ 法文第二版："由广延的词做成的形状"。

颜色、声音、气味、味道、热、冷以及落于触觉的其他一些性质，它们在我的思维里边是那么模糊不清以致我简直不知道它们到底是真的还是假的，仅仅是一些假象①，也就是说，不知道我对于性质所理会的观念到底是什么实在东西的观念呢，还是这些观念给我表象的只是一些幻想出来的、不可能存在的东西。因为，虽然我以前提出过，只有在判断里才能有真正的、形式的假，然而在观念里则可能有某种实质的假，即当观念把什么都不是的东西表象为是什么东西的时候就是这样。比如，我对于冷的观念和热的观念很不清楚、不明白，以致按照它们的办法我不能分辨出②到底冷仅仅是缺少热呢，还是热是缺少冷呢，或者二者都是实在的性质，或者都不是；并且，既然观念就像影像一样，没有任何一个观念似乎不给我们表象什么东西，如果说冷真的不过是缺少热，那么当做实在的、肯定的什么东西而把它给我表象出来的观念就不应该不恰当地被叫做假的，其他类似的观念也一样；我当然没有必要把它们的作者归之于别人而不归之于我自己。因为，如果它们是假的，就是说，如果它们表象的东西并不存在，那么自然的光明使我看出它们产生于无，也就是说它们之在我心里只是由于我的本性缺少什么东西，并不是非常完满的。如果这些观念是真的，那么即使它们给我表象的实在性少到我甚至不能清楚地分辨出来什么是所表象的东西，什么是无，我也看不出有什么理由使它们不能由我自己产生，使我不能是它们的作者③。至于我具有的物体性的东西的清楚明白的观念，有些似乎是我能够从我自己的观念中得出来的，像我具有的实体的观念，时间的观念，数目的观念，以及诸如此类的其他东西的观念那样。因为，我想到石头是一个实体，或者一个本身有能力存在的东西，想到我是一个实体④，虽然我领会得很清楚我是一个在思维而没有广延的东西，相反石头是一个有广延而不思维的东西，这样，在这两个概念之间有着明显的不同，可是，无论如何它们在表象实体这一点上似乎是⑤一致的。同样，我想到我现在存在，并且除此而外我记得我从前也存在，我领会许多不同的思想，认识到这些思想的数目，在这时候我就在我心里得到时间和数目的观念，从此我就可以把这两种观念随心所欲地传给其他一切东西。

至于物体性的东西的观念由之而形成的其他一些性质，即广延、形状、

---

① "仅仅是一些假象"，法文第二版缺。
② 法文第二版："以致它们不能告诉我"。
③ 法文第二版："那么即使它们给我表象的实在性少到我甚至不能分辨出所表象的东西和无来，我也看不出为什么我不能是它的作者"。
④ 法文第二版："然后想到我自己也是一个实体"。
⑤ 法文第二版："二者都是"。

地位、变动等，它们固然不是形式地存在于我心里，因为我不过是一个在思维的东西；然而由于这仅仅是实体的某些样态，好像一些衣服一样，物体性的实体就在这些衣服下面给我们表现出来①，而且我自己也是一个实体，因此它们似乎是能够卓越地包含在我心里。

因而只剩下上帝的观念了，在这个观念里边，必须考虑一下是否有什么东西是能够来源我自己的。用上帝这个名称，我是指一个无限的、永恒的、常住不变的、不依存于别的东西的、至上明智的、无所不能的以及我自己和其他一切东西（假如真有东西存在的话）由之而被创造和产生的实体说的。这些优点是这样巨大，这样卓越，以致我越认真考虑它们，就越不相信我对它们所具有的观念能够单独地来源于我。

因此，从上面所说的一切中，必然得出上帝存在这一结论；因为，虽然实体的观念之在我心里就是由于我是一个实体，不过我是一个有限的东西，因而我不能有一个无限的实体的观念，假如不是一个什么真正无限的实体把这个观念放在我心里的话。

我不应该想象我不是通过一个真正的观念，而仅仅是通过有限的东西的否定来领会无限的，就像我通过动和光明的否定来理解静和黑暗那样；因为相反，我明显地看到在无限的实体里边比在一个有限的实体里边具有更多的实在性，因此我以某种方式在我心里首先有的是无限的概念而不是有限的概念，也就是说，首先有的是上帝的概念而不是我自己的概念。因为，假如在我心里我不是有一个比我的存在体更完满的存在体的观念，不是由于同那个存在体做了比较我才会看出我的本性的缺陷的话，我怎么可能认识到我怀疑和我希望，也就是说，我认识到我缺少什么东西，我不是完满无缺的呢？

不能说这个上帝的观念也许实质上是假的，是我能够从无中得出它来的，也就是说，因为我有缺陷，所以它可能存在我心里，就像我以前关于热和冷的观念以及诸如此类的其他东西的观念时所说的那样；因为，相反，这个观念是非常清楚、非常明白的，它本身比任何别的观念都含有更多的客观实在性，所以自然没有一个观念比它更真实，能够更少被人怀疑为错的和假的了。

我说，这个无上完满的、无限的存在体的观念是完全真实的；因为，虽然也许可以设想这样的一个存在体是不存在的，可是不能设想它的观念不给我表象任何实在的东西，就像我不久以前关于冷所说的那样。

这个观念也是非常清楚、非常明白的，因为凡是我的精神清楚明白地领会为实在和真实的，并且本身含有什么完满性的东西，都完全包含在这个观

---

① "好像一些衣服一样，物体性的实体就在这些衣服下面给我们表现出来"，法文第二版缺。

念里边了。

虽然我不理解无限，或者①虽然在上帝里边有我所不能理解的、也许用思维绝对不能达到的无数事物，这都无碍于上面所说的这个事实是真的；因为我的本性是有限的②，不能理解无限，这是由于无限的本性的缘故；只要我很好地领会③这个道理，把凡是我领会得清清楚楚的东西，其中我知道有什么完满性，也许还有无数的其他完满性是我不知道的，都断定为形式地或卓越地存在于上帝里边，使我对上帝所具有的观念在我心里边的一切观念中是最真实、最清楚、最明白的就够了。

可是也许我是比我所想象的更多一点什么，也许我归之于一个上帝的本性的一切完满性是以某种方式潜在于我心中，虽然它们还没有产生出来，还没有由它们的行动表现出来。事实上，我已经体验出我的认识逐渐增长，逐渐完满起来，我看不出有什么能够阻止它越来越向无限方面增长。还有，既然像这样增长和完满下去，我看不出有什么阻止我按照这个办法获得上帝本性的其他一切完满性。最后，似乎是，我取得这些完满性的能力如果是存在于我心里，它就能够把这些完满性的观念印到并且引到我心里去④。虽然如此，在我更仔细一点地观察一下，我就看出这是不可能的；因为，首先，即使我的认识真是每天都取得进一步的完满，我的本性里真是有很多潜在的东西还没有成为现实的存在，可是所有这些优点绝对不属于、也不接近我所具有的上帝的观念，因为在上帝的观念里，没有仅仅是潜在的东西，全都是现实存在的、实在的东西。尤其是从我的认识逐渐增加、一步步增长这一事实上，难道不就是必然的、非常可靠的证据，说明我的认识是不完满的吗？再说，虽然我的认识越来越增长，可是我仍然认为它不能是现实无限的，因为它永远不能达到一个不能再有所增加的那样高度的完满性。可是我把上帝是现实无限的领会到在他所具有的至高无上的完满性上再也不能有所增加这样一个高度。最后，我理解得十分清楚：一个观念的客观的存在体不能由一个仅仅是潜在的存在体（这样的存在体真正来说是没有的）产生，它只能由一个形式的或现实的存在体产生。

---

① 法文第二版："并且"。
② 法文第二版："我是有限的"。
③ 法文第二版："理解"。
④ 法文第二版："我看不出有什么能够阻止它像这样越来越向无限方面增长；既然像这样增长和完满下去，我也看不出为什么我不能按照这个办法获得上帝本性的其他一切完满性，最后也看不出为什么我获得这些完满性的能力（如果这个能力现在真是在我心里的话）不足以产生这些完满性的观念。"

当然，在刚才我所说的一切里，对于凡是愿意在这上面仔细进行思考的人，我看不出有什么不是通过自然的光明非常容易认识的；可是，当我把我的注意力稍一放松，我的精神就被可感觉的东西的影像弄得模糊起来，好像瞎了一样，不容易记得我对于比我的存在体更完满的一个存在体所具有的观念为什么应该必然地被一个实际上更完满的存在体放在我心里的缘故。

这就是为什么我现在放下别的，只考虑一下具有上帝的这个观念的我自己，如果在没有上帝的情况下，我能不能存在。我问：我是从谁那里得到我的存在呢？也许从我自己，或者从我的父母，或者从不如上帝完满的什么其他原因；因为不能想象有比上帝更完满，或者和上帝一样完满的东西。

那么，如果我不依存于其他一切东西，如果我自己是我的存在的作者，我一定①就不怀疑任何东西，我一定②就不再有希望，最后，我一定③就不缺少任何完满性；因为，凡是在我心里有什么观念的东西，我自己都会给我，这样一来我就是上帝了。

我不应该想象我缺少的东西也许比我已经有的东西更难取得；因为相反，认为我，也就是说，一个在思维的东西或实体，是从无中生出来的，这无疑地要比我对于我不知道的、只不过是这个实体的一些偶性的很多东西去取得认识要难得多。而这样一来，毫无疑问，如果我自己给了我的比我刚才说的更多，也就是说，如果我是我的产生和存在的作者，那么我至少不会缺少比较容易取得的东西，即至少不会缺少在我领会上帝的观念中所含有的任何东西，因为那些东西里边没有一件是我觉得更难取得的；如果有一种更难取得的东西，它一定会那样向我表现出来（假定我自己是我所具有的其他一切东西的来源的话），因为我会体验到我的能力止于此，不能达到那里。④ 虽然我可以假定我过去也许一直是像我现在这样存在，但是我不会因此而避免这个推理的效力，也不能不认识到上帝是我的存在的作者这件事是必要的。因为我的全部生存时间可以分为无数部分，而每一部分都绝对不取决于其余部分，这样，从不久以前我存在过这件事上并不能得出我现在一定存在这一结论来，

---

① ② ③ "一定"，法文第二版里缺。

④ 法文第二版："当然，如果我给了我比我刚才说的更多，也就是说，如果我自己是我的存在体的作者，那么我至少不会否认我自己能更容易有的东西，就像我的本性缺少无数的认识那样，我甚至不会否认我自己看到包含在上帝的观念中的任何东西，因为那些东西里边没有一件是我觉得更难做的或更难取得的；假如其中有一件是更难的，它当然会那样向我表现出来（假定我自己是我所具有的其他一切东西的来源的话），因为我会在这上面看到我的能力到头了。"〔原文两处"不会否认我自己"（je ne me serais pas dénié），其中 dénié（否认）疑是 dénué（缺少）之误。〕

假如不是在这个时候有什么原因重新（姑且这样说）产生我，创造我，也就是说保存我的话。

事实上，这对于凡是要仔细考虑时间的性质的人都是非常清楚、非常明显的，即一个实体，为了在它延续的一切时刻里被保存下来，需要同一的能力和同一的行动，这种行动是为了重新产生它和创造它所必要的，如果它还没有存在的话。因此，自然的光明使我看得很清楚，保存和创造只是从我们的思想方法来看才是不同的，而从事实上来看并没有什么不同。所以，只有现在我才必须问我自己，我是否具有什么能力使现在存在的我将来还存在，因为，既然我无非是一个在思维的东西（或者至少既然一直到现在严格说来问题还只在于我自己的这一部分），那么如果这样的一种力量存在我心里，我一定会时刻想到它并且对它有所认识。可是，我觉得像这样的东西，在我心里一点都没有，因此我明显地认识到我依存于一个和我不同的什么存在体。

也许①我所依存的这个存在体并不是我叫做②上帝的东西，而我是由我的父母，或者由不如上帝完满的什么其他原因产生的吧？不，不可能是这样。因为，我以前已经说过，显然在原因里一定至少和在它的结果里有一样多的实在性。因此，既然我是一个在思维的、在我心里③有上帝的观念的东西，不管最后归之于我的本性④的原因是什么，必须承认它一定同样地是一个在思维的东西，本身具有我归之于上帝本性⑤的一切完满性的观念。然后可以重新追问这个原因的来源和存在是由于它本身呢，还是由于别的⑥什么东西。因为如果是由于它本身，那么根据我以前说过的道理，其结果是它自己一定是⑦上帝，因为它有了由于本身而存在的能力，那么它无疑地也一定有能力现实地具有它所领会⑧其观念的一切完满性，也就是说，我所领会为在上帝里边的一切完满性。

如果它的来源和存在是由于它本身以外的什么原因，那么可以根据同样的道理重新再问：这第二个原因是由于它本身而存在的呢，还是由于别的什么东西而存在的，一直到一步步地，最终问到一个最后原因，这最后原因就

---

① 法文第二版："不过，也许"。
② "我叫做"，法文第二版里缺。
③ "在我心里"，法文第二版是"本身"。
④ "归之于我的本性"，法文第二版是"我的存在"。
⑤ "本性"，法文第二版里缺。
⑥ "别的"，法文第二版里缺。
⑦ "它自己一定是"，法文第二版是"这个东西是"。
⑧ "所领会"，法文第二版是"本身有"。

是上帝。很明显，在这上面再无穷无尽地追问下去是没有用的，因为问题在这里不那么在于从前产生我的原因上，而在于现在保存我的原因上。

也不能假定也许我的产生是由很多原因共同做成的，我从这一个原因接受了我归之于上帝的那些完满性之一的观念，从另外一个原因接受了另外什么的观念，那样一来，所有这些完满性即使真的都存在于宇宙的什么地方，可是不能都结合在一起存在于一个唯一的地方，即上帝之中。因为，相反，在上帝里边的一切东西的统一性，或单纯性，或不可分性，是我在上帝里所领会的主要的完满性之一；而上帝的一切完满性的各种统一和集合①的观念一定不可能是由任何一个原因（由于这个原因，我同时也接受了其他一切完满性的观念）放在我心里的。因为，如果这个原因不让我同时知道它们是什么，不让我以某种方式全部认识它们，它就不能让我把它们理解为连结在一起的、不可分的。

至于②我的父母，好像我是他们生的，关于他们，即使凡是我过去所相信的都是真的，可是这并不等于是他们保存了我，也不等于他们把我做成是一个在思维的东西，因为他们不过是③把某些部置放在这个物质里，而我断定④在这个物质里边关闭着的就是我，也就是说，我的精神（我现在只把精神当做了我自己）；所以关于他们，在这里是毫无问题的；可是必然得出这样的结论，即单从我存在和我心里有一个至上完满的存在体（也就是说上帝）的观念这个事实，就非常明显地证明了上帝的存在。

我只剩去检查一下我是用什么方法取得了这个观念的。

因为我不是通过感官把它接受过来的，而且它也从来不是⑤像可感知的东西的观念那样，在可感知的东西提供或者似乎提供给我的⑥感觉的外部器官的时候，不管我期待不期待而硬提供给我。它也不是纯粹由我的精神产生出来或虚构出来的，因为我没有能力在上面加减任何东西。因此没有别的话好说，只能说它和我自己的观念一样，是从我被创造那时起与我俱生的。

当然不应该奇怪，上帝在创造我的时候把这个观念放在我心里，就如同工匠把标记刻印在他的作品上一样；这个标记也不必一定和这个作品有所不

---

① "集合"，法文第二版缺。
② "至于"，法文第二版里是"最后，至于"。
③ 法文第二版："我习惯地相信他们由之而产生了我的那种物质性的行动，与产生这样一种实体二者之间没有任何联系；而他们之有助于生下了我，最多是他们"。
④ 法文第二版："我一向断定"。
⑤ 法文第二版："不是通常"。
⑥ "我的"，法文第二版缺。

同。可是，只就上帝创造我这一点来说，非常可信的是，他是有些按照他的形象产生的我，对这个形象（里面包含有上帝的观念），我是用我领会我自己的那个功能去领会的，也就是说，当我对我自己进行反省的时候，我不仅认识到我是一个不完满、不完全、依存于别人的东西，这个东西不停地倾向、希望比我更好、更伟大的东西，而且我同时也认识到我所依存的那个别人，在他本身里边具有我所希求的、在我心里有其观念的一切伟大的东西，不是不确定地、仅仅潜在地，而是实际地、现实地、无限地具有这些东西，而这样一来，他就是上帝。我在这里用来证明上帝存在的论据，它的全部效果就在于我认识到，假如上帝真不存在，我的本性就不可能是这个样子，也就是说，我不可能在我心里有一个上帝的观念；我再说一遍，恰恰是这个上帝，我在我的心里有其观念，也就是说，他具有所有这些高尚的完满性，对于这些完满性我们心里尽管有什么轻微的观念，却不能全部理解。他不可能有任何缺点；凡是标志着什么不完满性的东西，他都没有。

这就足以明显地说明他不能是骗子，因为自然的光明告诉我们，欺骗必然是由于什么缺点而来的。

不过，在我把这件事更仔细地进行检查并对人们能够从其中取得的其他真理进行考虑之前，我认为最好是停下来一些时候专去沉思这个完满无缺的上帝，消消停停地衡量一下他的美妙的属性，至少尽我的可以说是为之神眩目夺的精神的全部能力去沉思、赞美、崇爱这个灿烂的光辉之无与伦比的美。

因为，信仰告诉我们，来世的至高无上的全福就在于对上帝的这种沉思之中，这样，我们从现在起就体验出，像这样的一个沉思，尽管它在完满程度上差得太远，却使我们感受到我们在此世所能感受的最大满足。

▎选文出处

笛卡儿：《第一哲学沉思集》，庞景仁译，北京，商务印书馆，1986年，第14～54页。

# 斯宾诺莎

斯宾诺莎提出，知识分三种，即感性经验知识、知性推理知识与理性直观知识。知识来源于理性观念，知识就是观念的观念。观念的次序和联系与事物的次序和联系是相同的，因此真观念必须与它的对象相符合，但恰当观念则是单就其自身而不涉及对象来说，它就具有真观念的一切特性和内在标志。正如光明之显示其自身并显示黑暗，所以真理即是真理自身的标准，又是错误的标准。

**著作选读：**

《知性改进论》第 2 章，第 3 章，第 5 章；《伦理学》第 2 章。

## 1 《知性改进论》第 2 章——论知识的种类

### 作者简介

斯宾诺莎（Brauch/Benedictus de Spinoza, 1632—1677），荷兰哲学家。早年接受犹太神学教育，同时修习欧洲各国语言、数学以及笛卡儿哲学。1656 年因无神论思想被永远开除犹太教籍，后靠磨光学镜片为生。由于贫病交加，45 岁时死于肺病。主要著作有《笛卡儿哲学原理》（1663）、《神学政治论》(1670)以及由友人编入《遗著》（1677）中的《知性改进论》、《伦理学》、《书信集》等。

（一八）生活规则既然已经规定了，现在可以进而从事于首要的、改进知性的工作，使知性能够在足以帮助我们达到我们的目的的方式下去认识事物。为了知性的改进，自然的秩序要求我在这里列举出认识的各种方式（modi-percipiendi），这些方式我一直用来确定无疑地去肯定或否定任何事物，以便选择出其中最好的方式，并同时开始去认识我想要促使其完善的我自己固有的能力和本性。

（一九）如果加以明确规定，则认识的方式或知识的种类，可以分为四项：

一、由传闻或者由某种任意提出的名称或符号得来的知识。

二、由泛泛的经验得来的知识，亦即由未为理智所规定的经验得来的知识。我们所以仍然称它为经验，只是因为它是如此偶然地发生，而我们又没有别的相反的经验来推翻它，于是它便当做不可动摇的东西，留存在我们心中了。

三、由于这样的方式而得来的知识，即：一件事物的本质系自另一件事物推出，但这种推论并不必然正确。获得这种知识或者是由于由果以求因①，或者是由为一种特质永远相伴随着的某种普遍现象推论出来。

四、最后，即是纯从认识到一件事物的本质，或者纯从认识到它的最近因（causa proxima）而得来的知识。

（二〇）以上各种知识都可以举例说明。由传闻我知道我的生日，我的家世，和别的一些我所从来不曾怀疑的事实。由泛泛的经验我知道我将来必死；我之所以能肯定这一点，因为我看见与我同类的别的人死去，虽然不是所有的人都在同样的年龄死去或者因同样的病症而死。由泛泛的经验我知道油可以助火燃烧，水可以扑灭火焰。同样，我知道犬是能吠的动物，人是有理性的动物，其实，差不多所有关于实际生活的知识大都得自泛泛的经验。

（二一）一件事物由另一件事物推出的例子如下：当我们明白地见到，我们感觉到这样一个身体而不是别的东西时，根据这点，我说，我们就可以明白推知身体与心灵必定是结合的②，而这种身体与心灵的结合就是我们的感觉的原因。但这种感觉以及这种结合究竟是怎样的，仍然不是我们由此所能绝对地知道的。③ 或者当我明了视力的性质时，我知道视力有一种特质，能使同一物体从远处看则小，从近处看则大，由此可以推知，太阳要比我们眼睛看见的为大，以及别的诸如此类的东西。

（二二）最后，可以纯粹从事物的本质来认识事物。譬如，当我知道一件事物时，我便知道我知道这件事物；当我知道心灵的本质时，我便知道身体与心灵是统一的。据同样的知识，我知道三加二等于五，或者两条直线各与第三条直线平行，则这两条直线必定平行等等。但我们能够用这种知识来认

---

① 因为这样一来，我们除了对于"果"有所认识外，对于"因"仍然毫无所知。从我们每每喜欢用很概括的字句以表示原因的事实看来，这一点是很明显的，例如，"故有物于此"、"故有某种力量于此"等语。或者从我们常用否定的字句以表示原因的事实里，亦可看出，如"故原因不是这或不是那"等语。总之，充其量，这种知识只是根据结果以指认原因是什么。但这样只能说出一件事物的特质（propria），而不能表明其固有本质（essentia）。此点俟我以后举例说明，就可以明了。

② 从这个例子可以明白看到我刚才所提出的注意之点。因为在这种结合里，我们所知道的只是感觉本身，换言之，只是结果，从这个结果我们去推论我们还毫无所知的原因。

③ 像这类的推论诚然是有确定性的，但是如果不特别谨慎，也未必完全可靠，不然，便将立即陷于错误。因为当我们只是这样抽象地，不通过事物的本质去认识事物时，则它们便立即为我们的想象所搅乱。因为凡自身本来是单一的东西，在人们的想象中便成为杂多的了。因为人们对于抽象地割裂地混淆地认识的东西，就以他们平日用来呼别的更熟悉的事物的名称去称它们。因此他们便根据他们对于熟悉的事物的想象来揣想事物的本质或原因。

识的东西至今还是很少的。

（二三）为了使以上各种知识的区别全部明了起见，我可以举一个例子说明如下：今有三个数于此，要求第四个数，就中第四个数与第三个数之比须如第二个数与第一个数之比。商人们将立即可以告诉你他们知道如何可以求出第四个数，因为他们尚没有忘记从他们的老师那里听来的、但不加证明的老法子。另外一些人则根据对简单数目的经验制成一个普遍的定则，譬如，在2、4、3、6四个数中，第四个数就是自明的；在这里显而易见，如果以第二个数与第三个数相乘，所得之积用第一个数来除，商数便是6。当他们见到用这种方法可以求出他们以前就知道成比例的那个数目时，便推出这种方法永远适用于求第四项比例数。

（二四）而数学家则因据欧几里得几何学第七编第十九命题的证明，就可以知道什么样的一些数目是互成比例的，这就是说，据比例的本性或特质，凡第一个数与第四个数相乘之积必与第二个数与第三个数相乘之积相等。但是他们仍然没有能够见到特定数目之间的比例性。或者即使他们能看出它们的比例性，则他们的知识必定不是从欧几里得几何学的命题推来，而是全凭直观得来，并不经过演算的历程。

（二五）为了从这些认识方式中选择出最好的方式起见，必须简略地将为达到我们目的所必需的手段列举如下：

一、对于我们要使其完善的"自己的本性"，必须有确切的认识，同时还必须对于"事物的本性"具有必要多的认识。

二、必须由此进而正确地推究出事物相异、相同以及相反之处。

三、必须由此进而正确地认识到，什么是事物做得到的，什么是事物做不到的。

四、必须将对于事物的本性的知识与人的本性和能力相比较。如此就可以容易见到，人所能够达到的最高的完善。

（二六）从上面这些考察，我们便可以看出哪种认识方式是我们必须选取的。

至于第一种知识，既然得自传闻，显然是没有确定性的，并且如上述例子所表明的，更不能使我们洞见那件事物的本质。但是稍后即将指出，假如我们不能认识一件事物的本质，则决不能认识这件事物的个别存在。因此我们可以明白断定，所有由传闻得来的确定性，都必须排斥出科学的领域之外。因为单纯的传闻，如果不是先有本人的理解，是决不能对人有任何影响的。

（二七）就第二种知识看来①，也不能说是能够指出我们想要寻求的比例观念。不唯这种知识的本身不很确定，没有必然性，而且也没有人可以根据这种知识，对于自然事物，除仅仅发现一些偶性以外，更能发现任何别的东西。但是这些偶性只有在先认知事物本质以后，才能清楚地被认识。因此这种知识也同样在排斥之列。

（二八）第三种知识可以说是能给我们以想要认识的事物的观念，并且可以使我们据以推论而无错误的危险。但这种知识本身仍然不是能够帮助我们达到所企求的完善性的手段。

（二九）唯有第四种知识才可直接认识一物的正确本质而不致陷于错误。所以我们必须首先采用这种知识。至于我们如何才可以应用这种知识来把握未知的东西，并且同时如何尽可能切当而迅速地做到这一点，我将进一步加以说明。

## 2 《知性改进论》第3章——论知性

（三〇）现在我们既然知道了哪种知识对我们是最必需的，那我们就必须指出途径与方法来，以便借这种知识来认识我们需要认识的东西。为了完成这个目的，首先必须考虑的，就在于不要使这一项研究陷入无穷的追溯，这就是说，为了寻求发现真理的最好方法，可以无须另外去寻求别的方法来发现这种最好的方法，更无须寻求第三种方法来发现这第二种方法，如此递推，以至无穷。因为，这种办法决不能使我们得到对真理的知识，甚至决不能求得任何知识。因为制造知识的工具与制造物质的工具相同，关于后者，也可用同样的方式来推论：因为要想炼铁，就必须有铁锤，而铁锤也必须经过制造才有。但是制造铁锤又必须用别的铁锤或别的工具，而制造这种工具又必须用别的工具，如此递推，以至无穷。因此假如有人想要根据这种方式以证明人没有力量可以炼铁，这当然只能是徒劳。

（三一）因为人最初利用天然的工具，费力多而且很不完备地做成了一些简单的器具，当这种器具既已做成之后，即可进而制造比较复杂的工具，费力比较少而且比较完备。如此循序渐进，由最简单的动作，进而为工具的制造，由工具的制造，进而为比较复杂的工具、比较新颖的器具的制造，

---

① 我将在这里详细研究经验，并且考察经验主义者和新近的哲学家所采取的方法。

一直达到费最少的劳动完成大量复杂的器具。同样，知性凭借天赋的力量①，自己制造理智的工具，再凭借这种工具以获得新的力量来从事别的新的理智的作品②，再由这种理智的作品又获得新的工具或新的力量向前探究，如此一步一步地进展，直至达到智慧的顶峰为止。

（三二）理智的进展的情况就是这样，这是很容易看见的，只要我们能知道什么是寻求真理的方法，和什么是人的天然的工具，人们只需使用这种工具，就能够制造出别的工具，以便用来进一步向前探究。为了说明这种说法，我就这样进行：

（三三）真观念③——因为我们具有真观念——与它的对象（ideatum）不相同；因为圆形是一个东西，而圆形的观念又另外是一个东西。圆形的观念是没有周围和圆心的，而圆形则有。同样，物体的观念也并不是物体本身。观念既然与它的对象不相同，所以它本身即是可理解的东西。换言之，就观念作为一个形式本质（essentia formalis）而论，它也可以作另一个客观本质（cssentia objectiva）*的对象。而这第二个客观本质，就它本身看来，也是真实的东西，也是可理解的东西。如此类推，以至无穷。

（三四）例如，彼得这人是真实的；彼得的真观念就是彼得的客观本质，本身即是真的东西；而且是与彼得本身完全不相同的。现在彼得的观念本身既然是真实的东西，有它自身的特殊本质，所以它本身也是可理解的东西，这就是说，它也可以作为另一个观念的对象，这另一个观念将客观地包含彼得的观念形式地所具有的一切。并且这个彼得观念的观念，又同样有它自身的本质，可以作另一个观念的对象，如此类推，以至无穷。这一点每个人都可以亲身体会到，当他回想他知道彼得时，他又知道他知道彼得，他更知道他知道他知道之类。在这里显然可见，要想知道彼得的本质，无须先知道彼得的观念，更无须先知道彼得的观念的观念。这就无异于说，要知道一件事物，无须知道我知道，更无须知道我知道我知道。这就如同，要知道一个圆

---

① 天赋的力量是指非由外因所支配的力量而言；以后将于我的哲学中加以解释。（按此处所谓"我的哲学"乃指他的《伦理学》一书而言。参看《伦理学》第二部分，讨论知识部分。下皆同此。当斯宾诺莎写这篇时，对后来的《伦理学》一书，已胸有成竹，但尚未确定书名。——中译者）

② 这里我称之为作品，至于这些作品是什么，我将于我的哲学中说明之。（参看《伦理学》第二部分。——中译者）

③ 注意，我不仅将阐明我刚才所说的，且复将说明我从前研究的步骤全是对的，同时我又将指出许多别的应该知道的东西。

\* 这里斯宾诺莎用了两个经院哲学的名词："形式本质"指事物在现实世界的本质，"客观本质"指事物作为思想的对象、在思想中的本质而言。——中译者

形的本质，无须先知道三角形的本质一样。① 但是，就这些观念而言，情形恰好与此相反。因为要知道我知道，我首先必须知道。

（三五）因此可以明白，确定性不是别的，只是客观本质本身，换言之，我们认识形式本质的方式即是确定性本身。因此更可以明白见到，要达到真理的确定性，除了我们具有真观念外，更无须别的标记。因为如我所指出的，为了知道，我无须知道我知道。由此更可以明白，除非对于一个东西具有正确的观念或客观本质外没有人能够知道什么是最高的确定性；因为确定性与客观本质是同一的东西。

（三六）现在真理既然无须凭借标记，但只需具有事物的客观本质，或者换句话说，只需具有事物的观念就已经足够驱除任何疑惑。所以真的方法不在于寻求真理的标记于真观念既已获得之后，而真的方法乃是教人依适当次序去寻求②真理本身、事物的客观本质或事物的真观念的一种途径。（因为所有这些都是指同一的东西。）

（三七）再则，方法必须涉及推理过程和认识能力（intellectus 知性），这就是说，方法并不是认识事物的原因的推理本身，不用说，方法更不是事物原因的认识。而正确的方法就在于认识什么是真观念，将真观念从其余的表象（perceptiones）中区别出来，又在于研究真观念的性质使人知道自己的知性的力量，从而指导心灵，使依一定的规范来认识一切必须认识的东西，并且在于建立一些规则以作求知的补助，以免枉费心思于无益的东西。

（三八）由此可见，方法不是别的，只是反思的知识或观念的观念。因为如果不先有一个观念，就不会有观念的观念，所以如果不先有一个观念，也就会没有方法可言。所以好的方法在于指示我们如何指导心灵使依照一个真观念的规范去进行认识。而且两个观念之间的关系与这两个观念的形式本质之间的关系是同一的，因此能表示最完善存在的观念的反思知识要比表示其他事物的观念的反思知识更为完善。换言之，凡是能指示我们如何指导心灵使依照一个最完善存在的观念为规范去进行认识的方法，就是最完善的方法。

（三九）因此可以容易明了，何以心灵获得的观念愈多，则同时它所获得的工具也就愈多，有了更多的工具的辅助，则进行求知，就愈加容易。因为从上面所说的看来，必须首先有一个真观念作为天赋的工具存在于我们心中。

---

① 注意，我们在这里并没有研究这最初的客观本质如何天赋给我们。因为这个问题属于自然研究的范围。在自然研究里，更当充分解释这一点，同时并当指出，假如没有观念，则不可能有肯定、否定或意志。

② 至于什么是"在心中寻求"我将于我的哲学中加以解释。（参看《伦理学》第二部分及第五部分。——中译者）

当心灵一旦认识了这个真观念，则我们就可以明了真观念与其他表象之间的区别。以上所述就是方法的一部分。心灵对于自然的了解愈多，则它对于它自身的认识，也必定愈加完善，这自然是不用说的，所以心灵认识的事物愈多，则这一部分的方法将必愈为完善，而且当心灵能达到或反思到最完善存在的知识时，则这一部分的方法亦最为完善。

（四〇）并且心灵认识的事物愈多，便愈知道它自身的力量和自然的法则。若心灵愈能认识自己的力量，则它就愈易于指导它自身，建立规则来辅助求知。如果心灵对于自然法则的知识愈增加，则它就更易于抑制它自身使它不要驰骛于无用的东西。以上所述，就是方法的全部。

（四一）此外我还要加以说明的，就是观念之客观地在思想世界与它的对象之在实在世界的关系是一样的。假如自然界中有一件事物与其他事物绝无交涉或关联，则它的客观本质——即完全与它的形式本质符合的客观本质，将与任何别的观念无丝毫交涉或关联①，换言之，我们将不能从它做出任何推论。反之，凡是与他物有关系的东西——因为自然万物没有不是互相关联的——都是可以认识的，而这些事物的客观本质之间也都具有同样的关联，换言之，我们可从它们推出别的观念，而这些观念又与另一些观念有关联。这样，则进一步研究的工具便扩充增进了。这就是我想要证明的。

（四二）而且根据上面所说，真观念既然必定完全与它的形式的本质符合，又可知道，为了使心灵能够充分反映自然的原样起见，心灵的一切观念都必须从那个能够表示自然全体的根源和源泉的观念推绎出来，因而这个观念本身也可作为其他观念的源泉。

（四三）说到这里，也许会有人怀疑，我所谓完善的方法在于指示人如何指导心灵使依照一个真观念的规范的说法，是根据理论来证明的。既然用理论来证明，这似乎就表明这种说法并非自明之理。因而人们就可以怀疑我们的推理是否正确。因为如果要推理正确，必须以一个给予的观念为出发点，但是想要以一个给予的观念为出发点，就必须加以证明，而这个用来证明的理论又须加以证明，证明之上，又须证明，如此递进，以至无穷。

（四四）对于这种诘难，我这样回答：如果有人是偶然采取这种方法来研究自然，这就是说，如果他碰巧拿一个真观念作为规范，循适当的次序，而获得别的观念，则他将决不怀疑他所发现的知识的真理性。②因为正如我们所指出的，真理是自明的，而一切别的观念都会自然地流归到它那里去。但是，

---

① 与别的事物有交涉或关联即是产生别的事物或为别的事物所产生。
② 譬如在这里，我们就决不怀疑我们的真理。

这种偶然的事情既然决不会发生或很少发生，所以我不能不提出一种依预定的步骤使我们可以靠反思得到那种不能靠偶然而得到的真理或真观念。并且同时也就表明要证明真理和做出正确的推论，实在用不着真理和正确推论本身以外的任何工具。因为我曾经用正确的推理以证明正确的推理，而且我还要用同样的方式来证明正确推理。

（四五）而且，这也就是一般人内心反思时所习用的方式。但是人们所以很少于研究自然时循着适当的次序进行的原因，这大都是由于为成见所蔽，至于成见的起因，以后在我的哲学中再加以说明。* 还有一层原因，就是从事这种研究必须做出一个严格而精确的区别，像我以后将要阐明那样，但是做出这种区别，却是很烦难的。最后，由于人性的情况是变化无常的，像我在前面已经指出过的那样。此外还有别的原因，可以不必细说了。

（四六）现在也许有人要问我：既然真理是自明的，何以我不首先将自然的一切真理依照它们的固有次序揭示出来呢？我可以答复他，并且同时我要警告他，不要将他偶尔在这里或那里所发现的貌似矛盾的话全都认为谬误而加以拒绝：他必须首先用心考虑我证明这些论点的次序，这样他才不至于怀疑我们已经获得了真理。这就是我所以首先提出方法问题来讨论的原因。

（四七）这时如果仍然还有人怀疑这最初的真理本身，以及依照这真理为规范而推演出来的一切，那么如果不是由于他不说真心话，故意辩难，则我们便不能不承认世界上也有一些人，或者由于秉赋，或者由于成见，亦即由于偶然遭遇，深深陷于心灵的盲目。像这样的人是自己不知道自己的人。假如他们承认或怀疑任何东西，他们也不知道他们是在承认或怀疑。他们说，他们一无所知；甚至对于他们的一无所知，他们说，他们也不知道。甚至对于这一点他们也不敢十分肯定地说，因为当他们是一无所知时，他们是害怕承认他们是存在的。因此最后，他们简直应当闭口无言，以便不致偶尔假设出一些带真理气味的东西。

（四八）像这类的人，我们是绝对不能同他们谈论科学的。因为凡是与生活需要及社会交际有关的东西，他们为情势所迫，都不能不假定其存在，只要对自己有利，他们常常不惜指天誓地般承认这些，否认那些。但是如果有人要向他们证明什么理论，他们也不知道这个证明是正确的或谬误的。当他们承认、否认或争辩时，他们也不知道他们是在承认、否认或争辩。所以竟可说他们是全无心灵的自动机器。

---

\* 参看《伦理学》第一部分的附录。在那里斯宾诺莎对于人们寻求目的因的攻击，即在说明这种成见的危害性。——中译者

（四九）让我们现在总括前面所讨论的要点如下：

一、我们曾经找到了我们一切思想所应当集中的目标。

二、我们认识了最好的知识方式，借此种知识的帮助，可以达到我们的完善。

三、我们又曾经发现了心灵所应当遵循的基本途径，以便有良好的出发点；这就是以一个真观念作为规范，依照一定的次序去进行研究。为了进行研究正确无误起见，我们的方法必须满足下列的条件：

（1）必须将真观念与其余的表象辨别清楚，使心灵不要为后者所占据。

（2）必须建立规则，以便拿真观念作为规范去认识未知的东西。

（3）必须确定适当的次序，以免枉耗精神于无用的东西。知道了上述的方法，于是我们便可以见到——

四、当我们具有最完善的存在的观念时，我们的方法也就最为完善，因此我们首先必须特别注意的，就是我们要尽可能快地达到这种存在的知识。

### 3 《知性改进论》第 5 章——论界说

（九一）现在为了最后过渡到方法的第二部分①起见，我将首先阐明这种方法所要达到的目的，其次指出达到这种目的的工具。所要达到的目的即在于获得清楚明晰的观念，这就是说，在于寻求纯粹是出于心灵而不是由于身体的偶然的刺激而起的观念。并且为了把所有的观念归结到一个观念起见，我们将设法把所有的观念按照那样一种方式加以联系和排列，以便心灵可以尽可能客观地既从全体又从部分，以反映自然的形式。

（九二）至于第一点，我已经说过，为了达到我们最后的目的，必须纯粹由一物的本质或由它的最近因去加以理解。因为假如那物是自在之物，或者如一般所说，是自因之物，则必须单纯从它的本质去认识它。但是假如那物并非自在，而须有原因才能存在，则必须从它的最近因去认识它。因为，真正讲来，对于结果的知识不过是获得的对于原因之较完全的知识罢了。②

（九三）因此我们对于事物的研究，决不容许根据抽象的概念去推论；我们必须极端小心不要使仅仅在我们理智中的东西与现实界的东西混淆起来。

---

① 这部分继第一部分而出的主要规律，即在于严密考察我们借纯粹理智所获得的一切观念，以便我们可以把这些观念与我们从想象得来的观念区别开，这种区别可以从想象和理智各自的特质里寻找出来。

② 注意：由此足见，我们不能够对于自然的任何东西有所了解，而不同时增进我们对于第一因或上帝的知识的。

但最好的推论必须从一个肯定的特殊的本质，或者从一个真实的正确的界说里推论出来。因为如果单纯由普遍的公则出发，知性是不能达到个别事物的，因为公则外延至无限，不能决定知性使之特殊地考察这一个别事物，而不去考察另一个别事物。

（九四）所以研究的正当途径即在于依一定的界说而形成思想。对于一物的界说愈好，则思想的进展愈容易有成果。所以方法的整个第二部分的关键即在于知道良好界说应有的条件，并且知道寻求良好界说的方式和步骤。现在先讨论界说的条件。

（九五）一个界说要可以称为完善，必须解释一物的最内在的本质（essentia），而且必须注意，不要拿一物的某种特质（propria）去代替那物的本身。为了表明我的意思，但又为了避免所举出的例子足以令人误会我是在指责别人的错误起见，我将举一个抽象的东西作例，对于这个抽象的东西，无论如何去下界说，都无关紧要，例如圆形。如果将圆形界说为一个由中心到周边所作的一切直线都是等长的图形，如是则每个人都可看出，这个界说仅仅说出了圆形的一个特质，而不能表明圆形的本质。正如我刚才所说，这一点对于圆形或其他理性的东西，虽属无关紧要，但对于物理的及真实的东西来说，关系便极其重大，因为如果不知道一物的本质便无法知道一物的特质；假如我们略去本质不论，则我们必然将会颠倒那应该符合自然的联系的理智的联系，因而我们将达不到我们的目的。

（九六）为了避免这种缺点起见，关于界说须遵守下列各条：

一、对于被创造之物下界说必须包括它的最近因。按照这条规则，则圆形的界说就应该这样：圆形是任何一根一端固定的另一端转动的直线所作成的图形。这个界说显然包括圆形的最近因在内。

二、一物的概念或界说应该是这样，即当我们单就该物自身而不把它与他物相联结来考察时，该物的一切特质，必须都能从它的界说里推出，有如在刚才所举的圆形的界说里看到的那样。因为从刚才对于圆形的界说里，可以明白推出一切从中心点到周边的直线皆属等长的特质。至于说到这是界说的必要条件，则凡是对于这个问题思索过的人必定都很明白，用不着再费神去证明，也用不着费神去指出何以从界说的第二个必要条件，可以推知每一个界说必定是肯定的。——我所说的是理智的肯定，而没有注意到字面的表述，因为由于文字的缺乏，有时意思上虽是肯定的东西，在字面上却用否定的方式表达出来。

（九七）对于非创造之物之界说必须满足下列各条件：

一、这界说须排除任何原因，这就是说，无须于非创造之物的存在以外，另去寻找其他的原因来解释它。

二、这物的界说既已成立，必不可为它的存在与否一问题尚留余地。

三、就关于心灵而言，界说必不可包含可以转变成虚字的实字，换言之，必不可用抽象的概念来解释。

四、最后，——虽然这点前面已屡次说过，这里无须再提——一个必要的条件为：那物的一切特质都必定可以从它的界说推出。所有这些，对于深切注意的人都是十分明白的。

（九八）我又会说过，最好的推论必须从一个特殊的肯定的本质推演而出；因为一个观念愈特殊，便愈明晰，从而也就愈是清楚。因此我们必须尽量寻求关于特殊事物的知识。

（九九）就推演的次序而论，为了使我们所有的观念都可以按次序排列，并连贯起来起见，我们必须尽先依理性的要求去探讨是否有一个存在——如果有，它的本性如何——它是万物的原因。这样一来，则它的客观的本质又可为我们一切观念的原因。于是有如前面所说，我们的心灵可以尽量完全地反映自然。因此心灵可以客观地包含自然的本质、秩序和联系。由此足见，这是万分必须：把我们的一切观念都从自然事物或真实存在推出，尽量依照由此一实在到另一实在的因果系列，这样就可以不致过渡到抽象的和一般的概念：既不由抽象概念推论出真实事物，也不由真实事物推论出抽象概念。因为两者都足以扰乱理智正确的进展。

（一〇〇）但是必须注意，我这里所谓因果系列和真实事物的系列，并不是指变灭无常的个别事物而言，而是指固定的和永恒的事物的系列而言。因为要想追溯变灭无常的个别事物的系列，实为人类的薄弱的理智所不可能，一则事物的数目非人力所能指数，再则每一事物的环境变化无穷，而其环境的每一变化都可以作该物存在或不存在的原因。因为它们的存在与它们的本质之间没有必然联系，或者如前面所说，它们的存在不是永恒的真理。

（一〇一）但是我们也没有了解这些变灭无常的个别事物的系列的必要，因为它们的本质并不是从它们的存在的系列或次序推出，而它们的存在的次序，充其量只能供给我们以它们外表的迹象、关系或次要情况；所有这些都和它们的内在本质相隔甚远。而内在本质只可以在固定的永恒的事物中去寻求，并且也可以在好像深深刊印在事物里面、而为一切个别事物的发生和次序所必遵循的规律中去寻求。是的，我们还可以说，所有变灭无常的个别事物都密切地、本质地（我可以这样说）依存于固定、永恒的东西，没有固定、永恒的东西，则个别事物既不能存在，也不能被认识。所以这些固定的永恒的东西，虽是个别的，但是因为它们无所不在，并具有弥漫一切的力量，在我们看来，既是变灭无常的个别事物的界说的类或共相，而且是万物的最近因。

（一〇二）虽说这样，但是要想达到对于个别事物的知识似乎有不少的困难须得克服；因为要想同时认识所有的事物实远超乎人类理智的力量以外，但是认识事物谁在先谁在后的次序，我们已经说过，必定不能从其存在的系列求得，也不能从永恒之物推出，因为按照它们的本性，永恒之物莫不同时存在。因此除了我们用来认识永恒之物及其法则的工具外，我们必须另外寻找别的辅助方法。但是这里并不是讨论这个问题的适当地方，而且在我们对于永恒之物及其必然的法则还没有充分的知识，并对于我们的感官的性质还没有明了以前，也用不着讨论这种方法。

（一〇三）在我们进行研究对于个别事物的知识以前，还有时间去讨论足以帮助我们知道如何使用我们的感官，并如何依一定的规律和正确的次序去做实验，借以充分地规定研究的对象的辅助方法。这样我们最后就可以根据这种方法去规定事物的生成究竟依照哪种永恒之物的规律，而且我们从而也可以了解事物的最内在本质。所有这些我将于适当地方加以说明。这里，为了回到我原来的目的，我将只是设法指出足以使我们认识永恒之物，并根据上面所列举的条件以形成关于它们的界说的途径。

（一〇四）要做到这一层，我们必须回忆上面所说过的话，就是，当心灵注意到任何思想，以便加以考察，而依照适当次序，从它推出应该推出的结论时，如果这思想是错误的，它必定会发现它的错误；但如果这思想是真的，则它就会顺利地进行，没有滞碍，由它推出种种真的结论来。这一点，我说，即是达到我们的目的所必需的。因为假如没有这样一个根本原则，则我们的思想就没有定准。

（一〇五）所以假如我们想要探讨万物的本源，就必须有一个根本原则指导我们的思想去研究。再则，因为方法既是反思的知识本身，则这指导我们思想的根本原则除了是关于构成真理的形式的东西的知识，以及关于知性本身与知性的特质和力量的知识外，不能再是别的东西了。因为这点一经达到，我们就可以有一个根本原则，从这个原则，我们可以推出我们的思想，并可以寻出一条途径，循此途径，知性可以本其固有能力，或者以它自己的能力为准，获得对永恒之物的知识。

（一〇六）假如思想的本性即在于构成真的观念，像我在方法的第一部分所指出那样，那么现在必须研究我们所了解的知性的能力或力量是什么。因为我们的方法的主要部分既在对于知性的力量和性质加以透彻的了解，所以根据方法的第二部分讨论，我们不得不从思想和知性的界说本身去推出这种知识。

（一〇七）但是直至现在为止，我们还未曾具有发现界说的规则，而且如果没有对于知性和其力量的本性或界说的认识，我们就不能制订出这些规则来。由此可见，或者知性的界说是自明的，或者我们对它什么也不能认识。但是知性的界说并不是绝对地自明的。因为在未能明了知性的本性以前，我们对于知性的特质，一如我们对于借知性所获得的一切事物，并不能清楚明晰地认识。所以如果我们对于知性的特质，有了明晰清楚的了解，则对于知性的界说，便容易明白。因此我们要在这里把知性的特质列举出来，加以考察，并且开始讨论我们求知的天赋工具。①

（一〇八）我曾经大体上讨论过的并且明晰地了解的知性的特质如下：

一、知性自身具有确定性，换言之，它知道事物形式地存在于实在界中，正如事物客观地包含在知性中。

二、知性认识许多东西或绝对地构成某些观念，而又从别的观念以形成另外一些观念，譬如，知性无须别的观念即绝对地形成量的观念；反之，知性形成运动的观念时，必须先思考到量的观念。

三、知性绝对地形成的观念表示无限性；而有限的观念则是知性从别的东西推论出来的。例如就量的观念而论，如果知性从它的原因去理解它，则量便被认为有限，譬如，当知性认为由一个平面的运动而形成一个体积的观念，由一根直线的运动而形成平面的观念，最后，由点的运动而形成线的观念时，这些表象并不足以帮助我们对于量的了解，但是仅仅足以对量加以规定。这乃是由于我们在某种限度内认为这些观念都是由运动产生，而其实必须先有了量的观念，才可以形成运动的观念。并且我们还可以设想延长运动足以形成一条无限长的线，但是如果先没有无限之量的观念，我们便不能这样做。

四、知性形成肯定的观念较先于形成否定的观念。

五、知性观察事物并不这样从时间的观点，而是在某种限度内从永恒的和无限数量的观点\*。换言之，知性理解事物并不注意它们所占的时间，亦不注意它们的数量。但是当它想象事物时，则从某种数目和一定的时间与分量的观点去理解它们。

六、我们所形成的明晰清楚的观念，好像只是从我们本性的必然性里推

---

① 参看上面三十一节及三十二节以下。

\* 无限数量的观点即不从数量绵延的观点，无限数量即无数量——如康德的先验法开辟的道路。——中译者

出来似的，所以这些观念，似乎只是绝对依靠我们自己的力量。而混淆的观念，则恰好与此相反；混淆的观念的形成，每每违反我们的意志。

七、知性从别的观念所形成的事物的观念，可以在许多方式下为心灵所规定。譬如，为了规定一椭圆形的平面起见，心灵可以假想一个钉状物固系在一条直线上绕着两个中心点转动，或设想出无限多的点，与任何一条直线永远保持同样固定的关系，或以一个平面斜截一个圆锥体，如是或者倾斜的角度较大于锥顶的角度，或者设想其他无限类此的东西，以规定有限事物的观念。

八、那些愈能表示一物的完善性的观念就愈为完善。因为我们赞美一个设计一座普通房子的建筑师，并不如赞美一个设计一座宏丽庙宇的建筑师那样热烈。

（一〇九）对于其余与思想有关的东西，如爱情、快乐等，我们可以无须多说，因为这些情感与我们现在所讨论的无关，并且除非先理解知性，便不能理解情感。因为假如完全取消观念，则也必定完全取消情感。

（一一〇）我们已经充分说明，错误的与虚构的观念并不是由于具有什么肯定的东西，因而被称为错误或虚构。其所以被认为错误与虚构，完全由于知识的缺陷。所以错误的与虚构的观念，作为错误的与虚构的观念，实在丝毫不能教导我们思想的本质。所以要知道思想的本质，必须从上面所列举的肯定的特质中去寻求，换言之，我们必须寻求一个为这些特质所从出的共同之点，有了这个共同之点则必有诸特质，没有这个共同之点，则诸特质亦随之被取消。（余缺）

▸ **选文出处**

斯宾诺莎：《知性改进论》，贺麟译，北京，商务印书馆，1960年，第24～34、52～59页。

**4 《伦理学》第2章——论心灵的性质和起源**

公设

一、人身是许多不同性质的个体所组成，而每一个个体又是许多复杂的部分所组成。

二、组成人身的个体中，有的是液质的，有的是柔软的，有的是坚硬的。

三、组成人身的各个体，亦即人体自身，在许多情形下是为外界物体所激动。

四、人身需要许多别的物体，以资保存，也可以说是，借以不断地维持其新生。

五、当人身的液质部分为外界物体所决定时，常冲击着别的柔软部分，因而改变它的平面，并且有似遗留一些外界物体所冲击的痕迹在它上面。

六、人身能在许多情形下移动外界物体，且能在许多情形下支配外界物体。

**命题十四** 人心有认识许多事物的能力，如果他的身体能够适应的方面愈多，则这种能力将随着愈大。

证明 人身（据公设三与六）在许多情形下为外界物体所激动，而且又适于在许多情形下支配外界物体。但是（据第二部分命题十二）人心必然能觉察人身中的一切变化。所以人心有认识多量事物的能力，如果它的身体能够适应的方面愈多，则这种能力将随着愈大。此证。

**命题十五** 构成人心的形式的存在的观念不是简单的，而是多数观念组成的。

证明 构成人心的形式的存在的观念（据第二部分命题十三）是一个物体的观念，而这个物体（据公设一）又是许多高度复合的个体所组成。但是每一个组成这个物体的个体的观念（据第二部分命题八绎理）必然存在于神内；所以（据第二部分命题七）人身的观念是由形成身体的许多部分的各种观念所组合而成。此证。

**命题十六** 人的身体为外物所激动的任何一个情形的观念必定包含有人身的性质，同时必定包含有外界物体的性质。

证明 任何物体被激动而成的一切情形（据补则三后的公则一）出于被激动的物体的性质，同时也出于激动的物体的性质，所以这些情形的观念（据第一部分公则四）必定包含能激动与被激动的两种物体的性质；所以人的身体为外物所激动的任何一个情形的观念必定包含有人体和外物的性质。此证。

绎理一 因此推知，第一：人心能够知觉许多物体的性质，以及它自己身体的性质。

绎理二 因此推知，第二：我们对于外界物体所有的观念表示我们自己身体的情况较多于表示外界物体的性质。此点我已于第一部分附录里用许多例证解释明白。

**命题十七** 假如人的身体受激动而呈现某种情况，这种情况包含有外界物体的性质，则人心将以为这个外界物体是现实存在的或即在面前，直至人的身体被激动而呈现另一情况以排除这个外界物体的存在或现存为止。

**证明**　这是自明的。因为当人的身体受激动而呈现某种情况时，则（据第二部分命题十二）人心将继续以为这感于外界物体而起的情况［或情感］，这就是说，（据第二部分命题十六）人心将具有一个现实存在的分殊的观念，包含着外界物体的性质于其内，换言之，人心将具有一个不唯不排除，而且将确认，外界物体的性质的存在或现存的观念。所以（据第二部分命题十六绎理）人心将认为外界物体是现实存在或即在面前等等。此证。

　　**绎理**　人心对于曾经一度激动过人体的外物，即使当这物既不存在，也不即在面前时，也能够设想这物，视如即在面前。

　　**证明**　当外界物体决定人体中的液质部分，致常冲击着柔软部分时，（据公设五）因而液质部分改变柔软部分的平面；因此（参看补则三绎理后的第二公则）液质部分所发生的反射运动在新平面上其方向与前此所反射的方向不同，而且此后当液质部分由自发运动而冲击着新平面时，则它所反射的方向与被外界物体压迫而反射在平面上的方向相同。所以当这些液质部分由自发运动重演其为外界物体所产生的反射运动时，便在人体内引起与最初受外界物体激动时相同的情形，同时（据第二部分命题十二）人心也将因而想到该外界物体，换言之，（据第二部分命题十七）人心也将认为该外界物体即在面前。而人心发生这种认识作用的常度相当于人体内液质部分由自发运动而冲击着那些新平面的常度。所以曾经一度激动过人体的外物，虽不存在，而人心也将认为那物即在面前，而且这种认识作用之常常发生，正与人体内那样常常重演这种生理作用相当。此证。

　　**附释**　由此可见，我们把不在面前的东西，认为即在面前的这种常常发生的认识作用，是如何起源的。也可能或许尚有别的原因；但是，在这里，我已满足于指出了一个足以解释这事的原因，就好像我曾经凭借真正的原因来解释它那样。我不相信，我是违背真理，因为我所提出的一些公设，没有什么不符合经验的地方，对于这些符合经验的公设，及当我们既已（据第二部分命题十三后的绎理）证明人的存在正如我们知觉着那样之后，我们实在更没有什么可以怀疑的了。再则，（据第二部分命题十七绎理及第二部分命题十六绎理二）我们明白见到，譬如说构成彼得的心灵的"彼得"观念，与在别人，譬如说在保罗心中的"彼得"观念间有什么区别。因为前者直接表示彼得本人的身体本质，只有当彼得存在时，它才包含存在；反之，后者毋宁是表示保罗的身体状况，而不是表示彼得的本性；因此只要保罗的身体状态持续着，保罗的心灵即能认识彼得，以为即在目前，纵使彼得并不即在面前。但是为了保持通常的用语起见，凡是属于人的身体的情状，假如它的观念供给我们以外界物体，正如即在面前，则我们便称为"事物的形象"，虽然它们并不真正复现事物的形式。当人心在这种方式下认识物体，便称为想象。说到这里，为了开始表明错误的性质起见，我想要促使读者注意的，就是：心灵的想象，就其自身看来，并不包含错误，而心灵也并不由于想象而陷于错误，但只是由于缺乏一个足以排除对于许多事物虽不存在而想象为如在面前的观念。因为如果当心灵想象着不存在的事物如在面前，同时，又能够知道那些事物并不现实地存在时，则心灵反将认想象能力为其本性中具有的德性，而非缺陷，尤其是当这种想象能力单独依靠它自己的性质，换言之，（据第一部分界说七）即心灵的想象能力是自由的时候。

**命题十八** 假如人身曾在一个时候而同时为两个或多数物体所激动，则当人心后来随时想象着其中之一时，也将回忆起其他的物体。

**证明** 人心想象一个物体（据第二部分命题十七绎理）是由于人身为一个外界物体的印象所激动、所影响，其被激动的情况与其某一部分感受外界物体的刺激时相应。但是根据这里所提出的假设，身体是被影响到这样的状态，致使心灵同时想象着两个物体，所以就这里说来，人心将想象两个物体，而当它随时想象着其中之一，将立即回忆起其他物体。此证。

**附释** 由此我们可以明白知道什么是记忆。记忆不是别的，只是一种观念的联系，这些观念包含人身以外的事物的性质，这种在人心中的观念的联系与在人身中的情况的次序或联系正相对比。第一，我说记忆仅是包含人身以外的事物的性质的观念联系，而不是解释外界事物性质的观念联系，因为其实（据第二部分命题十六）只有人体内情况的观念，这些观念包含人体的性质以及外物的性质。第二，我说这种观念联系之发生是依照人身中情况或情感的次序和联系，如此便可以有别于依照理智次序而产生的观念联系。所谓理智是人人相同的，依照理智的次序足以使人心借事物的第一原因，以认识事物。因此我们更可以明白知道何以人心能从对于一物的思想，忽而转到对他物的思想，虽然此物与他物间并无相同之处。譬如，从对于"苹果"二字的思想一个人便立刻转到鲜果的思想，而真实的鲜果与"苹果"二字的声音间并无相似之处，而且除了那人的身体常常为苹果的实物与"苹果"的声音所感触外，换言之，除了当他看见真实苹果时他又常听见"苹果"二字的声音外，并无任何共同之处。同样，各人都可以各按照他排列身体以内事物形象的习惯，而由一个思想转到另一个思想。譬如，如果一个军人看见沙土上有马蹄痕迹，他将立刻由马的思想，转到骑兵的思想，因而转到战事的思想。反之，乡下农夫由马的思想将转到他的犁具、田地等等。所以，像这样，各人都各按照他习于联结或贯串他心中事物的形象的方式，由一个思想转到这个或那个思想。

**命题十九** 人的心灵除了通过人的身体因感触而起的情状的观念外,对于人身以及人身的存在无所知觉。

证明 人心（据第二部分命题十三）就是人身的观念或知识,而这种观念或知识（据第二部分命题九）是在神内的,但这是就神之被认为一个个体事物之另一观念的分殊而言。或者,确切点说,因为（据公设四）人体需要许多别的物体,据说是借以不断地维持其新生,又因（据第二部分命题七）观念的次序与联系和因果的次序与联系相同,所以人身的观念将在神内,但就神之被认做为众多个别事物的观念的分殊而言。所以神具有人的身体的观念或神具有人的身体的知识,但就神之为众多别的观念的分殊而言,非就神之构成人心的本性而言;这就是说,（据第二部分命题十一绎理）人心不知道人身。但人身的情状的观念,就神构成人心的本性而言,是在神内;这就是说,（据第二部分命题十二）人心知觉这些情状,因之,（据第二部分命题十六）人心知觉人身,而且（据第二部分命题十七）知觉人身当做现实存在。所以只有凭借着人身被激动而起的情状的观念,人心才知觉人身。此证。

**命题二十** 人心的观念和知识同样存在于神内,并由神而出,正如人身的观念和知识那样。

证明 思想（据第二部分命题一）是神的一个属性;因此在神内必定有（据第二部分命题三）神自身的观念以及神的一切分殊的观念,因此（据第二部分命题十一）在神内必定有人心的观念。况且,（据第二部分命题九）人心这种观念或知识之存在于神内,并非就神是无限的而言,而乃就神是一个个体事物之另一观念的分殊而言。但（据第二部分命题七）观念的次序与联系与因果的次序与联系相同。所以人心的观念和知识之在神内及其与神的关系与人身的观念和知识正是相同。此证。

**命题二十一** 心灵的观念和心灵相结合正如心灵自身和身体相结合一样。

证明 我们曾经指出,心灵与身体相结合是因为身体是心灵的对象（参看第二部分命题十二和十三）;根据同一理由,心灵的观念必与其对象,即心灵自身相结合,正如心灵自身与身体相结合一样。此证。

附释 这一命题从第二部分命题七附释里所说的看来可以更为明白了解,因为在那里我们曾经指出身体的观念与身体,换言之（据第二部分命题十三）,心灵与身体是同一个体,不过一时由思想这个属性,一时由广延这个属性去认识罢了。所以心灵的观念与心灵自身也是同一之物,但由同一属性即思想这个属性,去认识罢了。因此我说,心灵的观念与心灵自身以同一的必然性,由同一的力量,存在于神内。因为,其实,心灵的观念,换言之,观念的观念,不是别的,即是观念的形式,不但只是就观念之被认为思想的一个分殊,且与其对象没有关系而言,正如一个人知道一件事,因而知道他知道这是一件事,且同时知道他知道他知道这一件事,如此递进以至无穷。关于这点容以后再详。

**命题二十二** 人心不仅知觉人身的情状,并且知觉这些情状的观念。

证明 情感或情状的观念的观念是自神而出并与神相关联,其情形正与情感的观念自身相同。所以证明这一命题与第二部分命题二十相同。但是人身的情感或情状的观念(据第二部分命题十二)是在人心内,这就是说(据第二部分命题十一绎理),在神内,就神是构成人心的本质而言;所以这些观念的观念必在神内,就神是具有人心的知识或观念而言,这就是说(据第二部分命题二十一),它们必定在人心自身之内,所以人心不仅知觉人身的情感或情状并知觉这些情感的观念。此证。

**命题二十三** 人心只有通过知觉身体的情状的观念,才能认识其自身。

证明 心灵的观念或知识(据第二部分命题二十)是自神而出并与神相关联,其情形正与身体的观念或知识相同。但是(据第二部分命题十九)人心既不知人身本身,换言之,(据第二部分命题十一绎理)既然人身的知识,就神是构成人心的本性而言,不与神相联系,所以人心的知识就神是构成人心的本质而言,也不与神相联系。所以(据第二部分命题十一绎理)人心在这样情形下还不知道它自身。况且身体被激动而起的情状的观念(据第二部分命题十六)包含人身自身的性质在内,换言之(据第二部分命题十三)这些情状的观念与人心的性质相符合,因此对于这些观念的知识必然包含对于心灵的知识。但是(据第二部分命题二十二)对于这些观念的知识即在人心自身以内,所以人心唯有凭借知觉身体的情状的观念,才能认识其自身。此证。

**命题二十四** 人心不包含有对于组成人体的各部分的正确知识。

证明 组成人体的各部分属于身体自身的本质,只就这些部分依一定的规律互相传达其运动而言(参看补则三绎理后的界说),但不就它们是被认做与人体无关的个体而言。因为(据公设一)人体的各部分是许多异常复杂的个体所组成的,而这些个体的各部分(据补则四)可以与人体分裂,并且(据补则三后的第一公则)可以依照另一种规律传达其运动于别的物体,而不致改变人体自身的性质和形式。所以(据第二部分命题三)每一部分的观念或知识将在神内,(据第二部分命题九)就神之被认做另一个体事物的另一观念的分殊而言,而这一个体事物(据第二部分命题七)依自然的次序是先于部分自身。以上的话可以同样适用于组成人体的个体的每一部分,所以组成人体的每一部分的知识存在于神内,但就神之作为许多事物的观念的分殊而言，非就神之仅具有人体的观念而言，这就是说（据第二部分命题十三）非就神之具有构成人心的本性的观念而言。所以（据第二部分命题十一绎理）人心不包含有对于组成人体的各部分的正确知识。此证。

**命题二十五** 人体中任何一个情感或情状的观念不包含对于外界物体的正确知识。

**证明** 我们已经指出（参看第二部分命题十六）人身的情状的观念包含外界物体的性质，只要这个外界物体是以一定的方式决定着人的身体。但就外界的物体是与人身无关联的个体而言，则其观念或知识必定在神内（据第二部分命题九），就神之被认做另一事物的观念的分殊而言，这个观念（据第二部分命题七）就本性而言乃先于外界物体自身。所以就是神之具有人身的情状的观念而言，不具有外界物体的正确知识，换言之，人身的情状的观念不包含对于外界物体的正确知识。此证。

**命题二十六** 人心除凭借其身体情状的观念外，不能知觉外界物体，当做现实存在。

**证明** 假如人身在任何情形下不受外界物体影响，则（据第二部分命题十七）人身的观念，换言之（据第二部分命题十三），人心，将不在任何情形下被该物体存在的观念所激动，也不在任何情形下知觉该外界物体的存在。但是只要人身在任何情形下被外界物体所激动，则（据第二部分命题十六及其绎理）人心便知觉外界物体。此证。

**绎理** 只要人心想象着一个外界物体，则人心便对它没有正确的知识。

**证明** 当人心凭借它的身体的情状以考察外界物体时，我便称它是在想象着那物体（参看第二部分命题十七绎理），此外人心（据第三部分命题二十六）便不能在别的方式下想象外界物体当做现实存在。所以（据第二部分命题二十五）只要人心是在想象外界物体，则人心便对它们没有正确知识。此证。

**命题二十七** 人体的任何一个情状的观念不包含对人体自身的正确知识。

**证明** 人体的情感或情状的每一个观念皆包含人体的性质，只就人体在某种情形下被激动而言（参看第二部分命题十六）。但只要人体是一个个体能在许多情形下受到激动，则它的观念不包含对人体自身的正确知识。请参看第二部分命题二十五证明。

**命题二十八** 人体的情感或情状的观念，只要它仅仅与人心有关联，便不是清楚明晰的，而是混淆的。

**证明** 人体的情感或情状的观念（据第二部分命题十六）包含外界物体以及人体自身的性质，且必然不仅包含人体自身的性质，而且包含人体各部分的性质，因为（据公设三）情状或情感乃是人体各部分，也可以说是人的整个身体被激动而成的状态。但是（据第二部分命题二十四和二十五）对于外界物体和人体各部分的正确知识是在于神内，非就神之作为人心的分殊而言，只就神之作为别的观念的分殊而言。所以人体情状的观念，就其仅仅与人心有关联而言，就恰似无前提的结论，这就是说，（这是自明的）它们是混淆的观念。此证。

附释　构成人心的本性的观念，可用同样方法去证明，单就其本身而论，不是清楚明晰的观念。同样，人心的观念和人身情状的观念之观念，就其仅仅与人心相关联而言，人人都可看出，也不是清楚明晰的观念。

**命题二十九**　人体的任何情状的观念之观念不包含对人心的正确知识。

证明　人体的情状的观念（据第二部分命题二十七）不包含人体自身的正确知识，换言之，不能正确地表示人体的性质，也可以说（据第二部分命题十三），不能正确地与人心的本性相符合。所以（据第一部分公则六）人体的情状的观念之观念不能正确地表示人心的本性，也不包含对人心的正确知识。此证。

绎理　由此推知，当人心在自然界的共同秩序下认识事物时，则人心对于它自身、它自己的身体，以及外界物体皆无正确知识，但仅有混淆的片断的知识。因为（据第二部分命题二十三）人心除知觉身体情状的观念外，不能认识其自身。而（据第二部分命题十九）人心除了凭借它的身体情状的观念外不能认识它自己的身体，而且人心（据第二部分命题二十六）除了凭借身体的情状的观念外，也不能认识外界物体。所以只要人心具有这种身体情状的观念，则它对于它自身（据第二部分命题二十九），对于它的身体（据第二部分命题二十七），以及对于外界物体（据第二部分命题二十五），都没有正确知识，而（据第二部分命题二十八及其附释）仅有混淆的片断的知识。此证。

附释　我明白地说，人心对于它自身、它的身体，以及外界物体都没有正确知识，而仅有混淆的片断的知识，只要人心常依自然的共同秩序以观认事物，换言之，只要人心常为外界所决定或为偶然的机缘所决定以观认此物或彼物，而非为内在本质所决定以同时观认多数事物而察见其相同、相异和相反之处。因为只要心灵在此种或别种方式下为内在本质所决定，则心灵便能清楚明晰地观认事物，有如下面所指出那样。

**命题三十**　对于我们身体的绵延我们仅有很不正确的知识。

证明　我们身体的绵延（据第二部分公则一）并不依赖其本质，（据第一部分命题二十一）也不依赖神的绝对本性，而（据第一部分命题二十八）身体的存在和作用皆为一定的原因所决定，而这些原因又为别的原因在一定方式下所决定而存在并起作用,而这别的原因也又为别的原因所决定,如此递进,以至无穷。所以我们身体的绵延是依赖于自然的共同秩序和事物的客观结构。但对于事物结构的情状的正确知识存在于神内,就神具有一切事物的观念而言,非就神仅具有人体的观念而言(据第二部分命题九绎理);所以就神之仅被认做构成人心的本质而言,便认为关于我们身体的绵延的知识在于神内,实很不正确,这就是说(据第二部分命题十一绎理),这种知识在我们心灵内是很不正确的。此证。

**命题三十一** 对于在我们以外的个体事物的绵延,我们仅有很不正确的知识。

证明 每一个个体事物,(据第一部分命题二十六)也如人的身体必依一定的方式为另外一个个体事物所决定而存在、而起作用,但是这一个体事物又为另一个体事物所决定,如此递进,以至无穷,而我们在前一命题里已经证明,由个体事物的这种共同特质,我们对于我们的身体仅有很不正确的知识;所以关于个体事物的绵延也可以得到同一结论,这就是说,我们对它仅有很不正确的知识。此证。

绎理 由此推知,所有个体事物都是偶然的,都是要消逝的,因为(据第二部分命题三十一)我们对于个体事物的绵延并无正确知识,而我们所理解的偶然性和可消逝性(据第一部分命题三十三附释)就是这样,(据第一部分命题二十九)此外更没有别的偶然的东西。

**命题三十二** 一切与神相关联的观念都是真观念。

证明 因为一切在神之内的观念(据第二部分命题七绎理)总是与它们的对象完全符合,所以(据第一部分公则六)它们都是真观念。此证。

**命题三十三** 在观念中没有任何积极的东西使它们成为错误的。

证明 假如否认这个命题,试想一想,一个积极的思想样式如何可能构成错误或虚妄的形式呢?这种思想的样式(据第二部分命题三十二)不能在神之内;而(据第一部分命题十五)在神之外,则这种样式既不能存在,也不能被理解。所以在观念中没有任何积极的东西使它们成为错误的。此证。

**命题三十四** 在我们心中,每一个绝对的或正确的、完满的观念都是真观念。

证明 所谓我们心中有一正确的、完满的观念,(据第二部分命题十一绎理)实无异于说一个正确的、完满的观念存在于神之内,就神之构成人的心灵的本质而言。因此(据第二部分命题三十二)也就无异于说这是一个真观念。此证。

**命题三十五** 错误是由于知识的缺陷(privation cognitions),而不正确的、片断的和混淆的观念，必定包含知识的缺陷。

证明 观念中（据第二部分命题三十三）没有积极的成分足以构成错误的形式。但错误不能是知识的绝对缺陷（因为我们仅说心灵犯错误或起幻觉，而不说身体犯错误或起幻觉），也不能是绝对的愚昧，因为愚昧与错误完全是两回事。所以错误是由于知识的缺陷，这种缺陷是对事物的不正确的知识，或不正确和混淆的观念所包含的。此证。

附释 在第二部分命题十七附释里，我已经解释了错误如何包含着知识的缺陷，为了充分解释起见，兹举例如下：人之被欺骗由于他们自以为他们是自由的，而唯一使他们作如是想的原因，即由于他们意识到他们自己的行为，而不知道决定这些行为的原因。所以他们对于自由的观念，其实是由于他们不知道他们自己行为的原因；至于说他们的行为出于他们的意志，这纯是些没有思想的语句。什么是意志，意志如何支配身体，差不多没有一个人知道，而那些自以为知道的人们设想灵魂有一定的位置和住所，又适足以引起别人的冷笑与厌恶。同样，当我们望着太阳，我们想象着以为太阳与我们相距约有二百呎；这错误并不纯在想象，乃起于当我们想象时，我们不知道它的真距离如何，也不知道想象的原因是什么。因为即使我们后来知道太阳与我们的距离，在地球的直径六百倍以上，我们仍然想象着太阳离我们很近，因为这并不由于我们不知道它的真距离，而仍然由于我们的身体自身为太阳所影响，而我们身体的情状即包含有太阳的本质。

**命题三十六** 不正确的和混淆的观念，正如正确的或清楚明晰的观念都出于同样的必然性。

证明 一切观念（据第一部分命题十五）都在神内，而且就它们与神相关联而言，它们都是真观念（据第二部分命题三十二）和（据第二部分命题七）正确的观念。只有就它们与某人的个体心灵相关联而言，才会有不正确的或混淆的观念（参看第二部分命题二十四和二十八）。所以（据第二部分命题六绎理）一切观念，不论正确的或不正确的，都出于同样的必然性。此证。

**命题三十七** 凡一切事物所共同具有的（参看补则二），且同等存在于部分内和全体内的，并不构成个体事物的本质。

证明 因为如果否认这个命题，试看是否可能，认共同的东西构成个体事物的本质，——譬如说，构成 B 的本质。于是（据第二部分界说二）没有 B 则这些共同的东西既不能存在也不能被认识。但是这与前提相违反。所以共同的东西不属于 B 的本质，也不构成任何个体事物的本质。此证。

**命题三十八** 只有为一切事物所共同具有的，且同等存在于部分内及全体内的东西才可正确地被认识。

证明　试假设 A 为一切物体所共同具有的，且同等存在于部分内和全体内。我以为，唯有 A 才可以正确地被认识。因为（据第二部分命题七绎理）A 的观念将必然正确地在神之内，就神具有人的身体的观念而言，兼就神具有人的身体情状的观念而言，而（据第二部分命题十六、二十五和二十七）这种情状的观念包含人的身体的性质且又部分地包含外界物体的性质，这就是说（据第二部分命题十二和十三）这种观念将必然在神内，就神之构成人的心灵而言，或就神具有在人的心灵中的观念而言。所以（据第二部分命题十一绎理）人的心灵就其认识其自身，并认识其身体和外界物体而言，必然正确地认识 A；此外没有别的方式可以认识 A。此证。

绎理　由此推知，有些观念或概念，为人人所共同具有的，因为（据补则二）一切物体有其相同之处，而此相同之处（据第二部分命题三十八）必为人人正确地，换言之，清楚明晰地知觉着。

**命题三十九**　对于人体和通常激动人体的外界物体所共有和所特有的，并且同等存在于部分和全体内的东西，人心中具有正确的观念。

证明　设 A 为人的身体与某种外界物体所共有且特有的东西，设 A 同等存在于人的身体内及那些外界物体内，并设 A 同等存在于每一外界物体的部分和全体。则（据第二部分命题七）A 自身的正确观念将存在于神内，就神具有人的身体的观念和就神具有某种外界物体的观念而言。假设人的身体为它和外界物体共同具有的东西所激动，换言之，为 A 所激动，则（据第二部分命题十六）这种感受或情状的观念将包含 A 的特质，所以（据第二部分命题七绎理）这个情状的观念就其包含 A 的特质而言，将正确地存在于神内，就神之作为人的身体的观念而言，这就是说（据第二部分命题十三）就神构成人的心灵的本性而言。所以（据第二部分命题十一绎理）这个情状的观念也正确地在人的心灵中。此证。

绎理　由此推知，人的身体具有与其他物体共同的东西愈多，则人的心灵能认识的事物也将愈多。

**命题四十**　凡是由心灵中本身正确的观念推演出来的观念也是正确的。

证明　这是很明白的。因为所谓由人的心灵中本身正确的观念推演出来的观念，（据第二部分命题十一绎理）意思就是说在神的理智中，有一个观念存在，而这个观念以神为原因，不是就神为无限而言，也不是就神之作为众多个体事物的观念而言，而只是就它构成人心的本质而言。

附释一　至此我已说明所谓"共同"概念为我们推理的基础的原因了。这些公则或"共同"概念虽有别的原因可以解释，但是如果用我们的方法去解释，必将更为适用，因为如此则我们可以确知什么概念较其余的更为有用，什么概念全无用处，什么概念是共同的，什么概念仅对于未为成见所囿的人们才是清楚明晰的，并且，最后，什么概念是根据薄弱的。此外并可明白这些叫做"第二概念"，以及这些概念所依据的公则是如何起源的，以及我从前曾经考虑过的许多别的东西。但是我既然已经划出这些问题归于我的另外一种著作\* 中去讨论，不欲过于冗长致惹厌烦，所以决意在这里不加论述。但是我也不想省略为我们所必须知道的事项，我将简略指出许多叫做"先验"的名词，如"存在"、"事物"、"某物"等所以起源的原因。这些名词的起源乃因人的身体，既是有限，只能够同时明晰地形成一定数目的形象（至于什么是形象我在第二部分命题十七的附释里已经说明）。如果逾越这个限度，则这些形象便会混淆起来。如果将人体所能同时明晰地形成的形象的数量，超过的太多，则所有的形象便将全体相互混同起来。既是如此，则（据第二部分命题十七绎理和命题十八）可以明白见得人体内同时所能够形成的形象数目众多，则人心所能同时想象的物体也将愈多。因此如果身体内的形象全是混同的，则心灵将混淆地想象着一切的物体而不能分辨彼此，且将用一个属性，如存在或事物之类，以概括全体。并且这样的混同也可起源于形象间缺乏同样的生动性，或别的类似原因，但无须在这里讨论，而只细究这一个原因就可以满足我们的目的。因为总结起来说，这些名词代表混同到了最高级的观念。所谓"共相"的概念如"人"、"马"、"犬"等也就是在这种情形下起源的。譬如说，人的身体内同时形成许多人的形象，这些形象的数目虽未完全超过想象的限度，但已到了心灵没有能力去想象人们确定数目和每个人彼此间细微的区别（如颜色、身材等）的程度，因此，心灵只能明晰地想象人们所共同的亦即身体被人们所激动的那方面。正因为身体主要地是被人们亦即不断被每一个人所激动；于是心灵便用一"人"字去表示它，并借以概括无数的个人。因为，我已经说过，要心灵想象一定数目的个人，那是不能够的。但是我们必须注意，这些概念之形成，并不是人人相同的，乃依各人身体被激动的常度，和各人的心灵想象或回忆这种情状的难易而各有不同。譬如，凡常常用赞美的态度来观察人们的身材的人，一提到"人"字，将理解为一玉立的身材，而那些习于从别的观点来观察人的人，则将形成别人的共同形象，认人为，譬如，能笑的动物，两足而无羽毛的动物或理性的动物等等。这样每个人都可以按照其自己的身体的情状而形成事物的一般形象。无怪乎一些哲学家仅仅按照事物的形象来解释自然界的事物，便引起了许多争论。

---

\* 这里所谓"另外一种著作"据许多斯宾诺莎注释家如格布哈特、约阿金（Joachim）等考证，就是指他这时尚未完成而打算把它完成的关于方法论和认识论的著作《知性改进论》。——中译者

**附释二** 从上面所说的看来，显然我们知觉许多事物，并且形成许多普遍的观念。

第一，从通过感官片断地、混淆地和不依理智的秩序而呈现给我们的个体事物得来的观念（参看第二部分命题二十九绎理）。因此我常称这样的知觉为从泛泛经验得来的知识。

第二，从记号得来的观念；例如，当我们听到或谈到某一些字，便同时回忆起与它们相应的事物，并形成与它们类似的观念，借这些观念来想象事物（参看第二部分命题十八附释）。这两种考察事物的方式，我此后将称为第一种知识、意见或想象。

第三，从对于事物的特质（propria）具有共同概念和正确观念而得来的观念（参看第二部分命题三十八绎理、命题三十九及其绎理和命题四十）。这种认识事物的方式，我将称为理性或第二种知识。

除了这两种知识以外，我将在下面指出，还有第三种知识，我将称之为直观知识（scientia intuitiva）。这种知识是由神的某一属性的形式本质的正确观念出发，进而达到对事物本质的正确知识。

关于这一切，我可以举一个例子来说明。设有三个数于此，要求出第四个数，第四个数与第三个数之比，要等于第二个数与第一个数之比。一个商人将毫不迟疑地以第二个数与第三个数相乘、并以第一个数来除其积。这或者是因为他还没有忘记他从学校教师那里听来而未经证明的公式，或者是因为他由常常计算简单数目的经验得来，或者是因为他根据欧几里得"几何学"第七章第十九命题的证明，懂得比例数的共同特性。但是要计算最简单的数目，这些方法全用不着。譬如，有1、2、3三个数于此，人人都可看出第四个比例数是6，这比任何证明还更明白，因为单凭直观，我们便可看到由第一个数与第二个数的比例，就可以推出第四个数。

**命题四十一** 只有第一种知识是错误的原因，第二和第三种知识必然是真知识。

**证明** 在上面的附释里，我们已经说过，凡是混淆的、不正确的观念，都属于第一种知识，所以（据第二部分命题三十五）只有这种知识是错误的原因。并且我又说过，凡是正确的观念，都属于第二种和第三种知识。所以，（据第二部分命题三十四）必然是真知识。

**命题四十二** 只是第二种和第三种知识，而不是第一种知识，才教导我们辨别真理与错误。

**证明** 这个命题是自明的。因为凡是知道辨别真理与错误的人，必定具有何为真理与何为错误的正确观念，换言之，（据第二部分命题四十附释二）

他必定借第二种和第三种知识来认识真理与错误。

**命题四十三** 具有真观念的人，必同时知道他具有真观念，他决不能怀疑他所知道的东西的真理性。

证明 在我们心灵内的真观念（据第二部分命题十一绎理）就正是在神内是正确的观念，这只是就人心的本性之表现神而言。所以我们试假设就人心的本性之表现神而言，有一个正确的观念 A 在神之内，那么，这个观念 A 的观念（据第二部分命题二十，这个命题的证明是普遍适用的），必然就存在于神内，它和神的联系与它和观念 A 的联系方式是相同的。但是据假设，观念 A 和神的联系，是就人心的性质之表现神来说明的。因此观念 A 的观念也必定以同样的方式与神相联系。这就是说（据第二部分命题十一绎理），观念 A 的正确观念也将存在于具有正确观念 A 的心灵自身之内。所以凡具有正确观念的人，换言之，（据第二部分命题三十四）凡真正认识一个事物的人，必同时具有关于它的知识的正确观念或真实知识，这就是说（这是明白的）他必定同时确知他所知道的东西的真理性。此证。

附释 在第二部分命题二十一的附释里，我已经说明什么是观念的观念，但须知前命题是充分自明的。因为凡具有真观念的人无不知道真观念包含最高的确定性。因为具有真观念并没有别的意思，即是最完满、最确定地认识一个对象。其实并没有人会怀疑这点，除非他认为观念乃是呆笨的东西，有如壁上的一张图画，而不是思想的一个形态或理智的自身。现在试问：一个人如果不首先了解一个东西，谁能知道他确定知道那个东西。并且除了真观念外，还有什么更明白更确定的东西足以作真理的标准呢，正如光明之显示其自身并显示黑暗，所以真理即是真理自身的标准，又是错误的标准。说到这里，我相信已经充分答复了下面的疑问，这疑问大略如下：如果真观念与错误观念的区别仅在于真观念与它的对象相符合，像前面所说那样，如此，则真观念岂非并没有高出于错误观念之上的真实性或圆满性吗（因为两者间的区别既仅系于外在的标志）？而且因此那些具有真观念的人岂不是将没有较高于仅具有错误观念的人的实在性或圆满性吗？再则，为什么人会有错误的观念呢？并且一个人何以能确知他具有与对象相符合的观念呢？凡此种种问题，我已说过，我相信我已经回答了。因为说到真观念与错误观念的区别，据第二部分命题三十五看来，已很明白，即前者与后者的关系有如存在与不存在的关系。至于错误的起源，我已于命题十九到三十五及命题三十五附释里很明白地指出了。因此具有真观念的人与仅具有错误观念的人的区别也随之明白了。至于对最后所提出的一点，即一个人何以能够确知他具有与对象相符合的观念的问题，我也已经屡次说过了，即是：他知道他的观念符合它的对象,即因为他具有一个与对象相符合的观念,或因为真理即是真理自身的标准。此外还可以附加一句,我们的心灵,就其能真知事物而言,(据第二部分命题十一绎理)乃是神的无限理智的一部分;因此,心灵中清楚明晰的观念与神的观念有同等的真实。

**命题四十四** 理性的本性不在于认为事物是偶然的,而在于认为事物是必然的。

**证明** 理性的本性(据第二部分命题四十一)在于真正地认知事物或(据第一部分公则六)在于认知事物自身,换言之(据第一部分命题二十九)不在于认事物为偶然的,而在于认事物为必然的。此证。

**绎理一** 由此推知,无论就过去或未来说来,只有凭借想象的力量,我们才把事物认为是偶然的。

**附释** 至于此事如何发生,我将用很少几句话来解释。我们在上面(第二部分命题十七及其绎理)已经指出,倘使没有使事物不存在的原因发生,则我们的心灵将总是想象事物存在于眼前,纵使这些事物并不存在。又我们也曾经指出(第二部分命题十八),假如人的身体曾经一度同时为两个外界物体所激动,则当人的心灵后来随时想象着其中之一时,也将立即回忆起另一物体;这就是说,心灵将认两个物体并呈于其前,除非有原因发生以阻止事物的现前存在。此外更无人怀疑,我们想象时间乃因为我们想象一些物体在运动,其速度或小于、或大于、或相等于别的物体运动的速度。现在试假设一个儿童昨天第一次在清晨看见彼得,正午时,看见保罗,晚间看见西门,而今天早晨又看见彼得。从第二部分命题十八看来,很明显地,当他一看见早晨的阳光,他将想象着太阳在天空中经过的地方与前一天相同;这就是说,他将想象全天,同时彼得在他的想象中与早晨联合,保罗与正午联合,西门与晚间联合。所以当早晨时,他将想象保罗与西门的存在与将来联系;反之,当他晚间看见西门时,则他将以彼得与保罗和过去联合,而想象他们与过去联系。此种想象的联合将愈益坚固,如果他依同一次序看见这三人的次数众多。但是假如一次偶然有所变动,在另一晚间,他没有看见西门,而看见伊代,及次日早晨当他想着晚间时,他将一时想象到西门,一时又想象到伊代,但不会两人同时想起。因为据假设,他在晚间总是看见二人中之一人,而不是同时看见两人在一起。所以他的想象便将犹疑不定,当他想着将来一个晚间,时而他会想到这人,时而又会想到那人。换言之,他对两人皆不能认为确定,而认为两人在将来都是偶然的。这种想象的犹疑,将不断地侵入,只要我们用想象去考察事物,将事物纳于过去或将来的关系中来考察。因此,从过去、现在或将来的关系以考察事物,则我们将想象事物是偶然的。

**绎理二** 理性的本性在于在某种永恒的形式下来考察事物。

**证明** 理性的本性（据第二部分命题四十四）在于认为事物是必然的，不在于认为事物是偶然的。并且理性对事物的这种必然性（据第二部分命题四十一）具有真知识，或者能够认知事物的自身（据第一部分公则六）。但事物的这种必然性（据第一部分命题十六）乃是神的永恒本性自身的必然性。所以理性的本性在于在这种永恒的形式下来考察事物。并且，理性的基础是（据第二部分命题三十八）表示事物的共同特质的概念，而这些概念（据第二部分命题三十七）并不表示个体事物的本质，因此必须不要从时间的关系去认识，而要在某种永恒的形式下去认识事物。此证。

**命题四十五** 一个物体或一个现实存在的个体事物的观念必须包含神的永恒无限的本质。

**证明** 一个现实存在的个体事物的观念（据第二部分命题八绎理）必然包含这个事物的本质和存在。但是（据第一部分命题十五）个别事物没有神就不能被认识，而且（据第二部分命题六）既然个体事物以神为原因，就神之借个体事物作为样式所隶属的属性看来而言，故个体事物的观念（据第一部分公则四）必然包含该属性的概念，换言之（据第一部分界说六）必然包含神的永恒无限的本质。此证。

**附释** 这里所谓存在并不是指绵延而言，换言之，并不是指从抽象眼光看来或当做某种的量看来的存在而言，而乃指个体事物所固有的存在性质本身而言，因为神的本性之永恒必然性为无限多事物在无限多的方式下所自出（参看第一部分命题十六）。我说我是指个体事物的存在本身只在神以内而言，因为虽然每一个体事物在某种方式下为另一个体事物所决定而存在，但是每一事物借以保持其存在的力量是从神的本性之永恒必然性而出（参看第一部分命题二十四绎理）。

**命题四十六** 对于每一个观念所包含的神的永恒无限的本质的知识是正确的和完满的。

**证明** 前一个命题的证明是普遍适用的，并且不论一物被认做部分或全体，这物的观念，不论是部分的或全体的（据前命题），将必定包含神的永恒无限的本质。因此那能够给我们以神的永恒无限的本质的知识的东西，是万物所共同具有并且同等地在部分或全体之中。所以（据第二部分命题三十八）这种知识必然是正确和完满的。此证。

**命题四十七** 人的心灵具有神的永恒无限的本质的正确知识。

**证明** 人的心灵（据第二部分命题二十二）具有观念，借这些观念以认知它自身（据第二部分命题二十三）和它的身体（据第二部分命题十九），以及外界物体（据第二部分命题十六绎理一和命题十七），当做现实的存在。所以（据第二部分命题四十五和四十六）人的心灵具有神的永恒无限的本质的正确知识。此证。

**附释** 由此可见，神的无限的本质及其永恒性乃是人人所共知的。而且万物既在神内并通过神而被认识，由此可见，我们可以关于神的知识推论出许多正确的知识，因而形成第二部分命题四十附释里所提到的第三种知识，关于这种知识的价值与效用，将于本书第五部分中讨论。至于我们对于神的知识所以没像我们所有的共同概念那样明晰，是因为我们不能想象神，像我们想象物体一般，又因为我们附会许多我们习于看见的事物的形象于神的名词上面；这种错误，因为我们的身体既不断地为外界物体所激动，实难于避免。其实，大多数的错误都由于没有将名词正确地应用于事物上。因为假如有人说由圆形的中心到周围所画的直线不是相等的，则他所了解的圆形，至少在当时，与数学家所了解的圆形是另一回事。同样，当人们计算时有了错误，则他心中的数目必定不是他们写在纸上的数目。因此单就他们的心灵看来，他们其实没有错误，虽然他们好像是算错了，这是因为我们以为他们心中的数目就是纸上所写的数目。如果我们不这样揣想，我们便不会相信他们错误，就好像当我们最近听见一个人大叫他的庭院飞在他的邻居的母鸡身上时，我决不会相信他错误，因为我们充分明了他的真正意思。这就是许多争论所以起源的原因，即不是由于人们没有将他们的思想表达清楚，便是由于对别人的思想有了错误的了解，因为当他们彼此辩争得最剧烈时，究其实，不是他们的思想完全相同，就是他们的思想自始即互不相干，没有争辩的必要，所以他们认为是别人错误而且不通的地方，其实并不是如此。

**命题四十八** 在心灵中没有绝对的或自由的意志，而心灵之有这个意愿或那个意愿乃是被一个原因所决定，而这个原因又为另一原因所决定，而这个原因又同样为别的原因所决定，如此递进，以至无穷。

**证明** 心灵（据第二部分命题十一）是思想的某种一定的样式，所以（据第一部分命题十七绎理二）心灵不能是自己的行为的自由因，换言之，心灵没有绝对能力以意愿这样或意愿那样，但是（据第一部分命题二十八）必定为一个原因所决定以有这个意愿，而这一原因又为另一原因所决定，而这个原因又同样为别的原因所决定，如此递进，以至无穷。此证。

**附释** 用同样的方式可以证明心灵中没有认识、欲求、爱好等等的绝对能力。因此这些能力和类似这些的能力，如其不是纯粹虚构的东西，便是我们所习惯于从个别事物所形成的一些玄学的或一般的东西。因此理智和意志与这个观念和那个观念或这个意愿和那个意愿的关系，就好像石的性质与这块石头或那块石头，又好像人与彼得和保罗的关系一样。至于人何以会想象自己是自由的：其原因我已经在第一部分的附录里说明了。但是在我进行讨论别的以前，我必须附带说明，我认为意志是一种肯定或否定的能力，而不是欲望；我说，意志，是一种能力，一种心灵借以肯定或否定什么是真、什么是错误的能力，而不是心灵借以追求一物或避免一物的欲望。现在我们既然已经证明这些能力是些普遍的概念，与我们由之形成这些普遍概念的个体事物并不能分开，则我们就必须探究这些个别意愿的本身是否是事物的观念以外的别的东西。我说，我们必须探究在心灵内，除了作为观念的观念所包含的以外，是否尚有别的肯定或否定。关于这一点，请参看下一命题及第二部分界说三，便不至于形成图画式的思想，因为，我们的观念并非指眼睛底里或脑髓中间的形象，而是指思想的概念。

**命题四十九** 在心灵中除了观念作为观念所包含的意愿或肯定否定以外，没有意愿或肯定与否定。

**证明** 心灵中（据前命题）没有意愿这样或不意愿那样的绝对能力，只有个别的意愿，即这个肯定和那个肯定，这个否定和那个否定。让我们试设想一个个别意愿，亦即思想的一个样式，借此意愿或思想的样式，心灵肯定三角形三内角之和等于两直角。则这一个肯定包含三角形的观念或概念，换言之，没有三角形的概念，则方才所肯定的便不能被设想。因为，说 A 必定包含 B 的概念，与说没有 B 则 A 不能被设想，完全是相同的说法。并且，如果没有三角形的观念，（据第二部分公则三）这一个肯定就不能存在，因此，没有三角形的观念，则这一个肯定既不能存在也不能被设想。再则，三角形的观念必定包含这一个肯定，即三内角之和等于两直角。所以，反过来说，三角形的观念没有这一肯定也不能存在或被设想。所以（据第二部分界说二）这一肯定属于三角形的观念的本质，除此以外，并没有别的。我们所说关于这个意愿的一切（因 X 我们是任意举出的例证），都可适用于所有别的意愿，换言之，除观念以外，没有意愿。此证。

**绎理** 意志与理智是同一的。

**证明** 意志与理智（据第二部分命题四十八及其附释）不是别的，只是个别的意愿与观念自身。但个别的意愿与观念（据第二部分命题四十九）是同一的，所以意志与理智是同一的。此证。

**附释** 以上我已经解除普通所认为错误的原因了。并且已经在上面证明了错误仅在于片断的和混淆的观念所包含的缺陷。所以就错误的观念作为错误的观念而言并不包含确定性。因此，当我们说，一个人自安于错误的观念，不加怀疑，我们并没有说他是确定的，但只是说他不怀疑，这就是说，他自安于错误，因为没有充分的原因足以使他的想象动摇。请参看第二部分命题四十四的附释。所以即使一个人坚持错误的观念，我们也决不因此便称他很确定。因为所谓确定性是指某种肯定的东西（参看第二部分命题四十三及其附释），而不只是疑惑的缺乏，反之，所谓缺乏确定性就是错误的意思。

现在为了使前一命题透彻明白，还须补充几句话。此外，关于反对我的学说的论点，必须予以答复；最后为解除对于我的学说的疑惑，我认为有指出此说的一些效用之必要。我说一些效用，因为主要的效用须俟第五部分才更可明了。

兹试从第一点开始，并且我首先要劝告读者，必须仔细注意心灵的观念或概念与由想象形成的事物的形象二者之区别。其次并须注意观念与用来表示观念的名词间之区别。因为即由于许多人对于形象、名词和观念三者，不是完全混淆起来，便是没有充分正确地或充分严密地加以区别，所以他们对于这里所提出的关于意志的学说才会茫然不知，而对于此说的了解，实为哲学的思辨和智慧的生活指导所必不可少。但是所有那些人们认为观念是形象所构成，形象是起于身体与外界物体的接触，大都相信某些东西的观念，如果我们对它们不能形成相似的形象，便不是观念，而只是任意虚构的形象。因此他们将观念认做壁上死板的图片，而且他们既为这种先入的成见所占据，便不能见到观念之为观念本身即包含肯定与否定。而且凡是那些人们将名词与观念或将名词与观念本身所包含的肯定混淆起来的，大都相信他们能够欲求一些与他们的感觉相反的东西，只要他们能够仅仅在名词上肯定或否定与他们的感觉相反的东西就行了。但是这种成见实很容易扫除，只须注意思想的性质并不丝毫包含形体的概念就够了；这样并可以明白见到观念既是思想的一个样式，决不是任何事物的形象，也不是名词所构成。因为名词和形象的本质乃纯是身体的运动所构成，而身体的运动又绝不包含思想的概念。

以上是促读者注意区别观念、形象、名词三项的一番话，现在姑止于此。现在进一步讨论上面已经提及的反对我的意志说的议论。

第一个反对的理由，即因他们信以为确定无疑：意志的范围较广于理智，因之，意志不同于理智。至于他们所以相信意志的范围较广于理智的根据，即因为，他们说，据经验昭示，我们不需要发现已经具有的更大的承认或肯定和否定的能力以承认我们此时所毫无知觉的无限多的事物，但是我们却不能不需要一个较大的认识能力，以认识我们此时所毫无知觉的无限多事物。因此意志有别于理智，前者是无限的，而后者则是有限的。

第二个可以反对我们的理由，即在于从经验的教训看来，好像最明显不过的是我们可以保留我们的判断，对于所认知的事物可以不作肯定。而且这种说法更可得到强有力的赞助，因为没有人可以说是因知觉一物而被欺骗，却只有因他肯定一物而受欺骗。譬如，一个人想象着一匹有翼的马，但是他并不因此即肯定此有翼之马的存在，换言之，除非他同时承认有翼之马的存在，他并不能说是受了欺骗。所以从经验的教训看来，好像没有较意志或承认的能力是自由的、且与理智的能力有区别的这个事实更为明白无疑了。

第三个可以反对我们的理由，即基于他们认为此一肯定所包含的实在性好像并不较另一肯定为多，这就是说，肯定一真事物为真比较肯定一伪事物为真好像并不需要更大的力量。反之，我们确切见到一个观念可以比另一个观念包含较多的实在性，因为如果一物较他物更有价值，则依同一的比例，该物的观念也较他物的观念为更完满。由此看来，意志与理智间显然大有区别。

可以反对我们的第四个理由是这样：如果人的行为不是出于自由的意志，当他到了一种均衡状态，像布里丹的驴子①那样时，他将怎样办呢？他不会饥饿而死吗？假如这样，我们岂不将他认做泥塑的人或"布里丹的驴子"(Buridani asina)吗？倘若否认此点，那么我们不能承认他能够自决，具有去所要去的地方、做所要做的事情的能力。

除此以外，也许还有别的反对意见，但我并无义务将任何人的梦想一一论列，我仅欲将上面所提及的论点，尽量作短简的答复。

为回答第一个反对的论点，我承认意志的范围较理智为广，如果理智仅仅指清楚明晰的观念而言；但我不承认意志的范围伸展较知觉或构成概念的能力更广，并且我实在看不出何以意志的能力较感觉的能力更应该说是无限的：因为借同一意志的能力我们可以肯定无限多的事物（但必须一一依次肯定，因为我们不能同时肯定无限多的事物），同样，借同一感觉的能力，我们可以感觉或知觉（一一依次）无限多的物体。假如有人说，有无限多的事物非我们所能认识，我答道：凡是我们的思想所不能达到的东西，也就是我们的意志所不能达到的东西。但他们又说道：假如上帝要使我们认识这些事物，那么，他必须赐予我们一个较他所已赐予我们的更大的认识能力，但无须赐予我们一个较大的意志能力：这无异于说，假如上帝要使我们认识无限多的其他存在，他必须赐给我们一个比他所已赐给的较大的理智，但无须赐给我们一个存在的较普遍观念，以把握这无限多的存在。因为我们已经指出，意志是一个普遍的东西或观念，可以通过意志来解释一切个别意愿，换言之，

---

① 布里丹(Johannes Buridan)是西欧14世纪的唯名论经院哲学家。他曾担任巴黎大学校长，且是维也纳大学的两个创造人之一。他于论证意志自由时曾举了驴子作例。他说，假如一个驴子处在同距离的两束青草之间，或处在同距离的食物与饮料之间，而它的饥与渴同样强烈。如果这驴子没有自由意志作抉择，老是作不出决定，岂不会饿死？这就是根据匀衡状态来论证意志的自由。——中译者

意志乃是一切个别意愿所共同的东西。因此，无怪乎那些相信一切意愿之共同的或普遍的观念是一种能力的人，要说意志的范围无限度地超过理智的范围。因为，普遍性是同等地适用于一个、多个或无限多的个体。

对于第二个反驳的答复，我否认我们具有保留判断的自由力量。因为当我们说，某人保留他的判断，我们仅不过说，他知道，他对于那个对象还没有正确的认识。所以判断的保留其实仍然是一种知觉，而不是自由意志。为了使得这点明白了解起见，我们试设想：有一个儿童，想象着一匹有翼的马，此外他毫无所知觉。这一想象（据第二部分命题十七绎理）既包含马的存在，而这个儿童又没有看见别的东西，足以否定马的存在，因此他将必然认为此马，即在目前，而不能怀疑其存在，即使他对于马的存在，并不确定。这是我们天天在梦中常有的经验，我不相信，有人会觉得在梦中他有自由能力以保留他对于梦中事物的判断，或有自由能力以阻止他自己不梦见他在梦中所见着的东西。但在梦中，我们虽也有保留判断之事，只因为我们梦着我们在做梦。我并且还承认没有人因知觉而会受欺骗，换言之，我承认心中的形象就其本身而论并不包含错误（参看第二部分命题十七附释）。但是我否认一个人既有所知觉，而会毫无所肯定。因为，所谓看见一个有翼的马，除了肯定一个马是有翼的之外，还有什么别的呢？因为，如果心灵除了这个有翼的马而外，没有看见别的东西，则它将认为这马即在面前，而不会有别的理由来怀疑其存在，也没有任何力量足以拒绝承认这个有翼的马，除非有翼的马的形象与另外足以否定其存在的观念相联合，或心灵自己认识到它所具有的有翼的马的观念是不正确的。这样，心灵必然会否认或者必然会怀疑这个有翼马的存在。

以上所说我相信也已经充分答复了第三条反对的论点，总结我的意思：意志是一个普遍性的东西，它是一切观念所共有的，并且意志仅表示一切观念之共同点，是即肯定。因此肯定的正确本质，抽象地看来，必定在每一观念之中，即只有在这个意义下，肯定才是同样地在一切观念之中，但非就肯定之被认做构成观念的本质而言，因为个别肯定之互不相同，一如个别观念之互不相同。例如，圆形的观念所包含的肯定不同于三角形的观念所包含的肯定，正如圆的观念是不同于三角形的观念。此外我并且绝对否定我们肯定真实事物为真与肯定虚幻事物为真需要同等强大的思想力量。因为这两种肯定相互间的关系，就其意义看来，实有如存在之与不存在，因为观念中没有肯定的东西足以构成错误的形式（参看第二部分命题三十五及其附释和第二部分命题四十七附释）。因此特别要注意，当我们将普遍与个别、将理性的存在或抽象存在与真实存在混淆起来时，我们是如何容易受骗啊。

至于说到第四条反对的论点，我宣称我完全承认，如果一个人处在那种均衡的状态，并假定他除饥渴外别无知觉，且假定食物和饮料也和他有同样远的距离，则他必会死于饥渴。假如你问我像这样的人究应认为是驴子呢还是认做人？那我只能说，我不知道；同时我也不知道，究竟那悬梁自尽的是否应认为是人，或究竟小孩、愚人、疯人等是否应该认为是人。

现在剩下来必须指出的，就是这一学说的知识对于我们的生活有何效用。这一点我们可以很容易从下面的讨论里看出来：

第一，这种学说的效用在于教导我们，我们的一切行为唯以神的意志为依归，我们愈益知神，我们的行为愈益完善，那么我们参与神性也愈多。所以这个学说不仅足以使心灵随处恬静，且足以指示我们至善或最高幸福唯在于知神，且唯有知神方足以引导我们一切行为都以仁爱和真诚为准。由此可以明白看见，那些希望上帝对于他们的道德、善行，以及艰苦服役，有所表彰与酬劳的人，其去道德的真正价值未免太远，他们好像认为道德和忠诚事神本身并不是至乐和最高自由似的。

第二，这种学说的效用在于教导我们如何应付命运中的事情，或者不在我们力量以内的事情，换言之，即不出于我们本性中的事情。因为这个学说教导我们对于命运中的幸与不幸皆持同样的心情去镇静地对待和忍受。因为我们知道一切事物都依必然的法则出于神之永恒的命令，正如三角之和等于两直角之必然出于三角形的本质。

第三，这个学说对于我们的社会生活也不无裨益，因为他教人勿怨憎人、勿轻蔑人、勿嘲笑人、勿愤怒人、勿嫉视人。并且这个学说教人各个满足自己，扶助他人，但是又非出于妇人之仁、偏私迷信，而是独依理性的指导，按时势和环境的需要，如我将在第三部分中所要指出的那样。

第四，这个学说对于政治的公共生活也不无小补，因为它足以教导我们依什么方式来治理并指导公民，庶可使人民不为奴隶，而能自由自愿地作最善之事。

至此我已完成打算在这篇附释里讨论的事项，所以第二部分到了这里，也告结束。我相信，就问题的困难看来，我已经算得充分详细地解释明白人的心灵的本性及其特质了。我并且相信我已经提出了一些根本的见解，许多高尚、有用、且必须知道的道理，都可自此推绎而出。试从下面所讨论的看来，就可部分地明白。

### 选文出处

斯宾诺莎：《伦理学》，贺麟译，北京，商务印书馆，1983年，第61～95页。

# 莱布尼茨

在知识论上，莱布尼茨接受柏拉图的回忆说和笛卡儿的天赋观念论，激烈反对洛克的经验论和白板说，认为具有普遍性的真理不可能来自后天的经验，而只能为心灵先天所固有，并由反省活动产生。莱布尼茨称这种真理为必然真理，同时又承认来源于感觉经验的偶然真理的存在，亦即，他主张双重真理说。

### 作者简介

**莱布尼茨**(Gottfried Wilhelm Leibniz,1646—1716)，德国哲学家、数学家、自然科学家。1663年曾到耶拿大学攻读数学和逻辑学，1700年创办柏林科学院并任第一任院长。在数学上，与牛顿并称为微积分的创始人。另外在物理学、逻辑学上都颇有造诣。主要著作有《人类理智新论》(1704)、《神义论》(1710)、《单子论》(1714)等。

### 著作选读：

《人类理智新论》序言。

### 《人类理智新论》序言——天赋观念说与先天和谐理论

1.[①]一位有名的英国人[②]所著的《人类理智论》，是当代最美好、最受人推崇的作品之一，我决心对它作一些评论，因为很久以来，我就对同一个主题以及这书所涉及的大部分问题作过充分的思考；我认为这将是一个好机会，可以在《理智新论》这个标题下发表一点东西，并且希望我的思想借着和这样好的同道相伴随，可以更有利于为人所接受。我还认为，借助于别人的工作，不仅可以减轻自己的工作（因为事实上遵循一位优秀的作者的线索，比自己完全独立地重起炉灶要省力些），而且可以在他提供给我

---

[①] 本书正文各节都按洛克《人类理智论》原书加了编号，如§1、§2等，但序言部分本来没有编号。现为参考引证方便计，译本在序言部分也按原书自然段加了编号。——中译者（以下均为中译者注）

[②] 指洛克。

们的之外再加上一点东西,这总比从头做起要容易些;因为我认为他留下完全未解决的一些难题,我已经予以解决了。因此他的名望对我是有好处的;此外我的秉性是公平待人,并且决不想削弱人们对这部作品的评价,因此如果我的赞许也有点分量的话,我倒是会增加它的声望。诚然我常常持不同的意见,但是我们在觉得有必要不让那些著名作者的权威在某些重要之点上压倒理性时,表明自己在哪些地方以及为什么不同意他们的意见,这决不是否认他们的功绩,而是为他们的功绩提供证据。此外,在酬答这样卓越的人们的时候,我们也就使真理更能为人所接受,而我们应当认为他们主要是为真理而工作的。①

2. 事实上,虽然《理智论》的作者说了许许多多很好的东西,是我所赞成的,但我们的系统却差别很大。他的系统和亚里士多德关系较密切,我的系统则比较接近柏拉图,虽然在许多地方我们双方离这两位古人都很远,他比较通俗,我有时就不得不比较深奥难懂和比较抽象一点,这对我是不利的,尤其是在用一种活的现代语言②写作的时候更是如此。但是我想,采用两个人谈话的方式,其中一个人叙述从这位作者的《理智论》中引来的意见,另一个人则加上我的一些看法,这样的对照可以对读者比较方便些,否则只写一些十分枯燥的评论,读起来就一定要不时地中断,去翻阅他的原书以求了解我的书,这就比较不便了。但是有时把我们的作品对照一下,并且只从他自己的著作去判断他的意见,也还是好的,虽然我通常都保留着他自己的用语。诚然我在作评论的时候,由于要随着别人的叙述的线索,受到拘束,因而不能梦想取得对话体易有的那种动人的风格,但是我希望内容可以补偿方式上的缺点。

3. 我们的差别是关于一些相当重要的主题③的。问题就在于要知道:灵魂本身是否像亚里士多德和《理智论》作者所说的那样,是完完全全空白的,好像一块还没有写上任何字迹的板(Tabula Rasa④),是否在灵魂中留下痕迹

---

① 此段从"我还认为,借助于别人的工作……"以下,E本(God、Guil、Leibnitii: Opera Philosophica Omnia, ed. J. E. Erdmann, Berolini, 1840)作:"我还认为,借助于别人的工作,不仅可以减轻我的工作,而且可以在他提供给我们的之外再加上一点东西,这比从头做起和完全重起炉灶要容易些。诚然,我常常和他持不同意见;但我决不因此否认这位著名作者的功绩,而是通过在我觉得有必要不让他的权威在某些重要之点上压倒理性时,表明在哪些地方以及为什么不同意他的意见,来公平对待他"。以下紧接下段,不另起。

② 当时欧洲的学者在写作学术著作时还多用拉丁语,洛克的《人类理智论》是用英语写的,而莱布尼茨的这本书则是用法语写的。

③ G本(Die Philosophischen Schriften von G. W. Leibniz, hrg. von C. I. Gerhardf, Berlin, 1875—1890)原文为"subjects"("主题"),E本和J本(M. A. Jacques Euvres de Leibniz, Paris, 1842)作"objects"("对象")。

④ 拉丁文,意即"白板"。

的东西，都是仅仅从感觉和经验而来；还是灵魂原来就包含着多种概念和学说的原则，外界的对象是靠机缘把这些原则唤醒了。我和柏拉图一样持后面一种主张，甚至经院学派以及那些把圣保罗（《罗马书》第二章第十五节）说到上帝的法律写在人心里的那段话用这个意义来解释的人，也是这样主张的。斯多葛派称这些原则为设准（Prolepses），也就是基本假定，或预先认为同意的东西。数学家们称之为共同概念（xotvas evvoias①）。近代哲学家们又给它们取了另外一些很美的名称，而斯加利杰②特别称之为 Seminaaeternltatis、item Zopyra③，好像说它是一种活的火，明亮的闪光，隐藏在我们内部。感官与外界对象相遇时，它就像火花一样显现出来，如同打铁飞出火星一样。认为这种火花标志着某种神圣的、永恒的东西，它特别显现在必然真理中，这是不无理由的。由此就产生了另外一个问题：究竟是一切真理都依赖经验，也就是依赖归纳与例证，还是有些真理更有别的基础。因为如果某些事件我们在根本未作任何验证之前就能预先见到，那就显然是我们自己对此有所贡献。感觉对于我们的一切现实认识虽然是必要的，但是不足以向我们提供全部认识，因为感觉永远只能给我们提供一些例子，也就是特殊的或个别的真理。然而印证一个一般真理的全部例子，不管数目怎样多，也不足以建立这个真理的普遍必然性，因为不能得出结论说，过去发生过的事情，将来也永远会同样发生。例如希腊人、罗马人以及地球上一切为古代人所知的民族，都总是指出，在24小时过去之前昼变成夜，夜变成昼。但是如果以为这条规律无论在什么地方都有效，那就错了。因为到新地岛④去住一下，就看到了相反的情形。如果有人以为至少在我们的地带，这是一条必然的、永恒的真理。那还是错了，因为应该断定，地球和太阳本身也并不是必然存在的，也许会有一个时候，这个美丽的星球和它的整个系统不再存在下去，至少是不再以现在的方式存在下去。由此可见，像我们在纯粹数学中特别是在算术和几何学中所见到的那些必然的真理，应该有一些原则是不依靠实例来证明，因此也不依靠感觉的见证的，虽然没有感觉我们永远不会想到它们。这一点必须辨别清楚，欧几里得就很懂得这一点，他对那些凭经验和感性影像就足以看出的东西，也常常用理性来加以证明，还有逻辑以及形而上学和伦理学，逻辑与前者结合形成神学，与后者结合形成法学，这两种学问都是自然的，它

---

① 希腊文，意即"共同概念"。
② Jules 或 Julius Caesar Scaliger（1484—1558），意大利古典语文学家、哲学家和诗人，也是医生。
③ 拉丁文，意即"永恒的发光火花的种子"。
④ Nova zcmbla，在北极圈内，夏天整段时期太阳永不落，即有昼无夜，冬天则有夜无昼。

们都充满了这样的真理,因此它们的证明只能来自所谓天赋的内在原则。诚然我们不能想象,在灵魂中,我们可以像读一本打开的书一样读到理性的永恒法则,就像在布告牌上读到审判官的法令那样毫无困难,毫不用探求;但是只要凭感觉所提供的机缘,集中注意力,就能在我们心中发现这些法则,这就够了。实验的成功也可以用来印证理性,差不多像算术里演算过程很长时可以用验算来避免演算错误那样。这也就是人类的认识与禽兽的认识的区别所在。禽兽纯粹凭经验,只是靠例子来指导自己,因为就我们所能判断的来说,禽兽决达不到提出必然命题的地步,而人类则能有经证明的科学知识。也是因为这一点,禽兽所具有的那种联想的功能,是某种低于人所具有的理性的东西。禽兽的联想纯粹和单纯的经验主义者的联想一样;他们以为凡是以前发生过的事,以后在一种使他们觉得相似的场合也还会发生,而不能判断同样的理由是否依然存在。人之所以如此容易捕获禽兽,单纯的经验主义者之所以如此容易犯错误,便是这个缘故。因此那些由于年岁大、经验多而变得很精明的人,当过于相信自己过去的经验时,也难免犯错误,这是在民事和军事上屡见不鲜的,因为他们没有充分考虑到世界在变化,并且人们发现了千百种新的技巧,变得更精明了,而现在的獐鹿或野兔则并没有变得比过去的更狡黠些。禽兽的联想只是推理的一种影子,换句话说,只是想象的联系,只是从一个影像到另一个影像的过渡,因为在一个和先前的境遇看起来相似的新境遇中,它们就重新期待它们先前发现连带发生的事物,好像因为事物在记忆中的影像彼此相连,事物本身也就实际上彼此相连似的。诚然理性也告诉我们,凡是与过去长时期的经验相符合的事,通常可以期望在未来发生;但是这并不因此就是一条必然的、万无一失的真理,当支持它的那些理由改变了的时候,即令我们对它作最小的期望,也可能不再成功。因为这个缘故,最明智的人就不那样信赖经验,而毋宁只要可能就努力去探求这事实的某种理由,以便判断在什么时候应该指出例外。因为只有理性才能建立可靠的规律,并指出它的例外,以补不可靠的规律之不足,最后更在必然后果的力量中找出确定的联系。这样做常常使我们无须乎实际经验到影像之间的感性联系,就能对事件的发生有所预见,而禽兽则只归结到这种影像的感性联系。因此,证明有必然真理的内在原则的东西,也就是区别人和禽兽的东西。

4. 也许我们这位高明的作者意见也并不完全和我不同。因为他在用整个第一卷来驳斥某种意义下的天赋知识之后,在第二卷的开始以及以后又承认那些不起源于感觉的观念来自反省。而所谓反省不是别的,就是对于我们心里的东西的一种注意,感觉并不给予我们那种我们原来已有的东西。既然如此，还能否认在我们心灵中有许多天赋的东西吗？因为可以说我们就是天赋于我们自身之中的。又难道能否认在我们心中有存在、统一、实体、绵延、变化、行为、知觉、快乐以及其他许许多多我们的理智观念的对象吗？这些对象既然直接而且永远呈现于我们的理智之中（虽然由于我们的分心和我们的需要，它们不会时刻为我们所察觉①），那么为什么因为我们说这些观念和一切依赖于这些观念的东西都是我们天赋的，就感到惊讶呢？我也曾经用一块有纹路的大理石来作比喻，而不把心灵比做一块完全一色的大理石或空白的板，即哲学家们所谓 Tabula rasa（白板）。因为如果心灵像这种空白板那样，那么真理之在我们心中，情形也就像赫尔库勒②的像之在这样一块大理石里一样，这块大理石本来是刻上这个像或别的像都完全无所谓的。但是如果在这块石头上本来有些纹路，表明刻赫尔库勒的像比刻别的像更好，这块石头就会更加被决定（用来刻这个像），而赫尔库勒的像就可以说是以某种方式天赋在这块石头里了，虽然也必须要加工使这些纹路显出来，和加以琢磨，使它清晰，把那些妨碍其显现的东西去掉。也就是像这样，观念和真理就作为倾向、禀赋、习性或自然的潜能天赋在我们心中，而不是作为现实天赋在我们心中的，虽然这种潜能也永远伴随着与它相应的、常常感觉不到的某种现实。

5. 我们这位高明的作者似乎认为在我们心中没有任何潜在的东西，甚至没有什么不是我们永远现实地察觉到的东西。但是这意思不能严格地去了解，否则他的意见就太悖理了，因为虽然获得的习惯和我们记忆中储存的东西并非永远为我们所察觉，甚至也不是每当我们需要时总是招之即来，但是我们确实常常一有使我们记起的轻微机缘就可以很容易地在心中唤起它，正如我们常常只要听到一首歌的头一句就记起这首歌③。作者又在别的地方限制了他的论点，说在我们心中没有任何东西不是我们至少在过去曾察觉过的。但是除了没有人能单凭理性确定我们过去的察觉能够达到什么地步——这些察觉我们可能已经忘记了，尤其是照柏拉图派的回忆说，这个学说尽管像个神话，但至少有一部分与赤裸裸的理性并无不兼容之处④——，除了这一点之外，我说，为什么一切都必须是我们由对外物的察觉得来，为什么就不能从我们自

---

① 察觉，原文为 appercevoir，在莱布尼茨是与 percevoir（知觉）有别的，即指清楚明白的、有意识的知觉。本书中这个词及其名词形式 apperception 一律译作"察觉"。

② Hercule，希腊神话中最著名的英雄，曾完成了十二件巨大业绩的大力士。因常被用做雕刻等艺术作品的题材，故这里举以为例。

③ E 本和 J 本作 "lecommencement d'une chanson pour nous fair ressou- venir du rest"，即"一首歌的头一句就使我们记起它的其余部分"。

④ E 本作 "n 'a rien d' incompatible avec la raison toute nue"，即"（但）与赤裸裸的理性丝毫没有不相容之处"。

身之中发掘出点什么呢？难道我们的心灵就这样空虚，除了外来的影像，它就什么都没有？这（我确信）不是我们明辨的作者所能赞同的意见。况且，我们又到哪里去找本身毫无变异的板呢？因为绝对没有人会看见一个完全平整一色的平面。那么，当我们愿意向内心发掘时，为什么就不能从我们自己心底里取出一些思想方面的东西呢？因此使我们相信，在这一点上，既然他承认我们的认识有感觉和反省这两重来源，他的意见和我的意见或者毋宁说和一般人共同的意见归根到底是并无区别的。

6. 我不知道是否能那样容易使这位作者和我们以及笛卡儿派意见一致起来，因为他主张心灵并不是永远在思想的，特别是当我们熟睡无梦时，心灵就没有知觉，而且他反驳说①，既然物体可以没有运动，心灵当然也可以没有思想。但是在这里我的回答和通常有点两样。因为我认为在自然的情况之下，一个实体不会没有活动，并且甚至从来没有一个物体是没有运动的。经验已经对我的主张是有利的，而且只要去看一看著名的波义耳先生②反对绝对静止的著作，就可以深信这一点。但是我相信理性也有利于我的主张，而这也是我用来驳斥原子说的证据之一。

7. 此外，还有千千万万的征象，都使我们断定任何时候在我们心中都有无数的知觉，但是并无察觉和反省；换句话说，灵魂本身之中，有种种变化，是我们察觉不到的，因为这些印象或者是太小而数目太多，或者是过于千篇一律，以致没有什么足以使彼此区别开来；但是和别的印象联结在一起，每一个也仍然都有它的效果，并且在总体中或至少也以混乱的方式使人感觉到它的效果。譬如我们在磨坊或瀑布附近住过一些时候，由于习惯就不注意磨子或瀑布的运动，就是这种情形。并不是这种运动不再继续不断地刺激我们的感觉器官，也不是不再有什么东西进入灵魂之中，由于灵魂和身体的和谐，灵魂是与之相应的；而是这些在灵魂和在身体中的印象已经失去新奇的吸引力，不足以吸引我们的注意和记忆了，我们的注意力和记忆力是只专注于比较显著的对象的。因为一切注意都要求记忆，而当我们可以说没有警觉，或者没有得到提示来注意我们自己当前的某些知觉时，我们就毫不反省地让它们过去，甚至根本不觉得它们；但是如果有人即刻告诉我们，例如让我们注意一下刚才听到的一种声音，我们就回忆起来，并且察觉到刚才对这种声音

---

① E 本和 J 本作 "Tlditque"，即 "他说"，G 本为 "et il obeect que"。
② Robert Boyle（1627—1691），著名的英国科学家，即关于气体体积与压强、温空的关系的 "波义耳—马略特定律" 的发明者之一，莱布尼茨常提到他。参阅本书第三卷第四章，§16。这里提到的他的著作，即《论物体的绝对静止》，见于 Birch 编的《波义耳全集》，伦敦，1772 年版，第 1 卷，443～457 页。

有过某种感觉了。因此是有一些我们没有立即察觉到的知觉,察觉只是在经过不管多么短促的某种间歇之后,在得到提示的情况下才出现的。为了更好地判断我们不能在大群之中辨别出来的这种微知觉,我惯常用我们在海岸上听到的波浪或海啸的声音来作例子。我们要像平常那样听到这声音,就必须听到构成整个声音的各个部分,换句话说,就是要听到每一个波浪的声音,虽然每一个小的声音只有和别的声音在一起合成整个混乱的声音时,也就是说,只有在这个怒吼中,才能为我们听到,如果发出这声音的波浪只有单独一个,是听不到的。因为我们必须对这个波浪的运动有一点点感受,不论这些声音多么小,也必须对其中的每一个声音有点知觉;否则我们能不会对成千成万波浪的声音有所知觉,因为成千成万个零合在一起也不会构成任何东西。我们也从来不会睡得那样沉,连任何微弱混乱的感觉都没有;即令是世界上最大的声音,如果我们不是先对它开始的小的声音有所知觉,也不会把我们弄醒,就好比世界上最大的力也不能把一根绳子拉断,如果它不是被一些小的力先拉开一点的话,尽管这些小的力所拉开的程度是显不出来的。

8. 因此这些微知觉,就其后果来看,效力要比人所设想的大得多。就是这些微知觉形成了这种难以名状的东西,形成了这些趣味,这些合成整体很明白、分开各部分则很混乱的感觉性质的影像,这些环绕着我们的物体给予我们的印象,那是包含着无穷的,以及每一件事物与宇宙中所有其余事物之间的这种联系。甚至于可以说,由于这些微知觉的结果,现在孕育着未来,并且满载着过去,一切都在协同并发(如希波克拉底①所说的②),只要有上帝那样能看透一切的眼光,就能在最微末的实体中看出宇宙间事物的整个序列。Qua sint, quae fuerint, quae mox futura trahantur.③ 这些感觉不到的知觉,更标志着和构成了同一的个人。它们从这一个人的过去状态中保存下一些痕迹或表现,把它与这一个人的现在状态联系起来,造成这一个人的特征。即令这一个人自己并不感觉到这些痕迹,也就是不再有明确的记忆的时候,它们也能被一种更高级的心灵所认识,但是它们(我是说这些知觉)凭着有朝一日可能发生的一些定期发展,在必要的时候,也提供出恢复这种记忆的手段。就是因为这个缘故,死亡只能是一种沉睡,甚至也不能永久保持沉睡,因为在动物中间,知觉只是不再分明,并回到一种混乱状态,使察觉中断,

---

① Hippocratēs,公元前5世纪希腊最伟大的医学家,也是哲学家。
② 希腊文,意即"一切都在协同并发"。
③ 拉丁文,意即"现在的、过去的、将来要发生的事物"。G本作 quemox,显系误植。

但这种状态是不能永远延续的；在这里不谈人，人为了保持他的人格，是应当在这方面有一些大的特权的。①

9. 也就是用这些感觉不到的知觉，说明了②灵魂与身体之间的这种奇妙的前定和谐，甚至是一切单子或单纯实体之间的前定和谐，这种前定和谐代替了它们彼此之间那种站不住脚的影响，并且照那部最优美的《辞典》的作者③的看法，把那种神圣圆满性的伟大提高到了超乎人从来所曾设想过的程度之上。此外我还要补充一点，我说就是这些微知觉在许多场合决定了我们而我们并没有想到，它们也常常显出半斤八两毫无区别的样子欺瞒了普通人，好像我们向（例如）右转或向左转完全没有区别似的。我在这里也不需要如在本书中那样指出，这种微知觉也是那种不安的原因，我指出这种不安就是某种这样的东西，它和痛苦的区别只是小和大的区别，可是他常常由于好像给它加了某种刺激性的风味而构成我们的欲望，甚至构成我们的快乐。同样也是由于我们感觉得到的知觉中那些感觉不到的部分，才使得在颜色、热及其他感觉性质的知觉之间有一种关系，并且在和它们相应的身体运动之间有一种关系。反之，笛卡儿派和我们这位作者，尽管他观察透辟，却都把我们对这一切性质的知觉看做武断的，就是说，好像上帝并不管知觉和它们的对象之间的本质关系，而任意地把这些知觉给了灵魂似的。这种意见使我惊讶，我觉得这和造物主的尊严不相称，造物主无论造什么东西都是不会不和谐和没有理由的。

10. 总之，这种感觉不到的知觉之在精神学④上的用处，和那种感觉不到的分子在物理学上的用处一样大；如果借口说它们非我们的感觉所能及，就把这种知觉或分子加以排斥，是同样不合理的。任何事物都不是一下完成的，这是我的一条大的准则，而且是一条最最得到证实了的准则，自然决不作飞

---

① E 本和 J 本略去了"在这里不谈人……"以下的一句。
② E 本和 J 本作"j'explique"，即"我说明了"，G 本作"s'explique"。
③ 指比埃尔·培尔（Pierre Bayle，1647—1706），是法国哲学家，启蒙运动的先驱，他曾在所作《历史批判辞典》(*Dictionaire his orique et critique*) 中的"罗拉留"(Rorarius) 条下评论和批判了莱布尼茨的"前定和谐"学说，莱布尼茨曾和他进行了反复的辩论。见 G 本卷四，517 页以下；E 本 150 页以下。
④ 原文为 Pneumatique，是由希腊文的 Pneuma 一词变来的，Pneuma 原义指"嘘气"、"呼吸"，转义为"精神"、"灵魂"或"心灵"等，因此照字面译作"精神学"，也可译作"灵学"。其实其意义与 Psychologie（心理学）是一样的，Psychologie 也来源于希腊文 psukbe，意思也是指"灵魂"、"心灵"，故这里本来也可径直和 Psychologie 一样译作"心理学"，但因为它如下文所说也包括讨论上帝、精灵等等的即所谓"灵学"的内容，故虽觉生僻，仍译作"精神学"。

跃。我最初是在《文坛新闻》①上提到这条规律，称之为连续律；这条规律在物理学上的用处是很大的。这条规律是说，我们永远要经过程度上以及部分上的中间阶段，才能从小到大或者从大到小；并且从来没有一种运动是从静止中直接产生的，也不会从一种运动直接就回到静止，而只有经过一种较小的运动才能达到，正如我们决不能通过一条线或一个长度而不先通过一条较短的线一样，虽然到现在为止那些提出运动规律的人都没有注意到这条规律，而认为一个物体能一下就接受一种与前此相反的运动。所有这一切都使我们断定，那些令人注意的知觉是逐步从那些太小而不令人注意的知觉来的。如果不是这样断定，那就是不认识事物的极度精微性，这种精微性，是永远并且到处都包含着一种现实的无限的。

11. 我也曾经指出过，由于那些感觉不到的变异，两件个体事物不会完全一样，并且应该永远不只是号数不同，这就摧毁了那些所谓灵魂的空白板，没有思想的灵魂，没有活动的实体，空间中的真空，原子，甚至物质中不是实际分割开的微粒，绝对的静止，一部分时间、空间或物质中的完全齐一，从原始的正立方体产生的第二元素的正球体②，以及其他千百种哲学家们的虚构。这些虚构都是由他们的不完全的概念而来的，是事物的本性所不容许的，而由于我们的无知以及对感觉不到的东西的不注意，就让它们通过了。但是我们除非把它们限制于心灵的抽象，是不能使它们成为可容忍的，心灵对于它撇在一边，认为不应该放在当前来考虑的东西若不加以否认，是要提出抗议的。否则如果我们真的认为我们察觉不到的东西就既不在灵魂中也不在物体中，我们在哲学上就会犯过失，正如在政治上忽略了（τὸ μικρόν）③亦即感觉不到的进展就会犯过失一样；反之，只要我们知道进行抽象时所隐藏着的东西是在那里的，则抽象并不是一种错误。正如数学家们就是这样运用抽象的，他们谈到他们向我们提出的那种圆满的线，齐一的运动，以及其他全合规矩的结果，虽然物质（也就是环绕着我们的无限事物所产生的种种结果的混合物）永远总是有某种例外的。为了区别所考虑的情况，为了在可能范围内由结果追溯原因，以及为了预见它们的某种后果，我们就这样来进行。因为我们愈是注意不要忽略我们所能控制的任何情况，实际就愈符合于理论。但是只有一种包

---

① Les Nouvelles de la Republique des Lettres，是培尔创办的一种杂志，后由巴斯那日（Basnages）接编，改名为《学者著作史》（L'histoire des Ouvrages des Sa——vans），莱布尼茨曾在该杂志1698年6月号上发表了《对培尔先生在关于灵魂和身体的结合的新系统中所发现的困难的说明》一文，见G本第四卷517～524页，E本150～154页。

② 参阅本书第四卷第二十章§11，"德"及注（本书第625页）。

③ 希腊文，意即"细节"、"小事"。

揽无遗的最高理性，才能清楚地了解整个无限，了解一切原因和一切结果。我们对于无限的东西所能做到的，只是混乱地认识它，以及至少清楚地知道无限的东西是存在的，否则我们就太不认识宇宙的美和它的伟大了，我们也就不能有一种说明一般事物的本性的好的物理学，更不能有一种包含关于上帝、灵魂以及一般单纯实体的知识的好的精神学了。

12. 这种对于感觉不到的知觉的认识，也可以用来解释两个人的灵魂或其他属于同一类的灵魂①为什么以及如何从来不会完全一样地从造物主手中造出来，并且每一个都和它在宇宙中将有的观点有一种原初的关联。但这从我关于两个个体的看法就已经可以推出来了，这看法就是说：它们的区别永远不只是号数上的区别。此外还有另一个重要之点，我不但不得不和这位作者意见不同，而且也和大部分近代人意见不同；这就是我和大部分古代人一样认为一切精灵②、一切灵魂、一切被创造的单纯实体都永远和一个身体相结合，从来没有什么灵魂是和身体完全相分离的。这一方面我有先天的理由。但是也可以发现，在这种学说中有这种好处，它可以解决如下所说的一切哲学上的困难问题，如关于灵魂的状态，关于它们的永久保持，它们的不死，以及它们的作用。因为灵魂的一种状态和另一种状态的区别，无论过去和现在都从来不是什么别的，只是能感觉的程度较高对较低、完满程度较高对较低、或倒过来的区别，这就使灵魂过去和将来的状态也和现在的状态一样能解释。只要稍稍反省一下，就足以明白这是很合理的。而一个状态一下跳到另一个无限不同的状态，是不合自然之道的。我很惊讶，为什么经院学派的哲学家们要毫无理由地抛弃了自然的解释，有意跌进很大的困难中去，使那些离经叛道的自由思想者得到表面的胜利。用这个解释来说明事物，他们的一切理由就一下都垮了。从这个解释来看，要设想灵魂（或照我看毋宁是动物的灵魂）的保存，就并不比设想毛虫变成蝴蝶有什么更大的困难，也不比设想睡着时仍保持着思想有更大的困难；耶稣基督就曾经神圣地把死亡比之于沉睡。我也已经说过，没有任何沉睡能永远持续下去的；而在有理性的灵魂，沉睡就将更少持久或几乎根本不能持续，它们永远注定要保存它们在上帝之城中所接受的人格和记忆，这是为了能更好地接受赏罚。我还补充一点：一般说来不论把可见的器官如何变换，都不能在动物中使事物完全陷于混乱，或者摧毁一切器官，使灵魂完全脱离了它的有机身体和去掉一切先前痕迹的不可磨灭的残余。但是人们很容易抛弃天使也和一种精妙的身体相结合（人们常

---

① 此处照 G 本；若照 E 本当做："两个人类灵魂或两件同类事物"。
② les génies，就是指莱布尼茨认为其地位在人类之上而位上帝之下的天使、大天使之类。

常把这种身体与天使本身的形体性相混）的古老学说，并把一种所谓与身体分离的心智（intelligence）引进被创造物之中（亚里士多德的"心智"使诸天运行的说法大有助于这种看法），并且持一种误解了的意见，以为要是禽兽的灵魂能保存，就不能不落入轮回，并让它们从一个身体到另一个身体漫游，不知道该怎么办而引起困惑。① 照我看，就是这些原因使人们忽略了解释灵魂的保存的自然方式。这就大大地损害了自然宗教，并且使许多人以为我们的不死只能是上帝的一种奇迹的恩惠，连我们有名的作者也将信将疑地谈到这一点，如我马上就要说到的那样。不过所有持这种意见的人要是都说得像他那样明智，那样有信仰，那倒也好了；因为恐怕有许多人的说到灵魂由于神恩而不死，只是为了顾全表面，而骨子里是接近于阿威罗伊②派和有些很坏的寂静派③的，他们是想象着灵魂被吸收进神性的海洋之中与神合为一体。这种概念，也许只有我的系统才能使人看出它的不可能性。

13. 在我们之间，关于物质的意见，似乎还有这一点差别，就是这位作者认为虚空是运动所必需的，因为他以为物质的各个小部分是坚不可摧的。我承认，如果物质是由这样的部分合成的，在充满之中运动就是不可能的，就像一间房子充满了许多小石块，连最小一点空隙都没有的情形那样。但是人们并不同意这种假设，它也显得没有任何理由；虽然这位高明作者竟至于以为这种微粒的坚硬或粘合构成了物体的本质。我们毋宁应该设想空间充满了一种原本是流动的物质，可以接受一切分割，甚至在实际上被一分再分，直至无穷。但是有这样一种区别，就是在不同的场所，由于运动的协同作用的程度有所不同，物质的可分性以及被分割的程度也就不相等。这就使得物质到处都有某种程度的坚硬性，同时也有某种程度的流动性，并且没有一个物体是极度坚硬或极度流动的，换句话说，我们找不到任何原子会有一种不可克服的坚硬性，也不会有任何物质的团块对于分割是完全不在乎的。自然的秩序，特别是连续律，也同样地摧毁了这两种情形。

14. 我也曾指出，粘合本身要不是冲击或运动的结果，就会造成一种严格意义的牵引。因为如果有一个原本坚硬的物体，例如伊壁鸠鲁所说的一个原

---

① E本和J本无"并让它们……困惑"一句。

② Averroes（1126—1198），即伊本·鲁世德（Ibn Ruschd），出生于西班牙哥尔多华的阿拉伯哲学家，以注释亚里士多德著名，有较强烈的唯物主义和泛神论倾向，主张物质是永恒的，否认个人的灵魂不死，因此被正统派所谴责。他的学说在中世纪以至文艺复兴时期在法国、意大利等国曾有很大影响。

③ Quietistes，17世纪西班牙的莫利诺（Molinos）、法国的基永夫人（Mme. Guyon）、费纳隆（Fénelon）等所创导的一种神秘主义宗教派别。

子，有一部分突出作钩状（因为我们可以设想原子是有各种各样的形状的），这个钩被推动时就可以把这个原子的其余部分也就是没有被推动并且没有落到冲击线上的部分，也带着一起动了。可是我们这位高明的作者自己又反对这种哲学上的牵引，就像从前人们把它们归之于惧怕真空那样的；他把这种牵引归结为冲击，和一些近代人一样主张一部分物质对另一部分物质只有通过接触加以推动才直接起作用。在这一点上我认为他们是对的，因为否则在这作用中就没有什么可理解的东西了。

15. 可是我应该不加掩饰地表明我曾注意到我们这位卓越的作者在这方面有过一种退缩的情形，我在这里不禁要赞扬他那种谦逊的真诚态度，正如我在别的地方曾钦佩他的透辟天才一样。那是在他给已故的沃塞斯特主教先生①的第二封信的答复中，印行于1699年，第408页，在那复信中，为了替他曾经坚持而反对这位博学的教长的主张，即关于物质也许能够思想的意见作辩护，他在别的事情之外曾说道："我承认我说过（《理智论》第二卷第八章§11），物体活动是靠冲击而不是以别的方式。我当时写这句话的确是持这种意见，而且现在我也还是不能设想有别的活动方式。但是从那时以后，我读了明智的牛顿先生无可比拟的书，就深信想用我们那种受局限的概念去限制上帝的能力，是太狂妄了。以我所不能设想的方式进行的那种物质对物质的引力，不仅证明了上帝只要认为好就可以在物体中放进一些能力和活动方式，这些都超出了从我们的物体观念中所能引申出来、或者能用我们对于物质的知识来加以解释的东西；而且这种引力还是一个无可争辩的实例，说明上帝已实际这样做了。因此我当留意在我的书重版时把这一段加以修改。"我发现在这书的法文译本中，无疑是根据最后几版译出的，这§11是这样的："显然，至少就我们所能设想的范围内来说，物体彼此之间是靠冲击而不是以别的方式起作用的，因为我们不可能理解物体如何能作用于它没有接触到的东西，这就正如我们不可能想象它能在它所不在的地方起作用一样。"

16. 我不能不赞扬我们这位著名作者谦逊的虔敬态度，他承认上帝的行事可以超出我们所能理解的范围，并因此在信仰的事项里可以有一些不能设想的神秘事物。但我不愿我们在自然的通常过程中也不得不求助于奇迹，并且承认有绝对不可解释的能力和作用。否则就会托庇上帝所能做的事，给那些坏哲学家以太多的方便了。如果承认那种向心力或那种从远处的直接引力，而不能使它们成为可理解的，我就看不出有什么理由可以阻止经院哲学家们说一切都单只由那些功能所造成，和阻止他们主张有一种意象（les especes

---

① 原名 Edwara Stillingfleet（1635—1699），自1689至1699年任沃塞斯特（Worcester）主教。

intentionelles)① 从对象达到我们这里，甚至能找到办法进入我们的灵魂之中。如果这样也行，那么 Omnla jam fient, fieri quae posse negabam.② 因此我觉得我们这位作者，虽然很明智，在这里却有点太过于从一个极端跳到另一个极端了。他对于灵魂的作用感到困难，其实问题只涉及承认那种不可感觉的东西，而请看他竟把不可理解的东西给了物体了；因为他承认物体有那种引力，甚至从很远的地方就能发生作用，并没有任何作用范围的限制，这样就是给了物质一些能力和活动，照我看来是超出一个被创造的心灵所能做到和理解的整个范围的；而这样做是为了支持一种显得同样不可解释的意见，就是：在自然秩序的范围内，物质也有进行思想的可能性。

17. 他和这位攻击过他的教长所讨论的问题是：物质是否能够思想。因为这是个重要之点，甚至对本书来说也是这样，我不免要稍稍深入讨论一下，并且来考察一下他们的争论。我要来说明一下他们在这个问题上的争论的实质，并不揣冒昧说一说我对它的想法。已故的沃塞斯特主教恐怕（但是照我看来并无多大理由）我们这位作者关于观念的学说会引起一些有害于基督教信仰的弊病，就在所著的《三位一体教义辩解》③ 中有些地方对它加以考察。他先对这位卓越的作者作了一番公道的评价，承认他把心灵的存在看成和物体的存在同样确实，虽然这两种实体是同样不为人所知，然后他就问（241页以下），如果照我们这位作者在第四卷第三章中的意见，上帝也可以给物质以思想的功能，那么反省如何能使我们确信心灵的存在，因为如果这样，应该用来辨别④什么东西适合于灵魂，什么东西适合于身体的那种观念的方式，就变成无用的了，反之他在《理智论》第二卷第二十章§15、§27、§28里又说：灵魂的作用为我们提供了心灵的观念，而理智和意志使这观念成为我们所能理解的，正如坚实性⑤和冲动使物体的本性成为我们所能理解的一样。我们的作者在第一封信中是这样答复的（第65页以下）："我认为我已经证明了在我们里面有一种精神实体，因为我们经验到在我们里面有思想；然而（思想）这种活动或这种样式，不能是关于一件自己存在之物的观念的对象，因此这种样式需要有一个支持者或附着的主体；这种支持者的观念就造成了我们所称的实体……因为对于实体的一般观念既是到处一样的，所以那种称为思想或思想能力的样式和它相结合，就使它成为心灵，而不必考虑它还有什

---

① 参阅本书第三卷第十章§14，"德"注（第386页注）。
② 拉丁文，意即"过去我不认为会发生的一切都将马上发生"。
③ *Vindication de la doctrine de la Trinite*，发表于1696年秋。
④ G本作"discerner"（"辨别"），E本和J本作"discuter"（"讨论"或"辩论"）。
⑤ Solidité，参阅本书第二卷第四章标题的注（第95页注）。

么别的样式,就是说,不必考虑它是否具有坚实性;而另一方面,具有所谓坚实性这种样式的实体就是物质,不管它是否与思想相结合。但是如果您所谓精神实体是指非物质的实体,我承认我没有证明在我们里面有,并且也不能根据我的原则用推证的方式来证明它有,虽然我就关于物质的各种系统所说的话(第四卷第十章§6),已经证明了上帝是非物质的,从而使那在我们之中思想的实体的非物质性具有最高度的概然性……但是我已经指出(作者在第 68 页上又说),宗教和道德的伟大目标,是由灵魂不死来保证的,并没有必要假定灵魂的非物质性。"

18. 这位博学的主教在他对这封信的答复中,为了表明我们的作者在写他的《理智论》第二卷时,是持另一种意见,就从其中第 51 页引了这一段话(引自同卷第二十三章§15),他在那里说:"用我们从我们心灵的活动推出来的一些简单观念,我们可以构成对于一个心灵的复杂观念,并且把思想、知觉、自由、推动我们身体的能力等观念放在一起,我们就有了一个非物质实体的概念,和物质实体的概念一样明白。"他又引了另外几段,表明作者是把心灵和物体对立起来的,并且说(第 54 页),要是证明了灵魂就其本性说是不死的,亦即非物质的,就给了宗教和道德的目标以更好的保证。他又引了这一段(第 70 页):"我们对于各种特殊的、各别的实体的观念,不是别的,只是一些简单观念的不同组合。"因此我们的作者曾认为思想和意志的观念提供了另一种实体,与坚实性和冲动的观念所提供的实体不同;并且(§17)他指出这些观念构成了与心灵对立的物体。

19. 沃塞斯特主教先生还可以说,从实体的一般观念既在物体方面也在心灵方面这一点,并不能推出它们的区别就在于同一件东西的各种样式的区别,如我们这位作者在我们所引的第一封信中那个地方所说的那样。我们应该把样式与属性好好区别开来。具有知觉和活动的功能、广延、坚实性都是属性或永久的、主要的谓词;但是思想、动力、形状、运动则是这些属性的样式。此外,我们还应该把物理的(或毋宁说实在的)类与逻辑的或理想的类区别开。属于同一个物理的类或同质的东西,是可以说属于同一种物质的,并且常常可以因样式的变化而由一个东西变成另一个东西;如圆与方。但是两个异质的东西也可以属于一个共同的逻辑的类,而这时它们的差就不是同一主体或同一形而上学的或物理的物质的一些单纯偶然样式之差了。因此如时间和空间就是非常异质的两样东西,而如果想象着有一种不知是什么的实在的共同主体,它只有一般的连续量,而它的样式就是时间或空间的由来,这种想法就将是错误的。可是它们的共同的逻辑的类就是连续量。① 有些人也许会讥笑哲学家们关于两种类的这种区分,一种只是逻辑的,另一种又还是实在的;又区别两种物质,一种是物理的,就是物体的物质,另一种只是形而上学的或一般的,以为这就好像有人说两部分的空间是属同一种物质,或者说两个小时属于同一种物质一样可笑。可是这种区别并不只是名词上的区别,而是事物本身的区别,并且在这里似乎显得非常恰当,在这里,由于它们之间的混乱,就产生了一种错误的结论。这两个类有一个共同的概念,而实在的类的概念则为两种物质所共同的;所以它们的谱系应当是这样的:

类 { 仅仅是逻辑的类,因单纯的差而变异
实在的类,其差为种种样式,即物质 { 仅仅是形而上学的,其中有同质性
物理的,其中有一种坚实性的,同质的质量

20. 我没有看到作者给这位主教的第二封信;而这位教长对此的答复几乎没有触及物质的思想这一点。但我们这位作者对这第二次复信的再答复又回到了这一点上。"上帝(他说的差不多就是用这样的词句,第397页)把他所喜欢的性质与圆满性加给物质的本质;在某些部分里只有单纯的运动,但是在植物里有生长,在动物里有感觉,有些人到此为止都同意,但当我们再进一步,说上帝也可以给物质以思想、理性、意志时,他们就叫喊起来了,好像这样就摧毁了物质的本质似的。但是为了证明这一点,他们只引证说思想或理性是不包含在物质的本质之中的;这丝毫也没有证明什么:因为运动和生命也同样并不包含在其中。他们又说,我们不能设想物质能思想。但是我们所设想的概念并不是上帝的能力的尺度。"这以后,在第99页,他又引了物质的引力的例子,尤其是在第408页,说到归之于牛顿先生提出的物质对物质的万有引力(用我以上所引的话),同时承认我们决不能设想它是怎么样的。这其实是回到隐秘性质②,或者简直是回到不可解释的性质去了。他在第401页又说,没有比否认我们所不了解的东西更适于为怀疑论张目的了;又在第402页说,我们甚至也不能设想灵魂如何思想。他想着(第403页),既然物质的与非物质的两种实体,可以就它们的没有任何能动性的赤裸裸的本质

---

① G本无此一句,照E本、J本加。
② Le squalié soccultcs,这是经院哲学家们的一种遁词,把解释不了的东西都归之于"隐秘性质"。

去设想，那么就全靠上帝来给这一种或另一种实体以思想的能力了。他又想乘机利用他的对手自己承认的意见来取胜，因为他的对手承认禽兽也有感觉，但是不承认它们有某种非物质的实体。他认为自由、自觉意识（第 408 页）以及进行抽象的能力（第 409 页）都可以给予物质，不过不是作为物质的物质，而是作为被一种神圣能力所丰富了的物质。最后他又引证了（第 434 页）一位很可尊重也很明智的旅行家德·拉·卢贝尔①先生的观察，说东方的异教徒都承认灵魂不死，却并不能了解它的非物质性。

21. 关于这一切，在说明我自己的意见之前，我要指出，确实如我们的作者所承认的那样，物质之不能机械地产生感觉，是和不能产生理性一样的。并且我确实承认我们不能对不了解的东西就加以否认，但是我还要再说一句，我们确有权利否认（至少是在自然秩序范围内）那种绝对不可理解、也不能解释的东西的。我还认为，实体（物质的或非物质的）是不能光就它的没有任何能动性的赤裸裸的本质去设想的。能动性是一般实体的本质。最后，我承认被创造的东西所设想的概念并不是上帝的能力的尺度，但是被创造的东西的能设想性或设想能力却是自然的能力的尺度，因为一切符合于自然秩序的，都能为某种被创造的东西所设想或了解。

22. 凡是知道我的系统的人，将会看出我对这两位卓越的作者都不能完全同意，可是他们之间的辩论是很有教益的。但是为了清楚地说明我的意见，首先要考虑到，能够自然地或不赖奇迹地归属于同一主体的各种样式，应该来自一个实在的类或一种经常的、绝对的原始本性的限制或变异。因为哲学家们就是这样来区别一个绝对存在物的样式和这存在物本身的，例如我们知道大小、形状和运动显然就是物体的本性的限制或变异。因为很清楚，如何一种广延加以限制就给人各种形状，而其中所发生的变化不是别的，就是运动。并且无论何时，每当我们在一个主体中发现某种性质时，我们就应该相信，如果我们了解这主体和这性质的本性，我们就能设想这种性质如何能从这主体产生出来，因此，在自然秩序范围内（把奇迹撇开），上帝并不是武断地、无分别地给实体以这种或那种性质的；他从来不会给它们别的，只给它们自然的性质，也就是那些能作为可解释的样式从它们的本性中抽引出来的性质。因此我们可以断定，物质凭它的本性是不会有上述的那种引力的，并且凭它本身也不会在一道曲线上运动，因为我们不能设想它如何能这样，就

---

① Slmon de la Loubèere（1642—1729），他于 1687 年由法国国王路易十四派往暹罗，去建立法国与暹罗王国之间的外交和通商关系。他在那里搜集了有关暹罗的历史、风俗习惯、宗教等等的大量资料，回国后发表了他的《暹罗王国》（*Du roydume de siam*，巴黎，1691）一书。

是说，我们从机械的观点不能解释这种运动；反之凡是自然的东西都应该能够成为清楚的可设想的，如果我们能够深入了解事物的秘密的话。把自然的、可以解释的东西与不可解释的、奇迹的东西区别开，就除去了一切困难。排除这种区别，就会是维护比那种隐秘性质更坏的东西，并因此而抛弃了哲学和理性，以一种糊涂的系统为无知与懒惰开辟庇护所。这种系统不仅承认有我们所不了解的性质（这种性质只能说太多了），并且还承认有那样一些性质，连最伟大的心灵，即使上帝给它打开了尽可能广阔的道路也不可能了解的，换句话说，这种性质或者是出于奇迹的，或者是荒唐无稽的。而说上帝平常也老是施行奇迹，这本身也就是荒唐无稽的；所以，这种怠惰的假说，既摧毁了我们寻求理由的哲学，也同样地摧毁了那供给理由的神圣智慧。

23. 现在说到思想，确实，并且我们的作者也不止一次地承认，它不能是物质的一种可以理解的样式，或者是包含在物质之中并能以物质来解释的东西①，换句话说，一个能感觉或能思想的东西不能是一种机械的东西，像一只表或一副磨子那样，以致我们可以设想大小、形状、运动等的机械组合能够在一堆原来并无能思想与能感觉的东西的物质中产生出某种能思想甚至能感觉的东西，并且当这种机械组合弄乱时这种思想或感觉也就以同样的方式终止。因此，物质能感觉和思想，并不是自然的事，它要能如此，只能由于两种方式：一种方式是上帝使它和另一种自然能思想的实体相结合，另一方式是上帝用奇迹把思想放在物质之中。所以在这方面我完全同意笛卡儿派的意见，只是我还把它扩充到禽兽，并认为禽兽也有感觉和（真正说来）非物质的心灵，也和德谟克里特或伽森狄所说的原子一样不会毁灭；反之笛卡儿派则毫无理由地对禽兽的灵魂感到困惑，而如果禽兽的灵魂也能保存，他们就不知道该怎么办（因为他们没有想到动物本身是缩小了保存着的），因此不得不与一切显然的现象及人类的判断相反，连禽兽有感觉也拒不承认了。但是如果有人说上帝至少能把思想的功能加给一种如此准备好了的机器，则我可以回答说，如果是这样，如果上帝把这种功能加给物质而并不同时放进一种作为这功能所依附的主体的实体（如我所设想那样），换句话说，并不加进一种非物质的灵魂，那么，物质就应当是被以奇迹的方式提高了，以便来接受一种它照自然的方式不能有的能力。正如有些经院哲学家主张②，上帝把火提高了，甚至给了它一种力量，能直接焚烧与身体相分离的心灵，这将是纯粹的奇迹。这已足够使我们不能主张物质也在思想，除非是在物质之中放进一

---

① E本无"或者是……的东西"一句。
② E本和J本此句作："有些经院哲学家曾主张过某种和这很近似的东西，就是："

种不能毁灭的灵魂，或者放进一种奇迹。因此，我们灵魂的不死①是随着自然本性来的，因为我们不能主张它们熄灭，除非是由于奇迹，或者把物质提高，或者把灵魂化为乌有。因为我们完全知道，既然上帝能把灵魂化为乌有，则灵魂尽管可以是非物质的（或者单凭自然本性是不死的），上帝的能力仍能使我们的灵魂有死。

24. 然而灵魂的非物质性这一真理无疑是重要的。因为对宗教和道德来说，尤其是在我们这个时代（现在许多人对于单单的天启和奇迹是几乎不尊重的②），指出灵魂就自然本性说是不死的，而如果它不是这样则是一种奇迹，比之于主张我们的灵魂就自然本性说是应该死的，但由于一种奇迹的恩惠，仅仅基于上帝的恩许，它才不死，要有无限地更大的好处。大家也久已知道，有些人想摧毁自然宗教而把一切归结为天启宗教，好像理性在这方面丝毫不能教我们什么，这样的人是被人看做可疑的；而这并不是始终没有理由的。但我们的作者并不属于这一类人之列。他主张对上帝的存在要证明，并且认为灵魂的非物质性有最高度的概然性，因此可以被当做一种道德上的确定性；所以我相信，有了这样的真诚和通达，他是能够同意我刚才所陈述的学说的，这学说在全部合乎理性的哲学中是根本性的。因为否则我就看不出我们如何能避免重新陷于像佛留德③的《摩西哲学》那样的狂信哲学④，它要为一切现象找根据，就把它们用奇迹直接归之于上帝；或者陷于野蛮哲学，如过去时代某些哲学家和医学家那样的，他们还依旧显出他们那个时代的野蛮性，而这在今天已理所当然地受到人们的轻视，他们要为现象找根据，就明目张胆地捏造出一些隐秘性质或功能，把它们想象成好像是一些小精怪或幽灵，能够不拘方式地做出一切你所要求的事，好像怀表凭某种怪诞的功能就能指示时间而不需要齿轮，或者磨子凭一种能磨碎的功能就能粉碎谷物而用不着磨石之类的东西似的。至于好些人都存在的那种设想一种非物质的实体方面的困难，（至少大部分）是很容易解决的，只要他们不要求那些和物质分离的实体，事实上我认为在被创造的东西是决不会自然地有这种实体的。

### 选文出处

莱布尼茨：《人类理智新论》，陈修斋译，北京，商务印书馆，1982年，第1～28页。

---

① G本作 ininiortalité（不死），E本作 immaterialité（非物质性）。
② E本和J本无括号内这一句。
③ Robert Fludd（1574—1637），是一位英国的医生和神秘主义哲学家，他的《摩西哲学》（Philosophia Mosaica）出版于1638年。
④ E本与J本作 "1a Philosophie ou fanatique"（"哲学或狂信"）。

# 三、德国观念论

雑固面接

# 康 德

> 在综合经验论与理性论各自真理的基础上,康德提出先天综合判断如何可能问题。按照康德的看法,我们的知识既来自于经验,但又不囿于经验。在经验杂多的基础上,人类给出先天感性形式(时间与空间),先验知性形式(原因结果范畴,实体偶性范畴,必然、偶然、实然范畴等),从而形成既有必然性普遍性又有经验性内容性的先天综合判断。康德自认为他在认识论上完成了一场"哥白尼革命",即认识不是理性围着自然转,而是自然围着理性转。对于上帝、灵魂与自由意志这三大物自体,康德认为这属于实践理性判断。

### 作者简介

**康德**(Immanuel Kant, 1724—1804),德国哲学家、自然科学家。除曾去但泽旅行外,终生未离开哥尼斯堡。1740年入哥尼斯堡大学,毕业后任家庭教师9年。1755年任母校讲师,1770年任教授,1797年退休。主要著作有《纯粹理性批判》(1781)、《实践理性批判》(1788)、《判断力批判》(1790)、《未来形而上学导论》。

### 著作选读:

《纯粹理性批判》第1版前言,第2版前言,以及第2版导论。

### 1 《纯粹理性批判》第1版前言——形而上学问题

人类理性在其知识的某一门类中有如下特殊的命运:它为种种问题所烦扰,却无法摆脱这些问题,因为它们是由理性自身的本性向它提出的,但它也无法回答它们,因为它们超越了人类理性的一切能力。

人类理性陷入这种窘境,却并非它自己之过。它是从其运用在经验的进程中不可避免、同时又通过经验得到证明的那些原理开始的。凭借这些原理,它(正如它的本性导致的那样)越升越高,达到更遥远的条件。但由于它发现,以这种方式它的工作必然因这些问题永远无休无止而

(1783)、《道德形而上学原理》(1785)、《单纯理性限度内的宗教》(1793)、《永久和平论》(1795)等。

在任何时候都还是未完成的，所以它看到自己不得不求助于一些原理，这些原理超越一切可能的经验应用，尽管如此却显得如此无可怀疑，以至于就连普通的人类理性也对此表示赞同。但这样一来，它就跌入了黑暗与矛盾，它虽然从这黑暗和矛盾得知，必定在某个地方有某些隐秘的错误作为基础，但它却不能揭示这些错误，因为它所使用的原理既然超越了一切经验的界限，就不再承认经验的试金石。这些无休无止的争吵的战场，就叫做**形而上学**。

曾经有一段时间，形而上学被称为一切科学的**女王**，而且如果把意志当做事实，那么它由于自己对象的出色的重要性，自然配得上这一尊号。现在，时代的流行口吻导致对它表现出一切轻视，这位老妇遭到驱赶和遗弃，像赫卡柏一样抱怨道：modo maxima rerum, tot generis natisque potens-nunc trahor exul, inops-Ovid. Metam［不久前我还是万物之首，因子嗣众多而君临天下，而今却被放逐，一无所有。——奥维德：《变形记》］。

最初，形而上学的统治在**独断论者**的管辖下是**专制的**。然而，由于立法还带有古代野蛮的痕迹，所以它就由于内战而逐渐地蜕化成完全的**无政府状态**，而**怀疑论者**，即一种游牧民，憎恶地面的一切常设建筑，便时时来拆毁市民的联合。但幸好他们人数不多，所以他们不能阻止独断论者一再试图又重新建立这种联合，尽管这种重建并不是按照在他们中间意见一致的计划。在近代，虽然一度看起来好像通过（由著名的**洛克**提出的）人类知性的某种**自然学**已经结束了这一切争论，并完全确定了那些要求的合法性；但人们发现的却是，尽管那位所谓的女王的出生乃来自平常经验的贱民，因而她的非分要求必然理应受到怀疑，但由于这个**血统**事实上是虚假地为她捏造的，所以她还一再坚持她的要求，由此一切都又堕入陈旧的、腐朽的**独断论**，并由此堕入人们曾想使科学摆脱的那种蔑视。如今，在一切道路（正如人们所相信的那样）都徒劳地尝试过之后，厌倦和完全的**冷淡**这个混乱和黑夜之母在科学中占了统治地位，但同时，在科学由于错用勤奋而变得模糊、混乱和不适用的时候，毕竟还有其临近改造和澄清的源泉，至少是有其序幕。

也就是说，想就这样的研究而言装作**无所谓**是徒劳的，这些研究的对象对于人类本性来说不可能是无所谓的。那些假装出来的**冷淡主义者**，无论他们如何想通过把学院语言变化为大众化的口吻来使自己无法辨认，只要他们在某个地方思维某物，他们就不可避免地回归到他们曾装作极为蔑视的那些形而上学主张上去。然而，这种在一切科学的繁荣当中发生、并恰好涉及这样一些知识——诸如此类的知识一旦能够被拥有，在所有的知识中人们就最不会放弃它们——的这种无所谓，毕竟是值得注意和深思的一种现象。它显然不是轻率的结果，而是时代成熟的**判断力**①的结果，这个时代不能再被虚假的知识拖后腿了；它是对理性的一种敦请，要求它重新接过它的所有工作中最困难的工作，即自我认识的工作，并任命一个法庭，这个法庭将在其合法要求方面保障理性，但与此相反，对于一切无根据的非法要求，则能够不是通过权势压人的命令，而是按照理性永恒的和不变的法则来处理之；而这个法庭就是**纯粹理性的批判**本身。

但是，我所理解的批判，并不是对某些书或者体系的批判，而是就它**独立于一切经验**能够追求的一切知识而言对一般理性能力的批判，因而是对一般形而上学的可能性或者不可能性的裁决，对它的起源、范围和界限加以规定，但这一切都是出自原则。

现在，我已经走上这条唯一留下的道路，我自诩在这条道路上已经找到了消除迄今使理性在脱离经验的应用中与自身分裂的一切谬误的办法。我并没有借口人类理性的无能而回避理性的种种问题；相反，我根据原则将它们一一列举，并且在我揭示出理性对它自身的误解之点之后，对它们做出使理性完全满意的解决。虽然对那些问题的回答根本不像独断论的狂热求知者所可能期望的那样；因为除了我不擅长的魔术之外，没有别的办法使它们满意。然而，这也不曾是我们理性的自然规定的意图，哲学的义务曾经是消除源自误解的幻觉，哪怕此际还有诸多备受赞扬和喜爱的妄想破灭。在这项研究中，我使详尽性成为我的重大关注对象，我斗胆说，没有任何一个形而上学问题在这里没有得到解决，或者没有至少为其解决提供了钥匙。事实上，就连纯

---

① 人们时而听到对我们时代的思维方式的肤浅和缜密科学的衰落的抱怨。但我却看不出那些根深蒂固的科学，例如数学和自然学说等等，有丝毫应受这种责备之处，相反，它们维护了缜密性的古老荣誉，而在自然学说中甚至有过之而无不及。现在，同一种精神也要在另一些知识门类中证明其有效用，只要首先留意纠正其原则。在缺乏这种纠正时，冷淡、怀疑，最后还有严格的批判，反倒是缜密的思维方式的**证明**。我们的时代是真正的批判时代，一切都必须经受这种批判。通常，**宗教**凭借其**神圣**，**立法**凭借其**威严**，想要逃脱批判。但在这种情况下，它们就激起了对自身的正当怀疑，并无法要求获得不加伪饰的敬重，理性只把这种敬重给予能够经得起它的自由的和公开的检验的东西。

粹理性也是一个如此完善的统一体,以至于只要它的原则对于通过它的本性给它提出的所有问题中的任何一个是不充分的,人们就至少会把它抛弃掉,因为在这种情况下,它也就不能以完全的可靠性来胜任其余问题中的任何一个了。

在我说这些话的时候,我相信可以在读者脸上看到对表面上如此大言不惭和不过分的要求的一种混有轻蔑的不满;尽管如此,比起伪称要在其最普通的规划中证明**灵魂**的简单本性、或者证明最初的**世界开端**的必然性的任何一个作者的要求来,上述要求都是无比温和的。因为这种作者自告奋勇地要把人类知识扩展到可能经验的一切界限之外,对此我谦卑地承认,这完全超出了我的能力;相反,我只能够与理性本身及其纯粹思维打交道,对其详尽的知识我不可以远离我自己去寻找,因为我在我自身中发现了它们,而且也已经有普通逻辑给我提供了这方面的例子,即它的一切简单的活动都可以完备且系统地列举出来;只是这里提出了一个问题,即如果我去掉经验的一切素材和支持,我凭借它可以希望有多少建树。

在达到**每一个**目的时注重**完备性**,与达到**一切**目的时注重**详尽性**相结合,这些并非一种任意的决心,而是知识本身的本性作为我们的批判研究的题材交付给我们的任务。

还有**确定性**和**明晰性**这两项,它们涉及这种研究的**形式**,应当被视为人们可以正当地对敢于从事一项如此难以把握的工作的作者提出的本质性要求。

至于**确定性**,我曾经对我自己说出过如下判断:在这类考察中,无论如何都不允许有所**意见**,一切在其中看起来类似于一种假说的东西都是禁品,即便是以最低廉的价格也不得出售,而是一经发现就必须予以封存。因为每一种应当先天地确定的知识都自身预示着,它要被视为绝对必然的,而所有纯粹先天知识的规定则更有甚者,它应当是一切不容争辩的(哲学的)确定性的准绳,从而甚至是其范例。现在,我在这里是否已经做到我自告奋勇地要做的事情,这完全听凭读者去判断,因为作者应做的只是展示根据,而不是对这些根据在审判者那里的效用做出判断。但是,为了不至于有某种东西无辜地成为削弱这些根据的原因,倒也可以允许作者对那些有可能引起一些猜疑的地方,即便它们只是涉及附带的目的,也自己做出说明,以便及时地防止读者在这一点上哪怕只是极小的疑虑就会对其就主要目的而言的判断所造成的影响。

对于探究我们称之为知性的能力、同时规定其应用的规则和界限来说,我不知道还有什么研究比我在题为**纯粹知性概念的演绎**的先验分析论第二章中所做出的研究更为重要的了;这些研究也使我花费了最多的精力,我希望这些精力不会没有回报。但是，这一颇具深度的考察具有两个方面。一个方面与纯粹知性的对象相关，应当阐明和解释知性的先天概念的客观有效性；正因为此，它也在本质上属于我的目的。另一个方面则旨在于考察纯粹知性本身，探讨它的可能性和它本身所依据的种种认识能力，因而是在主观的关系中考察它；而即使这种讨论就我的主要目的而言极为重要，但它毕竟并不在本质上属于我的主要目的，因为主要的问题始终依然是：知性和理性脱离开一切经验能够认识什么、认识多少？而不是：**思维的能力**自身是如何可能的？既然后者仿佛是为一个被给予的结果寻找原因，就此而言本身具有某种类似于一个假说的东西（尽管如我在别的地方将指出的那样，事实上并不是这回事），所以看起来这里的情况是：既然我允许自己有所**意见**，我也就不得不听凭读者另外有所**意见**。鉴于这一点，我必须预先提醒读者：即使我的主观演绎在读者那里并未产生我所期待的全部说服力，我在这里主要关注的客观演绎却毕竟会获得其全部的力度，必要时单是第 92～93 页所说的东西就足以能够做到这一点了。

最后，就**明晰性**而言，读者有权利首先要求**凭借概念**的**推论的**（逻辑的）**明晰性**，但然后也有权利要求**凭借直观**的、亦即凭借具体的实例和其他说明的**直觉的**（感性的）**明晰性**。对于前一种要求来说，我已给予充分的关注。这涉及我的计划的本质，但却也是我没有充分满足第二种尽管不那么严格、但毕竟合情合理的要求的偶然原因。在我的工作的进展中，我几乎一直犹豫不决，不知道应当如何对待这一点。我觉得，实例和说明始终是必要的，因此它们也确实在最初的构思中恰如其分地获得了其位置。但是，我马上就发现了我将要处理的课题之庞大和对象之繁多；而既然我觉察到，这些东西单是用枯燥的、纯然**经院派**的陈述就已经足以会使这本书膨胀了，所以我认为，用那些仅仅在**大众化**方面有必要的实例和说明来使这本书更加臃肿，实为不可取，尤其是这本书绝不可能适合大众化的应用，而真正的科学行家又不那么必需这种简便，尽管这种简便在任何时候都是受人欢迎的，但在这里却甚至可能引起某种有悖目的的东西来。虽然修道院院长**特拉松**说道：如果人们不是按照页数、而是按照人们理解它所必需的时间来衡量一部书的篇幅的话，关于某些书人们就可以说：**如果它不是如此简短的话，它就会更为简短得多**。但另一方面，如果人们把自己的意图指向思辨知识的一个详尽的、但尽管如此却在一个原则中互有关联的整体的可理解性的话，人们就能够同样有正当权利说：**某些书如果不应当如此明晰的话，它就会更为明晰得多**。因为明晰性的辅助手段虽然**在各个部分中**有所助益，但却往往**在整体上分散精力**，因为它们不能足够快地使读者达到对整体的概观，并且凭借其所有鲜亮的色彩粘住了体系的关节或者骨架，使它们面目全非，但为了能够对体系的统一性和优异性做出判断，最关键的就是这骨架。

我觉得，如果作者有希望按照所提出的构想完整地并且持之以恒地完成一部庞大而且重要的著作的话，那么，将读者的努力与作者的努力结合起来，可能会对读者形成不小的诱惑。如今，形而上学按照我们在这里将给予的概念，是所有科学中唯一一门可以许诺这样一种完成的科学，而且在短时间内只需花费少许力气、但却是联合起来的力气来完成它，以至于除了在**教学法**的风格上按照自己的意图来安排一切、并不因此就能对内容有丝毫增加之外，不再给后世留下任何东西。因为这无非是通过**纯粹理性**系统地整理出来的我们所有财产的**清单**罢了。在这里，我们不会忽略任何东西，因为理性完全从自身创造的东西，都不可能隐匿自己，而是只要人们揭示了它们的共同原则，它们本身就会被理性带到光天化日之下。这类知识出自真正的概念，任何出自经验的东西、或者哪怕只是应当导向确定的经验的**特殊**直观，都不能对它有什么影响，使它扩展和增加，其完全的统一性使得这种无条件的完备性不仅是可行的，而且是必然的。Tecum habita et noris, quam sit tibi curta supellex. Persius.〔自己住吧，你将知道你的陈设是多么的简陋。——佩尔修〕

我希望在**自然的形而上学**这个标题自身下面提供出纯粹（思辨）理性的这样一个体系，它比起这里的批判来虽然篇幅尚不及一半，但却应当具有丰富得多的内容；这里的批判必须首先阐明其可能性的来源和条件，并且必须清理和平整杂草**丛生**的地基。在这里，我期待于我的读者的是一个**审判者**的耐心和公正，而在那里期待的则是一个**助手**的顺从和支持；因为即便体系的**所有原则**都在批判中得到完备的陈述，属于体系本身的详尽性的毕竟还有：不可缺少任何**派生出来的**概念。人们不能先天地估算这些概念，相反，它们必须逐步地寻找出来；同样，既然在那里已经穷尽了概念的全部**综合**，所以在这里就额外要求在**分析**方面也做到这一点，这一切是轻而易举的，与其说是工作，倒不如说是消遣。

就印刷而言，我还必须做出少许说明。由于开印有点延迟，所以我只能看到大约一半校样，其中我虽然发现了一些印刷错误，但它们并未把意思搞混，只有出现在第 379 页倒数第 4 行的一处错误，**怀疑的**应改为**特殊的**。从第 425 页到第 461 页，纯粹理性的二论背反是按照列表的方式排列的，即凡是属于**正论**的都排在左边，凡是属于**反论**的都排在右边。我之所以这样安排，乃是为了更便于将命题和反命题相互比较。

## 2 《纯粹理性批判》第 2 版前言——先天综合判断如何可能

对属于理性工作的知识所做的探讨是否在一门科学的可靠道路上进行，很快就可以从结果出发做出评判。如果这种探讨在做出许多部署和准备之后，一旦要达到目的就陷入停滞，或者，为了达到目的而常常不得不重新返回、选择另一条道路；此外，如果不可能使不同的合作者就为实现共同的目的所应当采取的方式取得一致；那么，人们就总是可以确信，这样一种研究还远远没有选取一门科学的可靠道路，而只是在来回摸索。而尽可能地找到这条道路，哪怕是不得不把事先未加思索就接受的目的所包含的某些东西当做徒劳无益的而予以放弃，也已经是为理性立下功劳了。

至于逻辑学自古以来就已经走上这条可靠的道路，这从以下事实就可以看出：**自亚里士多德**以来，如果人们不愿意把例如删除一些多余的细节或者对讲述的东西做出更清晰的规定当做改善归于它的话，那么，逻辑学是不曾允许后退一步的；而上述事情与其说属于这门科学的可靠性，倒不如说属于它的修饰。逻辑学值得注意的还有：它直到今天也未能前进一步，因而就一切迹象来看似乎已经封闭和完成了。因为如果一些近代人打算扩展逻辑学，有的人插进若干章关于各种认识能力（想象力、机智）的**心理学**，有的人插进若干章关于认识的起源或者因客体不同（唯心论、怀疑论等等）而来的不同种类的确定性的起源的**形而上学**，有的人插进若干章关于成见（成见的原因及对付成见的手段）的**人类学**，这都是源自他们对这门科学的独特本性的无知。如果有人让各门科学互相越界，则这并不是对它们有所增益，而是使它们面目全非；但逻辑学的界限已经有完全精确的规定，它是一门仅仅详尽地阐明和严格地证明一切思维（无论它是先天的还是经验的，具有什么样的起源或者客体，在我们的心灵中遇到偶然的还是自然的障碍）的形式规则的科学。

至于逻辑学取得如此巨大的成功，它具有这种长处却仅仅得益于自己的局限性，这种局限性使它有权利、甚至有义务抽掉知识的一切客体和区别，从而在它里面知性除了自己本身及其形式之外，不和任何别的东西打交道。当然，对于理性来说，既然它不仅要与自己本身、而且要与客体发生关系，选取科学的可靠道路就必定远为困难得多；因此，逻辑学也作为预科仿佛仅仅构成各门科学的前庭，如果谈到知识，则人们虽然以一门逻辑学为评判知识的前提条件，但知识的获取却必须到各门堪称真正的和客观的科学中去寻求。

如今，只要在这些科学中应当有理性，那么，在其中就必定有某种东西被先天地认识，它们的知识也就能够以两种方式与对象发生关系，要么是仅仅**规定**这个对象及其概念（它必须在别的地方被给予），要么是还把它**现实地创造**出来。前者是理性的**理论知识**，后者是理性的**实践知识**。二者的纯粹部分，即理性在其中完全先天地规定其客体的部分，无论其内容或多或少，都必须事先单独地予以讲述，不得与出自别的来源的东西相混杂；因为如果人们盲目地花掉收入的东西，不能事后在经济陷入困境的时候辨别收入的哪一部分开支是能够承受的、哪一部分开支是必须裁减的，那就是一种糟糕的经济了。

**数学**和**物理学**是两种理论的理性知识，应当先天地规定其**客体**；前者是完全纯粹地进行规定，后者至少是部分纯粹地进行规定，但在这种情况下还按照不同于理性来源的其他知识来源的尺度进行规定。

**数学**从人类理性的历史所及的极早时代以来，就在值得惊赞的希腊民族中走上了一门科学的可靠道路。但是，不要以为数学与理性在其中仅仅同自己本身打交道的逻辑学一样，很容易就遇到或者毋宁说为自己开辟了那条康庄大道；我宁可相信，数学（尤其是在埃及人那里）曾长时期停留在来回摸索之中，而这种转变应归功于个别人物在一次尝试中的幸运灵感所造成的**革命**，由此人们必须选取的道路就不会再被错过，而科学的可靠进程就永远地、无限地被选定、被标示出来。这场比发现绕过著名海角的道路更为重要得多的思维方式的革命，以及实现这场革命的幸运者的历史并没有给我们保留下来。然而，**第欧根尼·拉尔修**提到过据称是几何学证明的那些最微不足道、按照常人判断根本就不需要证明的原理的发现者，他留给我们的那些传说表明，对于由发现这条新道路的最初迹象所造成的这场变革的怀念，必定对于数学家们来说显得极为重要，从而变得难以忘怀。在第一个演证**等腰三角形**的人（无论他是**泰勒士**还是任何其他人）的心中升起了一道光明；因为他发现，他不必探究自己在图形中看到的东西，或者也不必探究图形的纯然概念，仿佛从中学到它的属性似的，而是必须把他根据概念自身先天地设想进去并加以表现的东西（通过构造）创造出来，而且为了可靠地先天知道某种东西，除了从他根据自己的概念自己置于事物之中的东西必然得出的结果之外，不必给事物附加任何东西。

自然科学遇到这条科学的康庄大道要更为缓慢得多；因为这只不过是一个半世纪的事情：思虑周全的维鲁兰姆的**培根**的建议部分地引起这一发现、部分地由于人们已经有了这一发现的迹象而进一步推动这一发现，而这一发现同样只有通过一场迅速发生的思维方式的革命才能够得到解释。我在这里只考虑建立在**经验**原则之上的自然科学。

当**伽利略**让他的球以他自己选定的重量向下滚过斜面时,当**托里拆利**让空气托住一个他事先设想与一个他已知的水柱的重量相等的重量时,或者在更晚近的时候,当**施塔尔**通过抽出和归还某种东西而使金属变成钙盐又把钙盐再变成金属时①在所有的自然研究者心中升起了一道光明。他们理解到,理性只洞察它自己根据自己的规划产生的东西,它必须以自己按照不变的规律进行判断的原则走在前面,强迫自然回答自己的问题,必须不让自己仿佛是被自然独自用襻带牵着走;因为若不然,偶然的、不按照任何事先制订的计划进行的观察就根本不在理性寻求和需要的一条必然规律中彼此关联。理性必须一手执其原则(唯有依照其原则,协调一致的显象[Erscheinung]才能被视为规律),另一手执它按照其原则设想出来的实验走向自然,虽然是为了受教于自然,但却不是以一个学生的身份让自己背诵老师希望的一切,而是以一个受任命的法官的身份迫使证人们回答自己向他们提出的问题。这样,甚至物理学也应当把它的思维方式的这场如此有益的革命归功于这样一个灵感,即依照理性自己置入自然之中的东西在自然中寻找(而不是为自然捏造)它必须从自然学习、而且它本来可能一无所知的东西。由此,自然科学才被带上了一门科学的可靠道路,它在这里曾历经许多个世纪,却无非是来回摸索。

**形而上学**是一种完全孤立的、思辨的理性知识,它完全超越了经验的教导,而且凭借的仅仅是概念(不像数学凭借的是将概念运用于直观),因而在这里理性自己是它自己的学生;尽管形而上学比其余一切科学都更为古老,而且即使其余的科学统统在一场毁灭一切的野蛮之深渊中被完全吞噬,它也会留存下来,但迄今为止命运还不曾如此惠顾它,使它能够选取一门科学的可靠道路。因为在形而上学中,理性不断地陷入困境,即便是在它想先天地洞察最普通的经验(如它自以为能够的那样)所证实的那些规律时也是这样。在形而上学中,人们不得不无数次地走回头路,因为人们发现那条路并不通向人们想去的地方;至于形而上学的信徒们在论断中的一致,还是非常遥远的事情,毋宁说它是一个战场,这个战场似乎本来就只是为在战斗游戏中演练它的各种力量而设立的,在这个战场上还从来没有一个武士能够夺得哪怕一寸土地,基于自己的胜利而建立起一种稳定的占领。因此毫无疑问,形而上学的做法迄今为止还只是一种来回摸索,而最糟糕的是仅仅在概念中间来回摸索。

那么,这里还没有能够找到一条科学的可靠道路的原因何在呢?也许这

---

① 我在这里并不精确地探究实验方法的历史线索,它的最初开端人们知道的也并不清楚。

样的道路是不可能的吗？究竟大自然是怎样使我们的理性迷恋上这种孜孜不倦的努力，把这条道路当做自己最重要的事务之一来探究呢？更有甚者，如果我们的理性在我们求知欲的一个最重要的部分中不仅离开了我们，而且用一些假象拖住并最终欺骗我们，我们还有什么理由来信任它！或者，如果这条道路迄今为止只是被错过了，我们能够利用什么迹象来在新的探索中希望，我们将比我们之前的其他人更为幸运呢？

我应当认为，通过一场突然发生的革命成为今天这个样子的数学和自然科学的实例值得充分注意，以便反省对这两门科学来说变得如此有益的思维方式变革的本质性部分，并在这里就它们作为理性知识与形而上学的类似所允许，至少尝试效仿它们。迄今为止，人们假定，我们的一切知识都必须遵照对象；但是，关于对象先天地通过概念来澄清某种东西以扩展我们的知识的一切尝试，在这一预设下都归于失败了。因此，人们可以尝试一下，如果我们假定对象必须遵照我们的认识，我们在形而上学的任务中是否会有更好的进展。这种假定已经与对象的一种在对象被给予我们之前就应当有所断定的先天知识所要求的可能性有更大的一致性。这里的情况与**哥白尼**最初的思想是相同的。哥白尼在假定整个星群都围绕观察者旋转，对天体运动的解释就无法顺利进行之后，试一试让观察者旋转而星体静止，是否可以更为成功。如今在形而上学中，就对象的**直观**而言，人们也可以用类似的方式做出尝试。如果直观必须遵照对象的性状，那么，我就看不出人们怎样才能先天地对对象有所知晓；但如果对象（作为感官的客体）必须遵照我们的直观能力的性状，那么，我就可以清楚地想象这种可能性。但由于如果这些直观应当成为知识，我就不能停留在它们这里，而是必须把它们作为表象与某种作为对象的东西发生关系，并通过那些表象来规定这个对象，所以我要么可以假定，我用来做出这种规定的那些**概念**也遵照该对象，这样一来我就由于能够先天地对它有所知晓的方式而重新陷入了同样的困境；要么我假定，对象或者——这是一回事——对象唯一在其中（作为被给予的对象）被认识的**经验**遵照这些概念，这样我就马上看到一条更为简易的出路，因为经验自身就是知性所要求的一种认识方式，我必须早在对象被给予我之前，从而是先天地就在我里面将知性的规则作为前提，它在先天概念中得到表述，因而经验的所有对象都必然地遵照这些概念，而且必须与它们一致。至于仅仅通过理性亦即必然地被思维、但却根本不能在经验中（至少不能像理性所设想的那样）被给予的对象，思维它们的尝试（因为它们毕竟必须能够被思维）据此就提供了一块极好的试金石，检验我们假定为思维方式的改变了的方法的东西，即我们关于事物只是先天地认识我们置于它们里面的东西。①

　　这一尝试如愿得以成功，并且在形而上学探讨先天概念（它们在经验中的相应对象能够与它们相适合地被给予出来）的第一部分中，向形而上学许诺了一门科学的可靠道路。因为根据思维方式的这种变革，人们完全可以很好地解释一种先天知识的可能性，并且更进一步，给为作为经验对象之总和的自然先天地提供基础的那些规律配备它们令人满意的证明，这二者按照迄今为止的行事方式是不可能的。但是，从我们先天认识能力的这一演绎中，在形而上学的第一部分里，却得出了一个令人感到奇怪的、对于第二部分所探讨的形而上学的整个目的就一切迹象来看非常不利的结果，即我们不能凭借这种能力超越可能经验的界限，而这恰恰是这门科学最本质的事务。不过，这里也正好蕴涵着反证对我们先天理性知识的那第一个评价之结果的真理性的实验，即这种知识只涉及显象，而事物自身与此相反虽然是就其自身而言现实的，但却不能为我们所认识。因为必然地推动我们超越经验和一切显象之界限的东西，就是理性在物自身中必然地并且完全有理由为一切有条件者要求的、从而条件的序列作为已经完成了的而要求的**无条件者**。现在，如果人们假定，我们的经验知识遵照作为物自身的对象，将发生的情况就是：**根本不能无矛盾地思维**无条件者；与此相反，如果人们假定，我们对事物的表象如同它们被给予我们的那样，并不遵照作为物自身的对象，而是毋宁说这些对象作为显象遵照我们的表象方式，那么，**矛盾就被取消了**；因此，无条件者必然不是在我们认识的物（它们被给予我们）那里找到的，但却是在我们不认识的、作为事物自身的物那里找到的：这就表明，我们一开始只是为尝试而假定的东西是有道理的。② 如今，在否认了思辨理性在这个超感性事物领域里的一切进展之后，始终还给我们剩下的是进行一番尝试，看在它的实践知识中是否有一些材料，来规定无条件者那个超验的理性概念，并以这样

---

　　① 因此，这一仿效自然研究者的方法就在于：在**可以通过一次实验予以证实或者反驳的东西**中寻找纯粹理性的各种要素。如今，为了检验纯粹理性的各种定理，尤其是在它们冒险越过可能经验的所有界限时，就不能（像在自然科学中那样）对它的对象做出任何实验；因此，对于我们先天地假定的**概念**和**原理**，只有通过如此安排它们，使同样的对象**一方面**作为对经验而言的感官和知性的对象，但**另一方面**却作为充其量对孤立的、努力超出经验界限的理性而言的人们仅仅思维的对象，从而能够从两个不同的方面被考察，实验才是可行的。如果现在的情况是，倘若人们从那个双重的观点考察事物，与纯粹理性的原则的协调一致就是成立的，但从单方面的观点看就会产生理性与自己本身的不可避免的冲突，那么，实验就裁定了那种区分是正确的。

　　② 纯粹理性的这一实验与化学家们有时称为**还原试验**、但一般称为**综合的方法**的实验有许多类似之处。**形而上学家**的**分析**把纯粹的先天知识划分成两种十分异类的要素，即作为显象的物的知识和物自身的知识。**辩证法**又把这二者结合起来，达到与**无条件者**的必然理性理念的**一致**，并且发现，这种一致唯有凭借那种区分才出现，所以那种区分是真实的区分。

的方式按照形而上学的愿望，凭借我们唯有在实践方面才可能的先天知识来超出一切可能经验的界限。而就这样一种方法而言，思辨理性却总是至少为我们做出这样的扩展创造了地盘，尽管它必然让这地盘闲置着；因此，在我们可能的情况下用思辨理性的实践**素材**去充实这一地盘，依然是听便于我们的，我们甚至还受到了思辨理性的敦促。①

如今，纯粹思辨理性的这一批判的工作就在于那种尝试，即通过我们按照几何学家和自然研究者的范例对形而上学进行一场完全的革命，来变革形而上学迄今为止的做法。这项批判是一部关于方法的书，而不是一个科学体系自身；但是，它尽管如此仍然既在这门科学的界限方面、也在它的整个内部构造方面描画了它的整个轮廓。因为纯粹思辨理性自身具有的特征是：它能够而且应当根据它为自己选择思维客体的方式的不同来衡量它自己的能力，甚至完备地列举出为自己提出任务的各种方式，并这样来描画形而上学体系的整个轮廓；因为，就第一点而言，在先天知识中能够附加给客体的无非是思维主体从自己本身取出的东西，而就第二点来说，它在认识原则方面是一个完全分离的、独立存在的统一体，其中每一个环节都像在一个有机体中那样为着所有其他环节存在，而所有环节也都为着一个环节存在，没有一个原则不同时在与整个纯粹理性应用的**普遍**关系中得到研究而能够在**一种**关系中被可靠地接受。但作为补偿，形而上学也有罕见的幸运，别的任何与客体打交道的理性科学（因为**逻辑学**只研究思维的一般形式）都不能分享这种幸运，即在它被这种批判带上一门科学的可靠道路之后，它就能够完全把握住属于它的知识的整个领域，从而完成自己的事业，并把它作为一个永远不增设的主座奠放给后世其使用，因为它只与原则和由原则自己决定的其使用的限制打交道。因此，它作为基础科学也有义务实现这种完备性，而关于它我们必须能够说：nil actum reputans, si quid superesset agendum〔只要还剩有该做的，那就算什么也没做〕。

但是人们要问：我们凭借这样一种通过批判澄清的、但因此也达到一种恒定状态的形而上学打算给后人留下的，究竟是一笔什么样的财富呢？浮光掠影地浏览一番这部著作，人们将认为察觉到，它的用处毕竟只是**消极的**，

---

① 天体运动的向心规律就是这样为**哥白尼**最初只是作为假说所假定的东西提供了十足的确定性，同时证明了联结世界大厦的不可见的力（**牛顿**的引力）；如果不是哥白尼大胆地以一种违背感官但却真实的方式不是在天穹的对象中，而是在这些对象的观察者中寻找被观察的运动的话，引力是永远不会被发现的。尽管在这本书自身中，在批判中阐明的、类似于上述假说的思维方式变革从我们空间和时间表象的性状和知性的基本概念得到的并不是假说性的、而是无可争辩的证明，但在这篇前言里，我也只是把这一变革当做假说提出，为的只是使人们注意到这样一种每次都是假说性的变革的最初尝试。

也就是说，永远不要冒险凭借思辨理性去超越经验的界限；事实上这也是它的第一个用处。但是，如果人们注意到，思辨理性冒险超越经验界限所凭借的那些原理，事实上其不可避免的结果不是**扩展**我们的理性应用，倘若更仔细地考察，倒是**缩小**这种应用，因为它们确实有把它们原本所属的感性的界限扩展到无所不包、从而完全排斥纯粹的（实践的）理性应用的危险，那么，上述用处也就成为**积极的**。因此，一项限制思辨理性的批判，虽然就此而言是**消极的**，但由于它借此同时排除了限制或者有完全根除理性的实践应用的危险的障碍，事实上却具有**积极的**和非常重要的用处，只要人们确信，纯粹理性有一种绝对必要的实践应用（道德上的应用），在这种应用中它不可避免地扩展越过感性的界限，为此它虽然不需要从思辨理性得到任何帮助，但尽管如此却必须针对它的反作用得到保障，以便不陷入与自己本身的矛盾。否认批判的这种服务有**积极的**用处，如同说警察不产生积极的用处，因为警察的主要工作毕竟只不过是阻止公民可能为其他公民会采取的暴力行为而担忧，以便使每一个公民都能够安居乐业罢了。在批判的分析部分将证明，空间和时间只不过是感性直观的形式，因而只不过是作为显象的物实存的条件，此外除非能够被给予与知性概念相应的直观，否则我们就没有任何知性概念，从而也根本没有任何达到物的知识的要素，于是我们对于任何作为物自身的对象都不可能有知识，而只有在它作为感性直观的客体、即作为显象时才能有知识；由此当然也就得出，一切思辨的理性知识只要可能，就都仅仅限制在**经验**的对象之上。尽管如此，必须注意的是，在这方面毕竟始终有所保留，即正是这些也作为物自身的对象，我们即使不能**认识**，至少也必须能够**思维**。① 因为若不然，就会从中得出荒谬的命题：没有某种在此显现的东西却有显象。现在，如果我们假定，由于我们的批判而成为必要的作为经验对象的物与作为物自身的物的区分根本不曾做出，那么，因果性原理、从而还有自然机械性，就必然在规定这些物时绝对地适用于一切一般地作为作用因的物。因此，关于同一个存在物，例如人的灵魂，我将不能说：它的意志是自由的，而同时又是服从自然必然性的，也就是说不是自由的，却不陷入一种明显的矛盾，因为我在两个命题中是**在同一个意义上**对待灵魂的，即把它当做一般

---

① 要**认识**一个对象，就要求我能够证明它的可能性（无论是按照经验出自其现实性的证词，还是先天地通过理性来证明）。但是，我能够**思维**我想思维的任何东西，只要我不与自己本身相矛盾，也就是说，只要我的概念是一个可能的思想，即使我不能担保在所有可能性的总和中是否也有一个客体与它相应。但是，要赋予这样一个概念以客观有效性（实在的可能性，因为前面那种可能性仅仅是逻辑的可能性），就要求某种更多的东西。但这种更多的东西恰好不需要在理论的知识来源中寻找，它也可能存在于实践的知识来源之中。

的物（当做事物自身），而且没有先行的批判也不可能以别的方式对待它。但是，既然批判在这里教导要**在两种不同的意义上**对待客体，即作为显象或者作为物自身，如果它没有搞错的话；如果它的知性概念的演绎是正确的，从而因果性的原理只是就第一种意义而言，即就物是经验的对象而言与物相关，但同一些物并不按照第二种意义服从因果性原理；那么，同一个意志就在显象（可见的行动）中被设想为必然遵循自然规律的、就此而言是**不自由的**，但在另一方面又被设想为属于一个物自身而不服从自然规律的，从而就被设想为**自由的**；这里并不会发生矛盾。现在，即使我从后一方面来考察，并不能凭借思辨理性（更不能凭借经验性的观察）**认识**我的灵魂，从而也不能**认识**作为一个我将感官世界的效果归因于它的存在物的属性的自由，因为我必须按照这样一个存在物的实存来认识它，但又不能在时间中确定地认识它（这是不可能的，因为我不能给我的概念配上任何直观），然而，我毕竟可以**思维**自由，也就是说，如果我们对两种（感性的和理智的）表象方式的区分和由此产生的对知性概念的限制、从而还有对从它们产生的原理的限制成立的话，自由的表象至少自身不包含任何矛盾。现在假定，道德必然预设自由（在最严格的意义上）是我们的意志的属性，因为道德援引蕴涵在我们的理性之中的、源始的实践原理作为自己的先天材料，而不预设自由，这些原理是绝对不可能的，但思辨理性却证明根本不能够思维自由；这样，那个预设，即道德上的预设，就必然地不得不让位于其反面包含着一种明显矛盾的预设，从而自由连同其道德性（因为如果不是已经预设自由，道德性的反面就不包含任何矛盾）也就必然地不得不让位于**自然机械性**。但这样一来，既然我为了道德不再需要别的任何东西，只要自由不与自己本身矛盾，从而毕竟至少是可以被思维的，没有必要进一步洞察它，从而它根本不给同一个行动的自然机械性（在别的关系中看）制造什么障碍，那么，道德性的学说就保住了它自己的地盘，自然学说也保住了自己的地盘；然而，如果不是批判事先教导我们就物自身而言我们不可避免的无知，并把我们在理论上能够**认识**的一切都仅仅限制在显象上，上述一切就都不会发生。对纯粹理性的批判原理的积极用处所作的这种探讨，也可以在**上帝**和我们**灵魂**的**单纯本性**的概念上表现出来，但为了简短起见我略而不谈。因此，如果不同时**取消**思辨理性越界洞察的僭妄，我就连为了我的理性必要的实践应用而**假定上帝**、**自由**和**不死**也不能，因为思辨理性为了达到这些洞识就必须利用这样一些原理，这些原理由于事实上只及于可能经验的对象，如果它尽管如此仍然被运用于不能是经验对象的东西，实际上就总是会把这东西转化为显象，这样就把纯粹理性的所有**实践的扩展**都宣布为不可能的。因此，我不得不扬弃**知识**，以便为**信**

念腾出地盘，而形而上学的独断论，即认为无须纯粹理性的批判就在形而上学中前进的成见，是所有与道德性相冲突的无信念的真正来源，无信念在任何时候都是完全独断的。因此，对于一门按照纯粹理性批判的尺度拟定的系统的形而上学来说，如果给后人留下一笔遗产可能不太困难，那么，这绝不是一件可以小瞧的赠礼；且请一般地与理性未经过批判的无根据的摸索和轻率的漫游比较，看一看凭借一门科学的可靠道路对理性的培养，或者也看一看一个好学的青年对时间的更好利用，青年人在通常的独断论那里如此早并且如此多地受到鼓励，对他们一点也不理解的事物，对他们在其中看不出任何东西、世界上没有任何人看出某种东西的事物随意做出玄想，或者甚至企图杜撰新的思想和意见，这样就忽视了去学习缜密的科学；但最重要的是，要考虑到一种无法估量的好处，即在未来所有的时代里，以**苏格拉底**的方式，也就是说通过最清晰地证明对手的无知来结束一切针对道德性和宗教的异议。因为世界上一直有某种形而上学存在，并且将继续存在，但是与它一起还可以遇到一种纯粹理性的辩证法，因为辩证法对于纯粹理性来说是自然的。因此，哲学最初也是最重要的事务就是通过堵塞错误的来源而一劳永逸地取消它的一切不利影响。

  即便在各门科学的领域里发生了这一重要的变化，而思辨理性不得不在它迄今为止自负的财产方面蒙受**损失**，但普遍的人类事务和世界迄今为止从纯粹理性的学说中得出的好处却全部保持在曾经有过的最有利的状态中，损失所触及的只是**学派的垄断**，却根本没有触及**人们的利益**。我要问最固执的独断论者，关于从实体的单纯性得出的我们灵魂在死后的存续的证明，关于通过对主观的实践必然性和客观的实践必然性进行的虽然无力但却精细的区分得出的与普遍的机械性相对立的自由的证明，或者关于从一个最实在的存在物的概念（从可变者的偶然性和一个第一推动者的必然性的概念）得出的上帝存在的证明，在它们从各学派走出之后，是否曾经能够一直到达公众那里，并对公众的确信产生过丝毫的影响呢？如果这种情况并没有发生过，如果由于普通的人类知性不适宜于进行如此精细的思辨，它永远是不可期待的；毋宁说，如果就第一个证明而言，单是对每一个人来说都可察觉到的自己本性的禀赋，即从来不能被暂时的东西（它对于人的整个规定性的禀赋来说是不够的）所满足，就已经必定造成一种**来世生活**的希望了；就第二个证明而言，单是对义务的清晰表述，在与偏好的一切要求的对立中，就已经必定造成自由的意识；最后，就第三个证明而言，单是在大自然中到处都表现出来的庄严的秩序、美和预先筹谋，就已经必定造成对一位智慧的和伟大的**世界创造者**的信仰，单凭这就必定造成在公众中流行的依据理性根据的确信，那么，就不仅仅是这笔财产依然原封不动，而是它毋宁说由此还赢得了威望，即各学派从此学会，在涉及普遍人类事务的问题上不自诩拥有的洞识比广大（对于我们来说最值得关注的）群众同样轻而易举就能够达到的洞识更高更广，从而把自己仅仅限制在对这些普遍可理解的、在道德方面充足的证明根据的培养上。因此，变革仅仅涉及各学派狂妄自大的要求，它们喜欢在这里（在其他许多地方它们通常是有权这样做的）让人把自己看做是这样一些真理唯一的鉴赏家和保管者，它们只是把这些真理的用法传达给公众，但真理的钥匙却自己保管（quod mecum nescit, solus vult scire videri[凡是他和我都不知道的，他就想显得独自知道]）。尽管如此，思辨哲学家的一项合理要求毕竟也被考虑到了。他依然始终独自是一门无须公众的知识就对公众有用的科学亦即理性批判的保管人；因为批判是永远不能大众化的，但是它也没有必要大众化，因为对有用真理的那些精心编织出来的论证很少会进入民众的大脑，对它们同样精细的反驳也同样很少进入他们的意识；与此相反，由于学派以及每一个起而进行思辨的人都不可避免地陷入论证和反驳这二者，所以学派就有义务通过对思辨理性权利的缜密研究，来一劳永逸地预防甚至民众也由于形而上学家们（而且最后还有作为形而上学家的神职人员）不经过批判就不可避免地卷入、事后又伪造出自己的学说的那些争论而迟早必然遇到的那种丑闻。唯有凭借批判，才能甚至连根铲除可能普遍有害的**唯物论**、**宿命论**、**无神论**、自由思想的**无信念**、**狂信**和**迷信**，最后还有更多地对学派有害而难以进入公众的**唯心论**和**怀疑论**。如果各国政府认为关心学者们的事务是好的，那么，就它们对科学和人们的睿智关怀而言，促进唯一能使理性的工作立足于一个坚实基础之上的这样一种批判的自由，要比支持各学派可笑的专制更为合适得多，这些学派在人们撕裂其蛛网时就大声疾呼公共的危险，而公众却对它们的蛛网毫不在意，因而也绝不会感受到它们的损失。

批判并不与理性在其作为科学的纯粹知识中的**独断方法**对立（因为这种知识在任何时候都必须是独断的，即从可靠的先天原则出发严格地证明的），而是与**独断论**对立；也就是说，与凭借一种从概念（哲学概念）出发的纯粹知识按照理性早已运用的原则、从不调查理性达到这种知识的方式和权利就能前进的僭妄对立。因此，独断论就是纯粹理性**没有先行批判它自己的能力**的独断方法。所以，这一对立并不是要以僭越的大众化名义来为饶舌的浅薄说话，或者根本不是要为断然否定整个形而上学的怀疑论说话；毋宁说，批判是为了促进一门缜密的、作为科学的形而上学所采取的必要的、暂时的措施，这种形而上学不得不必然是独断地、按照最严格的要求系统化地、从而符合学院要求地（不是大众化地）予以阐述的，因为既然它自告奋勇要去完全先天地、从而使思辨理性完全满意地进行自己的工作，对它的这种要求也就是毫不含糊的。因此，在批判规定的这一计划的实施中，也就是说，在未来的形而上学体系中，我们将必须遵循所有独断论哲学家中最伟大的哲学家、著名的**沃尔夫**的严格方法，他率先做出榜样（凭借这一榜样，他成为德国迄今为止尚未熄灭的缜密精神的创始人），如何能够通过合规律地确立原则、清晰地规定概念、力求严格地证明、在推论中防止大胆的跳跃，来选取一门科学的可靠进程，正因为此，假如他曾经想到通过对工具论亦即对纯粹理性自身的批判事先为自己准备好场地的话，他本来也特别适合于使形而上学这样一门科学达到这一水平：这是一个不能归咎于他、毋宁应归咎于他那个时代独断的思维方式的缺陷，无论是他那个时代的、还是所有以前时代的哲学家们在这一点上都没有什么好相互指责的。那些既拒斥他的治学方式、同时又拒斥纯粹理性批判的方法的人们，其用意无非是完全摆脱**科学**的羁绊，把工作变成儿戏，把确定性变成意见，把哲学变成偏见。

　　**至于这个第二版**，我当然不想放过这个机会来尽可能地纠正有可能产生某些误解的费解和晦涩之处，思想敏锐的人们在评价本书时遇到这些误解，也许我难辞其咎。就命题自身及其证明根据、此外就形式和计划的完整性而言，我没有发现要修改的地方；这部分地应归功于我在将它交付出版之前对它进行的长期审查，部分地应归功于事情本身的性质，即一种纯粹的思辨理性的本性，它包含着一个真实的构造，其中一切都是有机器官，也就是说，一切都是为了一个，而每一个个别的都是为了一切，因而任何哪怕很小的弱点，无论它是错误（失误）还是缺陷，在应用中都不可避免地暴露出来。我希望，这个体系今后也将保持这种不变性。使我有理由产生这种信心的不是自负，而是从纯粹理性的最小要素出发直到它的整体和从整体（因为就连整体也是特别通过纯粹理性在实践领域中的终极目的给予的）返回到每个部分的结果相等的试验所造成的自明性，因为哪怕修改极小的部分的尝试，都将马上不仅引起体系的矛盾，而且引起普遍的人类理性的矛盾。不过，在**表述**方面还有许多事情要做，而我在这里试图对第一版做出的改进，有的是要纠正对感性论的误解，尤其是时间概念中的误解，有的是要纠正知性概念演绎的晦涩，有的是要纠正在对纯粹知性的原理的证明中被认为在充分自明性方面的欠缺，最后，有的是要纠正对从理性心理学得出的谬误推理的误解。到此为止（也就是说，直到先验辩证论第一篇结束），我没有对后面的部分作表述方式的修改①，因为时间太短，而我就其他部分而言也没有发觉内行且无偏见的审查者有任何误解；即便我没有以这些审查者当之无愧的赞词提到他们，他们也将会在相应的位置上发现我对他们的提醒所给予的重视。但是，这番修改也给读者带来一个小小的损失，而不使本书过于庞大，就无法防止这种损失，也就是说，我不得不删除或者缩写了一些部分，它们虽然并不在根本上属于整体的完整性，但某些读者却会不愿看到这一点，因为它们通常在别的方面还可以有所裨益；删节为的是给我像我相信的那样现在更易理解的表述腾出位置，这种表述在根本上就命题、甚至就它们的

---

① 真正的、但毕竟只是在证明方式上所作的增加，我只能列举出我在第 275 页通过对心理学**唯心论**的一个新反驳和对外部直观的客观实在性的一个严格的（我相信也是唯一可能的）证明所作的增加。就形而上学的本质性目的而言，唯心论尽可以被视为仍然无辜的（事实上它并非如此），然而，不得不仅仅根据信仰来假定我们之外的物的存在（我们毕竟从它们那里为我们的内感官获得了认识本身的全部材料），而且当有人想到怀疑这种存在的时候，却不能以令人满意的证明反驳他，这始终还是哲学和普遍的人类理性的丑闻。由于在该证明的表达上从第 3 行到第 6 行有些晦涩，所以请将这一段改为："**但是，这一持久的东西不可能是我心中的一个直观。因为在我心中能够遇到的关于我的存在的一切规定根据都是表象，而且作为表象自身就需要一个与它们有别的持久的东西，在与这个东西的关系中表象的变更、从而表象在其中变更的我在时间中的存在就能够得到规定。**"人们也许会反对这个证明说：我毕竟仅仅直接意识到我心中的东西，即我关于外部事物的**表象**；因此，某物是否是我之外与表象相应的东西，依然始终未得到澄清。然而，我通过内部经验意识到**我在时间中的存在**（因而也意识到它在时间中的可规定性），这就不仅仅是意识到我的表象，但**与我的存在的经验性意识**毕竟是一回事，这个意识只有通过与某种和我的实存相结合**在我外部存在**的东西的关系才能得到规定。因此，我在时间中的存在的这种意识是与对同我之外的某物的一种关系的意识一致地相结合的，因此，把外部的东西与我的内感官不可分割地联结起来的，是经验而不是虚构，是感觉而不是想象力；因为外感官本身就已经是直观与我之外的某种现实的东西的关系，它的实在性与想象不同，所依据的仅仅是它作为内部经验可能的条件与内部经验自身不可分割地结合在一起，此处发生的就是这种情况。如果我能够凭借**理智直观**，在伴随着我的一切判断和知性活动的表象"**我在**"中同时把我的存在的一种规定与我的存在的**理智意识**结合起来，那么，对同我之外的某物的一种关系的意识就不必然地属于理智直观了。但现在，那个理智意识虽然先行，但我的存在唯一能在其中得到规定的内直观却是感性的，并且受时间条件制约，但这种规定、从而内部经验自身都依赖于某种不存在于我心中、因而只存在于在我外面的某物之中的持久的东西，我必须在与它的关系中观察我自己：这样，为了一般经验的可能，外感官的实在性与内感官的实在性必然地相结合，也就是说，我肯定地意识到存在着外在于我、与我的感官发生关系之物，正如我肯定地意识到我本人在时间中确定地实存着一样。但现在，我之外的客体究竟是现实地与哪些被给予的直观相应，因而这些直观是属于外部**感官**的，它们应归因于外部感官而不是归因于想象力，这必须在每一特殊场合按照一般经验（甚至内部经验）与想象区别开来所依据的规则来弄清，在此永远作为基础的命题是：存在着外部经验。对此人们还可以补充说明：存在中某种**持久的东西**的表象与**持久的表象**并不是一回事；因为后者与我们的一切表象、甚至无知的表象一样，可能是非常游移不定、变幻无常的，但毕竟与某种持久的东西相关，因而持久的东西必须是一个与我的所有表象有别的、外在的物，它的实存必然地被一起包括进对我自己的存在的**规定**中，并与这个规定一起只构成一个唯一的经验，这经验如果不（部分地）同时是外部的，它就连在内部发生也不可能。怎么是这样呢？在此无法做出进一步的解释，就像无法解释我们一般来说如何在时间中思维那个与变幻之物共存将产生变化的概念的常驻之物一样。

证明根据而言绝对没有改变任何东西，但毕竟在陈述方法上有时偏离了以前的表述，不是插入一些话就能做到的。每一个人只要愿意，这种小小的损失毕竟可以通过与第一版进行比较来加以补偿，而由于更大的可理解性，它就像我所希望的那样将得到超量的补偿。我在一些公开发表的作品中（有的是借对某些书做出评论之际，有的是在专门的文章中）怀着感激的愉悦发现，缜密精神在德国并没有死灭，而只是一时被思维中的一种符合天才的自由的流行口吻盖过了，而批判的那条通向一门符合学院规范的、但唯有这样才持久的、并且因此才极具必然性的纯粹理性科学的荆棘小路也并没有阻碍勇敢且聪明的人们去掌握批判。有这些还把一种明晰表述的才能（我恰恰在自身觉察不到这种才能）与洞识的缜密结合起来的有功之士，我将把自己在明晰表述的才能方面时而还有缺陷的处理留给他们去完成；因为在这一场合，危险并不是遭到反驳，而是不被理解。在我这方面，尽管我将仔细地关注无论是来自朋友还是来自论敌的一切提示，以便把它们用于将来按照这一预科建造体系，但我从现在起可能不参与争论了。因为我在做这些工作的时候已经相当高龄了（在这个月已经64岁了），所以如果我要想完成自己的计划，提交自然形而上学和道德形而上学，作为思辨理性批判和实践理性批判的正确性的证明，我就必须抓紧时间进行，至于澄清本书中一开始几乎无法避免的晦涩之处以及为整体作辩护，我期待由把这当做自己的事情来做的有功之士来完成。任何哲学陈述都会在一些个别地方遭人攻击（因为它不可能像数学陈述那样防卫谨严），但体系的构造作为统一体来看却在这方面没有任何危险；当体系新出现的时候，只有少数人具有机敏的精神综览它；而由于对他们来说一切革新都是不适宜的，所以有兴趣综览它的人就更少了。如果人们把一些段落与其上下文割裂开来相互进行比较，那么，在任何一部尤其是作为自由谈论进行的作品中也都可以挑出表面上的矛盾；在人云亦云的人眼中，这些表面上的矛盾将给作品带来不利的影响，而对于在整体上把握了思想的人来说，它们是很容易解决的。然而，如果一个理论本身具有持久性，那么，最初给它带来极大危险的作用和反作用随着时间的推移就只会有助于磨平其不平整之处，而如果是无偏见、有洞察力、真正享有盛名的人来从事这一工作，则也可以在短时间内使它获得所要求的优美。

哥尼斯贝格<br>1787 年 4 月

### 3 《纯粹理性批判》第 2 版导论——纯粹知识与经验知识

**一、论纯粹知识与经验性知识的区别**

我们的一切知识都以经验开始,这是无可置疑的;因为认识能力受到激发而行动,如果这不是由于对象激动我们的感官,一方面由自己造成表象,另一方面使我们的知性行动运作起来,对这些表象加以比较,把它们联结起来或者分离开来,并这样把感性印象的原始材料加工成叫做经验的对象的知识,那又是由于什么呢?因此**在时间上**,我们没有任何知识先行于经验,一切知识都从经验开始。

但是,尽管我们的一切知识都**以**经验开始,它们却并不因此就都产生**自**经验。因为很可能即便我们的经验知识,也是由我们通过印象所接受的东西和我们自己的认识能力(通过仅仅由感性印象所诱发)从自己本身提供的东西的一个复合物;至于我们的这个附加,在长期的训练使我们注意到它并善于将它分离出来之前,我们还不会把它与那种基本材料区别开来。

因此,至少有一个还需要进一步研究、不能乍一看就马上打发掉的问题:是否有一种这样独立于经验、甚至独立于一切感官印象的知识。人们称这样的知识为**先天的**,并把它们与那些具有后天的来源,即在经验中具有其来源的**经验性**的知识区别开来。

然而,那个表述还没有确定得足以合适地表示上述问题的全部意义。因为就某些从经验来源派生的知识而言,人们习惯于说,我们能够先天地产生它或者享有它,因为我们并不是直接地从经验中、而是从一个普遍的规则引申出这些知识的,但我们尽管如此还是从经验获得这个规则的。这样,关于某个在挖自己房子墙脚的人,人们会说:他能够先天地知道房子会倒,也就是说,他不必等待这房子真的倒下来而获得经验。然而,他毕竟还不能完全先天地知道这一点。因为他毕竟必须通过经验才能事先得知,物体是有重量的,因而如果抽去它们的支撑物,它们就会倒下来。

因此,我们在下面将不是把先天知识理解为不依赖于这个或者那个经验而发生的知识,而是理解为绝对不依赖于一切经验而发生的知识。与这些知识相反的是经验性的知识,或者是仅仅后天地、即通过经验才可能的知识。但先天知识中根本不掺杂任何经验性因素的知识叫做**纯粹的**。这样,"每一变化皆有其原因"这个命题就是一个先天命题,但并不是纯粹的,因为变化是一个只能从经验中取得的概念。

**二、我们拥有某些先天知识,甚至普通的知性也从不缺少它们**

这里,重要的是要有一种我们能够用来可靠地将一种纯粹知识与经验性知识区别开来的标志。经验虽然告诉我们某物是如此这般，但却没有告诉我们它不能是别的样子。因此首先，如果有一个命题与它的**必然性**一同被思维，那么它就是一个先天判断；此外，如果除了自身又是作为一个必然命题有效的命题之外，它也不是从任何命题派生出的，那么，它就是绝对先天的。**其次**，经验永远不赋予自己的判断以真正的或者严格的**普遍性**，而是只赋予它们以假定的、相对的**普遍性**（通过归纳），以至于原本就必须说：就我们迄今为止所觉察到的而言，这个或者那个规则还没有发生例外。因此，如果一个判断在严格的普遍性上被思维，也就是说，将不可能发生任何例外，那么，它就不是由经验派生的，而是绝对先天地有效的。因此，经验性的普遍性只是把有效性任意地从大多数场合适用的有效性提高到在所有场合适用的有效性，例如在"一切物体皆有重量"这个命题中；与此相反，当严格的普遍性在本质上属于一个判断的时候，这种普遍性就指示着该判断的一个特殊的知识来源，即一种先天的知识能力。因此必然性和严格的普遍性是一种先天知识的可靠标志，不可分割地相互从属。但是，由于在它们的使用中，有时指出判断的经验性局限比指出判断中的偶然性要更为容易，或者在许多时候指出我们赋予一个判断的无限制的普遍性比指出它的必然性要更为明确，所以，不妨把上述两个标准分开来使用，它们每一个就其自身而言都是不会出错的。

轻而易举地就可以表明，在人类的知识中确实有诸如此类必然的，在严格意义上普遍的，从而纯粹的先天判断。如果想从科学中举出一个实例，那么，人们只需要看一看数学的所有命题；如果想从最普通的知性使用中举出这样一个实例，那么，"一切变化都必然有其原因"这一命题就可以充任；的确，在后一个实例中，甚至一个原因的概念如此明显地包含着一种与结果相联结的必然性和一种规则的严格普遍性的概念，以至于如果有人像**休谟**所做的那样，想从所发生的事情与先行的事情经常的相伴随中、从由此产生的联结种种表象的习惯（从而仅仅是主观的必然性）中引申出这个概念，那么，这个概念就会完全丧失。人们甚至不需要诸如此类的实例来证明我们知识中纯粹的先天原理的现实性，就也可以阐明、从而是先天地阐明这些原理对于经验自身的可能性来说是不可或缺的。因为如果经验运行所遵循的所有规则都是经验性的，从而是偶然的，那么，经验又还想从哪里取得自己的确定性；因此，人们很难让这些规则来充当第一原理。然而，我们在这里可以满足于已阐明我们认识能力的纯粹应用这种事实，以及已阐明这种应用的诸般标志。但这些先天原理中的一些的起源不仅表现在判断中，而是甚至在概念中就已经表现出来。即使你们从自己关于一个**物体**的经验概念中将经验性的一切：颜色、硬或者软、重量，甚至不可入性，都逐一去掉，但毕竟还剩下它（它现在已经完全消失了）所占据的空间，空间是你们去不掉的。同样，即使你们从自己关于任何一个有形客体或者无形客体的经验性概念中去掉经验告诉你们的一切属性，你们也不能剥夺你们把它设想为**实体**或者**依附**一个实体所凭借的那种属性（虽然这个概念比一般客体的概念包含着更多的规定）。因此，为这一概念迫使你们接受它所凭借的必然性所引导，你们不得不承认，它在你们的先天认识能力中拥有自己的位置。

### 三、哲学需要一门规定一切先天知识的可能性、原则和范围的科学

想说得比前面的一切都远为更多的是这样一点，即某些知识甚至离开了一切可能经验的领域，并通过任何地方都不能为其提供经验中的相应对象的概念，而具有把我们的判断的范围扩展到超出经验的一切界限的外观。

而恰恰是在这后一种超出感官世界的知识中，在经验根本不能提供任何线索、也不能提供校正的地方，蕴涵着对理性的研究；与知性在显象领域能够学到的一切相比，我们认为这种研究在重要性上要优越得多，其最终目的也要崇高得多，我们在这方面甚至冒着出错的危险宁可做一切，也不愿出自某种顾虑的理由或者出自蔑视和漠视而放弃如此令人关注的研究。纯粹理性自身的这些不可回避的课题就是**上帝**、**自由**和**不死**。但是，其最终目的及其所有准备都本来只是为了解决这些课题的科学，就叫做**形而上学**，它的做法最初是**独断的**，也就是说，不经对理性有否能力从事一项如此庞大的计划先行进行检验，就信心十足地承担了它的实施。

现在看来自然而然的是，一旦离开经验的基地，人们就不要凭借自己拥有却不知从何而来的知识、基于不知其来源的原理的信誉而马上建造大厦，却没有事先通过仔细的研究为大厦的奠基做出保障；因此，人们毋宁说早就要提出这样的问题：知性究竟如何能够达到所有这些先天知识，它们会有怎样的范围、有效性和价值。事实上，如果人们把**自然**的这个词理解为应当以正当的、理性的方式发生的事情，那也就没有任何东西更自然了；但如果人们把它理解为按照通常的尺度发生的，那就又没有什么比这一研究必然长期被搁置更为自然、更可理解的了。因为这种知识的一个部分，即数学部分，早就具有了可靠性，并由此使人也对其他部分产生一种乐观的期望，而不管它们可能具有完全不同的本性。此外，如果超出经验的范围，则人们肯定不会受到经验的反驳。扩展自己知识的诱惑是如此巨大，以至于人们只会被自己遇到的明显的矛盾阻止住前进的步伐。但是，只要人们小心谨慎地做出自己的虚构，使这种虚构并不因此就很少是虚构，那么，这种矛盾还是能够避免的。至于我们不依赖于经验在先天知识中能够走出多远，数学给我们提供了一个光辉的范例。数学虽然只是在对象和知识能够表现在直观中的程度上

研究它们，但这一情况很容易被忽略，因为上述直观可以先天地被给予，从而与一个纯然的纯粹概念几乎没有区别。被理性力量的这样一种证明所吸引，扩展的冲动看不到任何界限。轻盈的鸽子在自由飞翔时分开空气，感受到空气的阻力，也许会想象在没有空气的空间里可以更好地飞翔。同样，**柏拉图**因为感官世界给知性设置了如此狭窄的界限而离开了感官世界，冒险在感官世界的彼岸鼓起理念的双翼飞入纯粹知性的真空。他没有发觉，他竭尽全力却毫无进展，因为他没有任何支撑物仿佛是作为基础，使他支撑起自己，并在上面用力，以便发动知性。但是，尽可能早地完成思辨的大厦，然后才来研究它的基础是否扎实，这是人类理性在思辨中的通常命运。但在这种情况下，各种各样的溢美之词就被找出来，使我们因大厦的出色而感到安慰，或者还宁可干脆拒绝这样一种迟到的、危险的检验。但是，在建造期间使我们摆脱任何担忧和疑虑并以表面上的缜密迎合我们的，就是这种东西。我们理性的工作的一大部分、也许是最大的部分，就在于**分析**我们关于对象已经拥有的概念。这一工作给我们提供了大量的知识，这些知识虽然无非是对在我们的概念中（尽管还是以模糊的方式）思维过的东西所做出的澄清和阐明，但至少就形式而言仍被认为如同新的洞识，尽管它们就质料或者内容而言并没有扩展、而是仅仅解析了我们所拥有的概念。如今，既然这种方法提供了具有一种可靠有用的进展的现实的先天知识，于是，理性就不知不觉地在这种假象下骗取了完全异类的主张，其中理性为被给予的概念添加了完全异己的、而且是先天地添加的，人们却不知道它是如何做到这一点的，而且不让这样一个问题哪怕是仅仅进入思想。因此，我想一开始就探讨这种双重的认识方式的区别。

### 四、论分析判断与综合判断的区别

在所有思维主词与谓词之关系的判断（我在这里只考虑肯定判断，因为随后运用到否定判断上是轻而易举的）中，这种关系以两种不同的方式是可能的。要么谓词 B 属于主词 A，作为（以隐蔽的方式）包含在概念 A 中的某种东西；要么 B 虽然与概念 A 有关联，但却完全在它之外。在第一种场合里，我把判断称为**分析的**，在第二种场合里我则把它称为**综合的**。因此，（肯定的）分析判断是其中借助同一性来思维谓词与主词的联结的判断，而其中不借助同一性来思维这种联结的判断则应当叫做综合判断。前一些判断也可以称为**解释**判断，后一些则也可以称为**扩展**判断，因为前者通过谓词未给主词的概念增添任何东西，而是只通过分析把它分解成它的在它里面已经（虽然是模糊地）思维过的分概念；与此相反，后者则给主词的概念增添一个在它里面根本未被思维过、且不能通过对它的任何分析得出的谓词。例如，如果我说：一切物体皆有广延，这就是一个分析判断。因为要把广延视为与我结合在物体这个词上的概念相关联的，我可以不超出这个概念，而是只分析这个概念，也就是说，只意识到我随时在它里面所思维的杂多，就可以在它里面遇到这个谓词；因此，这是一个分析判断。与此相反，如果我说：一切物体皆有重量，则谓词是某种完全不同于我仅仅在一般物体的概念中所思维着的东西。因此，这样一个谓词的附加就提供了一个综合判断。

**经验判断就其自身而言全部是综合的**。把一个分析判断建立在经验之上是件荒唐的事情，因为我可以根本不超出我的概念来构成判断，所以为此不需要经验的见证。说一个物体是有广延的，这是一个先天确定的命题，而不是一个经验判断。因为在我诉诸经验之前，我已经在概念中拥有我做出这个判断的所有条件，我只能从这个概念中按照矛盾律抽绎出谓词，并由此同时意识到判断的必然性，这种必然性是经验从来不会告诉我的。与此相反，尽管我根本不把重量的谓词包括在一般物体的概念中，但那个概念毕竟通过经验的某个部分表明了一个经验对象，从而我还可以给这个部分再附加上同一个经验的其他部分，作为隶属于该对象的东西。我可以事先**分析地**通过广延、不可入性、形状等等所有在物体的概念中被思维的标志来认识物体的概念。但如今，我扩展我的知识，并通过回顾我从中抽象出物体的这个概念的经验，我发现还有重量也在任何时候都与上述标志联结在一起，因而**综合地**把重量作为谓词附加给那个概念。所以，重量的谓词与物体概念的综合所依据的是经验，因为两个概念虽然并非一个包含在另一个之中，但却作为一个整体、即自身是直观的一个综合性结合的经验的各个部分而互相隶属，虽然这种隶属采用的是偶然的方式。

但在先天综合判断那里，则完全没有这种辅助手段。如果我应当超出概念 A 来把另一个概念 B 认识为与之结合的，我依据的是什么呢？而既然我在这里并没有在经验的领域里寻找它的那种有利条件，综合又是凭借什么成为可能的呢？请看这个命题：凡是发生的事情，都有其原因。在发生的某物的概念中，我虽然思维了一种存在，在它之前经过了一段时间等等，并且从中可以引出分析的判断。但是，原因的概念是完全在那个概念之外的，并且表现着某种与发生的事情不同的东西，因而根本不包含在后一种表象之中。我究竟是怎样做到，关于发生的事物说出某种与之完全不同的东西，并且把虽然不属于它的原因的概念却认识为属于它、甚至是必然属于它的呢？在这里，如果知性相信可以在 A 的概念之外发现一个与它异己、但尽管如此仍被视为与它相联结的谓词 B 的话，知性所依据的未知之物＝X 是什么呢？它不可能是经验，因为所援引的原理不仅以比经验能够提供的更大的普遍性，而且以必然性的表述，从而是完全先天地、仅仅从概念出发把第二种表象加在前面的表象之上的。如今，我们先天的思辨知识的全部最终目的都是依据这样一些综合的、即扩展的原理的；因为分析的原理虽然极为重要而且必需，但却只是为了达到概念的清晰，这种清晰对于一种可靠而且广泛的综合，亦即对于一种确实新的收获来说，是必不可少的。

**五、在理性的所有理论科学中都包含着作为原则的先天综合判断**

1. **数学的判断全部是综合的。**这一命题虽然具有不可辩驳的确定性并且就其结果而言非常重要，但看来却迄今为止没有被人类理性的分析家们注意到，甚至与他们的猜测截然相反。这是因为，由于发现数学家们的推论都是按照矛盾律进行的（这是任何一种不容争辩的确定性的本性所要求的），所以人们就使自己相信，原理也是从矛盾律出发认识到的；他们在这里犯了错误；因为一个综合的命题当然可以按照矛盾律来认识，但却是这样来认识的，即以另一个综合命题为前提条件，从这另一个综合命题推论出它，而绝不是就其自身来认识的。

首先必须说明：真正的数学命题在任何时候都是先天判断，而不是经验的，因为它们自身就有不能从经验取得的必然性。但是，如果人们不愿意承认这一点，那么好，我就把我的命题限制在**纯粹数学**上，它的概念自己就已经具有它不包含经验的、而只包含纯粹的先天知识的含义。

虽然人们最初会想：$7+5=12$ 的命题完全是一个按照矛盾律从 7 与 5 之和的概念中推论出来的分析命题。但是，如果更为仔细地考察一下，人们就会发现，7 与 5 之和的概念除了两个数字结合成为一个数字之外，不包含任何别的东西，而通过这种结合也根本不能设想这个总括两个数字的单一数字是什么东西。12 的概念绝不是通过我仅仅思维 7 和 5 的那种结合就已经被思维的，而且无论我用多长时间来分析我关于这样一个可能的总和的概念，我都毕竟不能在其中发现 12。人们必须超出这些概念，求助于与这二者之一相应的直观，例如 5 根手指或者（如**谢格奈**在其《算术》中那样）5 个点，这样逐一地把在直观中被给予的 5 的各个单位加到 7 的概念上去。因为我首先取的是 7 这个数字，并且由于我为了 5 的这个数字的概念而求助于我的手指作为直观，所以我就把我事先为了澄清 5 这个数字而集中起来的各个单位凭借我的那个图像逐一地加到 7 的数字上，并就这样看到 12 这个数字的产生。至于 5 应当加在 7 上，这一点我虽然在一个等于 7+5 的和的概念中已经想到了，但并不是说这个和就等于 12 这个数字。因此，算术命题在任何时候都是综合的，采用的数字越大一些，人们就越是清晰地意识到这一点，因为这样一来就清晰地显示出，无论我们怎样任意地把自己的概念颠来倒去，若不求助于直观，仅凭分析我们的概念，我们绝不能发现这个和。

纯粹几何学的任何一个原理也都同样不是分析的。说两点之间直线最短，这是一个综合命题。因为我的**直**的概念并不包含关于大小的任何东西，而是只包含一种性质。因此，**最短**的概念完全是附加的，是不能通过分析从直线的概念中得出的。所以，在这里必须求助于直观，只有凭借直观，综合才是可能的。

几何学家作为前提条件的少数几条原理虽然确实是分析的，并且依据的是矛盾律，但它们与同一性命题一样，也只是充当方法的链环，而不是充当原则。例如 $a = a$，即整体与自身相等，或者 $(a + b) > a$，即整体大于其部分。而即便是这些原理，虽然仅就概念而言就是有效的，但在数学中之所以被允许，也仅仅是因为它们能够在直观中体现出来。在这里，通常使我们相信这样一些不容争辩的判断的谓词已经蕴涵在我们的概念之中、判断因而是分析判断的东西，仅仅是表述的含混。也就是说，我们**应当**为一个被给予的概念再想出某个谓词，而这种必要性已经为概念所固有。但是，问题不是我们为被给予的概念**应当**再**想**出什么，而是我们**确实**在它里面——尽管只是模糊地——**想到**了什么；而这就表现出，谓词虽然必然地依附于那些概念，但并不是在概念中被设想的，而是借助于一种必然属于概念的直观。

2. **自然科学**（physica[物理学]）**在自身包含着作为原则的先天综合判断**。我只想援引两个命题作为例证。一个命题是：在形体世界的一切变化中，物质的量保持不变；另一个命题是：在运动的传递中，作用和反作用在任何时候都必然彼此相等。就这两个命题而言，不仅必然性、从而其先天的起源，而且它们是综合的命题，这都是清楚明白的。因为在物质的概念中，我设想的不是持久不变，而是它通过对空间的填充而在空间里在场。因此，为了先天地为物质概念再想出我在它里面没有思维过的东西，我确实超出了物质概念。所以，命题并不是分析的，而是综合的，尽管如此却是被先天地思维的，在自然科学的纯粹部分的其他命题中亦复如是。

3. **在形而上学中**，即使人们把它也仅仅看做一门迄今为止只是在阐释、但由于人类理性的本性却不可缺乏的科学，也应当**包含着综合的先天知识**，而且它所涉及的根本不是仅仅分析并由此分析地说明我们关于事物先天地形成的概念，相反，我们要扩展我们的先天知识，为此我们必须利用这样一些原理，它们在被给予的概念之上附加在它里面不曾包含的某种东西，并通过先天综合判断远远地超出，以至于经验自身也不能追随那么远，例如在"世界必须有一个最初的开端等等"的命题中；这样，形而上学至少**就其目的而言**纯粹是由先天综合命题组成的。

### 六、纯粹理性的普遍课题

如果能够把大量研究纳入到唯一一个课题的公式之下，那么，人们由此已经是收获颇丰了。因为这样一来，人们就不仅通过精确地规定自己的工作而使之减轻，而且也使得其他任何想要检查它的人都易于判断我们是否实现了自己的计划。如今，纯粹理性的真正课题就包含在这一问题中：**先天综合判断是如何可能的**？

形而上学迄今为止还停留在摇摆不定的不确定和矛盾的状态中，这只能归咎于一个原因，即人们没有让自己更早地思考这一课题，也许甚至没有思考**分析的**判断和**综合的**判断的区别。如今，形而上学的成败就基于这一课题的解决，或者基于令人满意地证明这一课题要求知道已得到说明的可能性实际上根本不存在。但是，在所有的哲学家当中，最接近这一课题的**大卫·休谟**还远远没有确定地并在其普遍性中思考它，而是仅仅停留在结果与其原因的联结的综合命题上（Prinzipium causalitatis［因果律］），相信能够澄清这样一种先天命题是完全不可能的。而按照他的推论，一切我们称为形而上学的东西，其结果都纯粹是一种妄想，自以为对事实上仅仅是从经验借来的并通过习惯留下必然性外观的东西有理性的洞识；如果他注意到我们的课题的普遍性的话，他绝不会陷入这种摧毁一切纯粹哲学的主张，因为这样的话他就会看出，按照他的论证甚至不可能有纯粹数学，因为纯粹数学无疑包含着先天综合判断，这样，他的健全知性也许就会保护他，不致得出那种主张了。

在解决上述课题的同时，也就理解了纯粹的理性应用在论证和解释一切包含着关于对象的先天理论知识的科学方面的可能性，即对下述问题的回答：

**纯粹数学是如何可能的**？

**纯粹自然科学是如何可能的**？

既然这些科学是现实地已被给予的，关于它们就可以恰如其分地提问道：它们是**如何**可能的；因为它们必定是可能的，这一点通过它们的现实性就得到了证明。① 但就**形而上学**而言，它迄今为止的糟糕进程，而且由于就它的根本目的而言不能说任何一个迄今为止所陈述的形而上学是现实地存在的，就必然使每一个人都有理由怀疑它的可能性。

但现在，这一类知识在某种意义上毕竟也可以被视为已被给予的，而且

---

① 关于纯粹的自然科学，某些人可能对这种证明还持有怀疑。然而，只要看一看在真正的（经验性的）物理学的开端出现的各种定理，例如关于物质的量保持不变的定理，关于惯性、作用与反作用相等的定理等等，人们就会马上确信，它们构成了一门 Physicam puram［纯粹物理学］（或者 rationalem［理性的］物理学），这门科学很值得作为独特的科学以其或窄或宽但却完整的范围独立地得到创建。

形而上学虽然不是作为科学，但毕竟作为自然禀赋（metaphysica naturalis［自然而然的形而上学］）是现实的。因为人类理性并不是纯然由博学的虚荣心所推动，而是受自己的需要所驱动，不停顿地前进，直到这样一些不能通过理性的经验应用、从而不能通过借来的原则回答的问题；这样，在所有的人心中，一旦理性在他们心中扩展到了思辨，在所有的时代都曾现实地存在过、并还将永远存在某种形而上学。于是，关于形而上学也就有如下问题：**作为自然禀赋的形而上学是如何可能的？** 也就是说，纯粹理性向自己提出、并为自己的独特需要所驱动要尽可能好地回答的那些问题，是如何从普遍的人类理性的本性中产生的？

但是，对于这些自然而然的问题，例如世界是否有一个开端，是否亘古以来就存在等等，由于就迄今为止的所有回答尝试而言在任何时候都曾出现过不可避免的矛盾，所以人们不能仅限于形而上学的自然禀赋，即纯粹的理性能力自身，哪怕从它总是能产生出某种形而上学（无论它是哪一种），相反，必须有可能使理性达到一种确定性：要么知晓对象，要么不知对象；也就是说，要么对自己的问题的对象做出裁定，要么对理性在形而上学方面有无能力判断某种东西做出裁定；因而要么可靠地扩展我们的纯粹理性，要么设置它的确定的和可靠的限制。从以上普遍的课题产生的这最后一个问题，有理由是这样一个问题：**作为科学的形而上学是如何可能的？**

因此，理性的批判最终必然导致科学，与此相反，理性不经批判的独断应用则会导向无根据的、人们可以用同样明显的截然相反的主张与之对立的主张，从而导致**怀疑论**。

这门科学也不会具有庞大的、可怕的繁复性，因为它所打交道的不是杂多得无穷尽的理性客体，而仅仅是它自己本身，是完全从它自己内部产生的课题，这些课题不是由与它不同的事物的本性、而是由它自己的本性给它提出的；因为一旦理性事先完全了解到它自己就经验中可能呈现给它的对象而言所具有的能力，完全并且可靠地确定它试图超出经验界限的应用的范围和界限，这就必然成为轻而易举的事情。

因此，人们可以而且必须把迄今为止所做的**独断地**建立形而上学的一切尝试都视为不曾发生的；因为在这种或者那种形而上学中是分析性的东西，亦即仅仅对我们理性先天固有的概念的分析，还根本不是真正的形而上学的目的，而只是导向它的一种行动；它的目的是综合地扩展自己的先天知识；对于这个目的来说，概念的分析是不适用的，因为它仅仅表明在这些概念中包含着什么，但却并不表明我们如何先天地达到这样一些概念，以便此后也能够规定它们在所有知识的一般对象方面的有效应用。要放弃所有这些要求，也只需要很少的自我克制，因为理性不可否认的、在独断的方法中也不可避免的矛盾早就已经自行使任何迄今为止的形而上学名声扫地了。为此需要更多的坚韧精神，内不为困难、外不为阻力所阻挡，通过另一种与迄今为止所用的截然相反的处理方式，来促进一门人类理性不可或缺的科学最终有朝一日达到繁荣昌盛、成果丰硕；人们可以砍掉这门科学的每一个生出的枝干，但却不可挖掉它的根。

### 七、一门名为纯粹理性批判的特殊科学的观念和划分

如今，从所有这一切得出一门可以叫做**纯粹理性批判**的特殊科学的理念。因为理性是提供先天知识**原则**的能力。所以，纯粹的理性是包含着绝对先天地认识某种对象的原则的理性。纯粹理性的一种**工具论**就会是能够获得并现实地完成所有的纯粹先天知识所遵循的那些原则的总和。这样一种工具论的详尽应用就会造就一个纯粹理性的体系。但由于这一体系要求颇多，且在这里一般来说，我们知识的一种扩展是否可能，以及在什么样的场合是可能的，尚不能肯定，所以我们可以把纯然判断纯粹理性及其来源和界限的科学视为纯粹理性体系的**预科**。这样一门科学就不能叫做纯粹理性的**学说**，而是必须叫做纯粹理性的**批判**，而它的用途在思辨方面就确实只是消极的，不是用于扩展我们的理性，而是用于澄清我们的理性，使它避免失误，这已是收获颇丰了。我把一切不研究对象、而是一般地研究我们关于对象的认识方式——就这种方式是先天地可能的而言——的知识称为**先验的**。这样一些概念的体系可以叫做**先验哲学**。但是，这种哲学对于开端来说又还是太多。因为既然这样一门科学必须完备地既包含分析的也包含综合的先天知识，所以就与我们的目的相关而言，它的范围过于庞大，因为我们只可以把分析推进到为在整个范围内洞察我们唯一所要探讨的先天综合的原理所必需的程度。这种研究真正说来不能称为学说，而只能称为先验的批判，因为它不以扩展知识自身为目的，而仅仅以纠正知识为目的，并应为一切先天知识是否具有价值提供试金石。这种研究就是我们现在所从事的事情。据此，如果可能的话，这样一种批判乃是为先天知识的一种工具论所作的准备，而如果这一点做不到，则至少是为先天知识的一部法规作准备，按照这部法规，也许有朝一日就能够既分析又综合地阐述纯粹理性哲学的完备体系，不管它是在于扩展纯粹理性的知识还是仅仅在于限制它的知识。因为这种体系是可能的，以及这样一种体系的范围不能非常庞大，以便可以希望全部完成它，这一点从以下事实即可以事先得到证明，即这里构成对象的不是不可穷尽的事物之本性，而是对事物本性做出判断的知性，而且知性又是仅仅就其先天知识而言的；这种对象的储备因我们不可以在外面寻找它而对于我们不可能保持为隐

秘的，且根据一切猜测小得足以完备无遗地对它是否具有价值做出判断，并做出正确的评价。人们在这里可以期待的，更不是一种对书本和纯粹理性体系的批判，而是对纯粹理性能力自身的批判。只不过，如果以这种批判为基础，人们就有了一种可靠的试金石，来测定这一领域里的新旧著作的哲学价值；否则，未经授权的历史著述家和评论家就将用自己同样无根据的主张来判断他人无根据的主张。

先验哲学是纯粹理性批判**以建筑术的方式**亦即从原则出发为之设计出整个蓝图的一门科学的理念，要完全保证构成这一大厦的各个部分的完备性和可靠性。它是纯粹理性的所有原则的体系。至于这一批判自己还不叫做先验哲学，仅仅因为要成为一个完备的体系，它就必须也包含着对全部人类先天知识的详尽分析。如今，尽管我们的批判当然提供了对构成上述纯粹知识的所有基本概念的一种完备列举，但它却合理地放弃了对这些概念自身的详尽分析，也放弃了对由此派生的概念的完备评论，这部分是因为这种分析由于不具有在综合中遇到的、本来整个批判为之存在的那种不可靠性而不合目的，部分是因为承担这样一种分析和推导的完备性的责任，与计划的同一性相抵触，就自己的目的而言，人们毕竟是可以解除这种责任的。无论是分析还是从下面要提供的先天概念做出推导，只要它们首先作为详尽的综合原则存在，并且就这一根本的目的而言不缺少什么东西，其完备性可以轻而易举地予以补齐。

据此，构成先验哲学的一切都属于纯粹理性批判，而纯粹理性批判是先验哲学的完备理念，但还不是这门科学自身，因为它在分析中只能前进到对先天综合知识做出完备的判断所必需的程度。

在划分这样一门科学的时候，最需要注意的是：根本不必有任何自身包含着某种经验性的东西的概念掺杂其中，或者说，先天知识是完全纯粹的。因此，虽然道德性的至上原理及其基本概念是先天知识，但它们却不属于先验哲学，因为它们虽不以快乐和不快、欲望和偏好等都具有经验性起源的概念为其规定的基础，但在义务的概念中毕竟必须把它们或者作为应当克服的障碍、或者作为不可当做动因的诱惑而一起纳入道德性体系的制订。因此，先验哲学是一种纯粹的、全然思辨的理性的世俗智慧。因为一切实践的东西，就其包含着动机而言，都与情感相关，而情感属于经验性的知识来源。

如今，如果人们想从一个一般体系的普遍立场出发划分这门科学，那么，我们现在所陈述的这门科学就必须首先包含着纯粹理性的**要素论**，其次包含着纯粹理性的**方法论**。这两个主要部分的每一个都将有其进一步的划分，尽管如此，其理由在这里尚不能陈述。对于导论或者预先提醒来说，看来有必要指出的无非是：人类知识有两个主干，它们也许出自一个共同的、但不为我们所知的根源，这两个主干就是**感性**和**知性**，对象通过前者**被给予**我们，但通过后者**被思维**。现在，如果感性包含着构成对象被给予我们的条件的先天表象，那么，它就会属于先验哲学。先验的感性论将必然属于要素论的第一部分，因为人类知识的对象被给予的唯一条件先行于这些对象被思维的条件。

### 选文出处

康德：《纯粹理性批判》，李秋零译，北京，中国人民大学出版社，第4卷，2005年，第5~12页；第3卷，2004年，第6~43页。

# 黑格尔

> 黑格尔知识论的突出之点，在于他继承了巴门尼德的观点，认为存在与认识不可分离，因此认识是存在的自我把握，而真理是存在符合自己的观念。这种认识观显然与分析哲学和科学哲学的认识论根本不同的，以后海德格尔和伽达默尔基本上是跟随黑格尔这一条路加以发展。

## 作者简介

黑格尔（Georg Wilhelm Fredrich Hegel，1770—1831），德国哲学家。1788—1793年在图宾根神学院学习，后获神学博士学位。1801年起，先后任耶拿大学、海德堡大学、柏林大学教授，讲授逻辑学、形而上学、哲学史、法哲学、美学、人类学、数学等课程。1829年当选柏林大学校长。主要著作有《精神现象学》(1807)、《逻辑学》(1812—1816)、《哲学全书》(1817)、《法哲学原理》(1821)、《哲学史讲演录》(1833)等。

**著作选读：**

《精神现象学》序言；《小逻辑》。

## I 《精神现象学》序言——当代的科学任务

### 1. 真理之为科学的体系

在一本哲学著作的序言里，如果也像在普通的书序里惯常所做的那样先作一个声明，以说明作者所怀抱的著述目的和动机以及作者所认为他的著作与这同一问题上早期和同时的其他论著的关系，那么这样的一种声明似乎不仅是多余的，而且就一部哲学著作的性质来说是不适宜的、不合目的的。因为，在一篇序言里，不论对哲学做出怎么样周详的陈述，比如说，给哲学的趋势和观点，一般内容和结果作一种历史性的叙述，或就真理问题上各家各派的主张和断言作一种兼容并蓄的罗列，如此等等，毕竟不能算是适合于陈述哲学真理的方式和办法。而且，由于在本质上哲学所探讨的那种普遍性的因素本身就包含着特殊，所以在哲学里比在其他科学里更容易使人觉得，仿佛就在目的或最终结果里事情自身甚至其全部本质都已得到了表达，至于实现过程，与此结果相比，则根本不是什么本质的事情。相反，譬如在解剖学是什么（解剖学是就身体各部分之为僵死的存在物而取得的知识）这样的一般观念里，我们则深信我们尚未占有事实本身，尚未占有这门科学的内容，而必须进一步去探讨特殊。——再者，在这样一种不配被称之为科学的知识堆积里，谈论目的之类普遍性的东西时所采用的方式，通常也就是叙述内容本身如神经、肌肉等等时所使用的那种历史性的无概念的方式，两者没有什么不同。但在哲学里，如果也采取这样的一种方式先作说明，而哲学本身随后又证明这种方式不能把握真理，那就很不一致了。

同样，由于对某一哲学著作与讨论同一对象的其他论著所持有的关系进行规定，这就引进来一种外来的兴趣，使真理认识的关键所在为之模糊。人的见解愈是把真理与错误的对立视为固定的，就愈习惯于以为对某一现有的哲学体系的态度不是赞成就必是反对，而且在一篇关于某一哲学体系的声明里也就愈习惯于只在其中寻找赞成或反对。这种人不那么把不同的哲学体系理解为真理的前进发展，而毋宁在不同的体系中只看见了矛盾。花朵开放的时候花蕾消逝，人们会说花蕾是被花朵否定了的；同样的，当结果的时候花朵又被解释为植物的一种虚假的存在形式，而果实是作为植物的真实形式出现而代替花朵的。这些形式不但彼此不同，并且互相排斥互不相容。但是，它们的流动性却使它们同时成为有机统一体的环节，它们在有机统一体中不但不互相抵触，而且彼此都同样是必要的；而正是这种同样的必要性才构成整体的生命。但对一个哲学体系的矛盾，人们并不习惯于以这样的方式去理解，同时那把握这种矛盾的意识通常也不知道把这种矛盾从其片面性中解放出来或保持其无片面性，并且不知道在看起来冲突矛盾着的形态里去认识其中相辅相成的环节。

对这一类说明的要求以及为满足这种要求所作的努力，往往会被人们当成了哲学的主要任务。试问在什么地方一本哲学著作的内在含义可以比在该著作的目的和结果里表达得更清楚呢？试问用什么办法可以比就其与当代其他同类创作间的差别来认识该著作还更确切些呢？但是，如果这样的行动不被视为仅仅是认识的开始，如果它被视为就是实际的认识，那它事实上就成了躲避事情自身的一种巧计，它外表上装出一副认真致力于事情自身的样子，而实际上却完全不作这样认真的努力。——因为事情并不穷尽于它的目的，而穷尽于它的实现，现实的整体也不仅是结果，而是结果连同其产生过程；目的本身是僵死的共相，正如倾向是一种还缺少现实性的空洞的冲动一样；而赤裸的结果则是丢开了倾向的那具死尸。——同样，差别毋宁说是事情的界限；界限就是事情终止的地方，或者说，界限就是那种不复是这个事情的东西。因此，像这样地去说明目的或结果以及对此一体系或彼一体系进行区别和判断等等工作，其所花费的气力，要比这类工作乍看起来轻易得多。因为，像这样的行动，不是在掌握事情，而永远是脱离事情；像这样的知识，不是停留在事情里并忘身于事情里，而永远是在把握另外的事情，并且不是寄身于事情，献身于事情，而毋宁是停留于其自身中。——对那具有坚实内容的东西最容易的工作是进行判断，比较困难的是对它进行理解，而最困难的，则是结合两者，做出对它的陈述。

在文化的开端，即当人们刚开始争取摆脱实质生活的直接性的时候，永远必须这样入手：获得关于普遍原理和观点的知识，争取第一步达到对事情的一般的思想，同时根据理由以支持或反对它，按照它的规定性去理解它的具体和丰富的内容，并能够对它做出有条理的陈述和严肃的判断。但是，文化教养的这个开端工作，马上就得让位给现实生活的严肃性，因为这种严肃性使人直接经验到事情自身；而如果另一方面，概念的严肃性再同时深入于事情的深处，那么这样的一种知识和判断，就会在日常谈话里保有它们应有的位置。

只有真理存在于其中的那种真正的形态才是真理的科学体系。我在本书里所怀抱的目的，正就是要促使哲学接近于科学的形式，——哲学如果达到了这个目标，就能不再叫做对知识的爱，而就是真实的知识。知识必然是科学，这种内在的必然性出于知识的本性，要对这一点提供令人满意的说明，只有依靠对哲学自身的陈述。但是，外在的必然性，如果我们抛开了个人的和个别情况的偶然性，而以一种一般的形式来理解，那么它和内在的必然性就是同一个东西，即是说，外在的必然性就在于时间呈现它自己的发展环节时所表现的那种形态里。因此，如果能揭露出哲学如何在时间里升高为科学体系，这将是怀有使哲学达到科学体系这一目的的那些试图的唯一真实的辩护，因为时间会指明这个目的的必然性，甚至于同时也就把它实现出来。

## 2. 当代的文化

当我肯定真理的真实形态就是它的这种科学性时，或者换句话说也一样，当我断言真理的存在要素只在概念之中时，我知道这看起来是与某一种观念及其一切结论互相矛盾的，这种观念自命不凡，并且已经广泛取得我们时代的信任。因此，就这种矛盾作一个说明，似乎不是多余的；即使这个说明在这里也只不过是与它自己所反对的那种观念同样是一个直接的断言而已。这就是说，如果说真理只存在于有时称之为直观有时称之为关于绝对、宗教、存在（不是居于神圣的爱的中心的存在，而就是这爱的中心自身的存在）的直接知识的那种东西中，或者甚至于说真理就是作为直观或直接知识这样的东西而存在着的，那么按照这种观念就等于说，为了给哲学作系统的陈述我们所要求的就不是概念的形式而毋宁是它的反面。按照这种说法，绝对不是应该用概念去把握，而是应该予以感受和直观；应该用语言表达和应该得到表述的不是绝对的概念，而是对绝对的感觉和直观。

对于这样的一种要求，如果我们从它的较为一般的关联上来理解它的出现，并且就自觉的精神当前所处的发展阶段来予以考察，我们就会发现自觉的精神已经超出了它通常在思想要素里所过的那种实体性的生活，超出了它的信仰的这种直接性，超出了它因在意识上确信本质与本质的内在和外在的普遍呈现已经得到了和解而产生的那种满足和安全。自觉的精神不仅超出了实质的生活进入于另一极端：无实质的自身反映，而且也超出了这种无实质的自身反映。它不仅仅丧失了它的本质性的生活而已，它并且意识到了它这种损失和它的内容的有限性。由于它拒绝这些空壳，由于它承认并抱怨它的恶劣处境，自觉的精神现在不是那么着重地要求从哲学那里得到关于它自己是什么的知识，而主要是要求再度通过哲学把存在所已丧失了的实体性和充实性恢复起来。为了满足这种需要，据说哲学不必那么着重地展开实体的重封密锁，并将实体提高到自我意识的水平上，不必那么着重地去把混乱的意识引回到思想的整齐和概念的单纯，而倒反主要地在于把思想所分解开来的东西搅拌到一起去，压制有区别作用的概念而建立关于本质的感觉体会。据说哲学不必那么着重于提供洞见而主要在于给予启发或启示。美、神圣、永恒、宗教与爱情都是诱饵，所以需要它们，乃是为了引起吞饵的欲望；保持并开拓实体的财富所依靠的力量，据说不是概念而是喜悦，不是事实自身冷静地循序前进的必然性而是我们对待它的那种激扬狂放的热情。

适应这种要求，就有一种非常紧张而几乎带有焦急和急躁情绪的努力，要想将人类从其沉溺于感性的、庸俗的、个别的事物中解救出来，使其目光远瞻星辰；仿佛人类已完全忘记了神圣的东西而正在像蠕虫一样以泥土和水来自足自娱似的。从前有一个时期，人们的上天是充满了思想和图景的无穷财富的。在那个时候，一切存在着的东西的意义都在于光线，光线把万物与上天联结起来；在光线里，人们的目光并不停滞在此岸的现实存在里，而是越出于它之外，瞥向神圣的东西，瞥向一个，如果我们可以这样说的话，彼岸的现实存在。那时候精神的目光必须以强制力量才能指向世俗的东西而停留于此尘世；费了很长时间才把上天独具的那种光明清澈引进来照亮尘世之见的昏暗混乱，费了很长时间才使人相信被称之为经验的那种对现世事物的注意研究是有益和有效的。——而当务之急却似乎恰恰相反，人的目光是过于执著于世俗事物了，以至于必须花费同样大的气力来使它高举于尘世之上。人的精神已显示出它的极端贫乏，就如同沙漠旅行者渴望获得一口饮水那样在急切盼望能对一般的神圣事物获得一点点感受。从精神之如此易于满足，我们就可以估量它的损失是如何巨大了。

然而这种感受上的易于满足或给予上的如此悭吝，并不合于科学的性质。谁若只寻求启示，谁若想把他的生活与思想在尘世上的众象纷纭加以模糊，从而只追求在这种模糊不清的神性上获得模糊不清的享受，他尽可以到他能找得到的一些地方去寻找；他将很容易找到一种借以大吹大擂从而自命不凡的工具。但哲学必须竭力避免想成为有启示性的东西。

这种放弃科学而自足自乐的态度，更不可提出要求，主张这样的一种蒙昧的热情是什么比科学更高超一些的东西。这种先知式的言论，自认为居于正中心和最深处，蔑视规定和确切，故意回避概念和必然性，正如它回避那据说只居于有限世界之中的反思一样。但是，既然有一种空的广阔，同样也就有一种空的深邃；既然有一种实体的广延，它扩散到有限世界的纷纭万象里去而没有力量把它们团聚在一起，同样也就有一种无内容的深度，它表现为单纯的力量而没有广延，这种无实体的深度其实与肤浅是同一回事。精神的力量只能像它的外在表现那样强大，它的深度也只能像它在它自行展开中敢于扩展和敢于丧失其自身时所达到的那样深邃。而且，如果这种无概念的实体性的知识佯言已经把自身的特性沉浸于本质之中，并佯言是在进行真正的神圣的哲学思辨，那么这种知识自身就隐瞒着这样的事实：它不仅没皈依于上帝，反而由于它蔑视尺度和规定，就时而自己听任内容的偶然性，时而以自己的任意武断加之于上帝。——由于这样的精神完全委身于实质的毫无节制的热情，他们就以为只要蒙蔽了自我意识并放弃了知性，自己就是属于上帝的了，上帝就在他们睡觉中给予他们智慧；但正因为这样，事实上他们在睡眠中所接受和产生出来的，也不外是些梦而已。

### 3. 真理之为原则及其展开

此外，我们不难看到，我们这个时代是一个新时期的降生和过渡的时代。人的精神已经跟他旧日的生活与观念世界决裂，正使旧日的一切葬入于过去而着手进行他的自我改造。事实上，精神从来没有停止不动，它永远是在前进运动着。但是，犹如在母亲长期怀胎之后，第一次呼吸才把过去仅仅是逐渐增长的那种渐变性打断——一个质的飞跃——从而生出一个小孩来那样，成长着的精神也是慢慢地静悄悄地向着它新的形态发展，一块一块地拆除了它旧有的世界结构。只有通过个别的征象才预示着旧世界行将倒塌。现存世界里充满了的那种粗率和无聊,以及对某种未知的东西的那种模模糊糊若有所感,正在都预示着有什么别的东西正在到来。可是这种逐渐的、并未改变整个面貌的颓毁败坏,突然为日出所中断,升起的太阳就如闪电般一下子建立起了新世界的形相。

但这个新世界也正如一个初生儿那样还不是一个完全的现实。这一点十分要紧,必须牢牢记住。首先呈现出来的才仅只是它的直接性或者说它的概念。我们不能说一个建筑物在奠基的时候就算是已经落成,同样我们也不能把对于一个全体所获得的概念视为是该全体自身。当我们盼望看见一棵身干粗壮枝叶茂密的橡树,而所见到的不是橡树而是一粒橡实的时候,我们是不会满意的。同样,科学作为一个精神世界的王冠,也决不是一开始就完成了的。新精神的开端乃是各种文化形式的一个彻底变革的产物,乃是走完各种错综复杂的道路并做出各种艰苦的奋斗努力而后取得的代价。这个开端乃是在继承了过去并扩展了自己以后重返自身的全体,乃是对这全体所形成的单纯概念。但这个单纯的全体,只在现在已变成环节了的那些以前的形态,在它们新的元素中以已经形成了的意义而重新获得发展并取得新形态时,才达到它的现实。

由于一方面新世界的最初表现还只是隐藏在它的单纯性中的全体,或者说,最初所表现的还只是全体的一般基础,所以另一方面过去的生活里的丰富内容对意识来说还是记忆犹新的。在新出现的形态里,意识见不到内容的展开和特殊化的过程了,但它更见不到的,则是将诸差别加以准确规定并安排出其间固定关系的那个形式的发展形成过程。没有这种发展形成过程,科学就缺乏普遍理解的可能性,就仿佛只是少数个别人的一种内部秘传的东西;我们所以说是一种秘传的东西,因为在这种情况下科学仅只存在于它的概念或内在本性里;我们所以说它是少数个别人的,因为在这种情况下科学还没广泛地出现,因而它之客观存在是个别的。只有完全规定了的东西才是公开的、可理解的,能够经学习而成为一切人的所有物。科学的知性形式是向一切人提供的、为一切人铺平了的通往科学的道路,而通过知性以求达取理性知识乃是向科学的意识的正当要求;因为知性一般说来即是思维,即是纯粹的自我,而知性的东西则是已知的东西和科学与非科学的意识共有的东西,非科学的人通过它就能直接进入科学。

科学既然现在才刚开始,在内容上还不详尽,在形式上也还不完全,所以免不了因此而受谴责。但是如果这种谴责进而涉及科学的本质,那就很不公平了,这就犹如不愿意承认科学有继续展开的必要之不合理是一样的。这两方面〔谴责科学不完全与反对科学继续发展〕的对立,显然是科学文化上当前所殚精竭虑而还没取得应有的理解的最主要的关键所在。一方面的人在夸耀其材料的丰富和可理解性，另一方面的人则至少是在鄙视这一切，而吹嘘直接的合理性和神圣性。不论是纯然由于真理的力量，还是也同时慑于对方的声势，前者现在总算是归于沉寂，但他们虽然在事实根据上自觉为对方所压倒，却并未因此而停止他们的上述要求；因为那些要求是正当的，而还没得到满足。前者的这种沉寂，只有一半是由于后者的胜利，而另一半则是由于厌倦和冷淡；当诺言不断地引起期待而又始终不得实现时，通常总是产生厌倦和冷淡的。

后一派的人有时确实也非常方便地在内容上做出巨大的开展。他们的办法就是把大量的材料，即把已经熟悉的和整理就绪的东西搬进他们的领域里来；而且由于他们专门爱去注意奇特的和新奇的东西，他们就更好像是已经掌握了人类业已有所认知的一切其余的材料，同时还占有了尚未整理就绪的材料；这样，他们就把一切都归属于绝对理念之下，以致绝对理念仿佛已在一切事物中都被认识到了，并已成功地发展成为一门开展了的科学。但仔细考察起来，我们就发现他们所以达到这样的开展，并不是因为同一个理念自己取得了不同的形象，而是因为这同一个理念作了千篇一律地重复出现；只因为它外在地被应用于不同的材料，就获得了一种无聊的外表上的差别性。如果理念的发展只是同一公式的如此重复而已，则这理念虽然本身是真实的，事实上却永远仅只是个开始。如果认知主体只把唯一的静止的形式引用到现成存在物上来，而材料只是从外面投入于这个静止的要素里，那么这就像对内容所作的那些任意的想象一样不能算是对于上述要求的满足，即是说，这样做出来的不是从自身发生出来的丰富内容，也不是各个形态给自身规定出来的差别，而毋宁是一种单调的形式主义。这种形式主义之所以能使内容有差别，仅只因为这种差别已经是现成的而且已为众所熟知。

同时，这样的形式主义还认为这种单调性和抽象普遍性即是绝对；并断言凡不满足于这种普遍性的人，都是由于没有能力去掌握和坚持这种绝对的观点。如果说在从前，用另一方式来想象某一东西的那种空洞的可能性，曾经足够用以驳倒一种观念，而空洞的可能性，即，普遍性的思想，又曾具有现实知识的全部积极价值，那么现在，我们同样地看到，这种非现实的空洞形式下的普遍理念被赋予了一切价值；而且我们看到，区别与规定之被消融，或者换句话说，区别与规定之被抛入于空虚的无底深渊（这既不是发展出来的结论也不是本身自明的道路），就等于是思辨的方法。现在，考察任何一个有规定的东西在绝对里是什么的时候，不外乎是说：此刻我们虽然把它当做一个东西来谈论，而在绝对里，在 A＝A 里，则根本没有这类东西，在那里一切都是一。无论是把"在绝对中一切同一"这一知识拿来对抗那种进行区别的、实现了的或正在寻求实现的知识，或是把它的绝对说成黑夜，就像人们通常所说的一切牛在黑夜里都是黑的那个黑夜一样，这两种做法，都是知识空虚的一种幼稚表现。——形式主义既然在备受近代哲学的指斥和谴责之后，还又在哲学里面再生了出来，可见它的缺点虽然已为众所周知，但在绝对现实的知识没完全明了它自己的本性以前，形式主义将不会从科学里消失掉的。——由于我们考虑到，一般的概念先行出现，关于一般概念的阐述发挥随后出现，将使这种阐述易于理解，所以我们觉得在这里指出这个一般概念的梗概，是有益的，同时我们还想利用这个机会把一些形式予以破坏，因为习惯于这些形式，乃是哲学认识上的一个障碍。

### Ⅱ 《精神现象学》序言——从意识到科学的发展过程

#### 1. 绝对即主体的概念

照我看来，——我的这种看法的正确性只能由体系的陈述本身来予以证明——一切问题的关键在于：不仅把真实的东西或真理理解和表述为实体，而且同样理解和表述为主体。同时还必须注意到，实体性自身既包含着共相（或普遍）或知识自身的直接性，也包含着存在或作为知识之对象的那种直接性。——如果说，上帝是唯一实体①这个概念曾在它被宣布出来时使整个时代为之激怒，那么所以如此，一部分是因为人们本能地觉得在这样的概念里自我意识不是被保留下来而是完全毁灭了，但另一部分则是因为人们相反地坚持思维就是思维，坚持普遍性本身就是这个单一性或这个无差别不运动的实体性②。而如果说有第三种见解，认为思维在其自身中就是与实体的存在合为一体的并且把直接性或直观视为思维，那还要看这种理智的直观是否不重新堕入毫无生气的单一性中以及是否它不重新以一种不现实的方式来陈述现实自身③。

而且活的实体，只当它是建立自身的运动时，或者说，只当它是自身转化与其自己之间的中介时，它才真正是个现实的存在，或换个说法也一样，它这个存在才真正是主体。实体作为主体是纯粹的简单的否定性，唯其如此，

---

① 指斯宾诺莎哲学。——拉松版编者
② 指康德和费希特哲学。——拉松版编者
③ 指谢林哲学。——拉松版编者

它是单一的东西的分裂为二的过程或树立对立面的双重化过程，而这种过程则又是这种漠不相干的区别及其对立的否定。所以唯有这种正在重建其自身的同一性或在他物中的自身反映，才是绝对的真理，而原始的或直接的统一性，就其本身而言，则不是绝对的真理。真理就是它自己的完成过程，就是这样一个圆圈，预悬它的终点为目的并以它的终点为起点，而且只当它实现了并达到了它的终点它才是现实的。

上帝的生活和上帝的知识因而很可以说是一种自己爱自己的游戏；但这个理念如果内中缺乏否定物的严肃、痛苦、容忍和劳作，它就沦为一种虔诚，甚至于沦为一种无谓的举动。这种神性的生活就其自在而言确实是纯粹的自身同一性和统一性，它并没严肃地对待他物和异化，以及这种异化的克服问题。但是，这种自在乃是抽象的普遍性，而在抽象的普遍性里自在的那种自为而存在的本性就被忽视了，因而形式的自身运动也根本被忽视了。正因为形式被宣布为等于本质，所以如果以为只认识自在或本质就够了而可以忽略形式，以为有了绝对原则或绝对直观就不需要使本质实现或使形式展开，乃是一个大大的误解。正因为形式就像本质自己那样对本质是非常本质的东西，所以不应该把本质只理解和表述为本质，为直接的实体，或为上帝的纯粹自身直观，而同样应该把本质理解和表述为形式，具有着展开了的形式的全部丰富内容：只有这样，本质才真正被理解和表达为现实的东西。

真理是全体。但全体只是通过自身发展而达于完满的那种本质。关于绝对，我们可以说，它本质上是个结果，它只有到终点才真正成为它之所以为它；而它的本性恰恰就在这里，因为按照它的本性，它是现实、主体或自我形成。不错，把绝对本质地理解为结果好像是矛盾的，但只要稍微考虑一下，就能把这矛盾的假象予以揭示。开端、原则或绝对，最初直接说出来时只是个共相。当我说"一切动物"时，这句话并不能就算是一部动物学，那么同样，我们都很明白，上帝、绝对、永恒等词也并不说出其中所含的东西，事实上这样的词只是把直观当做直接性的东西表述出来。比这样的词更多些的东西，即使仅只变为一句话，其中也包含着一个向他物的转化（这个转化而成的他物还必须重新被吸收回来），或一个中介。而这个中介却为人嫌恶，仿佛如果承认中介不仅限于表明它自己不是绝对的东西并且决不存在于绝对之中，而还具有更多的含义，那就等于放弃了绝对知识。

但事实上人们所以嫌恶中介，纯然是由于不了解中介和绝对知识本身的性质。因为中介不是别的，只是运动着的自身同一，换句话说，它是自身反映，自为存在着的自我的环节，纯粹的否定性，或就其纯粹的抽象而言，它是单纯的形成过程。这个中介、自我、一般的形成，由于具有简单性，就恰恰既是正在形成中的直接性又是直接的东西自身。——因此，如果中介或反映不被理解为绝对的积极环节而被排除于绝对真理之外，那就是对理性的一种误解。正是这个反映，使真理成为发展出来的结果，而同时却又将结果与其形成过程之间的对立予以扬弃；因为这个形成过程同样也是单一的，因而它与真理的形式（真理在结果中表现为单一的）没有区别，它毋宁就是这个返回于单一性的返回过程。诚然，胎儿自在地是人，但并非自为地是人；只有作为有教养的理性，它才是自为的人，而有教养的理性使自己成为自己自在地是的那个东西。这才是理性的现实。但这结果自身却是单纯的直接性，因为它是自觉的自由，它静止于自身，并且它不是把对立置于一边听其自生自灭，而是已与对立取得了和解。

上面所说的话还可以表示为：理性乃是有目的的行动。过去有人误解了自然也错认了思维，把自然高举于思维之上，特别是否认外在自然中含有目的性，因而使一般的目的形式处于很不名誉的地位。但是，亚里士多德曾规定自然为有目的的行动，同样我们认为，目的是直接的、静止的、不动的东西；不动的东西自身却能引起运动，所以它是主体。它引起运动的力量，抽象地说，就是自为存在或纯粹的否定性。结果之所以就是开端，只因为开端就是目的；或者换句话说，现实之所以就是关于此现实的概念，只因为直接性的东西，作为目的其本身就包含着"自身"（das Selbst）或纯粹的现实。实现了的目的或具体存在着的现实就是运动，就是展开了的形成过程；但恰恰这个运动就是"自身"，而它之所以与开端的那种直接性和单纯性是同一的，乃因它就是结果，就是返回于自身的东西；但返回于自身的东西恰恰就是"自身"，而"自身"就是自相关联的同一性和单纯性。

由于需要将绝对想象为主体，人们就使用这样的命题：上帝是永恒，上帝是世界的道德秩序，或上帝是爱等等。在这样的命题里，真理只直接被当做主体，而不是被表述为自身反映运动。在这样的命题里，人们从上帝这个词开始。但这个词就其本身来说只是一个毫无意义的声音，一个空洞的名称。只有宾词说出究竟上帝是什么之后，这个声音或名称才有内容和意义；空虚的开端只在达到这个终点时，才是一个现实的知识。在这种情况下，我们看不出，何以人们不仅限于谈永恒、世界的道德秩序等等，或者不像古人所做的那样仅限于谈本身即是意义的纯粹概念、存在、一等等，而还外加上毫无意义的声调？但通过这种名词，人们恰恰是想表示这里所建立的不是一般的存在或本质或共相，而是一种反映了其自身的东西，一种主体。但同时须知这个主体只是被揣测到的。揣测中的主体被当成一个固定的点，宾词通过一个运动被粘附在这个作为它们的支持物的点上；而这个运动是认识这个固定点的人的运动，根本不能视为是这个固定点自身的运动；但只有通过固定点自身的运动，内容才能被表述为主体。按照这个运动的发生经过来说，它不可能是固定点的运动；但既然假定了这个固定点，这个运动也就不可能是别的，而只能是外在的。因此，上述关于绝对即主体的那个揣测，不仅不是主体这个概念的现实，而且甚至于使现实成为不可能的，因为揣测把主体当做静止的点，但现实却是自身运动。

在上面的讨论所能得出的一些结论中，这一条是可以强调指出的：知识只有作为科学或体系才是现实的，才可以被陈述出来；而且一个所谓哲学原理或原则，即使是真的，只要它仅仅是个原理或原则，它就已经也是假的了；要反驳它因此也就很容易。反驳一个原则就是揭露它的缺陷，但它是有缺陷的，因为它仅只是共相或本原或开端。如果反驳得彻底，则这个反驳一定是从原则自身里发展出来的，而不是根据外来的反面主张或意见编造出来的。所以真正说来，对一个原则的反驳就是对该原则的发展以及对其缺陷的补足，如果这种反驳不因为它只注意了它自己的行动的否定方面没意识它的发展和结果的肯定方面从而错认了它自己的话。——真正地展开开端固然是对开端的一种肯定的行动，同时却也是对它的一种否定的行动，即否定它仅仅才是直接的或仅仅才是目的这个片面性。因此，人们也同样可以说展开或实现乃是对体系的根据（Grund）的一种反驳，但比较正确的观点是把开端的展开视为一种表示，它表明体系的根据或原则事实上仅只是体系的开端。

说真理只作为体系才是现实的，或者说实体在本质上即是主体，这乃是绝对即精神这句话所要表达的观念。精神是最高贵的概念，是新时代及其宗教的概念。唯有精神的东西才是现实的；精神的东西是本质或自在而存在着的东西，——自身关系着的和规定了的东西，他在和自为存在——并且它是在这种规定性中或在它的他在性（Auss ersichschein）中仍然停留于其自身的东西；——或者说，它是自在而自为。——但它首先只对我们而言或自在地是这个自在而自为的存在，它是精神的实体。它必须为它自身而言也是自在而自为的存在，它必须是关于精神的东西的知识和关于作为精神的自身的知识，即是说，它必须是它自己的对象，但既是直接的又是扬弃过的、自身反映了的对象。当对象的精神内容是由对象自己所产生出来的时候，对象只对我们而言是自为的；但当它对它自身而言也是自为的时候，这个自己产生，即纯粹概念，就同时又是对象的客观因素，而对象在这种客观因素里取得它的具体存在，并且因此在它的具体存在里对它自身而言是自身反映了的对象。——经过这样发展而知道其自己是精神的这种精神，乃是科学。科学是精神的现实，是精神在其自己的因素里为自己所建造的王国。

## 2. 知识的生成过程

在绝对的他在中的纯粹的自我认识，——这样的以太（Äther）本身①，乃是科学或普遍性的知识的根据和基地。哲学的开端所假定或需要的意识正是处于这种因素里的意识。但这种因素只在它的形成运动中才达到完成并取得它的透明性。它是纯粹的精神性，纯粹精神性作为普遍的东西具有着简单的直接性的样式；——这种简单的东西，当它作为简单的东西而存在着的时候，乃是科学的基地，即只存在于精神中的那种思维。由于这种因素，精神的这种直接性是精神的一般的实体，所以这种直接性也就是纯化了的本质性，也就是反映，也就是存在；因为反映是简单的、自为的直接性本身而存在是在自身中的反映。科学从它自己这一方面出发，要求个体的自我意识去超越这种以太，以便能够与科学一起生活，能够生活在科学里，并且真正地生活。另一方面，个体却又有权要求科学至少给他提供达到这种立足点所用的梯子并且给他指明这种立足点就在他自身。个体所以有权提出要求，是以他的绝对自主性为根据的；他知道在任何形态下他的知识里都具有自主性，因为不论他的知识形态是否为科学所承认，不论其内容是什么，在任何一种形态下的知识里个体都是绝对的形式，即是说，他总是他自己的直接确定性，假如大家喜欢另一个名词那么还可以说，他总是无条件的存在。如果说，当意识把客观事物理解为与它自己对立，并把自己理解为与客观事物对立的时候，意识所处的立足点是科学的对立：在这个科学的对立中意识只知道自己在其自身，这毋宁是完全丧失了精神；那么反过来说，科学的因素乃是意识的一个辽远的彼岸：在这辽远的彼岸里意识不再占有它自己。这两方面的任何一方，在对方看起来都是真理的颠倒。朴素的意识将自己直接托付给科学，这乃是它的一个尝试，它不自知其受什么力量的驱使而也想尝试一次头朝下来走路；驱使意识采取这种异乎寻常的姿势来行动的那种势力，是意识必须竭力加以抑制的、一种既无准备又显然并无必要的强制力量。——无论科学自身是什么样子，但当它与直接的自我意识关联起来时，它就呈现为一种与后者正相反对的东西；或者换句话说，由于朴素的意识以它自己的确定性为它的现实性的原则，科学就取得了一种非现实性的形式，因为现实性原则就它自身来说是在科学之外的。因此，科学必须将这样的因素跟它自己结合起来，或者甚至于它必须指明这样的因素是以及如何是属于它自己的。由于缺乏这样的现实性，科学就仅只是自在着的内容，内在着的目的，它还不是精神，

---

① 在《耶拿时期的逻辑》（手稿）〔拉松版《黑格尔全集》第18卷，197页〕里，黑格尔曾说："以太是与自身相关的绝对精神，但这绝对精神却不自知其为绝对精神。"——法文译者

而仅仅才是精神的实体。这个自在的东西必须将自己加以外化，必须变成自为的，这等于说，这个自在的东西必须使自我意识与它自己合而为一。

这部《精神现象学》① 所描述的，就是一般的科学或知识的这个形成过程。最初的知识或直接的精神，是没有精神的东西，是感性的意识。为了成为真正的知识，或者说，为了产生科学的因素，产生科学的纯粹概念，最初的知识必须经历一段艰苦而漫长的道路。——这条形成的道路，犹如在它的内容上以及在它表现的各种形态上所将展示出来的那样，将不是人们首先会想到的、引导不科学的意识使之进入科学的那样一种科学入门；它也将不是对科学基础的一种说明；当然更不是一种像手枪发射那样突如其来的兴奋之情：一开始就直接与绝对知识打交道，对于其他观点认为只宣布一律不加理睬就算已经清算了。

### 3. 个体的教养

引导一个个体使之从它的未受教养的状态变为有知识，这是个任务，我们应该在它的一般意义下来理解这个任务，并且应该就个体的发展形成来考察普遍的个体，有自我意识的精神。——谈到特殊的个体与普遍的个体的关系，那是这样的：每个〔特殊的〕环节都以其所取得的具体形式和独有的形态在普遍的个体里显现出来。特殊的个体是不完全的精神，是一种具体的形态，统治着一个具体形态的整个存在的总是一种规定性，至于其中的其他规定性则只还留有模糊不清的轮廓而已。因为在比较高一级的精神里，较为低级的存在就降低而成为一种隐约不显的环节；从前曾是事实自身的那种东西现在只还是一种遗迹，它的形态已经被蒙蔽起来成了一片简单的阴影。每个个体，凡是在实质上成了比较高级的精神的，都是走过这样一段历史道路的，而他穿过这段过去，就像一个人要学习一种较高深的科学而回忆他早已学过了的那些准备知识的内容时那样，他唤起对那些旧知识的回忆而并不引起他的兴趣使他停留在旧知识里。各个个体，如就内容而言，也都必须走过普遍精神所走过的那些发展阶段，但这些阶段是作为精神所已蜕掉的外壳，是作为一条已经开辟和铺平了的道路上的段落而被个体走过的。这样，在知识领域里，我们就看见有许多在从前曾为精神成熟的人们所努力追求的知识现在已经降低为儿童的知识，儿童的练习，甚至成了儿童的游戏；而且我们还将在教育的过程里认识到世界文化史的粗略轮廓。这种过去的陈迹已经都成了普遍精神的一批获得的财产，而普遍精神既构成着个体的实体，同时因为它

---

① 第一版对《精神现象学》有一按语："科学的体系的第一部"，后来的版本中黑格尔删去此句。——英文译者

显现于个体之外又构成着个体的无机自然。——这种意义下的发展形成，如果就个人方面来看，那么个体的形成就在于个体获得这些现成的财产，消化他的无机自然而据为己有。但如果从普遍精神方面来看，既然普遍精神就是实体，那么这个发展过程就不是别的，只是实体赋予自己以自我意识，实体使它自己发展并在自身中反映。

科学既要描述这种形成运动的发展经过及其必然性，又要描述那种已经沉淀而为精神的环节和财产的东西所呈现的形态。目标在于使精神洞悉知识究竟是什么。没有耐心就会盼望不可能的事，即盼望不以手段而达取目的。要有耐心，一方面，这是说，必须忍耐这条道路的辽远，因为每个环节都是必要的；另一方面，这是说，必须在每个环节那里都作逗留，因为每个环节自身就是一个完整的个体形态，而且只当它的规定性被当做完整的或具体的东西来考察时，或者说，只有当全体是在这种规定性的独特性下加以考察时，每个环节才算是得到了充分的或绝对的考察。——由于不仅个体的实体，甚至于世界精神，都具有耐心来经历漫长的时间里的这些形式，并有耐心来担当形成世界历史的艰巨工作（在世界史的每个形式下世界精神都曾就该形式所能表现的范围内将它整个的内容体现出来），又由于世界精神在达到它的自我意识时也没能轻而易举，所以按照事情的性质来说，个体要想把握它的实体是不可能有捷径可走的；不过虽然如此，个体的任务的艰巨性却已经减小了，因为一切都是自在地已经完成了的〔史实〕，内容已经不是现实性，而是被扬弃为可能性了的现实性，或被克服了的直接性；〔旧的〕形态已经变成了形态的缩影，变成了简单的思想规定。内容既然已经是一种在思想中的东西，所以就是实体的财富；个体不再需要把具体存在转化为自在存在的形式，而仅只需要把已经呈现于记忆中的自在存在——既不只是原始的，也不是沉没于具体存在中的自在存在——转化为自为存在的形式。这种行动的情况，应该加以详细叙述。

从我们现在开始这个运动的这一观点来看，我们整个地可以节省的一个过程，是对具体存在的扬弃过程。但不能节省的而必须加以比较高度改造的，则是我们关于各个形式的表象（Vorstellung）以及对这些形式的熟悉（Bekanntschaft）。被收回到精神实体里去的具体存在，通过上述的第一个否定，仅只是被直接地搬进自我的因素里去；因此，自我所获得的这份财富，还具有着与没经理解的直接性、不动的无差别性等相同的性质，如同具体存在自身一样；具体存在只是这样地过渡到表象里去而已。同时，由于进入了表象，具体存在就成了一种熟知的东西，对于这样的一种东西，具体存在着的精神已经不再理会，因而对它也不复有什么活动和兴趣了。如果说，已经不再理会具体存在的那种活动，本身只是不对自己进行概念把握的特殊精神的运动，那么正相反，〔真正的〕知识则是把矛头指向这样构成的表象、指向这种熟知的东西的！它是普遍自我的行动和思维的兴趣。

一般说来，熟知的东西所以不是真正知道了的东西，正因为它是熟知的。有一种最习以为常的自欺欺人的事情，就是在认识的时候先假定某种东西是已经熟知了的，因而就这样地不去管它了。这样的知识，既不知道它是怎么来的，因而无论怎样说来说去，都不能离开原地而前进一步。主体与客体，上帝与自然，以及知性与感性等等都被不加考察地认为是熟悉的和有效率的东西，既构成固定的出发点又构成固定的归宿点。这些据点停滞不动，而认识运动往来进行于其间，因而就只是在它们的表面上运动而已。在这种情况下，所谓理解和检验，也就是去看看关于这些东西的说法是否在每个人的观念里都有，是否每个人都觉得它是这个样子，真正认识到它是这个样子。

对于一个表象的分析，就过去所做的那样来说，不外是扬弃它的熟悉形式。将一个表象分解为它的原始因素就是把它还原为它的环节，这些环节至少不具有当前这个表象的形式，而构成着自我的直接财产。这种分析诚然只能分析出思想来，即，只能分析出已知的固定的和静止的规定来。但这样分解出来的、非现实的东西，是一个本质性的环节；因为只有由于具体的东西把自己分解开来成为非现实的东西，它才是自身运动着的东西。分解活动就是知性〔理解〕的力量和工作，知性是一切势力中最惊人的和最伟大的，或者甚至可以说是绝对的势力。圆圈既然是自身封闭的、自身依据的东西并且作为实体而保持其环节于自身内，它就是一种直接的关系，因而是没有什么可惊奇的关系。但是，偶然的事物本身，它离开它自己的周围而与别的东西联结着并且只在它与别的东西关联着时才是现实的事物，——这样的东西之能够获得一个独有的存在和独特的自由，乃表示否定物的一种无比巨大的势力，这是思维、纯粹自我的能力。死亡，如果我们愿意这样称呼那种非现实的话，它是最可怕的东西，而要保持住死亡了的东西，则需要极大的力量。柔弱无力的美之所以憎恨知性，就因为知性硬要它做它所不能做的事情。但精神的生活不是害怕死亡而幸免于蹂躏的生活，而是敢于承当死亡并在死亡中得以自存的生活。精神只当它在绝对的支离破碎中能保全其自身时才赢得它的真实性。精神是这样的力量，不是因为它作为肯定的东西对否定的东西根本不加理睬，犹如我们平常对某种否定的东西只说这是虚无的或虚假的就算了事而随即转身他向不再闻问的那样，相反，精神所以是这种力量，乃是因为它敢于面对面地正视否定的东西并停留在那里。精神在否定的东西那里停留，这就是一种魔力，这种魔力就把否定的东西转化为存在。而这种魔力也就是上面称之为主体的那种东西；主体当它赋予在它自己的因素里的规定性以具体存在时，就扬弃了抽象的、也就是说仅只一般地存在着的直接性，而这样一来它就成了真正的实体，成了存在，或者说，成了身外别无中介而自身即是中介的那种直接性。

这样，表象中的东西就变成纯粹自我意识的财富；但这种变为一般的普遍性的上升过程还只是精神发展的一个方面，这还不是精神的全部形成。——古代人的研究方式跟近代的研究很不相同，古代人的研究是真正的自然意识的教养和形成。古代的研究者通过对他的生活的每一细节都作详尽的考察，对呈现于其面前的一切事物都作哲学的思考，才给自己创造出了一种渗透于事物之中的普遍性。但现代人则不同，他能找到现成的抽象形式；他掌握和吸取这种形式，可以说只是不假中介地将内在的东西外化出来并隔离地将普遍的东西（共相）制造出来，而不是从具体事物中和现实存在的形形色色之中把内在和普遍的东西产生出来。因此，现在的工作与其说在于使个体脱离直接的感性方式使之成为被思维的和能思维的实体不如说情形相反，在于扬弃那些固定的思想从而使普遍的东西成为现实的有生气的东西。但要使固定的思想取得流动性却比将感性存在变成流动的要困难得多。其原因就是上面说过了的那些：思维的规定都以自我、否定物的力量或纯粹现实为实体和它们的存在因素，而感性的规定则只以全无力量的抽象的直接性或存在自身为其实体。思想要变成流动的，必须纯粹思维，亦即这种内在的直接性认识到它自己是环节，或者说，必须对它自己的纯粹确定性进行自身抽象；——确定性的这种自身抽象，不是自身舍弃和抛弃，而是对它的自身建立中所含的固定性的扬弃，既扬弃作为纯然具体的东西而与不同的内容相对立的那种自我自身的固定性，也扬弃呈现于纯粹思维的因素之中因而分有自我的无条件性的那些不同内容的固定性。通过这样的运动，纯粹的思想就变成概念，而纯粹思想这才真正是纯粹思想、自身运动、圆圈，这才是它们的实体，这才是精神本质性（Geistige Wesenheiten）。

纯粹本质性的这种运动构成着一般的科学性进程的本性。这种运动，就其为它的内容的关联来看，乃是它的内容扩张为一个有机的整体的必然的发展运动。由于这种运动，到达知识的概念的那条道路也同样成了一条必然的完全的形成道路。因此，这段知识的准备过程就不再是一种偶然的哲学思考了，偶然的哲学思考总是偶然地与不完全的意识的这些或那些对象、关系以及思想结合在一起，或者试图从特定的思想出发，通过循环往复的推理、推论和引申来论证真理。而这条达到知识的道路将通过概念的运动而在它的必然性里包括着意识的整个客观世界。

而且，这样的一种系统陈述之所以是科学的第一部分，是因为精神的实际存在作为最初的东西不是别的，仅仅是直接性或开端，而开端还不是向开端的返回。因此直接的实际存在这个因素就是科学的这一部分所据以有区别于其他部分的规定性。而叙述这种区别，就不能不讨论一些在这方面通常出现的固定观念。

### Ⅲ 《精神现象学》序言——哲学的认识

**1. 真实与虚假**

精神的直接的实际存在作为意识具有两个方面：认识和与认识处于否定关系中的客观性。精神自身既然是在这个意识因素里发展着的，它既然把它的环节展开在这个意识因素里，那么这些精神环节就都具有意识的上述两方面的对立，它们就都显现为意识的形象。叙述这条发展道路的科学就是关于意识的经验的科学；实体和实体的运动都是作为意识的经验对象而被考察的意识所知道和理解的，不外乎是它的经验里的东西；因为意识经验里的东西只是精神的实体，即只是作为经验的自我的对象。但精神所以变成了对象，因为精神就是这种自己变成他物、或变成它自己的对象和扬弃这个他物的运动。而经验则被认为恰恰就是这个运动，在这个运动中，直接的东西，没经验过的东西，即是说，抽象的东西，无论属于感性存在的或属于单纯的思想事物的，先将自己予以异化，然后从这个异化中返回自身，这样，原来没经验过的东西才呈现出它的现实性和真理性，才是意识的财产。

在意识里发生于自我与作为自我的对象的实体之间的不同一性，就是它们两者的差别，一般的否定性。我们可以把否定性视为两者共同的缺陷，但它实在是两者的灵魂或推动者。正是因为这个理由，有些古代哲学家曾把空虚理解为推动者；他们诚然已经知道推动者是否定的东西，但还没有了解它就是自身（Selbst）。——如果这个否定性首先只表现为自我与对象之间的不同一性，那么它同样也是实体对它自己的不同一性。看起来似乎是在实体以外进行的，似乎是一种指向着实体的活动，事实上就是实体自己的行动，实体因此表明它自己本质上就是主体。当实体已完全表明其自己即是主体的时候，精神也就使它的具体存在与它的本质同一了，它既是它自己又是它自己的对象，而知识与真实性之间的直接性和分裂性所具有的那种抽象因素于是克服了。存在于是被绝对中介了，成了实体性的内容，它同样是自我的财产，是自身性的，或者说，就是概念。到这个时候，精神现象学就终结了。精神在现象学里为自己所准备的是知识因素，有了这种知识因素，精神的诸环节现在就以知道自身即是其对象的那种单一性的形式扩展开来。这些环节不再分裂为存在与知识的对立，而停留于知识的单一性中，它们都是具有真理的形式的真理，它们的不同只是内容上的不同而已。它们在这种知识因素里自己发展成为一个有机整体的那种运动过程，就是逻辑或思辨哲学。

现在，由于精神的那个经验体系仅只包括精神的现象，好像这个体系对于具有真理形态的真理科学纯然是一种否定的东西，因而人们也许会不愿意去和这否定的东西即虚假的东西找麻烦而要求直截了当地立即走向真理；因为，与虚假的东西打交道有什么好处呢？——上面曾经提出过这个论点，认为应当立即从科学本身开始，对于这个问题，要从这方面来回答：即作为虚妄的东西的否定物到底具有什么性质。与此有关的观念，特别阻碍着通往真理的道路。因此，我们将讨论一下数学知识，数学知识通常被非哲学的知识视为是哲学所应该争取而一直徒劳地没能达到的理想。

真实与虚妄通常被认为是两种一定不移的各具有自己的本质的思想，两者各据一方，各自孤立，互不沟通。与这种看法相反，我们必须断言真理不是一种铸成了的硬币，可以现成地拿过来就用。① 同样的，既不是现成地有一种虚假也不是现成地有一种过恶。过恶与虚假确实不是像魔鬼那样的坏，因为如果作为魔鬼，过恶与虚假就甚至于被当成特殊的主体了；而作为过恶与虚妄，则它们仅是些普遍，不过各有自己的本质性而已。——虚妄（因为我们在这里只讨论它）应该是实体的他物或否定物，因为实体作为知识的内容是真实的东西。但是，实体自身本质上也是否定的东西，一部分由于它是内容的区别和规定，一部分由于它是一种单纯的区别，即，它是一般的自我与知识。我们很可能做出错误的认识。某种东西被认识错了，意思就是说，知识与它的实体不同一。但这种不相等正是一般的区别，是本质的环节。从这种区别里很可能发展出它们的同一性，而且发展出来的这种同一性就是真理。但这种真理：不是仿佛其不等同性被抛弃了，犹如矿渣从纯粹金属里被排除了那样，或工具被遗留在造成的容器以外那样，而毋宁是，不同一性作为否定性，作为自身还直接呈现于真理本身之中。不过，我们却不能因此而说虚假的东西是真实的东西的一个环节或甚至于一个组成部分。在"任何虚妄的东西里都含有些真实的东西"这句话里，真实与虚妄是被当做像水和油那样只能外在联合而不能混合的东西看待的。正是为了使意义明确，为了专门用以指明完全的他物这种环节，真实与虚妄这两个名词不应该在它们的对方或他物已经被扬弃了的时候还继续使用。所以，就像主体与客体、有限与无限、

---

① 勒新：《先知拿丹》卷四，第6页："仿佛真理是钱币一样的东西"。——德文版编者

存在与思维等的统一体这个名词之不尽适当那样（因为客体与主体等等名词意味着在它们的统一体之外的客体与主体等等，因而当说它们在统一体之中时它们已不是它们的名词所说的那种东西了），同样，虚妄的东西也不再是作为虚妄的东西而成为真理的一个环节的。

知识里和哲学研究里教条主义的思想方法不是别的，只是这种见解：以为真理存在于表示某种确定结果的或可以直接予以认识的一个命题里。对于像"恺撒生于何时"、"一个运动场要有多少尺长"这类问题，诚然应该给予一个明确的简捷的答复。同样，直角三角形斜边的平方等于其余两边的平方之和，也确定是真的。但这样的所谓真理，其性质与哲学真理的性质不同。

**2. 历史的认识和数学的认识**

在历史真理方面，如果为论述简便只就其纯粹历史性的东西而言，则人们很容易承认历史真理所涉及的是个别的客观存在，是一种带有偶然性和武断性的内容，是这种内容的一些非必然的规定。——但即使像上面引述的这样赤裸的真理，也不是全不需要自我意识的运动的。为了认识一条这样的真理，就得与很多其他的真理进行比较，参考很多书籍，或不管采取什么方式来加以分析研究；甚至于对于一种直接去直观的东西，也只在理解了它的理由根据以后这直观得来的知识才可被视为是某种有真实价值的东西，虽然严格说来在这里人们所要关心的仿佛只是那赤裸的结果。

谈到数学的真理，我们更不会把这样的人当做一位几何学家，他能外在地知道（熟记）欧几里得的定理，而不懂它们的证明，或者如果人们可以对比起来说的话，而不内在地知道（理解）它们。同样的，如果一个人通过对很多直角三角形的测量而得知它们的各边相互之间有那个著名的比率，那我们也会认为这样的知识是不能令人满意的。不过，证明在数学知识里虽然已是本质的东西，但即使在数学知识里，证明也还没取得其为结果自身之一环节的意义和性质；事实上当证明得出了结果，证明倒反已成过去而归于消失。几何定理作为结果，诚然是一条已被审查承认为真的定理。但这种审查承认纯然是定理以外附加进来的事情，并不涉及定理的内容，仅只涉及它对认识主体的关系。数学证明的运动并不属于证明的对象，而是外在于对象的一种行动。譬如，直角三角形的性质自身并不分解其自己，并不按照证明直角三角形各边比率定理所需要的那种几何作图而自行分解；结果的整个产生过程只是认识的一种过程，认识的一种手段而已。——在哲学知识里，实际存在作为实际存在其形成也是与本质或事物的内在本性的形成不同的。但是第一，哲学知识包含着两种形成，而数学知识则只代表着实际存在的形成，即是说，只代表着在认识里事实的性质的存在本身的形成。第二，哲学知识还把这两种特殊的形成运动结合起来。内在的发生过程或实体的形成过程乃是不可分割的、向外在的东西或实际存在或为他存在的过渡过程；反过来，实际存在的形成过程也就是将其自身收回于本质的过程。这个运动是整体的双重形成过程：每个环节都同时建立另一环节，而因此每个环节又将两者作为两个方面而包含于其自身；它们共同构成全体，因为它们消融其自身并使自身成为全体的环节。

在数学知识里，审查考核是在事实以外的一种行动；由于这种行动是事实以外的，真正的事实就被它改变了。尽管在进行审核时所使用的工具，以及作图和证明都包含着真命题，但我们仍然应该说内容是虚假的。因为上述例子里的三角形被拆碎了，它的各部分被变成为因在它上面作图而发生的其他图形的构成部分。被审核证明的这个三角形，直到最终才被重新建立起来，在证明过程中它自身是消失了的，它只还散见于构成着其他图形的那些片断里。——于是我们看到，在这里出现的这种内容的否定性，犹如概念的运动里的确定思想的消失一样，应该也可以称之为内容的虚假性。

但这种知识的真实缺点，既与认识过程自身有关也与它的材料有关。——就认识过程而言，首先，它的缺陷在于，作图的必然性没受到审核。这种必然性并不是从定理的概念里产生出来的，而是给规定下来的；人们必须盲目地遵守这种规定而恰恰做出这些线条来，虽然本来可以做出无数其他的线条；人们别的什么也不知道，只相信这样的作图会有助于或适合于进行证明。这种适合性即使事后得到了证实，它也只是一种外在的，因为它只于事后在证明过程里才显现出来。——同样，这种证明从随便一个什么地方起始前进，而证明的人却还不知道这个起点与应该产生的结果究竟有什么关系。证明的过程采取这些规定和关系而放弃别的规定和关系，证明的人却并不直接明白这是出于什么必然性。这个运动是受一种外在的目的支配着。

数学以这种有缺陷的知识的自明性而自豪，并且以此而向哲学骄傲；但这种知识的自明性完全是建筑在它的目的之贫乏和材料之空疏上面的，因而是哲学所必须予以蔑视的一种自明性。——数学的目的或概念是数量，而数量恰恰是非本质的、无概念的关系。因此，数学知识的运动是在表面上进行的，不触及事情自身，不触及本质或概念，因而不是一种概念性的把握。——数学给人们提供可喜的真理宝藏，这些真理所根据的材料乃是空间和一。空间是这样的一种实际存在，概念把它的差别登记到这种实际存在里就像登记到一种空虚的、僵死的因素里去一样，而在这种空虚的僵死的因素里概念的差别也同样是不动的和无生命的。现实的东西不是像数学里所考察的那样的一种空间性的东西；像数学事物这样的非现实的东西，无论具体感性直观，或是哲学，都不去跟它打交道的。在这样非现实的因素里，也就只有非现实的真理，换句话说，也就只有些固定的、僵死的命题；在每一个命题那里都能够停住，随后的命题自己再重新开始；而并不是从前一个进展到后一个去，更不是因此而通过事物自身的性质产生出一种必然的关联来。而且，由于它出于这样的原则和要素——数学自明性的形式性就在这里——所以数学知识也就是沿着同一性的路线进行的，因为死的东西，自身不动的东西，到达不了本质的差别，到达不了在本质上对立或不同一的东西，因而到达不了对立面向对立面的过渡，到达不了质的、内在的运动，到达不了自身运动。因为数学所考察的只是数量，或非本质的差别。数学根本不关心什么依靠概念来分析空间为空间向度，来规定各向度之间和各向度内部的联系这一事实。比如说，它并不考察线与面积的关系；而当它比较直径与圆周的关系时，它就遭遇到这两者的不可通约的关系，换句话说，就遭遇到一种概念的关系、一种数学不能予以规定的无限的东西。

内在的数学，或所谓纯粹数学，也并不把时间作为时间而与空间对置起来，并不当做它自己的第二种研究题材。应用数学固然研究时间，也研究运动以及其他现实事物，但应用数学只从经验里接纳一些综合命题，即接受那些通过事物概念而规定了的现实事物关系的命题，并且只在这个前提上应用它这些公式。对于这样的一些命题，例如关于杠杆平衡的，关于落体运动中空间时间关系的等等，应用数学所作的，以及它认为是证明的那些所谓证明，其本身只是一种证明，证明知识是如何地需要得到证明，因为这表示当它得不到真正的证明时，就连空的假的证明也受到重视，也使之聊以自慰。如果人们能对这种证明加以批判①，将是一件既值得注意又富有教益的事情，这可以一方面将数学里的这种伪误的粉饰洗刷清净，另一方面指明数学的界限，并从而指明另外一种知识的必要性。——至于谈到时间，人们曾认为它和空间配成一对，是构成纯粹数学的另一题材的东西，其实它就是实际存在着的概念自身。数量的原则，即无概念的差别的原则和同一性原则，即抽象的无生命的统一性原则，既然不能够掌握生命的和绝对区别的纯粹变动性，因而这种变动性、否定性就只得变成瘫痪了的静止的东西，即变成数学认识的第二种材料：这种数学认识是一种外在的行动，它把自身运动着的东西降低为材料，以便以之为自己的一种不相干的、外在的、无生命的内容。

---

① 黑格尔在《哲学全书》第267节里曾就此处的论点对落体运动进行详细讨论（见德文本《哲学文库》第33卷，第229页）。——德文版编者

### 3. 概念的认识

与此相反，哲学并不考察非本质的规定，而只考察本质的规定；它的要素和内容不是抽象的或非现实的东西，而是现实的东西，自己建立自己的东西，在自身中生活着的东西，在其概念中实际存在着的东西。哲学的要素是那种产生其自己的环节并经历这些环节的运动过程；而这全部运动就构成着肯定的东西及其真理。因此，肯定的东西的真理本身也同样包含着否定的东西，即也包含着那种就其为可舍弃的东西而言应该被称之为虚假的东西。正在消失的东西本身毋宁应该被视为本质的东西，而不应该视之为从真实的东西上割除下来而弃置于另外我们根本不知其为何处的一种固定不变的东西；同样，也不应该把真实的东西或真理视为是在另外一边静止不动的、僵死的肯定的东西。现象是生成与毁灭的运动，但生成毁灭的运动自身却并不生成毁灭，它是自在地存在着的，并构成着现实和真理的生命运动。这样，真理就是所有的参加者都为之酩酊大醉的一席豪饮，而因为每个参加豪饮者离开酒席就立即陷于瓦解，所以整个的这场豪饮也就同样是一种透明的和单纯的静止。在上述运动的审判面前，个别的精神形态诚然像确定的思想一样并不会持续存在，但它们正像它们是否定的和正在消失着的环节那样，也都是肯定的必然的环节。——在运动的整体里（整体被理解为单纯的静止），那种在运动中区别出自己并使自己取得特殊的实际存在的东西，是作为这样的一种东西被保存下来，这种东西，回忆其自己，以对自己的知识为它的实际存在，而这种对自己的知识本身也同样是直接的实际存在。

有关这种运动的或有关科学的方法的许多主要之点，看来也许需要先行予以说明。但这个方法的概念早已包含在我们上面讲过的东西里了，而真正对这个方法的陈述则是属于逻辑的事情，或甚至于可以说就是逻辑自身。因为方法不是别的，正是全体的结构之展示在它自己的纯粹本质性里。不过，谈到这一点至今流行的意见，我们必须意识到，就连与哲学方法有关的那些观念所构成的体系，也只是一种已成过去的文化。——如果说我这种说法有些危言耸听或带有革命语气（其实我是知道避免这种语气的），那么我们必须考虑到，数学遗赠给我们的科学体制，即由说明、分类、公理、一系列定理及其证明、原则和结论及其推论等等所构成的科学体制，至少在流行意见自身看来也是已经过时了的。即使那种科学体制的无用性还没清晰地显露出来，至少它已是不再有用或用处不大的了；即使它本身还没遭到非难，至少它已不是被喜爱的了。对于优秀的东西，我们必须抱有这样的成见，相信它会使它自己有用并为人所喜爱。但是，我们不难看出，像提出一个命题，替它找出理由根据，并以理由来驳斥反对命题这样的做法，并不是表达真理的方式。

真理是它在其自身中的运动；但上述的方法却是外在于材料的一种认识。因此，这种方法是数学所独有的方法，并且必须听任数学自己去使用它；因为数学，如我们所注意到的，是以数量的无概念的关系为其原理，并以僵死的空间和同样僵死的一为其材料的。这种方法当然也可以采取一种比较自由的方式，即是说，采取一种夹杂着更多的任意和偶然的方式，继续保存在日常生活里，继续保存在一席谈话或像一篇序言那样的能满足好奇而不大能提供知识的历史教训里。在日常生活里，意识以知识、经验、感性的具体事物以及思想、原理诸如此类的现成的东西或固定的静止的存在或本质作为它的内容。有时候意识是跟随着它的内容而前进不已，有时候却对这样的内容任意妄为打断其关联，自己俨然以内容的一个外在的决定者和处理者自居。意识总是把这种内容归结到某种它所确知的东西上，哪怕只是一时的感觉之类的东西；而当信念达到了一个它自己熟知的休息所时，它就满足了。

但是，如果概念的必然性排斥日常谈话里松散的推理过程和科学里学究式的严格推理过程，那么前面已经提到过，代替这种推理过程的不应该是取得灵感和预感时的那样全不凭借方法，也不应该是预言家说话时的那种任意武断，预言不仅蔑视上述的那种科学性，而且根本蔑视一切科学性。

康德的三一体，在康德那里还只是由本能才重新发现出来的，还是死的，还是无概念的。如果在这种无概念的三一体被提升到了它的绝对意义的程度，因而真正的形式同时在它真正的内容里被展示了出来，科学的概念也呈现了出来，如果在此以后，像上述那样使用这种形式，那么对这种方式的使用，同样也还不能视为是什么科学的东西。因为通过使用，我们眼见这种形式被降低成为无生命的图式，成为一种真正的幻象，同时科学的有机组织也被降低成为图表了。——这种形式主义，上面已经一般地谈到过，现在我们还想详细地叙述它的作风；它认为只要它把图式的某一个规定当做某一个形态的宾词表述出来，就算是已经对该形态的性质和生命作了概念的把握和陈述；——这个宾词可能是主观性或客观性，可能是电、磁等等，也可能是收缩性或膨胀性、东方或西方以及诸如此类，这是可以无限增多的，因为按照这种方式，每个规定或形态在别的规定或形态那里都可以重新被当做图式的形式或环节使用，因而每一个都可以出于感激而同样地为别一个服务；这是一个相互为用的圆圈，通过这个圆圈，人们无法知道事情自身究竟是什么，既不知道互相作用着的这一个，也不知道别一个究竟是什么。当这种形式主义这样地把握和陈述形态的性质和生命的时候，有时是从通常的直观中吸取一些感性规定，这些规定应该是除它们所说出的之外另有含义的；有时就不加审查不加批判地直接使用本身具有含义的、纯粹的思想规定，如主体、客体、实体、原因、普遍性等，犹如在日常生活里直接使用强和弱、膨胀和收缩等表象那样。因此，这样的形而上学就和这些感性的表象一样地是非科学的了。

这样，被表述出来的，就不是内在生命及其实际存在的自身运动；按照一种表面的类比而表述出来的，毋宁是关于直觉即关于感性知识的这样一种单纯规定性，而对公式的这种外在的空洞的应用，则被称之为构造。——不过，这种形式主义的情况是和任何一种形式主义一样的。一个人如果在一刻钟之内不能搞清楚一种理论①，不能了解有衰弱病、亢进病和间接衰弱病以及这些病各有治疗的药方，如果他不能希望在这样短暂的时间内能够从一个只知墨守成规的人变成具有医学理论的医生（因为上述的那样一种课程不久前还曾使人达到过这一目的），那么这个人该是多么愚蠢呢？如果自然哲学的形式主义教导人们说，知性是电，或动物是氮气，或它等于南方或北方等，或它代表南方或北方，无论在教导的时候是像我们此地所说的这样赤裸裸的或是还有其他名词混杂在一起，既然这种说教是用一种力量把相隔遥远的表面现象捏合在一起，并且静止的感性的东西因这种捏合而感受暴力，而这暴力又因此而给予感性的东西以一个概念的假象，而不给它主要的东西，即不表述概念自身或感性表象的意义，那么，对于这种力量和暴力，一个没有经验的人就会惊羡不已，就会崇拜之为一种深刻的天才之作，就会因这样的一些规定的那种兴高采烈（因为这些规定以直观的东西代替了抽象概念并使之更加令人喜悦）而感到愉快；并且就会由于感觉到在精神上与这样光辉的行动具有亲和关系而为自己额手称庆。这样一种智慧所行使的伎俩，由于它容易行使，立即就被学会了；而当它已是众所熟知了的时候还去重复它，那就像重复一种已被看穿了的戏法一样的无聊。这种单调的形式主义所用的乐器人们要去掌握它，并不比掌握这样的一种绘画调色板还更困难些，在这种调色板上，只有，比如，红绿两种颜色，要画历史画就调用红色，要画风景画就调用绿色。——一切东西，无论在天上的，在地上的以及在地底下的，一律用这样的颜料加以涂抹，这是件很畅快的事情，同时，以为这种颜料是对任何东西都能使用的妙品，这是需要想象的；如果有人问究竟是这种畅快还是这种想象更大些，这倒是难以决定的；两者是彼此互相支持的。这种方法，既然它给所有天上的和地上的东西，所有自然的和精神的形态都粘贴上普遍图式的一些规定并这样地对它们加以安排整理，那么这种方法所产生出来的

---

① 所谓勃郎主义，参看勃郎于1780年出版的《医学原理》。——德文版编者

就至多不过是一篇关于宇宙的有机组织的明白报道①,即是说,不过是一张图表而已,而这张图表等于一具遍贴着小标签的骨架,或等于一家摆着大批贴有标签的密封罐子的香料店,图表就像骨架和香料店一样把事情表示得明明白白,同时,它也像骨架之没有血肉和香料店的罐子所盛的东西之没有生命那样,也把事情的活生生的本质抛弃掉或掩藏了起来。——关于这种作风,它如何由于以图式的诸差别为羞耻而把它们当做反思的东西沉没于绝对的空虚性里去,因而它同时就把自己构成为一幅单色的绝对的图画,以便纯粹的同一性、无形式的白色得以建立起来,凡此种种,我们在上面都已经提到过了。图式及其无生命的规定的那种一色性,和这种绝对的同一性,以及从一个到另一个的过渡,都同样是僵死的知性或理智,同样是外在的认识。

然而优秀的东西不但逃脱不了它的命运,注定了要被夺去生命夺去精神并眼看着自己的皮被剥下来蒙盖在毫无生命的、空疏虚幻的知识表面上;而我们还可以认识到,就在这种注定的命运本身之内,优秀的东西也在对于心情,如果不说是对于精神,施加着强力,同时还可以认识到,优秀的东西的优秀形式所具有的普遍性和规定性,就在这种注定的厄运里也正在展开形成着,而且唯其正在展开形成,这种普遍性才有可能被使用到表面上去。

科学只有通过概念自己的生命才可以成为有机的体系;在科学中,那种来自图式而被从外面贴到实际存在上去的规定性,乃是充实了的内容使其自己运动的灵魂。存在着的东西的运动,一方面,是使它自己成为他物,因而就是使它成为它自己的内在内容的过程,而另一方面,它又把这个展开出去的他物或它自己的这个具体存在收回于其自身,即是说,把它自己变成一个环节并简单化为规定性。在前一种展开运动中,否定性使得实际存在有了区别并建立起来,而在后一种返回自身运动中,否定性是形成被规定了的简单性的功能。就是通过这种方式,内容显示出它的规定性都不是从另外的东西那里接受过来外贴在自己身上的,而是内容给自己建立起规定性来,自己把自己安排为环节,安排到全体里的一个位置上。图表式的知性,把内容的必然性和概念都掩蔽起来,即把构成具体事物、构成现实、构成它所安排处理的事物的活生生的运动的那种东西掩蔽起来;或者毋宁说,知性并不是把这种东西掩蔽起来,而是根本不知道这种东西,因为如果它有此洞见,它该早就把这种洞见的能力表示出来了。它甚至连知道需要有此洞见都不知道,因为否则它就会早已放弃它的图式化,或至少就会不再满足于那种仅仅是内容

---

① 这个措辞是故意用来嘲笑费希特的,因为他有一篇著作,名为《就新哲学的真正本质向读者的明白报道》(1801年)。——德文版编者

目录式的知识；因为，它给予我们的，仅只是内容的目录，内容自身它是不提供的。——一种规定性，即使像磁性这样的一种规定性，如果它是一种本身具体的或现实的规定性，它就会被降低而成为一种僵死的东西，因为它只变成了另外一种存在的宾词，而没有被认为是这种存在的内在生命，或者，是这种存在所具有的独特和固有的自我产生和自我呈现。主要之点，形式的知性自己没办到，只得留待别人来补充了。——形式的知性并不深入于事物的内在内容，而永远站立在它所谈论的个别实际存在之上综观全体，这就是说，它根本看不见个别的实际存在。但科学的认识所要求的，毋宁是把自己完全交付给认识对象的生命，或者换句话说，毋宁是去观察和陈述对象的内在必然性。科学的认识既然这样深入于它的对象，就忘记了对全体的综观，而对全体的综观只是知识脱离了内容而退回到自己的一种反思而已。但是，科学的认识则是深入于物质内容，随着物质的运动而前进，从而返回于其自身的；不过它的这种返回于自身，不是发生于内容被纳入于自身中之前，相反，内容先把自己简单化为规定性，把自己降低为它自己的实际存在的一个方面，转化为它自己的更高的真理，然后科学认识才返回于其自身。通过了这个过程，单纯的、综观自身的全体本身，才从本来好像已把这个全体的反思淹没了的财富中浮现出来。

一般说来，由于像上面说过的那样，实体本身就是主体，所以一切内容都是它自己对自己的反思。一个实际存在物的持续存在，或者说，实际存在物的实体，乃是一种自身同一性；因为如果它与自身不同一，它就会陷于瓦解。不过自身同一就是纯粹的抽象，而纯粹的抽象就是思维。当我说质的时候，我是在说单纯的规定性；一个实际存在所以与另一个不同，或它所以成为一个实际存在，就在于有质。实际存在为它自己而存在着，换句话说，它存在着乃是由于它跟它自身有这种单纯性。但是，这样一来，实际存在从本质上说就是思想了。——在这里人们已经理解到存在即是思维了；在这里也已透露出一种总与通常关于思维与存在的同一的那种无概念的说法互相分歧的洞见。——可是，这样一来，即是说，实际存在物的持续存在，既然就是自身同一性或纯粹的抽象，那么，它的持续存在就是它对其自身的抽象，或者说，它的持续存在而不瓦解，就是它与它自身的不同一，就是它的瓦解，——就是它固有的内向和返于自身，——就是它的形成。——由于存在的东西具有这样的性质，而且存在的东西的这种性质又是对认识而言的，所以认识不是把内容当做一种外来物对待的活动，不是从内容那里走出来而返回于自身的反思；科学不是那样的一种唯心主义，这种唯心主义以一种提供保证的或确信其自身的独断主义来代替那做出断言的独断主义，而毋宁是，由于认识眼看着或任凭内容返回于它固有的内在本性，所以认识的活动就同时既是深入于内容又是返回于自身，说深入于内容，是因为认识活动是内容的内在的自己，说返回于自身，是因为认识活动是在他物里面的纯粹的自身同一性。因此，认识的活动是这样的一种诡计：它自己好像并不活动，却眼看着规定及规定的具体生命恰恰在其自以为是在进行自我保持和追求特殊兴趣的时候，适得其反，成了一种瓦解或消融其自身的行动，成了一种把自己变为全体的环节的行动。

如果说以前所讲的是从实体的自我意识这一方面论述了知性的意义，那么刚才所说的，则从存在着的实体的规定这一方面阐明了知性的意义。——实际存在是质，是自身同一的规定性或规定了的单一性、规定了的思想；这就是实际存在的知性。因为这样，实际存在就是，阿那克萨戈拉当年作为第一个认识到本质的人所说的那种心灵（Nus）。在阿那克萨戈拉以后，实际存在的性质就更加确切地被理解为 Eidos 或 Idea，即规定了的普遍性或类。表面看起来，类这个名词对于表达现时流行的美、神圣、永恒等观念似乎有点太通俗太不够味。但事实上观念所表示的不多不少恰恰就是类。可是我们现在时常看到，一个名词，确切地标示着一个概念，反为人所舍弃，而另外一个名词，即使仅仅由于它是从一个外国语里借用来的，因而把概念弄得含含糊糊，听起来好像意味更为深远，就为人所喜爱。——正是因为实际存在被规定为类，实际存在就是一种单一的思维；而心灵，或单一性，就是实体。至于实体，由于它具有单纯性或自身同一性，就表现为固定的和持续存在的。但是，这种自身同一性同样又是否定性；由于这样，那种固定的实际存在就过渡到它的瓦解或消融。规定性之所以初看起来是这个样子，只因为规定性总是与他物联系着的，而且规定性之所以运动，似乎是它受了一种外来势力的结果。但是，它的他物就在它自身之内以及它的运动是自身运动，这一点恰恰在那个思维的单一性里就已经包含着了。因为单一性就是使其自己运动并将其自己加以区别的那个思想，就是固有的内在本性，就是纯粹的概念。那么因此，理智性就是一种形成过程，而它作为这种形成过程，也就是合理性。

一般说来，逻辑必然性就在于事物的存在即是它的概念这一性质里。只有逻辑的必然性才是合理的东西，才是有机整体的节奏；它是内容的知识，正如内容是概念和本质一样，——换句话说，只有它才是思辨的东西。——具体形象在使自己运动的同时使自己变成为单纯的规定性；从而把自己提高为逻辑的形式，并存在于它自己的本质性之中，形态的实际存在仅仅就是这个运动，并且直接就是逻辑的实际存在。因此，根本不需要给具体的内容外加上一个形式主义；具体内容本身就是向形式主义的过渡，不过这里，形式主义不再是那种外在的形式主义了，因为形式就是具体内容自身所本有的形成过程。

科学方法的这种性质，即，一方面是方法与内容不分，另一方面是由它自己来规定自己的节奏，这种性质，就像我们已经提到过的那样，在思辨哲学里才获得它真正的表述。至于这里所说的，固然也表达概念，但只能算是一种预先的断言。科学方法的真理性，并不寄托在这种带有一部分叙述的断言里，因此，即使提出了相反的断言：无论是把已经成为现成的和众所周知的真理的那些旧有观念予以旧话重提，或是从内心的神圣直观的宝库里搬出新的法宝，从而断言事情不是如此这般，而是如何如何，它的真理性也同样是不会被驳倒的。——这样的一种接纳事物的态度，乃是科学当初在遇到不知道的东西时所惯常采取的第一个反应，这是为了借以挽救科学自由，挽救自己的看法，并在外来权威面前（因为现在刚才被接纳的东西是以这种权威姿态出现的）挽救自己的权威，同时，这也是为了消除羞耻，因为据说接受了或学习了某种不知道的东西就算是一种可耻的事情。同样的，这样的一种接纳事物的态度，这样的反应，也表现在对某种不知道的东西的欢呼喝彩热烈接受里，例如，对于那种在另外一个领域里曾经是极富革命性的言论和行动的东西的接受。

## Ⅳ 《精神现象学》序言——哲学研究中的要求

### 1. 思辨的思维

因此，在科学研究里，重要的是把概念的思维努力担负起来。概念的思维努力要求我们注意概念本身，注意单纯的规定，注意像自在的存在、自为的存在、自身同一性等等规定；因为这些规定都是这样的一些纯粹自身运动，我们可以称之为灵魂，如果它们的概念不比灵魂这个名词表示着更高些的东西的话。概念的思维打断以表象进行思维的习惯，这无论对于表象思维习惯来说，还是对于那种在非现实的思想里推论过来推论过去的形式思维来说，都同样是件讨厌的事情。表象思维的习惯可以称为一种物质的思维，一种偶然的意识，它完全沉浸在材料里，因而很难从物质里将它自身摆脱出来而同时还能独立存在。与此相反，另一种思维，即形式推理，乃以脱离内容为自由，并以超出内容而骄傲；而在这里，真正值得骄傲的是努力放弃这种自由，不要成为任意调动内容的原则，而把这种自由沉入于内容，让内容按照它自己的本性，即按照它自己的自身而自行运动，并从而考察这种运动。因为，避免打乱概念的内在节奏，不以任意武断和别处得来的智慧来进行干涉，像这样的节制，本身乃是对概念的注意的一个本质环节。

在形式推理里，有两个方面应该加以进一步的注意，在这两个方面上，概念思维与形式推理是互相对立的。——就一方面说，形式推理否定地对待所认识的内容，善于驳斥和消灭这种内容。可是看出内容不是这样，这种看法本身只是空洞的否定；这空洞的否定本身乃是一种极限，它并不能超越其自己而达到一种新内容，相反的，它为了重新获得一个内容，必须从别的不管什么地方取来另外某种东西以为其内容。这种推理，乃是返回于空虚的自我的反思，乃是表示自我知识的虚浮。——这种虚浮都不仅表示这种内容是空虚的而已，并且也表示这种看法本身是虚浮的，因为这种看法是看不见在其自身中具有肯定的东西的一种否定的东西。这种反思既然不以它自己的否定性本身为内容，它就根本不居于事物之内，而总是漂浮于其上；它因此就自以为它只作空无内容的断言总比一种带有内容的看法要深远一层。与此相反，在概念的思维里，如前面所指出的那样，否定本身就是内容的一部分；无论作为内容的内在运动和规定，或是作为这种运动和规定的全体，否定也就是肯定。因为就其为结果而言，否定乃是从这种运动里产生出来的东西：规定了的否定，所以同样也是一种肯定的内容。

但如果我们考虑到，这样的推理思维，不论以表象为内容，或以思想为内容或以两者的混合物为内容，总有一个内容，那么它就还有另外一个方面了；它因有这个方面就难于进行概念的理解。这个方面的独特性质是与上述的理念的本质密切结合着的，或者还不如说，它表述着理念，而理念是作为进行思维地把握的那种运动而出现的。——如果说，在推理思维的上述否定活动里，推理思维自身乃是内容要返回的那个自身，那么与此相反，在它的肯定认识里，自身乃是一个想象出来的主体，内容作为偶性和宾词就是与这个主体联系着的。这个主体充当基础，以供内容和它相结合并让运动在它上面往复进行。在概念的思维里，情况就不是这样。由于概念是对象所本有的自身，而这个自身又呈现为对象的形成运动，所以对象的自身不是一个静止的、不动的、负荷着偶性的主体，而是自己运动着的并且将它自己的规定收回于其自身的那种概念。在这个运动里，那种静止的主体自身趋于崩溃；它深入于各种区别和内容，可以说构成着规定性，即是说，构成着有区别的内容以及这种内容的运动，而不再与运动彼此对立。因此，推理思维在静止的主体那里所找到的坚固基地动摇了，而只有这个运动本身，成为它的对象。主体充实着内容，它不再超越内容，不能再有别的宾词或别的偶性。反之，这样一来，分散的内容就在这个自身之下集结起来，不是可以脱离主体而分属于许多东西的那种共相或普遍了。事实上，内容不再是主体的宾词，它就是实体，就是所谈的东西的本质和概念。表象思维，由于按它的本性来说是以偶性或宾词为依据而进行思维的，并且有权超越它们，因为它们不过是偶性或宾词而已，所以当具有命题里的宾词形式的东西即是实体自身的时候，表象思维的进行就受到了阻碍。我们甚至可以想象它遭到了反击。因为它从主体出发，仿佛主体始终可以作为基础，可是当宾词即是实体的时候，它发现主体已经转化为宾词，因而已经被扬弃了；而且，好像是宾词的东西既然已经变成了完整的和独立的物体，思维就不能再自由地到处漂流，而是被这种重力所阻滞而停顿下来了，——通常总是首先把主体作为对象性的固定的自身确立为基础；从这个基础上开始进行那种向各种各样的规定或宾词发展的必然运动；现在，代替那种主体而出现的，是从事于认识的自我本身，是各种宾词的结集点，是一种保持着各种宾词的主体。但由于第一个主体深入于各种规定本身里去，成了它们的灵魂，所以第二个主体，即，从事于认识的主体，虽然愿意了结与第一个主体的关系，并超过它而返回于自身，却发现它还在宾词里面；第二个主体不能在宾词的运动里作为进行推理的行动者，以推断哪一种宾词应该附加于第一个主体，它毋宁还必须与内容的自身继续打交道，它不应该自为地存在，而应该与内容的自身同在一起。

以上所说的，可以正式地表示为：判断或命题一般地说是在自身中包含着主词和宾词的差别的，命题的这种性质已被思辨命题所破坏，而由思辨命题所变成的同一命题，包含着对上述主词与宾词关系的反击。——一般命题的形式与破坏着这种形式的概念统一性之间的这种冲突，颇类似于音节与重音之间在韵律上所发生的那种冲突。韵律是从音节和重音之间的音差中数与两者的合成中产生出来的结果。所以在哲学命题里主词与宾词的同一也不应该消灭命题形式所表示的那种主词与宾词的差别，相反的，主词与宾词的统一应该表现为两者的一种和谐。命题的形式，乃是特定意义的表现，或者可以说是区别命题内容的重音；但是宾词表述实体，而主词自身又属于共相或普遍，这就是在其中听不见重音了的统一。

为了说明以上所说的，我们可以举这个命题为例：上帝是存在。在这个命题里，宾词、存在，具有着主词熔化于其中的那种实体性的意义。在这里，存在不应该是宾词，而应该是本质；这样一来，上帝就好像不再是它因命题里的位置而取得的那种身份，即是说，它不再是固定的主词了。——思维并不是继续在从主词向宾词过渡，而毋宁由于主词的丧失而感到受了抑制，并且因为它失掉了主词而感到被抛回于主体的思想；换句话说，由于宾词本身被表述为一个主体，表述为存在，表述为穷尽主体的本性的本质，思维就发现主体直接也就在宾词里；现在，思维不但没有在宾词中返回于自身，取得形式推理的那种自由态度，它反而更深地沉浸于内容，或者至少可以说，它被要求深入于内容之中。——那么，如果说：现实就是普遍，同样的，作为主词，现实就消失在它的宾词里。普遍不应该只具有宾词的意义，以致命题所表述的是"现实是普遍的"，相反，普遍应该表述着现实的本质。——因此，思维既在宾词中被抛回于主体，又同样地丧失了它在主体中曾经具有的那个坚固的对象性的基地；并且在宾词中思维不是回到自身，而是回到内容的主体。

人们通常抱怨说，即使一个人具备了理解哲学著作的一切其他文化条件，仍然感到哲学著作不好懂，像这样的抱怨所以产生，绝大部分是由于上述的那种很不习惯的阻抑。我们从以上所说的里面，也可以看出人们为什么时常对哲学著作提出极端确定的责难，指责它们之中有很多是必须经过反复阅读，然后才能获得理解的，——这样的一种责难，应该说含有不太恰当和趋于极端的东西，仿佛只要承认是有根据的，就再也不容任何辩解了。——其实，事情的真实情况，上文已经阐明了：哲学命题，由于它是命题，它就令人想起关于通常的主宾词关系和关于知识的通常情况的见解。这种知识情况和关于这种情况的见解，却为命题的哲学内容所破坏了，旧日的见解现在经验到，情况与它原来所以为的大不相同；而旧的见解既已作了这种修正，知识于是就不得不回到命题上来，以与从前不同的方式来把握命题。

如果我们对一个主词所表述的，在一个时候意味着主词的概念，而在另一个时候，又仅只意味着它的宾词或偶性，因而将思辨和推理这两种方式予以混淆，那就要造成一种应该加以避免的困难情况。——思辨的与推理的方式是互相干扰的，唯有上面谈到过的那种哲学表述的方式，才会具有伸缩性，从而严格地排除一个命题的两部分之间的那种通常的关系。

事实上，非思辨的思维也有它的权利，只是这种权利虽然有效，而在思辨命题的方式里却没得到注意。命题的形式，决不能仅仅以直接的方式予以扬弃，即是说，命题的形式之被扬弃，不应该仅只通过命题的内容而已；这个相反的扬弃的运动，也必须被表示出来，这个运动不应该仅限于是那种内在的阻抑而已，概念的这个返回自身的运动也必须被表述出来。这个担当着通常应由证明来担当的任务的运动，就是命题自身的辩证运动。唯有这个运动才是现实的思辨的东西，只有对这个运动的叙述才是思辨的陈述或外现。作为命题，思辨的东西仅只是内在的阻抑，仅只是本质的一种非实际存在着的自身返回。因此，我们发现我们时常被哲学的表述引导了去进行这种内在的直观，并因而不再去陈述这个辩证运动，而陈述这个辩证运动，乃是我们当初所要求的。——诚然，命题应该表述真理，但真理在本质上乃是主体；作为主体，真理只不过是辩证运动，只不过是这个产生其自身的、发展其自身并返回于其自身的进程。——在通常的认识里，构成着内在性的这个外在陈述方面的是证明。但在辩证法与证明分开了以后，哲学证明这一概念，事实上就已经丧失了。

  关于这一点，可以加以提醒的是：辩证的运动也同样是以命题为其组成部分或元素的；因此，上面所揭示出来的那种困难似乎是要永远不断地重新出现的，似乎是一种属于事情本身的困难。——这种情况与通常在证明里所发生的下列情况颇相类似：证明要使用根据，而这根据本身又需要一个根据，根据还要根据，前进不已，以至于无穷。但这种形式的寻求根据和提供条件，是属于与辩证的运动全然不同的那种证明的，因而是属于外在的认识的。至于辩证的运动本身，则以纯粹的概念为它自己的元素；它因此具有一种在其自身就已经彻头彻尾地是主体的内容。因此，根本就不发生这样的一种内容：仿佛这种内容是与充当基础或作为根据的主体关联着的，并且仿佛它只因为是这个主体的一个宾词，才具有意义；就其直接性而言，命题是一种纯粹空洞的形式。——在这里，表示着纯粹主体的，表示着空洞的无概念的一的东西，除去在感性上直观到的或想象出的自身之外，主要就是作为名称用的那种名称。基于这个理由，如果人们避免使用例如上帝这样的名称，可能是有好处的，因为这个词汇并不同时也直接就是概念，而仅仅是个道地的名称，是充当基础的主体的一个稳固的安身之所；而且因为，例如存在或一、个别、主体等等词汇，则与上帝的情况相反，本身同时也直接就指示着概念。——至于前一种主体，如上帝，即使说出了关于它的一些思辨的真理，这些真理的内容毕竟还是缺乏内在概念的，因为这种内容只是作为静止着的主体存在着，而由于这种情况，关于它的那些真理也就很容易取得纯然属于启示性的形式。——因此，从这一方面看，通常把思辨的宾词按命题的形式不理解为概念和本质的那种习惯所造成的阻碍，也将可能因哲学论述上的过失而为之增大或减小。哲学的陈述，为了忠实于它对思辨的东西的本性的认识，必须保存辩证的形式，并且避免夹杂一切没被概念地理解的和不是概念的东西。

### 2. 天才的灵感与健康的常识

  对于哲学研究来说，不进行推理而妄自以为占有了现成的真理，这也和专门从事推理的那种办法同样是一种障碍。这种占有者以为根本不需要再回头来对现成的真理进行推理，而直接就把它们当做根据，相信他自己不但能够表述它们，并且还能根据它们来进行评判和论断，从这一方面来看，重新把哲学思维视为一种严肃的任务，乃是特别必要的。在所有的科学、艺术、技术和手艺方面，人们都确信，要想掌握它们，必须经过学习锻炼等等多方努力。在哲学方面，情况却与此相反，现在似乎流行着一种偏见，以为每个人虽然都生有眼睛和手指，但当他获得皮革和工具的时候并不因为有了眼和手就能制造皮鞋，反倒以为每个人都能直接进行哲学思维并对哲学做出判断，因为他在他天生的理性里已经具有了哲学判断的标准，仿佛他不是在他自己的脚上同样已经具有了鞋的标准似的。——占有哲学，似乎恰恰由于缺少知识和缺乏研究，而知识和研究开始的地方，似乎正就是哲学终止的地方。哲学时常被人视为是一种形式的、空无内容的知识；人们完全没认识到，在任何一门知识或科学里按其内容来说可以称之为真理的东西，也只有当它由哲学产生出来的时候，才配得上真理这个名称；人们完全没认识到，其他的科学，它们虽然可以照它们所愿望的那样不要哲学而只靠推理来进行研究，但如果没有哲学，它们在其自身是不能有生命、精神、真理的。

　　至于在真正的哲学方面，我们看到，神的直接启示和既没通过别的知识也没通过真正哲学思维而得到锻炼和陶冶的那种普通人的常识，认为它们自己简直就完全等于或至少可以很好地代替漫长的文化陶冶道路以及精神借以求得知识的那种既丰富又深刻的发展运动，这就如同苦荬之被誉为可以代替咖啡一样。事实上，当我们注意到，有些根本不能思维一个抽象命题更不能思维几个命题的相互关联的人，他们的那种无知无识的状态，他们的那种放肆粗疏的作风，竟有时说成是思维的自由和开明，有时又说成是天才或灵感的表现，诸如此类的事实，是很令人不快的。哲学里现在流行的这种天才作风，大家都知道，从前在诗里也曾盛极一时过；但假如说这种天才的创作活动还具有一种创作意义的话，那么应该说，创做出来的并不是诗，而是淡而无味的散文，或者如果说不是散文，那就是一些狂言呓语。同样的，现在有一种自然的哲学思维，自认为不屑于使用概念，而由于缺乏概念，就自称是一种直观的和诗意的思维，给市场上带来的货色，可以说是一些由思维搅乱了的想象力所做出的任意拼凑——一些既不是鱼又不是肉，既不是诗又不是哲学的虚构。

　　可是反过来说，流驶于常识的平静河床上的这种自然的哲学思维，却最能就平凡的真理创造出一些优美的词令。如果有人指责说，词令是无关重要的东西，那么它就会相反地提出保证说，在它内心里确实体会到了意义和内容，而且相信别人的内心里一定也是这样，因为它以为一提到心的天真和纯洁等等就已经说出了既不能反驳也不能补充了的最后的东西。但是，我们的问题关键，本在于不让最好的东西继续隐藏在内部，而要让它从这种矿井里被运送到地面上显露于日光之下。至于那种隐而未显的最后真理，本来早就可以不必花费力气去表述，因为它们早就包含在像答问式的宗教读本里以及民间流行的谚语里面了。——事实上，要在它们的不确定和不端正的形式下去意识这样的真理是不困难的，甚至于指明在对这样的真理的意识里有时包含着恰恰相反的真理，也是容易事情。但当意识力图摆脱它本身的混乱的时候，它将陷于新的混乱之中，并且很可能将坚决表示：事情肯定是如此这般，至于以前的说法都是诡辩——诡辩乃是常识反对有训练的理性所用的一个口号，不懂哲学的人直截了当地认为哲学就是诡辩，就是想入非非。——常识既然以情感为根据，以它的内心的神谕为根据，它对持不同意见的人就没有事可办了；它对那种在自己内心里体会不到和感受不到同样真理的人必须声明，它再也没有什么话好说了。换句话说，常识是在践踏人性的根基。因为人性的本性正在于追求和别人意见的一致，而且人性只存在于意识与意识所取得的共同性里。违反人性的东西或动物性，就在于只以情感为限，只能以情感来进行彼此的交往。

如果有人想知道一条通往科学的康庄大道，那么最简便的捷径莫过于这样的一条道路了：信赖常识，并且为了能够跟得上时代和哲学的进步，阅读关于哲学著作的评论，甚至于阅读哲学著作里的序言和最初的章节；因为哲学著作的序言和开头，是讲述与一切问题有关的一般原则，而对哲学著作的评论，则除介绍该著作的经过之外还提供对该著作的评判，而评判既是一种评判，谈论的范围，就甚至于超越于被评判的东西本身以外去。这是一条普通的道路，在这条道路上，人们是穿着家常便服走过的，但在另有一条道路上，充满了对永恒、神圣、无限的高尚情感的人们，则是要穿着祭司的道袍阔步而来的——这样的一条道路，毋宁说本身就已经是最内心里的直接存在，是产生深刻的创见和高尚的灵感的那种天才。不过，创见虽深刻，还没揭示出内在本质的源泉，同样，灵感虽闪烁着这样的光芒，也还没照亮最崇高的穹苍。真正的思想和科学的洞见，只有通过概念所作的劳动才能获得。只有概念才能产生知识的普遍性，而所产生出来的这种知识的普遍性，一方面，既不带有普通常识所有的那种常见的不确定性和贫乏性，而是形成了的和完满的知识，另一方面，又不是因天才的懒惰和自负而趋于败坏的理性天赋所具有的那种不常见的普遍性，而是已经发展到本来形式的真理，这种真理能够成为一切自觉的理性的财产。

### 3. 结语，作者与读者的关系

由于我认定科学赖以存在的东西是概念的自身运动，又由于我注意到，就我已经谈到的和其他还未谈到的方面来说，现时流行的关于真理的性质和形态的见解和我的看法很有出入，甚至于完全相反，所以我感觉到以我的看法来陈述科学体系的这一试图，是不会受到读者欢迎的。但同时我又想到，比如说，虽然有的时候人们认为柏拉图哲学里优秀的东西就是他那些毫无科学价值的神话，究竟也还有过另外的时期，在这些甚至可以称之为狂热时期的年代里，亚里士多德哲学由于它思辨的深刻而受到重视，柏拉图的《巴门尼德篇》——这可以说是古代辩证法的最伟大的作品——也被认为是对神圣生活的真实揭露和积极表述，而且不管狂热所产生出来的东西如何幽暗，这种被误解了的狂热本身事实上应该说不是别的，正是纯粹概念；我又想到，当代哲学里优秀的东西，是自认为它的价值在于它的科学性里的，并且，不管别人的看法如何，事实上优秀的东西所以被人承认为优秀的东西，完全由于科学性。因此，我也就可以希望，我想从概念里产生出科学来并以科学特有的元素来陈述科学的这一试图，或许能够由于事情的内在真理性而替自己开辟出道路来。我们应该确信，真理具有在时间到来或成熟以后自己涌现出来的本性，而且它只在时间到来之后才会出现，所以它的出现决不会为时过早，也决不会遇到尚未成熟的读者；同时我们还必须确信，作者个人是需要见到这种情况的，为的是他能够通过读者来考验他的原属他独自一人的东西，并且能够体会到当初只属于特殊性的东西终于成了普遍性的东西。但就在这里，我们时常要把读者和自命为读者的代表和代言人的那些人区别开来。两者在很多方面的作风不同，甚至于彼此相反。如果说，读者当遇到一本哲学著作与自己的意见不相投合的时候，毋宁总是好心地归咎于自己，那么相反，这些代表和代言人们则由于深信他们自己的裁判能力，把一切过错都推诿到作者身上。哲学作品对读者所生的实际效用，比起这些死人在埋葬他们的死人时[1]的行动来，是和缓得多的。如果说，一般的见解现在比较有修养了，它对于新事物比较敏感了，它下判断比较快了，因而抬你出去的人们的脚已经到了门口[2]，那么，我们必须从这里时常把比较缓慢的那种效用区别开来，作品的比较缓慢的效用，对动人的言词所引起的那种重视以及对旨在制造蔑视的那种谴责，都起纠正作用，并且只在一个相当时间之后才使一部分作品享有一批广大读者，而另外的一部分则流行一时以后，再也找不到继起的读者了。

此外，在我们现在生活着的这一个时代里，精神的普遍性已经大大地加强，个别性已理所当然地变得无关重要，而且普遍性还在坚持着并要求占有

---

[1] 见《马太福音》第8章第22节。——德文版编者
[2] 见《使徒行传》第5章第9节。——德文版编者

它的整个范围和既成财富，因而精神的全部事业中属于个人活动范围的那一部分，只能是微不足道的。因为这种情况，作者个人就必须如科学的性质所已表明的那样，更加忘我，从而成为他能够成的人，做出他能够做的事！但是，正如个人对自己不作奢望，为自己不多要求一样，人们对于作者个人也必须力避要求过多。

### 选文出处

黑格尔：《精神现象学》（上卷），贺麟、王玖兴译，北京，商务印书馆，1979年，第1~50页。

## Ⅴ 《小逻辑》——科学知性思维与哲学辩证思维

### 45节

康德是最早明确地提出知性与理性的区别的人。他明确地指出：知性以有限的和有条件的事物为对象，而理性则以无限的和无条件的事物为对象。他指出只是基于经验的知性知识的有限性，并称其内容为现象，这不能不说是康德哲学之一重大成果。但他却不可老停滞在这种否定的成果里，也不可只把理性的无条件性归结为纯粹抽象的，排斥任何区别的自我同一性。如果只认理性为知性中有限的或有条件的事物的超越，则这种无限事实上将降低其自身为一种有限或有条件的事物，因为真正的无限并不仅仅是超越有限，而且包括有限并扬弃有限于自身内。同样，再就理念而论，康德诚然使人知道重新尊重理念，他确证理念是属于理性的，并竭力把理念与抽象的知性范畴或单纯感觉的表象区别开。（因为在日常生活中，我们大家漫无区别地称感觉的表象为观念，也称理性的理念为观念。）但关于理念，他同样只是停留在否定的和单纯的应当阶段。

认构成经验知识内容的直接意识的对象为单纯现象的观点，无论如何必须承认是康德哲学的一个重大成果。常识（即感觉与理智相混的意识）总认为人们所知道的对象都是各个独立自存的。如当他们明白了这些对象彼此是互相联系、互相影响的事实时，则他们也会认为这些对象的互相依赖只是外在的关系，而不属于它们的本质。与此相反，康德确认，我们直接认知的对象只是现象，这就是说，这些对象存在的根据不在自己本身内，而在别的事物里。于是又须进一步说明这里所谓"别的事物"是指的什么东西。照康德哲学来说，我们所知道的事物只是对我们来说是现象，而这些事物的自身却总是我们所不能达到的彼岸。这种主观的唯心论认为凡是构成我们意识内容的东西,只是我们的,只是我们主观设定的,难怪这会引起素朴意识的抗议。事实上,真正的关系是这样的,我们直接认识的事物并不只是就我们来说是现象,而且即就其本身而言,也只是现象。而且这些有限事物自己特有的命运,它们存在的根据不是在它们自己本身内,而是在一个普遍神圣的理念里。这种对于事物的看法,同样也是唯心论,但有别于批判哲学那种的主观唯心论,而应称为绝对唯心论。这种绝对唯心论虽说超出了通常现实的意识,但就其内容实质而论,它不仅只是哲学上的特有财产,而且又构成一切宗教意识的基础,因为宗教也相信我们所看见的当前世界,一切存在的总体,都是出于上帝的创造,受上帝的统治。

**79节**

逻辑思想就形式而论有三方面:(a)抽象的或知性(理智)的方面,(b)辩证的或否定的理性的方面,(c)思辨的或肯定的理性的方面。

**80节**

就思维作为知性(理智)来说,它坚持着固定的规定性和各规定性之间彼此的差别。以与对方相对立,知性式的思维将每一有限的抽象概念当做本身自存或存在着的东西。

当我们说到思维一般或确切点说概念时,我们心目中平常总以为只是指知性的活动。诚然,思维无疑地首先是知性的思维。但思想并不仅是老停滞在知性的阶段,而概念也不仅仅是知性的规定。知性的活动,一般可以说是在于赋予它的内容以普遍性的形式。不过由知性所建立的普遍性乃是一种抽象的普遍性,这种普遍性与特殊性坚持地对立着,致使其自身同时也成为一特殊的东西了。知性对于它的对象既持分离和抽象的态度,因而它就是直接的直观和感觉的反面,而直接的直观和感觉只涉及具体的内容,而且始终停留在具体性里。

许多常常一再提出来的对于思维的攻击,都可说是和理智与感觉的对立有关,这些对于思维的攻击大都不外说思维太固执,太片面,如果加以一贯发挥,将会导致有危害的破坏性的后果。这些攻击,如果其内容有相当理由的话,首先可以这样回答说:它们并没有涉及思维一般,更没有涉及理性的思维,而只涉及理智的抽象的思维。但还有一点必须补充,即无论如何,我们必须首先承认理智思维的权利和优点,大概讲来,无论在理论的或实践的范围内,没有理智,便不会有坚定性和规定性。

**81节**

(b)在辩证的阶段,这些有限的规定扬弃它们自身,并且过渡到它的反面。

(1)当辩证法原则被知性孤立地、单独地应用时,特别是当它这样地被应用来处理科学的概念时,就形成怀疑主义。怀疑主义,作为运用辩证法的结果,包含单纯的否定。(2)辩证法通常被看成一种外在的技术,通过主观的任性使确定的概念发生混乱,并给这些概念带来矛盾的假象,从而不以这些规定为真实,反而以这种虚妄的假象和知性的抽象概念为真实。

正确地认识并掌握辩证法是极关重要的。辩证法是现实世界中一切运动、一切生命、一切事业的推动原则。同样,辩证法又是知识范围内一切真正科学认识的灵魂。在通常意识看来,不要呆板停留在抽象的知性规定里,似乎只是一种公平适当的办法。就像按照"自己生活也让别人生活"这句谚语,似乎自己生活与让别人生活,各有其轮次,前者我们固然承认,后者我们也不得不承认。但其实,细究起来,凡有限之物不仅受外面的限制,而且又为它自己的本性所扬弃,由于自身的活动而自己过渡到自己的反面。所以,譬如人们说,人是要死的,似乎以为人之所以要死,只是以外在的情况为根据,照这种看法,人具有两种特性:有生也有死。但对这事的真正看法应该是,生命本身即具有死亡的种子。凡有限之物都是自相矛盾的,并且由于自相矛盾而自己扬弃自己。

又辩证法切不可与单纯的诡辩相混淆。诡辩的本质在于孤立起来看事物,把本身片面的、抽象的规定,认为是可靠的,只要这样的规定能够带来个人当时特殊情形下的利益。譬如,我生存和我应有生存的手段本来可说是我的行为的一个主要动机,但假如我们单独突出考虑我个人的福利这一原则,而排斥其他,因此就推出这样的结论,说为维持生存起见,我可以偷窃别人的物品,或可以出卖祖国,那么这就是诡辩。同样,在行为上,我须保持我主观的自由,这意思是说,凡我所作所为,我都以我的见解和我的自信为一个主要原则。但如果单独根据这一原则来替我的一切自由行为作辩护,那就会陷于诡辩,会推翻一切的伦理原理。辩证法与这类的行为本质上不同,因为辩证法的出发点,是就事物本身的存在和过程加以客观地考察,借以揭示出片面的知性规定的有限性。

**82节**

(c)思辨的阶段或肯定理性的阶段在对立的规定中认识到它们的统一,或在对立双方的分解和过渡中,认识到它们所包含的肯定。

(1)辩证法具有肯定的结果,因为它有确定的内容,或因为它的真实结果不是空的、抽象的虚无,而是对于某些规定的否定,而这些被否定的规定也包含在结果中,因为这结果确是一结果,而不是直接的虚无。(2)由此可知,这结果是理性的东西,虽说只是思想的、抽象的东西,但同时也是具体的东西，因为它并不是简单的形式的统一，而是有差别的规定的统一。所以对于单纯的抽象概念或形式思想，哲学简直毫不相干涉，哲学所从事的只是具体的思想。（3）思辨逻辑内即包含单纯的知性逻辑，而且从前者即可抽得出后者。我们只消把思辨逻辑中辩证法的和理性的成分排除掉，就可以得到知性逻辑。这样一来，我们就得着普通的逻辑，这只是各式各样的思想形式或规定排比在一起的事实记录，却把它们当做某种无限的东西。

　　思辨的真理不是别的，只是经过思想的理性法则（不用说，这是指肯定理性的法则）。在日常生活里，"思辨"一词常用来表示揣测或悬想的意思，这个用法殊属空泛，而且同时只是使用这词的次要意义。譬如，当大家说到婚姻的揣测或商业的推测时，其用法便是如此。但这种日常用法，至多仅可表示两点意思：一方面，思辨或悬想表示凡是直接呈现在面前的东西应加以超出，另一方面，形成这种悬想或推测的内容，最初虽只是主观的，但不可听其老是如此，而须使其实现，或者使它转化为客观性。……思辨的真理，就其真义而言，既非初步地亦非确定地仅是主观的，而是显明地包括了并扬弃了知性所坚持的主观与客观的对立，正因此证明其自身乃是完整、具体的真理。因此思辨的真理也是决不能用片面的命题去表述的。譬如我们说，绝对是主观与客观的统一。这话诚然不错，但仍然不免于片面，因为这里只说到绝对的统一性，也只着重绝对的统一性，而忽略了，事实上在绝对里主观与客观不仅是同一的，而又是有区别的。

　　思辨真理，这里还可略加提示，其意义颇与宗教意识和宗教学说里所谓神秘主义相近。但在现时，一说到神秘主义，大家总一律把它当做与神奇奥妙和不可思议同一意义。由于各人的思想路径和前此的教育背景不同，对于他们所了解的神秘主义，就会有不同的估价。虔诚信教的人大都信以为真实无妄，而在思想开明的人，却又认为是迷信和虚幻。关于此点，我们首先要指出，只有对于那以抽象的同一性为原则的知性，神秘的真理才是神奇奥妙的，而那与思辨真理同义的神秘真理，乃是那样一些规定的具体统一，这些规定只有在它们分离和对立的情况下，对知性来说才是真实的。如果那些承认神秘真理为真实无妄的人，也同样听任人们把神秘真理纯粹当做神奇奥妙的东西，因而只让知性一面大放厥词，以致思维对他们来说也同样只有设定抽象同一性的意义。因此，依他们看来，为了达到真理，必须摒弃思维，或者正如一般人所常说的那样，人们必须把理性禁闭起来。但我们已经看见，抽象的理智思维并不是坚定不移、究竟至极的东西，而是在不断地表明自己扬弃自己和自己过渡到自己的反面的过程中。

与此相反，理性的思辨真理即在于把对立的双方包含在自身之内，作为两个观念性的环节。因此一切理性的真理均可以同时称为神秘的，但这只是说，这种真理是超出知性范围的，但决不是说，理性真理完全非思维所能接近和掌握。

### 选文出处

黑格尔：《小逻辑》，贺麟译，北京，商务印书馆，1980年，第126～128、172～184页。

下编

# 当代知识论

知识论读本

# 一、现象学

知 识 论 读 本

# 胡塞尔

> 这是现象学的一部导论性著作,胡塞尔分五个讲演解释现象学基本观点:现象学还原——本质还原与先验还原,意向性与自身被给予性,以及时间意识等。

### 作者简介

胡塞尔(Edmund Husserl, 1859—1938),德国哲学家。1882年获哲学博士学位,1887年起先后任教于哈勒大学、哥廷根大学和弗莱堡大学。晚年因犹太身份问题遭纳粹逼迫,于忧郁中去世。主要著作有《逻辑研究》(1900—1901)、《现象学的观念》(1907)、《作为严格科学的哲学》(1910)、《纯粹现象学和现象学哲学的观念》(1913)、《形式的和先验的逻辑》(1929)、《笛卡儿式的沉思》(1931)、《经验与判断》(1939)等。

**著作选读:**

《现象学的观念》I—II。

## 1 《现象学的观念》第一讲——自然的思维态度和科学与哲学的(反思的)思维态度

我在以往的讲座中曾区分自然科学和哲学科学;前者产生于自然的思维态度,后者产生于哲学的思维态度。

自然的思维态度尚不关心认识批判。在自然的思维态度中,我们的直观和思维面对着事物,这些事物被给予我们,并且是自明的被给予,尽管是以不同的方式和在不同的存在形式中,并且根据认识起源和认识阶段而定。例如在感知中,一个事物显而易见地摆在我们眼前;它具体地在其他事物之间存在、在活的事物和死的事物、有灵魂的事物和无灵魂的事物之间存在,就是说,具体地存在于一个世界之中,这个世界如同个别物体一样部分地进入感知,在回忆的联系中部分地被给予并且由此扩展到不确定的和不熟悉的东西之中。

我们的判断所涉及的正是这个世界。关于事物、事物的相互关系、事物的变化、事物的功能变化的独立性和变化规律，我们对有些部分进行个别讲述，对有些部分进行一般的陈述。我们表达直接经验所提供给我们的东西。根据经验动机，我们从直接的被经验之物（被感知之物和被回忆之物）中推演出未被经验之物；我们进行总的概括，然后我们再把一般认识运用到个别情况中，或者，运用分析思维从一般认识之中演绎出新的一般性。认识并不仅仅是完全依照顺序相继产生的，它们在逻辑关系中相伴出现，它们相互产生于对方之中，它们相互"肯定"，它们相互证明，仿佛在相互加强它们的逻辑力量。

另一方面，它们也在矛盾和抗争的状态中相伴出现，它们互不肯定，它们被可靠的认识所抛弃，降低为纯粹的认识的自傲。这些矛盾可能产生于纯粹陈述形式的规律性领域：我们以歧义性为基础，得出了虚假的结论，我们数错了或看错了。如果是这样，那么我们便建立形式上的一致性，消除那些歧义性，如此等等。

或者，这些矛盾影响到促成经验的那种动机关系：经验的理由和经验的理由发生争执。此时我们如何自助呢？这时我们就权衡各种可能的规定或解释的理由，弱的理由必须向强的理由让步，这些强的理由现在是有效的，这种有效性将保持下去，直到它们不能再继续维持原状时为止，就是说，直到它为反对新的、提供了更广泛认识领域的认识动机所进行的类似的逻辑战斗进行不下去时为止。

自然的认识就是这样前进着。它在不断扩展的范围中获得从一开始就显而易见地存在着的被给予的、并只根据范围和内容、根据诸要素、关系、规律进一步研究的现实性。于是这样就形成和成长出各种自然科学，作为关于物理和心理自然的科学的自然科学、精神科学，另一方面是数学科学，关于数、多样性、关系的科学等等。后一类科学与实在的现实无关，而是与观念的、自在有效的、此外从一开始就无可怀疑的可能性有关。

自然的科学认识前进的每一步都伴随着困难的产生和解决，这些困难或是纯逻辑方面的，或是质料方面的，它们根据事物中蕴有的动力或思维动机而产生和消除，这些动力和动机存在于事物之中，并像是从中出发，被给予性向认识提出的要求。

我们现在将自然的思维态度或者说自然的思维动机与哲学的思维动机进行对照。

随着认识和对象之间关系的反思的苏醒，出现了深不可测的困难。认识，这个在自然思维中最显而易见的事物一下子变成了神秘的东西。但我必须更严格一些。认识的可能性对自然思维来说是自明的。自然思维的工作已结出了无限丰硕的成果，日新月异的科学是一个发现连着一个发现向前迈进，它根本就不会想到要提出关于认识可能性的问题。当然，对它来说，认识也像出现在世界中的一切事物一样，以某种方式成为问题，认识成为自然研究的客体。认识是自然的一个事实，它是任何一个认识着的有机生物的体验，它是一个心理事实。人们可以根据它的种类和它的联系形式，像对待每一心理事实那样对它进行描述，并不在它的生物发生学的联系中进行研究。另一方面，认识根据其本质是关于对象的认识，它的内在意义使它与对象相联系，并决定了此种认识之所以为此种认识。自然的思维也是在这种联系中进行的。它在形式上一般将含义和含义有效性的先天联系以及属于对象本身的先天规律性作为自己的研究对象；于是产生了一种纯粹的语法并在更高阶段上产生了一种纯粹逻辑（根据其各种可能的限制而形成的诸规则之总和），并且又形成一种作为思维艺术的学说、主要是作为思维科学的工艺学说的日常实用逻辑。

至此我们仍然站在自然思维的基础上。

但正是刚才为了对照认识心理学、纯粹逻辑和本体论而涉及的关于认识体验、含义和对象之间的相互关系才是最深刻和最困难的问题的起源，一言以蔽之，是关于认识可能性问题的起源。

认识在其所有展开的形态中都是一个心理的体验，即都是认识主体的认识。它的对立面是被认识的客体。但是现在认识如何能够确定它与被认识的客体相一致，它如何能够超越自身去准确地切中它的客体？对于自然思维来说自明的认识客体的被给予性在认识中进入迷宫。在感知中，被感知之物应当是直接被给予的。这时事物出现在我们对它进行感知的眼睛面前，我看见它、抓住它。但知觉仅仅是我这个感知主体的体验。回忆、期待也是如此，一切以此为基础并导致对实在存在的间接设定以及对关于存在的任何真实性的确定的思维行为都是如此，它们是主观的体验。我这个认识者从何知道，并且如何能够准确地知道，不仅我的体验、这些认识行为存在，而且它们所认识的东西也存在，甚至存在着某种可以设定为与认识相对立的客体的东西呢？

我是否应当说：只有现象对于认识者来说才是真实地被给予的。认识者从来没有，也永远不会超出他的体验联系之外，因而他的确只能说：我在，一切非我都只不过是现象，都消融在现象联系之中？因而我应当站在唯我论的立场上去？这是一个极过分的要求。那么，我是否应当和休谟一起把所有超越的客观性归结为借助心理学而得以解释的、但却无法得到合乎理性的论证的那种虚构？但这也是一个极过分的要求。休谟的心理学不是和其他理论一样超越了内在的领域吗？难道它不也是在习惯、人类本性（human nature)、感官、刺激等标题下运用超越的（并且它自己承认是超越的）存在，而它的目的却在于把现实的"印象"和"观念"的一切超越活动贬低为虚构？

但如果逻辑本身是可疑的并成为问题，那么对矛盾的引证又有何用呢？实际上，对于自然思维来说完全无可怀疑的逻辑规律性的实在含义现在已成为问题并且自身变得可疑起来。一系列生物学的思想纷纷出现。提醒我们注意现代的发展理论，根据这种理论，人是在为存在的斗争中并通过自然选择而发展起来的，与此同时，人的智力也发展起来，这样，智力所具有的形式，进一步说，逻辑形式自然也发展起来。这样说来，逻辑形式和逻辑规律不是表现了人种偶然的特性吗？它有可能是另外的一种样子，并且会在将来的发展过程中变成另外一种样子吗？因而认识只是人的认识，并束缚在人的智力形式上，无法切中物的自身的本质，无法切中自在之物。

但立即又产生出一种荒谬：如果在这种相对主义中丢弃逻辑规律，那么，这种观点所运用的那些认识，所考虑的那些可能性还有意义吗？认为存在着这样或那样可能性的这种真理难道不正是隐含地设定了矛盾律的绝对有效性吗？而根据这种矛盾律真理不可能具有矛盾。

这些例子已经足够了。认识的可能性处处陷入迷宫。如果我们精通自然科学，那么我们会发现，在它们精确发展了的领域中，一切都是明白清楚的。我们可以肯定拥有客观真理，它通过可靠的、真正切中客观性的方法得到论证。但只要我们进行反思，我们就陷入迷惘和混乱之中。我们纠缠在一些显然不利的和自相矛盾的境况中。我们始终面临着倒向怀疑主义的危险，或者稍好些，倒向怀疑主义各种形式中某一种形式的危险，但这些形式的共同特征可惜是同一件东西：荒谬。

这些不明确的和充满矛盾的理论的游戏场，以及与此相关的争执无穷的游戏场就是认识论和与它历史而现实地密切交织在一起的形而上学。认识论的任务或理论理性批判的任务首先是一项批判性的任务。认识论或理论理性批判必须严厉谴责对认识、认识意义和认识客体之间关系的自然反思几乎不可避免要陷入的那种谬误，就是说，它必须通过证明这理论的荒谬，来反驳关于认识本质的公开的或隐蔽的怀疑主义的理论。

另一方面，它的积极的任务是通过对认识本质的研究来解决有关认识、认识意义、认识客体的相互关系问题。这些问题还包括揭示可认识对象的，或者说一般对象的本质意义，揭示根据认识和认识对象的相互关系而先天（根据其本质）被规定给它们的意义。这当然也涉及所有由认识本质所预先规定的一般对象的基本形态。（本体论的形式，如同形而上学的形式、陈述逻辑的形式。）

正是通过完成这些任务，认识论才有能力进行认识批判，更明确地说，有能力对所有自然科学中的自然认识进行批判。即：它使我们能够以正确的和彻底的方式解释自然科学关于存在之物的成果。因为关于认识可能性（关于认识可能的切合性）的自然的（前认识论的）反思将我们置于认识论的混乱之中，这种认识论的混乱不仅产生关于认识的本质的错误见解，而且产生本末倒置的见解，这种见解使自然科学中对被认识的存在的解释自相矛盾。对同一个自然科学，从唯物论、唯灵论、二元论、心理一元论、实证论等等意义上解释都根据反思结果中各自认为是必要的解释而定。只有认识论的反思才对自然科学和哲学作了区分。只是通过认识论的反思才发现，自然的存在科学不是最终的存在科学。需要有一门绝对意义上的关于存在之物的科学。这门被我们称之为形而上学的科学，是从对个别科学中的自然认识的"批判"中逐步形成的，其基础是在一般的认识批判中所获得的关于认识的本质和认识对象的及其各种基本形态的本质了解，这些基本形态是指认识和认识对象之间各种基本的相互关系。

如果我们不去考虑认识批判的形而上学的目的，而是纯粹地坚持它的阐明认识和认识对象之本质的任务，那么它就是认识和认识对象的现象学，这就构成现象学的第一的和基本的部分。

现象学：它标志着一门科学，一种诸科学学科之间的联系；但现象学同时并且首先标志着一种方法和思维态度：特殊的哲学思维态度和特殊的哲学方法。

作为一门严肃科学的当代哲学，都认为一切科学，包括哲学，只有一种共同的认识方法，这几乎已成为老生常谈。这种信念完全符合17世纪哲学的伟大传统，这种信念认为，对哲学的所有拯救都依赖于这一点，即：哲学把精确科学作为方法楷模，首先把数学和数学的自然科学作为方法的楷模。与这种方法上的等同联系的还有对哲学与其他学科内容上的等同，当今人们还得把下列观点看做是一种占统治地位的观点；即：哲学，确切些说，最高的存在—科学学说不仅与所有其他科学有关，而且也建立在它们的成果的基础上，就像科学是互为基础的一样，一些科学的成果可能作为另一些科学的前提。我想到了在认识心理学和生物学中所流行的对认识论的论证。在我们的时代，反对这种灾难性的先入之见的情形是大量存在的。这些确实是先入之见。

在自然的研究领域中，一门科学完全可以把自己建立在另一门科学之上，并且一门科学可以作为另外一门科学方法上的楷模，尽管它们的规模在一定程度上还要受到各自研究领域性质的规定和限制。但哲学却处于一种全新的维度中，它需要全新的出发点以及一种全新的方法，它们使它和任何"自然的"科学从原则上区别开来。由此得出，赋予自然科学以统一性的逻辑操作方式运用一切变通于各科学之间的特殊方法，因而具有一种统一性、原则性的特征，方法论的操作方式，作为一种原则上具有新统一性的哲学，把这种特征置于自己的对立面。再由此得出，在全部认识批判和"批判的"学科之中的纯粹哲学必须漠视在自然科学中和在尚未科学地组织的自然智慧和知识中所进行的思维工作，并且不能对它作丝毫运作。

我们先通过下列论述来进一步了解这门学说，在后面将对它进行更进一步的论证和阐述。

在必然产生认识批判的反思（我指的是最初的、在科学认识批判之前的以及在自然思维方式中进行的那种反思）的怀疑主义的传播，任何自然科学和任何自然方法都不再作为一种可运用的财富。因为一般认识的客观切合性根据意义和可能性已完全变得神秘进而受到怀疑，而且，精确认识的神秘性并不比非精确认识的神秘性更少，科学认识的神秘性也并不比前科学认识的神秘性更少。认识的可能性，确切些说，认识如何能够切中在自身中存在的客观性本身的可能性成为疑问。而在这后面还隐含着：认识的功效，它的有效性的或合理要求的意义，对有效认识与纯虚妄认识之间区别的意义都成为疑问；同样，从另一方面来看，一个对象就是它所存在的那个存在，无论这对象是被认识的还是未被认识的，它本身还是那样存在着并且它作为对象仍然是可能的认识对象，它的意义原则上是可认识的，并且即使它事实上永远不会被认识，和永远不能被认识，它的意义原则上还是可感知的、可想象的、并且在可能的判断思维中是可以通过谓词被规定的等等。

但我们看不出，运用从自然认识中产生的、并在这些认识中被如此"精确论证了"的前提会对解除我们认识批判的顾虑，回答认识批判的问题有何帮助。如果自然认识的意义和价值成为问题，完全是由于它所有方法的措施和所有精确论证的话，那么任何被规定为自然认识领域的出发点的公理和任何所谓精确论证的方法也就成为问题。最严密的数学和数学自然科学在这里都不比日常经验的某种真实的或所谓的认识具有丝毫优越性。因而很明显，根本谈不上哲学（它从认识批判开始并且它的一切都植根于认识批判之中）在方法上（甚或在内容上）要向精密科学看齐，根本谈不上哲学必须把精密科学的方法当做楷模，也根本谈不上哲学应当根据一种原则上在所有科学中同一的方法论继续进行在精密科学中所进行的工作，并且完成这些工作。我重申，哲学处于一种相对于所有自然科学来说的新尺度中，虽然这种新尺度（如这个词所形象地说明的）与旧尺度可能有着本质的联系，但它符合于一种从根本上全新的方法，这种方法和"自然的"方法是对立的。谁否认这一点，谁就没有理解认识批判所特有的全部问题，因而也就没有理解，哲学究竟要做什么和应该做什么，以及相对于所有自然认识和科学，赋予哲学怎样的特性和合理性。

### 选文出处

胡塞尔：《现象学的观念》，倪梁康译，上海，上海译文出版社，1986年，第19~27页。

## 2 《现象学的观念》第二讲——认识批判问题

认识批判的开端：对所有知识的质疑——根据笛卡儿的怀疑考察获得绝对确定的基地——绝对被给予性领域——重复和补充；对否定认识批判可能性的论据的反驳——自然认识之谜：超越——对内在和超越两个概念的区分——认识批判的第一个问题：超越的认识的可能性——认识论还原的法则。

在认识批判的开端，整个世界、物理的和心理的自然、最后还有人自身的自我以及所有与上述这些对象有关的科学都必须被打上可疑的标记。它们的存在，它们的有效性始终是被搁置的。

现在的问题在于，认识批判如何能够确立自己？如果认识批判是在正确理解之中的认识，那么它就要以科学的自明性科学认识地、并由此客观化地确定，认识按其本质是什么，认识与被规定给它的对象之间关系的意义是什么，对象的有效性或切合性的意义又是什么。认识批判所必须进行的中止判断（εποχη）不可能具有如下意义，即：它不仅在开始时，而且自始至终在对任何认识，也包括它自己的认识进行质疑，并使任何被给予性，也包括它自己所确定的被给予性无效。既然它不能把任何东西作为预定立为前提，那么它就必须提出某种认识，这种认识不是它不加考察地从别处取来的，而是它自己给予的，它自己把这种认识设定为第一性的认识。

这种第一性的认识绝对不能包含任何模糊性和可疑性，否则它们会使认识具有神秘、疑问的性质，这最终会使我们陷于窘境，以至于我们只好说，一般认识是一个问题，是一个不可理解的、需要澄清的、根据它的要求来说令人怀疑的东西。用相关的方式表达：如果我们不能把存在作为预定的，因为，我们不理解，自在的、但却在认识中被认识的存在具有什么意义，那么就必须证明一种我们所必须承认的绝对被给予的和无疑的存在，这种被给予是指：它具有使任何问题都必然迎刃而解的那种明晰性。

现在让我们回忆一下笛卡儿的怀疑考察。由于考虑到错误和假象的多种可能性，我也许会陷于这样一种怀疑主义的绝望中，以至于我最后只能说，对我来说没有什么是可靠的，一切都是可疑的。但是，对于我来说显然并不可能一切都可疑，因为在我做出一切对我都可疑这个判断的同时，我如此判断，是无疑的，一旦明白了这一点，那么想坚持普遍怀疑就会导致悖谬。而在任何一个怀疑的情况中，确定无疑的是，我在这样怀疑着。任何思维过程也是如此。无论我感知、想象、判断、推理，无论这些行为具有可靠性还是不具有可靠性，无论这些行为具有对象还是不具有对象，就知觉来说，我知觉这些或那些，这一点是绝对明晰和肯定的；就判断来说，我对这和对那作判断，这一点是绝对明晰和肯定的，如此等等。

笛卡儿把这些考虑用于其他目的；但我们在这里可以通过适当改造来利用它们。

如果我们提出关于认识本质的疑问，那么就会牵涉到对认识的切合性的怀疑和认识本身的状况，首先认识是一个杂多的存在领域的称号，这个领域可以绝对被给予我们并且必须以个别的方式绝对被给予。这样，我们真实进行着的思维的形态是被给予我们的，只要我们对它进行反思，纯直观地接受它和设定它。我可以以模糊的方式谈论认识、感知、想象、经验、判断、推理等等，如果我进行反思，那么这种模糊的"关于认识、经验、判断等等的谈论和意指"的现象当然只是被给予，并且也是绝对地被给予。这种模糊的现象就已经是那些在最广泛的意义上被称为认识的那些东西中的一个。但我也可以现实地进行感知并且观察感知，我此后还可以在想象和回忆中使一个感知在我面前再现出来，并且在这种想象的被给予性中观察这感知。这样，我的谈论就不再是空泛的，我的意指和关于感知的想象也就不再是模糊的，感知这时作为一个现实的或想象的被给予性仿佛就在我眼前。对于任何智性的体验，对于任何思维形态和认识形态来说，都是如此。

在这里我把直观反思的感知和想象并列在一起。按照笛卡儿的考察顺序则应当首先说明感知：与传统认识论的所谓内心感知在某种程度上相符合，感知显然是一个变动不定的概念。

在进行任何智性的体验和任何一般体验的同时，它们可以被当做一种纯粹的直观和把握的对象，并且在这种直观之中，它是绝对的被给予性。它是作为一种存在之物，作为一个此物（Dies da）被给予的，而对这个此物的存在进行怀疑是根本无意义的。尽管我能够考虑，这是一种什么样的存在以及这种存在方式与其他的存在方式有何关系，此外我还可以考虑得远一些，被给予性在这里意味着什么，并且我能够在继续反思的同时，使直观本身对我来说成为这样一种直观，在它之中，上述被给予性，或者说，上述存在方式构造着自身。但是，我此刻仍然在绝对的基础上活动，就是说：这个感知是，并且只要它持续着，就始终是一个绝对之物，一个此物，某个在自身之中存在的东西，它就是某种我能够把它作为最终标准进行测量的东西，它可以表示，并且在这里必然表示存在和被给予，当然至少表示那种通过"此物"来说明的存在方式和被给予方式。并且一切特殊的思维形态，只要它们是被给予的，就都是如此。但是所有这些特殊的思维形态在想象中也都能够是被给予性，它们能够"仿佛"在眼前一般出现，但却不是作为现实的现在性，作为现实进行着的感知、判断等等而出现的。即使这样，它们在某种意义上还是被给予性，它们直观地出现在这里，我们不仅仅是在模糊的暗示中、在空泛的意指中谈论它们，我们还直观它们并且在直观它们的过程中能够直观到它们的本质、它们的构造、它们的内在特征，并且在纯粹的测量中将我们的谈论紧靠直观到的丰富的明晰性上去。但这里必须立即补充对本质概念和本质认识的探讨。

我们暂且确定，可以从一开始就描述绝对被给予性的领域；并且，如果建立一门认识论的打算是可能的，那么这个领域正是我们所需要的。事实上，关于认识的意义方面和本质方面的模糊性正需要一门关于认识的科学，这门关于认识的科学的意图就仅仅在于使认识获得本质的明晰性。它不想解释作为心理事实的认识，它不想研究认识产生和消失的自由条件以及认识在其生成和变化过程中所必然依据的自然规律：研究这些问题是自然科学的任务，即关于心理事实、关于进行体验的心理个体的体验的自然科学的任务。相反，认识批判是想揭示、澄清、阐明认识的本质和这本质所属的关于有效性的合理要求；换言之，使它们成为直接的自身被给予性。

重复和补充。自然的认识在各门科学中获得始终富有成效的进展，这使它对自己的切合性确信不疑，它没有理由对认识可能性和被认识的对象的意义感到不安。然而，一旦针对认识与对象的相互关系进行反思（一方面在认识和认识行为；另一方面在与认识对象的关系中也可能对认识的思想含义进行反思），那么困难、不利的情况，矛盾的、但却被误认为已得到论证的理论就出现了，它们迫使人们承认，认识的可能性就其切合性而言是一个谜。

一门新的科学要在此产生：这就是认识批判，它要整顿这种混乱并且向我们揭示认识的本质。显然，形而上学这门绝对的和最终意义上的存在科学的可能性依赖于认识批判这门科学的成功。但这样一门关于认识的科学究竟如何才能完全确立起来呢？凡是使一门科学受到怀疑的东西，它都不可当做已经给予的基础来利用。但是，由于认识批判把一般认识的可能性，即就认识的切合性而言的可能性，设定为问题，因此一切认识就都是可疑的。只要认识批判开始进行，对它来说，任何认识就不能再作为被给予的认识。因而它不能从任何前科学的认识领域中接受任何东西，任何认识都具有可疑性的标记。

没有被给予的认识作为开端，也就没有认识的发展。就是说认识批判根本就无从开始。这样一门科学根本就不可能有。

我认为，这里有一点是正确的：在开端上任何认识都不能不假思索地被当做已确定的认识。但如果认识批判从一开始就不能接受任何认识，那么它开始时可以自己给自己以认识，并且自然是认识批判不能进行论证和逻辑推导的认识，因为论证和推导需要有事先就必须被给予的直接认识；相反，它直接指出这些认识，这些认识具有以下性质：它绝对明晰无疑地排除任何对其可能性的怀疑，并且绝对不包含任何导致一切怀疑主义混乱的难解之谜。现在我指出笛卡儿的怀疑考察和绝对被给予性的领域，或者说绝对认识的范围，这种绝对认识是在思维的明证性的概念下被把握的。现在还应当进一步指出，这种认识的内在使它能够作为认识批判的第一出发点；此外，它借助这种内在摆脱了那种神秘性，这种神秘性是产生所有怀疑主义窘境的根源；最后，内在是所有认识论的认识必不可少的特征，不仅仅是在开端上，而且任何时候向超越的领域的借贷，换言之，即任何把认识论建立在心理学或其他自然科学基础之上的做法都是一种悖谬（nonsens）。

我还要做一补充：有如下表面的论证：由于认识论将一般认识看做是可疑的，因此认识论如何得以开始呢——任何开端的认识作为认识都是可疑的；并且如果所有认识对于认识论来说都是一个谜，那么认识论自己用以开端的第一个认识也是一个谜。我认为，这种表面的论证当然是一种虚假论证。这种虚假起因于此话模糊的一般性。一般认识是"可疑的"，这并不表明否定一般认识的存在（这会导致悖谬），而是说，认识包含着某种问题，例如：某个被归于它的切合性方面的成就是如何可能的，甚至我也许还会怀疑，它是否可能。即使我自己在怀疑，但是，由于能够指出使怀疑没有对象的那些认识，怀疑随即也就消失了，因此，我就有可能迈出第一步。其次，如果我以对一般认识的不理解作为开端，那么这种不理解在其模糊的一般性中当然也包括每一个认识。但这并不是说，我将来遇到的每一个认识在任何时候都必然对我是不可理解的。在一个最初普遍展现在我们面前的认识层次上有可能存在着一个大谜，并且当我陷入一般性的窘境时，我会说：一般认识是一个谜，然而很快便表明，这个谜并不寓于某些其他的认识之中。我们将得知，情况确实如此。

我说过，认识批判必须与之相连接的那些认识不能含有丝毫可疑性，不能含有任何使我们陷于认识论的混乱之中的东西和任何超越整个认识批判的东西。我们必须指出，这是符合思维领域的情况的。但为此需要进行更深刻的反思，这种反思会给我们带来根本性的推动。

如果我们更进一步地观察一下，什么东西如此神秘、什么东西使我们在关于认识可能性的最先的反思中陷于窘境，那么这便是认识的超越。所有自然的认识、前科学的特别是科学的认识，都是超越的、客观化的认识；它将客体设定为存在着的，它要求在认识上切中事态，而这种事态在认识之中并不是"真正意义上"被给予的，并不"内在"于认识。

如果进一步考察一下，那么超越显然具有双重意义。它或者可能是意指在认识行为中对认识对象的非实项含有，以至于"在真正意义上被给予"或者是"内在地被给予"被理解为实项地含有；认识行为、思维具有实项的因素，具有实项的构造性的因素，但思维所意指的、所感知的、所回忆的事物却只能作为体验，而不是实项地作为一个部分，作为真实地在其中存在着的东西在思维自身之中被发现。因而问题在于：体验如何能够超越自身？在这里，内在是指在认识体验中实项的内在。

但还有另一种超越，它的对立面是完全另一种内在，即绝对的、明晰的被给予性，绝对意义上的自身被给予性。这种排除任何有意义的怀疑的被给予的存在是指对被意指的对象本身的一种绝对直接的直观和把握，并且它构成明证性的确切概念，即被理解为直接的明证性。所有非明证的，虽然指向或设定对象，却不自身直观的认识都是第二种意义上的超越。在这种认识中，我们超越了真实意义上的被给予之物，超越了可直接直观和把握的东西。这里的问题是：认识如何能够把某种在它之中不直接的和不真实地被给予的东西设定为存在着的？

在进行更深刻的认识批判的考虑之前，这两种内在和超越是混杂在一起的。很明显，提出第一个关于实项的超越的可能性问题的人实际上把第二个问题，即关于对明证的被给予性领域的超越的可能性问题也掺杂在里面了。就是说他默默地假定：唯一真正可理解的、无疑的、绝对明证的被给予性是在认识行为中实项含有的因素的被给予性，因此对它来说被认识的对象中任何未被实项地包含的东西都是神秘的、成问题的。我们很快将得知，这是一个致命的错误。

无论人们现在是在这种、那种还是首先在多种意义上理解超越，它都是认识批判的起初的和主导的问题，它是一个谜，这个谜对自然认识来说是一块拦路石，而对于新的研究则是一种推动。开始时，人们可能会把解决这个问题看做是认识批判的任务，并借此给这门新学科划定第一个暂时的界限，而不是更普遍地将一般认识的本质问题看做认识批判的主题。

如果在最初确立这门科学时这个谜都存在于此，那么就可以更明确地确定，哪些东西不能当做预先被给予的东西。就是说，超越之物不能作为预先被给予的东西来运作。如果我不理解认识切中其超越之物是如何可能的，那么我也不知道，这是否可能。现在，科学地论证超越的存在对我丝毫没有帮助。因为所有间接论证都回归到直接论证上去，而直接的东西已经包含着谜。

但也许有人会说：直接认识和间接认识一样，都包含着谜，这一点是肯定的；但是这个"如何可能的"是可疑的，而"这是可能的"却是绝对肯定的；任何有理智的人都不会怀疑世界的存在，怀疑论者的谎言受到他的实践的惩罚。那么好吧，我们用一个更有力、并且更广泛的论证来回答他。因为这不仅证明，人们在认识论的开端不能依赖自然的和超越地客观化的一般科学，而且也证明在认识论的整个进程中也不能依赖这种科学。因而它证明了一个基本的命题：认识论从来不能并且永远不能建立在任何一种自然科学的基础上。于是我们要问：我们的对手想用他的超越的知识来做什么呢？我们把客观科学所储存的所有的超越的真理都交给他自由使用，并且推测这些真理的真实性价值并不因为以产生的超越科学如何可能这个谜而受到改变。他想用这些包罗万象的知识来做什么呢？他想怎样从"这是可能的"过渡到"如何可能的"上去呢？他的知识作为事实——这一事实即：超越的认识是真实的——向他保证，超越的认识的可能性在逻辑上是显而易见的。但这个谜是：超越的认识如何可能。他能够在所有科学假设的基础上，在所有的认识甚至包括超越的认识的前提下解决这个问题吗？我们考虑一下：他还缺少什么？对他来说，超越的认识的可能性是显而易见的，实际上只是以分析的方式显而易见，于是他说，我具有关于超越之物的知识。他缺少什么是很明显的。他不明白与超越之物的关系，他不明白人们归功于认识和知识的那种"超越的切中"。他的明晰性在哪里，是怎样的？但愿这种关系的本质在某处被给予他，这样他就能够直观到这些，认识和认识客体的统一性（"切合性"一词正暗示着这种统一性）就在他自己眼前，因而他不仅具有关于这种统一性的可能性的知识，而且在这统一性的明晰被给予性中把握这种可能性。可能性本身对他来说同样是一种超越之物，是一种被知道的、但却不是自身被给予的、被直观到的可能性。他的想法显然是：认识是一种不同于认识客体的东西；认识是被给予的，而认识客体不是被给予的；但认识却应当与客体有关，应当去认识客体。我如何才能理解这种可能性呢？回答显然是：只有关系本身作为一种可直观的东西被给予，我才能够理解这种可能性。如果客体是并且始终是一种超越之物,而且如果认识和客体确实不一致,那么他在这里当然什么也看不见,并且他以某种方式、完全通过对超越隐含的假设的推论使自己得以明白的这种希望,显然也是一件愚蠢之举。

有了这些想法,他就必须理所当然地坚决放弃他的出发点:他必须承认,在这种情况下,关于超越之物的认识是不可能的,他有关的所谓知识只是先入之见。这样,问题就不再是超越的认识是如何可能的,而把超越的效力归于认识的这种先入之见如何解释自己:这恰恰是休谟的道路。

但我们不考虑这些,我们对如下这个基本思想做补充说明,这一基本思想就是:"如何可能"的问题(超越的认识如何可能,甚至从更普遍的意义上说:一般认识如何可能)永远不可能根据关于超越之物的预先被给予的知识以及对此预先被给予的公理得以解决,哪怕它是产生于精密科学之中的公理;对这个思想,我们的补充说明如下:一个天生的聋子知道,有声音存在,并且声音形成和谐,并且在这种和谐中建立了一门神圣的艺术;但他不能够理解,声音如何做这件事,声音的艺术作品如何可能。他也不能想象同一类东西,即:他不能直观它们,并且不能在直观中把握"如何可能"。他的关于存在的知识对他毫无帮助,并且如果他想根据他的知识对声音艺术的"如何可能"进行演绎,通过对他的知识的推理弄清声音艺术的可能性,那就太荒唐了。对只是被知道,而不是被直观到的存在进行演绎,这是行不通的。直观不能论证或演绎。企图通过对一种非直觉知识的逻辑推理来阐明可能性(而是直接的可能性),这显然是一种悖谬。我完全可以肯定,有超越的世界存在,可以把所有自然科学的全部内容看做有效的;但我不能借用它们。我永远不能奢望借助超越的假设和科学的结论达到我在认识批判中想达到的目的,即观察到超越认识的客观性的可能性。并且这显然不仅对知识批判的开端,而且对认识批判的所有进程都有效,只要它还停留在对认识如何可能这个问题的阐述上。并且,这显然不仅对超越的客观性问题有效,而且对任何可能性的阐述都有效。

每当人们进行超越的思维,并且在这种思维的基础上确立一种判断时,人们总是极其强烈地倾向于在超越的意义上作判断并因此陷入"向另一个类的超越"之中,如果我们把上述结论与这种强烈的倾向性相联系,那么,对认识论法则的全面而又充分的演绎就形成了:在任何认识论的研究过程中,对各种认识类型都必须进行认识论的还原,即:将所有有关的超越都贴上排除的标记,或贴上无关紧要的标记、认识论上的无效性的标记,贴上这样一个标记,这个标记表明:所有这些超越的存在,无论我是否相信它,都与我无关,这里不是对超越的存在做判断的地方,它根本不被涉及。

认识论所有的基本错误——一方面是心理主义的，另一方面是人本主义和生物主义的——都与所说的超越有关。它的影响极其危险，因为它使问题的本来意义永远都不得明白并且在超越中消失，一方面也是由于，连阐明这一点的人要想始终有效地保持这种明晰性也十分困难，而他却非常容易在漫思遥想中重新受到自然的思维和判断方式的诱惑，陷入到所有以这种思维和判断方式为基础而形成的错误的和诱人的问题之中。

### 选文出处

胡塞尔：《现象学的观念》，倪梁康译，上海，上海译文出版社，1986年，第28～38页。

# 海德格尔

> 在《艺术作品的起源》中海德格尔提出艺术作品是以自己的方式开启存在者之存在，在作品中发生着这样一种开启也即解蔽（Entbergen），也就是存在者之真理。在艺术作品中"存在者之真理自行设置入作品中"。在《论真理的本质》中，海德格尔把真理与自由结合起来，认为自由是真理的本质自身，而自由则是让存在者在公开场合中如其所是地那样公开自身，即开显。

## 作者简介

海德格尔(Martin Heidegger, 1889—1976)，现代德国哲学家，现象学和诠释学的重要代表。曾师从胡塞尔，先后任教于马堡大学、弗莱堡大学，并于第二次世界大战期间同德国纳粹有过短暂的暧昧关系。主要著作有《存在与时间》(1927)、《论真理的本质》(1943)、《林中路》(1949)、《形而上学导论》(1953)、《通向语言之路》(1953)等。

**著作选读：**

《存在与时间》；《论真理的本质》；《艺术作品的起源》。

## 1 《存在与时间》——此在，展开状态和真理

哲学自古把真理与存在相提并论。巴门尼德首次揭示了存在者的存在，这一揭示把存在同对存在的知觉性理解"同一"起来：τοτο γαρ αυτο νοειν εστιν τε και ειναι。亚里士多德在他的关于 αρχαι（原理）的发现史的纲要中强调说：在他之前的哲人是由"事物本身"所引导而不得不进行追问的：αυτο το πραγμα ωδοποιησεν αυτοις και συνηναγκασε ξητειν。他还用这样的话来标识这一事实：αναγκαζομενος δ ακολουεειν τοις φαινομενοις：他（巴门尼德）不得不追随那个在其自身显示自身的东西。在另一处他又说道：υπ αυτης αληεειας αναγκαζομενοι，他们为"真理"本身所迫而进行研究。亚里士多德把这种研究活动称为：φιλοσοφειν περι της αλεειας：关于"真理"的"哲学活动"，有时也称为：αποφαιεσεαι περι της αληεειας：鉴于"真理"并在"真理"范

围之内展示给人看。哲学本身被规定为 επιστημη τιε τηϵ αληϵειαε "真理"的科学。然而同时哲学又被标画为 επιστημηχ η εεωρει το ονηρον：考察存在者之为存在者的科学。也就是说，就存在者的存在来考察存在者的科学。

这里所谓"关于'真理'的研究"或"真理"的科学意味着什么？在这种研究中，"真理"是在认识理论或判断理论的意义上成为课题的吗？显然不是；因为"真理"所意味的和"事情"、"自己显示着的东西"是一样的东西。但是，如果"真理"这个词是用来指"存在者"和"存在"的术语，那么这个词究竟意味着什么呢？

如果真理的确源始地同存在联系着，那么真理现象就进入了基础存在论的问题范围之内。这样的话，真理现象岂不是一定已经在准备性的基础分析即此在的分析中露面了吗？"真理"同此在，同此在的存在者状态上的规定性（我们称之为存在之理解）有何种存在者状态及存在论上的联系？能够从存在之理解中指出为什么存在必然同真理为伍，而真理又必然同存在为伍的根据来吗？

这些问题是回避不开的。因为事实上存在就同真理"为伍"，所以在前文所分析的课题中也已经出现真理现象了，虽则我们还没有明确使用真理这个名称。为了更尖锐地提出存在的问题并把包含于其中的问题确定下来，我们现在该明确地界定真理现象。这一工作并非只是把前文分解开来的东西统揽到一处。我们的探索要有一个新的出发点。

本节的分析将从（A）传统的真理概念着手，并试着剖明它的存在论基础。从存在论基础来看，真理的源始现象就映入了眼帘；而从真理的源始现象出发，就不难指出（B）传统真理概念的缘起了。这部探索将摆明，真理的"本质"这问题必然也包含有真理的存在方式问题。在进行这一工作的同时，（C）"有真理"这句话的存在论意义，以及"我们必须以'有'真理为前提"这一必然性的方式也就得到澄清。

**A. 传统的真理概念及其存在论基础**

对于真理本质的传统看法和关于真理的首次定义的意见，可以用三个命题描述出来：1. 真理的"处所"是陈述（判断）；2. 真理的本质在于判断同它的对象相"符合"；3. 亚里士多德这位逻辑之父既把判断认做是真理的源始处所，又率先把真理定义为"符合"。

这里的目的不是写一部真理概念史——它只能在存在论史的基础上写出来。我们将用标明其特征的方式提到一些众所周知的东西，以引出我们的分析讨论。

亚里士多德说：παεημα τα ιηε ψυχηε των πραγματωνομοιωματα[①]：灵魂的"体

---

[①] 亚里士多德：《解释篇》I, 16a. b.

验"即 νοματα（表象）是物的肖似。这一命题决不是作为真理本质的明确意义提出来的，不过后来关于真理的本质形成了 adaequatio intellectus et rei（知与物的肖似）这一公式，亚里士多德的命题遂成为始作俑者。托马斯·阿奎那为这个定义引证了阿维森那，而阿维森那则是从伊萨克·伊斯来利的《定义书》（10世纪）中继承这一定义的。阿奎那也把 correspondentia（相应）和 convenientia（协调，同现）这两个术语用于 adaequatio（肖似）。

19 世纪新康德派的认识论常常把这种真理定义标识为一种方法上落后幼稚的实在论，宣称这一定义同康德"哥白尼式革命"中的任何提问都是无法兼容的。但这种说法忽视了布伦塔诺已经让我们注意到的事情——康德也确信这一真理概念，而且确信到他甚至不加讨论就把它提了出来："人们以为能够用以迫逻辑学家于穷境的那个古老而著名的问题就是：真理是什么？对真理的名词解释，即把真理解释为是认识同它的对象的符合，在这里是被公认的和被设定的……"①

"设若真理在于认识同它的对象相符合，则这个对象一定因而同其他对象有别。因为认识若不同那个它与之相关的对象相符合，那么即令它包含着对其他对象可能有效的东西，这种认识仍是假的。"② 在先验辩证论的导言中，康德说道："真理或假象并不在被直观的对象里面，而是在被思维的对象的判断里面。"③

把真理标画为"符合"（adaequatio υμοιωσιε）是十分普遍而又空洞的。但若这种标画不受关于认识的五花八门的阐释之累而始终一贯，它就会有某种道理。现在我们来追问这种"关系"的基础。在 adaequatio intellectus et rei（知与物的肖似）这一关系整体中，暗中一道设定了什么东西、这个被一道设定的东西本身有何种存在论的性质？

符合这个术语究竟意指什么？某某东西与某某东西相符合，具有某某东西同某某东西有关系的形式。一切符合都是关系，因而真理也是一种关系。但并非一切关系都是符合。一个符号指向被指示的东西。这种指向是一种关系，但不是符号同被指示的东西的符合。而且，显然并非一切符合都意味着在真理定义中确定下来的那类 convenientia。6 这个数目同 16 减 10 相符合，这些数目相符合，它们就"多少"这一方面而言是相等的。相等是符合的一种方式。符合具有"就某方面而言"这一类结构。在 adaequatio（肖似）中，相关的东西在哪方面符合呢？在澄清"真理关系"的时候，我们必须连同注

---

① 康德：《纯粹理性批判》第 2 版，82 页。
② 同上书，83 页。
③ 同上书，350 页。

意到关系诸环节的特性。Intellectus（知）和 res（物）在哪方面符合？按照它们的存在方式和本质内涵，它们竟能提供出它们能够借以相符合的某种方面来吗？因为它们二者原非同类，不能相同，那么二者（intellectus 与 res）也许相似？然而所说认识应当如事情所是的那样把它"给"出来呀。"符合"具有"如……那样"的关系性质。这种关系能够以什么方式成为 Intellectus 与 res 之间的关系？这种问题摆明了：为了把真理结构弄清楚，仅仅把这个关系整体设为前提是不够的；我们必须回过头来追问这个关系整体，直问到承担着这一整体本身的存在联系之中。

为此我们要不要就主客体关系铺开"认识论"问题的讨论？也许我们的分析可以局限于阐释一下"内在的真理意识"，因此也就可以停留在主体的"范围之内"？按照一般意见，真是知识的真，而知识就是判断。就判断而言，必须把判断活动这种实在的心理过程和判断之所云这种观念上的内容加以区分。就后者而言可以说它是"真的"。反之，实在的心理过程则现成在着，或不现成在着。因此，是观念上的判断内容处于符合关系中。这种符合关系于是就涉及观念上的判断内容和判断所及的东西即实在的物之间的联系。符合本身按照其存在方式是实在的还是观念上的？抑或既非实在又非观念上的？应该怎样从存在论上把握观念上的存在者和实在的现成存在者之间的关系？确实有这种关系。在实际的判断活动中，不仅在判断内容和实在的客体之间，而且在观念上的内容和实在的判断过程之间都有这种关系。而在后面这种情况下，这种关系显然更"内在"了。

也许不该追问实在的东西和观念上的东西（μεϵξισ）之间关系的存在论意义。然而据说实有（subsist）这种关系。存在论上的实有说的是什么？

究竟是什么东西妨碍了这个问题的合理性？两千多年来这个问题不曾进展分毫，这是偶然的吗？是不是在着手之初就已经扭曲了这个问题，在存在论上未加澄清地分割实在的东西和观念的东西之际就已经扭曲了这个问题？

如果我们着眼于判断之所云所从出的"现实的"判断活动，实在的过程和观念上的内容的分割竟全无道理吗？认识和判断的现实不是分裂成两种存在的方式和两个"层次"吗？把这两种东西拼合在一起不是从不涉及认识的存在方式吗？虽然心理主义自己也没有从存在论上对所思所从出的思维的存在方式加以澄清，甚至它还没有认识到这一存在方式是个问题，但它拒不接受这种分割。它在这点上不是对的吗？

即使我们返回到判断过程和判断内容的区分，我们也不能把关于 adaequatio（肖似）的存在方式问题的讨论推向前进。但它摆明了：认识本身的存在方式的解释已经无法避免。为此所必需的分析同时也不得试着把真理现象一道收入眼帘，因为真理现象被标画为认识的特征。在认识的活动中，真理什么时候从现象上突出出来？当认识证明自己为真的认识时，自我证明保证了认识的真理性。从而，符合关系就一定得在现象上同证明活动联系起来才能映入眼帘。

我们设想一个人背对着墙说出一个真的陈述："墙上的像挂歪了"。这一陈述是这样来证明自己——那个说出陈述的人转身知觉到斜挂在墙上的像。这一证明证明了什么？证实这一陈述的意义是什么？我们是否断定了"知识"或"所认识的东西"同墙上的物有某种符合？先要在现象上恰当地阐释"所认识的东西"这个词说的是什么，然后才能回答是或否。如果说出陈述的人进行判断之际不是知觉着这张像，而是"仅仅表象着"这张像，那他是同什么发生关系呢？同"表象"吗？当然不是——如果表象在这里意味着表象活动这样一种心理过程的话。他也不是在"所表象的东西"的意义上同表象发生关系——假如所表象的东西意指墙上的实在之物的"像"的话。"仅仅表象着"说出陈述按照其最本己的意义倒不如说是同墙上的实在的像发生关系。指的就是这张实在的像，别无其他。任何阐释，只要它主张于仅仅表象着说出命题之际还有什么别的东西被意指着，那它就歪曲了陈述所说出的那种东西的现象实情。说出陈述就是向着以存在者方式存在着的物本身的一种存在，而什么东西由知觉得到证明？那就是：陈述中曾指的东西，即是存在者本身。如此而已。证实涉及的是：说出陈述这种向陈述之所云的存在是存在者的展示；这种说出陈述的存在揭示了它向之而在的存在者。陈述在揭示着，这一点得到证明。所以，在进行证明的时候，认识始终同存在者本身相关。证实仿佛就在这个存在者本身上面发生。意指的存在者如它于其自身所是的那样显示出来。这就是说，它在它的自我同一性中存在着，一如它在陈述中所展示、所提示的那样存在着。表象并不被比较：既不在表象之间进行比较，也不在表象同实在物的关系中进行比较。证明涉及的不是认识和对象的符合，更不是心理的东西同物理的东西的符合，然而也不是"意识内容"相互之间的符合。证明涉及的只是存在者本身的被揭示的存在，只是那个"如何"被揭示的存在者。被揭示状态的证实在于：陈述之所云，即存在者本身，作为同一个东西显示出来。证实意味着：存在者在自我同一性中显示。[1] 证实是依

---

[1] 关于"验证"作为证明的观念，参见胡塞尔《逻辑研究》第2版 第2卷，第2部分，第6研究。关于"明证与真理"，见上书第36节至39节，第115页以下。关于现象学的真理论的通常描述，集中在《逻辑研究》批判性的绪论中。这里的描述与波尔查诺的命题理论相关。各种实证的现象学解释与波尔查诺的理论根本不同，人们对这些解释往往不屑一顾。在现象学的研究之外，唯一积极地接受上述这些研究的人是欧·拉斯克。他的《哲学的逻辑》（1911年）受到了"第6研究"的强烈影响，而《判断理论》（1912年）则受到上述研究中关于"明证性与真理"章节的影响。

据存在者的自我显示进行的。这种情况之所以可能，只因为说出陈述并自我证实着的认识活动就其存在论意义而言，乃是向着实在的存在者本身的揭示着的存在。

一陈述是真的，这意味着：它按存在者本身揭示存在者。它在存在者的被揭示状态中说出存在者，展示存在者，"让人看见"存在者。陈述"是真"（真理）必须被理解为揭示着的存在。所以，如果符合的意义是一个存在者（主体）对另一个存在者（客体）的肖似，那么真理就根本没有认识和对象之间相符合那样一种结构。

从存在论上来说，作为"揭示着的"那个"是真（真在）"又只有根据在世存在才是可能的。我们曾借在世存在这种现象来认识此在的基本机制。在世存在现象也是真理的源始现象的基础。我们现在应当对真理现象进行更深入的研究。

### B. 真理的源始现象和传统真理概念的缘起

"是真"（真理）等于说"是进行揭示的"。但这岂不是一个极其任意的真理定义吗？也许，用这样激烈的办法来规定真理概念能把符合这一观念从真理概念中清除出去。但以这种可疑的收益为代价岂不一定是把"优良的"老传统葬送了吗？古代哲学的最老传统源始地感到了某种东西，且以一种前现象的方式就对这种东西有所领会，而我们的貌似任意的定义不过是对这种东西进行必要的阐释罢了。λογοϵ（说，逻各斯）这种αποφανσιϵ（让人看）的"是真"乃是一种ϵποφαινϵσϵαι（揭示）方式的αληϵϵυϵιν（真在）：把存在者从遮蔽状态中取出来而让人在其无蔽状态（揭示状态）中来看。在前面的几段引文中，亚里士多德把αληϵϵια（真理）同πραγμα（事情）、φαινομϵυα（现象）相提并论，这个αληϵϵια就意味着"事情本身"，意味着这样那样得到了揭示的存在着。赫拉克利特残篇是明确讨论λογοϵ的最古老的哲学训导，在一段残篇[①]中，我们所说的真理现象始终是在被揭示状态（遮蔽状态）的意义上出现的。这是偶然的吗？他把无所理解的人同λογοϵ，同说λογοϵ和理解λογοϵ的人加以对照。λογοϵ是φραξων οκωϵφ ϵχϵι（逻各斯道出存在者如何行事）。但是对于无所理解的人，其所行之事却λανϵανϵι（停留在遮蔽状态中），ϵπιλνοανονται（他们遗忘），这就是说，对于他们，其所行之事又沉回遮蔽状态中去了。所以αληϵϵια，即无蔽状态属于λογοϵ。用"真理"这个词来翻译αληϵϵια，尤其从理论上对这个词进行概念规定，就会遮蔽希腊人先于哲学而领会到的东西的意义，希腊人在使用αληϵϵια这一术语的时候，是"不言自明地"把那种东西作为基

---

[①] 参见第尔斯《前苏格拉底残篇》赫拉克利特，残篇1。

础的。

　　我们在引用这类证据的时候，须谨防益发陷入文字玄谈。不过，保护此在借以道出自身的那些最基本词汇的力量，免受平庸的理解之害，这归根到底就是哲学的事业。因为平庸的理解把这些词汇敉平为不可理解的东西，而这种不可理解的状态复又作为伪问题的源泉发生作用。

　　前文对 λογοε 和 αληεεια 所作的阐释似乎是教条式的。现在，这些阐释得到了现象上的证明。我们提出的真理"定义"并非摆脱传统，倒是把传统源始地据为己有：如果我们能成功地证明基于源始的真理现象的理论不得不倒向符合这种观念，以及这种演变是如何发生的，我们的成果就更加完满了。而且，把真理"定义"为揭示状态和揭示着的存在，这也并不是单纯的字面解释。我们本来就习惯于把此在的某些行为称为"真的行为"，上述定义就出自此在的这些"真的行为"的分析。真在这种揭示着的存在是此在的一种存在的方式。使这种揭示活动本身成为可能的东西，必然应当在一种更源始的意义上被称为"真的"。揭示活动本身的生存论存在论基础首先指出了最源始的真理现象。

　　揭示活动（das Entdecken）是在世的一种存在方式，寻视着的烦忙或甚至逗留着观望的烦忙都揭示着世内存在者，世内存在者成为被揭示的东西，只在第二位意义上它才是"真的"。原本就"真"的，亦即进行揭示的，乃是此在。第二位意义上的真说的不是进行揭示的存在（揭示），而是被揭示的存在（被揭示状态）。

　　前面对世界之所以为世界的分析及对世内存在者的分析曾指出：世内存在者的揭示状态（Entdecktheit）奠基于世界的展开状态（Erschlossenheit）。而展开状态是此在的基本方式，此在以这种方式是它的此。展开状态是由境缘、理解和言谈来规定的。它同样源始地涉及世界，在之中和自身。烦的结构是先行于自身的——已经在一世界中的——作为寓于世内存在者的存在。烦的这种结构包含着此在的展开状态于自身。随着这种展开状态并通过这种展开状态才有被揭示状态；所以只有通过此在的展开状态才能达到最源始的真理现象。前文就此的生存论建构方面和此的日常的存在方面指示出来的东西，涉及的恰恰就是它的展开状态，只要此在作为展开的此在开展着，揭示着，那么它本质上就是"真的"。此在"在真理中"。这一命题具有存在论意义。它不是说：在存在者状态上，此在一向或有那么一次被引进了"全真境界"，而是说，此在的最本己的存在的展开状态属于它的生存论机制。

　　我们且记住前文的讨论所取得的成果。下面诸项规定将把"此在在真理中"这一原理的全部生存论意义表达出来。

411

1. 此在的生存论机制从本质上包含有一般展开状态。展开状态包括着存在的结构整体，这个结构整体通过烦的现象成为鲜明可见的。烦不仅包含着在世的存在，而且也包含有寓于世内存在者的存在。世内存在者的揭示状态同此在的存在以及此在的展开状态是同样源始的。

2. 此在的存在机制包含有被抛状态。被抛状态是此在的展开状态的构成环节。在被抛状态中暴露出这样的情况，此在——为我的此在和这个此在——一向已在某一世界中，一向已寓于某些世内存在者的某一范围。展开状态从本质上乃是实际的展开状态。

3. 此在的存在机制中包含有筹划，即向此在的能在开展的存在。此在作为有所理解的此在既可以从"世界"和他人方面来理解自己，也可以从自己的最本己的能在方面来理解自己。后一种可能性又是说：此在在最本己的能在中并作为最本己的能在把它自己对它自己开展出来。这一本真的展开状态指出了本真存在状态模式中的最源始的真理现象。此在作为能在所能存在的最源始和最本真的展开状态乃是生存的真理。只有同此在的本真状态联系起来，存在的真理才能获得生存论存在论上的规定性。

4. 此在的存在机制包含有沉沦。此在当下和通常失落于它的"世界"。理解作为向着存在的可能性的筹划，改道而向"世界"方面去了。消散于常人之中意味着公共意见占统治地位。闲谈，好奇，两可使被揭示的东西和展开的东西处于伪装状态和封闭状态的样式之中。向着存在者的存在未被拔除，然而却断了根。存在者并非完全遮蔽着，恰恰是，存在者虽被揭示同时又被伪装，存在者虽呈现，即是以假象的模式呈现。从前被揭示了的东西，同样又沉回伪装状态和遮蔽状态中。因此此在从本质上沉沦着，所以，依照此在的存在机制，此在在"不真"中。"不真"这个名称正如"沉沦"这个词一样，在这里是就其存在论意义来用的。当我们在生存论分析中使用这个名称的时候，应当远避任何存在者状态上的否定的"估计"。此在的实际状态中包含有封闭状态和遮蔽状态。就其完整的生存论存在论意义来说，"此在在真理中"这一命题同样源始地也是说："此在在不真中"。不过，只因为此在是展开的，它才也是封闭的，只因为世内存在者一向已随着此在是揭开的，这类存在者作为可能的世内照面的东西才是遮蔽的或伪装的。

因而，从本质上说，此在为了明确占有即使已经揭示的东西，就不得不反对假象和伪装，并一再重新确保揭示状态。从来没有任何新揭示是在完全遮蔽状态的基础上进行的，一切新揭示却以假象样式中的揭示状态为出发点。存在者看上去好像如此这般，这就是说，存在者已经以某种方式揭开了，然而还伪装着。

真理（揭示状态）总要从存在者那里争而后得。存在者从遮蔽状态上被揪出来。实际的揭示状态总仿佛是一种劫夺。希腊人在就真理的本质道出他们自己时，用的是一个剥夺性质的词 $\alpha\lambda\eta\varepsilon\iota\alpha$（去蔽），这是偶然的吗？当此在如此这般地道出自己之际，不是有一种对它自身的源始的存在理解宣示出来了吗？——哪怕这种存在理解只是以前存在论的方式理解到："在不真中"造就了"在世界之中"的一个本质规定。

引导巴门尼德的真理女神把他带到两条道路前面，一条是揭示之路，一条是遮蔽之路。这不过意味着此在一向已在真理和不真中罢了。揭示之路是借 $\kappa\rho\iota\nu\varepsilon\nu o\gamma\omega$（以概念方式加以区别）达到的，也就是借有所理解地区别这两条道路并决定为自己选择其中的一条达到的。

在世存在是由"真理"和"不真"来规定的。这一命题的生存论存在论条件在于此在的那种我们标识为被抛的筹划的存在机制。这一存在机制是烦的一个构成环节。

真理现象的生存论存在论阐释得出如下命题：1. 在最源始的意义上，真理乃是此在的展开状态，而此在的展开状态中包含有世内存在者的揭示状态；2. 此在同样源始地在真理和不真中。

在真理现象的传统阐释的地平线之内，若要充分洞见上述命题，就必须先行指明：1. 被理解为符合的真理，通过某种特定变异来自于展开状态；2. 展开状态的存在方式本身使展开状态的衍生变式首先映入眼帘并指导着对真理结构的理论解释。

陈述及其结构即句法上的"作为"奠基于解释及其结构，即诠释学上的"作为"，并进而奠基于理解，即此在的展开状态。人们把真理看做是陈述的真理的根系就反回来伸到理解的展开状态那里了。我们不停留于指出作为陈述的真理的渊源，我们现在还必须明确地指出符合现象的谱系。

寓于世内的存在者的存在，即烦忙活动，是揭示着的。此在的展开状态则从本质上包含有言谈。此在道出自身——这个自身是揭示着的向着存在者的存在。此在在陈述中道出自身——这个自身是关于被揭示的存在者的自身。陈述就存在者"如何"被揭示把存在者传达出来。听取传达的此在于听取之际把自己带进向着所谈的存在者的有所提示的存在。道出的陈述在它的何所道中包含着存在者的揭示状态。这一揭示状态保存在道出的东西中。被道出的东西仿佛成了一种世内上手的东西，可以接受下来，可以传说下去。由于揭示状态得到保存，上手的道出的东西本身就同存在者（它一向是关于这个存在者的陈述）具有某种联系。揭示状态一向是某某东西的揭示状态。即使在人云亦云之际，那个人云亦云的此在亦进入了某种对所谈的存在者本身的存在。不过这个此在免于重新进行源始揭示，它也自认为它免于重新进行源始揭示。

此在无须乎借"原初"经验，把自己带到存在者面前，但尽管如此，它却仍然在某种向着存在者的存在中。在大多数情况下，人们不是借亲身揭示来占有被揭示状态的，而是通过对人云的道听途说占有它的。消散于人云之中是常人的存在方式。道出来的东西本身把向陈述所提示的存在者的存在这回事接了过来。然而，若要明确地就存在者的揭示状态占有存在者，那么我们就得说，应当证明陈述是起揭示作用的陈述。但道出的陈述是一个上手的东西，而且，作为保存被揭示状态的东西，它本来就同被揭示的存在者具有某种联系。那么，要证明陈述是起揭示作用的存在，就等于说，证明保存着被揭示状态的陈述同存在者有联系，这个存在者是世内的上手东西或现成东西。这种联系本身也表现得像是现成联系。但这种联系在于：保存在陈述中的被揭示状态是某某东西的被揭示状态。判断"包含着对诸对象有效的东西"（康德语）。这种联系被旋扭到现成东西之间的某种关系上面，于是这种联系本身获得了现成性质。某某东西的被揭示状态变成了现成的一致性，即道出的陈述这一现成东西对所谈的存在者这一现成东西的现成一致。只要我们还只把这种一致性看成现成东西之间的关系，也就是说，只要我们不加区别地把这些关系项的存在方式理解为仅仅现成的东西，那么那种联系就表现为两个现成东西的现成符合。

陈述一旦道出，存在者的被揭示状态就进入了世内存在者的存在方式。而只要在这一被揭示状态（作为某某东西的揭示状态）中贯彻着一种同现成东西的联系，那么被揭示状态（真理）本身也就成为现成东西（intellectus 与 res）之间的一种现成关系。

被揭示状态是奠基于此在的展开状态的生存论现象。这种生存论现象现在变成了现成的属性，尽管它还包含着联系性质于自身。它作为现成属性折裂为一种现成关系。展开状态和对被揭示的存在者的揭示着的存在这一意义上的真理变成了世内现成存在者之间的符合这一意义上的真理。我们以此指出了传统真理概念的存在论谱系。

然而，按照生存论存在论的根系联系的顺序来说是最后的东西，在实际存在者状态上却被当做最先最近的。但若就其必然性来看，这一实际情形复又奠基于此在本身的存在方式。在消散于烦忙活动之际，此在从世内照面的存在者方面来理解自己。被揭示状态虽然从属于揭示活动，但它首先从世内存在者方面摆在道出的东西里面。不仅真理是作为现成的东西来照面，而且一般的存在理解也首先把一切存在者都理解为现成的东西。最初对从存在者状态上首先来照面的"真理"所作的存在论的思考，把 λογοε（说）理解为 λοσοε τινοε（关于某某东西的说，某某东西的被揭示状态）。但这种思考却把现象尽可能地按其现成性阐释为现成的东西。（这就出现了这样的问题：）真理的这种存在方式与真理的这种切近照面的结构是不是源始的？然而，因为人们已经把现成性同一般的存在的意义等同起来，上述问题就根本不可能获得生命。首先占据了统治地位，而且至今尚未从原则上明确克服的那种此在的存在理解本身遮盖了真理的源始现象。

不过，我们也不应当忽视下述情况，虽然是希腊人最先把这种切近的存在之理解形成为科学，最先给这种存在之理解以统治地位，但那时候，对真理的源始理解还是活生生的，即使这种理解是前存在论的理解。这种理解所主张的东西，甚至同希腊存在论造成的遮蔽正相反对——至少亚里士多德就是这样。①

亚里士多德从不曾捍卫过"真理的源始'处所'是判断"这样一个命题，他倒毋宁说，λογοε 是此在的存在方式，这种存在方式可能是揭示着的，也可能是遮蔽着的。这种双重的可能性是 λογοε 的真在的与众不同之处——λογοε 是那种也能够进行遮蔽的行为。因为亚里士多德从不曾主张刚才提到的那个命题，所以他也从不至于把 λογοε 这种真理概念"扩展"到纯粹 νοειν（直观）上面。源始的揭示活动才是 αισεηριε（知觉）的真理，即"观念"的看的"真理"。只因为 νοηριε（直观活动）原本揭示着，λογοε 才可能作为 διανοειν（思维）而具有揭示功能。

不仅为"判断是真理的本来'处所'"这一论题而引证亚里士多德是错误的，而且这一论题就内容来说也误解了真理结构。并非陈述是真理的本来"处所"，相反，陈述作为占有揭示状态的方式，作为在世的方式，乃奠基于此在的揭示活动或其展开状态。最源始的"真理"是陈述的"处所"。陈述可能是真的或假的（揭示着的或遮蔽着的），最源始的"真理"即是这种可能性的存在论条件。

如果我们从最源始的意义上来理解真理，那么真理属于此在的基本机制。这个名称意味着一种生存论环节。然而，这样一来，我们也就把下述问题的答案先行标识出来了，这些问题就是，真理的存在方式是什么？如果我们必须以"有真理"为前提，那么在什么意义上这种前提是必需的呢？

**C. 真理的存在方式及真理被设为前提**

此在由展开状态加以规定，从而此在本质上在真理中。展开状态是此在

---

① 参见《尼各马可伦理学》，第 2 章，《形而上学》H，第 10 章。

的一种本质的存在方式。唯当此在存在，才"有"真理。唯当此在存在，存在者才是被揭示被展开的。唯当此在存在，牛顿定律、矛盾律才在，以及无论什么真理才在。此在根本不存在之前，任何真理都不曾在，此在根本不存在之后，任何真理都将不在，因为那时真理就不能作为展开状态或揭示活动或被揭示状态来在。在牛顿定律被揭示之前，它们不是"真的"。但不能由此推论说，它们乃是假的，甚至更不能说，在存在者状态上不再可能有被揭示状态的时候，牛顿定律将变成假的。这种"限制"也并不意味着减少"真理"的真在。

在牛顿之前，牛顿定律既不是真的也不是假的，这并不意味着，这些定律有所提示地指出来的存在者以前不曾在。这些定律通过牛顿成为真的，凭借这些定律，自在的存在者对于此在成为可通达的。存在者一旦得到揭示，它恰恰就显示为它从前已曾是的存在者，如此这般进行揭示，即是"真理"的存在方式。

除非成功地证明了此在曾永生永世地存在并将永生永世地存在，否则就不能充分证明有"永恒真理"。只要这一证明尚付阙如，"有永恒真理"这一原理就仍然是一种空幻的主张，得不到足够的合法性来使哲学家们共同"信仰"它。

真理本质上就具有此在式的存在方式，由于这种存在方式，一切真理都同此在的存在相关联。这种关联刚好意味着一切真理都是"主观的"吗？若把"主观的"阐释为"任主体之意的"，那真理当然不是主观的。因为就揭示活动的最本己的意义而言，它是把陈述这回事从"主观"的任意那里取走，而把揭示着的此在带到存在者本身前面来。只因为"真理"作为揭示乃是此在的一种存在方式，才可能把真理从此在的任意那里取走。真理的"普遍有效性"也仅仅植根于此在能够揭示和开放自在的存在者这一情况。只有这样，这个自在的存在者才能把关于它的一切可能陈述亦即关于它的一切可能展示系于一处。从存在者状态上来说，真理只可能在"主体"中，并随着"主体"的存在一道浮沉。如果我们正确地领会了真理，上述情况对真理会有丝毫损害吗？

从生存论上理解了真理的存在方式，也就可以理解真理之被设为前提的意义了。我们为什么必须把"有真理"设为前提？什么叫"设为前提"？"必须"和"我们"意指什么？"有真理"说的是什么？"我们"之所以把真理设为前提，乃因为以此在的存在方式存在着的"我们"在"真理中"。我们把真理设为前提，这并不是把它当做某种在我们"之外"和"之上"的东西，仿佛我们除其他种种"价值"外还对这种东西有所作为。并非我们把"真理"

设为前提，倒是唯有真理才从存在论上使我们能够把某种东西设为前提，使我们能够设定着前提来存在。只有真理才使设定前提这类事情成为可能。

"设定前提"说的是什么？说的是把某种东西理解为另一存在者的存在之根据。这就是在存在者的存在之联系中理解存在者。这种理解只有在展开状态的基础上才是可能的，也就是说，只有根据此在的揭示着的存在才是可能的。于是，把"真理"设为前提指的就是把"真理"理解为此在为其故而存在的东西。但烦这一存在机制包含有这样的情况：此在一向已先行于自身。此在是为最本己的能在而在的存在者。展开状态和揭示活动本质上属于此在的存在和能在。而此在是在世的存在。事关此在的是它的能在世，其中也就有寻视着揭示世内存在者的烦忙活动。最源始的"设为前提"在于烦这一此在的存在机制，在于先行于自身的存在。因为这种设自身为前提属于此在的存在，所以"我们"必须把由展开状态规定的"我们"也设为前提。另外还有非此在式的存在者，但此在的存在所固有的这一"设定前提"无关乎非此在式的存在者，而只关乎此在本身。被设为前提的真理和人们用以规定真理之在的"有"，都具有此在本身的存在方式和存在意义。我们必须"造出"真理前提，因此它随着"我们"的存在已经是"造好的"。

我们必须把真理设为前提。作为此在的展开状态，真理必须在，一如作为总是我的此在和这个此在，此在本身必须在。这些都属于此在从本质上被抛入世界这一状态。此在作为此在本身何时可曾自由决定过或有朝一日将能决定：它愿意进入"此在"？"本来"就根本不可能洞见到为什么存在者会是被揭示的，为什么真理和此在必须存在。怀疑论否认"真理"的存在和真理的可认识性，它通常提出的反驳都停留在半道上。这种反驳的形式上的论据无非是指出：只要进行判断就已经把真理设为前提了。这就暗示着："真理"属于陈述，指示就其意义而言是一种揭示。但是在这里仍然没有澄清，为什么事情必然这样？陈述和真理的这种必然联系的存在论根据何在？同样，真理的存在方式，设定前提这一活动的意义，以及这种活动的存在论基础（这一存在论基础植根于此在本身）的意义，所有这些本身还都讳莫如深，况且，怀疑论的反驳也没有看到，只要此在存在，即使没有任何人在进行判断，真理也已经被设定为前提了。

一个怀疑论者是无法反驳的，一如真理的存在是无法"证明"的。如果真有否认真理的怀疑论者存在，那也就无须乎反驳他。只要他在，只要他在这个存在中对自己有所理解，他就在自杀的绝望中抹掉了此在，从而必抹掉了真理。因为此在本身先就不可能获得证明，所以也就不可能来证明真理的必然性。就像无法证明有"永恒真理"一样，也无法证明曾"有"过任何一个"实际的"怀疑论者——不管怀疑论者都反驳些什么,归根到底他是相信"有"怀疑论者的。当人们尝试用形式辩证法进攻"怀疑论"的时候,大概十分天真,还不知道怀疑论相信这一点。

所以,人们在提出真理的存在问题和把真理设为前提的必然性问题的时候,就像在提出认识的本质问题时一样,其实一着手就假设了一个"理想主体"。这种做法的或言明或未言明的动机在于这样一种要求:哲学的课题是"先天性"(Apriori),而不是"经验事实"本身。这个要求有些道理,不过还需先奠定它的存在论基础。再则,假设一个"理想主体"就满足了这一要求吗?这个理想主体不是一个用幻想加以理想化的主体吗?这样一个主体概念不会恰恰把那个仅仅是"事实上的"主体的先天性,亦即此在的先天性,交臂失之吗?实际主体或此在同样源始地在真理和不真中,这一规定性不属于实际主体或此在的先天性吗?

一个"纯我"的观念和一种"一般意识"的观念远不包含有"现实的"主观性的先天性,所以这些观念跳过了此在的实际状态与存在机制的诸种存在论性质,或这些观念根本不曾看见它们。假设一个理想化的主体并不保证此在具有基于事实的先天状态(apriorität),一如驳回"一般意识"也并不意味着否定先天性。

主张"永恒真理",把此在的基于现象的"理想性"同一个理想化的绝对主体混为一谈,这些都是哲学问题内的长久以来仍未彻底肃清的基督教神学残余。

真理的存在源始地同此在相联系。只因为此在是由展开状态规定的,也就是说,由理解规定的,存在这样的东西才能被理解,存在之理解才是可能的。

唯当真理在,才"有"存在——而非才有"存在者"。而唯当此在在,真理才在。存在和真理同样源始地"在"。存在"在",这意味着什么?存在同一切存在者的区别究竟在哪里?只有先澄清了存在的意义和存在之理解的全部范围,才可能具体地问及上面的问题。研究存在之为存在这门科学的概念中包含有什么,以及它的可能性和它的变形中包含有什么,也只有等澄清了存在的意义和存在之理解的全部范围才能得到源始的分析。划出了这一研究及其真理的界限,也就可以从存在论上规定揭示存在者的那种研究及其真理了。

## 选文出处

海德格尔:《存在与时间》,陈嘉映、王庆节译,北京,三联书店,1999年,第245~264页。本编者对译文有些改动。

**2 《论真理的本质》——真理的本质是自由**

这里要说的是真理的本质。真理的本质之问并不关心真理是否总归是实际生活经验的真理呢，还是经验运算的真理，是技术考虑的真理呢，还是政治睿智的真理，特别的，是科学研究的真理呢，还是艺术造型的真理，甚或，是深入沉思的真理呢，抑或宗教信仰的真理。这种本质之问撇开所有这一切，而观入那唯一的东西，那标识出任何一般"真理"之为真理的东西。

**一、传统的真理概念**

那么人们通常所理解的真理是什么？"真理"，这是一个崇高的，同时却已经被用滥了的，几近晦暗不明的字眼，它意指那个使真实成其为真实的东西。什么是真实呢？例如，我们说："我们一起完成这项任务，是真实的快乐。"意思是说，这是一种纯粹的、现实的快乐。真实即现实。据此，我们也谈论不同于假金的真金。假金其实并不就是它表面上看起来的那样。它只是一种"假象"，因而是非现实的。非现实被看做现实的反面。但假金却也是某种现实的东西。因此我们更明白地说：现实的金是真正的金。但两者都是"现实的"，真正的金并不亚于流通的非真正的金。可见，真金之真实并不能由它的现实性来保证。于是又要重提这样一个问题：这里何谓真正的和真实的？真正的金是那种现实的东西，其现实性符合于我们"本来"就事先并且总是以金所意指的东西。相反，当我们以为是假金时，我们就说："这是某种不相符的东西"。反之，对"适得其所"的东西，我们就说：这是名符其实的。事情是相符的。

然而，我们不仅把现实的快乐，真正的金和所有此类存在者称为真实的，而且首先也把我们关于存在者的陈述称为真实的或虚假的，而存在者本身按其方式可以是真正或非真正的，在其现实性中可以是这样或者那样。当一个陈述所指所说与它所陈述的事情相符合时，该陈述便是真实的。在此我们也说：这是名符其实的。但现在相符的不是事情，而是命题。

真实的东西，无论是真实的事情还是真实的命题，就是相符，一致的东西。这里，真实和真理就意味着符合，而且是双重意义上的符合，一方面是事情与人们对之所作的先行意谓的符合；另一方面是陈述的意思与事情的符合。

传统的真理定义表明了符合的这一双重特性：veritas est adaequatio rei et intellectus. 其意可以是：真理是物与知的符合。但也可以说，真理是知与物的符合。诚然，人们往往喜欢把上述定义表达为如下公式：veritas est adaequatio intellectus ad rem（真理是知与物的符合）。在这样理解的真理，即命题真理，只有在事情真理的基础上，也即在 adaequatio rei ad intellectum（物与知的符合）的基础上，才是可能的。真理的两个本质概念始终就意指一种"以……为取向"，因此它们所思的就是作为正确性的真理。

尽管如此，前者却非对后者的单纯颠倒，毋宁说，在两种情况下，知与物被作了不同的思考。为了认清这一点，我们必须追溯通常的真理概念的流俗公式的最切近的（中世纪的）起源。作为物与知的符合的真理并不就是后来的，唯基于人的主体性才有可能的康德的先验思想，即"对象符合于我们的知识"，而是指基督教神学的信仰，即认为：从物的所是和物是否存在来看，物之所以存在，只是因为它们作为受造物符合于在 intellectus divinus 即上帝的理智中预先设定的观念，因而在观念上是正当的（正确的），并且在此意义上看来是"真实的"。就连人类理智也是一种受造物。作为上帝赋予人的一种能力，它必须满足上帝的观念。但理智之所以在观念上是正当的，乃由于它在其命题中实现所思与必然相应于观念的物的符合。如果一切一切存在者都是"受造的"，那么人类知识之真理的可能性就基于这样一回事情，物与命题同样是符合观念的，因而根据上帝创世计划的统一性而彼此吻合。作为物（受造物）与知（上帝）的符合的真理保证了作为知（人类的）与物（创造的）的符合的真理。本质上，真理无非是指协同（convenientia），也即作为受造物的存在者与创造主的符合一致，一种根据创世秩序之规定的"符合"。

但这种秩序在摆脱了创世观念之后，同样也能一般地和不确定地作为世界秩序被表象出来。神学上所构想的创世秩序为世界理性对一切对象的可计划性所取代。世界理性为自身立法，从而也要求其程序（这被看做"合逻辑的"）具有直接的明白可理解性。命题真理的本质在于陈述的正确性，这一点用不着特别的证明。即便是在人们以一种引人注目的徒劳努力去解释这种正确性如何发生时，人们也是把这种正确性先行设定为真理的本质了。同样，事情真理也总是意味着现成事物与其"合理性的"本质概念的符合。这就形成一种假象，仿佛这一对真理之本质的规定是无赖于对一切存在者之存在的本质的阐释的——这种阐释总是包含着对作为知识的承担者和实行者的人的本质的阐释。于是，有关真理之本质的公式，即 veritas est adaequatio intellectus et rei，就获得了它的任何人都可以立即洞明的普遍有效性。这一真理概念的不言自明性在其本质根据中来看几乎未曾得到关注，而在这种自明性的支配下，人们也就承认下面这回事情是同样不言自明的，即真理具有它的对立面，并且有非真理。命题的非真理（不正确性）就是陈述与事情的不一致。事情的非真理（非真正性）就是存在者与其本质的不符合。无论如何，非真理总是被把握为不符合。此种不符合落在真理之本质之外。因此，在把握真理的纯粹本质之际，就可以把作为真理的这样一个对立面的非真理撇在一边了。

然而，归根到底我们还需要对真理的本质作一种特殊的揭示吗？真理的纯粹本质不是已经在那个不为任何理论所扰乱并且由其自明性所确保的普遍有效的概念中得到充分体现了吗？再者，如果我们把那种将命题真理归结为事情真理的做法看做它最初所显示出来的东西，看做一种神学解释，如果我们此外还纯粹地保持哲学的本质界定，以防止神学的混杂，并且把真理概念限于命题真理，那么我们立即就遇到了一种古老的——尽管不是最古老的——思想传统，依这个传统来看，真理就是陈述（λογοε）与事情（πραγμα）的符合一致（ομοιωσιε）。假如我们知道陈述与事情的符合一致的意思，那么这里有关陈述还有什么值得追问的呢？我们知道这种符合一致的意思吗？

**二、符合的内在可能性**

我们在不同的意义上谈到符合。例如，看到桌子上的两个五分硬币，我们便说，它们彼此是符合一致的。两者由于外观上的一致而相符合。所以它们有着共同的外观，而且就此而言，它们是相同的。进一步，譬如当我们就其中的一枚硬币说，这枚硬币是圆的，这时候，我们也谈到了符合。这里，是陈述与物相符合。其中的关系并不是物与物之间的，而是陈述与物之间的。但物与陈述又在何处符合一致呢？从外观上看，这两个相关的东西明显是不同的嘛！硬币是由金属做成的，而陈述根本就不是物质。硬币是圆形的，而陈述根本就没有空间特性。人们可以用硬币购买东西，而一个关于硬币的陈述从来就不是货币。但尽管有这样那样的不同，上述陈述作为一个真实的陈述却与硬币相符合。而且根据流俗的真理概念，这种符合乃是一种适合。完全不同的陈述如何可能与硬币适合呢？或许它必得成为硬币并且以此完全取消自己。这是陈述决不可能做到的。一旦做到这一点，则陈述也就不可能成为与物相一致的陈述了。在相称中，陈述必须保持其所是，甚至首先要成为其所是。那么，陈述的全然不同于任何一物的本质何在呢？陈述如何能够通过守住其本质而与它者——物——适合呢？

这里，适合的意思不可能是不同的物之间的物性上的同化。毋宁说，适合的本质取决于在陈述与物之间起作用的那种关系的特性。只消这种"关系"还是不确定的，在其本质上还是未曾得到论究的，那么所有关于此种适合的可能性和不可能性争执，关于此种适合的特性和程度的争执，就都会沦于空洞。但关于硬币的陈述把"自身"系于这一物，因为它把这一物表象出来，并且就这个被表象的东西说，这一被表象的东西在其主要方面处于何种情况中。有所表象的陈述就像对一个如其所是的被表象之物那样来说其所说。这个"像……那样"（so-wie）涉及表象及其所表象的东西。这里，在不考虑所有那些"心理学的"和"意识理论的"先行之见的情况下，表象意味着让物对立面为对象。作为如此这般被摆置者，对立者必须横贯一个敞开的对立领域，而同时自身又必须保持为一物并且自行显示为一个持留的东西。横贯对立领域的物的这一显现实行于敞开之境中，此敞开之境的敞开状态首先并不是由表象创造出来的，而是一向只作为一个关联领域而为后者所关涉和接受。表象性陈述与物的关系乃是那种关系的实行，此种关系原始地并且向来作为一种行为表现出来。但一切行为的特征在于，它持留于敞开之境而总是系于一个可敞开者之为可敞开者。如此这般的可敞开者，而且只有在此严格意义上的可敞开者，在早先的西方思想中被经验为"在场者"，并且长期以来被称为"存在者"。

行为向存在者保持开放，所有开放的关联都是行为。依照存在者的种类和行为的方式，人的开放姿态各各不同。任何作业和动作，所有行动和筹划，都处于敞开领域之中，在其中存在者作为所是和如何是的存在者，才能适得其所并且成为可道说的。而只有当存在者本身向表象性陈述呈现自身，以至于后者服从于指令而如其所是地道说存在者之际，上述情形才会发生。由于陈述遵从这样一个指令，它才指向存在者。如此这般指引着的道说便是正确的（真实的）。这样被道说的东西便是正确的东西（真实的东西）。

### 三、正确性之可能性的根据

表象性陈述从哪里获得指令，去指向对象并且依照正确性与对象符合一致？何以这种符合一致并决定着真理的本质？而先行确定一种定向，指示一种符合一致，诸如此类的事情是如何发生的？只有这样来发生，即这种先行确定已经自行开放而入于敞开之境，已经为一个由敞开之境而来运作着的结合当下各种表象的可敞开者自行开放出来了。这种为结合着的定向的自行开放，只有作为向敞开之境的可敞开者的自由存在才是可能的。此种自由存在指示着迄今未曾得到把握的自由之本质。作为正确性之内在可能性，行为的开放状态植根于自由。真理的本质乃是自由。

但是这个关于正确性之本质的命题不是以一种不言自明替换了另一种不言自明吗？为了能够完成一个行为，由此也能够完成表象性陈述的行为，乃至于"真理"符合或不符合的行为，行为者当然必须是自由的。然而前面那个命题实际并不意味着，做出陈述，通报和接受陈述，是一种无拘无束的行为，相反，这个命题倒是说，自由乃是真理之本质本身。在此，"本质"被理解为那种首先并且一般地被当做已知的东西的内在可能性的根据。但在自由这个概念中，我们所思的却并不是真理，更不是真理的本质。所以"真理（陈述的正确性）的本质是自由"这个命题就必然是令人诧异的。

把真理之本质设定为自由中——这难道不就是把真理委诸人的随心所欲吗？人们把真理交付给人这个"摇摆不定的芦苇"的任意性——难道还能有比这更为彻底的对真理的葬送吗？在前面的探讨中总是一再硬充健全判断的东西，现在只是更清晰了些：真理在此被压制到人类主体的主体性那里。尽管这个主体也能获得一种客观性，但这种客观性也还与主体性一起，是人性的并且受人的支配。

错误和伪装，谎言和欺骗，幻觉和假象，简言之，形形色色的非真理，人们当然把它们归咎于人。但非真理确实也是真理的反面，因此，非真理作为真理的非本质，便理所当然地被排除在真理的纯粹本质的问题范围之外了。非真理的这种人性起源，确实只是根据对立去证明那种"超出"人而起支配作用的"自在的"真理之本质。形而上学把这种真理看做不朽的和永恒的，是决不能建立在人之本质的易逝性和脆弱性之上的。那么，真理之本质如何还能在人的自由中找到其持存和根据呢？

对上面这个"真理的本质是自由"的命题的拒斥态度依靠的是一些先入之见，其中最为顽冥不化的是：自由是人的特性。自由的本质无须进一步的质疑，也不容进一步的质疑。人是什么，尽人皆知的嘛！

**四、自由的本质**

然而，对作为正确性的真理与自由的本质联系的说明却动摇着上面所说的先入之见；当然，前提是我们准备好作一种思想的转变。关于真理与自由的本质联系的思索驱使我们去探讨人之本质的问题，着眼点是保证让我们获得对人（此在）的被遮蔽的本质根据的经验的那个方面，并且是这样，即这种经验事先把我们置于原始地本质现身着的真理领域之中。但由此而来也显示出，自由之所以是正确性之内在可能性的根据，只是因为它从独一无二的根本性的真理之原始本质那里获得其本己的本质的。其实，自由已经被规定为对于敞开之境的可敞开者来说的自由了。应当如何来思自由的这一本质呢？一个正确的表象性陈述与之相称的那个可敞开者，是始终在开放行为中敞开的存在者。向着敞开之境的可敞开者的自由让存在者成其所是。于是自由便自行揭示为让存在者存在（das Seinlassen von Seiendem）。

通常地，譬如当我们放弃一件已经安排好的事情时，我们就会说到这种让存在（Seinlassen）。"我们听其自然吧"，意思就是我们不再碰它，不再干预它。在这里，让某物存在含有放任、放弃、冷漠乃至疏忽等消极意义。

但这里必要的"让存在者存在"一词却并没有疏忽和冷漠的意思，而倒是相反。"让存在"乃是让参与到存在者那里。当然，我们也不能仅仅把它理解为对当下照面的或寻找到的存在场单纯推动、保管、照料和安排。让存在——即让存在者成其所是——意味着，参与到敞开之境及其敞开状态中。西方思想开端时就把这一敞开之境把握为 $\tau\alpha\ \alpha\lambda\eta\varepsilon\iota\alpha$，即无蔽者。如果我们把 $\alpha\lambda\eta\varepsilon\iota\alpha$ 译成"无蔽"，而不是译成"真理"，那么这种翻译不仅更加"合乎字面"，而且包含着一种指示，即要重新思考通常的正确性意义上的真理概念，并予以追思，深入到存在者之被揭蔽状态和揭蔽过程的那个尚未被把握的东西那里。参与到存在者之揭蔽状态，这并不是丧失于这一状态中，而是自行展开而成为一种在存在者面前的引退，以便使这个存在者以其所是和如何是的方式公开自身，并且使表象性适合从中取得标准。作为这种让存在，它向存在者本身展开自身，并把一切行为置入敞开之境中。让存在，即自由，本身就是展开着的，是绽出的。着眼于真理的本质，自由的本质显示自身为进入存在者之被揭蔽状态的展开。

自由并不是通常的理智喜欢任其借此名义流传的东西，即那种偶尔出现的在选择中或偏向于此或偏向于彼的任意。自由并不是对行为的可为和不可为不加约束。当然，自由也不只是对必需之物和必然之物（从而无论何种存在者）的准备。先于这一切（"消极的"和"积极的"自由），自由乃是参与到存在者本身的揭蔽过程中去。被揭蔽状态本身被保存于绽出的参与之中，由于这种参与，敞开之境的敞开状态，即这个"此"才是其所是。

如此这般来理解的作为让存在者存在的自由是存在者之揭蔽意义上的真理的本质的实现和实行。"真理"并不是正确命题的标志，并不是由人类"主体"对一个"客体"所说出的，并且在某个地方——我们不知道在哪个领域中——"有效"的命题的标志；不如说，"真理"乃是存在者之揭蔽，通过这种揭蔽，一种敞开状态才成为其本质。一切人类行为和姿态都在它的敞开之境中展开。因此人乃以绽出之生存的方式存在。

▱ **选文出处**

《海德格尔选集》（上册），孙周兴选编，上海，上海三联书店，1996年，第213～225页。

### 3 《艺术作品的起源》——存在者的真理自行设置于作品中

真理意指真实之本质。这里，我们要通过回忆一个希腊词语来思真理。$\alpha\lambda\eta\varepsilon\iota\alpha$ 即是存在者之无蔽状态。但这就是一种对真理之本质的规定吗？我们难道不是仅只做了一种词语用法的改变,也即用无蔽代替真理,以此标明一件事情吗?当然,只要我们不知道究竟要发生什么,才能迫使真理之本质必得在"无蔽"一词中道出,那么,我们确实只是变换了一个名称而已。

这需要革新希腊哲学吗?绝对不是,哪怕这种不可能的革新竟成为可能,对我们也毫无助益,因为自其发端之日起,希腊哲学的遮蔽的历史就没有保持与αληεια一词中赫然闪现的真理之本质相一致,同时必然把关于真理之本质的知识和言说越来越置入对真理的一个派生本质的探讨中。作为无蔽的真理之本质在希腊思想中未曾得到思考,在后继时代的哲学中就更是理所当然地不受理会了,对思而言,无蔽乃希腊式此在中遮蔽最深的东西,但同时也是早就开始规定着一切在场者之在场的东西。

但为什么我们就不能停留在千百年来我们已十分熟悉的真理之本质那里就算了呢?长期以来,一直到今天,真理便意味着知识与事实的符合一致。然而要使认识以及构成并且表达知识的命题能够符合于事实,以便因此使事实事先能约束命题,事实本身还必须显示自身来。而要是事实本身不能出于遮蔽状态,要是事实本身并没有处于无蔽领域之中,它又怎样能显示自身呢?命题之为真,乃由于命题符合于无蔽之物,亦即与真实相一致。命题的真理始终是正确性(Richtigkeit),而且始终仅仅是正确性。自笛卡儿以降,真理的批判性概念以作为确定性的真理为出发点,但也只不过是那种把真理规定为正确性的真理概念的变形。我们对这种真理的本质十分熟悉,它亦即表象的正确性,完全与作为存在者之无蔽状态的真理一起沉浮。

如果我们在这里和在别处把真理叠无蔽,我们并非仅仅是在对古希腊词语更准确的翻译中寻找避难之所。我们实际上是在思索流行的,因而也被滥用的那个正确性意义上的真理之本质的基础是什么;这种真理的本质是未曾被经验和未曾被思考过的东西。偶尔我们只得承认,为了证明和理解某个陈述的正确性(真理),我们自然要追溯到已经显而易见的东西那里。这种前提实在是无法避免的。只要我们这样来谈论和相信,那么我们就始终只是把真理理解为正确性,它却还需要一个前提,而这个前提就是我们自己刚才所做的——天知道如何又是为何。

但是,并不是我们把存在者之无蔽设为前提,而是存在者之无蔽(即存在)把我们置入这样一种本质之中,以至于我们在我们的表象中总是已经被投入无蔽之中并与这种无蔽亦步亦趋。不仅知识自身所指向的东西必须已经以某种方式是无蔽的,而且这一"指向某物"的活动发生于其中的整个领域,以及相应地那种使命题与事实的符合公开化的东西,也必须已经作为整体发生于无蔽之中了。倘若不是存在者之无蔽已经把我们置入一种光亮领域——

而一切存在者在这种光亮中站立起来,在这种光亮那里撤回自身——那我们凭我们所有正确的观念,就可能一事无成,我们甚至也不能先行假定,我们所指向的东西已经显而易见了。

然而这是怎么回事呢?真理作为这种无蔽是如何发生的呢?这里我们却首先必须更清晰地说明这种无蔽究竟是什么。

物存在,人存在,礼物和祭品存在,动物和植物存在,器具和作品存在。存在者处于存在之中。一种注定在神性和反神性之间的被遮蔽的厄运贯通存在。存在者的许多东西并非人所能掌握,只有少量为人所认识。所认识的也始终是一个大概,所掌握的也始终不可靠。一如存在者太易于显现出来,它从来就不是我们的制作,更不是我们的表象。要是我们思考一个统一的整体,那么看来好像我们就把握了一切存在者,尽管只是粗糙有余的把握。

然而,超出存在者之外,但不是离开存在者,而是在存在者之前,在那里还发生着另一回事情。在存在者整体中间有一个敞开的处所。一种澄明(Lichtung)在焉。从存在者方面来思考,此种澄明比存在者更具存在者特性。因此这个敞开的中心并非由存在者包围着,不如说,这个光亮中心本身就像我们所不认识的无一样,围绕一切存在者而运行。

唯当存在者站进和出离这种澄明的光亮领域之际,存在者才能作为存在者而存在。唯这种澄明才允诺并且保证我们人通达非人的存在者,走向我们本身所是的存在者。由于这种澄明,存在者才在确定的和不确定的程度上是无蔽的。就连存在者的遮蔽也只有在光亮的区间内才有可能。我们遭到的每一存在者都遵从在场的这种异乎寻常的对立,因为存在者同时总是把自己抑制在一种遮蔽状态中。存在者站入其中的澄明,同时也是一种遮蔽。但遮蔽以双重方式在存在者中间起着决定作用。

在作品中发挥作用的是真理,而不只是一种真实。刻画农鞋的油画,描写罗马喷泉的诗作,不光是显示——如果它们总是有所显示的话——这种个别存在者是什么,而是使得无蔽本身在与存在者整体的关涉中发生出来。鞋具愈单朴,愈根本地在其本质中出现,喷泉愈不假修饰愈纯粹地以其本质出现,则伴随它们的所有存在者就愈直接愈有力地变得更具有存在者特性。于是,自行遮蔽着的存在便被澄亮了。如此这般形成的光亮,把它的闪耀嵌入作品之中。这种被嵌入作品之中的闪耀就是美。美是作为无蔽的真理的一种现身方式。

真理之生发在作品中起作用,而且是以作品的方式起作用。因此,艺术的本质先行就被规定为真理之自行设置入作品。但我们自知,这一规定具有一种蓄意的模棱两可。它一方面说,艺术是自身建立的真理固定于形态中,这种固定是在作为存在者之无蔽状态的生产的创作中发生的。而另一方面，设置入作品也意味着，作品存在进入运动和进入发生中。这也就是保藏。于是，艺术就是：对作品中的真理的创作性保藏。因此，艺术就是真理的生成和发生。

### 选文出处

《海德格尔选集》（上册），孙周兴选编，上海，上海三联书店，1996年，第271~274、276、278页。

# 伽达默尔

与海德格尔一样，伽达默尔认为认识与真理不同于分析哲学、科学认识论。他试图探讨一种超出科学方法论控制范围的对真理的经验，如艺术的经验、哲学的经验和历史的经验。我们可以通过认识与经验的对立来描述分析哲学科学论与现象学诠释学的对立。

## 作者简介

伽达默尔(Hans-Georg Gadamer,1900—2002)，当代德国哲学家，哲学诠释学的主要理论代表之一。生于德国马堡，就学于布雷斯劳、马堡、弗莱堡和慕尼黑等大学，师承拉托普和海德格尔。60岁发表代表作《真理与方法》(1960)，成为诠释学的经典之作。以后发表的主要著作有《黑格尔的辩证法》(1973)、《科学时代的理性》(1976)、《美的现实性》(1977)、《赞美理论》(1983)等。

### 著作选读：

《真理与方法》第一卷，哲学诠释学的基本特征；第二卷，补充和索引。

### 1 《真理与方法》第一卷导言——知识与真理

本书所要探讨的是诠释学问题。理解和对所理解东西的正确解释的现象，不单单是精神科学方法论的一个特殊问题。自古以来，就存在一种神学的诠释学和一种法学的诠释学，这两种诠释学与其说具有科学理论的性质，毋宁说它们更适应于那些具有科学教养的法官或牧师的实践活动，并且是为这种活动服务的。因此，诠释学问题从其历史起源开始就超出了现代科学方法论概念所设置的界限。理解文本和解释文本不仅是科学深为关切的事情，而且也显然属于人类的整个世界经验。诠释学现象本来就不是一个方法论问题，它并不涉及那种使文本像所有其他经验对象那样承受科学探究的理解方法，而且一般来说，它根本就不是为了构造一种能满足科学方法论理想的确切知识。——不过，它在这里也涉及知识和真理。在对传承物的理解中，不仅文本被理解了，而且见解也被获得了，真理也被认识了。那么，这究竟是一种什么样的知识和什么样的真理呢？

由于近代科学在对知识概念和真理概念的哲学解释和论证中占有着统治地位，这个问题似乎没有正当的合法性。然而，即使在科学领域内，这一问题也是完全不可避免的。理解的现象不仅遍及人类世界的一切方面，而且在科学范围内也有一种独立的有效性，并反对任何想把它归为一种科学方法的企图。本书探讨的出发点在于这样一种对抗，即在现代科学范围内抵制对科学方法的普遍要求。因此本书所关注的是，在经验所及并且可以追问其合法性的一切地方，去探寻那种超出科学方法论控制范围的对真理的经验。这样，精神科学就与那些处于科学之外的种种经验方式接近了，即与哲学的经验、艺术的经验和历史本身的经验接近了，所有这都是那些不能用科学方法论手段加以证实的真理借以显示自身的经验方式。

对于这一点，当代哲学已有了很清楚的认识。但是，怎样从哲学上对这种处于科学之外的认识方式的真理要求进行论证，这完全是另外一个问题。在我看来，诠释学现象的现实意义正在于：只有更深入地研究理解现象才能提供这样的论证。我认为，哲学史在现代的哲学研究工作中占有的重要性可以对此做出极其有力的证明。对于哲学的历史传统，我们接触到的理解是一种审慎的经验，这种经验很容易使我们看清在哲学史研究中出现的那种历史方法的特征。哲学研究的一个基本经验是：哲学思想的经典作家——如果我们试图理解他们——本身总是提出一种真理要求，而对于这种真理要求，当代的意识是既不能拒绝又无法超越的。当代天真的自尊感可能会否认哲学意识有承认我们自己的哲学见解低于柏拉图、亚里士多德、莱布尼茨、康德或黑格尔的哲学见解的可能性。人们可能会认为，当代哲学思维有一个弱点，即它承认自己的不足，并以此去解释和处理它的古典传统。当然，如果哲学家不认真地审视其自身的思想，而是愚蠢地自行充当丑角，那倒确实是哲学思维的一个更大的弱点。在对这些伟大思想家的原文的理解中，人们确实认识到了那种以其他方式不能获得的真理，我们必须承认这一点，尽管这一点是与科学用以衡量自身的研究和进步的尺度相背离的。

类似的情况也适合于艺术的经验。这里所谓的"艺术科学"所进行的科学研究从一开始就意识到了：它既不能取代艺术经验，也不能超越艺术经验。通过一部艺术作品所经验到的真理是用任何其他方式不能达到的，这点构成了艺术维护自身而反对任何推理的哲学意义。所以，除了哲学的经验外，艺术的经验也是对科学意识的最严重的挑战，即要科学意识承认其自身的局限性。

因此，本书的探究是从对审美意识的批判开始，以便捍卫那种我们通过艺术作品而获得的真理的经验，以反对那种被科学的真理概念弄得很狭窄的美学理论。但是，我们的探究并不一直停留在对艺术真理的辩护上，而是试图从这个出发点开始去发展一种与我们整个诠释学经验相适应的认识和真理的概念。正如在艺术的经验中，我们涉及的是那些根本上超出了方法论知识范围外的真理一样，同样的情况也适合于整个精神科学。在精神科学里，我们的各种形式历史传承物尽管都成了探究的对象，但同时在它们中真理也得到了表述（in ihrer Wahrheit zum Sprechen kommt）。对历史传承物的经验在根本上超越了它们中可被探究的东西。这种对历史传承物的经验不仅在历史批判所确定的意义上是真实的或不真实的——而且它经常地居间传达我们必须一起参与其中去获取的（teil zu gewinnen）真理。

所以，这些以艺术经验和历史传承物经验为出发点的诠释学研究，试图使诠释学现象在其全部领域内得到明显的表现。在诠释学现象里，我们必须承认那种不仅在哲学上有其合法根据，而且本身就是哲学思维一种方式的真理的经验。因此，本书所阐述的诠释学不是精神科学的某种方法论学说，而是这样一种尝试，即试图理解什么是超出了方法论自我意识之外的真正的精神科学，以及什么使精神科学与我们的整个世界经验相联系。如果我们以理解作为我们思考的对象，那么其目的并不是想建立一门关于理解的技艺学，有如传统的语文学诠释学和神学诠释学所想做的那样。这样一门技艺学将不会看到，由于传承物告诉我们的东西的真理，富于艺术技巧的形式主义将占有一种虚假的优势。如果本书下面将证明在一切理解里实际起作用的事件何其多，以及我们所处的传统被现代历史意识所削弱的情况何其少，那么其目的并不是要为科学或生活实践制定规则，而是试图去纠正对这些东西究竟为何物的某种错误的思考。

本书希望以这种方式增强那种在我们这个倏忽即逝的时代受到被忽视的威胁的见解。变化着的东西远比一成不变的东西更能迫使人们注意它们。这是我们精神生活的一条普遍准则。因此，从历史演变经验出发的观点始终具有着成为歪曲东西的危险，因为这种观点忽视了稳定事物的隐蔽性。我认为，我们生活在我们历史意识的一种经常的过度兴奋之中。如果鉴于这种对历史演变的过分推崇而要援引自然的永恒秩序，并且召唤人的自然性以论证天赋人权思想，那么这正是这种过度兴奋的结果，而且正如我要的生活秩序构成了我们作为人而生活于其中的世界的统一——而且我们怎样彼此经验的方式，我们怎样经验历史传承物的方式，我们怎样经验我们存在和我们世界的自然给予性的方式，也构成了一个真正的诠释学宇宙，在此宇宙中我们不像是被封闭在一个无法攀越的栅栏中,而是开放地面对这个宇宙。

对精神科学中属真理事物的思考,一定不能离开它承认其制约性的传统而进行反思。因此,这种思考必须为自己的活动方式提出这样的要求,即尽其可能地去把握历史的自我透明性。为了比现代科学的认识概念更好地对理解宇宙加以理解,它必须对它所使用的概念找寻一种新的关系。这种思考必将意识到,它自身的理解和解释绝不是一种依据于原则而来的构想,而是远久流传下来的事件的继续塑造。因此这种思考不会全盘照收其所使用的概念,而是收取从其可居住的原始意义内涵中所传承给它的东西。

我们时代的哲学思考并不表现为古典哲学传统的直接而不中断的继续,因而与古典哲学传统相区别。当代哲学尽管与它的历史源流有着千丝万缕的联系,但它已清楚地意识到它与它的古典范例之间有着历史的距离。这首先在其变化了的概念关系中表现出来。无论西方哲学思想由于希腊概念的拉丁化和拉丁文概念文字译成现代文字而发生的变化是多么重要和根本,历史意识在最近几个世纪的产生却意味着一种更为深刻的进展。自那时以来,西方思想传统的连续性仅片断的方式在起作用,因为人们那种使传统概念为自己思想服务的质朴的幼稚性已消失了。自此之后,科学与这概念的关系已令人奇怪地对科学本身变得毫无关系,不管它同这些概念的关系是属于一种显示博学的(且不说具有古风的)接受方式,还是属于一种使概念沦为工具的技术操作方式。其实这两者都不能满足诠释学经验。哲学研究用以展现自身的概念世界已经极大地影响了我们,其方式有如我们用以生活的语言制约我们一样。如果思想要成为有意识的,那么它必须对这在先的影响加以认识。这是一种新的批判的意识,自那时以来,这种意识已经伴随着一切负有责任的哲学研究,并且把那些在个体同周围世界的交往中形成的语言习惯和思想习惯置于我们大家共同属于的历史传统的法庭面前。

本书的探究力图通过使概念史的研究与对其论题的事实说明最紧密地联系起来而实现这种要求。胡塞尔曾使之成为我们义务的现象学描述的意识,狄尔泰曾用以放置一切哲学研究的历史视界广度,以及特别是由于海德格尔在几十年前的推动而引起的这两股力量的结合,指明了作者想用以衡量的标准,这种标准尽管在阐述上还有着一切不完善性,作者仍希望看到它没有保留地被加以应用。

### 选文出处

伽达默尔:《真理与方法》(第一卷),洪汉鼎译,北京,商务印书馆,2007年,第3~8页。

## 2 《真理与方法》第二卷——什么是真理

直接从历史境遇的意义来理解,则彼拉多的问题"什么是真理"(《新约圣经·约翰福音》,第18章,第38行)是一个中立性的问题。在当时的巴勒斯坦的国家法情况下,担任约旦行政长官的蓬丁乌斯·彼拉多讲这句话的意思是要说明,由一个像耶稣那样的人宣称的真理的东西和国家丝毫没有关系。面对这种情况国家机关所采取的自由主义的宽容的态度具有某种很值得注意的东西。如果我们想在古代国家或近代国家直到自由主义时代的国家之间寻找相似性的东西,那将是徒劳的。正是这种摇摆于犹太"国王"和罗马执政官之间的国家暴力的特殊国家法状况,使这样一种宽容态度成为可能。也许宽容的政治观点总是相似的,那么由宽容理想所提出的政治任务就在于建立相似的国家政权平衡状态。

如果人们相信,由于现代国家原则上承认了科学的自由,因此这种问题在现代国家中不复存在,那是一种幻想。因为把科学自由作为依据,这一直是一种危险的抽象。科学家只要一走出宁静的研究所和受禁止入内招牌保护的实验室,并把他的知识公布于众,科学自由就不再能使他摆脱政治责任的束缚。尽管真理的观念无条件和明确地支配着科学家的生活,但是他说话时的坦率性是有局限的和暧昧的。他必须知道并对他的话所起的效果负责。这种联系极端不利的一面在于,由于他要考虑效果,他就陷入了一种境地,即他力求去说事实上是公众舆论或国家的权力利益指使他说的话,而且劝说自己把它作为真理而接受。在发表意见的局限和思想的不自由之间存在着一种内在的联系。我们不想隐瞒,在彼拉多所提出的意义上的"什么是真理"这个问题,直到今天仍然决定着我们的生活。

然而还有另外一种声调,我们很熟悉用这种声调倾听彼拉多的问题,当尼采说,《新约》中唯一有价值的话就是彼拉多的问题时,他就是用这种声调聆听这个问题的。按照这种声调,彼拉多的话对于"狂热的宗教徒"表示了一种怀疑。尼采指出这一点并非偶然。因为尼采对他那个时代的基督教所作的批判就是一个心理学家对宗教狂热者的批判。

尼采把这种怀疑发展成对科学的怀疑。实际上科学与宗教狂热者确有共同之处。因为科学总是要求证明并且提出证明,所以它也和宗教狂热者一样地不宽容。如果一个人总想证明他所说的必然是真理,那他正是最不宽容的。尼采认为科学是不宽容的,因为它压根儿就是一种虚弱的标志,是生命的晚期产品,是一种亚历山大城遗物,是辩证法的发明者苏格拉底带到这个世界上来的颓废的遗产，其实在这个世界中并没有"不正当的证明"，而只有正当的自我确信无须证明地指示和诉说出来。

这种从心理学角度对真理的断言产生的怀疑当然并不针对科学本身。没有人会在这点上跟随尼采。但事实上仍有对科学的怀疑，它是在"什么是真理"这句话背后作为第三层次的东西出现的。科学真的像它声称的那样是真理最后的审定者唯一承担者吗？

我们要感谢科学把我们从众多成见中解放出来并从众多幻觉中醒悟过来。科学的真理要求就在于对未经验证的成见提出疑问，并用这种方式使我们对事物的认识达到比迄今为止所知的更多更好。与此同时，我们越是把科学的方法扩展到越来越广的范围，我们就越会怀疑自己是否从科学前提出发全面地进行了对真理的追问。我们焦虑不安地自问：科学的方法究竟可以推广到多远？因为存在着太多我们必须知道答案的问题，而科学却不让我们知晓这些问题。科学使这些问题丧失信誉，也就是把这些问题说成是无意义的问题，从而禁止这些问题，因为对于科学来说，唯有满足其传导真理和证明真理的方法的才具有意义。这种对科学的真理要求表现出的不快感首先表现在宗教、哲学和世界观中。对科学持怀疑态度的人就是引证这些学科来划出科学专门化的界限，指出方法的研究相对于重要的生活问题所具有的局限性。

如果我们对彼拉多的问题的三个层次先都作了这样的说明，那就清楚，唯在这第三层次即真理和科学的内在联系上，才成为问题，而这个层次对于我们最为重要。因此，我们首先要评价这一事实，即真理和科学一般具有极为优先的联系。

众所周知，正是科学构成西方文明的特点，而后又构成它主要的一致性。但如果我们要想了解这种联系，我们就必须回溯到这种西方科学的起源，亦即回溯到它的希腊根源。希腊科学与人们在此之前所知并一直当做知识的一切东西相比具有一些新的因素。当希腊人形成这种科学之时，他们就使西方与东方相区别并使西方走上了自己的发展道路。它是一种对不知的、少见的、令人惊奇的事物而进行认识、再认识、研究的独特的追求，是一种对人们自己解释并认做真的事物（实际上应当怀疑的事物）的同样独特的怀疑，正是这种独特的追求和怀疑创造了科学。也许荷马史诗中的一个场面可以当做富有教益的例子：人们问特莱马赫是谁，回答说："我的母亲叫潘涅罗帕，但没有人确切地知道谁是我的父亲，有人说，他是奥德赛。"这种直至最极端的怀疑揭示了希腊人的特殊才能，这种才能把他们渴求知识和要求真理的直接性发展成了科学。

当海德格尔在当代追溯希腊关于"真理"这个词的意义时，这就表达了一种令人信服的认识。说 aletheia（真理）的真实意义是去蔽（Unverborgenheit），这并非海德格尔的首创。但海德格尔使我们认识到这对于存在的思考具有何种意义，亦即正是事物的遮蔽性（Verborgenheit）和掩饰性（Verhohlenheit）才是真理必须像脏物那样被剥除的东西。遮蔽性和掩饰性——这两者相互联系。事物总是从自身出发保持在遮蔽性之中；赫拉克利特曾说过"自然喜欢把自己隐藏起来"。而掩饰性也正是人的言行所固有的。因为人的话语并非总是传达真理，它也熟悉假象、幻觉和伪装。因此，在真的存在和真的话语之间就有一种原始的联系。在者的去蔽就在陈述的揭露（Unverhohlenheit）中得到表达。

最精妙地进行这种联系的讲话方式就是理论。在此我们必须说明，理论教导对于我们来说并不是讲话唯一的、首要的经验，而这种经验唯有由希腊哲学家首先想出的讲话经验，这种讲话经验竭其所能才造就了科学。一当希腊人很快认识到，在话语中主要保持和隐藏的就是让事物本身处于其可理解状态中时，于是，讲话、逻各斯就经常被正当地翻译成了理性。在特定的讲话方式中得到展现和转达的正是事物本身的理性，人们把这种讲话方式叫做陈述或判断，希腊语是 apophansis。后来的逻辑学为此词构造了判断这个概念。对于判断的规定是，它和所有其他讲话方式不同之处在于它只想成为真的，它的衡量尺度只在于它按在者的存在样式去表现在者。有无数种讲话的形式，诸如全集、请示、咒骂以及尚需加以说明的完全谜一般的疑问现象，用这些讲话形式也能说明一些真实的东西。但它们的最终规定性并不是按在者本身来指明在者。

在讲话中完全指明真理的空间是何种经验？真理就是去蔽（Unverborgenheit）。让去蔽呈现出来，也就是显现（Offenbarmachen），这就是讲话的意义。人们呈现，并以这种方式呈现，向他人转达有如呈现在他人面前的东西。亚里士多德如是说：如果一个判断把事物中的联系如其所是地呈现出来，它就是一个真判断，如果在其话语中呈现的联系并非是事物本身中的联系，它就是一个错误的判断。因此，话语的真理性就以话语与事物是否符合来确定，亦即视话语的呈现是否符合所呈现的事物而定。于是就产生了从逻辑学角度看十分可信的真理定义，真理就是 adaequatio intellectus ad rem（知性对事物的符合）。这样就设定了一个毋庸置疑的自明的前提：话语，也就是在话语中讲出的 intellectus（知性）都有这样衡量自身的可能性，即只把存在的东西在某人所说的话语里加以表述，而且它还能如事物所是的样子指明事物。由于注意到还存在话语的其他真理可能性，我们在哲学中把其称为命题真理（Satzwahrheit）。真理的所处就是判断。

这可能是一种片面的主张，亚里士多德对此并未提出清晰的证据。但它却是从希腊的逻各斯理论中发展出来并且成为近代科学概念发展的基础。由希腊人创造的科学最初和我们的科学概念是完全不同的。真正的科学并不是自然科学，更不是历史学，而只有数学才算真正的科学。因为数学的对象是一种纯理性的存在，又因为它可以在封闭的演绎联系中得到表现，因此它就是所有科学的典范。现代科学的看法则正相反，数学并非因其对象的存在方式而成为典范，数学只是最完美的认识方法。近代科学的形态经历了与希腊和基督教西方科学形态的根本决裂。如今占统治地位的是方法概念。近代意义的方法尽管能在不同的科学中具有多样性，但它却是一种统一的方法。由方法概念规定的认识理想就在于我们这样有意识地大步走上一条认识的道路，以致有可能永远继续走这条道路。方法就叫做"跟踪之路"。总是可以像人们走过的路一样让人跟随着走，这就是方法，它标志出科学的进程。但由此就必然会对随着真理要求能出现的东西进行限制。如果说可验证性——不管何种方式的验证——才构成真理的特性，那么衡量知识的尺度就不再是它的真理，而只是它的确实性。于是由笛卡儿表述的古典的确实性规则就成为现代科学的基本伦理，它只让满足确实性理想的东西作为满足真理的条件。

　　现代科学的这种本质对于我们整个生活具有决定性的作用。因为证实的理想，即把知识限制于可验证性，都只有在伪造中才得到实现。这就是现代科学，整个计划和技术世界就从它的进步规则中生长出来。技术化给我们带来的文明和困境的问题并不在于知识和实际运用之间缺乏正确的仲裁。其实正是科学的认识方式本身才使它不可能有这种仲裁。它本身就是一种技术。

　　对于科学概念随着近代的开始而经历的转变所作的真正反思就在于要看到，在这种转变中同样包含着希腊关于存在思想的根本原理。现代物理学以古代形而上学作为前提。海德格尔认识到西方思想具有从这种悠远历史中继承而来的烙印，这构成他对当代历史之自我意识的本质意义。因为这种认识确定了西方文明史的不可避免性，从而拒斥了一切重建古老理想的浪漫主义尝试，不管它们是中世纪的理想，抑或希腊化—人文主义的道路。即使由黑格尔创造的历史哲学和哲学史的模式也不能令人满意。因为按黑格尔的观点，希腊哲学只是对那种在精神的自我意识中得到其近代实现的东西的一种思辨预演而已，思辨唯心主义及其对思辨科学的要求最终本身成了一种无力的复辟。科学是我们文明的核心——就像人们通常斥骂的那样。

　　然而，并非直到今天哲学才开始发现其中的问题。毋宁说这里存在着我们整个文明意识未曾解决的困难，这种困难是现代科学从对"学派"的批判及其阴影中得来的。从哲学角度看应该这样来提问题：我们能否并在何种意义用何种方式追溯到构筑在科学中的深层知识？无须强调，我们每个人的实际生活经验总在不断地进行这种追溯。我们总是能希望其他人发现我们当做真理但又无法证明的东西。确实，我们甚至不需要总是把证明的方法当做使其他人获得见解的正确方法。按照逻辑形式，陈述有赖于可客观化，但我们却逐渐地超越了这种可客观化界限。我们经常生活在对这种非可客观化的东西的传达形式中，这种传达形式为我们提供了语言，甚至是诗人的语言。

虽然科学要求通过客观认识克服主观经验偶然性，通过概念的单义性克服语言多义标志。但问题在于，在科学内部真的存在这样一种作为判断的本质和陈述真理性本质的可客观化界限吗？

该问题的答案绝非不言而喻。在当今哲学中存在着一种巨大的、其意义确实不容忽视的思潮，上述问题的答案就包含在这种思潮中。这种思潮相信，一切哲学的整个秘密和唯一任务就在于精确地构造陈述，从而使它能够清晰地说出意指的事物。哲学必须构造一种符号体系，这种体系不依赖自然语言比喻的多义性，也不依赖现代文化民族使用的多种语言以及由此造成的不断的误解和被误解，而是要达到数学的清晰和精确。数理逻辑在这里成了解决科学迄今为止留给哲学的所有问题的途径。这股思潮发自于唯名论的故乡并扩展到整个世界，它表现为18世纪观念的复活。作为一种哲学，它当然困扰于固有的逻辑困难。它自己也开始认识到这一点。它证明，由封闭在这种约定中的体系本身根本不可能导出约定的符号体系，因为每提出一种人工语言就已经以另一种人们说的语言为前提。这就是元语言所遇到的逻辑难题。但其实还有另外的解决方法。我们所操并生活于其中的语言具有一种突出的地位。它同时就为所有相随而来的逻辑分析提供了内容的预先所与性。而且它并不是陈述的单纯集合。因为要说出真理的陈述除了要满足逻辑分析外还必须满足其他完全不同的条件。它的去蔽要求并非仅在于让存在的东西揭示出来。仅仅把存在的东西通过陈述揭示出来是不够的。因为问题恰好在于，是否所有存在的事物都能在话语中被揭示出来，难道人们不正是通过只揭示他能揭示的而承认那些仍然是存在的和被经验的东西。

我认为精神科学为该问题提供了意味深长的证据。即使在精神科学中也有一些能作为现代科学方法概念基础的因素。我们每个人都必须在可能的范围内把所有认识的可证实性作为一种理想。但我们必须承认，这种理想很难达到，而那些力求最精确地达到该理想的研究者却常常未能讲出真正重要的东西。因此我们就会发现，在精神科学中存在着某些不可能以同样方式在自然科学中想到的东西，亦即有时一位研究者从一本业余爱好者的书中能学到比从其他专门学者的书中能学到的东西更多。当然这只限于例外的情况。但是存在这种情况就表明，在真理认识和可陈述性之间有一种并非按陈述的可证实性来衡量的关系。我们从精神科学中深切地认识到这一点，因此我们很有理由对某种确定的科学工作类型抱有不信任，这种科学工作完全清楚地指明了它前前后后借以进行的方法。这种工作真的询问着某些新东西？真的认识到什么？抑或只是很好地仿制人们借以认识的方法，由于这种方法只以外在形式出现，从而人们就以这样的方式表达科学工作？我们必须承认在精神科学中的情况正好相反，最巨大和最有成果的成就远远先于可证实性的理想。这一点从哲学上讲是很有意义的。因为这并不是指那些没有独创性的研究者出于一种幻觉而装得像一个博学者，而富有成果的研究者则必须以一种革命的方式把迄今为止在科学中适用的一切都撇在一边。相反，这里表明一种实际的关系，按照这种关系，凡使科学可能的，则它同样也能阻碍科学认识的成就。这里涉及的是真理和非真理的原则关系。

这种关系表明，仅仅把存在的东西如其所是地呈现出来虽说是真实的，但这样做也同时指出对哪些东西可以继续作有意义的追问，并能在进一步的认识中得到揭示。仅仅取得认识的进步，而不同时提出可能的真理，这是不可能的。因此，这里涉及的绝不是一种量的关系，似乎我们只能保持知识的有限范围。相反，情况并不仅是当我们认识真理的时候，我们总是同时发现和遗忘真理，而是当我们追问真理的时候，我们必然已经陷入自己诠释学境遇的樊篱之中。但这就表明，我们根本不能认识某些真实的东西，因为我们在并不自觉的情况已经陷入了前见。甚至在科学工作的实践中也有诸如"模式"之类的东西。

我们知道，模式具有何等巨大的力量和强制力。然而在科学中"模式"这个词听起来却特别糟糕。当然我们的要求只是优先考虑模式的要求。但问题却在于，科学中存在模式是否真的无关宏旨。我们借以认识真理的方法是否必然会使我们每一个进步远离从之出发的前提，并把前提置于不言而喻的黑暗之中，从而使我们极难超越这种前提，难以检验新的前提并获得真正新的认识。不仅存在生活的官僚化，而且还有科学的官僚化。我们问道：这到底是科学的本质，还仅是科学的一种文化病，就像我们在其他领域如当我们惊异于行政机构大楼和保险机关的庞大建筑时发现的类似病态？也许它真的是真理的本质，就如希腊人当初对真理的思考那样，因此它也是我们认识能力的本质，就如希腊科学首先创造的那样，正如我们上面所见，现代科学只是把希腊科学的前提——这些前提主要表现在逻各斯、陈述和判断诸概念中——推向极端而已。在当代德国由胡塞尔和海德格尔规定的现象学研究试图对此做出说明，它追问超越逻辑的陈述的真理条件是什么。我认为原则上可以说，不可能存在绝对是真的陈述。

众所周知，这种论点就是黑格尔通过辩证法达到理性自我建构的出发点。"句子的形式不足以讲出思辨的真理"。因为真理是整体。于是，黑格尔对陈述和句子所作的这种批判本身就与整体陈述性理想相联系，亦即与辩证过程的整体相联系，这种过程唯有在绝对知识中才被认识。这种理想又一次把希腊人的观点极端化了。为陈述的逻辑自身设置的界限并不是由黑格尔规定的，而是鉴于针对黑格尔的历史经验的科学才真正得到规定。致力于历史世界经验研究的狄尔泰的工作也在海德格尔的新工作中起过重要的作用。

如果想把握陈述的真理，那么没有一种陈述仅从其揭示的内容出发就可得到把握。任何陈述都受到动机推动。每一个陈述都有其未曾说出的前提。唯有同时考虑到这种前提的人才能真正衡量某个陈述的真理性。因此我断定：所有陈述之动机的最终逻辑形式就是问题。在逻辑中居优先地位的并不是判断，而是问题，就如柏拉图的对话以及希腊逻辑学的辩证法起源历史地证明的那样。但问题优先于陈述只是表明，陈述本质上就是回答。没有一种陈述不表现为某种方式的回答。而对陈述的理解也必然是从对该陈述回答的问题的理解获得其唯一的尺度。这是不言而喻的，每个人都能从其生活经验认识到这一点。如果有人提出一个使人无法理解的断言，那么人们就要试图解释这个断言来自何处。他到底提出了什么问题，从而陈述可以作为该问题的回答？如果一个陈述是一个应是真的陈述，则我们就必须试着自己找出可以让陈述作为其答案的问题来。当然，要找出可以让陈述作为其真答案的那个问题并不容易。这之所以不容易，主要是因为问题本身并非我们能够任意设想的每一个问题。因为每一个问题本身又是一种回答。这就是我们在这里所陷入的辩证法。每个问题都受动机推动。它的意义也绝不会在本身中完全表现出来。我在上面指出了威胁我们科学文化的亚历山大主义问题，只要问题的起源深埋在这种科学文化中，这里就会有它的根。对于研究者来说，在科学中具有决定意义的就是发现问题。但发现问题则意味着能够打破一直统治我们整个思考和认识的封闭的、不可穿透的、遗留下来的前见。具有这种打破能力，并以这种方式发现新问题，使新回答成为可能，这些就是研究者的任务。所以陈述的意义域都源自于问题境遇（Fragesituation）。

我在这里使用了"境遇"概念，这只是表明，科学的问题和科学的陈述只是某种可由境遇这个概念来规定的、极为普遍关系的特例。甚至在美国的实用主义中就早已有了境遇和真理的联系。实用主义把能够对付某种境遇作为真理的标志。认识的成果就在于排除某种疑难境遇——我并不认为这里所举实用主义处理事情的方法就已足够。这只是表明实用主义把一切所谓的哲学问题和形而上学问题简单地撇在一边，因为它所关心的只是能够应付境遇。为了达到进步，它把整个传统的独断论重负扔掉。——我认为这是一种错误的结论。我所说的问题占有优先地位绝非实用主义的含义。而真实的回答同样也并非与处理结果这个尺度相联系。不过实用主义也有其正确之处，即我们必须超越问题与陈述意义之间的形式联系。如果我们摒弃科学上问题和答案的理论关系，转而思考人被称呼、被询问和自问的具体境遇，我们就能非常具体地发现问题具有的人际现象。这样就清楚地表明陈述的本质能在自身中经验到一种扩展。仅仅说陈述就是回答并且指示出一个问题还是不够的，应该说问题与回答一样在其共同的陈述性质中本身就有一种诠释学功能。它们两者都谈话。这并不只是说，在我们陈述的内容中总有一些来自于社会环境的东西起作用。虽然这样说也是正确的。但问题却并非在此，而是在于真理只有作为一种谈话才可能存在于陈述之中。构成陈述之真理的境遇域就包含陈述向之诉说什么的人。

现代存在主义哲学完全有意识地引出了这个结论。我想到雅斯贝斯的交往哲学，它的要点在于，科学的绝对必要性将在人类的根本问题，如有限性、历史性、过失、死亡——简而言之，所谓的"边际境遇"——所到之处找到终点。交往在此并非由无可反驳的证据传送知识，而是存在与存在的交往。我们说话时本身就在听人家说话并且像我回答你的问题一样，因为对于他的你来说，他本身就是一个你。当然，我觉得，针对匿名的、普通的、无可反驳的科学真理概念提出一个生存真理的对立概念是不够的。在雅斯贝斯指出的真理与可能的存在的这种联系之后还隐藏着一个普遍的哲学问题。

海德格尔关于真理本质的追问在这里才真正超越了主观性的疑难范围。他的思考经历了从"证据"（Zeug）转到"作品"（Werk）再到"事物"（Ding）之道路，他的这一思路把科学问题以及历史科学问题都远远抛在后头。我们不要忘记，当时是这样一个时代，即存在的历史性在此在知道并且作为科学而表现出历史性之处占据着统治地位。当人们把历史科学的诠释学从主观性的疑难中解脱出来（海德格尔正是遵循这一思路）时，在从施莱尔马赫直到狄尔泰的浪漫主义和历史主义学派中发展出来的历史科学诠释学就变成了一种全新的任务。唯一在这方面已做过最早研究的是汉斯·利普斯，虽说他的诠释学逻辑并不能提供一种真正的诠释学，但他却相对于语言的逻辑平面突出地表现了语言的束缚性。

正如上面所说，每个陈述都有其境遇域和谈话功能，这只是继续研究的基础，以便把所有陈述的历史性都归溯到我们存在的基本有限性。陈述并非只是想象起存在的事实，这首先说明陈述属于历史存在的整体，并不能和它同在的一切事物具有同时性。如果我们想理解流传给我们的句子，我们就必须进行历史思考，从这种思考中得出这些句子在何处和怎样被说出，它原来的动机背景是什么，它原来的意义是什么。因此，要想象句子的本来面目，我们就必须同时想象起它的历史视界。但这显然还不足以描绘我们真正所做的工作。因为我们和传承物的交往并非只限于用历史的重构来传达它的意义从而达到对它的理解。也许语文学家会这样做。然而即使语文学家也会承认他实际所做的不止这些。假如古代并没有成为一种经典，不是所有陈述、思考和诗歌的典范，那就不会有古典语文学。但这也适用于所有其他语文学，在这些语文学中，其他的、陌生的或往昔的语言都向我们展现了它们的魅力。真正的语文学并非只是历史学，虽说也可以说它是历史学，因为历史学本身其实也是一种哲学理性，是一种认识真理的方法。谁进行历史的研究，他就总一起被下面这一点所规定，即他本身必定经验着历史。因此，历史总是要不断地重写，因为当代总是对我们有所规定。这里的关键并非只是重构，与过去达到同时。理解的固有谜团和问题就在于，这样同时构造的东西本身已和我们同时作为一种真实的存在。纯粹重构过去的意义好像和直接作为真实说给我们听的东西混合了起来。我认为这是我们对历史意识的自我把握必须作的最重要修正之一，它证明同时性是一种最高的辩证法问题。历史认识绝不单是重现当时的情况（Vergegenwaertigung，使现前化）。同样，理解也不仅是重构一种意义构成物（Nachkonstruktion eines Sinngebildes），有意识地解释一种无意识的产物。相反，互相理解则是对某物的理解。与此相应，理解过去就意味着倾听过去中曾作为有效的而说给我们听的东西。对于诠释学来说，问题优先于陈述，就意味着自己询问要去理解的问题。把当前的视界和历史视界相融合就是历史精神科学的工作。但它所推进的只是我们因为自己存在而一直已经在做的工作。

当我使用同时性（Gleichzeitigkeit）这个概念时，我是要把克尔恺郭尔提出的这个概念的应用方式能够为我们所用。正是克尔恺郭尔用"同时性"来标志基督教布道的真理性。他认为基督存在的本质任务就是用同时性去扬弃过去的距离。他出于神学根据以矛盾的形式表现的观点其实完全适用于我们与传承物和过去的关系。我认为是语言引导着过去视界和当前视界的不断综合。我们能互相理解，是通过我们相互谈话，通过我们常常偏离了谈话题目，但最终又通过讲话把话中所说的事物带到我们面前。情况之所以如此，是因为语言自有其自身的历史性。我们每一个人都有自己的语言。根本不存在一种对所有人都共同的语言的问题，只有一种惊异，虽说我们大众都有不同的语言，但我们却能够越过个体、民族和时间的界限达到理解，解决这种惊异的答案当然不在于，由于我们在谈论这些事物，它们就作为一种共同事物呈现在我们面前。我们所谓真理的意思，诸如公开性、事物的去蔽等等都有其本身的时间性和历史性。我们在追求真理的努力中惊异于所提供的只是以下事实：不通过谈话、回答和由此获得的一致意见，我们就不能说出真理。语言和谈话的本质中最令人惊异之处在于：当我和他人谈论某事的时候，即使我本人也并不局限于他所意指的事物上，谈话双方都不可能用他的意见包括所有真理，然而整个真理却能把谈话双方包括在各人的意见中。和我们的历史性存在相适合的诠释学的任务在于，揭示语言与谈话的意义关系，正是这种意义关联超越我们在产生着作用。

▼ 选文出处

伽达默尔：《真理与方法》（第二卷），洪汉鼎译，北京，商务印书馆，2007年，第51～66页。

# 哈贝马斯

> 哈贝马斯通过胡塞尔对纯理论的批判,将认识与旨趣相结合,提出我们的认识实际上受三种认识旨趣所支配:技术的认识旨趣、实践的认识旨趣以及解放的认识旨趣。哈贝马斯试图以此三种旨趣来解决认识论的争论与问题。

## 作者简介

哈贝马斯(J. Habermas, 1929— ),德国法兰克福学派第二代领军人物,前期对认识论感兴趣,后期重在交往理论,是当代活跃的社会哲学理论家。主要著作有《公共领域的结构转型》(1962)、《理论和实践》(1963)、《论社会科学的逻辑》(1963)、《认识与旨趣》(1968)、《合法性危机》(1973)、《交往行为理论》(1981)等。

## 著作选读:

《认识与旨趣》。

### 《认识与旨趣》——认识的三种兴趣:技术的、实践的和解放的

一

"理论"一词起源于宗教:古希腊的城市把它向公众的庆典活动派遣的代表称之为理论家(Theoros),他用理论(Theoria)向圣灵敬献忠心。用哲学的语文讲,理论就是对宇宙的观察。理论作为对宇宙的观察,以划清存在和时间之间的界限为前提。划定存在和时间之间界限的做法,随着巴门尼德的诗篇《论自然》的问世,为本体论奠定了基础,后来又出现在柏拉图的《蒂迈欧篇》中,它把从不稳定的和不可靠的东西中净化出来的存在着的东西保留给逻各斯,而把易逝的东西的王国让给了神性。当哲学家观察这个不灭的宇宙时,他不得不适应宇宙,(在自己的头脑中)摹拟宇宙。他把他在自然界的运动中观察到的和谐状况,如同在音乐的和谐的效果中观察到的那样,展现在自己的头脑中;哲学家是通过模仿来构思。理论是通过心灵

与宇宙的有规律的运动相适应的道路进入生活实践的，理论给生活打上它自己的烙印，并且反映在服从于它的教育的人的行为中、伦理中。……

三

事实上，科学不能不失去胡塞尔想通过纯理论的更新来重新建立的那种特殊的生活意义。我分三步来重述胡塞尔（对纯理论）的批判。他首先反对科学的客观主义。（他认为）对科学来说，世界是客观的，是由事实构成的宇宙，我们可以用描述的方法掌握这个宇宙的有规律的联系。但是，关于表面上客观的、由事实构成的世界的知识，实际上先验地植根于前科学的世界之中。科学分析的可能的对象，是事先在我们原本的生活世界的现实中形成的。现象学揭示的是这个层面上产生思想的主观活动。然后，胡塞尔指出，这种主观活动随着客观主义的自我理解而消失，因为科学并没有彻底地脱离开原本的生活世界的全局利益。只有现象学才根据严格的静观认识同幼稚的观点相决裂，并且最终把认识与兴趣相分离。最后，胡塞尔把他称之为现象学的描述的先验的自我反思与纯粹的理论，即传统意义上的理论相等同。胡塞尔把他的这种理论观点归功于把他从生活利益的罗网中解放出来的转化。从这个方面看，理论是"非实用的"。但这并不是让理论脱离实际生活。根据传统的理论概念，恰恰是理论的坚定的约束力，构成了人们的行为导向。理论观点一旦得到使用，它就会同实践观点再次联系在一起："这种联系以一种新的实践形式出现，新的实践的目的是通过全面的科学的理性，根据各种形式的真理规范提高人类，合人类成为崭新的人类——使人类有能力在绝对的理论洞察的基础上成为具有绝对的自我责任感的人类。"

胡塞尔正确地批判了客观主义的假象。这种假象用合乎规律的、结构化的事实的自在现象蒙蔽科学，掩盖这些事实的构造，从而使人们无法意识到认识和生活世界的利益是相互交织在一起的。因为现象学使人们意识到了这种情况，所以现象学本身似乎也就摆脱了生活世界的利益，因此科学毫无道理地要求获得的纯理论的头衔，理应属于现象学。胡塞尔把期待实践发挥作用同这样一条要素——使认识脱离兴趣——相联系。这种做法的错误是明显的：伟大传统意义上的理论所以为生活所接受，是因为这种理论认为它在宇宙秩序中发现了世界的理想的联系，也就是说，认为发现了人间秩序的典范。理论只有作为宇宙学，才能同时驾御人们的行动导向。往往会把旧的理论从其宇宙学的内容中净化出来，并且只是抽象地把握旧的理论观，所以胡塞尔恰恰不能期待现象学具有形成过程。过去，理论之所以以教育为目标，不是因为理论似乎使认识摆脱兴趣，相反，是因为理论得力于把它的真正的兴趣掩盖起来从而获得了一种假的规范力量。胡塞尔批判科学的客观主义的自我理解时，他却陷入了另一种始终没有摆脱理论的传统概念的客观主义。

四

我们和胡塞尔都把那种将理论的陈述幼稚地与实际情况联系起来的做法称之为客观主义的观点。（因为）这种做法把理论陈述中展示出来的经验性的重大事件之间的关系设想为一种自在存在着的东西，却不谈这些陈述的意义在其中赖以形成的先验框架。一旦人们与先前设定的坐标系相联系来理解陈述，客观主义的假象就解体，人们就能观察到指导认识的那种兴趣。

逻辑—方法的规则和指导认识的兴趣之间的特殊联系，可以为研究过程的三个范畴作论证。这是没有落入实证主义圈套的批判的科学理论的任务。技术的认识兴趣（technisches Erkenntnisinteresse）包含在经验—分析的科学观中；实践的认识兴趣（praktisches Erkenntnisinteresse）包含在历史—诠释学的科学观中；解放的认识兴趣（emanzipatorisches Erkenntnisinteresse）包含在以批判为导向的科学观之中；解放的认识兴趣，如同我们所看到的那样，并未得到传统的理论的承认，但它为传统的理论奠定了基础。

五

在经验—分析的科学中，预断可能的经验科学的陈述的意义的坐标系，既为理论的建立，又为理论（经受）批判和检验确立规则。凡可对富有经验内容的规律假设进行推论的那些便是，其种种假设的—演绎的关联，都适用于理论。这种种关联可以解释为关于可观察到的重大事件的协变关系的陈述。它们允许在给定的初始条件下进行预测。因此经验—分析的知识是可能预测到的知识。当然，这类预测的意义，即它们的技术的可使用性，首先是从我们赖以把理论运用于现实的规则中产生的。

我们常常在以试验形式出现的、得到控制的观察中创造初始条件，并测量在这种情况下出现的操作成果。现在，经验主义想把客观主义的假象固定在基本命题中所表述的观察上，其中一种明显地可以直接观察到的东西应当是不包含主观附加物的确实给定的东西。事实上，基本命题并非自在的事实的摹拟，而是表达了我们的操作活动的成功或失败。我们可以说，事实和事实之间的关系可以被我们从描述上加以把握。但是，这样说并不能掩盖下面的事实：那些从经验科学上讲是至关重要的事实，本身是通过我们的经验的先前的组织，在工具活动的功能范围内形成的。

总起来说，许可的陈述系统的逻辑构造和检验条件的类型这两种要素说明：经验科学理论的主要兴趣是使可有效地加以控制的活动有可能从信息上得到维护和扩大，并以这种兴趣来揭示现实。这就是对技术上掌握对象化过程的认识兴趣。

历史—解释学的科学是在另一种方法论的框架中获取其知识的。在这里，陈述的有效性意义不是在技术所掌握的坐标中形成的。形式化的语言和成果客观化的经验的层面尚未相互分离，因为理论不是用演绎建立起来的，经验也不是靠操作的成果组织起来的。对意义的理解代替了观察，开辟了通向事实的道路。在历史—解释学的科学中，对原文的解释是同经验科学理论中对规律假定的系统的检验相一致的。因此，解释学的规则规定着精神科学陈述的可能的内涵和意义。

对意义的理解应该是把握精神实质，历史主义把纯理论的客观主义假象同对意义的理解相联系。这样看来，似乎解释者置身于世界的视野中，或者语言的视野中，而流传下来的原文总是从语言中获得它的内涵和意义。但是，即使在这种情况下，事实也只有随着自己所确认的标准才能成立。正因为实证主义的自我认识不是明确地接受测量操作和后果控制的联系，因此它也不谈解释者的那种牢牢地依附于最初状况的前认识中，而解释学的知识总是以解释者的前认识为媒介。传统意义上的世界只有随着解释者自身的世界也同时是清晰可见时，才向解释者敞开。理解者在两个世界之间对立一种联系。当他把传统运用于自己和自身的状况时，他就抓住了流传下来的东西的真实意义。

但是，如果方法的规则以这种方式把解释同使用结合起来，那就说明，解释学研究的主要兴趣是维护和扩大可能的、指明行为方向的谅解的主体通性，并以这种兴趣来揭示现实。对意义的理解按其结构来说，目标是行动者在流传下来的自我认识的框架内的可能的共识。为了同技术的认识兴趣相区别，我们称这为实践的认识兴趣。……

解放的认识兴趣，旨在实现反思本身。因此，我的第四个论点是：在自我反思的力量中，认识和兴趣是一个东西。当然，只有在一个其成员的独立判断已成为现实的、解放的社会里，交往才能发展成一切人同一切人的摆脱了统治的自由的对话；我们从自由的对话中获得了相互都有教养的自我同一性的模式以及真正一致的观念。因此陈述的真理，建立在成功的生活的预见中。纯理论的本体论的假象，掩盖了指导认识的兴趣，巩固了这样一种臆想，似乎苏格拉底式的对话是普遍的，并且任何时候都是可能的。哲学从一开始就认为，用语言的结构确立的独立判断，不仅可以预见，而且是真实的。恰恰是想从自身中获得一切的纯理论，变成了受排挤的舶来品，并且成了意识形态，只有当哲学在历史的辩证法进程中发现破坏人们一再努力争取的对话的暴力的踪迹，并且不断地把这种暴力的踪迹从自由交往的航道上排挤出去的时候，它就推进了它曾经使其停滞状态合法化的那种过程：人类不断趋向独立判断的过程。因此，我的第五个论点是：认识和兴趣的统一表现在这样一种辩证法中，这种辩证法从被压抑的对话的种种历史遗迹中重新构建起被压抑了的东西。

### ▶ 选文出处

《哈贝马斯精粹》，曹卫东选编，李黎、郭官义译，南京，南京大学出版社，2004年，第212~227页。

# 二、后现代哲学

# 后现代

## 范蒂莫

> 范蒂莫认为虚无主义作为海德格尔存在哲学的发展和对立面,海德格尔表达的是人类对存在的遗忘,而虚无主义似乎并不只是某种抵制人们在始终是当下和现存的存在自身完整性中拒绝某种误取、某种欺骗或自我迷惑的认识问题,"遗忘"既不能被消解也不能被消灭。诠释学可以表述为一种虚无主义的诠释学。

**作者简介**

范蒂莫(Gianni Vattimo, 1936— ),当代意大利作家、哲学家和政治家,主要致力于现代性与后现代哲学的研究。主要著作有《现代性的终结》(1991)、《差异的冒险》(1993)、《尼采》(2002)、《虚无主义和解放》(2004)等。

**著作选读:**

《现代性的终结》。

### 1 《现代性的终结》第一章——为虚无主义辩护

虚无主义的问题主要不是一个史料编纂学的问题。如果有什么区别的话,它是海德格尔把历史(Geschichte)与命运(Geschick)连接起来意义上的历史(geschichitlich)难题。虚无主义仍在发展,对此还不可能得出任何确定性的结论。但是,我们能够而且必须试着理解虚无主义究竟出现在何处,在何种方式上与我们相关,以及它要求我们做出决定应做出何种选择和姿态。对于虚无主义(也就是说,我们处于虚无主义的过程之中),我认为我们的立场可以通过求助于尼采著作中经常出现的一个词语即"完成的虚无主义"(accomplished nihilism)这个词语来界定。这种完成的虚无主义明确认为，虚无主义是他或她唯一的良机。今天，虚无主义对我们正在发生的是这样一种东西：我们开始是（begin to be）或者未来能够是（to be able to be）完成的虚无主义。

在这里，虚无主义对尼采来说是指人们在《权力意志》第一版开头看到的注释中所意指的东西：那就是"人类从中心滚到了X"境况。但是这个意义上的虚无主义也与海德格尔解释的虚无主义相一致，即在这个过程中最终同样没有为存在"留下任何东西"。这种海德格尔式的解释表达的是人类对存在的遗忘，而虚无主义似乎并不只是某种抵制人们在始终是当下和现存的存在自身完整性中拒绝某种误取、某种欺骗或自我迷惑的认识问题，"遗忘"既不能被消解也不能被消灭。

尼采和海德格尔的解释涉及的人类主体都不只是心理学或社会学的层面。恰恰相反，倘若我们"由中心向X"滚动，那么这种情况所以可能，仅仅因为"再也没有为存在留下任何东西"。虚无主义首先涉及的是存在自身，即使这并不必然意味着虚无主义是某种远比"单纯的"人性具有更高程度的不同事件的问题。

除了在这个问题上存在着理论方法的差异之外，尼采和海德格尔各自的论点在内容上也是一致的——即揭示虚无主义自身的各个方面。对尼采来说，虚无主义的整个过程可以根据上帝之死或者根据"最高价值的贬值"来概括。对尼采来说，只要存在完全转变为价值，存在就会被彻底毁灭。海德格尔建构的虚无主义描述就是以这样一种方式去包括那种完成的虚无主义的尼采，即便对海德格尔来说超越虚无主义也是可能和渴望的，而对尼采来说虚无主义的完成就是我们应该等待和期望的所有。海德格尔本人——从尼采而不是海德格尔的观点看——也是虚无主义完成的历史的一部分，虚无主义似乎显然是他正在寻找的超越形而上学的思想方式。然而，根据完成的虚无主义是我们今天唯一良机的观点，这正是其重要性所在。

然而，与此同时，我们说尼采与海德格尔的虚无主义解释是一致的，这究竟是指什么呢？对尼采而言，是上帝之死和最高价值的贬值，对海德格尔而言，是存在还原为价值。一旦我们强调了这个事实，即对海德格尔来说，存在还原为价值就是把存在置于究竟是谁"确认"价值的主体权力之中（某种作为充足理由的原则就是理性原则：只是由于人们根据笛卡儿式的主体来认识它，才会发挥这样的因果作用），我们就似乎难以接受这样的一致性。因此，在海德格尔的意义上，虚无主义可能是不合法的主张，存在，而不是以自律的、独立的和基本的方式生存的存在，就是在主体权力中的存在。

但是，这或许不是海德格尔虚无主义定义最重要的含义，但以这些方式把它孤立起来时，最终会引导我们得出这样的结论，即海德格尔纯粹是为了客体而回到主体—客体的关系之中（这是阿多诺《否定的辩证法》对海德格尔的解读方式）。为了恰当地理解海德格尔的虚无主义解释，并且从中看到它与尼采思想的密切关系，我们必须认为"价值"——存在还原为自身——这个概念具有严格的"交换价值"（exchange-value）含义。因此，虚无主义就是存在沦为交换价值。

这种解释如何与尼采关于上帝之死和最高价值贬值的观点相一致呢？其答案在于，尼采也认为价值并没有简单地消失：只是这样的最高价值——实质上是那种由所有价值中最高者即上帝表达的价值——已经消失了。然而这远不是剥去了价值这个概念的所有内涵（正如海德格尔所正确看到的），而是释放了这个概念充满活力的潜在性；只有不存在任何终极的或断裂的最高价值（上帝）妨碍这个过程的地方，即它具有了可变性、无限可转换性或过程性的能力时，价值才会以其真正的本质被揭示出来。

我们不可忘记，尼采阐述了一种"起源的意义随着起源认识的丰富变得微不足道"的文化理论。这就是说，在尼采的理论中，文化就是一种（由替代、凝结和总体的崇高化所支撑的）转变，或者换一种方式说就是，在这里修辞完全替代了逻辑。假若我们跟随虚无主义/价值这个核心提供的主要线索，我们就可以说——用尼采或海德格尔所用的术语——虚无主义就是交换价值中使用价值的消费。虚无主义并不意味着存在处于主体的权力之中；毋宁说，虚无主义意味着存在彻底消解于价值的话语化中。

20世纪文化与这种虚无主义的到来相对的是什么？或者说20世纪文化如何应答虚无主义的到来？在哲学层面上，有一些例子似乎尤其具有象征性：各种理论形式的马克思主义（阿尔都塞的结构主义马克思主义也许是个例外）都渴望首先在实践/政治的而不是理论的层面上恢复使用价值及其规范。

最开始，社会主义社会被构想为这样一个社会，在这个社会里，工作将从异化特征中解放出来，因为其产品一旦从邪恶的商业循环中解脱出来，产品就能与其生产者取得某种根本的一致性关系。然而，试图从工艺的和"艺术的"生产中解放出来的异化劳动越是艰难，它就必须根据消灭使其陷入困境并且在最后分析中暴露其神秘本身的复杂政治调停来界定自身。

除辩证的——因而是总体化的——马克思主义视域之外，20世纪哲学是根据"精神科学"与"自然科学"之间的激烈争论来区分的。这种讨论对还在应用使用价值的领域似乎也表示了某种抵御的态度，换言之，不管怎样精神科学使自己与自然科学所运用的纯粹交换价值的定量逻辑区别开来了，因为自然科学的定量逻辑忽视了历史和文化事实的品质特征。在摆脱了交换逻辑控制的使用价值领域，必须超越交换价值对现象学和包括《存在与时间》在内的早期存在主义来说具有支配地位的问题。

现象学、早期存在主义，以及人道主义马克思主义和"精神科学"的理论化，所有这些都属于把欧洲文化统一为庞大区域的相同思想倾向。我们可以把这解释为由"真实性的同情"（pathos of authenticity）描述的特征，或者，用尼采的话说，可以看做是对虚无主义完成的抵抗。近来，这种思想倾向以不同的形式被合并到某种传统中，直到现在这种传统一直表现为某种可供选择的东西。这个传统开始于维特根斯坦和《逻辑哲学论》（tractatus）时期的维也纳文化，最终导致了盎格鲁撒克逊分析哲学的发展。甚至在这里，至少在强调了维特根斯坦"神秘"（mystical）观念的范围内，我们也遭遇了某种孤立和抵御实用价值的理想地带，即在这里存在消融于价值的情况并没有发生。

维特根斯坦对"神秘"概念的重新发现具有决定性的文化意义——以不同的方式——对意大利文化来说，表现为关于"理性危机"的争论，而对盎格鲁撒克逊文化来说，则表现为对逻辑的历史本质的发现。但从虚无主义的完成的观点看，这种发现实际上不过是无望取胜的小斗争。这场证明维特根斯坦界定的——作为某种非基础的基本原理——"沉默"地带的斗争，我们可以在这种看法中看到它以此种方式与海德格尔相联系，也以另外的方式与尼采相关，但是它忽略了这样的事实，即所发生的事情（在哪里？——在哲学意识中，在存在的发生中，在海德格尔的"座架"（Ge-stell）的人间事件中）就是虚无主义得以完成的阶段，即由于存在的价值消费它达到了它的极端形式。这就是最终使其成为可能，使其具有必然性的事件，今日哲学应该认识到虚无主义就是我们（唯一）机会。

从虚无主义的观点看，并且根据有点儿夸张的普遍化，20世纪文化似乎已经见证了所有"重新占有"（reappropriation）工程的消解。在这个过程中所描绘的不仅仅是理论的发展，举例说，如拉康对弗洛伊德主义的阐述，而且（或许也是最为根本的）描述了马克思主义、革命和社会主义的政治进程。我们要么以维护不受交换价值控制之地带的形式来理解重新占有，要么以更雄心勃勃的形式（在理论层面上把马克思主义与现象学结合起来）来理解重新占有，这种形式采取了关注使用价值和超越交换价值领域的视域。重新占有的观点已经耗竭——这不仅仅是根据实际的僵持（check-mates）失败，它仍然不会从其理念和标准含义中带走任何东西。

事实上，重新占有的观点已经失去了它作为某种理想标准的意义；犹如尼采的上帝一样，这种观点最终表明了自身是多余的。在尼采的哲学中，上帝之死很明显是因为认识到不再需要达至终极的原因,人性再也没有必要信仰某种不死的灵魂,等等。即使上帝之死是因为借同样迫切的真理需要之名它必须被否定,这种真理总是被视为它自身的一种律令,对真理的迫切需要的意义也与上帝一同烟消云散了。最后还因为此时的生存状况已变得更少狂暴,同时也更缺少同情。就是在强调最高价值的多余中,我们可以发现完成的虚无主义的根源。

在完成的虚无主义看来,甚至最高价值的消失也并不意味着要建立或重建强烈意义上的"价值"概念的情境。这不是一种重新占有,因为那些已经变得多余的东西原先无论如何都是"正确的"(甚至在这个术语的意义上看也是如此)。"世界已经变成了一个寓言",尼采在《偶像的黄昏》中写道,而且他所指的并不是"可能的"真实世界,而是世界就是如此。而且即使尼采按照同样方式补充说,这个寓言不是同一个"寓言",因为作为表象和错觉的寓言不会向我们揭示任何真理,但"寓言"的概念不会因为这个原因而失去其所具有的意义;相反,它迫使我们认可这些表象,它们构成了这个寓言的有说服力的力量,这种力量曾经从属于形而上学的本体。

这似乎是表现在当代虚无主义中的一种危险(在思想上可追溯到尼采及信奉其首创精神的人):例如人们可以想想德勒兹在《重复与差异》中论述仿像的"荣耀化"的某些段落。尼采本文中的许多圈套和陷阱也有这样的危险:真实世界一旦被当做寓言性质的结构来认识,那么,可以说寓言就获得了真实世界的古代形而上学尊严(荣耀)。然而,为完成的虚无主义敞开的经验不是某种完美、荣耀和本体论的经验,相反它与所有那些要求假想的最高价值的主张分道扬镳,并且它属于——以一种被解放的方式——形而上学传统所认为的基本而尊贵的价值,正是在这一点上才能使价值恢复它们的真正尊严。我们要找例子来证明这一点并不困难,面对最高价值的贬值和上帝之死,通常的反应是,它使某种宏伟的形而上学诉诸其他的、"更真实"的价值(例如亚文化或大众文化的价值与统治文化相对立,拒绝文学或艺术的标准等等)。

像"寓言"这个词一样,"虚无主义"这个词——甚至当它意指某种完成的虚无主义时,也不是指消极的或反动的虚无主义——在尼采的哲学语汇中保持了日常生活语言所具有的某种相同品质。真理已经成为了一个寓言的世界实际上是这样一种经验场所,这种经验与形而上学提供的东西一样"都不真实"。这种经验再也不是真实的(authetic),因为这种真实性本身(authenticity)——被人们理解为"正确的"东西,或者被理解为"占有"——已经与上帝之死一同消失了。

根据对尼采、海德格尔和完成的虚无主义进行解读时，我们就可以根据我们社会的交换价值普遍化来理解这种事件：呈现给马克思的也是同样的事件，根据人是什么的"普遍化滥用"和"去神圣化"，这仍然是可以严格界定的。人们能否把这种去神圣化的抵制，例如起源于法兰克福学派的大众文化批判，描述为某种对占有、对上帝、对本体的旧情眷恋？用精神分析学的概念说，能把这描述为拒绝屈从于特殊流动性、不确定性和象征符号可变性的对想象性自我的自顾自恋吗？

晚期资本主义的显著性质，从以总体化的"仿像化"为形式的商业化到"意识形态批判"的必然崩溃或者拉康"发现"的符号象征，作为海德格尔称之为"座架"的组成部分，所有这些都是可以完全理解的。它们并没有完全体现人性的黄昏（Menscheitsdämmerung）或去人性化（dehumanization）的天启时刻，而是相反，它们指向某种可能的、新的人类经验。

海德格尔似乎在很大程度上是一个对存在怀有乡愁的哲学家，甚至在形而上学的 Geborgenheit（藏身、安全）特性中也是如此。然而，他写道，座架——技术世界的强压和挑战——也是一种"首次爆发的事件"或到来的存在，在这种事件中，每一种占有（某种东西都作为某种东西而出现）都只有作为非占有才会出现。这种快速运转的过程剥去了人性和存在的所有形而上学特性。存在事件中实现的非占有最终是交换价值中的存在的消解，即消解于由信息传递和解释构成的语言和传统之中。

在重新占有这个问题上，20世纪根据主体性的具体化或主体性观点的淡化已经做出了克服异化的努力。但是，就像所有东西都还原为交换价值一样，普遍化的具体化已经变成了一个寓言的世界。然而，力图在这种消解的面前重建某种"正确"的东西就永远是一种反动的虚无主义；因为，靠建立主体的合法统治以颠倒客体原则的努力，同样反动地为它赋予了从属于客观性的同样典型的坚实力量。

在《辩证理性批判》中，萨特非常恰当地认为这个过程重又陷入了反目的论和实践惰性中，这毫不含糊地向我们表明了这些重新占有的命运。在这个意义上，虚无主义作为我们的良机而出现，有点儿像——在《存在与时间》中的存在—面向—死亡和先行决断，它假定二者表现为这样一种可能性，这种可能性真正能够使构成存在的所有其他可能性成为可能。因此，它们也体现了对世界强力的悬置，从而把所有声言实在、必然、绝对和真实的主张都置于这种可能性的层面上。

存在的交换价值消费，即真实世界向寓言的转变是虚无主义的，甚至就其导致了"实在"强力的微弱化而言也如此。在这个普遍化的交换价值世界中，所有的东西都是给定的——它似乎始终如此，只是现在以某种更明显和更夸张的方式——作为叙事或复述而出现。实质上，这种叙事是由大众传媒讲述的，它不可避免地与信息传统交织在一起，并把过去的和其他文化的语言传送给我们；因此，大众传媒所体现的不只是意识形态的曲解，而且更是这种相同传统的某种迅速变化的形式。

我们经常在这个联系中谈论社会"想象"，但是，交换价值的世界不仅仅是，而且必然是拉康概念意义上的"想象"（imaginary）——因为它不只是某种异化的僵化的东西，而且可以认为是象征符号特有的变动性（尽管这的确要依赖个体的或社会的决断）。

各种各样的反目的论和实践惰性等的重演，或者持久的异化基础——它以马尔库塞所说的额外压抑的形式——描述了我们社会的特征（然而这个社会拥有技术上的自由能力），假如所有这些都能够根据想象把它们解释为某种永恒的副本，那么，借助技术、借助诗书画、借助典型的后期现代社会的实在的"微弱化"，就能开启新的象征符号的可能性。

很明显，海德格尔非实证的"座架"结构闪现出来的存在事件是存在"微弱"（weakness）时代的预告，实体的拥有显然是作为传递的拥有给定的。从这个角度看，虚无主义在两种意义上为我们提供了一种良机。第一种意义是履行的（performative）和政治的；大众文化和大众传媒——作为世俗化的过程，已经失去了根基，等等——构成的晚期现代生存在一种被完全控制和管理的社会里没有必要强调异化和占有。这个使世界变得比以往任何时候都更少真实的过程，不仅带领我们走向了想象的僵化，走向了新的"最高价值"体制，而且带领我们走向了象征性符号的变动性。

然而，这种机会有赖于我们找到如何使它个体地和群体地存活下去的方式。至此，我们抵达了"虚无主义"这个概念的第二种意义。反目的论的重演与为使这个过程持久生存的倾向相联系，在这个过程中，这个世界由于重新占有而变得比以往任何时候都更少真实。正如萨特所说的，人类的解放肯定也在于对那些实际创造的历史意义的重新占有。但是这种重新占有是一种"消解"：萨特写道，历史意义必须把自己"驱散"到共同创造了它的个体中。这种消解应该在更切实的意义上来理解，而不是在萨特认为所具有的那种意义上来理解。只有在我们认为它不具有任何形而上学和神学上的力量以及"本质"价值的情况下，历史的意义才可能被重新占有。

从根本上说，尼采的完成的虚无主义也具有这种意义，因为从晚期现代性来到我们面前的召唤是一种告别的召唤。这种召唤在海德格尔的著作中得到了回应，他过于平常和过于简单地把哲学家视为存在（的回归）。然而，如果我们想"跳"进存在的"深渊"的话,又正是海德格尔谈到了"忘却作为基础的存在"。然而,鉴于这种深渊是从交换价值的普遍化,从现代技术的"座架"向我们发出的召唤,所以它不能等同于任何带有某种否定性神学寓意的更深意义。

然而,倾听技术本质的召唤,并不意味着放弃自我而完全屈从于它的法则和游戏。正因为这个原因,海德格尔坚持这样的事实,即技术的本质并不是某种技术的东西,而且对于这种本质我们必须给予特别的关注。这种本质发出了一种召唤,即它不可避免地与传递给我们的信息密切相关;现代技术也属于同样的"传递"(über-lieferung),而且是对开始于巴门尼德的形而上学的一致完成。

甚至技术也是一种寓言或传说,一种传递的信息:当根据这种观点来看时,技术就被剥去了它所有的(想象性)要求,这种要求能够构成一种可以看做是自明的,或者柏拉图叫做光辉的"本体"的新的"强大"实在。这种去人性化技术的神话,就像在一个被完全被控制和管理的社会中的神话"实在"一样,都是引导我们继续将寓言解读为"真理"的形而上学附加物。一种完成的虚无主义,就像海德格尔的深渊(Ab-grund),召唤我们走向一种虚构化的实在经验(fictionalized experience of reality),这也是我们获得自由的可能性。

### ▶ 选文出处

李建盛未出版的《现代性的终结——虚无主义与后现代文化诠释学》(*The End and Modernity: Nihilism and Hemeneutics in Post-Modern Culture*, Polity Press, 1988, pp. 19~30)译文。

## 2 《现代性的终结》第七章——诠释学与虚无主义

众所周知,作为诠释学本体论引领当代哲学思想的著作是伽达默尔的《真理与方法》(1960年首次出版)。为了把"如艺术中出现"的那样的真理问题引入焦点,该书的开篇用了相当大的篇幅。第一部分为下章探讨"艺术真理问题的重新提出"和审美意识抽象本质的批判做准备。通过对审美意识的批判,伽达默尔以某种独创性的方式发展了海德格尔关于艺术思考所获得的结论,即海德格尔把艺术视为"真理自行设置入作品"的结论。伽达默尔批判审美意识的目的,就是要证明审美经验的历史性质,但是,在最后的分析中又似乎把审美经验还原为历史经验。然而,自《真理与方法》出版后,诠释学本体论似乎取得了许多重要的进展。这些进展中的许多人——尤其是在当代德国思想界（在这里我尤其想到了 K. O. 阿佩尔的著作）——都强调了诠释学作为"某种社会交往的哲学"的实质。很明显，阿佩尔通过坚持他称之为无限制交往共同体的"优先权"这种东西，力图综合语言分析哲学（实用主义和经验主义中有其根源）和海德格尔的生存论哲学。

诠释学领域中其他最近的著作，如 H. R. 耀斯的文学诠释学似乎也是定向于解释哲学的历史的"建构"性质。在阿佩尔看来，引导诠释学"理解"的理想就是要致力于实现没有恐惧、没有不平等和没有匮乏的社会模式。耀斯认为，一种敏锐的诠释学意识允许建立某种更具有综合理解力的文学和艺术批评。他通过作品产生以及作品持续延续和不断发生作用的历史语境的更深刻思考，证明这样一种文学和艺术批评的建立是如何可能的。阿佩尔和耀斯似乎是"建构性解释"诠释学最显著的例子，这种诠释学——在整体上非常一致地——是以伽达默尔著作中已有的假设为基础发展来的。然而，在这些建构性解释中，诠释学似乎远远超出了它的海德格尔起源。这个过程在阿佩尔的著作中达到了极点，尽管新康德主义也确实是海德格尔不断讨论的问题，但是，阿佩尔在他的著作中却在新康德主义的视域内用新康德主义的术语对诠释学问题进行重新思考。虽然伽达默尔并没有分享新康德主义的观点，但新康德主义的一些假设似乎已经存在于《真理与方法》中。这部著作开始于"审美意识批判"，取代了海德格尔本体论所具有的虚无主义内涵，由此也暴露了诠释学存在这样一个可能的危险，即会变成某种实质上的"人文主义"历史哲学——而且将最终成为——新康德派的历史哲学。

现在让我们把这些宽泛的问题放在一边，这需要对整个现代诠释学的意义进行某种批判性的重构。我这里把我的论题限制在这个范围内，即考察那些似乎属于海德格尔诠释学的"虚无主义"层面，并且以这些相同的虚无主义层面为基础，证明伽达默尔是如何抵制"审美意识"的，他如此严厉地批判了审美意识与 19 世纪和 20 世纪主体主义的联系。确实，就真理经验从根本上说是虚无主义的这一点上说，"审美意识"作为某种真理经验是可能得到重新恢复的。

一般认为，就海德格尔坚持存在与语言之间的联系——人们可以说几乎是同意这点而言，他为诠释学本体论提供了基础。但是，这个观点本身也是很成问题的，海德格尔哲学中还有其他一些对诠释学来说更基本更重要的层面。这些层面可以概括为：(a) 作为某种"诠释学整体"的此在（即人类存在）分析；(b) 在后期著作中，根据"回忆"（An-denken, or recollection, or keeping in mind），更重要的是根据它与传统的关系，力图界定某种超越形而上学限制的视线所做出的努力。很显然，这两个方面为存在与语言之间联系的普遍概念赋予了新的内涵，并在虚无主义的意义上确定了这种联系。

我们可以在他对作为诠释学整体的此在分析中发现海德格尔诠释学理论中的第一个虚无主义层面。我们知道，此在实质上就是指在世界中存在，但反过来，我们只有把此在作为三重生存论结构即精神状态（state of mind）、理解—解释（understanding-interpretation）和话语（discourse）才能够理解。理解与解释的循环是此在自身在世界中存在的构成性的中心结构。在世界中存在并不意味着就能够富有成效地与构成世界的所有不同事物建立联系，而是意味着对意义整体相关语境的总是已经的熟悉性。在海德格尔对世界的世界性分析中，只有在某种筹划中，或者如海德格尔所说的作为器具，事物才让它们自身成为此在。此在以筹划的形式存在，在这种筹划中事物存在就在于它们属于这种筹划，或者换言之，唯有事物在这个语境中具有某种特定意义时它们才成为此在存在的东西。与世界的这种基本的熟悉性，这种与此在的真正存在同一的东西，就是海德格尔称之为"理解"或"前理解"的东西。每一种认识行为都是这样一种与世界的基本熟悉性的言说或解释。

存在的诠释学结构的定义决不意味着某种已经完成的东西。《存在与时间》第一部的第二篇再一次讨论了这个问题，并且作了进一步的探讨，在某种程度上消除了对海德格尔《存在与时间》的思想中可能存在的新康德派"超验主义"形式的所有误解。事实上，此在的诠释学整体是与康德的超验结构不同的。此在总是已经熟悉的世界，既不是某种超验的屏障，也不是某种范畴框架，因为世界总是已经在一种历史的和文化的"被抛"（Geworfenheit or thrown-ness）中给予了此在，这种"被抛"是与此在的必死性深刻地联系在一起的。在《存在与时间》第二篇伊始，海德格尔通过提出此在结构的整体性问题表明了此在的筹划与在世中存在之间的联系。此在可以成为某种整体，就在于它预期着死亡，并且对它的死亡做出决断。在构成海德格尔筹划即它的在世界中存在的所有可能性中，死是此在唯一不可避免的可能性。此外，只要此在存在着，死亡也就是必须保持纯粹可能性的可能性。死亡——倘若被思想的话——将使所有超越自身的所有其他可能性成为不可能（即人类实际上借以为生的具体可能性）。很明显，尽管此在保持着持续的可能性，但死亡也充当了这样一个因素，它允许其他所有的可能性作为可能性来表现自身。因此，它赋予存在以某种推论性的变动节奏，某种语境的变动节奏，这种语境构成的意义就是某种永远也不会停止在单个音符上的永不停息的乐章。

唯有此在不间断地经历不再存在在那里的可能性的情况下，它才能把自已建立为一种诠释学整体。这种状况可以通过言说此在的基础与其无根性的一致来描述：此在的诠释学整体只有在不再存在（在那里）的构成性可能性相比较才存在。

《存在与时间》对向死亡存在的分析阐述的这种基础与无根的关系，尽管在他的最后著作中死亡的问题似乎（或者近乎）消失了，但从总体上看却是始终贯穿海德格尔思想的连续发展阶段。基础与无根的关系也是事件（Ereignis）或存在事件概念的基础。在海德格尔的后期著作中，在《存在与时间》中与真实性相联系的这一系列问题反而转换成为了事件这个术语。例如在《科学与沉思》中，事件就是在事件中事物作为某种东西给定的事件。一种事物能够作为某种东西而给定——或者换言之占有自身——只有在它表现为"世界的镜像游戏"或"圆舞"（round dance）中才是可能的。然而，当以这种方式占有自身时，它同时也是一种让出，因为在最后的分析中，占有总是某种转让。作为Ereignis的事件概念最终也出让了，海德格尔后期著作中的这种事件概念是与《存在与时间》中的基础与无根的联系相一致的。这毫不奇怪，因为这样一种事件概念是从海德格尔《存在与时间》中已经存在的相同思想路线发展而来的：事物成为存在，就在于它是整体筹划的一部分，当它允许事物存在的同时，也在某种相关的网络中消耗着它。在《存在与时间》中，诠释学整体性的建立是与其不在那里存在的可能性相关的。每一种事物呈现为自身（是其所是），是就其消融到了所有相关性事物的循环之中而言的。这并不具有基本整体性的辩证嵌入的本质，毋宁说具有某种"圆舞"的性质，真如海德格尔在《物》中所明确表述的。

这种此在诠释学构成的观点在何种意义上可以叫做"虚无主义的"？首先，我们必须在尼采赋予"虚无主义"这个词的其中一种意义上对它进行考察，这就是1906年出版《权力意志》的编者在该书开头的注释中所具有的那种意义。尼采把虚无主义描述为犹如哥白尼革命一样的情境，即"人从中心滚到了X"的情境。在尼采看来，这意味着虚无主义就是人类主体认识到了基础的丧失是其状况的构成部分的情境（尼采在别处叫做"上帝之死"的东西）。现在，存在与基础的非同一性就是海德格尔的本体论中最明显的观点之一：存在没有根基，而且所有的基础关系都是在具体的存在时代中给定的。然而，这些时代本身是由存在开启的——而不是被建立的。倘若我们更准确地看到了那种不再追求形而上学的唯一客观性目标的思想的话，海德格尔在《存在与时间》的某个段落中确实明确地讨论过"遗忘作为基础的存在"的必要性。

然而，这似乎表现了海德格尔的思想模式与虚无主义相对立，至少在这个意义上是这样，即虚无主义不仅只消除作为基础的存在的过程，而且也作为遗忘存在的过程。根据海德格尔的《尼采》中的一段文字，虚无主义就是最终同样也"没有为存在留下任何东西"的过程。既然这意味着与海德格尔自己的文本的意义相悖，我们还能在后一种意义上正当地把海德格尔的诠释学叫做"虚无主义的"吗？

为了搞清楚虚无主义的这第二种意义如何能够应用到海德格尔的哲学中，让我们看一看——无论对海德格尔还是对他的诠释学来说都是根本性的——两种"虚无主义品质"中的第二种——至少根据我的解释，那就是作为"回忆"（An-denken）之思的概念，我们前面已经注意到，"回忆"是海德格尔反对形而上学思想的一种思想方式（它由存在的遗忘所支配）。"回忆"也是海德格尔本人力图沿着《存在与时间》所要做的事情，在《存在与时间》里，海德格尔不再阐述某种系统的话语，相反地他限制自己只是追溯诗人和思想家的伟大著作中表达的形而上学历史的伟大时刻。认为这部著作对形而上学历史的追溯是为后面的肯定性本体论建构服务的一个准备阶段，这也许是一种错误。恰恰相反，回忆，作为对形而上学决定性历史时刻的追溯就是我们要进行的存在之思的确定性形式。"回忆"相当于海德格尔在《存在与时间》中描述的认为能够在真实存在基础中发现的关于死亡的预期决断的东西。在《存在与时间》中，这种决断是作为某种可能性来讨论的，但是只是用模糊的术语来界定。海德格尔在他作为"回忆性"思想的后期著作中对奠定了诠释学生存整体性的必死性这个事实作了更清楚的阐述。正是通过追溯作为存在之遗忘的形而上学历史，此在才为自己的死亡做出决断，并且以这种方式发现自己作为诠释学整体，其基础就是由基础的匮乏构成的。《根据律》中几乎没有什么具体的例子，其中一段话为海德格尔后期著作讨论死亡和必死性提供了一个例子。在这篇文章中，那种求助于根据律原则（Grund）认为所有现象和每一种现象都有原因，因而才赋予世界以秩序的观点，在海德格尔的解读中完全被推翻了。相反的，他要求跳到深渊中，或者换言之，跳到我们置身于其中的作为总是已经发现必死的人的困境中。这种跳就是回忆（An-denken）：因为后者意味着"从历史的观点来思想，而且这就是对自我的信赖——通过回忆——解除了把我们设置在传统思想中的束缚"。即使海德格尔在《存在与时间》里没有明确阐述这种相同的联系，但公平地说，他在那里所阐述的对死亡的预期决断，实际上在他的后期著作中转变成了作为回忆的思想。就此在确信自身能够从传统（über-lieferung）设置的束缚解放出来而言，实际上就体现了这种思想。An-denken 就是与赋予形而上学自身性质的存在之遗忘相抵消的回忆，由此回忆也可以描述为跳入必死性的深渊之中，或者描述为几乎相同的事情，回忆也就是确信自己能够从传统束缚中解放出来。因此，从形而上学遗忘中解放出来的思想不是通过它的再现，即通过使其呈现或通过恢复它的在场直接等同于存在。恰恰相反，这显然就是构成形而上学客观性思想的东西。确实，我们永远不能把存在当做在场来思考，而且不遗忘存在的思想只是那些回忆存在的东西，或者换句话说，就是那些已经把存在作为缺席、消失或远去的东西来思考的东西。因此，海德格尔阐述的虚无主义也就是真正的回忆性思想，因为在后者中同样也没有为存在"留下任何东西"。传统就是构成这样一种视域的语言信息的传送，在这种视域中，此在的被抛作为某种历史的规定的筹划：传统从这种事实中获得其重要性，即作为事物能够在其中呈现自身的敞开的视域，存在只能作为过去词语的踪迹而出现，或者作为传递给我们的东西的某种预告而出现。这种传送或传递是与此在的终有一死性紧密联系在一起的，存在之所以是传递下来的东西的预告，就因为人类是以存在与死亡的自然节奏代代相传的。

对于传统来说，诠释学的任务无论如何都不是使这种传统再现出来。首先，我们不能根据那种把知识看做是原因和起源的认识的传统观念来理解诠释学的任务，这种传统观念认为，为了更好地占有传统就必须重建特定事件或事物起源。在使自己从属于传统的过程中，当我们与传统相遇时，那些显现为解放的东西并不是起源或根据的强有力的证据，并不是某种最终能够允许我们对发生在我们身上的东西做出完全清楚的解释的证据。恰恰相反，所解放的东西就是跳进终有一死的深渊中。正如在海德格尔对过去那些伟大词语所做的词源学解释所表明的，我们与传统的关系并没有为我们提供固定不变的支撑点，而是在某种返回中把我们推向无尽的过去，通过我们置身于其中的历史视域，这种返回变得更具有变动性。形而上学主张的与存在自身同一的客观化思想中的那种实体的在场秩序，在这里相反地被解释为某种特定的历史视域。然而，我们不能在纯粹相对主义的意义上来理解这一点。海德格尔致力于探寻的东西仍然是存在的意义，而不是不同时代的不能化简的相对性。很明显，存在的意义就是通过过去和历史视域的流动在无限的回溯中被召回的东西。存在的这种意义是与那种把存在视为稳定性和支配力的形而上学概念相对立的，唯有通过与必死性之间的联系，唯有通过与那些一代一代传递给我们的语言信息的联系，我们才能获得存在的意义。与形而上学的存在概念相反，这是一种微弱的存在，它在衰退中通过某种微弱化和渐弱化呈露自身：这就是海德格尔在他的《物》的演讲中叫做"微不足道"的东西，它是如此的不显眼和如此的无关紧要。

假若情况确实如此，那么，此在的诠释学结构就具有虚无主义的性质，这不仅因为它发现人"从中心滚到了X"，而且因为我们致力于恢复的存在意义倾向于把自身等同于虚无,等同于设定在出生与死亡边界之间的存在之短暂特征。

与此相反,我们很难把伽达默尔著作中界定的诠释学经验看做是向必死性的跳跃,它至少不是海德格尔在《根据律》中所讨论的那种意义上的诠释学经验。倘若我们回想一下伽达默尔在《真理与方法》第一部分中对审美意识所做的批判,这一点就应该是显而易见的。审美意识这样一个概念,它总结了 20 世纪早期各种新康德派发展起来的审美经验概念。自然对象或人类产品的审美品质是与静观态度密切相关的,是意识精心选择的结果,这种审美意识认为它并不关心客体方面的理论的和实践的立场。这种观念来自于康德,在康德那里,无利害的静观就是对某种被看做是天才的作品、即对蕴涵在天性本身中的创造力的展示的集中关注。审美品质已经没有了本体论上的根基,而且被当做没有任何实践或认识参照点的东西进行否定性规定,因为它是与观赏者假定的某种特殊态度内在地联系在一起的。在这个语境中,伽达默尔想起了瓦莱里的"诠释学虚无主义":"我的诗具有那种人们所赋予它的意味。"在这里,我们也可以提到克罗齐美学的某些方面,它把美与其他所有的认识的、伦理的或政治的价值区别开来。由此,艺术就是由被抽象看做是"审美品质"的维度构成的领域,艺术的意义不过是特殊社会趣味的晶体化(crystallization),而且美的欣赏也只不过是某种切断了所有效果历史和存在相关性的某种迷恋。博物馆作为某种公共的体制是与这种审美意识相一致的,而且,最近几个世纪的历程中发生的这种现象与审美主体主义的理论渊源同时发生并不只是一种巧合。博物馆,作为收集各种不同风格和流派的艺术作品的地方,就是最能证明这种抽象的、没有历史根基的审美品质的场所。与之相反,对名家或佼佼者作品的私人收藏却体现了某种特定的趣味和特殊的个人偏爱,而博物馆所收集的每一种东西,只有在它们从整体上切断了与历史经验的联系,并成为了具有"静观性"(contemplativity)的对象的情况下,才具有"审美的有效性"。

个体在这样一种抽象规定的审美品质中获得的经验具有"体验"(Erlebnis)的性质,即它作为某种生动的、纪念碑式的、显露极灵现的经验。伽达默尔在这个语境中引用了狄尔泰《施莱尔马赫传》中与此相关的一段话:"每一种这样的经验都是在自身中完成的,它是一种躲避所有说明性关系的具体的人类意象。"但是,这种浪漫主义体验的意义仍然是与宇宙泛神论的观点相联系的。20 世纪文化中的体验以及狄尔泰本人的体验却是这样一种经验,其意义在整体上是主体性的,是没有任何本体论合法性的:无论在一首诗中,在一片风景中,还是在某个音乐曲调中,这种至高无上的主体都以某种完全独断的方式提炼意义的总体，剥离了它与其现存的和历史的情境或它置身于其中的"现实"之间的所有的有机联系。以"体验"概念为基础的美学最终消融成了某种分离的时间点的"绝对序列"或不连贯的"点"，它"不仅取消了艺术作品的整体性，而且也取消了艺术家与其自身的同一性，以及个人理解或欣赏艺术作品的一致性"。当用这种方式来理解时，审美意识就包含了柏拉图对悲剧演员能够伪装各种情感的怀疑所意指的否定性特征，由此也就在某种意义上否定了它们之间的一致性，并且也包含了在克尔恺郭尔看来属于生存的审美阶段的虚无主义的和毁灭性的特征。伽达默尔替换了以历史连续性和建构性为特征的艺术经验，克尔恺郭尔把艺术经验设定在紧密联系的伦理选择中，而不是设置在根据存在的短暂性和暂存性本质界定的审美意识中。伽达默尔的目的是要恢复作为真理经验的艺术。鉴于此，他反对那些把真理限制在数学自然科学领域的当代科学思维方式，这种思维方式排斥所有或多或少明显属于诗歌、审美"点"和体验领域的所有其他经验。为了恢复作为某种真理经验的艺术，必须用以经验（Erfahrung）概念为基础的更具有综合理解力的概念取代那种命题与事物相符的真理概念，即以主体与某种真正与其相关的东西相遇时作为某种改变所经历的经验为基础。倘若这是一种真实的经验，或者换言之，倘若与艺术作品的这种相遇确实改变了观赏者，那就可以说艺术就是一种真理的经验。这种经验概念明显来自于黑格尔，因为《精神现象学》一书曾经描述了这种经验模式。就此而言，黑格尔对伽达默尔有非常深刻的影响，为了使艺术作为真理的经验而存在，与艺术作品的相遇就必须在主体与自身以及主体与自身历史的辩证的连续性中。艺术作品并不是以抽象的、不连贯的"体验"瞬间序列向我们说话：作品是一种历史的事件，我们与艺术作品的相遇也是一种历史的事件，因为在艺术的经验中，我们被改变，就像解释行为中对艺术作品所做的新的解释由于扩展了艺术作品而将对其存在产生影响一样。事实上，这就是把审美经验界定为某种真实的历史经验。此外，它最终也把艺术的经验简单地等同于历史的经验，在这样一种等同中，人们就再也看不到艺术作品的特殊性。这就是为什么伽达默尔诠释学的核心概念之一属于"古典"范畴的根本原因所在，因为古典艺术作品的审美品质就是被当做历史的奠基之作来认识的，因此它恰好与所有抽象"体验"相对立。审美品质就是历史奠基的力量，就是发挥不仅塑形趣味而且塑形语言的能力，因而也是未来世代的领域。

　　海德格尔重视把荷尔德林的诗句记在心里："充满劳绩，然而人诗意地，栖居在这片大地上（Full of merit, yet poetically/does Man dwell upon this earth）。"可是，诗人为什么要说"然而"呢？从伽达默尔的立场看，艺术作品以及与艺术作品的相遇完全是发生在效果连续性中的历史事件,即发生在构成历史结构的效果中的事件,为什么"劳绩"与人栖居在这片大地上的诗意品质——也就是说,人类劳作和历史产品之间会存在某种对立,这一点并不清楚。事实上,在伽达默尔的诠释学以及来自于这种诠释学的美学中,艺术真理经验的概念并不允许自身被还原为伽达默尔界定的历史的和建构的概念。其结果,这也就要求修正对审美意识的批判。可以说,伽达默尔批判的审美意识的非连续性的和短暂的品质明显地表达了荷尔德林的"然而"的意义:在艺术作品中发生的东西就是历史性的无根的特殊例证,它所表达的就是对主体与自身和主体与历史的诠释学连续性的悬置。审美意识作为时间中不连贯的瞬间抽象序列,就是主体生活在进入它自身的必死性"跳跃"中的方式。

当海德格尔说艺术作品是"真理设置入作品"时,他是在"艺术创建一个世界"并"制造大地"这个范围内来对它进行解释的。世界的创建就是艺术作品里敞开的意义。作品的敞开功能可以从这两种意义上来解读,在乌托邦的意义上,海德格尔美学的这个层面接近于布洛赫和阿多诺,在超验的意义上,作品具有把选择的生存可能性作为纯粹可能性筹划的能力,如利科所认为的那样。世界的创建也是伽达默尔在《真理与方法》中所看到的那样一种艺术真理。但是,大地的制造又是什么呢?用海德格尔的话说,那就是让作为隐匿要素的大地敞开这个事实,每一个世界都植根于此,并且每一个世界都从这里吸取生命力,但是任何时候都不会设法完全把它从隐匿性中显露出来。倘若我们看一看海德格尔其他著作中对如何更好地理解艺术作品所具有的大地本质的意义所提出的建议,我们就会发现,"大地"这个词语,描述了"四重整体"的思想中作为大地与天空、凡人与神性被敞开的世界的"四重"之一。尽管在海德格尔所有的概念术语中"四重"这个概念存在着某种最大的困难,但是,他的著作至少在如下这一点上是清楚的:就人类的必死性而言人类栖居在大地上。因此,我们从大地被送回到了必死性,正如我们已经看到的,这构成了此在作为诠释学整体的基本的虚无主义性质。从而,我们可以说,艺术作品是"真理设置入作品",就在于它创建了历史的世界;作为一种原初性的语言事件,它开启着和期待着历史生存的可能性——但只有在与必死性的关联中它才总是显示自身。贯穿海德格尔所有本体论的基础与无根的统一,是在艺术作品中和构成世界与大地的关系中实现的。海德格尔在其论文《艺术作品的本源》中讨论的希腊神庙所以展示着它自身所具有的所有历史意义,完全在于它物理性地站立在自然之中,在自身的石头躯体上印刻着季节的变换,伴随着它的是历史时间的流逝。在同一篇论文中,海德格尔在探讨物的概念时以凡·高绘画中的农鞋为例提出了同样的观点——根据海德格尔的观点，因为它们展示了不能视为田野生活的现实主义再现的破损，毋宁说它们所显示的是世间性所具有的出生、衰老、死亡过程中经历的时间性。也是在这篇文章中，世间性的因素也是让自身呈现为植根于自然中的艺术作品的层面。这与人们生活在成长历程（physis）中的事件密切相关，physis 总是被理解为出生和命中注定要死的有机发展或成长过程。与实用产品不同，艺术作品所展示世间性、必死性及其时间行为的从属性——例如，就像绘画中的颜色一样，或者就像不断增长的解释主体一样，或者就如由于趣味的变迁某些艺术作品会消失和被重新发现一样——并不是作为某种有限的东西，而是作为艺术作品意义的肯定性的构成性层面。

　　除了作为某种限制的概念外，无论如何不能用艺术作品的解释来表述这种必死性的在场以及作为出生与死亡之场所本质的在场。在这里，阿多诺所用的"表现"这个词语可能对我们有帮助。这个词语用以指这样的事实，即在每一件艺术作品中，其意义都存在着——超越其结构、技巧甚至不和谐——某种与表现性相类似的"更多的东西"。就这"某种更多的东西"不能变成话语而言——即它不能根据概念性中介来界定——就可能具有审美体验的明显相关性。艺术作品中的意义也总是出生与死亡经验的某种"象征"，是某种不能用解释和批评的话语来表达的东西，除非以同义反复为代价。然而，我们的审美经验见证着这样的事实，即所有推论性解释和批评都是徒劳的，如果它不能导致这样一个"最后"契机，这一契机或许就是亚里士多德在《诗学》中用"卡塔西斯"这个概念所意指的那种东西。在每一件艺术作品中，都存在某种不能转变为世界的世间性的因素，并且不能转变为话语或者完全展示其意义：这种因素通常在作品的内涵层面上（如在艺术作品中发现的原型中），或者有时在艺术作品的物质性本质的层面上（如时间的变迁、作品在历史过程中发生的变化，甚至作品的物理性腐蚀）暗示着必死性。这样一种世间性的因素，就其不可能是必然性"推论"的对象而言，产生了某种只能当做"体验"来描述的经验。然而，认为"体验"一旦从根本上摆脱了天才的浪漫主义形而上学及其本体论基础，那就必然会陷入主体主义的视域中，这是不正确的。很明显，海德格尔在《存在与时间》中对此在所做的分析允许我们在主体与客体的对立之外去领会构成性的生存结构。在作为诠释学整体的此在构成性中，在回忆性思想的经验中，在我们与作为"真理设置入作品"的艺术作品的相遇中，存在着一种并不与基础本身相分离的无根的因素。事实上，之所以把艺术界定为"真理设置入作品"，明显在于它保持着大地与世界之间冲突的活力——这就是说，在于它显示出缺乏其根基的同时也创建着世界。为了在主观层面上描述这种无根的经验，或者描述我们总是已经置身于进入必死性的跳跃中的经验，我们拥有的唯一模式显然就是"体验"的模式，"体验"的抽象的无历史的和非连续性中的审美意识模式——换言之，"体验"呈现为必死性经验之特性中的审美意识模式。即使在这种纪念碑式的经验中，此在也并不与假定的存在于天才作品中的本体论超验本质相遇，如浪漫主义所相信的那样。反过来，这也并不意味着只与作为主体的自我相遇：恰恰相反，它与作为存在着的、必死的自我相遇，与作为某种——在其对死亡的接受能力中——完全不同于形而上学传统所熟知的方式经验存在的自我相遇。

**选文出处**

李建盛未出版的《现代性的终结——虚无主义与后现代文化诠释学》（pp.113～129）译文。

# 利奥塔

利奥塔探讨了知识在后工业社会统一场中面临的畸变。由于计算机时代权力话语的形成，知识的性质出现了危机，科学真理与人文话语都不过是一种叙事方式，从而不再具有"绝对真理"的价值。利奥塔主张建立多元理论话语的语用学，以反对任何旨在达成共识的整体建构理想，从而为追求悖谬推理，开发歧见，维护宽容，争得人文的叙事话语生存空间而奋斗。

**作者简介**

利奥塔(Jean-Frangois Lyotard,1924—1998)，法国当代后现代哲学家。1950年毕业于法国高等师范学院，1971年获巴黎大学哲学博士学位。主要著作有《现象学》(1954)、《话语，图像》(1974)、《公正》(1984)和《多元共生的词语》(1986)等。

**著作选读：**

《后现代状况：关于知识的报告》第一、六章。

《后现代状况：关于知识的报告》——知识的叙事危机和语用学

**第一章**

我们研究的假设是：当许多社会进入我们通称的后工

业时代，许多文化进入我们所谓的后现代化时，知识的地位已然变迁。至少在20世纪50年代末期这一转变就形成了。这一时期，标志着欧洲战后的社会已完成复兴和再造过程。进入后工业时期的速度之快慢，完全因国而异，也因为各国所择取的发展向度不同而异。一般来说，各国发展的情况大都迅疾而分歧，以致要做出整体无遗的概括性描述是极为困难的。而局部的描述必然流于片面。我深谙，无论如何，对未来学期望过高实在是缺乏理性的精神。

与其描绘出一幅残缺不全的文化景观，倒不如选择某种特征作为焦点来阐述我们研究的主题。科学的知识乃是一种"论说"，我们可以确切地说，在过去的40年里，各种"尖端"的科技，都和语言有关：语音学，语言学理论，传播学和控制论（神经机械学）的问题，代数与信息论（电子资讯学）的各种现代理论，计算机及其程序语言，翻译问题，还有诸多计算机语言之间交叉问题的探讨，数据储存和流通的问题，电传学，智能终端机的改进，悖论学（似非而是学）等。以上各种的重要性是不言而喻的，咄咄逼人的。类似的事例多得不胜枚举。

我们预知这些科技上的变革，必将迅猛地冲击着知识的领域。知识的两大功能——知识研究考察与传播既存知识——已经并且能够感受到新科技所产生的影响。有关知识的第一种功能——遗传学就提供了一个为公众所能理解与感受的显例，其理论的典范源自神经机械学。此外，还有许多其他例证可代引述。第二种功能诚如众所周知，是机械的迷你化与商品化改变了我们知识获取、分类、供求应用的方式。我们所以合理地假设，数据处理正在逐渐增设，而且会持续增多，这对于知识的流通亦会产生决定性的影响，就像它在"人类流通"和稍后在音响、影像上的流通（如大众传媒）上，也会产生巨大的影响。

在如此普遍发生嬗变的环境下，知识的本质不改变，就无法生存下去，只有将知识转化成批量的信息，才能通过各种新的媒体，使知识成为可操作和运用的数据。甚或可以预言：在知识构成体系内部，任何不能转化输送的事物，都将被淘汰。一切研究结果都必然转化成计算机语言，而这又必定会决定并引发出新的研究方向。今后，知识的创造者和应用者都要具有将知识转化成计算机语言的工具和技巧——无论他们是创作还是研究。目前，翻译机的研究已具有相当的推进程度。随着计算机霸权的事实产生，某种奇特的逻辑相得益彰，生发出一种特殊的处方或规则，用以取舍哪些陈述才是可以认同的"知识性"陈述。

对于一个"知识分子"而言，无论他立足于知识生产获得过程的哪一阶层，我们都可以期待，他能以一种彻底"剖尸取魂"的方式处理知识。那种凭借心智训练或个人训练来获得知识的旧式教育，已经时过境迁，而且日趋衰竭！

知识的供应者与使用者的相互关系，渐渐趋向商品生产者和消费者的供求模态，而且日益强化，它标示着一模态将以价值模式为依傍。今后的知识将为销售而生产，或消耗于新知识产品的稳定价格之中。在以下两种状况下，都会出现目标互换的情形，即知识不再以知识本身为最高目的，知识失却了它的"传统的价值"。

在过去几十年间，人们都已经承认，知识是主要的生产力。在大部分高度发达国家，生产力的构成要素中，知识已发挥了显著的影响，并且成为发展中国家难以突破的屏障。在后工业与后现代的时代里，用于军事上的互持力量毫无疑问地会继续在既有的强大基础上，更进一步它在民族国家中无与伦比的优越地位！事实上，上述情形正是导致发达国家和发展中国家之间裂痕日益加深的重要肇源之一。

但我们不允许将问题搁置于此一层面，此面遮蔽了其他方面，它们之间是一种互补关系，知识以信息的商品形态出现，成为生产力不可或缺的要素，在世界范围内的霸权争夺中，已然变成最重要的筹码。而且会变本加厉，达到白热化程度。完全可以预见，某一天，各民族国家将为争取信息的控制权而战。一种新型战场摆开了阵势：一方面是工业和商业战略，另一方面是政治和军事战略。

然而，以上我所描述的各个层面的关系网，并非如我所断言的那么单纯。就知识的创造和分配而言，一旦知识被商业化后，势必影响到各民族国家由古及今一直享有的特权。知识受制于国家范围的这种观念，正如思想心智受制于社会的观念，都将因为与其相对的另一套原则的日益强大而落伍淘汰。根据这套相对的原则，只有当信息流通频繁而便于通畅译解时，社会才能真正进步。与知识商业化相辅相成的是"证明无蔽"的意识形态，两者逐渐体悟到"国家"就是导致知识传播含混暧昧而又充满杂音的原因。由此视角来观察，在经济势力与国家势力关系之间，出现了一种新的危机，威胁已经迫在眉睫。

最近几十年以来，各种经济势力以多元化跨国公司的形式，以新的资金融聚方式，危及民族国家的稳定性。这些新模态的资金，信息流通，暗示着至少有部分投资决策，超越了民族国家的控制范围。随着计算机科技与电传学的发展，问题变得日渐棘手，譬如，假设像 IBM 这一类的企业，能在地球空间轨迹上占居一环形卫星轨道地带，发射运行通信卫星或数据储存卫星，谁能切入或使用这些数据？谁能决定哪些数据或传播渠道该限制？是国家抑或是国家本身也成为数据库使用者之一呢？这些势必要引发出新的法律问题，此外还有一种问题，就是"谁会有知识判别这一切呢"？

那么，这样一来知识本质的转化，必定影响到现存的诸多国际势力，迫使他们在法理与实质问题上重新构思自身与大企业公司之间的关系，或者泛而论之，构思国家与社会之间的关系。世界市场的再度开放，经济竞争的活力再生，美国资本主义霸权的崩解，社会主义革命的衰落，中国大陆开放的可能——以上诸多因素在 70 年代末期，已经提醒各国自 30 年代起惯于在各种投资上所扮演的施主甚至操纵者的角色，从而认真地对自身重新评估。由此视点观察，新科技加剧这种反省的紧迫感，因为新科技所产生的信息，是政府用来制定决策（甚至用来控制）的根据。而这些新信息将更富于流变性，并且十分易于转换。

我们不难想象，知识能像资金一样流通，以往重视知识教育价值或政治价值（行政管理、军事外交）的观念，将被取而代之。主要的差异不再在于知识与无知之间，而是像资金一样，存在于"有偿性知识"与"投资性知识"之间。换而言之，主要的差异将出现于为生产力的更新而交换的知识（"生存之道"的改进），和为取得施政完善化而贡献的"知识基金"之间，这两种知识会发生相互对抗的情况。

如果情况果真如此，就和自由主义相似，自由主义并不反对资金流通体制，金钱体系中的某些渠道，可用来制定政治，而其他渠道则只能作偿付债务之用，可想而知，知识在这一本质与使用都相同的渠道中运行，其中某些知识被保留为"决策制定者"专用，其他的知识则在社会规范下，被个人用来偿还永无终结的债务之用。

**第六章**

针对高度发展社会中盲目接受工具理性的知识观念，我在第一章中提出两种反对意见。"知识"并不等于"科学"，尤其是在当代知识的模式之中；而科学再也不能够不去面对自身是否合法的问题。因此科学不可避免地不得不尽力而为，从各方面探讨自身的是否合法。科学所含有的特质，不但是认识论的，同时也是社会政治的。先让我们来分析一下"叙事知识"的本质；根据这一比较过程，我们所做的检验，至少将澄清当代社会中科学知识所预设的某些特征。此外，它还将有助于我们了解，当今"合法化的问题"是在什么条件下被提出来的或者因何而未被认识。

"知识"，也就是法文的 savoir（知道，理解，常识，本事……），大体而言，是不能被简化为"科学"的，更不能简化成学问。学问是一套陈述排斥另一套陈述，学问定义并描述各种对象以此来判定真伪。科学是学问的一种，也是由一套定义性的陈述所组成的，但是这套陈述必须有两个补充附属的条件才能被接受：（1）所指涉的事物必须是经得起反复验证的，也就是说，在一定条件下的观察研究绝对可以重复验证；（2）它必须能够确定，在书写该陈述时，必须使用相关专家所能接受并能通用的行内术语。

如果我们认为"知识"仅仅是指一套定义指称性的陈述，那就太褊狭了。知识还包括了"如何操作的技术"、"如何生存"、"如何理解"等观念。因此知识是一种能力问题。这种能力的发挥，远远超过简单"真理标准"的认识和实践，再进一步，扩延到效率（技术是否合格）、公正和快乐（伦理智慧）、声音和色彩之美（听觉与视觉的感知性）等标准的认定和应用。唯其如此，我们才能了解知识不但使人有能力发挥"良好的"（"健全的"）定义性言论，同时也能发生"健全完美"的指示性和评价性言论。知识能力不是一个只能与一套特殊层次的陈述（例如认识性的陈述）有关，而拔除其他陈述的能力。相反的，这种能力使得从各类事物中产生的说法都能"健全完美"地和谐发挥：这种能力可以认识事物，可以下断，可以评价，也可以转化。由此衍生出一种知识的主要特征：知识的形成与一系列"能力建立的标准法则"是相互呼应的，由"各个领域里的能力"所组成的主题或主体中，唯一能以具体形式出现的就是知识能力。

另外一个特别诱人的特点是，这种知识能力和世俗习惯间的关系。什么是"健全完美"的指示性或评价性言说？定义性或技术性事物的"健全完美"的演示算不算？上述种种之所以被判定是"健全完美的"，是因为他们符合"专家者流"学术圈所接受的切全标准（如公平、美、真、各式各样的效率）。早期的哲学称这种合法叙事的模式为"鉴定"。这种共识使得这类知识被界定，并能够用来区别内行与外行（如外国人、小孩）。这一共识，构成了一切民族的文化。

上述有关知识的种类提醒我们，在过去可以用训练方法去获得知识，可以从文化中来获得知识，而所谓的文化是靠人种学描述法为主线的。但是以高速发展的社会为主题的人类研究和文献的出现，即可证实，上述类型的知识，至今仍残存于高度发展的社会之中。所谓的进步观念，事实上早已设定了一个非进步的地平线，进步观念假设了"不进步"在各种事物范畴中的能力，都停留在传统的严密囊括之中：个别事物不能因其物质不同而获得不同的表现：与众不同的革新，讨论争辩，研究调查，都无所作为。不过，"进步"与"不进步"的对比，并不一定暗示了"原始人"与"文明人"在本质上有什么不同。在形式同一的前提之下，野性思维和科学思考，在相反处有相应的部分。上述看法，甚至会与下面的看法相辅相成：一般惯常的假设前提是，传统知识比当代那种支离破碎的能力要宜人一些，而事实上却恰好相反，两者是可以相辅相成、共存互惠的。

我们可以这么说，有一个观点是所有调查研究都认同的，不管这些研究者选择哪种脚本去"编排"他的看法，不管他们是否了解，传统状态的知识和科学时代知识，是有很大距离的。大家都同意，在表达传统知识时，叙事形式是非常重要而突出的。有些人纯是为研究知识意图本身而研究，另一些人则视传统知识意图为结构性元素作用的共时性形式排列与呈示，他们认为就是这种结构性元素作用本身，构成了现在备受诤讼的传统知识；还有一些人，用弗洛伊德式的术语，对传统知识主张以"经济"来阐释。上述种种，所呈现出来最重要的一点是，传统知识的主张是叙事性的显证。从各个方面来看，叙事是传统知识主张的典型。

首先，一般流行故事所要讲的，不外是一些可以称得上是学好或学坏的经验，换句话说，也就是主人公事业之成败荣辱。这些成败的教训，不但使社会制度合法化（也就是所谓的"具有神话功能"），同时也表现主人公（或成或败）是如何在既定制度之中适应自己，并形成正反两种生活模式。从一方面看，这些叙事性的说法，是源自于社会，但换一角度来看，这些说法又让社会自身去界定社会的法定标准，然后再依照这些标准去评价，哪些是已然在社会中实践了的说法，哪些是可在社会中实践的说法。

其次，与知识论中许多已经发展好的形式不同，叙事形式本身便适合各种语言游戏规则。定义性的陈述，如关于天空、植物、动物情况的定义，是很容易从容定位，而道德守则式的陈述，则规定我们对一连串相类似的事物，做出对应我们应该如何处理家庭关系、两性差异、儿童、邻居、以及外国人等等事物。这样，在定义性的陈述之中，便隐含了疑问性的陈述，例如在有些事物中（像问答题、选择题之类），便有挑战的意味。而评价性的陈述也随之而来了。陈述性的说法为各种不同的能力范畴提供准则或应用法则，把各种不同的能力范畴紧紧编织在一起，形成一张网，然后以一个统一的观点，织成这张网结，形成了这类知识的特征。

接下来，让我们更进一步检查第三项特质，这种特质和叙事表达有关。表达操作的规则，也就是陈述性说法的规则。我不是说某种特定的社会，常以年龄、性别、家庭或职业团体为基础，把主述者加以制度化地分类。我所要说的是，一般流行的说法或叙述之中，本身就具有实用的操作法则，例如，一个卡希纳华的说书人，总是以一套固定的模式作为开场白，"某某故事是这样开始的——，就像我过去常听到的一样，现在让我来告诉你们，且听！"他又以另一套一成不变的模式来结尾："故事就这样结束了。跟你们讲这个故事的是——（卡希纳华的名字）"，或者说，"跟白人讲这个故事的是——（白人包括西班牙或葡萄牙人）"。

我们简短分析上述这种双向运用的方法，就会得到下面的结果：主述者之所以公然宣称会讲故事，只不过凭自己亲身听过这个故事的记忆。当时的聆听者，仅仅靠着亲自来听就能入门而获得与说故事者相似的权威性地位。大家公认，陈述本身是一种忠实的传达（即使所表演出来的陈述也是自己创作编排出来的），而且是代代相传的，因此陈述中的主人公，这个卡希纳华人，本身即是同一故事的聆听者，更可能是这个故事的原始主述者。这种说、听境况的相似性产生了下列可能：主述者本身，很可能就是他自己所讲的故事里的主人公，就像祖先在祖先所讲的故事中一样。事实上，他必须是故事中的主人公，因为他继承了祖先的名字。而祖先的名字在他讲的故事中，则渐渐幻灭消隐。卡希纳华人一旦得到命名后，便可掌握故事的叙述权，从而使自己嗣承祖名合法化行为。

以上述例子来说明语用学的操作规则，当然不是放诸四海而皆准的。但这规则却能深刻地揭示，传统知识一般所公认的特质。叙事中的各种"身位"（主述者，聆听者，叙事中的主人公）是经过精心组织编排的。扮演主述者角色的权利，是以下面的双重理论为基础的：一是基于他事实上也扮演了聆听者的角色，二是他凭借自己的名字，凭借别人的叙述来重复他自己所要讲的东西。换言之，他被置于许多其他事件转述因缘之中。这些叙事说法所传达的知识，绝非仅限于一个人要说些什么，才能使人听得懂；要听懂什么，才知道如何去说些什么，主述者要扮演什么样的角色（转述式密响旁通的现场），才能使自己成为一个叙事说法的客体。

因此，有关这种知识模式的言词行为，是由主述者、聆听者及言词中提及的第三者来共同扮演的。由上述方式所产生的知识和我说的"发展的"知识相比较，似乎可以称之为"结晶的"知识。我们所举的例子，清晰地说明了叙事传统也是定义三种标准的传统——"实用技术"、"知道如何说"、"知道怎样听"——通过这三种能力的交融互动，社会自身内部的关系和社会与环境的关系，便得到了完整的演义。经由叙事说法所传达的是一整套构成社会契约的语用学规则。

值得我们认真研究的叙事性知识第四个观点是，它对时间的影响。叙事说法的模式，有特定的节奏，在特定的时期内，是节拍时间，并调整特定时间内，重音声调长度和宽度的一种结合。这种叙事说法，具有音乐般回旋的特质，清楚地显露在某些卡希纳华族的祭仪中，或是以仪式表演所说的故事之中。这些故事，凭借启蒙仪式而代代相传，形式绝对固定，词法句法散乱，不断打破常规，致使语意晦涩朦胧。这些故事通常是以冗长而单调的歌曲唱出。你可以说这是一种怪异的"印记"，甚至无法让学习这些故事的年轻人理解。

　　这种知识是相当普遍泛化的，童谣即属于这种形态，现代音乐的复调形式，也是试图要获得至少是接近这一形态。它显示出一个令人惊讶的特性：在声音的产生上（无论是否有歌词），韵律节拍比重音调更重要；在缺乏明显的时间分离之下，时间不再帮助记忆，而成为一种超记忆，无法标示符码，无法计算节拍，最终导入遗忘之境。试想一般流行的格言、箴言、名人警句的形式：全部都像一种具有叙事说法的碎片，或是一种古老叙事说法的模子，继续流传在当代社会组织的阶层。在产生这些格言的波动韵律当中，我们可认识到，其中含有的奇怪的时间性印记，启发我们感知到，我们知识的金科玉律就是"永世不忘"。

### 选文出处

　　利奥塔：《后现代状况：关于知识的报告》，岛子译，长沙，湖南美术出版社，1996年，第34~38、74~81页。

# 罗 蒂

> 美国后现代文化鼓吹者和实用主义者罗蒂说"真的"大致意指"不管发生什么情况,你都能为之辩护的东西……是我们同辈人想……让我们不再谈论的东西"。他进而说"一个信念被证成与该信念是真的之间的界限是很薄弱的",另一个可供选择的定义是"我们最好去相信的东西"(what it is better for us to believe)和"有保证的可断定性"(warranted assertibility)。

## 作者简介

**罗蒂**(Richard Rorty,1931—2007),美国分析哲学家和诠释学家,晚期试图统一这两个哲学趋向,并且提出带有实用主义思想的所谓后哲学或后文化这一观点,是后现代思潮中头脑清晰且思虑深刻的哲学家。主要著作有《语言的转向》(1967)、《哲学与自然之镜》(1979)、《实用主义的后果》(1982)、《偶然性、反讽和团结》(1988)等。

## 著作选读:

《哲学与自然之镜》。

〔我们必须区分使命题真的东西和我们如何决定它是真的。前者是语义学/形而上学概念,它与我们如何规定或刻画"真理"概念相关,而后者是知识论概念,它与解释证据、证成信念诸如此类相联系。有些哲学家调和这两个概念。实用主义者理查德·罗蒂说"真的"大致意指"不管发生什么情况,你都能为之辩护的东西……是我们同辈人想……让我们不再谈论的东西"。他进而说"一个信念被证成与该信念是真的之间的界限是很薄弱的",另一个可供选择的定义是"我们最好去相信的东西"(what it is better for us to believe)和"有保证的可断定性"(warranted assertibility)。同样,亨利·普特南这样讲过"内在实在论"是我们相信它是有证成的东西,正如真理的特征。〕

**1 《哲学与自然之镜》——真理是"我们最好去相信的东西"或者"不管发生什么,我们都为之辩护的东西"**

### 导论

我主张，这些思想路线（指塞拉斯与奎因的观点）在以某种方式被拓广之后，就会命名我们把真理看做——用詹姆士的话来说——"更宜于我们去相信的某种东西"，而不是"现实的准确再现"。或者用不那么具有挑激性的话来说，这些思想路线向我们证明："准确再现"观仅只是对那些成功地帮助我们去完成我们想要完成的事务的信念所添加的无意识的和空洞的赞词而已。

### 第二编第三章

哲学与科学的最终区分是由于下面的看法而得以形成的，即哲学的核心是"知识论"，它是一种不同于各门科学的理论，因为它是各门科学的"基础"。我们现在可以把这种看法至少追溯至笛卡儿的《沉思录》和斯宾诺莎的《知性改进论》，但是这种看法直到康德才达到自觉的程度。迟至19世纪，这种看法才被纳入学术机构的结构之内和哲学教授的坚定的、非反省的自我描述之中。如果没有这种"知识论"的观念，就难以想象在近代科学时代中"哲学"可能是什么。形而上学（它被看做是有关天地怎样结合的那种描述）被物理学所代替。道德思想的俗世化曾是17、18世纪中欧洲知识分子的主要关切，那时它还未被看做是取代神学形而上学的一种新形而上学基础的研究。然而康德设法把旧的哲学概念——形而上学是"科学的皇后"，因为它关心的是最普遍、最少物质性的问题——改造为一种"最基本的"学科的概念，即哲学是一门基础的学科。哲学的首要性不再是由于其"最高的"位置，而是由于其"基层的"位置。自康德写下了他的名言以后，哲学史家们就能够使17、18世纪的思想家们处于这样的地位，即他们企图回答"我们的知识如何可能"这样的问题，而且甚至把这个问题追溯到古代哲学家那里。

然而以认识论为中心的这幅康德的哲学图画，只是在黑格尔和思辨唯心主义停止支配德国思想界后才赢得普遍承认的。只是柴勒尔（E. Zeller）等人之后，哲学才可能彻底地职业化，正是他们开始说，我们已经到了终止建立体系而下降到将"所与"和由心灵造成的"主观附加物"加以分离的、耐心工作的时候了。19世纪60年代德国的"回到康德去"的运动，也是一种"让我们脚踏实地地工作"的运动，这条道路一方面要使自足性的非经验的哲学学科与意识形态分离，另一方面又使其与新兴的经验心理学学科分离。作为"哲学中心"的"认识论和形而上学"的图画由新康德主义者建立起来，它已被根深蒂固地纳入今日哲学的课程表之内。"知识论"这个词本身只是在黑格尔陈旧过时以后才得以流通和获得尊敬。第一代的康德崇拜者把理性批判当做"康德所为"的一个方便标签来使用，"知识学"和"知识论"这两个词是稍后才发明的（分别在1808年和1832年）。但是黑格尔和唯心主义体系的建立当时介入进来，使"哲学与其他学科的关系是什么"的问题晦暗不明了。……柴勒尔的论文"首次将'知识论'一词提高到它目前的学术尊严性"，该文结尾时说，那些相信我们可以从自己的精神中抽引出一切科学来的人可以继续站在黑格尔一边，但任何一位较为健全的人都应承认，哲学的真正任务是去建立在种种经验学科中提出的知识主张的客观性。这将由一种使先验活动在知觉中具有其适当性的工作来完成。因此，知识论作为一种摆脱"唯心主义"和"思辨"的出路而出现于1862年。十五年之后，柴勒尔注意到，不再有必要指出知识论的正当作用了，因为它已被广泛接受，特别是被"我们年轻的同行"所接受。

在本章中我想追溯从笛卡儿和霍布斯反对"经院哲学"的运动过渡到19世纪把哲学重新建立为一种独立自主的、自成一体的、"学院式的"学科这一过程的几个重要阶段。我企图支持这样的主张，把知识看成是提出了一个"问题"，而且我们应当对之有一种"理论"，这是把知识看成为一堆表象的集合之结果，如我所论证的，这样一种知识观乃是17世纪的产物。从中应当汲取的寓意是，如果这种思考知识的方式是随意性的，那么认识论也是随意性的，而且哲学也是随意性的，如它自上世纪中叶理解自身的那样。

### ▼ 选文出处

罗蒂：《哲学与自然之镜》，李幼蒸译，北京，商务印书馆，2003年，第8、124～126页。

## 2 "协同性还是客观性"——实在论与实用主义

善于思索的人类一直企图按照两种主要方式使生活与更广阔的领域联系起来，以便使其具有意义。第一种方式是描述他们对某一社会做出贡献的历史。这个社会可以是他们生活于其中的历史上真实的社会，可以是异时异地的其他真实的社会，也可以是纯粹想象的社会，这个社会或许包含着从历史中或小说中挑选出来的数十位男女人物。第二种方式是在他们和非人的现实的直接关系中来描绘自己的生存。我们说这种关系是直接的，意思是它并非由这样一种现实和人类部族、民族或想象的团体之间的关系中产生的。我想说，前一种描绘方式说明了人类追求协同性的愿望，后一种描绘方式则说明了人类追求客观性的愿望。当某人寻求协同性时，他并不关心某一社会的实践与在该社会之外的事物之间的关系。当他寻求客观性时，他使自己脱离了周围实际的人，不把自己看做某个其他实在的或想象的团体中的一员，而是使自己和不与任何个别人有关涉的事物联系起来。

以追求真理概念为中心的西方文化传统（从希腊哲学家一直延续到启蒙时代），是企图由协同性转向客观性以使人类生存具有意义的最明显的例子。因其本身之故，不因它会对某个人或某个实在的或想象的社会有好处而应予追求的真理观，是这一传统的中心主题。也许由于希腊人逐渐认识到人类社会千差万别，他们才受到启发萌生了这一理想。担心坐井观天，担心囿于自己碰巧生于其中的团体的界域局限，以及从异邦人角度观看本团体的需要等等因素，都有助于产生欧里庇得斯和苏格拉底所特有的那种怀疑与讥讽的腔调。希罗多德极其认真地看待蛮邦人，详细地描绘他们的习俗，这种意愿也许是柏拉图下述主张的必要前兆，他认为，超越怀疑论的途径就是去设想一个共同的人类目标，这个目标是由人性而不是由希腊文化提出的。苏格拉底的离异性和柏拉图的希望的结合，产生了这样一种知识分子的观念，即他不是通过所属社会的公论，而是以一种更直接的方式与事物的性质打交道的。

柏拉图借助知识和意见、表象和实在之间的区别，发展了这样一种知识分子的观念。这两种区别共同导致这样一种看法，合理的探索应当使非知识分子几乎无从接近的，并可能怀疑其存在的一个领域显现出来。在启蒙时代，这一认识体现在当时人们把牛顿式的自然科学家当做知识分子的楷模。在18世纪的大多数思想看来，了解自然科学所提供的自然图景现在显然应该导致建立社会的、政治的和经济的机构，这些机构应当与自然界符合一致。从此以后，自由主义的社会思想就以社会改良为中心了，后者的出现是由于有关人类究为何物的客观知识，不是有关希腊人、法国人或中国人究为何物的知识，而是有关人类本身的知识。我们是这一客观主义传统的子孙，这个传统的中心假设是，我们必须尽可能长久地跨出我们的社会局限，以便根据某种超越它的东西来考察它，这也就是说，这个超越物是我们社会与每一个其他的实在的和可能的人类社会所共同具有的。这个传统梦想着这样一种最终将达到的社会，它将超越自然与社会的区别，这个社会将展现一种不受地域限制的共同性，因为它表现出一种非历史的人性。现代思想生活的修辞学中很大一部分都把下述信念视做当然：对人进行科学研究的目标就是去理解"基础结构"、"文化中的不变因素"或"生物决定论模式"。

那些希望使协同性以客观性为根据的人（我们称其为实在论者），不得不把真理解释为与实在相符。于是他们必须建立一种形而上学，这种形而上学将考虑信念与客体之间的特殊关系，而客体将会使真信念与假信念区别开来。他们还必须主张说，存在着证明信念真的方法，这些方法是自然存在的，而不只是局部适用的。这样他们就必须建立一门将考虑这样一种证明方法的认识论，这种证明方法不只是社会性的，而且是自然的，是从人性本身中产生的，而且是由自然的这一部分与自然的其余部分之间的联系形成的。按他们的观点，各种方法都被看成是由某一文化提供的合理证明法，它们实际上也许是也许不是合理的。为了成为真正合理的，证明方法必须达至真理，达至与实在的符合，达至事物的内在性质。

与此相反，那些希望把客观性归结为协同性的人（我们称他们作"实用主义者"），既不需要形而上学，也不需要认识论。用詹姆士的话说，他们把真理看做那种我们最好去相信的东西。因此他们并不需要去论证被称做"符合"的信念与客体之间的关系，而且也不需要论证那种确保人类能进入该关系的认知能力。他们不把真理和证明之间的裂隙看做应当通过抽离出某种自然的与超文化的合理性来加以沟通（这种合理性可被用来批评某些文化和赞扬另一些文化），而是干脆把这个裂隙看做是存在于实际上好的与可能更好的信念之间的。从实用主义观点看，说我们现在相信是合理的东西可能不是真的，就等于说某人可能提出更好的思想。这就是说，永远存在着改进信念的余地，因为新的证据、新的假设或一整套新词汇可能出现。对实用主义者来说，渴望客观性并非渴望逃避本身社会的限制，而只不过是渴望得到尽可能充分的主体间的协洽一致，渴望尽可能地扩大"我们"的范围。至于说实用主义者在知识与意见之间做出区别，这不过是在较易于从其中获得上述一致性的论题与较难于从其中获得上述一致性的论题之间的区别。

"相对主义"是实在论者加于实用主义者的传统称号。这个称号通常指三种不同的观点。第一种指那种认为任何信念都像任何其他信念一样有效的观点。第二种观点认为"真"是一个含义不清的词，有多少不同的证明方法就有多少种不同的真理的意义。第三种观点认为，离开了对某一社会（我们的社会）在某一研究领域中使用的证明方法的描述，就不可能谈论真理或合理性。实用主义者主张第三种人类中心论。但他并不主张自我否定的第一种观点，也不赞成古怪的第二种观点。他认为自己的观点优于实在论的观点，但并不以为自己的观点符合事物的本性。他认为"真"之一词的流通性（"真"仅只是表示一种称赞）保证了其单义性。按实用主义者的说法，"真"这个词在一切社会中都有相同的意义，正如"这儿"、"那儿"、"好"、"坏"、"你"、"我"这些具有同样语义流通性的词在所有文化中都有相同的意义一样。但是，意义相同当然与指称的不同、与规定该词的方法的不同是兼容的。于是他觉得可以随意把"真"这个词当做一般的赞词来用，尤其是用它称赞他自己的观点。

然而我们并不清楚为什么要说"相对主义"是适合实用主义的主张的第三种人类中心论观点。因为实用主义者并非主张一种肯定性理论，断言某种东西是相对于另一种东西的。反之，他主张的是纯粹否定性的观点，认为我们应该抛弃知识与意见的传统区别，这种区别被解释为作为与实在符合的真理和作为对正当信念的赞词的真理之间的区别。实在论者称这种不定的主张为"相对主义"，其理由是他不能相信任何人会当真地否认真理具有一种内在的性质。于是，当实用主义者说，根本不存在什么真理，除了我们每一人将把那些我们认为适于相信的信念赞为真的情况以外，实在论者倾向于把它解释作有关真理性质的更为肯定的理论：它是这样一种理论，按照这个理论真理只不过是某一个人或某一团体的当时意见。这样一种理论当然会是自相矛盾的。但是实用主义者并不具有一种真理论，更没有一种相对主义的真理论。作为协同性的拥护者，他对人类合作研究的价值的论述，只具有一种伦理的基础，而不具有认识论的或形而上学的基础。

关于真理或合理性是否具有一种内在性质的问题，或者关于我们是否应当具有一种有关真理或合理性问题的肯定性理论的问题，也就是我们的自我描述是否应当建立于对人性的关系上或某一特殊人类集体上的问题，即我们是应当追求客观性还是追求协同性的问题。很难看出人们可以通过深入研究知识的、人的或自然的性质而在客观性与协同性二者之间进行抉择。的确，认为这个问题可以这样解决的提议，是站在实在论者的立场来用未经证明的假定去进行讨论的，因为它预先假定了知识、人和自然具有与所讨论的问题相关的真正本质。反之，对于实用主义者来说，"知识"正如"真理"一样，只是对我们的信念的一个赞词，我们认为这个信念已被充分加以证明，以至于此刻不再需要进一步的证明。按其观点，对知识性质的研究仅只是对各种各样的人如何试图根据所信之物达成一致所进行的社会的与历史的论述。

### 选文出处

罗蒂：《哲学与自然之镜》，李幼蒸译，北京，商务印书馆，2003年，第437～442页。

# 三、分析哲学

知 识 论 读 本

# 皮尔士

> 笛卡儿是近代哲学之父，他的普遍怀疑成为近代知识论的基本原则，皮尔士正是针对笛卡儿而提出他的记号理论的，他认为我们不具有内省的能力，关于内心世界的一切知识都是通过假设性的推理从我们关于外部事实的知识中推出的；我们不具有直观的能力，每一种知识都是由在先的认知逻辑的方式决定的；我们不具有不借助于指号进行思考的能力；我们不具有任何绝对不能认识的概念。他试图借逻辑方法发现使一个记号产生另一个记号，特别是一个思想产生另一个思想的普遍法则。

## 作者简介

**皮尔士**（Charles Sanders Peirce，1839—1914），美国哲学家、逻辑学家、数学家、物理学家，实用主义创始人。1863年获化学博士学位，1864年起先后在哈佛学院（今哈佛大学）、霍普金斯大学兼课。晚年穷困不堪，死后却声望日隆，除实用主义者外，一些美国逻辑经验主义者、语言分析哲学家、实在论者乃至现象学家都将其引为先驱。主要著作有《皮尔士文集》（8卷，1931—1958）。

### 著作选读：

《对4种能力的否定所产生的某些后果》。

**《对4种能力的否定所产生的某些后果》——与笛卡儿相反的立场：指号与指称**

笛卡儿是近代之父，是笛卡儿主义的灵魂。——可以简明扼要地把笛卡儿主义与它所取代的经院哲学之间的区别陈述如下：

（一）笛卡儿主义告诉我们，哲学必须从普遍的怀疑开始；经院哲学却绝不会对基本原理提出质疑。

（二）笛卡儿主义告诉我们，要到人的意识中寻找确定性的最终检验；经院哲学则依据了哲人和天主教会的证言。

（三）中世纪多种多样的论证被一条单一的、植根于一些不明显的前提之上的推理路线所取代。

（四）经院哲学对于它的信念有一些神秘的想法，但它试图对一切创造物做出解释。反之，笛卡儿主义不仅没有解释它们，而且使它们成为绝对无法解释的，除非把"上帝使它们成为如此这般"这种说法看做一种解释。

就所有这些方面或其中某些方面而言，大多数近代哲学家其实都是笛卡儿主义者。我不想返回到经院哲学，而认为现代科学和现代逻辑要求我们站立在一些与此大不相同的立场上。

（一）我们不能从完全的怀疑开始。我们必须从当我着手研究哲学时我们实际上已拥有的那一切成见开始。这些成见不是一条准则所能消除的，因为这些成见是那样一些事物，当我们没有想到它们时，我们就不能对之提出质疑。因此，这种最初的怀疑只不过是一种自我欺骗，而不是真正的怀疑。任何一个遵循笛卡儿方法的人都不可能对这种方法感到满意，除非他把所有那些他在形式上已经放弃的信念正式恢复过来。因此，它作为一个准备步骤来说没有什么用处，正如为了穿过子午线到达君士坦丁堡，并不需要预先经过北极那样。诚然，一个人在他的研究过程中可能发现他有理由对他起初相信的某些事情提出质疑；不过，在那种情况下他之所以怀疑，是由于他对此具有明确的理由，而不是依据笛卡儿的准则。让我们不要假装在哲学中怀疑那些在我们心中其实并不怀疑的事物。

（二）同一种形式主义还出现在笛卡儿的下述标准之中，这条标准等同于说："我清楚地深信不疑的任何事物都是真实的。"如果我真是深信不疑，我就应当运用推理，而不需要对确定性进行检验。可是，以如此方式把某些个别的人看做真理的绝对评判者，那是极其有害的。其结果是，形而上学都会赞同这样的看法：形而上学所达到的确定性高度超过物理科学所达到的确定性高度——只是他们不赞同其他任何看法。在科学中，当一种理论被提出后，人们可能对之取得一致意见；在这种一致意见未形成之前，这种理论处于试行阶段。在一致意见形成之后，确定性问题就变得没有意义了，因为没有剩下任何一个人对这种理论有所怀疑。我们就个人而言，不能合理地希望达到我们所追求的那种传统的哲学；因此，我们只能期望哲学家群体去寻找这种哲学。此后，如果许多经过训练的和公正坦诚的人士认真仔细地审查一种理论并加以拒绝，这种情况就应在这种理论提出来后，在本人心中产生怀疑。

（三）哲学应当在其方法方面效仿那些取得成就的科学，尽可能仅仅从一些确实的、可加以仔细审查的前提出发，哲学所信赖的与其说是它的任何一个论据的独断性，不如说是它的论据的众多性和多样性。哲学的推理不应当形成一条其强度比其最薄弱的环节结实一些的链条，而应当形成这样一条绳索，只要它的纤维足够众多而且紧密地结合到一起，就不论这纤维可能多么脆弱。

（四）每一种非观念论的哲学都假定某种绝对无法解释的、无法分析的终极之物；简而言之，某种从沉思中得出而它本身不能加以沉思的东西。任何一种如此无法解释的东西都只能通过从指号出发进行推理而被认知。不过，对从指号出发进行推理所作的唯一正当论证，就是其结论能够对事实做出解释。假定事实是绝对无法解释的，这并不是对事实做出解释，因而这个假定是绝对不许可的。

在这本杂志最后一期中将会看到一篇以《与人据说具有的某些能力相关的几个问题》为标题的文章，这篇文章是按照这种与笛卡儿主义相对立的精神写出的。为方便起见，可以在这里把对这些能力的批判——这种批判导致对这些能力的否定——复述以下：

（一）我们不具有内省的能力，关于内心世界的一切知识都是通过假设性的推理从我们关于外部事实的知识中推出的。

（二）我们不具有直观的能力，每一种知识都是由在先的认知逻辑的方式决定的。

（三）我们不具有不借助于指号进行思考的能力。

（四）我们不具有任何绝对不能认识的概念。

不能把这些命题看做是确实无疑的；为了对它们做进一步的检验，现在打算演绎出它们的结论。我们可以首先仅仅考察第一个命题；然后演绎出第一个命题和第二个命题的结论；然后考察从对第三个命题的假定中还会演绎出其他什么样的结论；最后，把第四个命题加到我们假设的前提之上。

我们在接受第一个命题时，必须抛开从那种把我们关于外部世界的知识建立在我们的自我意识之上的哲学中得出的一切偏见。我们不能承认任何关于在我们内心中发生的事情的陈述，除非把它们看做用以解释我们通常之为外部世界中发生的事情所需要的假设。此外，当我们在这样一些基础上假设心灵的某些活动能力或活动方式时，我们当然不能采取其他任何假设，以解释任何一个可以用我们在先的假设做出解释的事实，但是必须把这些假设尽可能推得更远一些。换言之，我们必须尽可能做到这一点而不增添更多的假设，我们把各种各样的心理活动归结为一个普遍的类型。

我们的探索必须由以开始的那一类意识变化，必须是一种其存在毫无疑义的变化，人们极其清晰地认识这种变化的规律；既然这种知识来源于外界，因而这种变化十分紧密地遵循着外部事实，这就是说，它必定是某个种类的认知。在这里，我们可以假设性地承认前一篇文章中的第二个命题，按照这个命题，对于任何对象都没有绝对原始的认知，认知是通过一个连续的过程产生的。因此，我们必须从一个认知过程开始，从一个那样的过程开始，它的规律已得到十分清晰的理解，最为紧密地遵循外部事实。这不外乎指的是一个有效推理的过程，这个过程从它的前提 A 出发到它的结论 B，这只有当事实上如果 A 这样的命题是真的，那么 B 这样的命题也通常是真的。这就是我们将要演绎出其结论的那头两条原则的后果，我们必须尽可能把一切心理活动归结为有效推理的公式，而不需要在心灵所推理的假设之外的其他任何假设。

可是，心灵是否事实上要经历这个三段论过程呢？结论作为某种像意象那样独立地存在于心灵之中的东西，是否会突然取代那两个以相似方式存在于心灵之中的前提，这肯定是非常值得怀疑的。然而，如果一个人被说服相信一些前提，这就是说，他愿意从这些前提出发和行动，愿意说它们是真实的，那么，在适当条件下，他也准备从结论出发和行动，并说这个结论是真的，这却是一个经常看见的经验事实。因此，在机体中发生了一个与三段论过程相等值的过程。

对于把一切心理活动归结为一种类型的有效推理，一个显而易见的障碍是错误推理的存在。每一种论证都蕴涵普遍推理程序原则的真理性（不论它涉及与某个论证主题相关的事实，还是仅仅涉及一个与指号系统相关的准则），它符合于这个原则时就是一种有效的论证。如果这个原则是错误的，这种论证就是一种谬论。可是，从一些错误的前提得出的有效论证，或者一种非常软弱无力、然而不是完全不正当的归纳或者假设，不论人们多么过高估计它的力量，也不论它的结论是多么错误，却不是谬论。

就一些词的现状来看，如果这些词处于论证的形式之中，它们的确意味着某种为了使论证成为确定无疑的东西而可能需要的事实；因此，在那些仅仅根据一些适当的解释原则来处理词的意义，而不关心从其他迹象中猜测出来的说话者的意图的形式逻辑学家看来，唯一的一些谬论应当是那样一种谬论，它们或者是因为其结论与其前提绝对不协调，或者因为它们借助了一些在任何情况下都不可能有效地把命题连接起来的推论连接词把命题连接到一起，而成为真正荒谬的和矛盾的。

然而，在心理学家看来，只有当心灵的结论由以得出的那些前提，或者通过它们自身，或者通过其他一些此前已被看做是真实的命题的帮助，而被充分证明为真实的，这种论证才是有效的。然而，易于表明，人们做出的一切在这种意义上不是有效的推理都属于下述 4 种类型：(1) 某些推理的前提是错的；(2) 某些推理具有某种很小的力量，尽管是很小的力量；(3) 某些推理是由于把一个命题与另一个命题混淆起来而得出来的；(4) 某些推理来自对推理规则做了不明确的理解或者错误的运用,或者来自推理规则本身的错误。因为如果一个人犯了一种不属于这几种类型的错误,他将从一些真实的、十分明确地构想出来的前提出发,而且没有被任何成见或者其他作为推理规则加以使用的判断引入歧途,却得出了一个的确与此毫无关系的结论。如果发生这种情况,那么冷静的思考和仔细的态度在思维中并没有什么用处。因为仔细的态度只能保证我们把所有的事实都考虑进去并使我们所考察的对象明确起来。冷静的思考只不过使我们小心仔细一些,防止我们受到激情的影响,以致把我们希望为真的事情推论为真的,或者把我们害怕为真的事情推论为真的,或者遵循其他一些错误的推论规则。然而,经验表明,对一些同样明确地构想出来的前提(包括成见)进行冷静和仔细的思考,将保证所有的人做出同样的判断。如果某种错误属于 4 种类型中的头一种类型,它的前提是错误的,那么就可以假定心灵用以从这些前提中推出这个结论的那种程序或者是正确的,或者因为使用其他三种方式之中的一种方式而犯了错误;因为不能假定,当理性不知道这种错误时,这些前提的错误一定会影响这种推理程序。如果这种错误属于第二种类型,并且具有一定力量,不论这种力量多么微弱,那么它就是一种合理的或然论证,而属于有效推理的类型。如果它属于这三种类型,产生于把一些命题混淆起来,那么这种混淆必定来自这两个命题之间的相似;这就是说,那个进行推理的人看出一个命题具有另一个命题的某一些性质,会做出前一个命题具有后一个命题的本质性质并且与后者相等同这样的结论。这是一种假言推理,这种推理尽管可能说服力微弱,尽管它的结论可能是错误的,却属于有效推理的类型;因而由于这种谬误的 nodus(难点)处于这种混淆之中,这些属于第三种类型的谬误的心灵程序仍符合于有效推理的规则。如果这种谬误属于第四种类型,它就或者产生于对推理规则做了错误的应用或者做了错误的理解,从而是一种属于混淆的错误,或者产生于采用一个错误的推理规则。在后一种情况下,这个规则其实被当做前提,因而那个错误的结论只不过产生于前提的错误。因此,在人的心灵可能犯的每一种错误中,心灵的程序都符合了有效推理的公式。

我们需要演绎出其后果的第三条原则就是,每当我们思考时,我们都有某种作为指号加以使用的情感(feeling)、意象(image)、概念(conception)或者其他表象(representation)呈现于意识。然而,从我们自身的存在中(这种存在通过无知和错误的出现已得到证明)得出,每一个呈现给我们的事物都是我们自身的一种现象表现(phenomenal manifestation)。这一点并不妨碍它也是某种处于我们之外的事物的现象,正如彩虹同时既是太阳的表现,又是雨的表现。当我们思考时,我们自己作为我们在那个时刻所是的那种东西，表现为一个指号。一个指号作为指号而言有三种指称：（1）对于某个对它做出解释的思想而言，它是一个指号。（2）它是某个在那种思想中与它等值的对象的指号。（3）它是那样一个指号，它在某个方面或者某种品质中使这个指号与它的对象连接起来。让我们考察一下一个思想—指号（thought-sign）所指向的那三种相关之物究竟是什么。

（一）当我们思考时，思想—指号（它就是我们自己）与什么事物交谈呢？它可能通过外部表情的媒介（它也许只有在内部得到相当发展之后才能获得这个媒介）而与另一个人的思想交谈。可是，不论这种情况是否发生，它都始终通过其后关于我们自身的思想而得到解释。如果这条思想之流在任何思想之后都自由地流动，它便遵循心理联想（mental association）的规律。在这种场合下，每一个在先的思想都对其后的思想有所提示，也就是说，对于后者而言，它是某种东西的指号。诚然，我们的思想之流可能被打断。不过，我们必须记住，除了在任何时刻都存在的那个主要的思想要素外，在我们的心灵中还有上百种事物，它们只被赋予很小一部分注意力或者意识。因此，如果那个要素没有跟着出现，那是因为思想中的一个新的要素占了上风，以致思想之流被打断而被那个新要素所取代。与此相反，从我们的第二条原则——没有任何直观或者认知不是由在先的认知决定的——中得出，一种新经验的突然出现绝不是一个瞬息间的事情，而是一个占据一段时间的事件，并且是通过一个连续的过程而得以发生的。因此，它在意识中的显现也许必定是一个持续过程的完成。如果是这样，那就没有充分理由足以说明那种刚才还处于主要地位的思想会在转瞬间突然中止。可是，如果思想之流是通过逐渐消失而中止的，那么它就在它持续的那段时间内自由地遵循它自己的联想规律，而且没有那样一个时刻，在其中有一个属于这个系列的思想，而其后没有一个对它做出解释和加以重复的思想。因此，对于下述规律来说是没有例外的：每一个思想指号都在下一个思想指号中得到翻译或解释，除非全部思想都在死亡时达到一个突然的和最终的结束。

（二）下一个问题是：思想指号所代表的是什么？——它给什么事物命名？——什么是它的 Suppositum（设定之物）？毫无疑问，当一个真实的外界事物被思考时，这就是那个外界事物。可是，由于这个思想是被一个关于同一对象的在先的思想决定的，它仅仅通过指示这个在先的思想而指称那个事物。例如，让我们假定，图森特（Toussaint）被人思考，起初被思考为一个黑人，而不是被明确地思考为一个人。如果其后这一点变得更加明确，那是通过想到一个黑人是一个人；这就是说，其后的思考，即人是通过作为前一个思想，即黑人的谓语而去指称那个它曾经是其谓语的外界事物。如果我们后来把图森特思考为一个将军,那么此时我们想到这个黑人,这个人是一个将军。因此,在每一个场合下,其后的思想指示在先的思想中所想到的事物。

(三)思想指号在被思考的那个方面代表它的对象,这就是说,那个方面在这个思想中是意识的直接对象,或者,换句话说,它是那个思想本身,或者至少是在其后的思想——对于这个思想来说,它是一个指号——中这个思想被想作是的那种东西。

我们现在必须考虑指号的另外两种在认知理论中具有重要意义的特性。既然指号并非等同于它所标志的事物,而且在某种方面与后者有所不同,因此指号显然具有某些属于它自身的特性,而与它的表象功能无关。我把这些特性称为指号的物质品质(material qualities)。举出一些与这些品质相关的事例:在"man"这个词中,它由三个字母组成;在一幅画中,它是平坦的,没有凹凸不平之处。其次,必定能够把一个指号与关于同一对象的另一个指号或者与这个对象本身连接起来(不是在推理中,而是真实地连接起来)。因此,除非通过一个真实的、把关于同一个事物的一些指号连接起来的系词,把一些词连接成为句子,那么这些词就根本没有价值。某些指号——例如风向标、浮木等等——的用处,全然在于真实地把它们与它们所标志的事物本身连接起来。就一幅画而言,这样一种连接不很明显,但它存在于那种把这幅画与那个给它贴上标签的大脑—指号(brain-sign)连接起来的联想力之中。我把一个指号或者直接地,或者通过与另一个指号的连接而在指号与它的对象之间建立起来的那种真实的、物理的连接,称为对指号的纯粹指示性应用(pure demonstrative application)。一个指号的表象功能既不是处于它的物质品质之中,也不是处于它的纯粹指示性应用之中;因为它是这个指号所是的某种东西,它不处于它自身之中,也不处于与它的对象的直接联系之中,而是对于一种思想而言它所是的那种东西;刚才所定义的那两种性质则属于那样一种指号,这种指号不依赖于它与任何思想的交谈。可是,如果我拿出所有那些具有某种品质的事物,并以物理的方式把它们与另一个系列的事物连接起来,它们就变得适合于成为指号。如果它们没有被看做那样的指号,它们实际上就不是指号,但在同一种意义上又是指号,例如,可以把一朵未被看见的花说成是红的,这也是一个与心情相关的词。

考察一下那种被称为概念的心理状态。这种心理状态之所以是概念,是由于它具有一种意义,具有一种逻辑内涵(logical comprehension);如果能把它应用于任何对象,那是因为那个对象具有一些包含在这个概念的内涵中的性质。人们通常说一种思想的逻辑内涵由其中包含的思想所构成,可是,思想是心灵的事件、心灵的活动。两种思想是两个在时间上分开的事件,其中之一不可能真正包含在另一个之中。人们可能说，可以把一切精确地相似的思想看做一种思想；说一个思想包含另一个思想，这意味着它包含一个与另一个思想精确地相似的思想。然而，两个思想怎么可能彼此相似呢？只有把两个对象在心灵中放到一起加以比较，才能把这两个对象看做是相似的。思想只能存在于心灵之中，只有当它们被认为存在于心灵之中时，它们才存在着。因此，两个思想不可能是相似的，除非在心灵中把它们放到一起。可是，就它们的存在而言，两个思想被时间间隔分离开。我们非常倾向于认为，我们能够通过把一个思想与一个过去的思想相比较，而构想出一个与过去的思想相似的思想，仿佛过去的思想现在仍然呈现在我们面前。然而，显而易见，关于一个思想相似于另一个思想，或者无论如何是另一个思想的真正表象的知识，不可能从直接知识中推演出来，而必定是一个可以毫无疑问地被事实充分加以证明为正确的假设，而那样一种起表象作用的思想的形成，必定依赖于一种处于意识之后的真正有效的力量，而不是仅仅依据于一种心理上的比较。因此，当我们说一个概念包含在另一个概念之中时，我们所指的意思必定是我们通常是把一个概念表现为处于另一个概念之中。这就是说，我们形成一种特殊的判断，这个判断的主词标志着一个概念，它的谓语标志着另一个概念。

一种思想就其本身而言，一种情感就其本身而言，都不包含其他任何思想或情感，而是绝对单纯的和不可分解的；说它由其他一些思想和情感组成，那就类似于说处于一条直线上的一种运动是由两种运动组成，它是这两种运动所产生的结果；也就是说，它是一个与真理相平行的隐喻或者虚构。每一种思想，不论它多么虚假，多么复杂，在它直接出现的范围内，都是一种单纯的、不是由一些部分组成的感觉，因此，就它自身而言，它与其他任何事物没有任何相似之处，不能与其他任何事物相比较，它是绝对地 sui genefis（自成一类的）。任何与其他事物完全不可比较的事物，都是全然无法解释的，因为解释就在于把一些事物纳入普遍规律或者自然种类之下。因此，每一种思想在它是一种特殊的感觉的情况下，只不过是一个终极的、无法解释的事实。不过，这并不与我的下述假设相冲突，即应当允许那个事实作为一种无法解释之物存在着；因为另一方面，我们绝不可能认为"这种感觉目前呈现给我们"，因为在我们有时间做出思考之前，这种感觉已成为过去，另一方面，一旦它成为过去，我们就绝不能把这种感觉的品质拉回来，像它本身曾经是的那样，也不可能知道它在其自身中是什么样子，或者甚至不可能发现这种品质的存在，除了通过从我们的那种关于我们自身的普遍理论中得出的推论，此时不是处于它的特质之中，而仅仅作为某种在场的东西。然而，作为某种在场的东西,情感却全都一样,不需要加以解释,因为它们仅仅是普遍之物。这样一来,在我们真正能够用做情感的谓语的事物中就没有剩下什么是无法解释的,而仅仅有某种我们不能通过反思认识之物。这样一来,我们就不会陷入使间接之物成为直接之物这样的矛盾之中。最后,任何此刻的现实思想(它仅仅是一种情感)都不具有任何意义,不具有任何理智价值;因为这种思想不处于那种被现实地思考的事物之中,而处于这种思想可能在表象中通过其后的思想而与之连到一起的那种东西之中;这样一来,一种思想的意义就完全是某种实在的东西。有人可能反驳说,如果没有一种思想具有意义,那么所有的思想都不具有意义。然而,这是一种谬论,它类似于说,如果在一个物体所充塞的那些连续的空间中没有一个空间具有运动的余地,那么在整个空间中也没有运动的余地。在我的心理状态中,没有一个时刻具有认知或表象,而在不同的时刻,在我们的各种心理状态的关系中却有认知或表象。① 简而言之,直接之物,因而那种在其自身中不能作为中介之物的事物,就是不可分解之物、无法解释之物和不可理解之物;它在一条横贯我们一生的连续之流中流动着,它是全部意识的总和,意识的中介之物——这种中介之物就是意识的连续性——通过处于意识之后的某种真实的、有效的力量而被产生出来。

因此,我们在思想中具有三个要素:第一,表象的功能,它使思想成为表象;第二,纯粹指示性应用或者真实的联系,它使一种思想和另一种思想联系起来;第三,物质的品质,或者它是如何感觉的,它把自己的品质赋予思想。

一种感觉不一定就是一种直观,或者不一定是感官的头一个印象,这一点在美感的事例中表现得非常明显。……当一种美的感觉被在先的认知决定时,它经常作为一个谓语出现,这就是说,我们认为某物是美的。每当一种感觉由于其他一些感觉而以如此方式产生出来时,归纳表明,其他一些感觉便或多或少是复合的。例如,关于一种特殊声音的感觉是由于以一种特殊的方式把一些作用于耳朵的不同神经之上的印象组合到一起,并使它们以某种速度相继出现而产生的。关于颜色的感觉取决于眼睛所获得的某些印象以有规律的方式并按某种速度相继出现,关于美的感觉产生于其他一些印象的组合。在一切场合下都发现这个论点是能够成立的。其次,所有这些感觉就其本身而言都是单纯的,或者或多或少地比它们由以产生的那些感觉更加单纯。

---

① 因此,正如我们说物体处于运动之中,而不是说运动处于物体之中,同样,我们说,我们处于思想之中,而不应当说思想处于我们之中。

因此,一种感觉是一个用以取代一个复杂谓语的简单谓语。换句话说,它完成了一个假设的功能。可是,那样一种感觉所属的每一个事物都具有这种或那种复杂的谓语系统这样一个普遍原则,却不是由理性决定(像我们已经看到的那样),而是具有随意的性质。因此,与一种感觉的产生相似的那一类假定推理,是一种从定义到定义的推理,在这种推理中,大前提具有随意的性质。只有在这种推理模式中,这个前提才被语言惯例所决定,并表示一个词如此被使用的场合。在一种感觉的形成中,它被我们的本性的结构所决定,并表达感觉或者一个自然的心理指号在其中出现的场合。例如,在一种感觉表达某一事物的范围内,这种感觉是由在先的认知按照逻辑规则加以决定的。这就是说,这些认知决定了这里将有一种感觉。不过,在这种感觉是一种特殊的单纯情感的范围内,它都仅仅被一种无法解释的、神秘莫测的力量所决定;在这个范围内,它不是表象,而仅仅是表象的物质品质。因为正如在从定义到定义的推理中,在逻辑学家看来,所定义的词如何发音,或者它包含有多少个字母,都无关紧要;同样,在这个构成词的事例中,它不是被它自身中如何感觉这样一条内在规律所决定。因此,情感作为情感来说只不过是一个心理指号的物质品质。

可是,没有一种那样的情感,它并非同时是一个表象,一个在逻辑上被它之前的情感所决定的事物的谓语。因为如果有任何那样的情感不是谓语,它们就是情绪(emotion)。每一种情绪都有一个主体。如果一个人感到愤怒,他就会对自己说,这个或那个事物是丑恶的、令人憎恨的。如果他感到快乐,他就会说:"这个东西是美妙的。"如果他感到惊奇,他就会说:"某件事有些古怪。"简而言之,每当一个人感觉时,他就想到某个事物。甚至那些没有明确对象的激情(例如忧郁),也只有通过思想对象的触发才会被意识到。我们之所以把情绪更多地看做自身的心情(affections),而较少看做其他的认知,这是因为我们发现,与其他一些认知相比,它们更加依赖于我们在这个时刻的偶然情景;然而,这只不过是说,它们是一些过于狭窄而不适用的认知。稍做一些考察就能表明,当我们的注意力被强制地引向一些复杂的、不可思议的情况时,就会产生这些情绪。当我们不能预见我们的命运时,就会产生恐惧;当某些无法描述的、特别复杂的感觉出现时,就会产生快乐。如果有某些迹象表示某种对我非常有利而且我预料将会发生的事情可能不会发生,如果对各种可能性做过衡量,想出一些保护措施,并力求获得更多信息之后,我发现自己仍然不能得出任何关于未来情况的明确结论,那时焦急心情就会出现,而不再做出所寻求的理智的假言推理。当某些我不能加以说明的事情发生时,我会感到惊奇。当我力图实现我绝不可能做到的事情,力图在将来获得快乐时，我便处于期望之中。"我不理解你"，这是愤怒者所说的话。一般来说，不可描述的事情、无法表达的事情、无法理解的事情，通常都会激起情绪；不过，没有任何事物像科学说明那样会使人冷静下来。因此，一种情绪恰恰是一个简单的谓语，通过心灵的操作以取代一个非常复杂的谓语。如果我们考虑到一个非常复杂的谓语要求借助于一个假设加以解释，那么那个假设必须是一个比较简单的、用以取代那个复杂谓语的谓语；当我们具有一种情绪时，严格来说，假设几乎是不可能的——情绪和假设所起的作用之间的相似是非常明显的。诚然，在情绪和假设之间也有区别，以致我们有理由说，在理智假设的事例中，一个简单的假设谓语可能应用于其上的任何事物，对于一个复杂谓语来说也是真的；而在情绪的事例中，却有一个命题是不能对之提出任何理由的，它仅仅被我们的情绪结构所决定。可是这种情况恰恰与假设和从定义到定义的推论这两者之间的区别相对应，从而表明情绪只不过是一种感觉。无论如何，在情绪和感觉之间出现一种区别，我将把这种区别陈述如下：

某些人认为，与我们心中的每一种情感相对应，有某种动作发生在我们的身体之中，这种看法是有一定道理的。思想、指号的这种特性既然并非合理地依据于指号的意义，因此可以与我们称之为指号的物质品质的那种东西相比较；不过，它与后者也有区别，因为从本质上讲，并不需要为了这里一定有任何思想—指号而一定会感觉到情感。在感觉的场合下，那些在它之前发生并对它做出决定的杂多印象并不属于一个种类，与它们相对应的身体动作来自任何较大的神经节或者来自大脑，也许，由于这个原因，感觉没有在身体的机体中引起很大骚乱；感觉本身也不是那种对思想之流产生非常强烈影响的思想，除非借助于它可能提供的信息。另一方面，在思想的发展中，情绪出现得晚得多——我说的是，它更加远离对它的对象的认知的头一个开端——那些对它做出决定的思想已经在大脑中或者在主要的神经节中有一些与它们相对应的运动。因此，它在身体中产生了一些较大的动作，而且，不依赖于它的表象价值，它对思想之流产生了强烈影响。我所意指的身体动作首先明显地有这样一些：脸红，退缩，凝视，微笑，皱眉，撅嘴，大笑，流泪，啜泣，扭动，畏缩，发抖，发呆，叹息，嗤之以鼻，耸肩，呻吟，愁眉苦脸，震颤，扬扬得意，如此等等。其次，除此之外，也许还可以补充一些更加复杂的其他动作，不过这些动作来自直接的冲动，而不是来自深思熟虑。

使感觉本身和情绪这两者与关于一种思想的情感相区别的那种东西就在于，在前面两种场合下，物质品质处于显著地位，因为这种思想与那些对它做出决定的思想没有理性联系，后面这些思想存在于后一种场合，并且转移了对纯粹情感的注意力。所谓与那些做出决定的思想没有理性联系，我指的是在思想的内容中没有任何内容能够说明为什么它仅仅出现在这些做出决定的思想的场合下。如果有那样一种理性联系，如果思想在本质上局限于它对这些对象的应用，那个思想就会包含一个在它自身之外的思想。换句话说，那时它是一个复合的思想。因此，一个不完全的思想只能是感觉或者情绪，它们不具有理性的性质。这种看法大大不同于通常的看法，按照后一种看法，最高的、最形而上学的概念是绝对单纯的。有人可能问我，如何分析那样一个关于存在（being）的概念，是否我能够不用diallelon而给一位、二位、三位下一定义。此时，我将立刻承认，不能把这些概念之中的任何一个概念分解为其他两个比它本身更高的概念。因此，在同一种意义上，我完全承认某些非常形而上学的、高度理智的概念是绝对单纯的。不过，尽管不能借助于种属和差别来定义这些概念，但还有另一种可以对它们下定义的方法。一切规定都是否定，我们可以首先仅仅通过把一个具有某种性质的对象与一个不具有这种性质的对象相比较而对这种性质做出识别。因此，一个在各个方面都是十分普遍的概念将是不可识别的和不可能的。我们不能在系词所包含的意义上，通过观察我们所能思考的一切事物都具有的某种共同的东西而获得关于存在的概念，因为观察不到那样的事物。我们是通过对指号——词或思想——的思考而获得它们；我们看到，可以把不同的谓语加诸同一个主词之上，每个谓语都使某个概念可以被应用于这个主词；此时，我们以为一个主词之所以具有某种对它而言是真的东西，只是因为人们把一个谓语——不论它是一个什么样的谓语——加诸这个主词之上。我们把这种谓语称为存在。因此，存在概念是一个关于指号（思想或词）的概念——既然不能把它应用于每一个指号，它主要不是普遍的，尽管在把它间接地应用于事物时它是普遍的。因此，存在是可以下定义的。例如，可以把它定义为那种对于包含在任何一个类之中的对象以及对于没有包含在同一个类之中的对象来说都是普遍的东西。可是，说形而上学概念基本上或根本上是一些关于词的思想或者关于思想的思想，那并不是一种新见解；亚里士多德的学说（他的范畴就是词类）是如此，康德的学说（他的范畴就是不同种类的命题的性质）也是如此。

在一种意义上，可以把感觉和抽象力或注意力看做一切思想的唯一组成要素。我们已经对前者做过考察，让我们现在尝试一下对后者的分析。就注意力而言，着重点被放在意识的一个客观要素之上。因此，着重点不是直接意识的对象本身，在这个方面，它与情感截然不同；尽管如此，由于着重点就在于对意识产生某种影响，因此它只能存在于它对我们的认识产生影响这个范围之内；既然不能假定一种活动能对在时间上处于它之前的事物产生影响，因此这种活动仅仅在于所强调的那种认识所具有的一种对记忆产生影响或者以其他方式对其后的思想产生影响的能力。这一点已被注意力是一种连续的量这个事实所证实。因为据我们所知，连续的量最终把它自身还原为时间。因此，我们发现注意力事实上的确对其后的思想产生了巨大影响。首先，它强烈地影响记忆：当人们起初赋予某种思想以更多的注意力时，人们就更加长时间地记住这种思想。其次，赋予的注意力愈大，思想之间的联系就愈加紧密，思想之间的逻辑顺序就愈加明确。第三，借助于注意力，可以把一个被忘怀了的思想再回忆起来。从这些事实中，我们猜想注意力是一种借以把处于一个时刻的思想与处于另一时刻的思想联系起来的力量；或者，采用思想作为一个指号这个概念认为注意力是对思想、符号做纯粹的指示性应用。

当同一种现象在不同场合下反复呈现，或者当同一个谓语反复出现于不同的主词之后时，注意力就被激发起来。我们看见 A 具有某种性质，B 具有同一种性质，C 也具有同一种性质，这种情况就会引起我们注意，于是我们说："这些事物都具有这种性质。"因此，注意力是一种归纳的活动；不过，它是一种不能使我们的知识有所增加的归纳，因为我们的"这些"仅仅包括所经验到的一些事例。简而言之，这是一种从列举中做出的论证。

注意力对神经系统产生影响。这些影响是习惯或者神经联想。当在 a、b、c 这几种场合下都有完成某种活动的感觉时，一种习惯就产生了。每当某个普遍的事件 l（a、b、c 是这个普遍事件的一些特殊事例）发生时，我们就会完成某种活动 m。这就是说，通过下述认知：

a、b、c 的每个事例都是 m 的事例，

取决于下述这种认知：

l 的每一个事例都是 m 的事例。

因此，一种习惯的形成是一种归纳，从而必然与注意力和抽象过程有联系。自觉活动产生于一些由习惯产生的感觉，正如本能的活动产生于我们原初的本性。

我们由此看出，意识的每一种变体——注意力、感觉和理解——都是一种推论。可是，可能有人反驳说，推论仅仅与普遍词项相关，因此意象或者绝对单一的表象是不可能推出的。

"单一的"和"个别的"是一些模糊不清的词项。一个单一之物意指一个只能存在于一个地点、一个时间之中的事物。从这个意义上说，单一之物与

普遍之物并不是对立的。在各种意义上，太阳是一个单一之物，可是，正如在每一篇卓越的逻辑论文中所理解的那样，它是一个普遍词项。对于赫莫劳斯·巴巴拉斯（Hermolaus Barbarus），我可能有一个非常普遍的概念，可是，我仍然把他设想为在某一个时刻只能处于某一个地点之中。当有人说某个意象是单一的，这就意味着它在各个方面都是被决定的。对于那样一个意象来说，每一种可能的性格，或者每一种与此相反的性格，都是真实的。用这种学说的一个最杰出的阐释者的话来说，一个人的意象"必定是一个或者是白色的，或者是黑色的，或者是黄褐色的，或者是笔直的，或者是弯曲的，或者是高的，或者是矮的，或者是中等身材的人"。这个意象必定是那样一个人，他或者张着嘴，或者闭着嘴，他的头发恰恰是如此这般的颜色，他的身体恰恰有如此这般的比例。洛克否认三角形的"观念"必定或者是钝角三角形，或者是直角三角形，或者是锐角三角形；那些支持意象的人对洛克的这种否认的嘲笑甚过于对他的其他任何一个陈述的嘲笑。事实上，三角形的意象必定是其中一种，它的每一个角都有一定数量的度、分和秒。

情况既是如此，那就显而易见没有一个人对于他去上班的路具有一个真实的意象，或者具有一个关于任何真实的事物的意象。的确，他没有关于这个事物的任何意象，除非他不仅能够识别出它，而且能够——正确地或错误地——想象出它的无限众多的细节。情况既是如此，是否我们曾经在我们的想象中具有任何一个像意象那样的事物，就变得可以怀疑了。请读者看一眼一本鲜红的书或者其他有明亮色彩的物体，然后闭上你的眼睛，说一下你是否看见那种色彩，是否它相当鲜亮或者相当暗淡——的确，是否这里有任何像那种情景的东西。休谟以及其他一些追随贝克莱的人主张，在对一本红色的书的视觉和对它的回忆之间是没有区别的，除了"它们在力度和生动程度方面有所不同"。休谟说："与我们原初的知觉所感知到的颜色相比，我们的记忆中的颜色就比较暗淡和沉闷。"如果这是对这种区别的正确陈述，我们就应当回忆起那本书的红色比它实际上具有红色暗淡一些，然而，事实上，我们在很少一些时刻才非常准确地回忆起那种颜色，尽管我们没有看见任何一个与此相似的事物（请读者做一下这个试验）。除了我们能够识别出的那种意识之外，我们绝对没有从颜色那里获得任何东西。作为对这一点的另一个证明，我请求读者做一个小试验。如果读者可能的话，请读者回忆一下关于马的意象——不是关于他曾经看过的那匹马的意象，而是关于一匹想象中的马的意象。——在继续读下去之前，请读者通过思考把这个意象固定在他的记忆之中。……这位读者是否已经像所要求的那样做了这件事呢？因为我认为要读者继续读下去而没有那种做，那是不公平的。——现在，这位读者可能一般地说出这匹马具有什么颜色，它究竟是灰色的、栗色的还是黑色的。不过，他也许不能准确地说出它是什么颜色。他不能准确地说出这一点，像他在刚刚看见这匹马之后所做的那样。不过，如果在他的脑海里有一个意象，这个意象不具有一般的颜色，正如它不具有一种特殊的颜色那样，那么为什么后者在转瞬间会从他们记忆中消失，而前者仍然保持不变呢？可以对此回答说，在我们描述出一些比较普通的性质之前，我们往往忘记了那些细节。不过，这个回答不够充分，我认为下述情况可以说明这一点：与所想象的事物的准确颜色在转瞬间被遗忘相比较，某种被看见的事物的准确颜色被回忆起来那段时间的长度（一方面），与对所想象的事物的记忆相比较，对所看见的事物的记忆的生动程度要稍强一些（另一方面），这两者之间是极端不成比例的。

我猜想，唯名论者把下述两种想法混为一谈：一是想到一个三角形，而没有想到它或者是等边的，或者是等腰的或者是不等边的，另一是想到一个三角形，而没有想到它是否是等边的、等腰的或者是不等边的。

重要的是要记住，我们不具有一种把一种主观的认知模式与另一种主观的认知模式区别开来的直观能力；因而我们往往认为某种东西像图画那样呈现给我们，然而这其实是理解力（understanding）从少许资料中构造出来的。梦就是如此，这一点将在下述情况中深刻地表现出来：如果我们不补充我们感觉到不处于梦本身之中的事情，我们就不能对一个梦做出一种可以理解的陈述。我们根据苏醒过来后的记忆对梦做出一些详细的和连贯的叙述，而这些梦其实也许只不过是关于对我刚才提到的这种或那种东西进行识别的能力的一堆杂乱无章的感觉。

我现在甚至于要说，即使在现实的知觉中，我们也没有意象，视觉的事例可以充分证明这一点。因为如果我们在观察一个对象时没有看见一幅画，那么我们就不会声称，听觉、视觉以及其他感觉在这个方面优越了视觉。如果像心理学家告诉我们的那样，视网膜上的神经是一些指向光源的针尖，而其距离比 minimum visibile（可见的最小之物）大得多，那么没有把图画画在视网膜的神经之上这一点是绝对肯定的。我们不可能感知到在视网膜的中部有一个大盲点，这一点也表明同样的事情。因此，当我们看一个东西时，如果我们眼前有一幅关于这个东西的画，那么这幅画是心灵在以前的感觉的提示下构造出来的。假定这些感觉是一些指号，理解力通过从这些指号中做出的推理可能获得我们从视觉中得出的所有那些关于外界事物的知识，这些感觉都完全不适于形成一个意象或者一个绝对确定的表象。如果我们有那样一个意象或者图画，我们在自己的心中必定有一个关于一个平面的表象，这个平面只不过是我们所看见的每一个平面的一部分,而且我们必定看见每一个部分不论多么细小都具有这种或那种颜色。如果我们从一定距离看一张有斑点的平面,我们似乎并没有看出这上面是否有斑点。可是,如果我们在眼前有一个意象,我们就会觉得这个平面上或者有斑点,或者没有斑点。而且,眼睛通过训练,能够区分出颜色的细微区别,可是,如果我们仅仅看出一些绝对地确定的意象,我们必须在我们的眼睛在接受训练之时和在此之后,都同样看出每种颜色都各自具有这种或那种色调。因此,假设当我们看见东西时,我们眼前有一个意象,这不仅是一个对什么也没有做出说明的假设,而且是一个实际上会引起一些疑难的假设,为了弄清楚这些疑难,又需要提出一些新的假设。

在这些疑难中,有一个疑难是从下述事实中产生的:与一般情况相比,细节不大容易被识别出来,而容易被遗忘掉。按照这种理论,一般特征存在于细节之中;细节其实就是整幅图画。此时,似乎令人感到奇怪的是,在图画上仅仅次要地存在着的东西却比图画本身留下更多的印象。诚然,在一幅旧画中,细节是不大容易看清楚的。可是,这是因为我们知道这种模糊不清是时间造成的结果,而不是图画本身的一部分。弄清楚这幅画中的细节,像这幅画目前看起来那样,那是没有困难的;唯一的困难在于它曾经是怎样的。可是,如果我们在视网膜上有一幅画,那么这里最细微的细节就与这幅画的一般轮廓和旨趣(significancy)一样多,甚至更多。那些实际上被看出的东西极其难于辨认,而那些仅仅从被看出的东西中抽象得出的东西却非常明显。

用以反驳我们在知觉中具有任何意象或者绝对确定的表象这种看法的一个确定无疑的论证,在于在这种情况下,我们在每一个关于无限数量的自觉认知的表象中具有一些我们还没有意识到的材料。说我们在自己心中有某种东西,它对我们意识到已认识的事物毫无影响,那是没有意义的。至多可以说的是,当我们看见时,我们被置于那样一种境地,我们在其中能够获得很大数量的、也许是无限众多的关于对象的可见品质的知识。

不仅如此,每一种感官都是一个起抽象作用的机构,从这个事实中可以明显地看出知觉并不是绝对确定的和单一的。没有任何人可能假装说视觉的意象对于味觉而言是确定的。因为在这些意象既不是甜的也不是不甜的,既不是苦的也不是不苦的,既不是有滋味的也不是没有滋味的这个范围内,它们是普遍的。

下一个问题是,除了在判断中外,是否我们具有任何普遍概念。在知觉中,我们知道某物存在着,在这里显然有一个判断,即某物存在着,因为一个单纯的关于某物的普遍概念不是一种关于某物存在着的认知。不过,人们通常说，我们能够构想一个概念，而不做出任何判断；可是，在这种情况下，我们似乎只不过随意地假定我们自己具有一种经验。为了设想数字7，我假定我随意地做出这样一个假设或判断，即我眼前有某几个点，我断定它们是7个。这似乎是对这件事的一种最简单的与合理的看法，而且我们可以补充说，这是杰出的逻辑学家们所采用的看法。如果情况如此，意象的联想这个名称所指的意思其实就是判断的联想。有人说，观念的联想是按照相似原则、接近原则和因果原则这三条原则进行的。然而，说指号是按照相似、接近和因果这三条原则去指示指号所指示的东西，那也是同样正确的。任何事物都是那些通过相似、接近和因果而与这个指号相联系的事物的指号，这一点是没有疑问的。任何指号都使人回忆起它所标志的那种东西，对这一点也不可能有任何怀疑。因此，观念的联想就在于一个判断引起另一个判断，前者是后者的指号，而这恰恰就是推理。

我们所关心的每一个事物都在我们心中引起它自己的特殊情绪，不论这种性能多么轻微。情绪是一个指号，也是一个事物的谓语。当一个与这个事物相类似的事物显现于我们面前时，就会引起类似的情绪；我们由此推出后者与前者相似。旧学派的形式逻辑学家可能说，在逻辑中，没有一个词项能够进入那个没有曾经被包含在前提内的结论之中，因此对某种新东西的提示必定在本质上不同于推论。但我回答说，这条逻辑规则仅仅适用于那些在技术上被称为完全的三段论式的论证。我们可以而且事实上就是这样推论的：

  伊莱亚斯（Eilias）是一个人。
  因此，他是会死的。

这个论证和完全的三段论一样都是有效的，尽管它之所以有效，是因为后者的大前提凑巧是真实的。如果说从"伊莱亚斯是一个人"这个判断过渡到"伊莱亚斯是会死的"这个判断，而实际上没有对自己说"所有的人都是会死的"，这不是一种推论，那就是在一种非常狭窄的意义上使用"推论"一词，在这个意义上，推论几乎不可能出现于逻辑书籍之外。

这里对相似性联想所说的话，对各种联想而言也是真的。一切联想都是通过指号进行的。每个事物都具有它的一些主观的或者情绪的品质，这些品质或者绝对地，或者相对地，或者通过约定俗成的归属，而被加诸任何作为这个事物的指号的东西之上。我们这样推理：

这个指号是如此这般的。

因此，这个指号是那个东西。

不过，这个结论由于另外一些考虑而接受了一种变体，于是变成：

这个指号几乎是那个东西（是那个东西的代表）。

我们现在考察我们将演绎出其结论的那4条原则中的最后一条原则，这就是绝对不可识别之物是绝对不可想象的。按照笛卡儿的原则，事物的真正实在是绝对不能被认知的，一些很有身份的人在老早以前已经对此表示相信。由此产生了观念论，从本质上说，它在每个方面都是反对笛卡儿主义的，不论在经验主义者（贝克莱、休谟）中间，还是在新逻辑主义者（黑格尔、费希特）中间。目前所讨论的这条原则直截了当地就是观念论的；既然一个词的意义就是它所传递的概念，绝对不可认知的事物就是没有意义的，因为没有任何概念附加于这种事物之上。因此，它是一个没有意义的词；因此，"实在的"一词所意指的事物在某种程度上是不可认知的；就认知这个词的客观意义而言，认知的性质也是不可认知的。

在任何一个时刻，我们都拥有一些信息，也就是说，拥有一些认知，这些认知是通过归纳和假设从在先的认知中合乎逻辑地得出的。那些在先的认知较不普遍、较不清晰，对于它们只有一种较不生动的意识。这些在先的认知反过来又来自其他一些更加不大普遍、不大清晰和不大生动的认知；如此返回到头一个理想之物，它是完全单一的，完全处于意识之外。这头一个理想之物就是那个独特的自在之物。作为自在之物，它并不存在。这就是说，就没有与心灵相关这个意义而言，没有一种事物处于它自身之中，尽管那些与心灵相关的事物毫无疑问是与那种关系分离的。以如此方式通过归纳和假说的无限系列（这个系列尽管是无限的 a parle antelogice，它作为一个连续的过程在时间上却不是没有开端的）所达到的那些认知有两类：真实的和不真实的，或者说，有一些认知的对象是实在的，另一些认知的对象则不是实在的。我们所说的实在的是什么意思呢？它是那样一个概念，当我们发现有一种非实在之物、一种幻觉时，我们必定首先就有这个概念。这就是说，当我第一次对自己进行校正时，我们必定就有这个概念。现在，这个事实本身在逻辑上所要求的那种区别就处于下述两者之间：一是那种相对于私人的一些内在规定性，相对于一些属于个人特性的否定的 ens（存在）；另一是那种从长远观点来看将会持续存在的 ens。因此，实在之物就是信息和推理迟早最终会导致的那种东西,从而这种东西不依赖于我和你的种种奇思怪想。因此,实在这个概念的起源本身表明,这个概念从实质上说包含一个没有明确界限的群体(community)概念,而且能够明确地增加知识。这样一来,认知的这两个系列,即实在的系列和非实在的系列就由下述两者组成:一是在未来的充分时间内这个群体始终会继续加以重新肯定的东西;另一是那些其后在那样条件下将被否定的东西。按照我们的原则,如果一个命题的错误绝不会被人发现,从而它的错误是绝对不能认识的,那么这个命题就绝对没有包含错误。因此,在这些认知中被想到的东西是实在的,像它真正是的那样,没有任何东西会妨碍我们认识外界事物的本来面目,很可能我们的确是在无数的事例中以如此方式认识它们,尽管我们绝不能在任何一个特殊事例中绝对肯定地做到这一点。

然而由此得出结论,既然我们的认知不是绝对确定的,普遍之物便具有一种真实的存在。这种经院哲学实在论通常作为一种关于形而上学虚构之物的信念被记载下来。然而,事实上,实在论者只不过是那样一个人,他所知道的实在并不比一个真实的表象所表达的事物更加深奥难解。既然"人"这个词对某种事物而言是真的,因此"人"这个词所意指的东西是实在的。唯名论者一定承认,的确可以把人应用于某种事物,可是他认为在它之下还有一个自在之物、一种不可认识的实在。他的自在之物是一种形而上学的虚构。现代的唯名论者大多是一些肤浅的人,他们并不知道一种没有表象的实在是一种没有关系、没有品质的实在,像比较彻底的罗塞利努斯(Roscelinus)和奥卡姆(Ockham)曾经知道的那样。对唯名论提供支持的那个最有力的论证是,除非有某个特定的人,那就没有一般的人。不过,这对司各脱(Scotus)的唯名论没有影响;因为尽管没有一个那样的人,可以对他的全部未来的规定性做出否定,但有这样一个人,可以把他的全部未来的规定性加以抽象。在下述两种人之间有一种真实的区别:一种人不考虑其他一些规定性可能是怎样的;另一种人则与这一种或那一种特殊的规定性系列相关;尽管这种区别毫无疑问仅仅与心灵相关,而与事物(in re)无关。这就是司各脱的立场。奥卡姆最大的反对意见是:这里不可能有任何一种不是处于事物之中,处于自在之物之中的真实区别。然而,这是用未经证明的假定来进行评论,因为它本身就仅仅建立在实在是某种不依赖于表象关系的东西这样一种看法之上。

既然一般来说实在的本性是如此,那么心灵的实在又是怎样的呢?我们已经看出,意识的内容即心灵的全部现象表现,是一种从推论中产生来的指号,按照我们的原则(即一种绝对不可认知的东西是不存在的,以致一种实体(substance)的现象表现就是那个实体),我们就必然得出结论说,心灵是一个按照推论规则形成的指号。那么什么东西使人与词区别开来呢？毫无疑问，这里有一种区别。人的指号的物质品质、指号的纯粹指示性应用由以构成的那些力量，以及指号的意义，所有这些都比一个词的所有上述这一切无比复杂得多。然而，这些区别仅仅是相对的。还有其他哪些区别呢？可以说，人是有意识的，词则不是。不过，意识是一个非常模糊不清的词，它可能意指与我们具有动物式生活这样一种想法相伴出现的情绪。这是那样一种意识，当动物的生活在老年处于它的衰落期时模糊的，而当精神生活处于它的衰落期时却不是模糊；当这种意识更加生动时，人就是一种更优秀的动物，而当这种意识不是如此时，他就是一个更优秀的人。我们不能把这种意识赋予词，因为我们有理由相信它依赖对于动物身体的占有。但是，这种意识作为一种纯粹的感觉，只不过是人、指号的物质品质的一部分。而且，意识有时被用来表示我思考或者思想中的统一体；而这种统一体只不过是一种连贯性，或者是对连贯性的承认。在一个指号作为指号的范围内，连贯性属于每一个指号；既然每一个指号主要表示它是一个指号，因此每一个指号都表示它自己的连贯性。人、指号获得信息，比人以前所意指的事物意指更多的事物，但词也是这样做的。难道电没有意指比它在富兰克林（Franklin）那个时代所意指的东西更多的东西？人构造出词，词不能意指人没有使它意指的事物，而且这仅仅对某个人而言。可是，既然人只能借助于词或者其他外部记号来进行思考，因此可以把这些话反过来说："你不能意指我们没有教过你的任何东西，只有在你把某个词作为你的思想的解释者而与之交谈这个范围内。"因此，事实上，人和词是互教互学的；人的信息的每一次增长都包含词的信息的相应增长，同时也被词的信息的相应增长所包含。

不必把这种相似延伸得太远，以免读者感到疲乏，只需要说出下面这一点就足够了：在人的意识中没有任何一个要素在词中没有某种与之相对应之物，其理由是显而易见的，这就是人所使用的词或指号就是人自身。因为每一种思想都是一个指号这个事实，以及生命是一连串思想这个事实，都证明人是指号；因此每一个思想都是一个外在的符号。这就是说，人与外在指号是同一的，正如 homo 和 man 这两个词是同一的。因此，我的语言就是我自身的全部总和，因为人就是思想。

人很难理解这一点，因为人坚持把他自己与他的意志、他支配动物机体的能力以及某种动物性的力量，看做是同一的。机体只不过是思想的一个工具。可是，人的同一性就在于人所做的和思考的事情的连贯性，而连贯性是事物的一种智力性质；这就是说，连贯性就在于它表达某种事物。

最后，由于任何事物真正是的那种东西就是它在全部信息的理想状态下最终可能被认识到是的那种东西，因此实在依据于群体的最终决定；因此，思想仅仅借助于它与未来的思想进行交谈，而成为它所是的那种东西。这种就它作为思想的价值而言是与它相等的，尽管有了很大的发展。现在，思想的存在以这种方式依据于其后将存在的那种东西；这样一来，它只具有一种潜在的存在，这种存在依据于群体的未来的思想。

由于个别人的分离的存在仅仅通过无知和错误而表现出来，在他是某种与其伙伴相分离的东西、与他以及其他人现在是的那种东西相分离的东西这个范围内，个别人只不过是一种否定。这是一个那样的人：

……骄傲的人，
他对自己最确信的东西
对他的明净的本质，
毫无所知。

### 选文出处

《皮尔士文选》，涂纪亮编，涂纪亮、周兆平译，北京，社会科学文献出版社，2006年，第125~149页。

# 罗 素

针对弗雷格的意义与所指理论所出现的问题，罗素提出著名的摹状词理论，该理论解决三个语义学难题：同一陈述句的替换规则的疑难、形式逻辑排中律的疑难以及否定的存在陈述的疑难。专名与摹状词的区分，来源于罗素关于亲识的知识与描述的知识的区分，前者就是通过亲识而获得的知识，也就是通过直接感觉经验而获得的知识，后者则是通过摹状词的描述而获得的知识，也就是我们今天所说的通过间接的经验和推理而获得的知识。

## 作者简介

**罗素**（Bertrand Russell，1872—1970），英国哲学家、逻辑学家、数学家，分析哲学创始人和主要代表。1890年入剑桥大学三一学院学习数学和哲学，并两度在该学院执教。其间，曾访学或讲学于前苏联、中国、美国等地。20世纪50年代起积极参与国际政治和社会活动。主要著作有《数学原理》（与怀特海合著，1910—1913）、《哲学问题》(1912)、

## 著作选读：

《逻辑与知识》；《哲学问题》。

### 1 《逻辑与知识》论指称——专名与摹状词

我用"指称词组"来指下列这类词组中的任意一种：一个人、某人、任何人、每个人、所有人、当今的英国国王、当今的法国国王、在20世纪第一瞬间太阳系的质量中心、地球围绕太阳的旋转、太阳围绕地球的旋转。因此，一个词组只是由于它的形式而成为指称词组。我们可以对一个词组区分以下三种情况：

（1）它可以指称，但又不指任何东西，例如"当今的法国国王"；

（2）它可以指一个确定的对象，例如"当今的英国国王"指某一个人；

（3）它可以不明确地指称，例如"一个人"不是指许多

《心的分析》(1921)、
《逻辑与知识》(1956)、
《我的哲学的发展》
(1959) 等。

人,而是指一个不明确的人。对这类词组的解释是相当困难的事:的确,很难提出任何一种不能受到形式反驳的理论。我熟知的所有这些困难——就我能发现的而言——都会被我下面就要阐述的理论所碰到。

指称这一课题不仅在逻辑和数学上,而且在知识论上都非常重要。例如,我们知道太阳系在一个确定瞬间的质量中心是一个确定的点,而且,我们可以确认一些关于这个点的命题;但是,我们并没有直接亲知(acquaintance)这个点,而只是通过摹状词(description)才间接知道它。亲知什么和间接知道什么(knowledge about)之间的区别就是我们直接见到的事物和只能通过指称词组达到的事物之间的区别。时常有这样的情况,虽然我们没有亲知某个词组指称的对象,但我们知道它们在明确地指称。上述太阳系质量中心的例子就是如此。在知觉中,我们亲知知觉的对象;而在思想中,我们亲知具有更抽象的逻辑特征的对象。但是,我们不一定亲知由我们已经亲知其意义的词构成的词组所指称的对象。举一个很重要的例子,鉴于我们不能直接感知其他人的心灵,似乎就无理由相信我们亲知过其他人的心灵,因而我们对他人的心灵的间接知识是通过指称获得的。尽管所有的思维都不得不始于亲知,但思维能够思考关于我们没有亲知的许多事物。

下面是我的论证过程。首先阐述我打算主张的理论[①];然后讨论弗雷格(Frege)和迈农(Meinong)的理论,并证明为什么他们两人的理论都不能使我满意;然后提出支持我的理论的依据;最后简要地指出我的理论的哲学结论。简单说来,我的理论如下:我把变项当做最基本的概念,我用"C($x$)"来指以 $x$ 作为其中一个成分的命题[②],在这个命题中,变项 $x$ 在本质上和整体上都是未定的。这样,我们就可以考虑"C($x$)恒真"和"C($x$)有时真"[③] 这

---

[①] 我在《数学的原则》第五章和第 476 节讨论了这个问题。那里所主张的论点很接近弗雷格,而与下面所提倡的理论截然不同。

[②] 更精确地说是命题函项。

[③] 如果我们用第二个概念来指"'C($x$)假'恒真这一命题并非真的",那么,后者就可以通过前者来定义。

两个概念，这样对于每一东西（everything）、没有东西（nothing）和某个东西（something）（它们都是最初始的指称词组）就可作如下解释：

C（每个东西）意谓"C（$x$）恒真"；
C（没有东西）意谓"'C（$x$）假'恒真"；
C（某个东西）意谓"'C（$x$）假'恒真是假的"①。

这里"C（$x$）恒真"这个概念可视为最终的和不能定义的，而其他概念可通过这个概念来定义。对于每个东西、没有东西和某个东西，均不假定它们具有任何独立的意义，而是把意义指派给它们出现于其中的每一个命题。这就是我想提倡的指称理论的原则：指称词组本身决不具有任何意义，但在语词表达式中出现指称词组的每个命题都有意义。我认为，有关指称的困难完全是对于其语词表达式包含着指称词组的命题进行错误分析产生的结果。假如我没有搞错的话，那么，就进一步提出以下的正当分析。

假定现在我们想要解释"我遇见一个人"这一命题。如果这命题真，那么，我遇见过某个确定的人；但这并不是我所断定的东西。按照我主张的理论，我所断定的是：

"'我遇见 $x$，并且 $x$ 是人'并非恒假"。一般说来，在将人的类定义为具有谓词人（human）的对象的类时，我们可以说："C（一个人）"意谓"'C（$x$）且 $x$ 是人'并非恒假"。这就使得"一个人"全然没有它独自的意义，而是把意义赋予了在语词表达式中出现"一个人"的每个命题。

我们看下一个命题："所有的人都有死"，这个命题②实际上是一个假言命题，它说的是：如果有什么东西是个人，那么，他终有一死。也就是说，它说的是：如果 $x$ 是一个人，则 $x$ 终有一死，不论 $x$ 可能是什么。因而，用"$x$ 是人"（$x$ is human）来代入"$x$ 是一个人"（$x$ is a man），我们将看到："所有的人都有死"意谓"'如果 $x$ 是人，则 $x$ 终有一死'恒真"。

在符号逻辑中这一点是这样表述的："所有的人都有死"意谓"对 $x$ 的所有值而言'$x$ 是人'蕴涵'$x$ 终有一死'"。更一般地讲，我们说："C（所有的人）"意谓"'如果 $x$ 是人，则 C（$x$）是真的'恒真"。同样的：

---

① 我有时不用这种复杂的词组，而用假定被规定为与这种复杂词组含义相同的词组"C（$x$）并非恒假"或"C（$x$）有时真"。

② 这个命题在布莱德雷（Bradley）先生的《逻辑》一书第一卷第二章中已有很好的论证。

"C（没有人）"意谓"'如果 $x$ 是人，则 C（$x$）是假的'恒真"。

"C（某些人）"和"C（一个人）"含义相同①，且"C（一个人）"意谓"'C（$x$）且 $x$ 是人'恒假是假的"。

"C（每一个人）"和"C（所有的人）"含义相同。

还应当对含有冠词 the 的词组进行解释。这些词组是迄今指称词组中最有趣也是最难处理的。以"查理二世的父亲被处以死刑"（the father of Charles Ⅱ was executed）为例，这个命题断定：有一个 $x$，他是查理二世的该父亲，且他被处以死刑。如果此命题中的该（the）是严格加以使用的，那么它应含有唯一性（uniqueness）；的确，即使某某人有好几个儿子，我们也这样说："某某人的该儿子"。但在这样的情况下说"某某人的一个儿子"会更正确些。因此，就我们的目的来说，我们将该（the）视为含有唯一性。所以，当我们说"$x$ 是查理二世的该父亲"时，我们不仅断定了 $x$ 对查理二世具有某种关系，而且断定了其他任何东西不具有这种关系。"$x$ 生了查理二世"表述了以上这种关系，但它没有假定唯一性，也不包含指称词组。为了得到"$x$ 是查理二世的该父亲"的等值式，我们就必须添上"如果 $y$ 不是 $x$，那么，$y$ 就没有生查理二世"，或者添上"如果 $y$ 生了查理二世，那么，$y$ 与 $x$ 相等同"这个等值式。因而，"$x$ 是查理二世的该父亲"就变成为"$x$ 生了查理二世；且'如果 $y$ 生了查理二世，那么，$y$ 与 $x$ 相等同'，这对于 $y$ 总是成立的"。②

这样，"查理二世的父亲被处以死刑"就变成为："$x$ 生了查理二世，且 $x$ 被处以死刑，并且'如果 $y$ 生了查理二世，那么，$y$ 与 $x$ 相等同'对于 $y$ 总是成立的，这对于 $x$ 并非总是不成立的"。这解释似乎有点难以置信；但我暂时并不提出为什么作这种解释的理由，而仅仅是在陈述这个理论。

为了解释"C（查理二世的父亲）"，其中的 C 代表关于他的任何陈述，我们只用 C（$x$）代入上述的"$x$ 被处以死刑"。应注意，根据上述的解释，不管 C 可能是怎样的陈述，"C（查理二世的父亲）"都蕴涵：

"'如果 $y$ 生了查理二世，那么 $y$ 就与 $x$ 相等同'对于 $y$ 总是成立的，这对于 $x$ 并非总是不成立的"。这就是日常语言"查理二世有一个且仅有一个父亲"所表述的东西。因此，假如这个条件不成立，那么，每一个具有"C（查

---

① 从心理学上讲，"C（一个人）"暗示着唯一一个人，而"C（某些人）"则暗示着多于一个人；但在初步的概述中我们可以忽视这些暗示。

② 在这段话中，为了说明定冠词"the"的唯一性，我们将它译为"该"，以下一般不再译出。——中译者

理二世的父亲)"形式的命题就是假的。所以,本文开头时所举的每一个具有"C(当今的法国该国王)"形式的命题就是假的。这是目前这个理论所具有的最大优点。我在后面将证明,这一点并不像起初可能会设想的那样与矛盾律相悖。

上述分析说明:所有的有指称词组出现的命题都可以还原为不出现这类指称词组的形式。下面的讨论将致力于说明实行这样的还原为什么是绝对必要的。

如果我们将指称词组当做代表了在命题的语词表达式中出现它们的命题的真正成分,那么,困难的产生似乎是不可避免的,而上述理论之所以成立则在于它克服了这些困难。在承认指称词组是命题的真正成分的各种可能的理论之中,迈农的理论①是最简单的。这一理论把任何在语法上正确的指称词组都当做代表了一个对象(object)。因此,"当今的法国国王"、"圆的正方形"等等都被当做真正的对象。这种理论认为:尽管这类对象并不实存(subsist),然而应当把它们看做对象。这观点本身就难以自圆其说;而反对这一观点的主要理由在于:众所周知,这类对象很容易违反矛盾律。例如,这种观点主张:现存的当今法国国王是存在的,又是不存在的;圆的正方形是圆的,又不是圆的;诸如此类。然而,这种看法是无法令人容忍的;如果能发现有什么理论能避免这个结果,那么,这理论肯定是更可取的。

弗雷格的理论避免了上述违背矛盾律的情况,他在指称词组中区分了我们可以称之为意义(meaning)和所指(denotation)② 的两个要素。因此,"在20世纪开始时太阳系的质量中心"这个词组在意义上是非常复杂的,但其所指却是简单的某一点,太阳系、20世纪等等是意义的成分;而所指根本没有成分。③ 做出这种区别的一个好处在于:它说明了断定同一性为什么常常是很有价值的。如果我们说"司各脱是《威弗利》的作者",我们便断定了带有意义上的差异的所指的同一性,可我不想再重复支持这一理论的依据,因为我已经在其他地方(如前引文)强调了它的主张,而现在我关心的是对这些主张提出质疑。

---

① 见《对象理论和心理学研究》(莱比锡,1904年)中头三篇文章(它们分别由迈农、艾默塞德和马利撰著)。
② 见弗雷格《论意义和所指》,载于《哲学与哲学评论》期刊,第100卷。
③ 弗雷格不仅在指称复合词组中,而且在每个地方都区分意义和所指两种元素。因此,构成其指称复合词组的意义的并不是其构成成分的所指,而是其成分的意义。按照弗雷格的观点,在"勃朗峰高于一千米"这个命题中,构成命题意义的成分并不是实际的山,而是"勃朗峰"的意义。

当我们采取指称词组既表达一个意义，又指称一个所指的观点[①]时，我们面对的一个首要困难是关于所指似乎缺乏的情况。假如我们说："英国国王是秃头"，这似乎不是关于"英国国王"这个复合意义的陈述，而是关于由此意义所指称的真实的人的陈述。但是我们再来看"法国国王是秃头"这句话，由于与"英国国王是秃头"这句话在形式上的一致，它也应当是关于"法国国王"这个词组的所指的陈述，只要"英国国王"有意义，这个词组也就有一个意义，但它确实至少在其显而易见的意义上没有所指。因而，人们会提出，"法国国王是秃头"这句话应该是毫无意义的；但因为它明显是假的；所以它并非是一句毫无意义的话。或者我们再看下面这样的命题："如果 u 是仅具有一个元的类，那么，这一个元是 u 的一个元"，或者可以这样说，"如果 u 是一个单元类，那么，该 u（the u）是一个 u"。因为在这个命题中每当前件真，则后件亦真，所以，此命题应是恒真的。但是，"该 u"是一个指称词组，被说成是一个 u 的东西不是它的意义而是它的所指。假如 u 不是一个单元类，那么，"该 u"看来不指任何东西；因而，一旦 u 不是一个单元类，我们的命题似乎就会变成毫无意义的了。

很显然，这类命题不会仅仅因为它们的前件是假的而变成毫无意义的。《暴风雨》剧中的国王或许会说："如果弗迪南德没有淹死的话，那么，他就是我唯一的儿子"。这里的"我唯一的儿子"是一个指称词组。从表面判断，当且仅当我恰好有一个儿子时，这个词组才有一个所指。但是，假如弗迪南德事实上已经淹死了，那么上述的陈述仍然是真的。因此，我们必须在初看起来不存在所指的情况下规定一个所指，或者必须抛弃含有指称词组的命题与其所指有关联的观点。后者正是我要提倡的方向。前者可能如迈农采取的方向一样，承认并不存在的对象，又否认这些对象服从矛盾律；然而这种做法应尽量加以避免。弗雷格采取了（就我们目前的几种选择的方式而言）同一方向的另一种方式，他通过定义替一些情况提出某种纯粹约定的所指，否则这些情况就会不存在所指，这样，"法国国王"就应指称空类；"某某先生（他有一个美满的十口人之家）的唯一的儿子"就应指称他的所有的儿子所构成的类，等等。可是，这种处理问题的方式虽然不导致实际的逻辑错误，却显然是人为的，它并没有对问题做出精确的分析，因此，如果我们允许指称词组一般地具有意义和所指这两个方面，那么，在看来不存在所指的情况下，不论是做出确实具有一个所指的假定，还是做出确实没有任何所指的假定，

三、分析哲学

509

---

[①] 按照这一理论，我们可以说指称词组表达一个意义，也可以说，词组和意义都指称一个所指。按照我主张的另一理论，不存在意义，有时只存在一个所指。

都会引起困难。

一个逻辑理论可以通过其处理疑难的能力而得到检验。在思考逻辑时，头脑中尽量多装难题，这是一种有益的方法，因为解这些难题所要达到的目的与自然科学通过实验达到的目的是一样的。我将在下面阐明有关指称的理论应当有能力解决的三个难题；然后证明我的理论如何解决了这些难题。

（1）如果 a 等于 b，那么，凡对于一个真的，对另一个亦真，且这二者可以在任何命题中互相代入而不改变命题的真假。例如，乔治四世想知道司各脱是否为《威弗利》的作者；而事实上司各脱是《威弗利》的作者。因而，我们可以以司各脱代入《威弗利》的作者，从而证明乔治四世想要知道的是，司各脱是否是司各脱。但是，人们并不认为欧洲的这位头等显贵对同一律感兴趣。

（2）根据排中律，"A 是 B" 或者 "A 不是 B" 二者中必有一真。因而，"当今的法国国王是秃头" 或者 "当今的法国国王不是秃头" 这二者中必有一真。但是，如果我们列举出一切是秃头的事物，再列举出一切不是秃头的事物，那么，我们不会在这两个名单中找到当今的法国国王。喜好综合的黑格尔信徒可能会推断说，法国国王戴了假发。

（3）再看命题 "A 不同于 B"。如果该命题真，则 A 和 B 之间就有差异。这一事实可以由 "A 和 B 之间的差异实存（subsist）" 的形式来表述。但是，如果 A 不同于 B 是假的，那么，A 和 B 之间就没有差异，这一事实可以由 "A 和 B 之间的差异并不实存" 的形式来表述。可是一个非实体怎么能够成为命题的主词呢？只要 "我在"（I am）被看成对实存（subsistence）或有（being）[①] 的断言，而不是对存在（existence）的断言，那么，"我思故我在" 与 "我是命题的主词故我在" 一样不明显。因而会出现否定任何事物之有（实存）必定要产生自相矛盾的情况；然而在谈及迈农的时候我们已经注意到，肯定事物之有（实存）有时也会导致矛盾。因此，如果 A 与 B 并非相异，那么，不论是设想有 "A 与 B 之间的差异" 这样的对象，还是设想没有这样的对象，看来同样都是不可能的。

意义对所指的关系涉及某些颇为奇特的困难。看来，这些困难本身就足以说明引起这些困难的理论一定是错误的。

我们要谈论一个相对于其所指的指称词组的意义时，这样做的自然方式是借助引号。所以我们这样说：

---

[①] 我把 subsistence（实存）和 being（有）用做同义语。

> 太阳系的质量中心是一个点而不是一个指称复合物。

"太阳系的质量中心"是一个指称复合物,而不是一个点。或者我们这样说:

> 格雷挽歌的第一行陈述一个命题。

"格雷挽歌的第一行"并非陈述一个命题。因此,任取一个指称词组,如C,我们想要讨论C和"C"之间的关系。在这种关系中,二者之间的区别就是上述两例说明的那种区别。

首先,我们要说明,当C出现时,它是我们正在谈及的所指;但当"C"出现时,它是指意义,这里意义与所指的关系不仅仅是通过指称词组表现的语言学上的关系,其中必定还包含一种逻辑关系,当我们说意义指称所指时就表达了这种关系。但我们面临的困难是:不能有效地既保持意义和所指之间的关系,又防止它们成为同一个东西。同样,除借助于指称词组外,就不可能获得意义。这种情况如下所述。

单独一个词组C可以既有意义又有所指。可是当我们说"C的意义"时,得到的却是C的所指的意义(倘若它有什么意义的话)。"格雷挽歌第一行的意义"相等于"'晚钟鸣报诀别的凶兆'的意义",但不等于"'格雷挽歌第一行'的意义"。因此,为了获得我们想要的意义,我们所讲的就一定不是"C的意义",而是"'C'的意义",这个意义相等于"C"本身。同样,"C的所指"并不意谓我们所想要的所指,而意谓这样的东西:假如它指称什么,它就指由我们所想要的所指指称的东西。例如,令"C"是"上述第二个例句中出现的指称复合物",那么:

C="格雷挽歌的第一行",而C的所指=晚钟鸣报诀别的凶兆。但是我们本来想要的所指是"格雷挽歌的第一行"。所以,我们未能得到我们所想要得到的东西。

谈论一个指称复合物的意义时所遇到的困难可以阐述如下:当我们将这个复合物置于一个命题之中的一瞬间,这个命题即是关于所指的;而假如我们做出一个其主词是"C的意义"的命题,那么,这个主词就是这个所指的意义(倘若它有任何意义的话),但这不是我们本来所想要的东西。这就导致我们说:当我们区别意义和所指时,我们必须处理意义。这个意义具有所指,并且是一个复合物。除了意义之外,就不存在可以被称之为复合物的、又可以说它既具有意义又具有所指的东西。依照这个观点,正确的说法是:有些意义具有所指。

但是这种说法只能使我们在谈论意义时造成的困难更明显。因为，假定 C 是复合物，那么，我们将说，C 是这个复合物的意义。可是，只要 C 的出现不带引号，所说的东西就不适用于意义，只适用于所指，当我们说下面这句话时就是这种情况：太阳系的质量中心是一个点。因此，为了谈论 C 自身，即做出一个关于意义的命题，我们的主词一定不能是 C，而是某个指称 C 的东西。因而"C"这个我们想说及意义时使用的东西一定不是意义，而是某个指称意义的东西，而且 C 一定不是这个复合物的一个成分（因为它是关于"C 的意义"的）；因为假如 C 出现在复合物中，它将作为其所指而不作为意义出现，并且不存在一条从所指到意义的相反的路，这是因为每个对象都可以由无限多的不同的指称词组来指称。

因此看来是这样："C"和 C 是不同的实体，使得"C"指称 C；但这不可能是一个解释，因为"C"对于 C 的关系仍然完全是神秘的；而我们又在哪里找到那个指称 C 的指称复合物"C"呢？进一步说，当 C 出现子命题时，这不仅出现所指（正像我们将在下一段中看到的一样）；但按照以上观点，C 只是所指，而意义则完全归属于"C"。这是一个无法解决的令人困惑的难题，这似乎证明，关于意义和所指的全部区别都是错误地想象出来的。

命题中出现了指称词组才涉及意义，这在形式上已由关于《威弗利》的作者的难题得到证明。命题"司各脱是《威弗利》的作者"具有一个"司各脱是司各脱"并不具有的特性，就是说，乔治四世希望知道这个命题是否是真实的那种特性。所以，这两者不是相同的命题。因而，如果我们坚持包含这种区分的观点的话，那么，"《威弗利》的作者"必定既与意义相关，又与所指相关。然而，正像我们已经看到的，只要我们坚持那个观点，就只好承认只有所指才是相关的，因此必须否弃那个观点。

下一步应证明，我们一直在讨论的所有这些难题是怎样通过这篇文章一开始解释的那种理论加以解决的。

根据我的观点，指称词组在本质上是句子的成分。它像绝大多数单个的字一样，并不具有凭借它自身的意义。如果我说"司各脱是人"，这句话是"$x$ 是人"的形式的一个陈述，并以"司各脱"作为这句话的主词。但如果我说"《威弗利》的作者是一个人"，它就不是"$x$ 是人"的形式的陈述了，它也不以"《威弗利》的作者"作为该句子的主词了。把本文一开始所做的陈述简述一下，我们可以用下述形式来替换"《威弗利》的作者是一个人"："一个且仅仅一个实体写了《威弗利》一书，并且这个实体是一个人"。（这不像我们前面所说的那么严格，但它更容易理解。）而且，一般说来，假定我们想说

《威弗利》的作者具有性质 $\varphi$,那么,我们想说的东西就相当于"一个且仅仅一个实体写了《威弗利》,并且这个实体具有性质 $\varphi$"。

下面是关于所指的解释。如果其中出现"《威弗利》的作者"的每个命题都可以作上述那样的解释,那么,命题"司各脱是《威弗利》的作者"即"司各脱和《威弗利》的作者相等同"就变成为"一个且仅仅一个实体写了《威弗利》而司各脱与那个实体相等同";或者回到前面那种完全精确的形式:"下述这种情况对于 $x$ 并非总是不成立的: $x$ 写了《威弗利》,假如 $y$ 写了《威弗利》,则 $y$ 与 $x$ 相等,这对于 $y$ 总是成立的;并且司各脱与 $x$ 相等同"。因此,如果"C"是一个指称词组,就可能有一个实体 $x$(不可能多于一个),对它来说,如上解释的命题"$x$ 与 C 相等同"是真的。那么,我们也可以说:实体 $x$ 是词组"C"的所指。因此,司各脱是"《威弗利》的作者"的所指。这个引号中的"C"仅仅是这个词组,而不是什么可以称做意义的东西。指称词组本身并没有意义可言,因为有它出现在其中的任何一个命题,如果完全加以表达,并不包含这个词组,它已经被分解掉了。

可见,关于乔治四世对《威弗利》作者的好奇心的难题现在有一个很简单的解答。在前面一段里,命题"司各脱是《威弗利》的作者"是以非缩略的形式写出的。它不包含我们能用"司各脱"来代入的任何像"《威弗利》的作者"这样的成分。这不妨碍在语词中用"司各脱"代入"《威弗利》的作者"而产生的推断的真实性,只要"《威弗利》的作者"在相关的命题中具有我所谓的初现(primary occurrence)。指称词组中的初现与再现(secondary occurrence)之间的差别如下:

当我们说"乔治四世想要知道是否如此这般"时,或者说"如此这般是奇异的"、"如此这般是真实的"等等时,这个"如此这般"必定是一个命题。现在假定"如此这般"包含一个指称词组,我们可以从"如此这般"这个从属命题中,或者从"如此这般"仅在其中作为一个成分的整个命题中取消这个指称词组。这就可以产生我们据以行事的不同的命题。我听说过这样一回事:一个客人第一次看见一艘游艇时,对那位过分敏感的船主说:"我本以为,你的游艇比这个游艇要大一些"。而这位船主回答:"不,我的游艇不比这个大。"这位客人指的是:"我想象中的你的游艇的大小要大于你的游艇的实际大小",但归于他的话的意义则是:"我本以为你的游艇的大小要大于你的游艇的大小"。我们返回来再看乔治四世和《威弗利》的例子,当我们说"乔治四世想知道司各脱是否是《威弗利》的作者"时,一般地我们说的是:"乔治四世想要知道是否有一个且仅有一个人写过《威弗利》,而司各脱就是这个人";但我们也可以指"有一个且仅有一个人写过《威弗利》,而乔治四世想要知道司各脱是否是这个人"。在后者中，"《威弗利》的作者"是初现；而在前者中是再现。也可以这样表述后者："关于那个事实上写了《威弗利》的人，乔治四世想要知道，他是否就是司各脱"。这个陈述可能是真的，例如，当乔治四世在远处看见司各脱并问道："那个人是司各脱吧？"一个指称词组的再现可以定义为这样一种情况；这时，词组在命题 P 中出现，而命题 P 仅仅是我们正在考虑的命题的一个成分，对该指称词组的代入不是在相关的整个命题中，而是在 P 中才生效。初现和再现之间的那种不明确在语言中很难避免；但倘若我们对此有所防备则没什么妨碍。在符号逻辑中这一点当然很容易避免。

初现和再现的区别也使我们有能力处理当今的法国国王是否是秃头的问题，而且一般也能够处理无所指的指称词组的逻辑地位。如果"C"是一个指称词组，比如说"C"是"具有性质 F 的项"，那么，"C"具有性质 $\varphi$ 意谓"一个且仅有一个具有性质 F 的项，它具有性质 $\varphi$"。[①] 如果性质 F 不属于任何项，或属于几个项，就会得出"C 具有性质 $\varphi$"对于 $\varphi$ 的所有的值均为假的情况。因此，"当今的法国国王是秃头"一定是假的；而"当今的法国国王不是秃头"如果指下列情况也是假的：

"有一个实体，它现在是法国国王，且它不是秃头"，但如果指下列情况则是真的："以下所述是假的：有一个实体，现在它是法国国王，且它是秃头"。也就是说，如果"法国国王"的出现是初现，则"法国国王不是秃头"是假的，如果是再现，"法国国王不是秃头"则是真的。因此，"法国国王"在其中具有初现的所有命题均为假的，而这类命题的否定命题则是真的，但在这些命题里"法国国王"具有再现。因此，我们避免了做出法国国王戴假发这样的结论。

我们再看如何能否定在 A 和 B 并不相异的情形中有诸如 A 和 B 之间的差别那样的对象。如果 A 和 B 确实是相异的，那么就有一个且仅有一个实体 X，使得"X 是 A 和 B 之间的差异"是真命题；如果 A 和 B 并非相异，那么就不存在这样的实体 X。所以，根据刚才所解释过的所指的意义，当 A 和 B 相异时，且仅仅是在这种情况下，"A 和 B 之间的差异"具有一个所指，反之则不然。一般地说，这种差异适用于真命题和假命题。如果"aRb"代表"a 对 b 具有关系 R"，那么，当 aRb 是真的时，就有这样一个实体作为 a 和 b 之间的关系 R；当 aRb 是假的时，就没有这样的实体。因此，我们可以从任意命题中做出一个指称词组，假如此命题真，这个词组就指称一个实体，假如此命

---

[①] 这只是简略的说法，并非严格的解释。

题假，这个词组就不指称实体，例如，地球围绕太阳的旋转是真的（我们至少可假定如此），而太阳围绕地球的旋转则是假的；因而"地球围绕太阳的旋转"指称一个实体，而"太阳围绕地球的旋转"则不指称实体。①

非实体的全部领域，诸如"圆的方形"、"不是2的偶素数"、"阿波罗"、"哈姆雷特"等等，现在都可以得到令人满意的处理。所有这些词组都是一些不指称任何事物的指称词组。一个关于阿波罗的命题意谓我们借助于古典文学词典上对"阿波罗"这一词条的释义作代入所得到的东西。[比如说"太阳神"（"the sun-god"）。]阿波罗在其中出现的所有命题都可以用上述的用于指称词组的规则加以解释。如果阿波罗是初现，含有这种初现的命题就是假的；如果是再现，那么，这个命题可能是真的。同样，"圆的方形是圆形的"意谓"有一个且仅有一个实体 X，它既是圆的又是方形的，并且这个实体是圆形的"，这是一个假命题，而不像迈农坚持的那样是真命题。"最完美的上帝具有一切完美性；存在是一个完美性；因此，最完美的上帝存在"就变成为，"有一个且仅有一个最完美的实体 X；它具有所有的完美性；存在是一个完美性；因而它存在"。这番话作为关于前提"有一个且仅有一个最完美的实体 X"所需要的证明是不能成立的。②麦科尔（MacColl）先生认为（见《心灵》杂志，N. S.，第54期，及第55期，第401页）有两类个体，一类是真实的个体，另一类是非真实的个体。于是他将空类定义为由所有非真实的个体所组成的类。这就承认了像"当今的法国国王"这样的词组虽不指称真实的个体，但又确实指称着个体，不过是一个非真实的个体。这实质上依然是迈农的理论。我们已看到了否弃这种理论的理由，因为它违背了矛盾律。而参照我们的指称理论，我们完全能够提出不存在任何非真实的个体，因此，空类是不包含任何元素的类，而不是包含以一切非真实的个体为元素的类。

考察我们的理论对通过指称词组做出的各种定义的解释所起的影响，这是很重要的。数学上的大多数定义都是这种定义。例如，"m—n"是指"加上 n 后得出 m 的数"。因此，m—n 被定义为具有和某个指称词组相同的意义；然而我们又认为指称词组没有孤立的意义。因此这个定义实际上应当是这样："任何包含 m—n 的命题都可以意指由于以'n 加上后得出 m 的数'代入'm—n'而产生的命题"。所得到的命题要根据为了解释那些其语言表达

---

① 产生这类实体的命题既不等同于这些实体，也不等同于断定这些实体具有存在（being）的命题。

② 能够做出一个论证来有效地证明：最完美的上帝（Beings）的类的所有成员均存在；也可以在形式上证明这个类不能有多于一个的成员；但是若将完美性定义为具有一切实证的谓词，那也几乎同样可以从形式上证明：最完美的上帝这个类甚至没有一个成员。

式包含指称词组的命题而已经给出的规则来解释。m 和 n 是这样的数使得有一个且仅有一个数 X，它加上 n 后得出 m；在这种情况下，就存在一个数 X，它可以在任何包含 m—n 的命题中代入 m—n 而不改变命题的真或假。但在其他情况下，m—n 在其中具有初现的所有命题都是假的。

同一性的用处通过上述理论得到了解释。除了逻辑书上讲的，决不会有人愿意说"X 是 X"，但在"司各脱是《威弗利》的作者"或者"你是人"这样的语言形式中却常常做出对同一性的断言。这类命题的意义若没有同一性的概念是无法说明的，尽管它们并不完全是陈述"司各脱与另一个词项（《威弗利》的作者）相等同"或"你与另一个词（人）相等同"。关于"司各脱是《威弗利》的作者"的最短的陈述似乎是："司各脱写过《威弗利》；如果 $y$ 写了《威弗利》，$y$ 和司各脱相等同，这对于 $y$ 总是成立的"。这样一来，同一性就进入"司各脱是《威弗利》的作者"；鉴于这类用法，同一性是值得肯定的。

上述指称理论所产生的一个令人感兴趣的结果是：当出现我们没有直接亲知的、然而仅仅由指称词组定义而知的事物时，通过指称词组在其中引入这一事物的命题实际上不包含此事物作为它的一个成分，但包含由这个指称词组的几个词所表达的诸成分。因此，在我们可以理解的每个命题中（即，不仅在那些我们能判断其真假的命题中，而且在我们能思考的所有命题中），所有的成分都确实是我们具有直接亲知的实体。现在，我们要了解像物质（在物理学上出现的物质的含义上）和其他人的心灵这类事物只能通过指称词组，也就是说，我们无法亲知它们，却可以把它们作为具有如此这般特性的东西来了解。因此，虽然我们可以构成命题函项 $C(x)$，它对如此这般的一个物质粒子或对某某人的心灵必定成立，然而我们却没有亲知对这些事物做出肯定的命题（而我们知道这些命题必定是真的），因为我们无法了解有关的真实实体。我们所知的是"某某人有一个具备着如此这般特性的心灵"，但我们所不知的是：只要 A 是所提到的心灵，"A 就具备如此这般的特性"。在这样一种情况下，我们知道一事物的这些特性而没有亲知该事物本身，因而不知道以该事物本身作为其成分的任一命题。

对于我所主张的这一观点的其他许多推论，我就不多讲了。只想请求读者，在他已试图就所指这一论题建构一个自己的理论之前，不要下决心反对这个观点——鉴于这一理论似乎过分的复杂，他也许很想这样去做。我相信，建构这样一个理论的尝试将使他信服：不管真的理论可能是怎样的，它都不可能像人们事先所期望的那么简单。

◆ 选文出处

罗素：《逻辑与知识》，苑莉均译，北京，商务印书馆，1996年，第47～68页。

## 2 《哲学问题》第五章——认知的知识和描述的知识

在前一章里，我们已经看到有两种知识：即，关于事物的知识和关于真理的知识。在本章中，我们将完全研究有关事物的知识。我们也必须把它区别为两类。若是认为人类在认识事物的同时，实际上可以绝不认知有关它们的某些真理，那就未免太轻率了；尽管如此，当有关事物的知识属于我们所称为亲自认知的知识那一类时，它在本质上便比任何有关真理的知识都要简单，而且在逻辑上也与有关真理的知识无关。凭描述得来的关于事物的知识却恰恰相反，从本章叙述中我们便会发现，它永远免不了要以某些有关真理的知识作为自己的出处和根据。但是，"亲自认知"是什么意思，"描述"又是什么意思呢，这是我们首先必须弄清楚的。

我们说，我们对于我们所直接察觉的任何事物都是有所认识的，而不需要任何推论过程或者是任何有关真理的知识作为中媒介。因此，我站在桌子面前，就认识构成桌子现象的那些感觉材料，——桌子的颜色、形状、硬度、平滑性等等；这些都是我看见桌子和摸到桌子时所直接意识到的东西。关于我现在所看见的颜色的特殊深浅程度，可能有很多要谈的，——我可以说它是棕色的，也可以说它是很深的，诸如此类。但是像这类的陈述虽然可以使我认知有关颜色的真理，但却不能使我对于颜色本身知道得比过去更多：仅就与有关颜色的真理的知识相对立的有关颜色本身的知识而论，当我看见颜色的时候，我完完全全地认知它，甚至于在理论上也再不可能有什么关于颜色本身的知识了。因此，构成桌子现象的感觉材料是我所认识的事物，而且这些事物是按照它们的本来样子为我所直接认知的。

但是，对于作为物体的桌子，我所具有的知识便恰恰相反了，那并不是直接的知识。就它的实际而言，它是由对于那些构成桌子现象的感觉材料的认识而来的。我们已经看到，我们可能、而且可以毫不荒谬地怀疑桌子的存在，但是要怀疑感觉材料则是不可能的。我对于桌子所具有的知识是属于我们应该称之为"描述的知识"那一类的。桌子就是"造成如此这般感觉材料的物体"。这是在用感觉材料来描述桌子的。为了要认知有关桌子的任何东西，我们便必须认知那些把桌子和我们所已认识的东西相联系起来的真理：我们必须知道"如此这般的感觉材料都是由一个物体造成的"。我们没有一种直接察觉到桌子的心灵状态；我们对于桌子所具有的全部知识实际上就是有

三、分析哲学

517

关真理的知识，而成其为桌子的那个确实的东西严格说来却是我们毫无所知的。我们知道有一种描述，又知道这种描述只可以适用于一个客体，尽管这个客体本身是不能为我们所直接认知的。在这种情形中，我们说我们对于这个客体的知识便是描述的知识。

我们的一切知识，不管有关事物的知识或是有关真理的知识，都以认识作为它的基础。因此，考虑都有哪些事物是我们所已经认识的，就非常之重要了。

我们已经看到，感觉材料是属于我们所认识的事物之列的；事实上，感觉材料提供了有关认识的知识的最显明而最触目的例子。但是如果它们是唯一的例子，那么我们的知识所受的限制便要比实际上更大得多。我们便只会知道现在呈现于我们感官之前的东西；过去的我们便将一无所知，——甚至于会不知道有所谓的过去，——我们也不能有关于感觉材料的任何真理，因为一切真理的知识（以后我们就要指明）都要求能认识那些根本与感觉材料性质不同的东西，这些东西有时被人称为"抽象观念"，但是我们将称之为"共相"。因此，想要使我们的知识获得任何相当恰当的分析，我们就必须在感觉材料以外，还考虑认识别的事物。

超出感觉材料范围之外首先需要加以考虑的，就是通过记忆的认识。很显然，我们常常记得我们所曾看见过的或听见过的或以别种方式曾达到我们感官的一切事物，而且在这种情况中，我们仍旧会直接察觉到我们所记忆的一切，尽管它表现出来是过去的而不是现在的。这种从记忆而来的直接知识，就是我们关于过去的一切知识的根源。没有它，就不可能有凭推论得来的关于过去的知识了，因为我们永远不会知道有任何过去的事物是能够加以推论的。

感觉材料范围之外还需要加以研究的，就是内省的认识。我们不但察觉到某些事物，而且我们也总是察觉到我们是察觉到了它们的。当我看见太阳的时候，我也总在察觉到我看见了太阳。因此，"我看见太阳"就是我所认识的一个客体。当我想吃东西的时候，我可以察觉到我想吃东西的欲望；因此，"我想吃东西"就是我所认识的一个客体。同样，我们也可以察觉到我们感觉着喜悦或痛苦，以及一般在我们心灵里所发生的事件。这类认识可以称为自觉，它是我们关于内心事物所具有的一切知识的根源。显然可见，只有在我们自己心灵里所发生的事件，才能够被我们这样直接地加以认识。在别人心灵里所发生的则只是通过我们对于他们身体的知觉才能被我们认识，也就是说，只有通过与他们的身体相联系着的我们自己的感觉材料才能够被我们认识。如果不是我们认识自己心灵的内容，我们是不能想象别人的心灵的；因此我们也便永远不会达到他们具有心灵这一知识。似乎可以很自然地这样假定：自觉是人之异于禽兽者之一端；我们可以假定，动物虽然认识感觉材料，但是从来也不会察觉到这种认识，因此它们便永远也不知道自己的存在。我的意思并不是说它们怀疑自己的存在，而是说它们从来没有意识到自己具有感情和感觉，所以也就意识不到这些感觉和感情的主体是存在的。

我们已经说到，认识我们的心灵内容就是自觉；但是这当然并不是对于我们自我的意识，而是对于特殊的思想和感情的意识。我们是否也可以认识作为与特殊思想和感情相对立的我们那个赤裸裸的自我呢，这是一个难于回答的问题，正面的谈论就不免轻率。当我们试图反观自己的时候，似乎我们总要碰到某些特殊的思想或感情，却碰不到那个具有这些思想或感情的"我"。虽然如此，我们还是有理由认为我们都认识这个"我"，尽管这种认识很难于和其他的东西分别开来。为了弄明白是什么理由，让我们且先考虑一下我们对于特殊思想的认识实际上都包括着什么。

当我认识到"我看见太阳"的时候，分明是我认识到了两种相关而又迥然不同的东西。一方面是那对我代表着太阳的感觉材料，而另一方面是那看到这种感觉材料的那种东西。一切认识，例如我对于那代表着太阳的感觉材料的认识，显然似乎是认识的人和被这个人所认识的客体之间的一种关系。当一件认识行为其本身就是我所能认识的一件事时（例如我认识到我对于那代表着太阳的感觉材料的认识），显然可见，我所认识的那个人就是我自己了。这样，当我认识到我看见太阳的时候，我所认识的整个事实就是"对感觉材料的自我认识"。

再则，我们也知道"我认识到这个感觉材料"这一真理。但是，我们如何才能知道这个真理，或者如何才能了解它的意义，这是难以知道的，除非我们能对于我们所称为"我"的这个东西有所认识。似乎没有必要假定我们认识一个近乎不变的人，今天和昨天是一个样子，但是对于那个看见太阳并且对于感觉材料有所认识的东西，不论它的性质如何，却必须有所认识。因此，在某种意义上，看来我们必须认识那个作为与我们特殊经验相对立的"自我"。但是这个问题很困难，每一方都能援引出来很复杂的论证。因此，要认识我们自己或然地可以做到，但是要肯定说它毫无疑问地会做得到，那就不明智了。

因此，我们就可以把所谈过的对有关存在的事物的认识总结如下：在感觉中，我们认识外部感觉提供的材料；在内省中，我们认识所谓内部的感觉——思想、感情、欲望等所提供的材料；在记忆中，我们认识外部感觉或者内部感觉所曾经提供的材料。此外，我们还认识那察觉到事物或者对于事物具有愿望的"自我",这一点虽然并不能肯定,却是可能的。

我们除了对于特殊存在的事物有所认识之外,对于我们将称之为共相的,亦即一般性的观念,像是白、多样性、弟兄关系等等,也是有所认识的。每一个完全的句子至少必须包括一个代表共相的词,因为每一个动词都有一种共相的意义。关于共相问题,我们将在第九章中再来谈它;目前,我们只需避免假定任何我们所能够认识的都必然是某种特殊的和存在的事物。对于共相的察觉可以叫做形成概念。而我们所察觉的共相,便叫做概念。

可以看出,在我们所认识的客体中并不包括和感觉材料相对立的物理客体,也不包括别人的心灵。这些东西是凭我所谓"描述的知识"而为我们所认识的,我们现在所必须加以考虑的就是这种知识。

所谓一个"描述",我的意思是指"一个某某"或"这一个某某"这种形式的短语。"一个某某"形式的短语,我将称之为"不确定的"描述;"这一个某某"(单称)形式的短语,我称之为"确定的"描述。所以,"一个人"就是不确定的描述,而"这个戴铁面具的人"就是确定的描述了。有种种不同的问题都是和不确定的描述相联系着的,但是我暂且把它们撇开,因为它们都不直接和我们现在所讨论的问题有关。我们的问题是:在我们知道有一个客体符合一种确定的描述的情况下(虽然我们对于任何这种客体都不认识),我们对于这种客体所具有的知识的性质是怎样的。这是仅只和确定的描述有关的一个问题。因此,以后凡是我指"确定的描述"的时候,我就只说"描述"。这样,一种描述就指任何单称"这一个某某"的形式的短语。

当我们知道一个客体就是"这一个某某",也就是,当我们知道有一个客体(如此这般)具有某一特性的时候,我们便说这个客体是"由描述而被认识的"。而这一般地就蕴涵着,我们对于这个客体并没有由认识而来的知识的意思。我们知道那个戴铁面具的人存在过,而且也知道有关他的许多命题;但是我们却不知道他是谁。我们知道获得大多数选票的候选人会当选,而且在这个事例中,我们也很可能认识事实上将会获得大多数选票的那个候选人(仅就一个人能够认识别人这种意义而言);但是我们并不知道他是候选人中的哪一个,也就是说,我们不知道"甲就是那个会获得大多数选票的候选人"这样形式的任何命题,在这里,甲是候选人中的一个名字。虽然我们知道这一位某某存在着,虽然我们也可能认识那事实上就是这位某某的客体,但是我们却不知道任何"甲就是这位某某"这种命题(甲在这里是我们所认识的某种事物);在这种情况下,我们要说,我们对于这位某某所具有的"只是描述的知识"而已。

当我们说"这位某某存在着"的时候,我们的意思是说,恰恰只有一个客体是这位某某。"甲就是这位某某"这个命题的意思是：甲具有某某特性，而其他别的并不具有这种特性。"甲先生是本选区的工会候选人"，这意思是说"甲先生是本选区的一个工会候选人，而旁人不是"。"本选区有这位工会候选人"，意思是说"某人是本选区的工会候选人，而别人不是"。这样，当我们认识一个客体，而它就是这位某某的时候，我们便知道有这么一位某某；但是，当我们不认识任何一个我们知道它就是某某的客体时，甚至于当我们对于任何事实上就是某某的那个客体也毫不认识时，我们还是可以知道有这么一位某某。

普通字句，甚至于是专名词，其实通常都是一些描述。那就是说，专名词运用得正确的人的思想，一般来说，只有当我们以描述代替专名词时才能够正确地表达出来。而且，表示思想所需要的描述是因人而异的，同一个人又因时而异。唯一不变的东西（只要名称用得正确）就是名称所适用的客体。但是只要这一点不变，那么这里的特殊描述对于有这个名称出现的那些命题是真理还是虚妄，通常便毫无关系。

让我们来举几个例子。假设这里有一些关于俾斯麦的论断，假定有直接对自己的认识这回事，俾斯麦本人便可以用他的名字直接指出他所认识的这个特殊的人来。在这种情况中，如果他下一个关于自己的判断，那么他本人就是这个判断的一个组成部分。这里，这个专名词就具有它一直想具有的那种直接用途，即仅仅代表一定的客体，而并不代表对于这个客体的一种描述。但是，倘使一个认识俾斯麦的人做出一个对他的判断，情况就不同了。这个人所认识的是和俾斯麦的躯体联系在一起（我们可以假定联系得很正确）的一定的感觉材料。他那作为物体的躯体，固然仅仅作为和这些感觉材料有联系的躯体而被认识；而他的心更是如此，它仅仅作为和这些感觉材料有联系的心而被认识。那就是说，它们是凭借描述而被认识的。当然，一个人的外表特点在他的朋友怀念他时，是会出现在朋友心里的，这完全是一件很偶然的事情；因此，实际上出现在朋友心中的描述也是偶然的。最主要的一点就是，他知道尽管对于所谈的这个实体并不认识，这种种不同的描述却都可以适用于这同一个实体。

我们这些不认识俾斯麦的人在做出关于俾斯麦的判断的时候，我们心中所具有的描述大概不外乎许多模糊的历史知识，——就大多数情形而论，远比鉴别俾斯麦所必需的要多得多。但是，为了举例说明，且让我们假定我们想象他是"德意志帝国第一任首相"。这里，除了"德意志"一词外，都是抽象的。而"德意志"一词又对于不同的人具有不同的意义。它使某些人回忆到在德国的旅行，使另一些人想起地图上的德国形势等等。但是，如果我们想要获得一种我们知道是适用的描述，那么我们就不能不在相当程度上引证我们所认识的某种殊相。这种引证或者牵连到任何有关的过去、现在和未来（和确切的日期相对立的），或者这里和那里，或者别人对我们的叙述。这样，似乎就是：如果我们对于被描述的事物所具有的知识并不仅仅是逻辑地从描述推导出来的，那么一种已知可以适用于某一殊相的描述，就必然会以不同的方式涉及我们所认识的那个殊相。

例如，"最长寿的人"是一个只涉及共相的描述，它必然适用于某个人，但是关于这个人我们却不能做出判断，因为有关他的判断所涉及的知识已经超乎这个描述的范围了。然而如果我们说，"德意志帝国第一任首相是一个狡诈的外交家"，那么我们只能凭我们所知道的一些事情，——通常是听来或读来的证据，——来保证我们判断的正确性了。撇开我们传达给别人的见闻不论，撇开有关实际的俾斯麦的事实不论（这些对于我们的判断都是重要的），其实我们所具有的思维只包括一个或一个以上有关的殊相，此外包括的就全是些概念了。

空间的名称——伦敦、英格兰、欧洲、地球、太阳系——被使用时，同样也都涉及从我们所认识的某个殊相或某些个殊相出发的一些描述。就形而上学方面来考虑，我猜想就连"宇宙"也要涉及与殊相的这样一种联系。逻辑便恰恰相反了；在逻辑中，我们不只研究那确实存在的，而且也研究任何可以存在的、或可能存在的、或将要存在的，但是并不涉及实际的殊相。

看来，当我们对某种只凭描述而认知的事物下论断时，我们往往有意使我们的论断不采取涉及描述的形式，而只论断所描述的实际事物；那就是说，当我们说到任何有关俾斯麦的事情时，只要我们能够，我们总是愿意做出唯有对俾斯麦本人才能做出的那种判断，也就是说，愿意做出他本人成为其一个组成部分的那种判断来。但在这一点上，我们必定要遭到失败的，因为俾斯麦其人并不是我们所认知的。虽然如此，我们却知道有一个客体乙叫做俾斯麦，知道乙是个狡诈的外交家。这样，我们便能够描述我们所愿意肯定的命题："乙是一个狡诈的外交家"；这里，乙就是叫做俾斯麦的那个客体。如果我们现在把俾斯麦描述为"德意志帝国第一任首相"，那么我们所愿意肯定的命题就可以被描述为："论到德意志第一任首相这个实际的客体，本命题断言：这个客体原是一个狡诈的外交家"。尽管我们所用的描述各有不同，但是使我们的思想能够彼此相通的，就是我们都知道有一个关于实际俾斯麦的正确命题，又知道不论我们怎样改变这个描述（只要描述是正确的），所描述的命题仍旧是一样的。这个被描述而又已知其为真的命题，才是我们感兴趣的。我们知道它是真的，但是我们却不认识这个命题本身，对它也毫无所知。

可以看到，脱离殊相的认识可以有各种不同的层次。例如：对认识俾斯麦的人的俾斯麦、仅仅通过历史知识而认识俾斯麦的人的俾斯麦、这个戴铁面具的人、最长寿的人等等。这些是愈来愈远而逐渐脱离对殊相的认识的。就其对于另一个人来说，第一种是最接近于认知的知识；在第二种，仍然可以说我们知道"谁曾是俾斯麦"；在第三种中，我们不知道戴铁面具的人是谁，虽然我们能够知道不是从他戴着铁面具这件事实而逻辑地推论出来的关于他的许多命题；最后在第四种中，除了从人的定义逻辑地推论出来的以外，我们便一无所知了。在共相的领域里也有一种类似的层次。许多共相就像许多殊相一样，都是凭着描述才能为我们知道。但是这里，正像在殊相的事例中一样，凭借描述而知道的知识最后可以转化为凭借认识而知道的知识。

对包含着描述的命题进行分析，其基本原则是：我们所能了解的每一个命题都必须完全由我们所认识的成分组成。

在目前这个阶段，我们不想答复对这个基本原则可能提出的各种反对意见。目前，我们仅仅指出：总会有某种方式来反驳这些反对意见的。因为不能设想我们做出一种判断或者一种推测，而又不知道自己所判断的或所推测的是什么？我们要把话说得有意义而不是胡说八道，就必须把某种意义赋予我们所用的词语；而我们对于所用的词语所赋予的意义，必然是我们有所认识的某种事物。因此，例如我们对朱利乌斯·恺撒下论断时，显而易见，恺撒本人并不在我们心灵之前，因为我们并不认识他。但是在我们心灵里却有一些关于恺撒的描述："三月十五日遭暗杀的人"，"罗马帝国的奠立者"，或者仅仅是"有人名叫朱利乌斯·恺撒"而已。（在最后这句描述中，朱利乌斯·恺撒乃是我们所认识的一种声音或形状。）因此，我们的论断便不完全意味着它所似乎要意味的，而是意味着某些有关的描述，不是与恺撒本人有关的、而是某种完全由我们所认识的殊相和共相所组成的有关恺撒的描述。

描述的知识的根本重要性是，它能够使我们超越个人经验的局限。我们只知道完全根据我们在认识中所经验的词语而组成的真理，尽管事实如此，我们还是可以凭着描述对于所从未经验过的事物具有知识。鉴于我们的直接经验范围极为狭隘，这个结果就非常之重要了；除非能了解这一点，否则我们大部分的知识便不免是神秘的，乃至于是可疑的。

### 选文出处

罗素：《哲学问题》，何兆武译，北京，商务印书馆，1999年，第36~47页。

# 石里克

> 石里克通过体验和认识的区分，指出传统形而上学的错误就在于把纯属质的体验内容当做一种知识去表达，实际上，知识或认识只是一种纯粹的形式关系，是客观的、可以交流的，并且本身只能接触世界的结构特征，而不能深入纯属质的内容。在此基础上，石里克创立了一种明确的知识分析方法，并将其作为分析哲学的根本任务。

## 作者简介

石里克（Mortiz Schlik，1882—1936），德国哲学家、物理学家，逻辑经验主义维也纳学派的主要创始人。1911年起先后在罗斯托克大学、基尔大学、维也纳大学任教，1936年被一精神病患者枪杀。主要著作有《普通认识论》(1918)、《伦理学问题》(1930)、《自然哲学》(1948) 等。

**著作选读：**

《普通认识论》第1部分——知识的性质——第11—13节。

### 1 《普通认识论》第1部分，第11节——定义、约定和经验判断

我们所下的每一个判断或者是定义性的判断，或者是认识性的判断。在概念性的或"理想"性的科学中，如我们在前面（第8节）所指出的，这种区分只有相对的意义。而在经验的或"实在的"科学中，这种区分则显得更加明确。在这些科学中，这种区分具有根本的重要性；认识论的首要任务就是用这种区分来澄清各种各样的判断所具有的不同种类的有效性。

按照我们此前所得的结论，我们可以对这个问题提出以下的看法。

事实性科学作为一个系统，构成一个判断之网，网上的单个的网眼则配列于个别的事实。这种配列是通过定义和认识来达到的。在我们已经了解的两种定义——具体定义

和蕴涵定义——中就有关实在对象的概念来说，首先涉及的只是前一种定义。具体定义是一种十分任意的约定，这种定义就是对这样那样地挑选出来的对象加上一个特殊的名称。如果我们再次遇到这样标示的一个对象（也就是说如果我们再次获得与这个对象具体地加以定义时所具有的同样的经验），那么，我们便把这种经验称之为将要认知的经验。这样，经验表现着极为多种多样关系中相同的对象。结果，我们便能够做出大量的判断，这些判断由于包含着相同的概念而涉及相同的对象因而形成联系起来的网。在我们要求有新的经验来确立每一个个别判断的地方，在我们只有通过与实在的、新的直接联系才达到一义性的配列的地方，组成认识之网的一类判断就是可以称之为描述性的或历史性的判断。描述性的和历史性的学科以及日常生活的言谈和报告大部分就是这一类真理所构成的。

这里值得注意的事就是，为了恰当地选择对象（通过具体定义来选择），我们可以发现一些蕴涵定义使得它们所定义的概念可以用来一义地标示那些相同的实在对象。那就是说，这些概念将会通过一个判断系统彼此联系起来，这个判断系统同基于经验与事实系统形成一义性对应的判断之网完全契合；鉴于以经验的方法我们必须通过劳神费力地一个网眼一个网眼地进行个别的认知活动才能达到判断之网，而与这个判断之网相契合的判断系统则可以完全以纯粹的逻辑方法从它的基本概念的蕴涵定义中推导出来。

因此，一旦我们能够成功地发现这些蕴涵定义，我们一下子就有了整个判断之网而毋需在每一个实例中都依赖新的个别经验。事实上，这就是精确科学所用的方法，它把以蕴涵的方式定义的数学概念系统应用于世界。的确，这就是解决科学提出的任务应当遵循的唯一可以设想的道路；甚至对于那些还没有任何有关经验的实在事实，如对未来的事件也要做出断定。例如，天文学能够以纯粹描述的方式报告出各个行星在不同时间所处的位置因而能够以大量历史性判断来描述太阳系中发生的事件。但是它也可以通过按照某种方程（这些方程相当于一种蕴涵定义）移动的物体的概念来标示这些行星。从这些基本的天文学的方程中，我们就能够通过纯粹演绎的方式得到全部所需要的关于构成太阳系星体的过去或未来位置的论断。

显然，假定世界是可理解的，也就是假定与经验判断系统精确一致的蕴涵定义系统的存在。如果我们绝对确实地知道，由蕴涵定义所产生的、保证严格而无歧义的标示事实世界的那些概念总是存在着的，那么我们对实在的知识便确有保证了。但在这点上，我们已不得不采取一种怀疑的态度（见第7节），而且在我们的研究过程中将不超越这种态度。因此，那种认为一种特殊的概念性系统提供了上述意义上的完全知识的看法——或者甚至认为存在着这种系统的看法,本身都不可能被证明为真的判断。相反,它只是一种假设,而且正是由于这个原因,每一个既不是定义又不是纯粹描述性判断的关于实在事实的判断都带有假设的性质。

这样一来,虽然我们决不能确定,一个完全的概念性系统是不是真的能够提供毫无歧义的对事实的标示,但至少仍然有可能安排某些个别概念使之在一切情况下都与实在相适合,从而它们所标示的对象总是可以在实在中被再发现。用蕴涵的方式定义概念就是通过它与其他概念的关系来规定这一概念。但是,把这样一种概念用于实在,就是要在世界上无数关系中挑选出某个复合或组合作为一个单体包括其中并用一个名称来标示它。通过适当的选择总是有可能在某些情况下用这种概念达到对事实的无歧义的标示。我们把以这种方式产生的概念性定义和配列称之为约定(这是对这一术语的狭义的使用,因为在更广的意义上,所有的定义都是一致同意的约定)。把这种较狭窄意义上使用的"约定"这个术语引入自然哲学的是亨利·彭加勒;自然哲学这一学科的一个最重要的任务就是研究在自然科学中所发现的各种各样的约定的性质和意义。

至于一般的约定论,我们在这里只是要指出,凡是在自然界提供完好的、连续不断的、多种多样的同质关系的地方,使约定成为可能的条件总是存在的,因为在这种情况下,我们总是能够从这样一种多样的关系中挑选出所需要的关系的复合。特别是空间—时间关系就属于这种关系;它们因此而形成约定的真正领域。事实上,约定的一个最广为人知的典型的实例就是断定时间或空间间隔相等性的判断。我们可以在广阔的范围内任意地定义空间和时间的相等性,而且仍然能够确定地在自然界中找到按照这个定义是相等的空间和时间。

要弄清约定的特殊性质以及约定与具体定义如何相区别的方式,最容易的办法就是使用时间测量的例子。当我们规定地球绕轴旋转的周期(恒星日＝23小时56分4.09秒)相等并把它作为测度时间的基础时,我们获得的本质上是一种具体定义,因为我们的规定涉及的是包含单独一个天体的具体过程。从理论上讲,我们同样也可以把达赖喇嘛的脉搏跳动作为标记时间相等的周期并以之作为我们测度时间的基础。对这样一种测度时间的方式唯一的反对意见就是认为这种方法可能是不切实际的,根本不适合做有规则的时钟。因为这样一来自然过程进行的速度将完全取决于达赖喇嘛的健康状况;比如说,如果他发烧,脉搏加快,那么我们就必须对自然过程加上一个较慢的速率,因而自然律就要采取一种极为复杂的形式。如果我们选择地球的旋转作为时间的尺度,那么这些自然律就以一种非常简单的形式表现出来。事实上，这正是我们之所以选择它的原因。但是为了对天文事实作最精确的描述，规定恒星日绝对相等就不能产生尽可能最好的时间定义了。比较更切合实际一些的就是断定，由于潮汐涨落的结果，地球的旋转逐渐变慢，因而恒星日就会变长。如果我们不接受这一点，那么，我们就必须把原因归于一切其他自然过程的逐渐加速，那样一来，自然律就不再采取最简单的形式了。因此，自然律的最大限度的简单性是决定最终选择一种时间定义的标准。只有在那种条件下，时间单位才获得我们所说的那种意义的约定的性质。因为，那样一来，时间单位才不再与这种或那种具体过程纠缠在一起，而是由物理学的基本方程应当采取最简单的形式这个一般规则来决定。在纯粹抽象的科学系统中，这些方程应当理解为基本物理学概念的蕴涵定义。

一旦通过约定使一定数量的概念固定下来，这样标示的各个对象之间成立的关系就不是约定性的了。它们必须通过经验来确定。只有经验才能使科学的全部概念性系统中保持配列的一义性。

现在我们要更详细地描述构成一切事实性科学系统的两大类判断。第一大类是精确认识为了用蕴涵方式规定的概念来代替具体规定的概念而使用的那些定义。在这些定义中突出的是首先通过适当的规定来保证这种代替的约定。第二大类是一些认识性判断，这些判断或者是依据再认识活动来标示被观察事实的判断，称之为历史性的判断；或者是要求对于没有被观察到的事实也成立因而称之为假设的判断。然而，我们要注意，假设和历史性的判断之间的区别，尽管对于研究来说也许是重要的，但在原则上不可能严格地和绝对地坚持这种区分。因为对于历史性的判断，如果我们考虑到，严格地说，这类判断所能包括的只是当时直接经验到的事实，因而这种判断的类便缩小到零。只要稍晚一点说出来，这种判断便已经包含着一种假设的因素。一切过去的事实，甚至那些刚刚观察过的事实都毫无例外地基本上只能推论出来；从理论上说，要使这些事实被观察到，可能只是一种梦想或幻想。如果仔细地加以考察，历史性的判断也带有假设的性质，因此，我们可以得出这样的结论：科学中的全部判断或者是定义，或者是假设。

在更广意义上的那类定义中，我们还把那些能够用纯粹逻辑方法从定义中推导出来的命题包括进去。从认识论上看，这些推导出来的命题与定义是相同的，因为按照我们在前面所说的看法（第8节），它们与定义是可以互换的。从这种观点看，纯粹概念性科学，如算术学实际上完全是由定义所构成的；它们没有传达任何原则上的新的东西，没有什么超出公理以外的东西。但是另一方面，所有对这些命题的断定都绝对是真的。相反，事实性科学的主要内容则是由比较狭义的真正认识性判断所构成。但归根到底这些判断仍然只是一些假设；它们的真理性并没有绝对地得到保证。如果它们获得一义性关联的概率（不管是什么概率）具有极高的值，那么我们一定感到很满意了。

哲学向来都是最不愿意赞同这种观点的，从久远的古代以来，就不断地有一种顽强的努力企图保持我们对实在的知识至少有一部分有绝对的确实性。每一个唯理论的体系都可以看做正是在进行这样的努力。但是在这种努力中，今天唯一仍然值得讨论的就是我们在前面已经有所论述的（见第7节）康德哲学。在康德看来，除了我们所描述的两种判断——最广义的定义（康德称之为分析判断）和经验判断或假设（康德把这些判断称之为后天综合判断）——还有第三类判断，即所谓先天综合判断。在这第三类判断中，一义的配列关系以及由此而获得的真理既不是通过定义也不是通过经验获得的，而是通过某种别的东西，即通过理性的某种特别的机能，"纯直观"和"纯理性"获得的。康德非常清楚地了解，我们除了通过经验以外，决不可能知道任何一个单独的实在的事实。因此，他感到"先天综合判断"这一观念中包含着巨大矛盾的重压；我们据说能够对尚未在经验中给予的实在事实做出绝对真的判断。全部《纯粹理性判断》这本书基本上都用在论述这种判断的可能性所提出的问题上。

我们将在稍后一点来考察一下康德认为他已经找到的解决办法。在这里只要指出下面这一点就够了：康德对精确科学中存在着先天综合判断决没有丝毫的怀疑，正是这个事实导致他做出这种不正确的说法。否则他当然不会设想这种判断是可能的，因而也不会去寻求对它们的可能性的解释了。实际事实是，至今还没有任何一个人能成功地展示出一个先天综合判断来。然而，康德及其追随者们都相信这种判断存在，其之所以如此，可以很自然地通过下面这样一个事实得到解释，那就是，在精确科学的定义和命题这两者之间，可以找到一些令人迷惑地类似于先天综合判断的陈述。定义按其本身的性质就具有独立于经验的有效性因而是先天的，但在这一类定义中，有相当多的约定表面上看来似乎并不是从定义推导出来的，因而似乎是综合的。而它们作为约定的真的性质只有通过极为艰苦的分析才能揭示出来。这方面的一个例子就是空间科学的公理。另一类判断是经验判断，经验判断由于其对实在的有效性不是从定义中推出来的，因而显然是综合的，但在这一类判断中，有许多命题（例如因果性原则）看起来似乎具有无条件的有效性，如果不作更加透彻的考察，很容易错把它们当做先天的判断。

一旦我们论证了（后面我们将进行这种论证）被当做先天而综合的判断的事实上要么不是综合的，要么不是先天的，我们便没有任何理由去设想先天综合判断这样一种奇怪的判断会在科学的某个暗的角落里存在了。这就是我们在下面试图把全部实在的知解释为只由上述两类判断所构成的充足的根据。

由于名词术语在理解中并非无关紧要的因素，所以我们要在这里把某些定义性的规定总结一下。

"分析的"判断应当理解为归于主词的谓词已经包含在主词概念之中的那样一些判断。在这里，"被包含"可能只是意指谓词是主词定义的一部分。因此，分析判断所标示的一组事实总是在定义中给出的。分析判断为真的根据仅仅在于主词概念，在于主词的定义中，而不是在于某种经验。因而，分析判断是先天的。用康德的经典性例子来说，如果我们定义物体这个概念的方式是把空间的广延性作为其特征之一，那么"一切物体都是有广延的"这个判断就是分析的判断。由于同样的理由，这个判断也是先天的：它不是依据任何经验，因为没有任何经验表明物体不是广延的。如果在经验中我碰到某种东西是非广延的，那么我就不能称它为物体，因为如果我真的那样称它，那么我就会与物体的定义相矛盾。所以，我们可以同康德一样认为分析判断是建立在矛盾原则的基础上的；也就是说，这种判断可以借助于矛盾原则而从定义中推论出来。

与分析判断相反的是综合判断。如果一个判断断定一个对象的谓词不是依据定义包含在该对象的概念之中，那么这个判断就是综合的。这样的判断超越对象的概念；它是扩充性的，而分析判断只是解释性的。用康德的另一个例子来说，"一切物体都是有重量的"这个命题是综合的，因为有重量的、相互吸引的这样一些特征并不是人们通常使用的物体概念的定义的一部分。如果有重量的这一属性包含在"物体"的定义之中（在这种情况下，如果经验表明在自然界中有一个无重量的对象，那么它就不是一个物体），那么这个判断当然就是分析的。

因此，我们可能总是以为分析判断和综合判断之间的区别不可能划分得截然分明，因为同一个判断可能是综合的还是分析的取决于我们包含在主词概念中是什么。但是，这种意见忽略了一个事实，那就是，在这两种情况之下，判断实际上并不是相同的。在第一种情况下，我们以"一切物体都是有重量的"来定义这个命题中的物体的概念从而使有重量的成为物体的特征之一；在第二种情况下，我们则不是这样定义物体的。诚然，每一次的句子里都包含相同的词，但它们标示不同的判断，因为"物体"这个词在每一判断中都有不同的意义。在前面（第8节）我们曾经解释过，同一个（语言上的）句子既可以表达一个定义又可以表达一项知识。这完全取决于我们把什么样的概念与这些词相联系。因而把判断划分为分析的和综合的是完全确定的而且是客观上有效的。这种划分并不取决于,比如说,主观的立场或下判断的人的理解方式。这一点是非常明显的,如果不是在文献中存在着某些误解①,我甚至不会去提到它。之所以有这些误解,可能由于某些作者并没有充分坚定地坚持概念的性质和内容应当看做仅仅由它所包含的特征来决定这样一种立场。

这一点尽管非常明显,但由于它很重要,所以我们要再次强调,定义应当算做分析判断。定义给予我们的只是已经属于概念的那些特征。当然,在某种意义上,我们也可以有理由说,定义产生一种综合,在这种综合中它把各种各样的特征归于一个概念。但是定义并没有因此而变成综合判断,因为它并没有在概念已经具有的那些特征之外或之上赋予它任何特征。我们可以说,一个综合判断所标示的是把对象结合起来形成的一组事实,而定义所标示的则是把特征结合起来形成的概念。

在日常生活中构成我们谈话和思考的内容的所有判断差不多都是综合的。显然,"高卢曾被罗马人征服"或"今天午餐菜有鱼"或"我的朋友住在柏林"或"铅的熔点低于铁的熔点",这些命题都是综合命题。的确,这些判断中出现的许多概念如"高卢"或"铅"的定义很难达到一致。但是从我们说出这种句子的全部语境中可以明确得出,这些句子的谓词并不包含在属于主词概念的那些特征之中,根据这一点本身就足以决定判断的性质。

我们还要注意到,这里作为例子的判断标示各种各样的经验事实。这些判断有效性的基础在于经验;所以这些判断是后天的。

除了按其本身的意义是先天的分析判断和后天综合判断外,设想第三种判断——先天综合判断是可能的。如果这种判断存在,它们便断定一个对象具有不包含在该对象概念中的某种谓词,尽管在经验中找不到这样断定的根据。换句话说,这种判断所标示的事实就是某些对象相互关联,而这些对象不是由定义结合起来的(例如事件及其原因),但又不是由经验来保证这种关联成为一个事实的。

令康德感到非常惊讶的是,综合判断竟能是先天的。因为,如果所考虑

---

① 有一个例子就是 E. 杜尔反对这种区分。"因为同一个判断常常可以用两种方式做出:主词概念可以看做是包含谓词概念的,也可以看做不包括谓词概念的。"(《认识论》,第 81 页)但是任何人如果认为谓词概念包含在主词概念中,那么,他所想到的主词概念就是与认为主词概念不包含谓词概念的人所想到的是不同的主词概念。在这两种情况下,概念是不同的,即使它所标示的对象相同,T. 齐恩也企图用心理学的方法来处理这种逻辑的区别(《认识论》,1913 年,第 480 页以下,第 559 页以下)。

的对象本身只是在直观的经验中给予的，那么除了经验还有什么东西能把这种关联告诉我们呢？

只有先天的判断才提供严格的、普遍有效的知识（后天判断只适用于它们所标示的个别的经验事实）。分析判断告诉我们的只是有关概念性关系而不是关于实在的知识。由此可见，先天综合判断存在的问题等于就是关于实在对象的必然性知识的存在问题。对分析判断的思考是一个纯粹的思维问题，因为这些判断是完全建立在概念的相互关系上的。相反，综合判断是建立在实在对象的相互关系之上的，对综合判断的研究是一个实在性的问题，这个问题必须留待本书的后一个部分来研究。①

构成任何真正科学的是由定义和认识性判断组成的系统，这种系统开始在许多个别点上与实在系统相一致，而构成这个系统的方式使得这种个别点上的一致随后自动地产生其余所有各点的一致。在这个判断系统中那些使该系统得以直接建立在实在事实之上的命题可称之为基本的判断。它们包括较狭义的定义和历史性判断。以这些判断为基础，通过纯粹的逻辑的演绎方法获得个别的部件，整个系统便一步一步地建造起来。这种逻辑演绎方法中的一个就是三段论法，它将两个判断联系起来，消去一个概念（即所谓中项）而推导出第三个判断。如果整个大厦是正确建立起来的，那么一组实在事实就不仅与每一个出发点——基本判断相一致，而且也与通过演绎产生的系统中每一成分相一致。整个结构中的每一个个别判断都一义地与一组实在事实相配列。

各种个别科学达到完全一义性配列所采取的方法在性质上是根本不同的。较多使用描述性方法的学科——最突出的例子就是历史科学——只需几乎唯一地接受这些基本的判断而毋需据此再作进一步的建构就能够达到两种系统——判断系统和实在的系统——的完全地一致。这些科学紧紧依靠给定的事实，似乎超出这些事实进行思维中的自由建构便有直接失去一义性配列的危险似的。在这些科学中，通常都要求我们在心中牢记何种概念和判断应当与这些个别事实相配列。我们不能从拿破仑的出生日推出他逝世的日子，我们必须分别记住这两者。任何人都不可能从其他的历史材料中推论出各个罗马君主先后承继的关系以及他们各自在位的年代。历史的判断大多缺乏相互联系，也缺乏可用来作为推论的中项的共同要素。如果仍然还能够达到配列的一义性，那就必须用极为多种多样的相互独立的判断来弥补这种缺陷。这

---

① 康德是这样表述这一点的："在分析判断中谓项属于概念，在综合判断中，谓项属于概念的对象，因为谓项并不包括在这概念中。"

类学科多的是材料而少的是知识。历史事件决不可能从这种历史的情况中毫无遗漏地推出而达到完全的掌握。历史学家们之所以不可能预断未来其原因就在于此。

精确科学使用的是与此完全不同的方法。这些科学并不是通过尽量地增加基本判断的数量来保证判断和实在的一义的配列。相反，它们力求使基本判断的数量尽可能地减少，而通过必要的处理逻辑的相互联系来达到两个系统的毫无歧义地一致。天文学家只要观测到彗星在三个时间点上的位置就可以预测该彗星在任何时刻的位置。物理学家借助于少数的几个方程（归功于麦克斯韦）就能够以合适的判断与电磁现象的整个领域相配列；他借助于很少几条运动法则就可以与力学运动的整个领域达到同样的配列。他不必为每一个个别现象去构思和记住一条单独的法则。因此，精确科学可能不像田鼠打洞那样通过事实的土壤来开辟道路，而是像埃菲尔铁塔那样仅由少数几点支撑便独立地提升到最一般概念的巍峨的高峰并由此而更完全地掌握各种个别事实。置于科学根基的基本判断数量越少，用以标示世界所需要的基本概念的数量也就越少，因而我们的知识水平也就提升得越高。

因此，所有的科学，为了向我们提供知识（有的提供得多些，有的提供得少些），都尽力创造一个旨在捕捉事实系统的巨大的判断之网。但是第一个也是最重要的条件就是组成判断结构的每一个成分都要一义地配列于事实结构中的一个成分，否则全部事业就成了毫无意义的了。如果这个条件得到满足，那么判断就是真的。

### 选文出处

石里克：《普通认识论》，李步楼译，北京，商务印书馆，2005年，第94～106页。

## 2 《普通认识论》第1部分，第12节——知识不是什么

我们至此关于知识性质所获得的结果也许会使关注它的人产生某种失望的情绪。[①] 知识仅仅是一种符号的标示吗？如果真是这样，那么人类心灵对于它想要知道的事物、过程和关系岂不是永远处于陌生、疏远的境地吗？难道人类心灵对于这个世界上的对象（它也是其中一员）永远不能产生一种更密

---

① 这种情绪的一个典型的表达出现在对本书第一版的一篇评论的如下说法中："这位评论者感到不可理解的是，任何一个一直企求达到深刻见解的人怎么可能满足于这种观点。"（《数学进步年鉴》，1923年）

切的结合吗？

我们的回答是，它的确能够。但是，就它能够产生更密切的结合来说，它就不是在从事认识的行为了。认知的本质绝对地要求实际从事认知活动的人必须使自己远离事物，达到远在事物之上的一个高度，从这个高度他才得以观察到它们同其他事物的关系。谁要是接近事物，参与事物活动的方法和运作，他就是在从事生命活动而不是从事认知活动；对他来说，事物展示的是其价值方面，而不是其本质。

但是，难道认识不也是一种生命的机能吗？当然是，但认知活动在对其他生命机能的关系上处于一种独特的地位（对此我们将在下一节加以讨论），因而我们必须不断警惕，防止弄错了它的真正性质，避免把它与其他生命机能混同起来。因此，至此所得的结果可望从两个方面得到支持。第一，我们要从否定的方面表明，除了上面的研究提出的意义以外，在任何情况下都不可能给予知识概念以其他意义，人类心灵的任何其他机能都不能实现赋予认识的任务。第二，我们要从肯定的方面来证明，人们合理提出的对知识的希望实际上都能通过实行上面描述的过程，即在彼事物中再发现此事物的过程，通过判断和概念标示的过程来得到满足。看来值得注意的是，在这样一种简单的、质朴平凡的方法中却存在着我们的知识所固有的强大力量。的确令人惊异的是，如此平凡的过程竟能产生一种人类文化的最灿烂夺目的花朵，这花朵令人陶醉的芳香产生了一种使许多人宁愿放弃其他快乐而选择的极大的快乐，他们把自己的一生都贡献给知识，这一事实便是明证。真实的情况正是如此。如果企图把纯粹的比较过程、再发现过程和配列过程以外的任何其他过程放在认识的地位，这样的一切努力，即旨作为一种误导现象的结果欺骗我们而成功于一时①，终也都会在决定性之点上遭到可悲的失败。

两个对象之间可以设想的最紧密的关系就是完全同一关系，所以，实际上它们就不是两个而是一个对象了。在哲学家中向来总有一些人声称除了认知者和被认识的东西完全融合的知识概念以外，不喜欢任何别的什么知识概念；按照中世纪的神秘主义者的看法，特别是对神的知识应当以这种方式获得。如果随着科学的哲学的兴起而使这种观念被抛弃，那是因为人们逐渐相信，不会发生认知的意识与对象融合的情况，事实上这种融合也是不可能的。但是，这种理论之所以应当加以拒斥，首先是因为即使这种融合是可能的，它无论如何也不会构成知识。哲学上许多错误的主要根源就是由于没有注意

---

① 与下面的论述相联系，见我的论文《有直观的知识吗？》，载《科学哲学和社会学季刊》，1913年，第37卷，472~488页。

这个重要观点。我们要对这个问题简短地加以讨论。

即使与事物融合或完全同一是不可能的，在主体和客体之间似乎仍然有一种过程能够建立一种特别密切的关系，这就是直观（die Anschauung）。通过直观过程，被认知的东西似乎移入认知的意识。当我凝视一个红色的表面时，这红色就成了我的一部分意识内容；我体验到它，而且我只有在这种直接的直观经验中而不是通过概念，才能知道红是什么。听到一种声音也是一种直观的体验；只有当有人实际上奏出音调A的声音，我才能知道什么是音调A。只有直观告诉我们什么是快乐或什么是疼痛，什么是冷，什么是热。因此，我们不是完全有理由说直观就是知识吗？

事实上，大多数哲学家都相信直观给我们提供直接的知识。的确，在最活跃的当代哲学潮流中，那种认为只有直观才是真正的知识——认为科学方法（运用概论）只能提供一种替代物，而不能提供关于事物本性的真正知识的意见颇为流行。

让我们首先来考察一下那些维护这种极端观点的人所持的理论。他们把概念性知识同直观知识对置起来，承认前者特别地属于精确科学，然后要求后者顶上哲学之名。他们要求我们承认，"从事哲学活动就是通过直观的作用使自己投入对象之中"①。"一种真正的哲学的直观用来和一种科学一起打开无限的工作领域，它无须任何符号化和数学化的方法，无须推理和证明的工具却能获得非常严格的、对于一切其他哲学具有决定性作用的丰富的知识。"②这些看法同我们在前面的论述的全部结果形成最尖锐的冲突。它们把一种同比较、再发现和标示过程这些显示出真正的认识本质的过程完全不同的心理活动冠以认知之名。那么，也许有人可能说这里的问题只是一个名词术语问题：我们可以随意地给直观加上知识的名称。那样一来，我们就要区分两种认知——概念性的或推理性的认知和直观的认知。但是主张直观的人认为，直接的直观以更完全的方式提供那些由符号化的认识通过不适当的概念工具试图提供的东西，他们依据这种论点，也要求给予直观以知识的名称。

但是，在这里，他们是大错特错了。直观和概念性知识根本不是追求相同的目标；相反它们是背道而驰的。在认知中常常总有两个项：一是某种被认知的东西，另一个是被认为所是的东西，而在直观中，我们并不把两个对象放在相互关系之中；我们面对的只是一个对象即被直观的对象。因此，这里涉及两个根本不同的过程；直观与认识没有任何相似之处。当我充分地提

---

① H. 柏格森：《形而上学导论》，耶拿，1901年，26页。
② H. 柏格森：《作为严格科学的哲学》，载《逻各斯》第Ⅰ卷（1910年11月），341页。

供我的意识的一个直观内容时，比如我看到在我面前的一个红色的斑点，或者当我行动时完全沉浸在活动的情感之中，我通过直观体验到红或体验到活动。但是，我真的知道红或活动的本质吗？根本不知道。如果我按照某种次序来排列红色，把它同其他颜色相比较，从而正确地标示出它的深度和浓度，如果我把活动的情感用心理学的方法加以分析，从中发现比如说，紧张感、快感等等——然后，我就能够断定，我终于在一定程度上知道我所体验到红色或活动的感觉。如果一个对象没有与任何东西相比较，那么它就没有以某种方式结合到一个概念性系统中，正因为如此，它也就没有被认知。在直观中，对象只是所与而不是被理解。直观只是经验，而认识则是某种与之完全不同的东西，某种更多的东西。所谓直观的知识是自相矛盾的说法。即使存在着使我们得以融入事物或事物得以融进我们之中的直观，但它仍然不构成知识。未开化的人以及动物也许比我们更完全地直观到世界。他们更多地投入世界；更彻底地生活于世界之中，因为他们的感觉更为敏锐和机警。但他们不可能比我们更好地知道自然；他们根本不知道自然。我们不能通过直观来理解或解释任何东西。通过直观的方式我们能够获得的只是对事物的体验而不是对事物的理解。而只有对事物的理解才是我们在科学和哲学中追求知识所要达到的目标。

在这里，我们揭露了直观哲学所犯的大错误：混淆了体验（Kennen）与知识（Erkennen），我们通过直观体验事物，因为由世界给予我们的一切都是在直观中给予的。但我们只有通过思维才能认知事物，因为认识所需要的排序和配列正是我们称之为思维的东西。科学并不使我们去体验对象；它教我们去理解或领会已经体验到的东西，而这就意味着认识。体验和知识是根本不同的概念，因而甚至于在日常谈话中也要用两个不同的词来表达它们。然而大多数哲学家仍然毫无希望地把它们混在一起，只有很少的可敬的例外。①

对于许多形而上学家来说，这种错误是灾难性的。在这里，我得花点工夫借助于某些特别清楚的例子来证明这一点。

尽管一般地说我们不可能通过直观将事物融入我们之内或将我们自己融入事物之中，但这种说法并不适用于我们本身的自我。我们与自我所处的关系正是神秘主义者极大地希望于认识的那种关系，即完全同一关系。因此，任何人如果忽略了体验和知识之间的区别，就必然会相信我们对自我的本性

---

① 在这些很少的人当中，我要援引 A. 里尔的看法，他把直接体验同理解相对照（《哲学批判》，i, 221 页），还有罗素，他十分正确地把对事物的体验（Kennen）和对真理的知识（Erkennen）区别开来。关于这个问题，见他的《哲学问题》第 69 页，还可参看 E·冯·阿斯特的《认识论原理》，1913 年，第 6 页以后。

具有绝对完全的知识,事实上,这正是人们广泛持有的观点。许许多多形而上学的思想家如今都赞成下面这种论点:"由于自我在自我意识中把握自身,因而它知道某种作为自身存在的实在的东西。"① 然而,不管这个论点多么经常地出现或以何种形式表达出来,它都是错误的。因为我们在意识中开始觉知的心理的材料决不是因此而被认知;它们仅仅是被给予或被设定。意识体验到它们,它们加入到意识之中。意识在经验中体验它们但并不认知它们。在认知这个词的恰切意义上说,只有通过一种科学的心理学,对概念进行分类并构造概念,这些心理学材料才能被认知。事实上,如果意识的内容仅仅通过直观就能够被充分地认知,那么就可以完全摒弃心理学了。

刚才在上面引用的命题中,认知是用"把握"一词来表达的。很少有思想家打算在他们对认知本性的研究中,避免使用这一用语。我们一再地看到认识是一种"精神上的把握"的说法。但这当然不是认识过程的定义;它只是把认识过程同握住、触摸、感受等身体活动相比较——事实上并不是特别适当的比较。当我用手握住一个对象时,我所做的只是在这一对象和我自己之间建立一种关系,而在认识中本质的要素恰恰是由认知者建立起几个对象之间的关系。因此,一般说来,把认知说成把握是使用了一种错误的比喻;只有当把这种说法解释成用概念掌握或包含被认知的对象,使之在这些概念之中具有唯一的一个位置时,这种说法才是合理的。

直观知识这种虚假概念中所包含的错误(及其后果)在笛卡儿哲学中表现得再明显不过了。笛卡儿的论题是,我们对我本身的自我的存在或者用比较现代的术语来说,对我的意识内容的存在,具有直觉的领悟。而这种领悟构成了知识,实际上是构成具有基本意义的知识。整个这个论题似乎是无可辩驳的真理。我们无须任何概念性的加工,无须任何比较和再发现便体验到意识的内容,这个事实似乎证实了这个真理。它如果不是真正的知识又是什么呢?

我们的回答是,这当然是一种直观,但无论如何它不是知识。

当然"我思故我在"这个判断(在做了一切必要的订正之后)的确表达了一个无可辩驳的真理,即意识内容存在着。但是,我们稍加回想便知道,并非一切真的都必须是知识,真是一个比较宽泛的概念,而知识则是一个比较窄的概念。真是一义性的标示,这种一义性不仅可以通过知识获得,而且还可以通过定义获得。这里的情况正是这样。笛卡儿的论题是一个被隐藏的定义;它是对存在概念所作的不恰当的定义——即我们在前面所说的"具体

---

① F. 帕尔森,转引自亨纳贝格题为《体系哲学》的那一卷,1907年,397页。

定义"。我们在这里只有一种规定，即经验或意识内容的存在应当用"我在"（ego sum）或"意识内容存在"这些词来标示。如果存有或存在的概念已经从其他运用中为我们所知，现在通过更密切的考察发现，这些意识过程表现出存在概念的所有特征，而且如果我们依据这种再发现只能说出"意识内容存在"这个句子——这时而且只有这时笛卡儿的论题才构成知识。但那样一来，它就不再是直观的知识了，相反，它将完全属于我们至今所阐发的概念。当然，这并不是位伟大的法国形而上学家的观点，而且以这种方式来解释也是笨拙的。更确切地说，这一论题只是想要指出意识内容是所与这个不可否认的事实；它本来是要被用来作为一切进一步哲学论证的基础的；别的任何知识都不应当先于它而存在。事实上，意识状态的经验（我们将在本书第三部分再回到这个问题上来）是存在概念的来源并且是它的唯一源泉，因此，它不是后来把已有的概念用到上面的实例。"我在"只是一个事实而不是知识。①

由于在这一点上犯了错误，笛卡儿就不可避免地要犯更多的错误。由于他用他的根本论题来构成知识，那么他就必须寻求保证这一论题有效性的标准。他认为他在自明性中发现了这个标准（或者像他所说的清楚明白的洞察）。但是他所能找到的对自明性的不可错性的唯一保证就在于上帝的正确性。这样，他就永远陷入一种循环。因为使他确信自明性可靠的东西的存在本身又只是由自明性来保证的。

任何一个认为笛卡儿的论题构成了知识的人，都不可避免地会陷入同样的循环论证。可以把这个论题解释为只是一个定义，对一组基本事实的标示。"Ego sum"，意识内容的存在不需要基础，它不是知识，而是一组事实，而事实只是存在着，它们并不要求通过自明性来证明，它们既不是确实的，又不是不确实的，它们仅仅存在着。对它们的存在寻求保证是毫无意义的。

近来，已经有人把笛卡儿的错误以自明性的心理学的形式提升为哲学原则，这种心理学是由弗兰兹·布伦塔诺创立的。在布伦塔诺看来，每一个心理活动都伴随着指向这一心理活动的认识。② 他说："我们想着或欲求某种东西，我们便知道在想着或欲求某种东西。但是知识只有在判断中才存在。"③ 因此，他推论说，在每一个心理活动中都包含一个判断！"因此，"他继续说道，"伴随着每一个心理活动，都有双重的内在意识与之相联系——其一是与

---

① 从根本上说，在康德对笛卡儿的论点所做的有点过于复杂的评论中也有同样的真理。《纯粹理性批判》，凯尔巴赫版，696 页。
② F. 布伦塔诺：《经验论立场的心理学》，1874 年，185 页。
③ 同上书，181 页。

这一心理活动相联系的观念和表象，另一个是与之相联系的判断，即构成对这种心理活动的直接自明的知识的所谓内在知觉。"① 按照布伦塔诺的观点，每一个知觉都算做判断，"不论它是一种认识还是一种（可能错误的）感知"②。但是，人们会指望"从经验的立场发展出来的"心理学会在断定每一心理活动中都存在判断之前就把这个判断作为这种心理活动中的经验要素显示出来。然而，相反，却做出这样的推论：由于知觉就是认识，所以它必定包含着判断。但是，正确的推论显然应当是：由于经验表明知觉并不包含判断，所以知觉不是知识。③ 在上面几段引文中十分清楚地表现出把认知和体验混为一谈。

纯粹的未加工的知觉或感觉只是体验（kennen）。如果这就是人们所想到的，那么说什么"感知的知识"就是完全错误的。感觉并不给我们提供关于事物的任何知识，而只是对事物的体验。那么我们知道，在形成了的意识中决不会发生孤立纯粹的知觉；所发生的就是所谓统觉过程与感觉相联系，也就是，感觉或感觉的复合直接与相关的观念融合成一种整体的结构，它在意识中表现为我们以前体验过的某种东西。例如，当我看到摆在面前的纸上时出现的黑白的感觉立刻变成了对字母的知觉。这里当然是知识，尽管只是一种最初级的知识。因为我并没有停留于单纯的感觉印象上；相反，感觉印象立即融合到我以前的经验范围，从而被再认识为如此这般的一种存在。因此，如果我们把"知觉"这个表达限定为统觉作用下的感觉印象，那时而只有那时我们才的确可以说到感知的知识。如果我们想要把这种知识称之为"直观的"知识——只是它还没有穿上想象的或说出的语词的外衣——而与通过语词表达出来的知识区别开来，那自然也无可厚非。④ 我们几乎用不着说，这种直觉性知识的概念与人们在柏格森和胡塞尔著作中所见到的、我们在前面讨论并加以反驳的东西没有丝毫的联系。

对于没有统觉的或概念性的加工便没有知识这个真理，康德并没有感到它的足够的分量。因而，他只是以下面这段著名的话不完全地表达了这一真

---

① F. 布伦塔诺：《经验论立场的心理学》，1874年，188页。

② 同上书，277页。

③ L. 尼尔森引出了相反的结论（《认识论的不可能性》，Ⅲ，1912年，598页）。他争辩说，由于知觉是知识，但不是判断，因而并非每一个认识都必须是一个判断。由于这种看法，他采取了"直接自明性"的错误观点，说知觉是"直接的知识"（同上书，599页），这是我们在这里尽力拒绝的观点。

④ 这就是艾尔德曼在他发表于普鲁士皇家科学院学报第53期第1251页的杰出的专题论文《认识和理解》中所持的看法，在这篇论文中，他一贯地在上述可接受的意义上使用"感知的知识"这种表达。

理:"直观没有概念则盲。"请注意,他的《纯粹理性批判》是怎样开始论述的:"知识与对象发生关系,不论以何种方式或用何种手段,其直接关系都是通过直观的,而一切思想,都是从直观取得其质料的。"在这里很明显,康德仍然把直观建立的对象与直观着的人之间的内在联系看做知识的一个本质的因素。这也就使他不能揭露自在之物的知识问题这个假问题。也就是说,康德相信这种知识必须是一种把事物表现为其本身所是的那种直观,康德宣称这种对自在之物的知识是不可能的,因为"事物不可能超越自身而进入我们表象机能之中"。但是,现在我们知道,即使这是可能的,即使事物能够与我们的意识成为一体,那时,我们虽然会体验到这些事物,但那也是同对事物的知识完全不同的东西。"对自在之物的知识",只要我们把它理解为知道某种直观或直观的表象,那么这种说法就是一种语词的矛盾(Contradiction adjecto);因为这就会使我们陷入把事物表象为独立于任何表象的荒谬境地。因此,根本不可能提出关于这种知识的可能性问题。

我们一旦弄清楚了知识的真正本性,这个问题又将怎样呢?如果每个人都明了并且牢牢记住,知识只是通过记号与对象之间的配列而产生的,那么任何人都不会提出作为自在之物的知识是否可能的问题。导致这个问题的只是由于把认识看做是在意识中绘画或描绘事物的那样一种直观表象的观点。只有依据这种假设我们才会问,这图画或形象是不是显示了与事物本身同样的属性。

任何人如果认为认识是我们借以"掌握"事物或"把事物接纳于我们的心中"的直观表象,或者诸如此类的东西,那么,他就一定会不断地抱怨认识过程不合适和不中用并为此而寻找原因。因为如此构成的认识过程仍然不可能将它的对象转入意识之中而不致使对象在基本上或多或少地有所改变。因而,它将永远达不到其最终目标,即永远不可能看到事物恰如本身自在那样保持不变。

正确的知识概念,正如现在已经展示的那样,并没有任何令人不满意的特征。认知就是一种活动——一种仅仅是标示的活动——事实上它的确保持事物原封不动或不加改变。图画或意象决不能完全实现这个任务,因为那样一来,它就必定是原物的复制。然而,记号可以提供要求于它的一切,即配列的一义性。一个对象决不可能复制得恰如本身自在的那样;因为每一幅图画都必须从一定的方位由某个绘画主体画出来。因而,它只能提供对象的一种主观的、仿佛是从一定视角来看的投影图。相反,记号的标示则保持每个对象本身。当然所使用的记号和配列的方法的确带有认知者加上的主观的性质。但所得到的配列并不显示出这种主观性质的痕迹。就其本性来说配列是不依赖于观点和行为者的。

正是出于这个理由，我们才能够满怀信心地说，事实上，一切认识都给我们提供了作为自在的对象的知识。不论被标示物可能是什么，不论它是现象还是自在之物（至于这种区分意指什么，是否合理，留待后面考虑），被标示的东西都仍然是如其所是的事物本身。我们暂且假定，我们的体验只扩展到"现象"，现象背后存在着自在之物我们并没有体验到。那么，这些事物也会同现象一道被我们认知。因为我们的概念是与现象相配列的，而现象被设定是与这些事物相配列的；因而，我们的概念也是标示这些事物的，因为记号的记号同时就是被标示物本身的记号。

现在我们来讨论另外一点；这也许能够帮助我们弄清前面论述的知识概念的优点，并且表明，那个经常显示出令人生厌的困难的问题，即认识论的可能性问题是多么容易得到解决。对这种可能性的反对意见是人们都很熟悉的。如果认知活动被认为就是认知本身，如果认知被认为是决定其自身有效性的，那么守门人就被用来看守自己了，我们就可能会像亨利·西季威克那样问道，"谁看守看守人？"（Quis custodiet custodem?）这种在使用和依赖认识之前先要研究认识的主张曾受到黑格尔的嘲笑，他把这种主张比之于下水之前先学会游泳。赫尔巴特也认为这种责难是中肯的，而洛采则相信，唯一的出路就是在形而上学中寻求认识论的基础。事实上，认识过程怎么能够运用于自身呢？感觉并不是被感到的，听并不是被听到的，看并不是被看到的。如果将认知类比于这些直观过程，那么这在理论方面的确是有欠缺的。但认知根本就不是这种东西；认知是一种配列过程。这种过程可以运用于自身而没有任何困难：可以通过一种配列活动使标示本身被标示。甚至劳纳德·尼尔森对认识论的不可能所作的著名论证也可以依据我们对认识本性的见解加以驳斥。尼尔森的证明包含如下的推理：假定检验知识的客观有效性的标准本身也是知识的一部分，那么为了使它能用来解决认知问题，它必须本身是被认知的（bekannt），也就是说，它必须能够作为一种知识（Erkenntnis）的对象。但是这种知识的对象是认知的标准，因而，如果这个标准是可以运用的，这种知识是否有效的问题就必须先得到解决。但是，某件东西要被认知（bekannt），它不必已成为知识（Erkenntnis）的对象。由此这种推理的链条就被打断了。

因此，我们看到，我们证明了认识论不是主体与对象的亲密的结合，不是掌握对象、渗入对象或直观对象，而只是标示对象的过程（当然是由非常特殊的法则支配的过程），如果对这种证明感到失望，那将是多么严重的错误。这种证明并不意味着摒弃或贬低知识。我们一定不能认为，比较、排序和标示的活动只是对某种更完全的认知的临时性的代用品，这种更完全的认知是我们永远不可企及，也许只有对于那些构造得与我们不同的生物才是可能的。这是根本谈不上的。每一个再发现活动、比较和标示活动——认知本身表明就是这些活动——都绝对给我们提供在日常生活和科学中我们对认识所要求的一切。其他任何过程、任何"理智的直观"，任何与事物成为一体的过程都不能同样做到这一点。十分奇怪的是，甚至如今居然还有一些人相信，知识——实际上是全部科学——能够先于任何比较、排序过程，仅仅通过直观就能产生。然而，我们在这里所维护的真理在许多年之前就已经由一位杰出的逻辑学家在他的主要著作的一开头就最确切地表达出来了："科学产生于异中求同。"①

人们责难一切认识都以确立相同性为前提的论点，这种责难的根据是，相同性只是许许多多关系中的一种，而发现任何其他关系也同确定相同性关系一样是知识。对此，我们的回答是，当我们无论在哪里确定有一种特定的关系存在时，当然会有知识。但是这样确定关系的存在是怎么一回事呢？它恰恰就在于把这种关系标示为这样或那样的特定关系，标示为一种因果关系、前后相继的关系等等。但是为了使我们能够给这些关系一个名称，我们必须确定，我们面对的这种关系是和我早先就当做因果关系、相继关系等等来认识的另外一种关系是相同的。这种情况只是确证了我们的一般论题。相同性必须具有不同于其他一切关系的独特地位；它是更为基本的关系并且完全决定一切认知活动。

然而，这种责难可以加以普遍化。在这种更宽泛的形式下，似乎不容易加以驳斥。普遍化了以后，这种责难就是这样的：难道我们就一定不能说，知识不仅仅是通过确定一种关系来构成，而且还非常普遍地通过确定任何新的对象的存在来构成，即使该对象还没有以任何方式形成，还没有被命名、被标示、被判断？下面这个例子可以用来说明这种心中出现的（比如说，意志过程）情况。一位心理学家在分析某种意识过程时发现，起初以为是绝对简单的意识材料可以区分为几种因素。以前并没有看出这些因素，因而也不存在表示它的名称。在这里，我们似乎不可能说什么再发现相同的东西，因为这些因素才第一次被揭示出来；这位心理学家不得不为这些因素发明出一些特别的名称。但是，谁会想到要否定这是真正的知识的一个实例呢？毫无疑问，没有任何人会否定。但是，这种知识到底是什么呢？显然，这种知识就在于所研究的意识过程（在这里是意志过程）的结构被精确地确定这个事

---

① S. 杰文斯：《科学的原理》，1874 年。

实；最初被认为是某种简单的东西，通过分析才知道它是某种复杂的东西，是由许多因素组成的东西。但是按照我们的标准的格式，这就是一种知识：对象被归入"复合的意识材料"这个类。然而组成这个类的各个因素本身并没有因此而被认知；这些因素只是被区分、被计数。

总之，光是体验到某种材料的过程，光是对这些材料的直观，只是对这些材料的经验，而不是对它的认知。然而，这种过程对由这些材料构成的整个经验的知识提供了基础。的确，这后一种知识是一种最初步的知识。也就是说，它只是在于这样一个事实，即开始知道这整体不是某种简单的东西，而是复合的东西。一旦我们超出这个狭窄的结果去追问这整体由什么组成时，我们便发现仅仅体验到这些分开的方面不再能提供充分的回答了。这些方面必须被认识并被命名，被结合到这种或那种相互关系中去。只有到这时，我们才能在判断中把被认知的对象的性质表达出来。

如果我们要正确地评价如今广为传播的以所谓现象学哲学方法的名义提出的主张，我们在上面所论述的这种见解就很重要。这种现象学的方法就在于通过（对本质的）直观或"本质直观"（Wesensschau）把要被认知对象的一切方面都加以想象或形成经验。但是，如果现象学分析的结果就到此为止，那么就知识来说什么也没有获得。我们的见识并没有得到增进或改善，所增进的只是我们的经验，所获得的只是认识的原料。但是只有通过比较和再发现的过程使材料得以整理才开始认识的工作。仅仅体验到有对象存在还不是知识，它只是知识产生的前提条件。直观或本质直观充其量只能提供使知识得以形成的材料从而以这种方式为知识提供服务。但决不能把它同知识混淆起来。

值得庆幸的是，我们在这里所阐发的知识概念已经在科学哲学中得到几乎是普遍的传播。这一概念正是古斯塔夫·基尔霍夫在他的著名的力学定义中最清楚明确地提出来的。他宣称，力学的任务只是"完全地、以最简单的方式描述自然界中所发生的运动"①。这里的"描述"，当然应当切地理解为我们所说的记号的配列。这里的"以最简单的方式"意指与这种配列相联系，我们应当使用最少量的基本概念。②"完全地"则是指通过这种配列必定会达到对每一细节都绝对无歧义的标示。许多认识论研究家根据这一点就认为，基尔霍夫把科学哲学的任务规定为描述而不是说明。这种看法显然是错误的。

---

① 《力学讲义》，第4版，1897年，1页。
② 阿芬那留斯也把"最简单的"描述理解为使用尽可能少的概念的描述。见 F. 瑞布：《阿芬那留斯的哲学》，1912年，146页。

因为基尔霍夫的贡献恰恰在于发现了科学的说明或科学的知识只是一种特殊的描述。的确,他自己有时也错误地认为他的定义似乎是给力学的任务所加的限制。① 他把描述同发现原因对立起来。② 我们在后面将会研究,是否以某种方式使用原因这一概念对于标示自然对象来说可能是合法的。

同样是这个认识论学派,对另一个受到歪曲的关于知识性质的概念也负有责任,对这个问题,我们将在下一节加以评说。

在本节结束时,我们要重申,发现认识的真正性质是一种记述或标示并不意味着对知识的贬低或轻视。因为,认识过程的价值不在于它是由什么构成的,而是在于它能够干什么。我们从科学中,特别是从自然科学及其应用中看到这种能力是多么巨大。而且我们也很难想象这种能力可能还会变得多么巨大。

### 选文出处

石里克:《普通认识论》,李步楼译,北京,商务印书馆,2005 年,第 106~122 页。

### 3 《普通认识论》第 1 部分,第 13 节——关于知识的价值

人们实际上为什么追求知识,现在提出这个问题是确当的了。为什么我们要贡献毕生的精力来经常不断地进行这种在异中求同的奇怪事业呢?为什么我们要力求以仅仅由最少的基本概念构成的那些概念来标示多姿多彩、多侧面的世界呢?

最终的回答无疑是:把一事物归结为另一事物会使我们获得乐趣。如果说我们有一种追求知识的内在欲望需要满足,那只不过是对同样答案的另一种说法罢了。但我们提出这个问题显然还有更深远的目的。我们要研究,为什么恰恰是这样一种追求才能够为我们提供乐趣;我们需要知道,怎么会形成这样一种欲望,它把单纯的认识作为其追求的目标而与生活的所有其他目标显得相隔如此遥远。

要把这个谜解释清楚,就要指明认识在与人类的其他活动的关系中所处地位。同时,这又会使知识的性质得到新的启示。

引导我们解决这一问题的思考方向必定落在生物学领域。因为使一个人获得快乐的东西以及在他身上发展何种欲望完全取决于他的生活条件以及他

---

① 参见《力学讲义》,前言,V 页。
② 参见上书。

的本性形成的方式。

一切生物发展理论都一致认为,由于生物的进化,他们的那些产生有利于个体和物种保存的行为冲动一定会加强,而那些产生不利于生命和物种保存的行为趋向必定会衰退和消亡。对知识的渴求无疑是符合这一原则的。就起源来说,思维如同吃、喝、争斗和求偶等行为一样只是使个体和物种自我保存的手段。

我们必须假定,每一个有意识的动物都能进行再认识活动。一个动物必须感知猎物为猎物,敌人是敌人;否则它就不可能使它的行为适应于环境而必然消亡。的确,在这里我们就至少有了一种最原始的认识,一种感知。我们必须把它看做是与动物的攻守行为相联系的一种统觉过程。生物的需要以及对它的生存至关重要的条件愈是复杂,这种联系的过程也必定会愈益复杂。显然这种不断增长的复杂性的程度只能是我们所说的理解或思考能力的发展程度。因为,不论真正的判断活动与单纯的观念的联想在认识论的地位上有多大的差别,但作为心理的运作,判断过程(狭义的思维活动)是在统觉和联想过程中产生的。它们之间存在着非常密切的联系。①

判断和推理的机制比单纯的自发的联想更能广泛地适应环境。联想只是集中于典型的事件。动物捕食时,即使这种活动对于它的生命的保存并无好处,例如,当我们把捕来的动物作为诱饵放在陷阱中时,它也会扑向这食物。然而人却不然,即使在伏击和危险被巧妙地伪装起来的情况下,他也能够加以识别;他能够设置陷阱,不仅能够用智慧战胜野兽而且能够战胜那些在人体内威胁人的身体的看不见的微生物。人为了保持自己在自然界中的优势,他必须获得对自然界的控制,而只有当他在整个自然界中能够再发现已经接触和体验过的东西,他才能做到这一点。如果这是不可能的,那么他就不能把新的和不认识的东西解析为他所熟悉的东西。那样一来,他只有在自然界面前总是孤立无助。他就会错误地行动,因而就不可能达到他的目标,因为他既不能正确地预见自己行为的后果,也不能预见其他事件的后果。认知一个对象就是在该对象中再发现其他对象。因而,知识(如果没有碰到实际的障碍)能够使我们通过把其他对象联系起来而以真正创造的方式构成一个对象,或者以所观察到的在一起出现的要素来预知该对象的结构,并采取措施或者对它加以防范,或者对它加以利用。因而,任何注意于未来的行为如果没有知识都是不可能的。

---

① J. 舒尔兹在他的《认识论的三个世界》(哥廷根,1907年,第32页以后,第76页以后)一书中对这一点的论述非常出色。

所有知识原初都只是服务于实践的目的，这是一个无可置疑的、要着力强调的真理。它是一个众所周知的事实，从其名称本身也体现了这一点。几何学从丈量土地的需要中产生；最初研究化学的目的在于制造黄金；其他学科一般说来也是如此。如今，科学与实践，纯粹知识与日常生活的各种活动也都最为密切地互相联系起来。实践常常对纯粹研究提供新的刺激并向它提出新的问题，所以直至如今我们仍然可以说新科学直接从生活的需要中产生。但是相反的影响更是无比巨大：纯科学在为争取保护和增进人类生存上展示了惊人丰富的新途径。事实上，正是那些并非起源于实际需要的知识对于实现生活的目的也产生了最大的用处。在没有任何人能够预知其用途的时候就做出的那些发现培育了全部现代文化。伏特和法拉第丝毫没有想到像电动机之类的东西。巴斯德最先的研究是为了探讨自然发生的可能性这个理论问题，而与这些研究为之产生极其重大意义的卫生和医疗并没有什么关系。在镭被发现的时候，没有任何人知道有朝一日镭的射线会被用来治疗癌症……这种明显的真理的例子已毋需再进一步增加了。

知识和实践的使用之间的这种密切联系使许多著作家认为，现在和早先一样，认识的价值都完全在于这种使用。他们说，科学仅仅服务于实际预见的需要，控制自然的需要；只有服务于这种实际的需要才是科学的主旨和价值。那种不考虑知识在生活中的作用，为知识本身而追求知识的要求被指责为来自错误的唯心主义而且事实上等于贬损了科学的价值。① 但这些著作家们也承认，科学家在追求认识的目标时，如果不考虑实践上的运用，不把发现仅仅在实践上有用的真理作为追求的目标，也会取得成就；他应当认真地从事工作犹如真理本身就是最终目标。经验表明，这是取得后来证明是极为有益的巨大进步的唯一方法；如果我们一开始就想着什么是对人有用的，我们就可能永远达不到这样的知识。但是即使自诩真理和纯知识构成科学的最终目标也是对人类有用的，然而认识的真正目标实际上是实践的使用，只有这种目标才会提供为真理及其存在理由而进行的斗争。"为知识本身"而追求知识只是一种游戏，一种毫无价值的浪费时间之举。

这种观点忽略了特别是对评价人类智力发展最为重要的某些要点。尽管事实上非常确定的是，人类理解从起源上看原来只是一种保存生命的工具，但同样确定的是，如今理解本身就是快乐的源泉而不仅仅是单纯的工具。产生这种性质上的变化的是一种自然过程，这种过程在其他方面也同样起作用：手段转变成目的。有些活动是达到一定目的的必要手段，但这些活动的实施

---

① 见 W. 奥斯特瓦尔德：《自然哲学的基础》，1908 年，22 页。

最初并不是与快乐直接联系着的，这些活动通过习惯逐渐为我们所熟悉以至于成为与生活融为一体的成分。最终我们沉浸于这些活动，"以这些活动本身为目的"而不把它们与任何目的联系起来，也不使用它们来达到某种目的。实行这些活动本身就提供了快乐；曾经一度是手段的东西现在成了目的。以前它们只具有作为手段的价值，而现在它们因其自身而有价值。几乎没有什么活动在生活中的作用能够不经受这样的变化。我们大家都有理由为此而感到高兴。最初是一种交往手段的说话变成了歌唱；最初是一种来往手段的行走变成了舞蹈；观看成了欣赏；耳闻变成聆听；工作变成了游戏。达到最高点的是那些与游戏相联系的活动，只有这些活动才能使我们得到直接的满足，而所有那些只作为达到目的的手段的行为——工作，只有与所取得的结果相联系才获得价值。

　　手段转变为目的是一种经常使生活变得充实、丰富的过程。① 这一过程激起我们的新的欲望从而造成产生乐趣的新的可能，因为满足一种欲望只是乐趣的另一种说法。这一过程创造了对美的欲望，艺术便由此而产生——产生供欣赏的绘画，供倾听的音乐。同样它也创造了对知识的欲望，对知识的欲望又产生了科学，构成了供自身满足的真理的大厦，而不是仅仅作为物质文化的载体。而物质文化一般地都找到合适的载体，这毫不涉及对知识的欲望。汉斯·魏辛格尔也很出色地描述了同样的手段到目的转化，他在谈到知识创造了世界图景时说："科学不断地把这些结构转变成目的本身，哪里发生这种转变，在哪里它就不再是仅仅服务于手段的发展，严格说来它是一种乐趣，一种激情。但是对人来说一切崇高的东西都有与此类似的根源。"② 任何一个要否定知识是科学追求的最终目标的人必定也会因此而非难艺术；如果我们听了他的话，生活就会被剥夺了所有内容，失去所有的丰富性。事实上，生活本身并不具有价值；它之所以成为有价值的只是由于它的内容，由于它充满了乐趣。知识以及艺术和其他成千上万的事物，就构成了这种生活的内容，一个充溢着乐趣的真正的丰饶角。它不仅仅是保存生命的手段，而且是实现生命的手段。由于大部分认识活动都有某种功用，某种超出自身的目的，所以纯科学只存在于以其自身为目的的地方；所有其他的认知都是实践的智能或应用科学。无疑，我们为了生活的内容而生活；同样毫无疑问的是，H. 斯宾塞的格言——"科学为了生活，而不是生活为了科学"——并不是全部

---

　　① 我曾试图在一本非专业性的书《生活的智慧》（慕尼黑，1908 年）中对这一过程意义进行评价。亦可参见 W. 冯特的《目的的变换原理》。
　　② 《好似哲学》，第 2 版，1911 年，25 页。

真理。

有一种关于知识欲望的不够深刻的生物学观点，尽管把科学的目的不是仅仅看做生命的保存，但它也常常导致对科学意义的模糊不清的观念。例如，考虑一下马赫所说的"思维经济原则"。这一原则的含义也可以在阿芬那留斯和其他一些人那里看到，这个原则在当代实证主义哲学的许多代表人物那里起着突出的作用。不过，这一原则的原创者并没有企图要求一切思维都只是服务于实践的、经济的生活目的，因而科学也只是达到这一目的的手段。的确，马赫自己关于这一原则的真正性质的说法是非常含糊的，所以它有时受到尖锐的抨击。比如马克斯·普朗克的抨击似乎不无道理。[①] 但是，这一原则一般被描述为用以下方式指导思维的心理过程的原则：以尽可能小的努力，沿着麻烦最少的途径来达到目的；科学的任务就是要找到最短、最容易的途径从而使思维能够以尽可能简单的方式来产生对一切知识的总结，这样思维便可以节省任何不必要的劳作。

如果以这种方式来理解，那么思维经济原则当然就不是对科学本质的正确表达了。但它的确包含了真理的内核，读了本书前面几节的读者无疑会知道应当到哪里去寻找这一内核。认知就在于以最少量的概念完全地、一义地标示世界上的事物。以尽可能少的概念来达到这样的标示——这就是科学的经济学。对于追求这种目标的科学家来说，再大的痛苦也要经受，要达到这一目标他必须经历最艰辛的道路。如果相信知识的目标就是使我们思维过程更少艰苦，就是要节省我们心智的努力，而事实上却需要最大强度的劳动，这种看法是多么的荒谬。真正的思维经济（概念数量最少的原则）是一个逻辑的原则，它涉及概念之间的相互关系。但马赫—阿芬那留斯的原则是一个生物学—心理学的原则，它涉及我们的观念的和意志的过程。它是一个方便原则，一个采取捷径的原则；而另一个思维经济原则则是一个统一的原则。

我们知道，尽管科学方法在起源上是因生物的需要而产生，但它并不因此而需要节省心智的精力，而是要花费大量的精力。要求我们的思维通过数量最少的概念来标示世界上的一切事物，这并不是赋予思维一项容易的任务，而是一项极端困难的任务。当然，我们已经知道，把一件事物归结为另一件事物，在一定的程度上，对维持生命或减轻生活条件的压力是必要的。但是如果超出了这一点，归结就变成非常困难的了。这是一件需要耐心和爱心的工作，为了做这件工作，至今只有少数人发展了一种爱好；被强烈的求知的

---

① M. 普朗克：《关于马赫的物理主义认识论》，载《科学哲学季刊》，1910年，第34期，第499页以后。

愿望所激发的人的数量仍然不是很大的。人类心灵的运作如果使用相对大量的观念似乎会涉及较少的麻烦，或者更容易在世界上找到出路，尽管这些观念若用概念来代替，就能够逻辑地联系起来，能够从一个推论出另一个，从而得以简单化。若以大量的观念来工作就只要求记忆，但是要以较少的基本观念达到同样的结果则需要机智。尽管我们知道我们的同伴的记忆常常证明是不可靠的，但我们却宁愿信任他的记忆而不是信任他的逻辑思考的能力。这一点可以从日常生活的教育和训练的全部实践得到清楚的证明。大多数人认为哪一门科学最难呢？显然是数学科学——尽管数学科学以最充分发展了的形式显示了逻辑上的经济，因为数学科学中的概念都是用非常少的基本概念构造出来的。大多数学科学的学生记忆公式的能力都比从一些公式推出其他公式的能力强。

简言之，促进或减轻思想过程的就是靠训练、习惯和联想——这同科学方法所依靠的逻辑联系正好相反。

我们看到，思维和表达中的粗疏和不严谨是多么容易导致将彼此正好相反的东西混淆起来。马赫的名言"科学本身可以等于用最少的思维消耗尽可能完全地表现事实这样一个最起码的任务"——如果把这里所说的"最少的思维消耗"在逻辑上解释为用最少量的概念进行标示①，那么这种说法就是正确的。但是如果对同样这些话从心理学上加以理解，意指以尽可能最简便、最容易的方式来表现和想象事实，那么它就是不正确的。这两种说法是不同的；事实上，在一定程度上，它们是互相排斥的。

因此，知识就其作为科学来说，并不服务于其他的任何生活职能。它并不涉及对自然的实践上的控制，尽管后来它可能对这一目的常常是有用的。知识是一种独立的功能，这种功能的发挥使我们获得直接的满足，这是其他道路无法与之相比的通向快乐的独特道路。它的价值恰恰在于这种求知欲望所带来的充实学者生活的快乐。

常常有一种看法认为知识"本身"就是一种价值，与它可能给我们带来的乐趣无关，即使它没有给我们带来快乐，我们也必须为之而奋斗，人们企图以此来进一步提高知识的崇高地位。据称，真理是一种"绝对的"价值。

对这种理论进行批评会超出本书任务的范围。因此，我只是不加论证地表达自己的一种坚定的看法，在我看来那种主张价值本身完全与快乐或厌恶无关的断言是全部哲学中最大的错误理论之一。因为这种理论的根源在于某些根深蒂固的偏见。这种理论把价值概念提到形而上学的稀薄的大气之中并

---

① E. 马赫：《力学及其发展》，第3版，1907年，480页。

且相信这样一来就提高了价值概念的地位,然而实际上这只会消解价值概念并把它变成一个纯粹的语词。

与此相反,所有的道德哲学家都认为,善之为善不是因为它具有"价值本身",而是因为它带来快乐。同样,知识的价值也仅仅在于我们从知识中获得乐趣这个事实。

### 选文出处

石里克:《普通认识论》,李步楼译,北京,商务印书馆,2005年,第122~131页。

# 维特根斯坦

> 后期维特根斯坦一反早期知识论理想，主张我们必须对人们实际使用"知识"一词的各种情况进行考察，例如何谓"我知道"，就不可能以一个严格的定义来规定。关于确实性同样如此，确实性就像是一种语气，人们用这种语气肯定事实情况，但是人们并不是从语气中推导出这样说就有道理。

## 作者简介

维特根斯坦（Ludwig Wittgenstein，1889—1951），英国哲学家、逻辑学家，分析哲学的创始人和主要代表之一。生于维也纳，曾修习航空工程、数学和逻辑。1929年获剑桥大学博士学位，后任剑桥大学三一学院研究员。1938年加入英国籍。主要著作有《逻辑哲学论》(1921)、《哲学研究》(1953)、《哲学评论》(1964)、《论确实性》(1969)等。

### 著作选读：

《论确实性》，1—42，91—105，193—284。

### 1 《论确实性》，1—42——何谓"我知道"

1. 如果你确实知道这里有一只手，我们就会同意你另外所说的一切。（当人们说不能证明如此这般的一个命题时，这当然并不是说它不能从其他命题推导出来。任何一个命题都可以从其他命题推导出来，但是这些命题却不比该命题本身带有更多的确实性。）关于这一点 H. 纽曼有个很奇特的说法。）

2. 在我（或任何一个人）看来它是这样，并不能推断它就是这样。

我们所能问的是：对此进行怀疑是否能算是有意义的事情。

3. 如果比如有个人说"我不知道这里是否有一只手"，人们也许会对他讲"再仔细看看"。——这种使自己确信的可能性是语言游戏的一部分，是语言游戏的一个主要特征。

4. "我知道我是一个人。"为了看出这个命题的意思多么不清楚,就要考察这个命题的否命题。人们最多可以把它的意思理解为"我知道我有人的器官"。(比如说大脑,而从来还没有一个人看见过自己的大脑。)但是像"我知道我有大脑"这类命题又当怎样理解?我能怀疑它吗?因为没有怀疑的理由!一切事实都支持它,而没有一件事实可以反驳它。然而这却是可能想象的:我的头骨在做手术时竟然被发现其中空无一物。

5. 一个命题是否能够最终被证明其虚妄,归根结底要看我把什么当做该命题的决定因素。

6. 现在人们能不能(像摩尔一样)列举他们所知道的事情?无须考虑,我不相信他们能。因为不然,"我知道"这个表达式就是被误用了。而通过这种误用,一种奇特而又极其重要的心理状态似乎被揭示了出来。

7. 我的生活证明我知道或者确信在那边有一把椅子或者一扇门,等等。例如我告诉一位朋友说,"坐在那边的椅子上","关上门",等等。

8. "知道"与"确信"这两个概念之间的区别并不特别重要,只有这种情况除外,即用"我知道"来表示的意思是"我不可能弄错"。例如在法庭上,任何证词中的"我知道"都可以用"我确信"来代替。我们甚至也许可以想象法庭上不许说"我知道"。[《威廉·麦斯特》中有一段文字,其中"你知道"是用来表示"你确信"的意思,因为事实不同于他所知道的东西。]

9. 在我的生活进程中,现在我是否确信我知道这里有一只手即我自己的手?

10. 我知道有个病人躺在这里吗?这是无意义的胡说!我正坐在他的床边,我正注意观察他的脸。——那么我就不知道有个病人躺在那里吗?——这个问题和这个断言都没有意义。正如"我在这里"这个断言一样没有意义,而只要情况适当我还是可以在任何时刻使用它的。——这样一来"2×2=4"除了在特殊场合外也就同样没有意义,不是正确的算术命题了吗?"2×2=4"是一个正确的算术命题——不是"在特殊场合",也不是"永远"——但是说出的或写出的"2×2=4"这个句子在中文中也许可以有一种不同的意义或者是完全无意义的胡说,由此可以看出这个命题只有在使用时才有意义。"我知道有个病人躺在这里"如果用在不适当的情况下,似乎不是胡说而倒像理所当然的事情,只是因为人们能够相当容易地想象一种适合于它的情况,并且认为"我知道……"这几个字在不出现疑问的情况下永远是合适的(因而甚至在表现疑问的说法让人不可理解时也是如此)。

11. 我们简直看不到"我知道"的用法有多么细致微妙。

12. ——因为"我知道"似乎是描述一种事态,这种事态保证所知的东西是一件事实。人们总是忘记"我认为我知道"这个表达式。

13. 因为"是这样"这个命题看来并不像是可以从另外某个人所说的"我知道是这样"中推论出来的。也不像是从这个语句加上它不是谎言推论出来的。——但是我难道我不能从我自己说的语句"我知道等等"推论出"是这样"吗?完全可能,从"他知道那里有一只手"可以导出"那里有一只手"。但是从他说的语句"我知道……"却不能导出他确实知道这件事。

14. 他确实知道就必须加以证明。

15. 需要证明没有出错的可能。说出"我知道"这种保证是不够的,因为我不可能弄错毕竟只是一种保证,而在那件事上我不可能弄错却需要在客观上加以证实。

16. "如果我知道某件事情,那么我也知道我知道这件事,等等",就等于说"我知道这件事"的意思是"在这件事上我不可能弄错,但是在这件事上我是否不可能弄错却需要在客观上加以证实"。

17. 假定现在我指着一个物体说"在这件事上我不可能弄错;那是一本书"。这里会有什么样的错误呢?我对此有没有明确的想法?

18. "我知道"经常表示这样的意思:我有正当的理由支持我说的语句,所以,如果另一个人熟悉这种语言游戏,他就会承认我知道,如果只一个人熟悉这种语言游戏,他就必然可以想象人们怎样能够知道这类事物。

19. "我知道这里有一只手。"这个语句可以这样接着说下去:"因为我正在看的就是我的手。"因此一个讲道理的人是不会怀疑我知道的。观念论者也不会怀疑这一点,他大概会说他不是在讲那种受到否定的实际的怀疑,而是讲在那种怀疑背后还有另一种怀疑。这是一种幻觉,必须用另外一种方法加以证明。

20. "怀疑外在世界的存在"的意思举例说并不是指怀疑一颗行星的存在,因为新近的观察证实了它的存在。或者摩尔是想说这里有他的手在性质上不同于知道土星的存在?不然人们就可以向怀疑的人指出土星的发现,并且说这颗星的存在已经得到证实,从而也就证实了外在世界的存在。

21. 摩尔的看法实际上可以归结如下:"知道"这个概念与"相信"、"猜想"、"怀疑"、"确信"等概念的相似之处在于"我知道……"这一陈述不可能是一种错误。而如果情况是这样,那么就可能有一种从这样一个语句得出一个断言为真的推论。而在这里"我认为我知道"的形式却受到了忽视。但是如果这是不许可的,那么在该断言中也必然不可能出现错误。任何熟悉这种语言游戏的人必定明白这一点——从一个可靠的人那里所得到的"他知道"这项保证不能向他提供任何帮助。

22. 如果我们必须相信那个说"我不可能弄错"或者"我没有弄错"的可靠的人，那就确实是一件奇特的事了。

23. 如果我不知道某个人是否有两只手（比如说手是否已被截去），我将会相信他说自己有两只手的保证，只要他可以信赖的话。如果他说他知道这一点，那么这对于我来说就只能表示他能够确信自己有两只手，从而也就表示比如说他的胳臂不再包扎着纱布和绷带，等等。我相信这个可以信赖的人乃是因为我承认他有可能确信此事，但是某个说（也许）没有物体存在的人都不会承认这一点。

24. 观念论者的问题大体有如下述："我有什么权利不怀疑我的双手的存在？"（对此不能回答：我知道它们存在。）但是某个提出这类问题的人却忽视了这一事实，即对于存在的怀疑只能在一种语言游戏中进行。因此，我们必须先问：这种疑问会是什么样子？而不要直接去理解它。

25. 甚至对于"这里有一只手"人们都可能出错，只有在特殊情况下才不可能出错——甚至在一次计算中人们也可能出错，只有在特殊情况下人们才不可能出错。

26. 但是人们能够从一种规则中看出什么情况使得在使用计算规则上不可能出错吗？

在这里一种规则对我们有什么用处？难道我们不会在使用它时（又一次）出错吗？

27. 可是在这里如果人们想给出某种类似规则的东西，那么它就会包括"在正常情况下"这个表达式。我们认识正常情况，但却不能精确地描述这些情况。我们至多能够描述一系列的非正常情况。

28. 什么是"学会一种规则"？——是这个。

什么是"在使用规则上出错"？——是这个。在这里被指出的是某种不确定的东西。

29. 在练习使用规则的实践中也显示出应用规则时出现的错误是什么。

30. 当某个人确信某件事情时，他就会说："对，计算是正确的。"但是这个结论并不是从他的确信状态推导出来的。人们并不是从自己的确信中推导出事实情况的。

确实性就像是一种语气，人们用这种语气肯定事实情况，但是人们并不是从语气中推导出这样说就有道理。

31. 那些人们好像着了迷一样再三重复的命题，我愿意把它们从哲学语言中清除出去。

32. 问题并不是摩尔知道那里有一只手，而是我们遇到他说"关于这件事我当然可能弄错"时不会理解他。我们会问："出现的这一类错误表现为什么情况？"例如，发现这是个错误表现为什么情况？

33. 这样我们就清除了那些不能引导我们前进的句子。

34. 如果有人教某个人学计算，那么是否也要教他：他能够依靠他老师的计算？但是这些说明到时候毕竟会走到尽头。是否也要教他他信他的感官——因为在许多场合确实有人告诉他说，在如此这般的特殊情况下人们不能相信感官？——规则和例外。

35. 但是难道没有物体存在是不可想象的吗？我不知道。然而"物体存在"却是无意义的胡说。这可能是一个经验命题吗？

"物体似乎存在"，这是一个经验命题吗？

36. "A 是一个物体"是我们只向某个尚不理解"A"是什么意思或者"物体"是什么意思的人所提供的知识。因此这是关于词的用法的知识，而"物体"则是一个逻辑概念（同颜色、数量……一样）。这就是为什么不能构成"物体存在"这类命题的理由。

然而我们每一步都会遇到这类不成功的尝试。

37. 但是说"物体存在"是无意义的胡说难道就是对于观念论者的怀疑态度或实在论者的确信态度的适当回答吗？而这在他们看来毕竟并不是无意义的胡说。然而这样说却是一种回答：这个断言或其反面是打算表达某种不可表达的事物的失败尝试。它的失败是可以显示出来的，但是这并不是问题的终结。我们必须懂得困难或其解决的最初表达可能是完全错误的。正如一个有理由指责一张画的人最初往往指得不是地方，批评家为了找到正确的攻击点就需要进行一番考察。

38. 数学的知识。人们在这里必须不断提醒自己："内心过程"或"状态"是不重要的，并且向自己发问：为什么这应该是重要的？这与我有什么相干？令人感兴趣的是我们怎样使用数学命题。

39. 人们就是这样进行计算的。即在这样的情况下人们认为计算是绝对可靠的、必然正确的。

40. 从"我知道这里是我的手"可能引出"你是怎样知道的"这个问题，而对这个问题又预先假定可以用这样的方式知道这件事。因此，人们也许可以用"这里是我的手"来代替"我知道这里是我的手"，然后补充说他们是怎样知道的。

41. "我知道我什么地方感到疼痛"、"我知道我这儿感到疼痛"与"我知道我感到疼痛"同样是错误的。但是"我知道你是在什么地方触摸到我的胳臂的"却是正确的。

42. 人们可以说"他相信这件事，但事实并不是这样"，但却不能说"他知道这件事，但事实并不是这样"。这是不是由于信念与知识的"心理状态"的不同？不是的。比如说，人们可以把通过说话时的语气、姿势等等所表达的东西称做"心理状态"。看来，确信的心理状态还是可以讲的；而不管是知识还是错误的信念，这种心理准备状态都是一样的。认为与"相信"和"知道"这些词相对应的必然是些不同的心理状态，这就好像人们相信与"我"这个词和"路德维希"这个名字相对应的因为概念不同而必然是不同的人一样。

### 选文出处

维特根斯坦：《论确实性》，张金言译，桂林，广西师范大学出版社，2002 年，第 1～9 页。

## 2 《论确实性》，91—105——人们有充分理由确信他知道某种东西吗？

91. 如果摩尔说他知道地球存在等等，我们大多数人都会承认他说得对，即地球一向存在，也会相信他对这一点的确信。但是他是否也已经得到了支持他的确信的正确理由？因为如果没有，那么归根结底他还是不知道（罗素）。

92. 然而我们却可问：一个人是否有充分的理由相信地球只存在了一段很短的时间，比方说从他自己出生才开始存在——假定人们一直对他这样讲，他有充分的理由怀疑这一点吗？人们相信他们可以造雨，为什么不教导一位国王相信世界是同他一起开始存在的？而如果摩尔和这位国王走到一起来讨论，摩尔真的能够证明他的信念是对的吗？我并不是说摩尔不能让这位国王转而相信他的看法，但这却是一种特殊的信念转变，这位国王将会以一种不同的方式来看世界。

要记住人们有时是由于一种看法的简单或对称而确信其正确的，也就是说，这些乃是诱使人们转而相信这种观点的东西。人们这时只说某种类似这样的话："它必然就是这个样子。"

93. 表达摩尔所"知道"的事物的命题都属于这样一类命题，很难想象一个人为什么应当相信其反面。例如那个讲摩尔已经贴近地球生活了一辈子的命题。在这里我又一次能够讲我自己而不是讲摩尔了。什么事情能够引诱我相信其反面呢？不是一次记忆，就是有人告诉过我。我看到的和听到的所有事物都让我确信没有人曾远离地球。在我的世界图景中没有一件事物支持其反面的说法。

94. 但是我得到我的世界图景并不是由于我曾确信其正确性，也不是由于我现在确信其正确性。不是的,这是我用来分辨真伪的传统背景。

95. 描述这幅世界图景的命题也许是一种神话的一部分,其功用类似于一种游戏的规则。这种游戏可从全靠实践而不是靠任何明确的规则学会。

96. 人们可以想象:某些具有经验命题形式的命题变得僵化并作为尚未僵化而是流动性的经验命题的渠道;而这种关系是随着时间而变化的,因为流动性的命题变得僵化,而僵化的命题又变得只有流动性。

97. 这种神话可能变为原来的流动状态,思想的河床可能移动。但是我却分辨出河床上的河流运动与河床本身的移动,虽然两者之间并没有什么明显的界限。

98. 但是如果有人说"这样看来逻辑也是一门经验科学",他便错了。然而这却是对的:同样的命题有时可以当做受经验检验的东西,而有时则可以看做是检验的规则。

99. 那条河流的岸边一部分是不发生变化或者变化小得令人察觉不到的坚硬的岩石,另一部分是随时随地被水冲走或者淤积下来的泥沙。

100. 摩尔所说的那些他所知道的真理,粗略地讲,就是我们大家都知道的那些真理,如果他知道的话。

101. 举例说,这样一个命题也许就是:"我的身体从未在消失一段时间后又更新出现。"

102. 难道我不可以相信:在自己不知道的情况下,或许就在失去意识的状态下,我曾被人从地球上带走,而别人虽然知道但却没有向我讲这件事?但是这同我的其他信念却一点也不一致。看来我不能描述这些信念所形成的体系。然而我的信念确实形成一个体系、一个结构。

103. 现在如果我说"我的不可动摇的信念是……",那么就目前这个实例讲也不意味着我是有意识地遵循某一具体思路而得到这一信念的,而是意味着这种信念是扎根于我的问题与回答之中,其扎根之深是我无法触到。

104. 比如我也确信太阳不是苍穹中的一个洞。

105. 有关一种假设的一切检验、一切证实或否证都早已发生在一个体系之中。这个体系并不是我们进行一切论证时所采用的多少带有任意性或者不太可靠的出发点,而是属于我们称之为论证的本质。这个体系与其说是论证的出发点,不如说是赋予论证以生命的活力。

### 选文出处

维特根斯坦:《论确实性》,张金言译,桂林,广西师范大学出版社,2002年,第16~19页。

**3 《论确实性》，193—284——何谓"确实性"？**

193. "一个命题的为真是确实的"，这句话是什么意思？

194. 我们用"确实"这个词表示完全信其为真，没有丝毫的怀疑，从而也想让别人确信。这是主观的确实性。

但是某件事情什么时候在客观上是确实的？——当不可能出现错误的时候？但这又是什么样的可能性？难道错误不是必须在逻辑上被排除掉吗？

195. 如果我相信我正坐在我的房间里而事实上不是，那么人们不会说是我弄错了。但是这种情况与错误之间的本质区别是什么？

196. 确实的证据是我们认为无条件可靠的东西，这种证据是我们借以有把握地、不带任何怀疑地行事的根据。

我们所说的"错误"在我们的语言游戏中起着十分特殊的作用，我们所认为的确实的证据也是这样。

197. 说我们把某种事物当做确实的证据是因为它确实为真，这是无意义的胡说。

198. 倒不如说我们首先必须把决定赞成或反对一个命题这一任务确定下来。

199. "真或伪"这个表达式的使用为什么容易误导的原因在于它就像说"这与事实相符或者不相符"一样，成问题的正是"符合"在这里到底是什么意思。

200. 实际上"这个命题不真即伪"只表示决定赞同它或反对它必定是可能的，但这并未说出支持这样一种决定所根据的理由是什么。

201. 假定有人提出这个问题："正如我们习惯上所做的那样，信赖我们记忆的（或感官的）证据是否真是对的？"

202. 摩尔的确实命题几乎宣称我们有依靠这种证据的权利。

203. 〔凡是我们认为是证据的东西都表明地球在我出生之前早已存在很久。相反的假设却完全没有支持它的理由。

如果一切事物都支持一个假设而又没有任何事物反对它，它是否就是客观上确实的假设？人们可以这样讲：但它是否必然与事实世界相符合？它最多向我们显示出"符合"是什么意思。我们觉得很难想象它为伪，但也很难使用它。〕

这种符合如果不存在于这一事实即在这些语言游戏中作为证据的东西支持我们的命题当中，那么它又存在于什么当中？（《逻辑哲学论》）

204. 然而为证据提出理由根据并为之辩解终会有个尽头，但是其尽头并非某些命题直接让我们感到其为真，即不是来自我们方面的一种看法，而是我们的行动，因为行动才是语言游戏的根基。

205. 如果真理是有理由根据的东西，那么这理由根据就不是真的，然而也不是假的。

206. 如果有人问我们"但这是真的吗"，我们就可以对他说"是真的"；如果他要求理由根据，我们也许可以说"我不能给你讲出任何理由根据，但是如果你学得多了也会这样想的"。

如果这件事实现不了，那就意味着他不能学习（例如）历史。

207. "每个人的打开的头骨内都有大脑，真是奇怪的巧合！"

208. 我同纽约通了电话。我的朋友告诉我说，他的幼树有如此这般的嫩芽，我现在确信他的幼树是……我是否也确信地球存在？

209. 倒不如说地球的存在乃是整个图景的一部分，后者是构成我的信念的起点。

210. 我打电话到纽约是否增强了我对地球存在的确信？

在我们看来很多事情是固定不变的，它们从往返的交通中撤出来，这就好像是把列车调到不用的侧轨上。

211. 现在它们把形式赋予了我们的观察和我们的研究。也许它们曾受到质疑，但是也许由于经历了久远得不可想象的年代，它们已经属于我们思想的框架。（每个人都有父母。）

212. 比方说，在某些环境下，我们认为一次计算已经得到充分的核对。是什么给了我们这样做的权利？是经验吗？我们终得在某个地方停下来，不再提供理由根据，而那时就只剩下这个命题，即我们就是这样计算的。

213. 我们的"经验命题"并不形成一个同质的块团。

214. 是什么使我不认为这张桌子在没有人看到它时不是消失就是改变了形状或颜色，然后当年某人再次观看它时又变回原来的状态？——"但是有谁会这样想！"人们会说。

215. 在这里我们看到"与实在相符合"的观点并没有得到任何明确的应用。

216. "这是写下来的"这个命题。

217. 如果有人认为我们的所有计算都是不确实的，并且我们不能信赖其中任何一次计算（通过说错误总是可能的来为自己辩解），那么我们也许会说他是疯了。但是我们能说他错了吗？难道他不过是做出了不同的反应？我们信赖计算，而他却不然；我们确信，而他则不是这样。

218. 我能暂时相信我曾到过月球吗？不能。我是否同摩尔一样，知道我从未到过？

219. 作为一个有理智的人，我对此不能有任何怀疑。——就是这样。

220. 有理智的人不抱有某些怀疑。

221. 我能随意怀疑吗？

222. 我不可能怀疑我从未到过月球。这是否使我知道这一点？这是否使其为真？

223. 因为难道我不会精神失常，不去怀疑我绝对应该怀疑的事情？

224. "我知道这从未发生过，因为如果发生过我就不可能忘记它。"

但是假定这确实发生过，那么实际情况就会是你把它忘记了，而你又怎么知道你不可能忘记它？难道这不正是来自更早的经验吗？

225. 我所坚持的不是一个命题而是一组命题。

226. 我能认真考虑我曾登上月球这个假定吗？

227. "这是某种人们不能忘记的事情吗？"

228. "在这类情况下，人们不说'也许我们已经都忘记了'以及类似的话，但是人们还是认为……"

229. 我们的谈话是从我们其他行为中得到其意义的。

230. 我们问自己：我们用"我知道……"这一说法来做什么？因为这并不是一个关于心理过程心理状态的问题。

而这就是人们怎样必须决定某件事情是不是知识。

231. 如果有人怀疑地球在 100 年前是否已经存在，我不理解他是由于这个原因：我不知道这个人认为什么仍可作为证据，什么不能作为证据。

232. "我们也许能够怀疑这些事实中每一件单独的事实，但是我却不能怀疑所有这些事实。"说"我们不怀疑所有这些事实"不是更正确吗？我们不怀疑所有这些事实只是我们的判断方式，因而也就是我们的行为方式。

233. 如果一个孩子问我地球是否在我生前早已存在，我就会问答他说地球并不是从我出生时才开始存在，而是很久很久以前就存在了。而我还会有说出某种可笑的话的感觉，就像孩子问某某山是否比一座他见过的高房子更高似的。在回答这个问题时我就不得不向问这个问题的人提供一幅世界图景，如果我以确实无疑的态度回答这个问题，是什么给了我这种把握？

234. 我相信我有祖先，也相信每个人都有祖先。我相信有许多不同的城市，并且一般来说相信地理和历史上的主要事实。我相信地球是一个我们在其表面上行走的物体，也相信地球不会比任何其他固体更容易突然地消失，如这张桌子、这所房子、这棵树等等。如果想怀疑地球在我出生以前很久就已存在，我就不得不怀疑我所坚信的一切事情。

235. 而我坚信某种事情这一点并不依靠我的愚蠢或轻信。

236. 如果有人说"地球并未存在很久……"，那么他所驳斥的是什么？我知道吗？

这一定就是所谓的科学信念吗？难道这不可能是一种神秘信念吗？对他来说有什么绝对必要反对历史事实或者甚至地理事实吗？

237. 如果我说"一小时以前这张桌子不存在"，我的意思很可能是指这张桌子是以后才做成的。

如果我说"这座山那时不存在"，我的意思很可能是指这座山是以后才形成的——也许是由火山形成的。

如果我说"这座山半小时以前不存在"，这就是一个很奇特的陈述，我的意思是什么并不清楚，比如说我的意思是否是某件并不真实但却合乎科学说法的事情。也许你认为这座山那时不存在这个陈述的意思十分清楚，不管人们怎样理解其语境。但是假定有人说"这座山一分钟以前并不存在，但是一座完全相似的山确实存在过"，只有一种常见的语境才使所指的意思清楚地显现。

238. 我也许因此去问某个说过地球在他生前并不存在的人，目的在于找出他所反对的是我的哪个信念。这时情况也许可能是他在反对我的一些基本态度。而如果情况是这样，我就必须对此默认。

如果他说他曾在某个时间登上月球，情况也与此类似。

239. 我相信每个人都有属于人类的双亲；但是天主教徒相信耶稣只有一个属于人类的母亲。其他人也许相信存在着没有双亲的人，而不相信一切相反的证据。天主教徒也相信一张圣餐饼在某些情境下完全改变其性质，同时相信一切证据都证实情况正好相反。所以如果摩尔说"我知道这是酒，不是血"，天主教徒就会反对他。

240. 凡人都有双亲这个信念以什么为依据？以经验为根据。而我如何以我的经验作为这个确实信念的根据？现在我不仅以我已经认识某些人的双亲这件事实而且以我已经懂得的一切关于人类性生活以及人体解剖学和生理学的事实作为这个信念的根据；也以我听到和看到的关于动物的情况为其根据。但是因此这就真是一种证明吗？

241. 难道这不正是一个如我相信的一再得到完全证实的假设？

242. 难道我们不是必须总是说"我确实相信这件事情"吗？但是如果他所相信的事情属于这样一类，即他能够给出的理由并不比他的断言有更多的确实性，那么他就不能说他知道他所相信的事物。

243. 人们在准备好给出令人信服的理由时才说"我知道"。"我知道"是同证明真理的可能性相关联的。某人是否知道某事,这是能够显示出来的,假定他确信这件事的话。

但是如果他所相信的事情属于这样一类,即它能够给出的理由并不比他的断言有更多的确实性,那么他就不能说他知道他所相信的事物。

244. 如果有人说"我有个身体",人们就能够问他:"谁在这里用这张嘴说话?"

245. 一个人对谁说他知道某件事情?对自己说还是对另外某个人说?如果他是对自己说这句话,那么它怎样有别于说出他确信事情是这样的那句断言?我知道某件事情,这并不带有主观上的确信。确信是主观的,但知识却不是。所以如果我说"我知道我有两只手",这应该不仅是表达我主观上的确信,我必须能够使自己确信我是对的。但是我做不到这一点,因为我有两只手这件事在我观看它们之前并不比观看之后不确实。但是我也许能说:"我有两只手是一个不可推翻的信念。"这会表达这一事实,即我不愿让任何事情作为这个命题的否证。

246. "在这里我已经到达我的所有信念的基础。""我要坚持这个立场。"但是难道这不恰恰是因为我完全确信它吗?——"完全确信"又是什么样子?

247. 现在怀疑我是否有两只手又会是什么样子?为什么我完全不能想象这件事?如果我不相信这件事,那么我还会相信什么?到现在为止我还没有一个允许这种怀疑存在的体系。

248. 我已经到了我的确定信念的基层。

人们也许差不多可以说这些墙这是靠整个房子来支撑的。

249. 人们给自己提供一幅关于怀疑的错误图景。

250. 在正常情况下,我有两只手与我能为证实这件事而提供的任何证据同样确实。

这就是为什么我不能把看到我的手作为证实我有两只手的证据的理由。

251. 难道这不是意味着:我将无条件地按照这个信念行事,而不让任何东西把我搅乱?

252. 但是不仅我以这种方式相信我有两只手,每个有理智的人都这样做。

253. 在有充分理由根据的信念的基础那里存在着没有理由根据的信念。

254. 任何一个"有理智的"人都这样行事。

255. 怀疑有着某些特有的表现,但是这些表现只是在特殊情况下才成为怀疑的特点。如果有人说他怀疑自己双手的存在,就一直从各个方面观看双手,力图证实这并不是镜像,等等,那么我们在是否应该称它为怀疑上就会感到犹豫。我们也许可以把他的行为方式说成像是怀疑行为，但是他的游戏并不是我们的游戏。

256. 从另一方面看，一种语言游戏随着时间而起变化。

257. 如果有人对我说他怀疑他是不是有一个身体，我会认为他是个白痴，但是我却不知道让他确信他有一个身体是什么意思。而如果我说了什么话使他消除了怀疑，我是不会知道是怎样或者为什么做到这一点的。

258. 我不知道可以怎样使用"我有一个身体"这个句子，这不能无条件地适用于我一直位于或者贴近地球表面这个命题上。

259. 某个怀疑地球是否已经存在了100年的人也许可能有一种科学的或者从另一方面看又是哲学的怀疑。

260. 我愿意把"我知道"这个表达式保留给在正常语言交流中使用它的那些实例。

261. 我现在不能想象对地球在过去100年存在有一种合理的怀疑。

262. 我能用做这样一个人，他在十分特殊的环境中成长并被告知地球在50年前开始存在，从而相信了这一点；我们也许可以教他说"地球已经存在很久了"等等。我们会尽力把我们的世界图景展示给他。

这会通过一种说服来完成。

263. 学生相信他的教师和教科书。

264. 我能想象摩尔让一个野蛮部落给捉住，部落的人猜疑他来自地球和月球之间的某个地方。摩尔告诉他们说他知道，但是他不能向他们讲出他确信的理由，因为他们对人的飞行能力有着奇特的想法并对物理学一无所知。这大概就是一个做出该陈述的场合。

265. 但是这除了说"我从未去过如此这般的一个地方并且有着令人信服的理由相信这一点"之外，还说了些什么？

266. 在这里人们仍然必须说出什么是令人信服的理由。

267. "我不仅有关于一棵树的视觉印象，而且我知道那是一棵树。"

268. "我知道这是一只手。"——一只手是什么？——"看，例如这就是。"

269. 比起我从未到过保加利亚来，我是不是更确信我从未到过月球？为什么我这样确信？你看，我知道我从未去过临近什么地方，比方说巴尔干半岛。

270. "我对自己的确信有着令人信服的理由。"这些理由使得这种确信客观化。

271. 确信某件事情的充分理由并不是由我决定的。

272. 我知道＝我熟悉它是确实的事物。

273. 但是人们什么时候说某件事情是确实的？因为关于某件事情是否确实是可能有争论的。我的意思是指某件事情在客观上是确实的。

有无数个我们认为是确实的普遍化经验命题。

274. 一个这样的命题是，如果某个人的胳臂被割下就永远不会再长出来。另一个命题是，如果某个人的头被割下，他就会死去而永远不会复活。

人们可以说是经验教给了我们这些命题。然而经验并非孤立地教给我们这些命题，而是作为大量相互依赖的命题教给我们这些命题的。如果这些命题是孤立的，我也许可以怀疑它们，因为我没有与之相关的经验。

275. 如果经验是让我们确信的理由，那么它当然是过去的经验。

我取得知识的来源并不仅仅是我的经验，也包括别人的经验。

现在人们也许可以说引导我们相信别人的还是经验。但是什么经验使得我相信解剖学和生理学书籍中不包含错误的东西？然而这却是十分真实的，即这种信赖是受我自己的经验所支持的。

276. 可以这样说，我们相信这座大厦存在，然后我们才时而从这里、时而从那里看到大厦的一个小角落。

277. "我不能不相信……"

278. "我对于事情是这个样子感到安心。"

279. 汽车不是从土地里生长出来的，这是十分确实的。——我们感到如果有人能够相信与此完全相反的事情，那么他就能够相信所有我们说的不真实的事情，并且能够怀疑所有我们认为确实的事情。

但是这一信念是怎样与所有其他信念结合在一起的？我们愿意说某个能够相信该信念的人并不接受我们的整个证实体系。

这个体系是一个人通过观察和听课得到的。我有意不说"学会的"。

280. 在他看到这些事情或听到那些事情之后，他就不能怀疑。

281. 我（L. W.）相信、确信我的朋友在身体或头脑内没有锯末，尽管我没有感官上的直接证据。我相信这一点是根据别人对我讲过的话、我读过的东西和我的经验。对此抱有怀疑在我看来就像失去理智一样，当然这也同别人的意见一致，但是我同意他们的意见。

282. 我不能说我对猫不在树上生长或者我有父母这种意见有着充分的理由。

如果有人对此表示怀疑，——这怎么会发生呢？是由于他从开始就不相信他有父母吗？但是除非有人这样教过他，难道这是可以想象的吗？

283. 因为一个孩子怎么会立刻怀疑别人教他的东西？这也许只能表示孩

子不能学会某些语言游戏。

284. 人们从上古时代就捕杀动物，为了各种不同的目的而使用其皮、骨等等；人们明确指望在类似的动物身上可以找到类似的部分。

人们总是从经验中学习；我们能够从人们的行为中看出他们明确相信某些事情，不管他们是否表达出这种信念。我自然不是想借此说人们应该这样行事，而只是说人们确实这样行事。

### 选文出处

维特根斯坦：《论确实性》，张金言译，桂林，广西师范大学出版社，2002年，第33~45页。

# 奎因

经验论的两个基本原则，即分析命题与综合命题的二分法以及一切有意义的命题都是最终由直接经验所构成，被奎因视为经验论的两大教条，在批判了这两个教条后，奎因建立起他自己的整体论观点："我们所谓的知识或信念的整体，从地理和历史的最偶然的事件到原子物理学甚至纯数学和逻辑的最深刻的规律是一个人工的织造物。它只是沿着边缘同经验紧密接触。或者换一个比喻说，整个科学是一个力场，它的边界条件就是经验。在场的周围同经验的冲突引起内部的再调整。对我们的某些陈述必须重新分配真值，一些陈述的再评价使其他陈述的再评价成为必要，因为它们在逻辑上是互相联系的，而逻辑规律也不过是系统的另外某些陈述，场的另外某些元素。既已再评定一个陈述，我们就得再评定其他某些陈述，它们可能是和头一个陈述逻辑地联系起来，也可能是关于逻辑联系自身的陈述。但边界条件即经验对整个场的限定是如此不充分，以致在根据任何单一的相反经验要给哪些陈述以再评价的问题上是有很大选择自由的。除了由于影响到整个场的平衡而发生的间接联系，任何特殊的经验与场内的任何特殊陈述都没有联系。"另外，作为认知心理学，新知识论是对"贫乏的（感觉刺激）输入与迸发的输出（我们的世界图像）之间"关系的描述性考察。我们经验观察的"贫乏输入"现在变成行为论自然主义的基础，即一种重心在预期和证实的主义。我们并不认识世界如其本身（无论它可意指什么），而只是通过感觉证据：我们主动感觉接收器的报道。所以知识论成为经验论。奎因把这种新的知识论关系称为科学的女仆，自然化的知识论（epistemology naturalized）。

**作者简介**

奎因（W. V. Quine, 1908—2000），当代美国哲学家、逻辑学家，分析哲学的主要代表之一。曾师从怀特海，并两度在哈佛大学从事研究和教学。主要著作有《从逻辑的观点看》(1953)、《语词和对象》(1960)、《逻辑哲学》(1970)、《指称的根源》(1974)等。

**著作选读：**

《从逻辑的观点看》；《自然化的认识论》。

### 1 经验论的两个教条——命题二分法与基础信念论

现代经验论大部分是受两个教条制约的。其一是相信在分析的、或以意义为根据而不依赖于事实的真理与综合的、或以事实为根据的真理之间有根本的区别。另一个教条是还原论：相信每一个有意义的陈述都等值于某种以指称直接经验的名词为基础的逻辑构造。我将要论证：这两个教条都是没有根据的。正像我们将要见到的，抛弃它们的一个后果是模糊了思辨形而上学与自然科学之间的假定分界线。另一个后果就是转向实用主义。

#### （一）分析性的背景

休谟关于观念间的关系与事实之间的区别，莱布尼茨关于理性的真理与事实的真理之间的区别，都预示了康德关于分析的真理与综合的真理之间的区分。莱布尼茨谈到理性真理在一切可能的世界里都是真的，除去形象性之外这话是说理性真理就是那些不可能假的真理。我们听到有人以同样的腔调把分析陈述定义为否定之则陷于自相矛盾的陈述。但这个定义没有多大的说明力；因为这个分析性定义所需要的真正广义的自相矛盾概念，正像分析性概念本身那样有待于阐明。这两个概念是同一个可疑的钱币的两面。

康德把分析陈述设想为这样的陈述。它把恰恰是主词内涵中已经包含的东西归属于主词。这个说法有两个缺点：它局限于主—谓词形式的陈述，而且求助于一个停留在隐喻水平上的包含概念。但是，从康德关于分析性概念的使用比从他对分析性概念的定义能更明显地看出，他的用意可以这样来重新加以表述：如果一个陈述的真以意义为根据而不依赖于事实，它便是分析的。循此思路，让我们考察一下这个被预先假定的意义概念。

我们不要忘记，意义不可以和命名等同起来。弗雷格的"暮星"与"晨星"的例子，罗素的"司各脱"和"《威弗利》的作者"的例子，都说明名词可以是同一事物的名字而具有不同的意义。在抽象名词方面，意义与命名的区别也同样重要。"9"和"行星的数目"是同一个抽象东西的名字，但大概必须认为是意义不一样的。因为需要作天文观测，而不单是思考意义，才能确定所指的这个东西的同一性。

上面是关于具体的和抽象的单独名词的例子。至于普遍名词或谓词，情况有所不同，但是与此相类似，一个单独名词是要给一个抽象的或具体的东西命名，普遍名词则不是；但一个普遍名词或者适用于一个东西，或者对许多东西中的每一个都适用，或者对任何一个东西都不适用。一个普遍名词对之适用的所有的东西这个类就叫做这个名词的外延。正如一个单独名词的意义与被命名者之间就是有差别的，我们同样也必须把一个普遍名词的意义与它的外延区别开来。比方说，普遍名词"有心脏的动物"和"有肾脏的动物"大概就是外延相同而意义不同的。

在普遍名词的场合把意义与外延混为一谈比起在单独名词的场合把意义与命名混同起来，较为少见。在哲学中把内涵（意义）与外延对立起来，或者说，把含义与指称对立起来，确实是很平常的。

毫无疑问，亚里士多德的本质概念是现代的内涵或意义概念的先驱。依亚里士多德看来，"是理性的"属于人的本质，"是两足的"则属于人的偶性。但亚里士多德的这个看法与意义学说之间却有一个重要的区别。从后一种观点来看，确实可以承认（即使仅仅为了辩论）理性包含在"人"这个词的意义之内，而两足性则不包含在内；但同时却可以把两足性看做包含在"两足动物"的意义之内，而理性则不包含在内。这样从意义学说的观点看来，对于同时是一个人又是一个两足动物的实际的个人来说他的理性是本质的，而他的两足性是偶有的。或者反过来，说他的两足性是本质的，而他的理性是偶有的，都是毫无意义的。依亚里士多德看来，事物有本质，但只是语言形式才有意义。当本质由所指对象分离出来而同语词相结合时，它就变成了意义。

就意义理论来说，一个显著问题就是它的对象的本性问题：意义是一种什么东西？可能由于以前不曾懂得意义与所指是有区别的，才感到需要有被意谓的东西。一旦把意义理论与指称理论严格分开，就很容易认识到，只有语言形式的同义性和陈述的分析性才是意义理论要加以探讨的首要问题；至于意义本身，当做隐晦的中介物，则完全可以丢弃。

于是我们就又碰到了分析性的问题。在哲学上一般承认为分析陈述的那些陈述，确实不难找到。它们分为两类。第一类可称为逻辑地真的陈述。下面句子可作为典型：

（1）没有一个未婚的男子是已婚的。

这个例子的有关特点是：它不仅照现在的样子是真的，而且要是给"男子"和"已婚的"这两个词以一切任何不同的解释，它都仍然是真的。如果我们假定先已开出包括"没有一个"、"不"、"如果"、"那么"、"和"等等逻辑常词的清单，那么一般地说，一个逻辑真理就是这样一个陈述，它是真的，而且在给予它的除逻辑常词以外的成分以一切不同的解释的情况下，它也仍然是真的。

但还有第二类的分析陈述，下面的句子可作为典型：

（2）没有一个单身汉是已婚的。

这样一个陈述的特征是：它能够通过同义词的替换而变成一个逻辑真理；因此以"不结婚的男人"来替换它的同义词"单身汉"，（2）就能够变成（1）。因为在上面的描述中我们要依靠一个和分析性自身同样需要阐释的"同义性"概念。所以我们仍然没有对于第二类分析陈述，因而一般地对于分析性的特点做出恰当的说明。

近年来，卡尔纳普往往求助于他所谓的状态描述来解释分析性。① 一个状态描述就是把真值穷尽无遗地分派给语言中的原子陈述或非复合陈述。卡尔纳普假定，语言中一切其他陈述都是借助于熟悉的逻辑手段由它们的成分句按照这样的方式构造起来的，即任何复杂陈述的真值就每一个状态描述来说都是为特定逻辑规律所决定的。如果一个陈述在一切的状态描述中都是真的，那么这个陈述就被解释为分析的。这种说法是莱布尼茨"在一切可能的世界里都真"的翻版。但要注意，只有当语言中的原子陈述，同"约翰是单身汉"和"约翰是结了婚的"不一样，是彼此完全没有关系的，关于分析性的这个说明才用得着。否则就会有一个状态描述把真值的真既分配给"约翰是单身汉"，也分配给"约翰是结了婚的"，结果"没有一个单身汉是已婚的"按照所提出的标准便变成综合的而不是分析的陈述了。这样，根据状态描述的分析性标准就仅仅适用于那些并无像"单身汉"和"未婚的男子"这种非逻辑的同义词对子（synonym—pairs）的语言，即引起"第二类"分析陈述的那种类型的同义词对子。根据状态描述的这个标准顶多是对逻辑真理的重构而不是对分析性的重构。

我并不是说卡尔纳普在这一点上抱有任何幻想。他的带有状态描述的简

---

① 请参见卡尔纳普：《意义和必然性》，芝加哥，1947年，第9页以下；《概率的逻辑基础》，芝加哥，1950年，第70页以下。

化模型语言主要不是为解决一般的分析性问题，而是有另一个目的，就是要阐释概率和归纳问题。然而我们的问题却是分析性；而这里主要的困难不在第一类分析陈述，即逻辑真理上面，而在依赖于同义性概念的第二类分析陈述上面。

（二）定义

有那么一些人，他们说第二类分析陈述可根据定义还原为第一类分析陈述即逻辑真理，以此感到安慰；例如，把"单身汉"定义为"未婚的男子"。但是我们怎么知道"单身汉"被定义为"未婚的男子"呢？谁这样下定义？在什么时候？难道我们要依据身旁的词典，把词典编纂人的陈述奉为法律？显然这会是本末倒置的。词典编纂人是一位经验科学家，他的任务是把以前的事实记录下来；如果他把"单身汉"解释为"未婚的男子"，那是因为他相信，在他自己着手编写之前，在流行的或为人喜爱的用法中已不明显地含有这两个语词形式之间的同义性关系。这里所预先假定的同义性概念大概仍须根据同语言行为有关的一些词来阐明。"定义"是词典编纂人对观察到的同义性的报道，当然不能作为同义性的根据。

的确，定义不是唯独语言学家才有的活动。哲学家和科学家常常有必要给一个难懂的词"下定义"，就是把它释义为较熟悉词汇中的词。但这样一个定义，像语言学家的定义一样，通常是纯粹的词典编纂法，即肯定一个在现有说明之前的同义性关系。

肯定同义性到底是什么意思，两个语言形式要能够恰当地被描述为同义词，到底什么样的相互联系才是必要而又充分的，我们并不清楚。但是，不论这些相互联系是什么样的，它们通常是以用法为根据的。因此报道被选为同义性实例的定义便是关于用法的报道。

但是，也有一种不同类型的定义活动，它并不局限于报道先已存在的同义性。我指的是卡尔纳普所说的解释（explication），即哲学家所致力的、而科学家在其较富于哲理性的时刻也从事的一种活动。解释的目的不是单纯把被定义词释义为一个完全的同义词，而实际上是使被定义词意义精练或对它加以补充来改进它。但即使解释并不单纯报道被定义词与定义词之间的先已存在的同义性，它仍然是以其他的先已存在的同义性为根据的。这问题可以这样看：任何值得解释的语词都有一些语境，这些语境整个地说是足够清楚和确切的，因而是有用的；解释的目的就是保存这些特优语境的用法，同时使其他语境的用法明确起来。因此，为了一个给定的定义适合于解释的目的，所需要的并不是被定义词的先前用法和定义词同义，而只是：被定义词的这些特优语境的每一个，就其先前用法整个地来看，是和定义词的相应的话语同义的。

两个可供选择的定义词可以同等地适合于某一解释的任务但却不是彼此同义的；因为它们在特优语境内部可以互相替换，而在别处便分歧了。解释类型的定义由于坚持这些定义词中的一个而非另一个，便通过认可产生了被定义词与定义词之间以前并不存在的同义关系。但像上面所见到的，这样一个定义的解释性职能仍然是来自先已存在的同义性。

但是，的确仍然有一种极端的定义不能归溯到先已存在的同义性；这就是纯粹为了缩写的目的明显地根据约定引进新的记号。这里被定义词和定义词所以是同义的，纯粹因为它是为了和定义词同义这个目的而特意被造出来的。这里我们有了同义性被定义所创造的真正明显的例子；但愿一切种类的同义性都是同样地容易理解就好了。就其他场合来说，定义依赖于同义性，而不是解释它。

"定义"这个词已渐渐具有一种危险地使人感到放心的语调，这无疑出于它在逻辑和数学著作中的经常出现而形成。我们现在最好暂且撇开一下正题，简要地对定义在形式研究中的作用给予评价。

在逻辑和数学系统中，我们可以在互相对立的两种节约方式中追求任何一种，而每一种都有它的特殊的实际效用。一方面我们可以寻求实际用语的节省，即轻易简便地陈述各种各样的关系。这种节约通常要求用特殊的简明记号来表示许多概念。但是，另一方面，相反地我们可以寻求语法和词汇的节约；我们可以尽力找到最少量的基本概念，以便一旦其中每个都有了特殊的记号，我们就有可能通过基本记号的单纯结合与重复来表达想要得到的任何其他概念。这第二种节约从某方面来讲是不实际的，因为基本用语的贫乏会必然使论述变得冗长。但在另一方面它又是实际的，通过把语言本身的词和构造形式减到最小量，就大大简化了对于语言的理论性论述。

两种节约虽然乍看起来是不相容的，但各自在不同的方面是有价值的。因此产生了这样的习惯：就是用实际上是构造两个语言（其中一个是另一个的一部分）的方法把两种节约结合起来。这个包括一切的语言虽然在语法和词汇上过于繁多，在讯息长度上却是节约的。但另一方面，叫做原始记号的那一部分在语法和词汇上却是节约的。整体和部分是由翻译规则来相互联系的，通过这些规则不是原始记号中的每个用语都等于由原始记号构造起来的某个复合体。这些翻译规则就是在形式化系统里出现的所谓定义。最好不要把它们看做一个语言的附属物，而是看做两个语言（其中一个是另一个的一部分）之间的相互关系。

但这些相互关系不是任意比它们被认为表明了原始记号除了简短和方便

之外，还如何能够完成这个过于繁多的语言的一切目的。因而在每个场合可以预期，被定义词和定义词是以刚刚提到的三种方式中的任何一种发生关系的。定义词可以用范围较窄的一套记号来忠实地给被定义词释义，从而保存了一个先前用法里的直接的同义性[1]；或者定义词可以按照解释的本旨，把被定义词的先前用法加以改良；最后，或者被定义词可以是一个新创造的、此时此地才赋有一种新意义的记号。

这样，在形式的和非形式的研究中都一样，我们发现定义——除了明显地根据约定引进新记号的极端场合——是以在先的同义性关系为转移的。我们既然认识到，定义这个概念并不掌握同义性和分析性的关键，那么就让我们进一步探究同义性，而把定义撇开。

**（三）互相替换性**

值得仔细考察的一个自然的意见便是：两个语言形式的同义性仅仅在于，它们在一切语境中可以互相替换而真值不变，用莱布尼茨的说法，就是保全真值（salva veritate）的互相替换性。[2] 注意，这样构想的同义词甚至不必是没有含混的，只要这种含混是相称的。

但是说同义词"单身汉"和"未婚的男子"在一切场合都可以保全真值地互相替换，却不完全正确。我们拿"bachelor of arts"（文学学士）或"bachelor's buttons"（小的果味饼干）为例，如果在此处用"未婚的男子"来替换"bachelor"，那么很容易看到真理就变成谬误了；我们也可以用加引号的办法看到这种替换使真理变成谬误，例如："Bachelor"不满十个字母。然而，我们也许可以把短语"bachelor of arts"、"bachelor's buttons"和引语"bachelor"都看做单一的、不可分的语词，并且规定，那作为同义性标准的保全真值的互相替换性不应当适用于一个语词内部的断片，而把这些反例置之不顾。同义性的这个说明假定在其他各点上是可接受的，的确有求助于一个在先的"语词"概念的弱点，而所能指望的这个概念又是在明确陈述上有困难的。但把同义性的问题还原为词性的问题还是可以认为有了一点进步。我们且承认"词"是当然的，照这个思路继续做一点讨论。

问题仍然在于保全真值的互相替换性（除开语词内部的断片不算）是否同义性的一个充分有力的条件，或者相反地，是否有些异义词也是可以这样互相替换的。现在让我们讲清楚，我们这里不谈在心理联想和诗学性质上完

---

[1] 根据"定义"的一个重要但不同的意义来说，被保存的这个关系可以是仅仅在指称上一致的较弱的关系。但是这个意义上的定义由于和同义性问题无关，此处最好置而不论。

[2] 参见刘易斯：《符号逻辑概要》，伯克利，1918年，373页。

全同一的那个意义上的同义性；的确没有任何两个语词是在这样的意义上同义的。我们只讨论那个可以称为认识的同义性的东西。这种同义性究竟是什么，在没有成功地结束目前这个研究之前是不能够说的。但从第一节里同分析性有关而产生的对它的需要，我们对它是有所认识的。那里所需要的不过是这样的一种同义性，就是说用同义词替换同义词便可以把任何分析陈述变成一个逻辑真理。的确，把局面倒转过来而从假定分析性出发，我们就能够把语词的认识的同义性解释如下（继续用这个熟悉的例子）：说"单身汉"和"未婚的男子"是认识上同义的就恰恰等于说下面这个陈述：

(3) 所有和只有单身汉是未婚的男子是分析的。①

我们所需要的是一个不预先假设分析性的关于认识同义性的说明，——如果我们要像在第一节里所做的那样反过来借助于认识的同义性来解释分析性的话。的确，目前所要考虑的正是对这样一个独立的关于认识的同义性的说明，即在除语词内部以外的一切场合都保全真值的互相替换性。最后重新提起话题，摆在我们面前的问题是：这样的互相替换性是不是认识的同义性的充分条件？用下面一类的例子，我们很快就可以确定，它是的。下面这个陈述：

(4) 必然地所有和只有单身汉是单身汉显然是真的，即使假定"必然地"被这样狭隘地解释，以致仅仅真正适用于分析陈述。如果"单身汉"和"未婚的男子"是可以保全真值地互相替换的，那么，用"未婚的男子"替换(4)中出现的"单身汉"的结果：

(5) 必然地所有和只有单身汉是未婚的男子，便像(4)一样必定是真的。但是说(5)是真的即是说(3)是分析的，因此"单身汉"和"未婚的男子"是认识上同义的。

让我们看看在上述论证中有什么东西使它带有变戏法的样子。保全真值的互相替换性的条件是随着现有语言丰富程度的不同而具有不同效力的。上述论证假定我们所使用的语言足够丰富，可以包含"必然地"这个副词，这个副词还被这样地解释，以致当且仅当把它应用于一个分析陈述时，才产生真理。但是我们能够原谅含有这样一个副词的语言吗？这个副词真的有意义吗？假定它是有意义的，便是假定我们已经充分了解"分析性"的意义。那么我们现在这么费力地去探讨的是什么呢？

我们的论证不是直截了当的循环论证，但类似于循环论证。打个比喻来

---

① 这是最初的广义的认识的同义性。卡尔纳普：《意义和必然性》，芝加哥，1947年，第56页以下诸页和刘易斯：《知识和评价的分析》，拉撒尔，1946年，第83页以下诸页曾指出，一经有了这个概念，就可以怎样又导引出一个对某些目的来说更为可取的狭义的认识的同义性。但是，概念构造的这个特殊的分支不在本文目的之内，一定不要同此处所说的广义的认识的同义性混淆起来。

说，它具有空间里的一个闭合曲线的形式。

保全真值的互相替换性如果不是与一个其范围在有关方面都已详细说明的语言相联系，是没有意义的。现在，假定我们考虑一个恰恰含有下述材料的语言，有无定限地大量的一位谓词（例如，"Fx"的意思是：x是一个人，"F"便是一位谓词）和多位谓词（例如，"Gxy"的"G"，而"Gxy"的意思是：x爱y），大部分和逻辑之外的题材有关。语言的其余部分是逻辑的。每个原子句都由一个谓词随以一个或几个变元"x"、"y"等等组成；而复杂句则是用真值函项（"不"、"和"、"或"等等）和量词由原子句构造起来的。① 实际上这样一种语言享有摹状词和一般单独名词的利益，这些是可以用已知的方式在语境里下定义的。甚至给类、类的类等等命名的抽象单独名词也是能够在语境里下定义的，如果假定的谓词贮备包括类分子关系的二位谓词的话。这样一种语言对于古典数学，而且的确一般地对于科学论述那是足够的，除非后者包括像反事实的条件句或"必然地"等模态副词这样的会产生争论的手段。② 上述这个类型的语言在这个意义上是外延的；在外延上一致的（就是说对于相同的对象是真的），任何两个谓词都是可以保全真值地互相替换的。③

所以，在一个外延语言中，保全真值的互相替换性并不是想要得到那个类型的认识同义性的保证。在一个外延语言中"单身汉"和"未婚的男子"是能够保全真值地互相替换的这一点，不过向我们保证（3）是真的。这里并不保证"单身汉"和"未婚的男子"的外延一致是依赖于意义，而不像"有心脏的动物"和"有肾脏的动物"那样，单纯依赖于偶然的事例。

就大多数场合来讲，外延一致是最接近于我们所关心的同义性了。但事实仍然是这样：外延一致远远没有达到为了按照第一节的方式来解释分析性所要求的那一种认识的同义性。那里所需要的认识的同义性是这样的一种，它将使"单身汉"和"未婚的男子"的同义性等同于（3）的分析性，而非单纯等同于（3）的真理性。

因此我们必须承认：保全真值的互相替换性要是相对于一个外延的语言来加以解释，便不是为按照第一节的方式得出分析性所需要的那个意义上的认识同义性的充分条件。如果一种语言含有一个刚才提到的那个意义上的内涵副词"必然地"或有同样意义的其他逻辑常词，那么在这样一个语言中保

---

① 后面含有对这种语言的描述，不过那里只有一个谓词，即二位谓词"e"。

② 关于这种手段，也可参见本书（即，《从逻辑的观点看》，中译本，上海译文出版社，1987年——编者注）第8章。

③ 这是奎因《数理逻辑》，纽约，1940年，第121节的主旨。

全真值的互相替换性确实提供认识的同义性的充分条件；但这样一个语言仅就分析性概念先已被了解而言才是可理解的。

像第一节那样力图首先解释认识的同义性、以便后来由它引出分析性来，也许是错误的途径。另外的途径是：我们可以尝试以某种方式解释分析性而不求助于认识的同义性。然后如果我们愿意，无疑能够由分析性十分圆满地引出认识同义性来。我们已经看到"单身汉"和"未婚的男子"的认识同义性可以解释做（3）的分析性。同样的解释当然也适用于任何一对一位谓词，而且能够以显明的方式推广到多位谓词。其他句法范畴也能够以颇为相似的方式被容纳进来。如果把"="置于两个单独语词之间而形成的同一陈述是分析的，这些单独语词便可以说是认识上同义的。如果两个陈述的双条件句（用"当且仅当"把它们连接起来的结果）是分析的①，它们便可以简单地说是认识上同义的。如果我们愿意把所有的范畴都概括在单一公式里，不再假定本节开头所求助的"语词"概念，我们就能够在任何两个语言形式可以保全（不再是真值而是）分析性地互相替换（除去"语词"内部的断片）的时候，把这两个语言形式描绘为认识上同义的。的确在意义含糊或同音异义词的场合产生了某些技术性问题；但是我们不要为它们停下来，因为我们已经离开本题了。让我们抛开同义性的问题，再次着手探讨分析性的问题。

（四）语义规则

初看起来求助于意义领域便能够最自然地给分析性下定义。仔细推敲一下，求助于意义也就等于给求助于同义性或定义让路了。但定义结果是捉摸不定的东西，而同义性结果是仅仅由于先前求助于分析性本身才被最好地了解的。于是我们又回到分析性问题上来了。

我不知道"一切绿色的东西都是有广延性的"这个陈述是不是分析的。现在我对于这个例子的犹豫不决真的表示对"意义"、"绿色的"和"有广延性的"不完全了解、不完全掌握吗？我以为不是。麻烦不在于"绿色的"或"有广延性的"，而在"分析的"。

人们常常暗示说：在日常语言中把分析陈述和综合陈述分开的困难是由日常语言的含混造成的，当我们有了带着明显的"语义规则"的精确的人工语言，这个区别就很清楚了。然而，我将试图证明这个说法是混乱的。

我们正在为之烦恼的分析性概念，是陈述和语言之间的一种可疑的关系：

---

① "当且仅当"本身是在真值函项的意义上使用的，参见卡尔纳普：《意义和必然性》，芝加哥，1947年，14页。

陈述S被认为对于语言L是分析的，问题就是要一般地即就变元"S"和"L"来说，了解这个关系的意义。这个问题的严重性对于人工语言较之对于自然语言小不了多少。要了解有变元"S"和"L"的"S对于L是分析的"一语的意义问题，即使当我们使变元"L"的范围限于人工语言时，也是很困难的。现在我试图说明这一点。

要谈人工语言和语义规则，我们自然要求助于卡尔纳普的著作。他的语义规则采取各种形式，为了证明我的论点，我将必须辩明其中的某些形式。开头让我们假定人工语言$L_0$，它的语义规则具有明显地把$L_0$的一切分析陈述以递推或其他方式逐一指定的形式。这些规则告诉我们这样那样的陈述，而且只有这些陈述是$L_0$的分析陈述。现在这里的困难恰好在于这些规则含有"分析的"一词，这是我们所不了解的！我们虽然知道，这些规则把分析性归于哪些表达式，但我们不了解，这些规则认为属于那些表达式的是什么。简言之，在我们能够了解一个以"一个陈述S对于语言$L_0$是分析的，当且仅当……"这样的话为开端的规则之前，我们必须了解"对于……是分析的"这个一般的关系词；我们必须了解"S对于L是分析的"，其中"S"和"L"都是变元。

作为一个代替的办法，我们的确可以把所谓的规则看做是一个简单的新符号"对$L_0$是分析的"的约定定义，这个新符号也许最好不带倾向性地写成K，以便不像是要把"分析的"这个令人发生兴趣的语词明白清楚地显示出来。显然我们可以为了各种目的或者不为任何目的逐一指定$L_0$的陈述的任何数目的类K、M、N等等；说K和M、N等等相反，它是$L_0$的一类分析陈述，这是什么意思呢？

说什么陈述对于$L_0$是分析的，我们只解释了"对于$L_0$是分析的"，但并没有解释"分析的"，也没有解释"对于……是分析的"。即使我们满足于使"L"的范围限于人工语言领域，我们也并没有开始解释这个带有变元"S"和"L"的用语"S对于L是分析的"。

实际上我们关于"分析的"一词的含义所知道的，已足够使我们知道分析陈述被认为是真的。那么我们再转向语义规则的第二种形式，它不是说这样那样的陈述是分析的，而干脆说这样那样的陈述是包括在真陈述当中的。这样一个规则不会受到批评说它含有"分析的"这个不被了解的语词；而我们为了辩论起见也可以承认关于"真的"这个更宽泛的词而没有任何困难。这第二种语义规则，即真理规则，并不要逐一指定这个语言里所有的真理；它只是递推地或以其他方式规定，有许多陈述和其他没有指明的陈述一起都算是真的。可以承认，这样一个规则是十分清楚的。然后通过引申，就能够这样地给分析性划界限：如果一个陈述（不仅是真的而且）按照语义规则是真的，它就是分析的。

实际上依然没有任何进展。我们虽不再求助于一个没有解释的语词"分析"，但还是求助于一个没有解释的短语"语义规则"。并非断定某一类陈述为真的一切真陈述都能算是语义规则——否则一切真理在按照语义规则是真的这个意义上，便会都是"分析的"了。显然只有在专门讨论"语义规则"这个题目时语义规则才是可辨别的，而这个题目本身却是没有意义的，的确我们可以说，当且仅当一个陈述按照这样那样的明确附加的"语义规则"是真的，这个陈述对于 L₀ 才是分析的，但是我们发现，自己又回到和原来的讨论的本质上同样的情况了："当且仅当……S 对于 L₀ 才是分析的"。一旦我们试图一般地对变元"L"（即使承认 L 以人工语言为限）解释"S 对于 L 是分析的"，"按照 L 的语义规则是真的"这个解释便是无用的；因为"……的语义规则"这个关系词至少和"对于……是分析的"同样地需要阐明。

把语义规则的概念和公设的概念比较一下也许是有帮助的。相对于公设的一个给定集合，很容易说什么是一个公设：它是这个集合的一分子。相对于语义规则的一个给定集合要说什么是一个语义规则也是同样容易的。但仅仅给定一个数学的或其他的符号系统，而且就其陈述的翻译或真值条件而言，它的确是随你要多透彻就多透彻地了解的符号系统，谁能说出它的真陈述中哪些是属于公设之列呢？显然，这个问题是没有意义的——正如同在俄亥俄州的哪些点是出发点一样的没有意义。陈述（也许说真陈述更好些）的任何有穷（或能够有效地指定的无穷）选集正如任何其他选集一样是公设的一个集合。"公设"这个词仅仅相对于一种研究活动来说才是有意义的；只是当我们在此年或此刻偶尔想到一些陈述与另一些可用我们力图注意的某些翻译规则内之得出的陈述相关时，我们才把"公设"这个词用于那个陈述集合。现在要是用类似的相对态度，（这一次是相对于使不熟悉某一自然语言或人工语言 L 的陈述真值充分条件的人们受训练的某个特定计划）来构想语义规则的概念，这个概念便像公设概念一样的合理和有意义。但从这个观点看来，L 的真陈述的一个子类的任何特征都不比其他一个特征在本质上更是一个语义规则；如果"分析的"意指"根据语义规则是真的"，那么 L 的任何一个真陈述都不是排除其他陈述的分析陈述。[①]

可以设想也许有人会提出异议说：一个人工语言 L（不像自然语言）是

---

[①] 上面这一段文字是本文最初发表时所没有的。这是根据马丁（见书目）的提示而写的，原为本书第 7 章的结尾。

通常意义的语言加上一套明显的语义规则——这整个构成了"有序的一对"；那么L的语义规则可以简单地指定为这有序的一对即L中的第二个成分。但是，由此我们同样可以更简单地把人工语言L直截了当地解释为有序的一对，其第二个成分便是它的分析陈述的一类；那么L的分析陈述便变成可以恰好指定为L的第二个成分中的陈述。或者我们也许最好还是干脆别在这上面费力了。

上面的考虑并没有明显地包括卡尔纳普和他的读者们所知道的一切关于分析性的解释，但是不难看出这些考虑也可以推广到其他的形式。只是还有一个有时会涉及的因素应当提到：有时语义规则实际上是怎样译成日常语言的翻译规则，在这个情况下人工语言的分析陈述实际上是从它们被指定的日常语言译文的分析性中辨认出来的。这里当然不能够设想分析性问题会从人工语言方面得到说明。

从分析性问题的观点看来，带有语义规则的人工语言概念是一个极其捉摸不定的东西（feu follet par excellence）。决定一种人工语言的分析陈述的语义规则仅仅在我们已经了解分析性概念的限度内，才是值得注意的；它们对于获得这种了解是毫无帮助的。

求助于一种简单的人工假设语言，如果和分析性有关的心理上或行为上或文化上的因素——不管它们是什么——已被设法概略地描绘在这个简单化的模型里，可以想象，这也许对于阐明分析性是有用的。但是单纯地把分析性看做一种不可简约的特质的一个模型，是不可能有助于说明这个解释分析性的问题的。

显而易见，真理一般地依赖于语言和语言之外的事实两者。如果世界在某些方面曾经是另外一个样子，"布鲁特斯杀死了恺撒"这个陈述就会是假的，但如果"杀死"这个语词碰巧具有"生育"的意思，这个陈述也会是假的。因此人们一般就倾向于假定一个陈述的真理性可以分析为一个语言成分和一个事实成分。有了这个假定，接着认为在某些陈述中，事实成分应该等于零，就似乎是合理的了；而这些就是分析陈述。但是，尽管有这一切先天的合理性，分析陈述和综合陈述之间的分界线却一直根本没有划出来。认为有这样一条界线可划，这是经验论者的一个非经验的教条，一个形而上学的信条。

### （五）证实说和还原论

在这些沉闷的思虑过程中，我们首先对意义的概念，然后对认识同义性的概念，最后对分析性的概念抱悲观的看法。但人们也许会问道：意义的证实说的情况又怎样呢？这个短语已经这样牢固地成为经验论的口号，以致我们要不通过它寻找意义问题和有关问题的可能关键,我们就的确是很不科学的了!

从皮尔士以来在文献里就占有显著地位的意义证实说认为:一个陈述的意义就是在经验上验证它或否证它的方法。一个分析陈述就是不管什么情况都得到验证的那个极限情形。

正如在第一节里所强调的那样,我们最好还是撇开把意义当做实体的问题,而是直接谈意义的同一性或同义性。那么证实说所说的就是:当且仅当陈述在经验验证或否证的方法上是同样的,它们才是同义的。

这不是一般地关于语言形式的认识同义性的说明,而是关于陈述的认识同义性的说明。① 但是借着同第三节末尾有几分相像的考虑,我们能够由陈述同义性的概念给其他语言形式导出同义性的概念。的确,假定了"语词"的概念,当以一个形式替换另一个形式在任何陈述中的出现(除去在"语词"内部的出现不算)时产生一个同义的陈述,我们就能够把任何这样的两个形式解释为同义的。最后,有了一般地关于语言形式的同义性概念,我们就能够像第一节那样根据同义性和逻辑真理给分析性下定义。就此而言,我们能够更简单地仅根据陈述的同义性和逻辑真理来给分析性下定义;而不必要求助于陈述之外的语言形式的同义性。因为只要一个陈述和一个逻辑地真的陈述是同义的,这个陈述就可以被描述为分析的。

所以,如果证实说可以看做陈述同义性的适当的说明,那么分析性的概念毕竟还是得救了。但是,让我们思考一下。陈述同义性据说就是经验验证或否证方法的相似。有待于比较其相似性的这些方法到底是什么东西呢?换句话说,一个陈述和促成或损害它的验证的经验之间的关系是什么性质呢?

对这个关系的最朴素的看法是说它是直接报告的关系。这是彻底的还原论。每一个有意义的陈述都被认为可以翻译成一个关于直接经验的陈述(真的或假的)。这样或那样形式的彻底还原论在这种明显的所谓意义证实说之前早就出现了。例如洛克和休谟认为,每一个观念必定或者是直接来源于感觉经验,或者是由这样起源的观念组成,而按照屠克(Tooke, J. H.)的暗示,我们可以用语义学的行话把这个学说改述如下:每一个语词要有意义,就必定或者是一个感觉材料的名字,或者是这样一些名字的复合,或者是这样一个复合的缩写。这个学说被这样地表述,在作为感觉事件(sensory events

---

① 这个学说的确可用词而不是用陈述作单元来加以表述。因此,刘易斯把一个词的意义描述为"心中的一个准则,在谈到被呈现或被想象的事物或状况时,我们参照这个准则就可以使用或拒绝使用所说的这个表达式"(《概率的逻辑基础》,芝加哥,1950 年,133 页)。关于意义证实理论(主要是关于有意义性问题而不是关于同一性和分析性问题)的演变的一个有益的说明,请参见波普尔的论文。

的感觉材料和作为感觉性质（sensory qualities）的感觉材料之间，它仍然是意义含糊的，关于可以容许的组合方式它也仍然是含混不清的。此外，就这个学说所要求的对逐个语词进行评定来说，它是不必要地和不可忍受地过于约束的。较为合理并且尚未超出我所谓彻底还原论的界限的看法是，我们可以把整个陈述看做我们的有意义单位——这样就要求我们的陈述整体上可以翻译为感觉材料语言，但不要求它们逐个语词都是可以翻译的。

这个修正毫无疑问地会受到洛克、休谟和屠克的欢迎，但在历史上它却必须等候语义学中发生的一个重要的方向转变——由于这种转变，表达意义的首要工具终于不再被认为是语词，而是陈述。在弗雷格的《算术基础》（纽约，1950年）里明显看到的这个转变，就是罗素的在使用中被定义的不完全符号概念的基础，它也隐含在意义的证实说里，因为证实的对象是陈述。

现在被认为以陈述为基本单位的彻底还原论给自己提出这样的任务：详细地规定一种感觉材料的语言，并且指出怎样把有意义的论述的其余部分逐句地翻译为感觉材料语言。卡尔纳普在《世界的逻辑构造》里已着手这一项计划。

卡尔纳普作为出发点的语言并不是在可以想象的最狭窄意义上的感觉材料语言，因为它也包括直到高等集合论的逻辑记号。实际上它包括整个纯数学的语言。它所隐含的本体论（就是说，它的变元的值域）不仅包括感觉事件，还包括类、类的类等等。有些经验论者对这样的慷慨感到犹豫不决。然而卡尔纳普的出发点在它的非逻辑的或感觉的部分是很节约的。卡尔纳普在一系列的构造中十分巧妙地利用现代逻辑的一切手段，成功地给一大批重要的附加的感觉概念下了定义，要是没有他的构造，人们做梦也不会想到这些概念是可以在如此薄弱的基础上下定义的。他是不满足于仅仅断定科学可以还原为直接经验的词语，而是对于实行这种还原采取了认真的步骤的第一个经验论者。

如果说卡尔纳普的出发点是令人满意的，那么他的构造正如他自己所强调的，则依然只是整个计划的一个片断。即使关于物理世界的最简单的陈述也还停留在草图似的状态中。卡尔纳普关于这个问题所提出的建议尽管是概略式的，却是很有启发的。他把时空的点—瞬间解释做实数的四倍量，并且设想按照一定标准把感觉的性质归之于点—瞬间。概而言之，他的计划是：应当以这样一种方式把感觉性质归之于点—瞬间，以便达到一个和我们的经验相符合的最懒散的世界。最小作用量原理应当是我们用经验构造一个世界时的指导原则。

但是，卡尔纳普好像没有认识到，他对物理对象的处理未达到还原，不仅是由于其计划之粗略,还由于原则上的缺陷。根据他的标准,具有"性质 C 是在点一瞬间 x;y;z;t"这种形式的陈述将以这样一种方式被分配真值以便使某些普遍的特征达到最高点和最低点,而且随着经验的增长,真值亦将以同样的精神被递增地修正。我认为这是对科学实际所做的事情的一个很好的系统整理(诚然是有意过分简单化的),但关于"性质 q 是在 x;y;z;t"这种形式的陈述究竟如何能够翻译为卡尔纳普的感觉材料和逻辑的初始语言,它却没有提供即使是最粗略的指示。"是在"这个联结词依旧是一个附加的未下定义的联结词;所定标准向我们提出的是关于它的使用、而不是关于它的消除的建议。

后来卡尔纳普似乎对这一点已有所了解。因为他在后期著作里已放弃关于物理世界的陈述可以翻译为关于直接经验的陈述的一切想法。彻底的还原论早已不再是卡尔纳普哲学的一部分了。

但是还原论的教条在一种更微妙和更精细的形式中,继续影响着经验论者的思想。这种想法历久犹存:认为同每一个陈述或每一个综合陈述相关联的都有这样独特的一类可能的感觉事件,其中任何一个的发生都会增加这个陈述为真的可能性,也另有独特的一类可能的感觉事件,它们的发生会减损那个可能性。这种想法当然是隐含在意义的证实说里面的。

还原论的教条残存于这个假定中,即认为每个陈述孤立地看,是完全可以接受验证或否证的。我的相反的想法基本上来自卡尔纳普的《世界的逻辑构造》里关于物理世界的学说,我认为我们关于外在世界的陈述不是个别地、而是仅仅作为一个整体来面对感觉经验的法庭的。[1]

还原论的教条,即使在它的弱化形式中,也和另一个认为分析和综合陈述是截然有别的教条紧密地联系着的。的确,我们发现自己已从后一问题通过意义的证实说被引导到前一问题了。更直接地说,一个教条显然是以这种方式支持另一个教条的:只要认为说到一个陈述的验证或否证一般地是有意义的,那么,谈到一种极限的陈述,即不管发生什么情况,事实上都被空洞地验证的陈述,就似乎也是有意义的;这样一个陈述就是分析的。

的确,这两个教条在根本上是同一的。我们近来在想:陈述的真理性显然既取决于语言,也取决于语言之外的事实,我们注意到,这个显然的情况不是逻辑地而是十分自然地带来这样一个感觉,即可以设法把一个陈述的真理性分析为一个语言成分和一个事实成分。如果我们是经验论者,这个事实

---

[1] 杜恒:《物理学理论的目的和结构》,巴黎,1906 年,(第 303~328 页)对这个理论作过很好的论述。也可参见洛因格:《杜恒的方法论》,纽约,1941 年,132~140 页。

成分必定归结到一定范围的起验证作用的经验。在语言成分是唯一有关的极限场合，一个真陈述便是分析的。但我希望，我们现在对于分析和综合的区别如何固执地抗拒任何明确的划分，已有深刻感触了。除开在一个缸里放进黑球和白球这样预先制定的一些例子，要形成关于综合陈述的经验验证的任何明显理论的问题一向是使人非常为难，我也是感受很深的。我现在的看法是：说在任何个别陈述的真理性中都有一个语言成分和一个事实成分，乃是胡说，而且是许多胡说的根源。总的来看，科学双重地依赖于语言和经验；但这个两重性不是可以有意义地追溯到一个个依次考察的科学陈述的。

像上面说过的，在使用上个一个符号下定义的观点比起洛克和休谟所主张的那种不可能做到的逐个语词地追溯感觉起源的经验论，是一个进步。从弗雷格开始人们已认识到，要对经验论者作批评，就须采取以陈述，而不是以语词为单位的观点。但我现在极力主张的是：即使以陈述为单位，我们也已经把我们的格子画得太细了。具有经验意义的单位是整个科学。

（六）没有教条的经验论

我们所谓的知识或信念的整体，从地理和历史的最偶然的事件到原子物理学甚至纯数学和逻辑的最深刻的规律是一个人工的织造物。它只是沿着边缘同经验紧密接触。或者换一个比喻说，整个科学是一个力场，它的边界条件就是经验。在场的周围同经验的冲突引起内部的再调整。对我们的某些陈述必须重新分配真值，一些陈述的再评价使其他陈述的再评价成为必要，因为它们在逻辑上是互相联系的，而逻辑规律也不过是系统的另外某些陈述，场的另外某些元素。既已再评定一个陈述，我们就得再评定其他某些陈述，它们可能是和头一个陈述逻辑地联系起来，也可能是关于逻辑联系自身的陈述。但边界条件即经验对整个场的限定是如此不充分，以致在根据任何单一的相反经验要给哪些陈述以再评价的问题上是有很大选择自由的。除了由于影响到整个场的平衡而发生的间接联系，任何特殊的经验与场内的任何特殊陈述都没有联系。

如果这个看法是正确的，那么谈一个个别陈述的经验内容——尤其如果它是离开这个场的经验外围很遥远的一个陈述，便会使人误入歧途。而且，要在其有效性视经验而定的综合陈述和不管发生什么情况都有效的分析陈述之间找出一道分界线，也就成为十分愚蠢的了。在任何情况下任何陈述都可以认为是真的，如果我们在系统的其他部分做出足够剧烈的调整的话，即使一个很靠近外围的陈述面对着顽强不屈的经验，也可以借口发生幻觉或者修改被称为逻辑规律的那一类的某些陈述而被认为是真的。反之，由于同样原因，没有任何陈述是免受修改的。有人甚至曾经提出把修正逻辑的排中律作为简化量子力学的方法，这样一种改变和开普勒之代替托勒密、爱因斯坦之代替牛顿或者达尔文之代替亚里士多德的那种改变在原则上有什么不同呢？

为了生动起见，我刚才是用对感觉周围的不同距离来谈论的。我现在尽量不用比喻来阐明这个概念。某些陈述虽然是关于物理对象而非关于感觉经验的，但似乎与感觉经验有一种特别密切的关系——而且是有选择地联系着的：某些陈述与某些感觉经验相联系，其他的陈述与其他的经验相联系。与特殊经验有特别密切关系的这样一种陈述，我把它们描绘为在外围的附近。但在这个"特别密切"的关系中，我所想象的不过是这样一个松懈的联系：它反映出在实践上、在顽强的经验出现时我们宁可选择某一陈述而非另一陈述来进行修改的相对可能性。例如，我们可以想象有一些顽强的经验，我们确实愿意以仅仅修改"埃尔姆大街上有砖房子"这个陈述以及关于同一题目的有关陈述来使我们的系统适应这些经验。我们可以想象有其他一些顽强的经验，我们愿意以仅仅修改"没有半人半马的怪物"这个陈述以及类似的陈述来使我们的系统与之相适应。我曾极力主张可以通过对整个系统的各个可供选择的部分作任何可供选择的修改来适应一个顽强的经验，但我们此刻正在想象的情形中，我们尽可能少地打乱整个系统的自然倾向会引导我们把我们的修改聚集在这些关于砖房子或半人半马怪物的特定陈述上。所以，人们觉得这些陈述较之物理学、逻辑学或本体论的高度理论性的陈述具有更明确的经验所指。后一类陈述可以被看做是在整个网络内部比较中心的位置，这意思不过是说，很少有同任何特殊的感觉材料的优先联系闯进来。

作为一个经验论者，我继续把科学的概念系统看做根本上是根据过去经验来预测未来经验的工具。物理对象是作为方便的中介物被概念地引入这局面的——不是用根据经验的定义，而只是作为在认识论上可同荷马史诗中的诸神相比的一些不可简约的设定物。就我自己而言，作为非专业的物理学家，我确实相信物理对象而不相信荷马的诸神，而且我认为不那样相信，便是科学上的错误。但就认识论的立足点而言，物理对象和诸神只是程度上、而非种类上的不同。这两种东西只是作为文化的设定物（cultural posits）进入我们的概念的，物理对象的神话所以在认识论上优于大多数其他的神话，原因在于：它作为把一个易处理的结构嵌入经验之流的手段，以证明是比其他神话更有效的。

我们不止于设定宏观的物理对象。原子层次的对象也被设定，以便使宏观对象的规律归根结底是经验的规律更简单化和更易于处理；我们不必期望或要求根据宏观物体来给原子的或次原子的东西下充分的定义，正如不必根据感觉材料来给宏观物体下定义一样。科学是常识的继续，它为了简化理论也继续使用膨胀的本体论的常识手段。

大大小小的物理对象不是唯一的设定物。力是另一个例子：的确现今有人告诉我们，能量和物质之间的界限已经废弃了。此外，作为数学内容的抽象物——最终是类、类的类，如此等等——是同样性质的另一种设定物。在认识论上说，这些是同物理对象与诸种处在同一地位的神话，既不更好些，也不更坏些，只是在促使我们同感觉经验打交道的进展程度上有差别。

有理数和无理数的全部代数是被有理数代数不完全决定的，但却更顺利和更方便；它把有理数代数作为边缘参差不齐的一部分包括进来。全部科学，数理科学、自然科学和人文科学，是同样地但更极端地被经验所不完全决定的。这个系统的边缘必须保持与经验相符合；其余部分虽然有那么多精制的神话或虚构，却是以规律的简单性为目标的。

按照这个观点，本体论问题是和自然科学问题同等的。[1] 思考一下是否赞成类是实体这个问题吧。正如我在别处所论证的，这就是是否要把取类为值的变元加以量化的问题。卡尔纳普［6］（即，《经验论，语义学和本论》，载《国际哲学评论》第四卷，第 20～40 页，1950 年——编者注）现在主张：这不是关于事实的问题，而是关于为科学选择一种方便的语言形式、一个方便的概念体系或结构的问题。我同意这一点，只是附加一个条件，即要承认科学假说一般地也是如此。卡尔纳普（［6］，第 32 页的注）已经承认：只是由于假定了分析与综合陈述之间的绝对区别，他才能够为本体论问题和科学假说保持双重的标准；我不必再说这个区别是我不能接受的。[2]

关于有没有类的争论好像更是一个方便的概念系统的问题；关于有没有半人半马怪物或埃尔姆大街上有没有砖房子的争论好像更是一个事实问题。但我一向极力主张这个差别只是程度上的差别，它取决于我们宁可调整科学织造物的这一股绳而非另一股以适应某些特定的顽强的经验这个模糊的实用倾向。保守主义在这样的选择中起作用，简单性的寻求也起作用。

卡尔纳普、刘易斯等人在选择语言形式、科学结构的问题上采取实用主义立场；但他们的实用主义在分析的和综合的之间的想象的分界线上停止了。我否定这样一条分界线因而赞成一种更彻底的实用主义，每个人都

---

[1] "本体论和科学本身是合为一体而不可分的。"迈耶森，439 页。

[2] 参见怀特［2］（即，《分析的和综合的：一个站不住脚的二元论》，载胡克编：《杜威：科学和自由的哲学家》，纽约，1950 年，316～330 页——编者注），它有力地表达了对这个区别的更进一步的疑虑。

被给予一份科学遗产，加上感官刺激的不断的袭击；在修改他的科学遗产以便适合于他的不断的感觉提示时，给他以指导的那些考虑凡属合理的，都是实用的。

▶ 选文出处

奎因：《从逻辑的观点看》，江天骥、宋文淦、张家龙、陈启伟译，上海，上海译文出版社，1987年，第19～43页。

## 2 自然化的认识论——何谓自然化的知识论？

认识论关乎科学的基础。当这样宽泛地来构想认识论时，它把对数学基础的研究作为自己的一个部门包括在自身之内。在本世纪初，专家们认为，在这个独特的部门中，他们的努力取得了显著的成功：数学似乎都可以还原为逻辑。用新近的观点来看，这种还原可以更好地描述为、还原为逻辑和集合论。在认识论上，这种修正是令人失望的，因为对于集合论来说，我们不能声称它具有我们使之与逻辑相联系的那种稳固性和明显性。但是，用一种相对的标准来看，在数学基础方面所取得的成功依然是典范性的，而且，通过在某种程度上描述与这一部门的平行对应，我们能够阐明认识论的其余部分。

数学基础研究对称地分为两种类型：概念的和学说的。概念的研究关乎意义，学说的研究关乎真理。概念研究关注于阐明概念，其方法是去定义它们，即一些概念用另一些概念去说明。学说研究关注于确立规律，其办法是去证明它们，即一些规律根据另一些规律得到证明。理想地说，较模糊的概念将用较清楚的概念来定义，以得到最大限度的明晰性；并且，较不明显的规律将从较明显的规律中得到证明，以得到最大限度的确实性。定义将从清楚明白的观念中生成所有的那些概念，而证明将从自明性真理中产生所有的那些真理。

这两种目标是联系在一起的，因为假如你通过使用全体概念中的某个受偏爱的子集来定义所有概念，你就由此说明了怎样把所有定理翻译为这些受偏爱的词项。这些词项越清楚，情况就越有可能是：隐含在它们中的真理将会明显地真，或者说，将会从明显的真理中推导出来；尤其是，假如数学概念全都可还原为清楚的逻辑词项，那么所有数学真理都会变为逻辑真理；而确实，逻辑真理全都是明显的，或者说，至少是潜在地明显的。也就是说，通过单个的明显的步骤，可以从明显的真理中推导出来。

然而，我们被否认拥有这种特别的成果，因为数学仅能还原为集合论，而不能还原为严格意义上的逻辑。这样的还原依然增加了清晰性，但只是因为有了那些显露出来的相互关联性，而不是因为分析的终端词项（end term）比别的词项更清楚。至于终端真理（end truths）即集合论真理，与从它们中推导出来的绝大部分数学定理相比，它们只具有较低程度的、使其成为可取的那种明显性与确实性。而且，从哥德尔的工作中，我们知道，甚至当我们放弃自明性的时候，也没有一个相容的公理系统能应用于数学。在数学上及哲学上，数学基础方面的还原仍然是吸引人的，但它并不是在做认识论家所喜欢做的关于它的事情：它没有揭示数学知识的根据，它没有表明数学确实性是如何可能的。

在那种结构的二重性（这种二重性在数学基础方面尤其引人注目）上，仍然保留着一种有益的思想。一般说来，这种思想是关于认识论的。我指的是概念（即意义）理论和学说（即真理）理论的二分；因为，与数学基础一样，它同样适用于自然知识的认识论。这种类似的情况如下所述：就像数学被还原为逻辑或逻辑加集合论一样，自然知识也以某种方式建立在感觉经验的基础之上。这意味着要用感觉词项解释物体概念，这是其概念方面；同时，这意味着用感觉词项来证明我们关于自然真理的知识是正当的，这是这种二分法的学说方面。

休谟从这二分法的两个方面即学说的和概念的方面，思考了自然知识的认识论。他对这个问题的概念方面的处理，即用感觉词项对物体所作的解释，是大胆而简单的：他把物体直接等同于感觉印象。假如，常识根据苹果是一、是持存的，而印象是多、是倏忽即逝的，从而在物质的苹果及其感觉印象之间做出区分，那么休谟认为，这正是常识的糟糕之处。关于在一个场合和另一个场合是同一个苹果这样的观念，是一种粗鄙的混淆。

在休谟《人性论》出版之后的近一个世纪，同一种关于物体的观点为早期美国哲学家 A. B. 约翰逊（Alexander Bryan Johnson）[①] 所采纳。约翰逊写道："语词的模子（word iron）命名了相联结的视觉和触觉"。

那么，学说的方面，即对自然真理知识的辩护，又如何呢？在这里，休谟绝望了。通过把物体等同于印象，他成功地将某些关于物体的单称陈述解释为无可怀疑的真理。是的，作为关于印象的真理，它们可以直接地被认识。但是，全称陈述，以及关于未来的单称陈述，通常被看做是关于印象的、无法

---

① 约翰逊（A. B. Johnson）：《论语言》（*A Treatise on Language*），New York，1836；Berkeley，1947。

增加自身的确实性。

在学说方面，我并未发现我们今天比休谟前进了多远。休谟的困境就是人类的困境。但是，在概念方面，已经有了进步。在这一方面，在约翰逊时代以前，就已经向前迈出了关键性的一步，尽管约翰逊没有仿效它。这一步是由边沁（Bentham）在其虚构（fiction）理论中做出的。边沁的这一步是对语境定义或他所说的释义（paraphrasis）的认识。他认识到，为了解释一个词，我们无须去为它指定一个指称的对象，甚至也无须指定一个同义语词或短语；我们仅需表明（无论通过什么手段）怎样去翻译那个词在其中被使用的句子。休谟和约翰逊把物体等同于印象的那种极端的方法，不再是有意义地去谈论物体的唯一可构想的方式，即使承认印象是唯一的实在。人们可以从事于用关于印象的话语去解释关于物体的话语，其方法是：把人们关于物体的全体语句翻译为关于印象的全体语句，而根本不把物体自身等同于任何事物。

语境定义即把句子作为意义的基本载体来认识，这一观念对于随后在数学基础方面所取得的发展是必不可少的。这一点在弗雷格那里是明显的，而在罗素的作为不完全符号的单称摹状词学说中达到其顶峰。

有两种方法，能够被期待在自然知识认识论的概念方面产生一种解放性作用，语境定义就是其中之一。另外一种是诉诸集合论的资源作为辅助概念。意欲竭力维持其严格的感觉印象本体论的认识论家，在集合论的辅助下突然变得富有了：他不仅拥有自己可供玩弄的感觉印象，还拥有感觉印象的集合，乃至感觉印象的集合的集合，等等。数学基础方面的构造已经表明，这种集合论的帮助是一种强有力的额外辅助。毕竟，经典数学的全部概念都可以从它们中构造出来。有了这样的装备，我们的认识论家既不需要把物体等同于印象，也不必满足于语境定义。在由感觉印象的集合精巧地构造出集合时，他可以期待去发现对象的类型，这些对象仅仅具有他要求物体所具有的由该公式表示的属性。

就认识论地位而言，这两种手段是很不平等的。语境定义是不易受到攻击的。无可否认，被赋予意义的句子，作为整体来看是有意义的；同时，它们对成分词项的利用也是有意义的，不管对于这些词项来说是否有某些翻译被单独提供了。可以肯定，休谟和约翰逊是会使用语境定义的，假如他们想到了它的话。另一方面，对集合的诉求，是一个激进的本体论步骤，是从严格的印象本体论那里向后退却。有一些哲学家，他们宁愿径直地满足于物体，而不接受所有这些集合。毕竟，这些集合相当于数学的全部抽象本体。

然而，由于在初等逻辑和集合论之间存在的、容易使人上当的连续性（continuity）迹象，这个问题并非总是清楚的。这就是下述现象的原因：数学曾被相信能还原为逻辑，即一种无害的、可靠的逻辑，并被认为继承了逻辑的这些性质。而且，这很可能解释了：当罗素在《我们关于外部世界的知识》及别的地方就概念方面论述自然知识的认识论时，他满足于诉诸集合及语境定义。

将外部世界解释为感觉材料的逻辑构造——用罗素的术语来说，这就是其纲领。正是卡尔纳普在其1928年出版的《世界的逻辑构造》一书中，最接近地实施了这一纲领。

这就是认识论的概念方面。学说方面的情况又如何呢？在那里，休谟的困境依然没有改变。卡尔纳普的构造，假如被成功地推进到完满的地步，使我们能够把关于世界的语句翻译为关于感觉材料的或观察的词项，加上逻辑和集合论的词项。但是，一个语句用关于观察的、逻辑的及集合论的词项表达出来，这个事实本身并不意味着它能通过逻辑和集合论而从观察语句中得到证明。关于可观察特征的最不全面的归纳，与说出它的人能够拥有的实际可观察的场合相比较，也将涵盖着更多的情形。在当下经验基础上为自然科学寻找根据的那种无望性，以稳固的逻辑方式被承认了。笛卡儿对于确定性的寻求，在概念的及学说的两个方面，都已成为认识论发展的久远动因。但是，可以发现，那种寻求败局已定。赋予自然真理以充分的直接经验的权威，和期待着赋予数学真理以潜在的初等逻辑的明显性一样，是一个无望的希望。

那么，当在学说方面对确定性的期待被放弃时，是什么促发了卡尔纳普在认识论的概念方面所作的无畏的努力呢？仍然有两条充分的理由：一条是，即使在感觉证据和科学理论之间的推理步骤必定是缺乏确实性的，这样的构造仍可被期待着去引出和阐明科学的感觉证据；另一条理由是，即使撇开证据问题，这样一种构造也会深化我们对我们关于世界的话语的理解；它会使所有的认知性话语像观察词项和逻辑以及集合论（我必须遗憾地加上集合论）一样清楚。

休谟以及别的认识论家不得不默认，严格地从感觉材料中派生出关于外部世界的科学是不可能的。这是不幸的；然而，经验论的两个基本信条仍然是无懈可击的，而且至今如此。一个信条是：对科学来说，所存在的一切证据就是感觉证据；另一个信条是：所有关于语词意义的传授，最终都必定依赖于感觉证据（这一信条，我后面还将重提）。因此，逻辑构造就有了持久不衰的魅力；在这里，话语的内容清楚地呈现出来了。假如卡尔纳普曾经成功地完成了这样一种构造，那么他怎么会知道那是一个正确的构造呢？这个问题是没有切中要害的。他在寻求的，是他称之为理性还原的东西。假如物理话语最终是正确的，那么用感觉词项、逻辑及集合论对物理主义话语所作的任何构造，都会是令人满意的。假如有一种构造方法，那么就会有多种构造方法。但任何一种都将是一个重大的成就。

但是，为什么会有所有这些创造性重构呢？为什么会有这一切假象呢？感觉接受器的刺激是任何人在最终获得其世界图像时所不得不依据的全部证据。为什么不只是察看这种构造实际上是如何进行的？为什么不满足于心理学？把认识论的重担交给心理学，这在早期是一个作为循环推理而遭否定的步骤。假如认识论家的目标是确立经验科学的基础，那么，在这种确立中利用心理学和别的经验科学，他的意图就落空了。然而，一旦我们不再幻想从观察中演绎出科学时，这种对循环性的顾虑几乎就没有什么意义了。如果我们只是力图去理解观察与科学之间的联系，那么，可以恰当地建议我们去利用任何可用的信念，包括恰好由我们正在寻求理解它与观察之间有何种关联的科学所提供的信念。

但是，还有一个不同的理由让人们依然去赞同创造性重构。这一理由与对循环的恐惧无关。我们倒想能把科学翻译成逻辑、观察词项及集合论。这将是认识论上的一个巨大成功，因为它可以表明：从理论上来说，所有其余的科学概念都是多余的。通过表明用一种装置所做的一切事情都可以用另一种装置去做，它可以使科学概念合法化——无论这些集合论的、逻辑的及观察的概念自身合法化到何种程度。假如心理学本身能够提交一种准确翻译了的此类还原，我们就应该欢迎它。但是，它当然不能做到这一点，因为我们确实不是通过学习物理主义语言的定义（这种定义是用一种在先的集合论、逻辑及观察语言来表达的）而长大的。于是，这就成了坚持理性重构的充分理由：我们要确立物理概念本质上的无辜性，其方法是表明它们在理论上是不必要的。

可是，事实是：卡尔纳普在《世界的逻辑构造》中勾画出来的构造，也未给出一个翻译的还原；即使这种勾画被加以填补充实，仍不能给出一个翻译的还原。关键之处在于：卡尔纳普是在解释怎样把感觉性质指派给物理时空中的恰当位置。这些指派将以如此方式做出，以致要实现他所陈述的某些迫切需要的、并且也是可能的考虑；而且，这些指派还将被修改，以便适应于经验的增长。这个计划是富有启发性的，但并不能提供某种将科学语句翻译为观察词项、逻辑及集合论的秘诀。

对于任何一种这样的还原，我们一定不能抱有任何希望。到了1936年，卡尔纳普已经对它绝望了。那时，在《可检验性与意义》[①]一文中，他引入了一种弱于定义的归约形式（reduction forms）。定义通常表明了怎样把一些语

---

[①] 《科学哲学》（Philosophy of Science）杂志第三期，1936年，419～471页；第四期，1937年，1～40页。

句翻译为等价的语句。一个词项的语境定义表明了怎样去把包含该词项的句子翻译为不包含该词项的句子；相反，卡尔纳普的这种松散化的归约形式，通常并不给出等价式；它们给出蕴涵式。它们通过下述方法来解释（即使只是部分地）一个新的词项：详细说明含有这个词项的句子所蕴涵的一些句子，同时详细说明蕴涵着含有这个词项的句子的另一些句子。

下面的设想是有吸引力的：对这种松散意义上的归约形式的赞同，仅仅是向松散化又迈进了一步。这一步比得上先前的那个步骤，即对语境定义的赞同，它是由边沁做出的。早先较严格的那种理性重构本应被描述为一种虚构的历史。在这种历史中，我们想象自己的祖先在现象主义和集合论的基础上，通过一连串毋宁是较弱种类的归约形式，引进了这些词项。

可是，这是一种错误的比较。相反的，事实倒是这样的：早先较严格的那种理性重构（在其中，语境定义占支配地位）根本没有包含任何虚构的历史。它完全是（如果成功的话，它就可以是）关于用现象术语和集合论来完成一切事情的一套指南；现在，我们是用关于物体的术语来完成这一切。它本可以是一种通过翻译而得到的真正的还原，即一种通过消除而得到的合法性。定义就是消除。由卡尔纳普后来的较松散的归约形式所做出的理性重构，根本做不到这一点。

减轻对定义的需求，同时满足于一种没有消除的归约，等于是放弃最后保留的优势；这种优势是我们期待理性重构超过心理学的地方，也就是翻译性还原的优势。如果我们所期望的一切，就是一种以明白的、无须翻译的方式去把科学与经验连接起来的重构，那么，仅仅满足于心理学似乎就是更为明智的。最好去发现科学事实上是如何发展及如何被学习的，而不要去编织一种具有类似效果的虚假结构。

当经验主义者对于从感觉证据中演绎出自然真理感到绝望时，他做了一个较大的让步。当他甚至对于把这些真理翻译为观察词项和逻辑—数学的辅助词项也感到绝望时，他又做出了一个较大的让步；因为，假定我们和旧经验主义者皮尔士一样认为：一个陈述为真将会对可能经验产生影响，该陈述的意义就在于这种影响。难道我们不可以在观察语言的一个长度为章节（chapter-length）的句子中，阐述一个给定陈述对经验可能产生的所有影响吗？难道我们然后不可以把所有这一切当做翻译吗？即使该陈述为真对经验所产生的影响会无限地衍生出去，我们依然可以希望在我们的长度为章节的阐述的逻辑蕴涵中去拥有这一切，这就好像我们能够对无穷多个定理作公理化处理一样。由于放弃了此种翻译的希望，于是经验论者退一步承认，关于外部世界的典型陈述的意义是不可通达的（inaccessible），也是不可言喻的。

这种不可通达性将如何被解释？仅仅根据下述一点，即关于物体的一个典型陈述的经验蕴涵式无论其多长，对于有限的公理化来说还是太复杂了？不，我有不同的解释。这种解释是：关于物体的典型陈述没有任何经验蕴涵的储备可以声称是属于它自己的。理论的一个实质部分，整体地看，将共同具有经验的蕴涵；这就是我们做出可证实性预言的方式。我们也许不能解释为什么我们获得了做出成功预言的理论，但我们的确获得了这样的理论。

有时，一个理论所蕴涵的经验也未成现实：那么，理想地说来，我们就宣布这个理论是假的。但是，这种失败所证伪的仅仅是作为整体的理论中的一块理论，即许多陈述的合取。这种失败表明，这些陈述中的一个或更多的陈述是假的，但并没有指明是哪一个。被预言的经验，对也罢，错也罢，并不为该理论的任何一个而非另一个的成分陈述所蕴涵。根据皮尔士的标准，成分陈述简单地并不具有经验意义，但理论的一个充分包容的部分却具有这种意义。如果我们在任何情况下都能够期待着一种对世界的逻辑构造，那么它一定与具有下述特征的构造相一致：在该构造中，被选定要译为观察和逻辑—数学词项的文本，在很多情况下是被视为整体的宽泛的理论，而不只是词项或短语。对一个理论的翻译会是一个对由该理论为真所造成的一切经验差异的冗长的公理化。这会是一个奇怪的翻译，因为它要翻译整体而不是它的任何部分。在这种情形下，我们可以更好地谈论的不是翻译，而是直接谈论理论的观察证据。而且，我们可以遵循皮尔士的做法，仍然正当地把这称为理论的经验意义。

这些思考提出了一个哲学问题，它甚至与通常的非哲学翻译有关；诸如从英语到 Arunta 或汉语的翻译，就是这样的非哲学翻译。因为，假如一个理论中的英语句子，只有共同作为一个整体才有意义，那么也只有把它们共同作为一个整体，我们才能证明它们的 Arunta 翻译是正当的。把成分英语句子和 Arunta 句子进行配对翻译，是没有道理的，除非当这些关联使得作为整体的该理论的翻译是正确的时候。只要作为一个整体的该理论的最终经验蕴涵被保存在翻译之中，从英语句子到 Arunta 句子的任何一种翻译都将和任何其他翻译一样是正确的。但是，我们期待的是：对于作为一个整体的该理论来说，许多不同的（本质上是各不相同的）翻译成分语句的方法，会提供相同的经验蕴涵。在一个成分语句的翻译中所出现的偏差，会在另一个成分语句的翻译中得到弥补。就此而言，没有任何根据去说，两个很不相同的个体语句的翻译中哪一个是正确的。①

对于一个非批判的心灵主义者来说，不会出现这样的不确定性。每个词和每个句子都是系于一个或简单或复杂的观念上的标签；该观念存储于心灵之中。另一方面，当我们认真对待一个意义的证实理论时，这种不确定性似乎是无法躲避的。维也纳学派拥护一种意义的证实理论，但没有足够认真地对待它。假如我们与皮尔士一样认识到，一个语句的意义纯粹取决于把什么看做它为真的证据；并且假如我们与迪昂一样认识到，理论语句不是作为单个语句而仅仅作为一个较大的理论整体才具有意义，那么，理论语句翻译的不确定性就是自然的结论。而且，撇开观察语句不谈，绝大多数语句都是理论语句。反过来，这个结论一旦被接受，就决定了关于命题意义或者就此而言，也就是事态的任何一般概念的命运。

这个结论之不受欢迎会说服我们放弃意义的证实理论吗？当然不会。这类意义（对于翻译及母语的学习者来说是基本的）必然是经验的意义，而非别的。儿童学会他的第一批词和句子，是通过在场时适当的刺激，听它们和使用它们而学会的。这些刺激必定是外部刺激，因为它们必须既作用于这个儿童，又作用于儿童正在向他学习的那个说话者。② 语言是由社会灌输并掌握的。这种灌输和掌握严格取决于句子与共享的刺激相关联。只要语言对外部刺激的关联没有被扰乱，内部因素可以随意改变，而无损于交流。无疑的，就一个人的语言意义理论而言，人们除了做一个经验主义者之外，别无选择。

我关于婴儿学习已经说过的话，同样适应于语言学家对于一种新语言的实地学习。如果这个语言学家并不依赖相关联的语言（对于这些相关联的语言，存在着先已被接受的翻译惯例），那么，除了土著人发出的声音与可观察的刺激情况同时发生外，他显然没有任何别的资料。存在着翻译的不确定性就不足为奇了；因为在我们自己发出的声音中自然只有一小部分报道了同时发生的外部刺激。就算该语言学家将以对每一事物的明确翻译而告终，但他也只是沿着这个方向通过做出许多任意的选择而做到的。即使他没有意识到这一点，他的选择也是任意的。是任意的？我这里是指：不同的选择到头来仍然会使得一切事情都安然无恙，在原则上，这些事情容许接受任何一种检验。

让我用不同的顺序将我所说的几点联系起来。在我对翻译不确定性论证的背后，关键的考虑是：一个关于世界的陈述并非总是具有或通常具有一个

---

① 《科学哲学》杂志第四期，第 2 页以下。
② 同上书，28 页。

可以声称属于它自己的、可分离的经验后承的储备。那样的考虑也可以用来解释下述认识论还原的不可能性：在其中，每一个句子都被等同于用观察和逻辑—数学词项表述的一个句子。这类认识论还原的不可能性，使得理性重构似乎具有的优于心理学的最后优势消失了。

哲学家们已正确地不再对这一点——即把一切事物都翻译成观察及逻辑—数学词项抱有希望。甚至当他们尚未认识到，作为这种不可还原的理由，陈述在很大程度上并不具备自己私有的一束束经验后承时，他就已对此绝望。在这种不可还原性中，一些哲学家已经发现了认识论的破产。卡尔纳普及维也纳学派的其他逻辑实证主义者，已经让"形而上学"这个术语具备了一种贬义的使用，它意指没有意义。下一个被这样对待的术语是"认识论"。维特根斯坦及其在牛津的主要追随者们，在治疗法中发现了他们最后的哲学使命：治疗患有妄想症的哲学家，这种妄想症认为存在着认识论问题。

但是，我认为，在这一点上，相反这样说可能是更有益处的：认识论依然将继续存在下去，尽管它是在一种新的背景下并以一种被澄清了的身份出现的。认识论，或者某种与之类似的东西，简单地落入了作为心理学的一章、因而也是作为自然科学的一章的地位。它研究一种自然现象，即一种物理的人类主体。这种人类主体被赋予某种实验控制的输入（例如，具有适当频率的某种形式的辐射），并且在适当的时候，他又提供了关于三维外部世界及其历史的描述作为输出。贫乏的输入和汹涌的输出之间的关系，正是我们要加以研究的。而推动我们研究它的理由，和总是推动认识论的理由，在某种程度上是同一种理由；这就是：为了弄清楚证据是如何与理论相关联的，并且人们的自然理论是以何种方式超越现成证据的。

这样的研究甚至仍然可以包括某种类似于旧的理性重构那样的东西。这种重构可以达到任何一种程度，只要它是可行的；因为想象的构造在很大程度上也能像机械刺激作用那样提供实际的心理过程的迹象。但是，在旧认识论和这种新的心理学背景下的认识论事业之间存在的显著差别是：我们现在可以自由地利用经验心理学。

在某种意义上，旧认识论渴望着包含自然科学；它要以某种方式从感觉材料中构造出自然科学。相反，在新背景下的认识论，作为心理学的一章被包含在自然科学之中。但是，从某一合适的立场来看，这种旧的包含方式依然有效。我们正在研究我们所研究的人类主体是怎样从他的材料中假定物体并规划他的物理学的，同时我们意识到我们在世界中的位置就类似于它的位置。因此，我们的认识论事业本身以及它作为其中一个部分章节的心理学，还有心理学作为其中部分卷册的自然科学——所有这一切，就是我们自己的由刺激而来的构造和设计。这些刺激类似于我们给予我们认识主体的那些刺激。因而存在着下述的相互包含（尽管是不同意义上的包含）：认识论包含在自然科学之中，并且自然科学也包含在认识论之中。

这种相互作用又使人想起了古老的循环威胁。但是，既然我们不再幻想从感觉材料中演绎出科学，现在一切都安然无恙。我们寻求着把科学理解为世界中的一种建制（institution）或过程，我们并不预期那种理解比作为其对象的科学更好些。这一态度实际上是纽拉特在维也纳学派时期就主张的。他使用了关于水手的比喻：该水手不得不在漂流过程中，呆在船上修复他的船。

在心理学背景中去看认识论所产生的一个后果是，它解决了一个古老而棘手的认识论上的优先性的谜。我们的视网膜是以二维方式被照射的，可是，我们未加有意识地推论，就把事物看成是三维的。哪一种将被算做观察资料，是无意识的二维的感受，还是有意识的三维的理解？在旧认识论背景中，这种有意识的形式占有优先性，因为我们一心要通过理性重构去证明我们关于外部世界知识的正当性，而那就需要意识。当我们不再试图通过理性重构证明我们关于外部世界知识的正当性时，意识也就不再被需要了。应该算做观察资料的东西能够根据感觉接受器的刺激来决定。让意识呆在它可以呆的地方去吧！

格式塔心理学对感觉原子主义（它似乎与 40 年前的认识论是那么地相关）的挑战，也同样不再有效了。不管感觉原子或格式塔是否就是偏爱我们意识的前沿的东西，它只不过是对感觉接受器的刺激，对于我们的认识机制来说，最好把这种刺激看做是输入。以往的关于无意识材料和推论之间的悖论，以往的关于那种必须迅速完成的推论链条的问题——所有这些，都不再重要了。

在以往的反心理主义年代，这个认识论上的优先性问题是争论未决的。从认识论来说，什么优先于什么？是格式塔被注意到了从而优先于感觉原子呢，还是我们应当根据某种更微妙的理由去偏爱感觉原子？现在，既然允许我们求助于物理刺激，这个问题也就消失了。如果 A 在因果关系上比 B 更接近于感觉接受器，那么 A 在认识论上就优先于 B；或者，在某些方面，更好一些的选择是：只明确地按照对感觉接受器的因果接近性去谈论，而不去谈论认识论的优先性。

大约在 1932 年，就对于什么应算做观察语句或记录语句（Protokoll-sätze）[①] 的问题，出现了争论。一种立场是，它们具有感官印象的报道形式；另

---

[①] 卡尔纳普和纽拉特在 1932 年第三期《认识》（*Erkenntnis*）杂志第 204~228 页中的论述。

一种立场是，它们是关于外部世界的基本种类的陈述，比如，"一个红色立方体竖立在桌子上"。第三种立场即纽拉特的立场是，它们具有感觉者和外部事物间关系的报道形式，如"奥托现在看见一个红色立方体竖在桌子上"。最糟糕的一种立场认为，似乎不存在决定这个问题的客观方法：没有任何方式能够使这个问题真正有意义。

现在，让我们试图在外部世界的背景中来坦率地考虑这个问题。模糊地说来，我们所要求于观察语句的是，它们应该是在因果关系上最接近于感觉接受器的句子。但如何去测定这种接近性？这种观念可以这样被重新描述：观察语句就是当我们学习语言时，最强烈地被限定于伴随的感觉刺激——而非储存的辅助信息的句子。因而，让我们想象一个句子：我们为了得到关于这个句子是真还是假的决断，也即我们是赞成它还是反对它，我们对这个句子提出了询问；那么，假如我们的决断只依赖于当下的感觉刺激，这个句子就是一个观察语句。

但是，一个决断不能依赖于当下刺激以至到排斥储存信息的程度。正是我们学会语言的事实本身，显露出大量的储存信息，显露出我们对句子（无论如何，它们是观察句）做出决断时所必须依赖的大量储存信息。于是，我们显然必须放宽我们对观察句的定义，而做出这样的阐释：假如对一个句子的所有决断都依赖于当下的感觉刺激，但不依赖于与理解这个句子无关的储存信息，那么这个句子就是观察句。

这种表述产生了另外一个问题：我们如何在与理解一个句子有关的信息和与之无关的信息之间做出区分呢？这是一个在分析真理与综合真理之间做出区分的问题。分析真理仅仅从语词的意义中产生，综合真理不仅仅依赖于意义。可是长期以来，我一直认为这种区分是虚幻的。然而，存在着朝向这种区分的一个有意义的步骤：一个仅仅是通过语词的意义而真的句子，应该被期待着得到共同体内所有流利的说话者的一致同意，至少假如这个句子是简单句的话。也许，关于分析性这个引起争论的概念，在我们的观察句的定义中可以被清除掉，而去接纳这个简单的属性，即：共同体内部的一致承认。

这个属性当然不是对分析性的阐明。共同体会承认存在着黑色的狗，然而没有一个谈论分析性的人会说这是分析的。我对分析性这一概念的反对仅仅意味着：在只是去理解一种语言中与句子有关的东西和共同体所一致同意的东西之间，我们划不出任何界限。我不相信人们能在意义和在共同体范围内这样的辅助信息之间做出区分。于是，当我们回到对观察句作定义这一任务时，我们就得到了这样的结论：观察句就是当给出相同的伴随刺激时,该语言的全体说话者都会给出同样的决断的句子。以否定的方式表述这一点,观察句就是对于言语共同体内过去经验方面的差异不敏感的句子。

这一表述完好地与观察语句的传统角色(即作为科学理论的上诉法庭)保持了一致;因为根据我们的定义,观察句是在同样的刺激下共同体的所有成员都会一致同意的句子。而在这同一个共同体内,成员资格的标准是什么呢?仅仅是对话的流畅性。这个标准容许有程度的不同。而实际上,从实用的角度出发,对于某些研究来说,我们可以把共同体的范围定得比相对于另外一些研究来说更窄些。对一个由专家组成的共同体来说应该算做观察句的东西,对于一个较大的共同体来说,并不会总是被这样当做观察语句。

正如我们现在正在构想它们的那样,在观察句的表述中,通常并不存在着主观性。它们通常是关于物体的。既然观察句的区别性特点是,在相同的刺激下主体间的一致同意,因此,关于有形物体的话题就比关于非有形物体的话题更有可能成为观察句。

当我们考虑到观察也还是要成为科学假设的主体间法庭时,以往的那种把观察句和主观的感觉题材相联系的倾向,就更是一种讽刺了。这种以往的倾向来自于这样的驱动力:把科学奠基于主体经验内的某种更牢固且优先的东西之上。但是,我们放弃了那种计划。

我们发现,把认识论从其以往的第一哲学的地位中解脱出来,掀起了一股认识论上的虚无主义浪潮。这种情绪多少有点在波拉尼、库恩以及新近的 N. R. 汉森等人贬低证据的作用而强调文化相对主义的倾向中得到了反映。汉森甚至勇敢地怀疑关于观察的观念,他论证说:所谓的观察,随着观察者自身所携带的知识数量的不同,在不同的观察者那里有所变化。那位老练的物理学家看了看一些仪器,就发现了 X 射线管;那位新手看了看同一个地方,观察到的却是"一个由玻璃与金属构成的,充满了金属线、反射镜、丝钉、灯泡及按钮的仪器"[①]。一个人的观察结果,对于另一个人来说是不可理解的事物或胡思乱想的产物。作为科学证据的公正、客观来源的观察观念破产了。现在,我对于 X 射线这个例子的解答,已在刚才做出了暗示:可以算做观察语句的东西,随着被考虑的共同体的大小的不同而有所变化。但是,我们也总是能够通过把该语言中的所有(或绝大部分)说话者都包括进来而得到一个

---

① N. R. 汉森:《观察与阐释》("Observation and Interpretation"),载莫根贝塞尔(S. Morgenbesser)所编的《当今科学哲学》(*Philosophy of Science Today*, New York: Basic Books, 1966)。

绝对的标准。① 令人啼笑皆非的是，当哲学家们发现旧认识论作为一个整体是站不住脚的时候，就会通过放弃现已进入清晰焦点的部分而做出应对。

澄清观察句这一概念是件好事，因为这个概念在两种关系中都是根本性的。这两种关系对应于我在本次讲座的前面所谈论过的两重性：在概念与学说之间的两重性，即在知道一个句子意味着什么与知道一个句子是否为真之间的两重性。

观察句对于这两种事业都是基本的。它与学说的关系，即与我们关于何者为真的知识的关系，在很大程度上是下述这种传统的关系：观察句是科学假说的证据储藏所。它对于意义的关系也是根本性的，因为观察句是我们作为儿童或作为专业语言学家能够首先学会去理解的语句；因为观察句恰恰就是下述这样的语句：我们能够把它们与在说出或同意该语句的场合中可观察的情况关联起来，而独立于个体信息提供者在过去历史方面的变化。他们提供进入语言的唯一入口。

观察句是语义学的奠基石，因为，像我们刚才所见的那样，它对于意义的学习是根本性的；而且，它也是意义最牢固的地方。理论中较高等级的句子没有它们可以声称是属于自己的经验后承。它们仅仅是在或多或少具有包容性的集合体中面对感觉证据的法庭的。位于科学主体部分的感觉边缘的观察语句，是最小的可证实的集合体；它具有所有属于它自己的经验内容，并公开展示这一点。

翻译的不确定性的困境对于观察句来说几乎没有什么关系。把我们自己语言中的一个观察句和另一语言中的一个观察句等同起来，主要是一个经验归纳的问题。它是一个关于同一性的问题。这种同一发生在促成同意一个句子的刺激范围与促成同意另一个句子的刺激范围之间。②

对于旧的维也纳学派的偏见来说，这种说法即认识论现在变成了语义学，并不令人震惊；因为认识论像往常一样，依然以证据为中心；而且，意义也如往常一样，还以证实为中心；而证据就是证实。较有可能对维也纳学派的偏见构成震惊的是，一旦我们在观察句之外获得意义，通常对于单个句子来说，意义就不再具有任何清晰的可适用性；同样有可能构成震惊的是，认识论和心理学合并了，也和语言学合并了。

在我看来，从哲学上对科学本质进行有趣的探求时，这种学科边界的消

---

① 这种限定承认像愚人或盲人这样的异常人。要不，这样的情况可以通过调整对话流畅性的水平而被排除。通过对话流畅性的水平，我们定义语言的同一性（sameness）。我对德雷本（B. Dreben）表示感谢，他促使我写下了这个注释，并以更实质的方式影响了我这篇论文的写作。

② 参见奎因：《语词和对象》（*Words and Objects*），31～46、68 页。

除有助于取得进步。一个可能的区域是知觉的标准（perceptual norm）。首先考虑一下音素的语言学现象。在听过被说出的声音的无数次变化之后，我们形成了这样的习惯：把每一个被说出的声音都当做一个包含有限数目的标准中的一个或另一个声音的近似物。这个具有有限数目的标准（总计约有 30 个）可以说构成了一个被说出的字母表。在实践中，我们语言中的所有话语都可以恰好被看做是这 30 个元素的序列，并据此纠正一些微小的背离。现在，在语言领域之外，也有可能仅仅存在着一个更有限的、共同构成了知觉标准的字母表；我们在无意识中倾向于这些标准，并去纠正所有的知觉。这些，如果在实验上是可辨别的，可以被当做认识论的建筑砖，即经验的运转因素。它们可以部分地被证明在文化上是可变的，也可以部分地被证明在文化上是普遍的。

还有这个被心理学家坎贝尔（Donald T. Campbell）称为进化认识论的领域。[①] 在这个领域中，有易尔迈兹（Hüseyin Yilmaz）所做的工作。他指明了某些颜色知觉的结构特性怎样能从生存价值中得到预示。既然我们允许认识论从自然科学中得到资源，那么，进化有助于去澄清的一个更明显地属于认识论的话题，就是归纳。

### 选文出处

奎因：《自然化的认识论》，贾可春译，载《世界哲学》2004（5），第 78～85、93 页。

---

[①] D. T. 坎贝尔：《从知识过程的比较心理学中得到的方法论启示》（"Methodological Suggestions from a Comparative Psychology of Knowledge Process"），载《探求》（*Inquiry*）杂志第二期，1959 年，152～182 页。

# 波普尔

波普尔的重要建树在于抛弃科学程序的归纳分析，按照这种分析，科学开始于纯粹的观察，然后通过归纳得到概括性的命题，波普尔反对说，这在于我们所有人的天性就是期望，期望事物具有规律性，但我们必须批判这种观点。科学的起点是对于神话的批判性考察，而不是观察事例的收集，因而不存在任何归纳问题。科学家必须从这种虚假的假说中摆脱出来，普遍命题是不可能由归纳法建立起来的。

## 作者简介

波普尔(Karl Raimund Popper, 1902—1994)，英国科学哲学家。生于奥地利，1928年获维也纳大学哲学博士学位。第二次世界大战后定居英国，任伦敦大学、伦敦经济学院教授，后入英国籍。主要著作有《开放社会及其敌人》(1945)、《科学发现的逻辑》(1959)、《猜想与反驳》(1963)、《客观知识》(1972)等。

## 著作选读：

《客观知识——一个进化论的研究》第一章：猜想的知识：我对归纳问题的解决。

**《客观知识——一个进化论的研究》第一章——猜想的知识：我对归纳问题的解决**

整个19世纪和20世纪以来为非理性发展，是休谟破坏经验主义的自然结果。

伯特兰·罗素

我认为我已经解决了一个重要的哲学问题：归纳问题（我在1927年前后就解决了的[①]）。这个解决办法是富有成

---

[①] 我在1919—1920年曾经表述并解决了科学与非科学的分界问题，而且我觉得它不值得发表。但是在我解决了归纳问题之后，我发现这两个问题之间有着很有意义的联系，这就使我想到分界问题是重要的。我在1923年开始研究归纳问题，大约在1927年找到了解答。请参见《猜想与反驳》（简称《猜想》）一书中自传性的叙述，第1章和第11章。

果的，而且它使我能够解决好多其他哲学问题。

然而，几乎没有多少哲学家支持这样的论点，即我已解决了归纳问题。几乎没有多少哲学家苦心研究以至批判我对这个问题的看法，或者注意到我在这一方面做了一些工作这一事实。虽然最近出版的关于这个问题的大多数书籍有迹象表明受我的思想的间接影响，但是它们并没有提到我的任何工作；而注意到我的思想的那些著作却通常把我从未主张过的观点说成是我的，或者根据显然的误解或误读，或者以无效的论据来批评我。本章打算重新说明我的观点，并对我的批评者作一个全面的答复。

我关于归纳问题的头两种论著是我在 1933 年《认识》杂志上的论文[①]（其中我简要地提出了对这个问题的表述和我的解答）以及 1934 年的《研究的逻辑》一书[②]。这篇论文以及这本书都是非常简要的。我有点乐观地期望，读者借助于我的几个历史提示，会发现为什么我对这个问题的特别的重述是有决定性意义的。我认为，正是我重述了传统的哲学问题这个事实才使问题的解决有了可能。

我所谓传统哲学的归纳问题是指下面这样的表述（我把它叫做"Tr"）：

Tr 未来（大致上）会像过去一样这一信念的根据是什么？或者归纳推理的根据是什么？

说这样的表述是错误的，有几个理由。例如，第一个表述假定未来会像过去一样。这个假定在我看来是错误的，除非"像"这个字在意义上解释得如此灵活以致使这个假定变得空洞而乏味。第二个表述假定有归纳推理和进行归纳推理的规则，而这又是一个应当受到批判的、在我看来也是错误的假定。所以我认为这两个表述都是非批判的，而同样的话还适用于许多其他的表述。因此，我的主要任务是再一次表述我认为是在我所谓的传统哲学的归纳问题背后的问题。

目前已经成为传统的这些表述在历史上还是近期的。它们是由休谟对归纳法的批判以及这种批判对知识的常识理论的影响而引起的。

我将首先提出常识观点，其次提出休谟观点，进而提出我自己对这个问题的重新表述和解答，然后再回过来比较详细地讨论这些传统的表述。

---

[①] 《理论系统经验性质的一个准则》，载《认识》，1933 年第 3 期，第 426 页以后。

[②] 《研究的逻辑》，维也纳，1934 年版。比较英译本《科学发展的逻辑》，伦敦，1959 年版（以下简称《逻辑》）。

### 1. 归纳法常识问题

知识的常识理论（我还给它起过一个绰号叫做"精神的水桶说"）就是以"我们没有什么知识不是通过感官而获得的"这一主张而赫赫有名的理论。（我试图说明这个观点首先是由巴门尼德以一种讽刺的口吻提出的：大多数凡人的错误知识没有不是通过自己的错误感官而得来的。①）

但是我们的确有期望，并且非常相信某些齐一性（自然规律、理论）。这就导致归纳法的常识问题（我把它叫做 Cs）：

Cs 这些期望和信念是怎样产生的呢？

常识回答是：通过过去所进行的重复的观察：我们相信明天太阳将升起，因为它过去就是如此。

在常识观点看来，理所当然地认为（没有提出任何问题），我们相信齐一性是由产生这种信念起源的那些重复观察所证明的。（起源和根据——两者都归因于重复——这就是自亚里士多德和西塞罗以来的哲学家所谓的"归纳辩论法"或"归纳法"②。）

### 2. 休谟的两个归纳法问题

休谟感兴趣的是人类知识的地位问题或者如他可能说的，是我们的任何信念——无论哪一种信念——是否都能为充分的理由所证明的问题。③

他提出了两个问题：逻辑问题（$H_L$）和心理学问题（$H_{PS}$）。其中重要的一点是他对这两个问题的回答在某些方面是互相冲突的。

休谟的逻辑问题是④：

$H_L$ 从我们经历过的（重复）事例推出我们没有经历过的其他

---

① 参见我的《猜想与反驳》1969 年第 3 版，补遗 8，尤其第 408~412 页。

② 西塞罗：《正位》，X，42 页；比较《论创造》，第 1 册，XXXI 51 到 XXXV。

③ 见大卫·休谟《人类理解研究》，牛津，1927 年版，第 1 部分，第 5 节，46 页（参见《猜想》，第 21 页）。

④ 休谟：《人性论》，牛津版，1988 年，1960 年，第 1 册，第 3 部分，第 6 节，91 页；第 1 册，第 3 部分，第 12 节，139 页；并见康德《导言》第 14 页以后，他把先天有效陈述的存在问题叫做"休谟问题"。据我知道我是第一个把归纳问题称为"休谟问题"的；当然也可能有别人。在《理论系统经验性质的一个准则》中（《认识》1933 年第 3 期，第 426 页以后）和《研究的逻辑》第 4 节第 7 页，我写道："如果仿效康德，我们把归纳问题叫做'休谟问题'，我们就可把分界问题叫做'康德问题'。"我们非常简短的评论（受到一些评论的支持，诸如，《逻辑》的第 29 页，康德把归纳原理看做是"先天有效的"）暗示了康德、休谟与归纳问题之间关系的一个重要的历史解释。并见本书第 2 章，在那里这几点都做了更充分的讨论。

事例（结论），这种推理我们证明过吗？

休谟对 $H_L$ 的回答是：没有证明过，不管重复多少次。

休谟还指出，如果在 $H_L$ 中的"结论"之前加上"可能"这个词，或者用"事例的可能性"代替"事例"这个词，逻辑上仍然完全一样。

休谟的心理学问题是①：

$H_{PS}$ 然而，为什么所有能推理的人都期望并相信他们没有经历过的事例同经历过的事例相一致呢？也就是说，为什么我们有极为自信的期望呢？

休谟对 $H_{PS}$ 的回答是：由于"习惯或习性"；也就是说，由于我们受重复和联想的机制所限制。休谟说，没有这种限制我们几乎不能活下去。

**3. 休谟成果的重要影响**

由于这些成果，休谟自己——曾经是最有头脑的一个人——变成了一个怀疑论者，而同时又变成了一个非理性主义认识论的信仰者。他认为，虽然重复支配着我们的认识活动或我们的"理解"，但是作为论据，重复无论如何是没有任何力量的。这一成果使他得出结论说，论据或理由在我们的理解中只起次要的作用。我们的"知识"剥去了伪装，它不仅有信念的性质，而且有理性上站不住脚的信念即非理性的信仰的性质。②

从我对归纳问题的解决中得不出这样的非理性主义的结论。这在下一节以及第10、第11节中将看得很明显。

罗素在1946年出版的《西方哲学史》（这是在他的《哲学问题》出版后的34年。《哲学问题》一书对归纳问题作了十分清楚的叙述而没有提及休谟)③关于休谟的那一章中更加有力而过分地叙述了休谟的结论。关于休谟对归纳问题的看法，罗素说："休谟哲学……代表18世纪重理精神的破产"，所以，"重要的是揭示在一种完全属于或大体上属于经验主义的哲学的范围之

---

① 参见《人性论》91、139页。
② 自休谟以来，许多失望的归纳主义者已成为非理性主义者。
③ 在罗素的《哲学问题》（1912年版以及以后的许多再版）第6章（"论归纳法"）中没有出现休谟的名字。最接近的参考材料是在第8章（"先天的知识如何可能"），在那里罗素探讨休谟时说："他把这个大可怀疑的命题加以推论说：关于因果联系没有什么是先天知道的。"无疑地，由某个原因引起的期望有个天生的基础，在它们先于经验这个意义上，它们在心理学上是先天的，但并不意味着它们是先天有效的。参见《猜想》47～48页。

内，是否存在对休谟的解答。若不存在那么在神志正常和精神错乱之间就没有理智上的差别了。认为自己是水煮荷包蛋的疯人，只是由于他属于少数派而要受到指责……"

罗素接着声称，如果否定归纳法（或归纳原理），"则一切打算从个别观察结果得出普遍科学规律的事都是谬误的，而休谟的怀疑主义对经验主义者来说便是不可避免的了"①。

因此罗素强调休谟对 $H_L$ 的回答与（1）理性、（2）经验主义以及（3）科学程序之间的冲突。

在第 4 节以及第 10 到 12 节中，显而易见，如果接受我对归纳问题的解决，所有这些冲突都会消失：在我的非归纳理论和理性、经验主义或科学程序之间没有任何冲突。

**4. 我对归纳问题的处理方法**

（1）我认为休谟论述中暗示的逻辑问题与心理学问题之间的差别是极为重要的，但我不认为休谟对我愿意称之为"逻辑"的顶点是令人满意的。他很清楚地描述了有效推理的过程，但是他把这些过程看做是"理性的"心理过程。

与休谟的处理方法对比起来，我的主要处理方法之一是，每当逻辑问题成为问题的时候，我就把所有这些主观的或心理学上的术语，尤其是"信念"等，转换成客观的术语。比如：我不说"信念"，而说"陈述"或"解释性理论"；我不说"印象"，而说"观察陈述"或"试验陈述"；我不说"信念的正当理由"，而说"要求理论是真的这种主张的正当理由"；等等。

这种把事情说成客观的或逻辑的或"形式的"说法将被应用于 $H_L$，但不能应用于 $H_{PS}$。然而：

（2）一旦解决了逻辑问题 $H_L$，根据以下的转换原则：逻辑上是正确的，在心理学上也正确，那么对逻辑问题的解决就转移到心理学问题 $H_{PS}$ 上。（通常的所谓"科学方法"和科学史大体上也有一个类似的原则：逻辑上是正确的，在科学方法和科学史上也是正确的。）显然，这是认识心理学或思维过程心理学中的一个有点冒险的猜想。

（3）很清楚，我的转换原则保证消除休谟的非理性主义；如果我能回答他的归纳法的主要问题（包括 $H_{PS}$）而不违背转换原则，那么在逻辑内心理学之间就不可能有任何冲突，因此，也就不可能有我们的理解是非理性的这一结论。

---

① 引自伯特兰·罗素：《西方哲学史》，伦敦，1946 年版，第 698 页以后（着重号是我加的）。

（4）这样的纲领连同休谟对 $H_L$ 的解答意味着关于科学理论与观察之间的逻辑关系，可以比 $H_L$ 说出更多的东西。

（5）我的主要成果之一是，既然休谟认为在逻辑学中不存在以重复为根据的归纳法这样的东西，并且这个看法是正确的，按照转换原则，在心理学中（或科学方法中，或科学史上）也就不可能有任何这样的东西。以重复为根据的归纳法观念一定是由于一种错误——一种视错觉。简单地说，不存在以重复为根据的归纳法。

**5. 归纳法的逻辑问题：重述与解决**

按照刚才所说的（前面第 4 节第（2）点），我要以客观的或逻辑的说法重述休谟的 $H_L$。

为此目的，我用"试验陈述"，即描述可观察的事件的特殊陈述（"观察陈述"或"基本陈述"）代替休谟的"我们经历过的事例"，用"解释性普遍理论"代替"我们没有经历过的事例"。

我把休谟归纳法的逻辑问题明确地表述如下：

$L_1$ 解释性普遍理论是真的这一主张能由"经验理由"来证明吗？也就是说，能由假设某些试验陈述或观察陈述（人们可能说这些陈述"以经验为根据"）为真来证明吗？

我对这个问题的回答和休谟一样：否，我们不能。没有任何真的试验陈述会证明解释性普遍理论是真的这一主张。①

还有第二个逻辑问题 $L_2$，它是 $L_1$ 的普遍化。它是从 $L_1$ 得出的，只要用"是真或是假"这些词代替"是真的"这些词。

$L_2$ 解释性普遍理论是真的或是假的这一主张能由"经验理由"来证明吗？即，假设试验陈述是真的，能够证明普遍理论是真的或者证明它是假的吗？

我对这个问题的回答是肯定的。是的，假设试验陈述是真的，有时允许我们证明解释性普遍理论是假的这种主张。

如果我们回顾产生归纳法问题的情况，这个回答就显得非常重要。我记得我们面临几个解释性理论的情况，这些理论作为对某个解释问题（例如科学问题）的解决而相互竞争，而且面临我们必须或至少希望在它们之间作选择的事实。正如我们已看到的那样，罗素说如果我们不解决归纳问题，我们在（好的）科学理论与疯子的（坏的）妄想之间就不能做出抉择。休谟也记得竞争的理论，"假设一个人[他写道]……提出我不赞成的命题……银比铅

---

① 解释性理论本质上甚至超出无数的全称试验陈述，甚至连普遍性低的定律也是这样。

易熔，或水银比金重……"①

这个问题境况（在几个理论之间选择的境况）提出了对归纳法问题的第三个陈述：

$L_3$ 在真或假方面，对某些参与竞争而胜过其他理论的普遍理论加以优选曾经被这样的"经验理由"证明过吗？

按照我对 $L_2$ 的回答，对 $L_3$ 的回答就明显了：是的，如果我们幸运的话，有时它可以被"经验理由"所证明。因为我们的试验陈述可能驳倒某些（但不是全部）竞争理论；由于我们寻求正确的理论，所以我们宁愿选择那些还没有被否证的理论。

### 6. 我对解决逻辑问题的意见

（1）根据我的重述，归纳法逻辑问题的中心议题是与某些"给定的"试验陈述有关的普遍定律的有效性（真或假）。我不提出"我们怎样决定试验陈述的真假"这个问题，即对可观察的事件进行特殊描述的问题。我认为不应把后一个问题看做是归纳问题的一部分，因为休谟的问题是，我们从经历过的"事例"推出没有经历过的"事例"的做法是否证明是正确的。② 就我所知，休谟或在我之前关于这个问题的任何其他作者都没有从这里推出进一步的问题：我们能以为"经历过的事例"就不成问题吗？它们真的先于理论吗？虽然这些进一步的问题是由我解决归纳问题而引出的一些问题，但是它们超出了原来的问题。（如果我们考虑到哲学家尝试解决归纳问题时一直在寻找的东西，这一点就很清楚了：如果允许我们从特殊陈述中引出一般规律的"归纳原理"能够被发现，并且它的真理权受到保卫，那么归纳问题就会被看做是解决了。）

（2）$L_1$ 是打算把休谟问题转换成客观的说法。唯一的差别在于休谟讲的是我们没有经验的未来（特殊）事例，即期望的事例；而 $L_1$ 讲的是普通的规律或理论。我至少有三个理由说明这种改变。第一，从逻辑观点看来，"事例"与某种普遍规律有关（或至少与一个能够普遍化的陈述函项有关）。第二，我们从"事例"推到其他"事例"的通常方法是借助于普遍的理论。因此，我们从休谟问题引出普遍理论的有效性的问题（这些理论的真伪）。第三，像罗素一样，我希望把归纳问题和普遍规律或科学理论连接起来。

（3）我对 $L_1$ 的否定回答应解释成我们必须把所有的规律或理论看做是假设的或猜想的，即看做是猜测。

---

① 休谟：《人性论》，95 页。
② 参见休谟：《人性论》，91 页。

这个观点现在已经相当流行①,但是花了很长时间才达到这个阶段。例如,吉尔伯特·赖尔教授 1937 年在他的一篇文章中明确地反对这个观点②,这篇文章在其他方面是很卓越的。赖尔论证了(第 36 页)"所有一般的科学命题……都仅仅是假设"这个说法是错误的,而且他用"假设"这个术语的意义和我一直用并现在正在用的这个术语的意义完全一样:如"命题……仅仅被推测为真的"(同上)。他宣称反对像我那样的论点:"我们时常确信并有理由确信规律命题"(第 38 页)。他说,一些一般命题是被"确立"的,"这些命题被称为'规律',而不是'假设'"。

赖尔的这个观点在我写《研究的逻辑》的时候,确实是"公认的"标准,而且它一点也不过时。由于爱因斯坦的引力理论,我首先转而反对赖尔的这个观点:从来没有过像牛顿的理论那样被"公认的"理论,而且未必可能有那样的一个理论;但无论人们对爱因斯坦理论的地位怎样看法,它肯定让我们把牛顿的理论看做"仅仅"是个假说或猜想。

第二个这样的例子是 1931 年尤雷发现重氢和重水。那时,水、氢和氧是化学上最熟悉的物质,而且氢和氧的原子量形成了所有化学测量的标准。这里是一个其真理性曾与每一个化学家本人的生涯利害攸关的理论,至少在 1910 年索迪对同位素的猜想之前是这样,事实上在其后的很长时间里也是这样。但是就在这里尤雷反驳了这个理论(并因而确证了玻尔的理论)。

这就使我更注意研究其他"公认的规律",尤其是研究归纳主义者的三个标准的例子③:

(1) 二十四小时(或脉搏跳动近 90 000 次)内太阳升起和落下一次;

(2) 凡人都要死;

(3) 面包有营养。

在这三个例子中,我发现实际上这些公认规律在其原来的意义上都被反驳了。

(1) 当马赛的毕特阿斯发现"结冰的海洋和半夜的太阳"时,第一个例子就被反驳了。人们完全不相信他的报告以及他的报告成为所有旅行者的谎言的范例这一事实。表明实际上例(1)意指的是"无论你走到哪里,太阳在二十四小时内将升起和落下一次"。

(2) 第二个例子也被反驳了,虽然不那么明显。这个表语"mortal"是从

---

① 参见斯托弗先生在《澳大利亚哲学杂志》1960 年 38 期开头几句话,173 页。
② 参见《亚里士多德学会会刊》补充第 16 卷,1937 年卷,36～62 页。
③ 在我的讲演中常用的这些例子也用于第 2 章。对于这种重复谨表歉意。但是这两章是各自单独写成的,我觉得它们应该保持独立。

希腊语来的不好的翻译：thnetos 意思是"必死"或"易死"而不仅仅是"会死的"。而例（2）是亚里士多德理论的一部分——一切生物经过一个时期之后一定会衰弱、会死亡。虽然这个时期的长度是由生物的本质决定的，但是也因生物的偶然环境而有所变化。这个理论被反驳了，因为发现细菌不一定都会死，分裂繁殖不是死，而且后来认识到虽然看起来一切生物形态都可以用猛烈的手段杀死，但是一般地说，有生命物体并非注定要衰亡的（例如，癌细胞能够继续活下去）。

（3）当人们吃着他们每天吃的面包而死于麦角中毒时，如不久前在法国一个村庄里发生的一起不幸事件那样，休谟最喜欢的第三个例子也被反驳了。当然，例（3）原来的意思是，用按照老规矩播种和收获的小麦或谷类制粉，经过正确烘烤做成的面包对人们是有营养的，而不是有毒的。但是他们却中了毒。

因此，休谟对 $H_L$ 的否定回答和我对 $L_1$ 的否定回答并非如赖尔与常识知识论所认为的那样仅仅是些牵强的哲学姿态，而是以非常实际的实在情形为基础的。斯特劳逊教授带着一种与赖尔教授同样乐观的情绪写道："如果……有归纳问题，而且……休谟提出了它，那么就应补充说他解决了这个问题。"——即，休谟通过对 $H_{PS}$ 的肯定回答解决了这个问题。斯特劳逊似乎接受了休谟对 $H_{PS}$ 的肯定回答，并作如下的描述："我们接受（归纳的）'基本原则'……是自然界强加给我们的……理性是，而且应当是感情的奴隶。"[①]（休谟说过："只应该是"。）

我以前没有见过对伯特兰·罗素的《西方哲学史》第 699 页中的引文作这么好的说明，我已经把它选作当前讨论的指南。

然而，很清楚，在对 $H_L$ 或 $L_1$ 的肯定回答的意义上，"归纳法"在归纳上是无效的，甚至是悖论的。因为对 $L_1$ 的肯定回答意味着我们对世界的科学描述大体上是真实的。（尽管我对 $L_1$ 的回答是否定的，我也同意这一点。）但是从这一点可以得出结论，我们是非常聪明的动物，不安全地被放在大大不同于宇宙中其他任何地方的环境中，通过这样或那样的方法勇敢地追求发现主宰宇宙和我们环境的真正规律性。显然，无论我们用什么方法，发现真正规律性的机会是很少的，并且我们的理论会包含许多错误，任何神秘的"归纳原则"（无论是基本的还是非基本的）都不能加以防止的错误。而这正是我对 $L_1$ 否定回答所说的情况。由于肯定的回答必否定它自己，因此，它一定是假的。

如果有人想要指出这一论述的寓意，他可以说：批判的理性比感情更好，尤其是涉及逻辑的问题时。但是我很乐意承认，没有一点感情的话，什么也

---

[①] 参见《哲学研究》1958 年，第 9 期，第 20 页以后；参阅休谟：《人性论》，41 页。

不会得到。

（4）$L_2$ 仅仅是 $L_1$ 的概括，而 $L_3$ 仅仅是 $L_2$ 的另一种表述。

（5）我对 $L_2$ 和 $L_3$ 的回答给罗素的问题提供了明确的答案。因为我可以说：是的，至少疯子的一些胡言乱语可以看做被经验即试验陈述驳倒了。（其他一些可能是不可试验的，并因而不同于科学理论，这就提出了分界的问题。）[①]

（6）尤其重要的是，正如我在关于归纳问题的第一篇论文中所强调的，我对 $L_1$ 的回答是和以下弱形式的经验主义原则一致的：只有"经验"才能帮助我们确定与事实有关陈述的真假。因为它证明，由于 $L_1$ 和对 $L_1$ 的回答，我们至多能决定理论为假；而由于对 $L_2$ 的回答，我们的确可以做到这一点。

（7）同样的，在我的解决办法与科学方法之间并没有冲突；相反，它使我们了解批判性方法论的基础。

（8）我的解决办法不仅阐明了归纳法的心理学问题（见以下第 11 节），而且也说明了归纳问题的传统表述及其弱点的产生原因（见以下第 12 和 13 节）。

（9）我的系统表述和对 $L_1$、$L_2$ 及 $L_3$ 的解决完全属于演绎逻辑的范畴。我所要表明的是，概括休谟问题时，我们可以加上 $L_2$ 和 $L_3$，这就使我们提出了比对 $L_1$ 的回答更积极的回答。其所以如此，是因为从演绎逻辑的观点看来，凭经验证实和凭经验否证之间有不对称现象。这就导致已被反驳的假说与尚未被反驳的其他假说之间的纯逻辑的区别，并导致优选后者——即使只从这样一种理论观点来看：使假说在理论上成为进一步检验的有趣的对象。

### 7. 优选理论与探索真理

我们已经看到对 $L_1$ 的否定回答意味着我们的所有理论仍然是猜测、猜想、假说。一旦我们完全接受了这种纯逻辑的结果，就会出现以下问题：为优选某些猜想或假说，是否可能有包括经验论据在内的纯理性论据。

对这个问题可能有各种不同的看法。我将把理论家——真理的探索者，尤其对真的说明性理论的探索者——的观点与从事实际活动的人的观点区别

---

[①] "分界问题"就是我称之为寻找我们能用以区别经验科学的陈述与非经验陈述的准问题。我的解决办法是这样的原则：如果有（有限个）单称经验陈述（"基本陈述"或"经验陈述"）的合取与它相矛盾，这个陈述就是经验的。这个"分界原则"的一个推论是：孤立的纯存在陈述（例如"某时某地世界存在海蛇"）不是经验陈述。虽然，它无疑会有助于我们的经验的问题境况。

开来；也就是说，我要把理论上的优选与实用上的优选区别开来。① 在本节以及下一节里，我只涉及优选理论与探索真理问题。实用的优选与"可靠性"问题将在第 9 节里加以讨论。

我以为理论家基本上对真理感兴趣，尤其是对寻求真的理论感兴趣。但是当他完全了解我们决不可能在经验上——即凭试验陈述——证明一个科学理论是真的，从而我们充其量也只是始终面临着暂时优选某些猜测的问题时，从真理论的探求者的观点看来，他可能考虑这些问题：我们应采取什么样的优选原则？某些理论比其他理论"好些吗"？

这些问题引起下列的思考。

（1）显然，优选问题的出现主要地或许甚至是唯一地与一系列竞争的理论有关，即与作为解决同样问题而出现的多个理论有关。（也可见以下第 8 点。）

（2）对真理感兴趣的理论家也必定对谬误感兴趣，因为发现一个陈述是假的与发现其反面是真的，乃是同一回事。因此，反驳一个理论总具有理论上的意义。反过来，说明性理论的否定并不是一个说明性理论（通常它也没有由之推导出它来的试验陈述的"经验特性"）。虽然它是有意义的，但它满足不了理论家探求真的说明性理论的兴趣。

（3）如果理论家追求这种兴趣，那么，发现理论失败之处就不仅在理论上提供了有意义的信息，还为新的说明性理论提出了一个重要的新问题。任何新理论不仅要在被反驳了的先前理论成功的地方取得成功，而且也要在先前理论失败的地方，即被反驳的地方取得成功。如果新理论在这两个方面都取得成功，它至少就比旧理论更成功，更"好"。

（4）此外，假定这个新理论在时间 t 内没有被新试验所反驳，那么，至少在时间 t，这个新理论还在另一个意义上比被反驳了的理论"好些"。因为它不仅说明了被反驳了的理论所说明过的一切内容，甚至更多一些，而且还会被认为可能是正确的理论因为在时间 t 内它还没有显示出是假的。

（5）然而理论家将对这样的新理论加以评价，不仅由于它的成功，由于它可能是一个正确的理论，而且由于它可能是错误的理论：作为进一步试验的对象，即新的尝试性反驳的对象，它是有意义的。如果反驳成功的话，不仅确立了对一种理论的新的否定，而且也给其后的理论带来了新的理论问题。

---

① "pragmatic"一词可译作"实用主义的"、"实际的"等等。本书中用这个词来指相对于"理论上的优选"而言的另一种优选，或者相对于归纳的逻辑问题而言的另一个方面问题（见第 9 节），所以把它译作"实用上的"或"实用的"。——中译者

我们可以把第（1）到第（5）点总结如下：

理论家对未被反驳的理论感兴趣有几个原因，特别是因为有些理论可能是真的。假若未被反驳的理论说明了被反驳了的理论的成功与失败，那么理论家喜欢未被反驳的理论胜过被反驳了的理论。

（6）但是新理论，像所有未被反驳的理论一样，可能是假的。因此，理论家要尽力检验未被反驳的竞争者中间的假的理论。他力图"抓住"它。也就是说，对于任何给定的未被反驳的理论，他要尽量考虑到它可能失败的情况，如果它是假的。因此他会尝试构造出严格的检验，提出决定性的试验境况。这就等于构造一个否证的定律，即，一个其普遍性或许很低的定律，以致不能说明被检验理论的成功，然而它会提出一个决定性的实验：这种实验随其结果而定，既可能反驳被检验的理论，也可能反驳否证的理论。

（7）通过这种消除法，我们可能碰上一个正确的理论。但是即使它是真的，这种方法也决不能确立该理论的真理性。因为在任何时候，在无论多少次决定性试验之后，可能正面的理论的数目仍然是无限的。（这是对休谟的否定结果的另一种表述方式。）当然，实际上提出的理论在数目上一定是有限的，而且可能出现这样的情况：我们反驳了所有这些理论，却想不出一个新的理论。

另一方面，在实际上提出的理论中，可能不止一个理论在时间 t 内并没有被反驳，因此，我们不知道应该优选其中哪一个。但是，如果在时间 t 内，众多理论以这样的方式不断竞争的话，理论家就会设法发现在它们之间能够设计出怎样的决定性实验，即那些能否证从而能排除一些竞争理论的实验。

（8）上述的程序可能导致一系列理论，虽然其中每一个理论都另外提出对某些问题的不同解决办法，但至少在它们都对某些共同问题提出解决办法这个意义上是"竞争的"。因为虽然我们要求一个新理论解决那些先前的理论解决过的问题以及没能解决的问题，但总是发生这样的情况：提出了两个或两个以上新的竞争理论，其中每个理论既满足了上述要求，又解决了其他理论没有解决的一些问题。

（9）在任何时间 t 内，理论家特别感兴趣的是找到这些竞争的理论中的最可检验的理论，以便使它受到新的检验。我已说明，这将同时是具有最多的信息内容和最大的说明力的理论。它将是最值得经受新的检验的理论，简单地说，就是在时间 t 内竞争的理论中的"最好"的理论。如果它经受住了检验，那么它就是迄今考虑到的一切理论包括所有先前理论中的最好地检验过的理论。

（10）在刚才有关"最好的"理论的说法中，假定了一个好的理论不是特设性的。特设性概念及其反面（或许可称之为"大胆性"）是非常重要的。特设性说明是不可独立检验的说明，即，没有独立的说明效果。如果你要，它们就能被你利用，因而几乎没有什么理论意义。我在许多地方①讨论了独立的检验度问题。这是一个很有意义的问题，并且它与简单性问题和深度问题有关。从那以后，我还强调了需要联系或参考我们正在解决的说明问题以及正在讨论中的问题境况，因为所有这些想法都与竞争着的理论的"优越"程度有关。此外，一个理论的大胆程度也取决于与其先前理论的关系如何。

我认为，主要的有意义之点在于，对非常高度的大胆性或非特设性，我都能给出客观的评判标准。虽然新理论必须说明旧理论所说明的问题，但正是它纠正了旧理论错误的地方。因此新理论实际上与旧理论是矛盾的，它包含旧理论，但只是作为一种近似。因此，我指出了牛顿的理论与开普勒和伽利略两人的理论是矛盾的——尽管牛顿理论说明了他们的理论，因为它把它们作为近似而包含在内；同样的，爱因斯坦的理论与牛顿理论矛盾，它同样也说明了牛顿理论并把它作为近似而包含在内。

(11) 上述方法可称为批判的方法。这是尝试和消除错误的方法，是提出理论并使它们受到我们所能设计的最严格的检验的方法。如果由于某些有限制的假说只有有限数目的竞争理论被认为是可能的，这种方法可以使我们通过排除所有的竞争者而挑选出这个正确的理论。一般说来，也就是说，在可能的理论数目为无限的一切情况下，这种方法不能确定哪个理论是真的；其他任何方法也不能确定。尽管它没有确定结果，它仍然是适用的。

(12) 通过对假理论的反驳充实问题的内容以及第(3)点所表述的要求，使人确信：从新理论的观点看来，每个新理论的先前理论都具有逼近这个新理论的特点。当然，无法确信对每一个被否证了的理论，我们将找到一个"较好的"继承者即"较好的"逼近——满足这些要求的理论。我们不能保证一定能向较好的理论进步。

(13) 这里还要补充两点。一是迄今为止所说的好像是属于纯演绎逻辑——$L_1$、$L_2$ 和 $L_3$ 在其中提出的逻辑。然而，试图把纯演绎逻辑应用到科学上出现的实际情况时，就遇到一种不同的问题。例如，试验陈述与理论之间的关系不可能像这里假定的那么清楚，或者试验陈述本身可能被批判。我们想要把纯逻辑应用到活生生的境况中去，就会产生这种问题。关于科学，纯逻辑导致我所称的方法论规则，即批判性讨论的规则。

---

① 尤其可参见 S. 莫泽编：《规律与现实》中《自然界与理论系统》一文，1949 年版，第 43 页以后；以及《科学目的》，载《理性》，1957 年卷；现在分别见附录与第 5 章以下。

另一点是，这些规则可以看做是受理性讨论总目的支配的，而这种目的是向真理接近。

### 8. 确证：不可几性的优点

（1）我的优选理论与对"或然性更大的"假说的优选没有关系。反之，我已表明理论的可检验性随着它的信息内容的多少而增减，因而随着它的不可几性而增减（在概率演算的意义上讲）。因此，"较好"或"可优选的"假说往往是更不可几的假说。（但是约翰·C·哈森尼说我曾经提出过一个"选择科学假说的不可几性标准"①，这种说法是错误的。不仅我没有一般的"标准"，而且经常发生这样的事情：我不可能优选逻辑上"较好"而更不可几的假说，因为有人成功地在实验上反驳了它。）许多人当然把这个结果看做是反常的，然而我的主要理由很简单（内容＝不可几性），而且这些理由近来甚至已被一些归纳主义的支持者以及卡尔纳普那样②的归纳法的或然性理论的支持者所接受。

（2）我原来介绍确证或"确证度"的概念，目的在于清楚地表明每一个或然的优选理论（因而每一个归纳法的或然理论）是荒谬的。

理论的确证度，我是指对理论的批判性讨论情况（在一定时间 t 内）进行评价的简要报告，这些讨论是关于理论解决问题的方法，它的可检验度，它经受过的检验的精确性以及它应付这些检验的方法。因此确证（或确证度）是对过去执行情况的评价报告。像优选一样，它基本上是比较的。一般说来，根据批判性讨论，包括到某个时间 t 为止的检验，人们只能说理论 A 的确证度比竞争理论 B 的确证度高（或低）一些。确证度仅仅作为对过去情况的报告，必然导致优选某些理论而非其他理论。但确证度与理论的未来执行情况及其"可靠性"是毫无关系的。（如果有人成功地表明，在一定的特殊情况下，可以给我的或别人的确证度公式提供一个用数字表示的解释，这一点肯定也决不受影响的。③）

我提出作为确证度定义的公式的主要目的是表明，在许多情况下，更

---

① 参见约翰·C·哈森尼的《波普尔选择科学假说的不可几性标准》，载《哲学》，1960 年第 35 期，332～340 页。亦参见《猜想与反驳》第 218 页注。

② 参见卡尔纳普：《或然性或内容尺度》，载 P.K. 费耶阿本德和 G. 麦克斯韦编：《精神、物质与方法》（纪念 H. 费格尔的论文集），明尼苏达大学出版社，1966 年版，248～260 页。

③ 在我看来，拉卡托斯教授怀疑数字对我的确证度的实际贡献：如果可能的话，会在归纳的或然理论的意义上使我的理论成为归纳主义的。我根本不知道为什么会是这样。参阅《归纳逻辑问题》，410～412 页，伊·拉卡托斯和莫斯格雷夫编，北荷兰，阿姆斯特丹，1968 年版。（校样上补充：我高兴地知道我误解了这一段。）

不可几的（在概率演算意义上不可几的）假说是可取的，而且还清楚地表明在什么情况下这个公式适用，什么情况下不适用。这样，我就说明了可优选性不可能是概率演算意义上的或然性。当然，人们可以把可优选的理论叫做更"可几的"理论，只要人们不被词句引入歧途，词句是无关紧要的。

总之，有时说到两个竞争着的理论 A 和 B，我们可以说根据时间 t 内批判性讨论的情况以及在讨论中有效的经验证据（试验陈述），理论 A 是比理论 B 可取，或更好地确证了的。

显然，在时间 t 内的确证度（这是在时间 t 内关于可优选性的陈述）没有提到关于未来的情况——例如，关于在比时间 t 晚一些的时间内的确证度。这仅仅是在时间 t 内对竞争理论逻辑上和经验上的可优选性的讨论情况的报告。

（3）我必须强调这一点，因为我的《科学发现的逻辑》中以下的一段已被解释为（更确切些说，已被错误地解释为），我把确证用做对理论未来执行情况的表征。"我们应该试图评价假说经受过什么检验，什么试验，而不应讨论假说的'或然性'；即我们应该设法评价它经受检验、证明其适于幸存的程度如何。简单地说，我们要设法评价它被'确证'的程度如何。"①

有些人认为②"证明其适于幸存"这句话表明，我在这里想讲的是适于在将来幸存，适于经受将来的检验。如果我使某人误解的话，那很遗憾，但是我只能说，错误地应用达尔文隐喻的不是我。没有人期望过去曾幸存的一个物种将来也一定幸存下去；在某段时间 t 没能幸存下去的一切物种到那个时间 t 为止是一直幸存的。以为达尔文的生存理论以某种方式包含了对迄今尚存的每一个物种将继续生存下去的期望，这种想法是荒谬的。（谁会说我们人种继续幸存下去的希望是很大的呢？）

（4）这里补充一点关于陈述 s 的确证度也许是有用的。陈述 s 属于理论 T，或是合逻辑地从这个理论引出来的，但在逻辑上比理论 T 弱得多。

这样的陈述 s 的信息内容将比理论 T 少。这意味着 s 和从 s 引出的所有那些陈述的演绎系统 S 不如 T 可检验与可确证。但如果 T 已被很好地检验，那么我们可以说，它的高确证度适用于从它引起的所有陈述，因而也适用于 s 和 S，即使 s 出于它的可确证性低，决不能独立地得到那么高的确证度。

---

① 《科学发现的逻辑》，251 页。
② 参见《精神》新系列，69 辑，1960 年卷，100 页。

这个规则可得到下述简单理由的支持，即确证度是表述有关真理的优选的方法。如果我们就其声称真理而优选 T，那么我们就要优选其一切结果，因为如果 T 是真的，其所有结果也一定是真的，即使它们单独不能很好地加以检验。

因此我断言，随着对牛顿理论的确证以及地球是一个旋转的行星这一描述，陈述 s"太阳每二十四小时在罗马升起一次"的确证度就大大地增加了。因为 s 单独不是很好检验的；但牛顿的理论以及地球旋转的理论是完全可检验的。而如果这些理论是真的，s 也一定是真的。

从一个很好地检验过的理论 T 可引出的陈述 s，就其作为理论 T 的一部分而论，将具有理论 T 的确证度；如果 s 不是可从 T 引出，而是可从两个理论（例如 T1 和 T2）的合取中引出来的，那么 s 作为两个理论的一部分，就会有这两个理论中经过较少检验的理论同样的确证度。然而，s 本身单独地来说可能只有很低的确证度。

(5) 我的看法和我很早以前就介绍过的称之为"归纳主义"的看法之间的基本区别在于，我强调否定的论据，例如否定的事例或反例，反驳和尝试性反驳——简言之，批判；而归纳主义者则强调"肯定的事例"，他从肯定的事例中引出"未论证的推论"①，并且他希望这些事例将保证这些推论的结论的"可靠性"。在我看来，我们科学知识中可能是"肯定的"一切，只是就一定时间内一定理论得到优选来说的，这种优选的根据是我们的由尝试性反驳组成的批判性讨论，包括经验检验。因此，所谓"肯定的"也只是就否定的方法而言才是如此。

这种否定的态度澄清了许多问题，例如在令人满意地说明什么是一个定律的"肯定的事例"或"支持事例"时所面临的困难。

### 9. 实用上的优选

至此，我已讨论了理论家为什么优选——如果他要选择——"较好"的理论，即更可检验的理论，并且优选经过较好检验的理论。当然，理论家可能没有任何优选，他可能由于休谟和我对问题 $H_L$ 和 $L_2$ 的"怀疑论的"解决而气馁。他可能说，如果他没有把握在竞争的理论中找到真的理论，那么他就像对描述过的这个方法一样，对任何方法都不感兴趣了，即使这个方法在很大程度上肯定：如果在提出的理论中有真的理论的话，它将是在幸存的、被优选的和确证了的理论之中，他对这个方法也不感兴趣。然而较乐观的或

---

① 亨佩尔：《归纳法的最新问题》，见 R.G. 科洛尼编：《心与宇宙》，匹兹堡大学出版社，1966年版，112 页。

较好奇的"纯"理论家可能由于我们的分析而受鼓舞,一再提出新的竞争理论,期望其中有一个可能是真的——即使我们决不能肯定任何一个理论是真的。

因此,纯理论家有不止一种行动方法,只有当他的好奇心超过他对不可避免的不确定性和我们一切努力的不完备性的失望时,才会选择诸如试验和消除错误的方法。

那是和实际行动的人不同的。因为实际行动的人总是在多少有点限定的选择对象中进行选择,因为就连不行动也是一种行动。

但每个行动都预先假定一系列期望,即一系列关于世界的理论。实际行动的人将选择哪个理论呢?有合理选择这种事情吗?

这就把我们引到归纳的实用问题了:

Pr1　从理性观点来看,我们为了实际行动应该信赖哪个理论?

Pr2　从理性观点来看,我们为了实际行动应该优选哪个理论?

我对 Pr1 的回答是:从理性的观点来看,我们不应该"信赖"任何理论,因为没有一种理论已经被证明或能够被证明是真的。

我对 Pr2 的回答是:我们应该优选受过最好检验的理论作为行动的基础。

换言之,没有"绝对可靠的理论",但由于我们不得不选择,那么选择受过最好检验的理论是"合理的"。这将是"合理的",是在我所知道的这个词的最明显的意义上来讲的:受过最好检验的理论就是根据我们的批判性讨论看来迄今为止最佳的理论,而且我不知道还有什么比很好进行的批判性讨论更"合理的"了。

当然,在选择受过最好检验的理论作为行动的基础时,我们"信赖"这个理论,在"信赖"这个词的某种意义上讲。因此,在"可靠的"这个术语的某种意义上说,甚至能把受过最好检验的理论描述为现有的最"可靠的"理论。然而,这并非说它是"可靠的"。至少在这个意义上,即就我们总是很好地预见,甚至在实际活动中预见我们的期望带来错误的可能性来讲,它不是"可靠的"。

但是我们必然要从 $L_1$ 和 Pr1 的否定回答中得到的并不只是这一无关紧要的告诫,相反,对于理解整个问题尤其是对于理解我所说的传统问题具有极端重要性的是:虽然选择受过最好检验的理论作为行动基础是"合理的",这个选择的"合理性"并不是在根据充分理由预期它实际上将是成功的选择的意义上说的,在这个意义上不可能有充分的理由,而这正是休谟的答案。(在这一点上,我们对 $H_L$、$L_1$ 和 Pr1 的回答都是一致的。)反之,即使我们的物理理论是正确的,我们所知道的世界连同其实用上相关的一切规则性也许在下一秒钟内完全瓦解，这是完全可能的，今天这一点对于每个人都会是明显的；但是，我在广岛事件之前就这么说过①：发生局部、部分或全部灾难的可能性是无限多的。

然而，从实用的观点看来，大多数这样的可能性显然不值得担心，因为我们对它们无能为力，它们已经超出行动的范围。（当然，我不把原子战争包括在超出人类行动范围的那些灾难之中，虽然我们大多数人把它包括在内，因为，我们大多数人对原子战争如同对上帝的行动一样无能为力。）

即使我们能够肯定物理学的和生物学的理论是正确的，上述所有一切也都有效。不过我们并不知道。反之，我们有理由怀疑其中最好的理论，而这当然更增加了灾难的无限可能性。

正是这种考虑才使得休谟和我自己的否定回答如此重要。因为我们现在可以非常清楚地看到为什么必须当心我们的知识理论证明得太多。更确切地说，没有一种知识理论企图说明为什么我们在企图说明事物时是成功的。

即使我们假定我们成功了——我们的物理理论是正确的——我们也能够从宇宙学中认识到这种成功是怎样无限地不可几：我们的理论告诉我们，世界几乎完全是空虚的，而空虚的空间充满着无秩序的辐射。差不多所有非空虚的处所不是被乱七八糟的灰尘就是被气体或很热的星星所占据——所有这一切似乎使应用任何方法获得物理知识局部地成为不可能。

总之，有许多世界，可能的世界与实际的世界，在这些世界里探求知识和规则性会失败的。甚至在我们根据科学实际所知的世界里，能够产生生命、产生对知识的探求并获得成功的那些条件的出现，看来几乎是无限地不可几的。不仅如此，即使这样的条件会出现，它们注定在非常短的（从宇宙学上来讲）时间之后更新消失掉。

### 10. 我对休谟归纳法的心理学问题作重述的背景

从历史上说，在我解决休谟归纳法的逻辑问题之前，我找到了对休谟归纳法的心理学问题的新解答：正是在这里我首先注意到归纳法即由重复形成的信念是虚构的。我首先是在动物和儿童中，后来又在成年人中观察到对规则性的非常强烈的需要——这个需要使他们探求规则性；使他们甚至在没有规则性的地方有时也体验规则性；使他们死抱住期望不放；如果某种假定的规则性崩溃，则使他们扫兴，并可能促使他们失望甚至到疯狂的边缘。当康德说我们的理智把它的规律加于自然界时，他是对的；但是，他没有注意到我们的理智怎样经常在努力尝试中遭受失败。我们试图强加的规则性是心理

---

① 参见《研究的逻辑》第 79 节（《科学发现的逻辑》第 253 页以下）。

学上先天的，但没有一点理由假定它们像康德认为的那样是先天有效的。把规则性加于我们的环境这种需要显然是天生的，是基于本能倾向的。有一种使世界顺从我们的期望的总的需要；还有许多较特殊的需要，例如对经常的社会反应的需要，学习一种有描述性（或其他的）陈述规则的语言的需要。这就使我首先得出这样的结论：没有任何重复或在重复之前就可以出现期望；而后使我得出表明期望不可能不在重复之前出现的逻辑分析，因为重复以相似性为先决条件，而相似性以一种观点即一个理论或一个期望为先决条件。

因此，我判定休谟关于形成信念的归纳理论由于逻辑上的理由不可能是真的。这就使我看到，逻辑上的思考可以转为心理学上的思考；并且使我进一步得出启发性的猜想：一般说来，逻辑上有效的，心理学上也有效，只要是正确地转换的话。（这个启发性的原则就是我现在所说的"转换原则"。）我以为基本上正是这个结果使我放弃发现的心理学而转向发现的逻辑。

除此之外，我觉得应该把心理学看做一门生物学的学科，尤其是关于获得知识的心理学理论应该看做是生物学的学科。

现在如果我们把对 $L_3$ 回答的结果即优选法转换为人和动物的心理学，显然就得出众所周知的尝试和消除错误的方法：各种各样的尝试相当于各种竞争假说的形成，而消除错误相当于通过检验来消除或反驳理论。

这使我得出这样的表述：爱因斯坦与阿米巴（像詹宁斯描述的那样[1]）之间的主要差别是爱因斯坦自觉地追求消除错误。他试图推翻自己的理论：他自觉地批判自己的理论，为此，他力求清晰地而不是含糊地表述他的理论。而阿米巴却不能面对面地批判它的期望或假说。它之所以不能批判，因为它不能面对着它的假说，假说是它的一部分。（只有客观知识才是可批判的，主观知识只有当它成为客观的时候，才变为可批判的。而当我们说出我们的所想时，主观知识就变为客观的了；当我们把它写下或印出时，更是如此。）

显然，尝试和消除错误的方法基本上是以天生的本能为基础的，而其中有些本能显然是和一些哲学家称之为"信念"的那种模糊现象有联系的。

我常常对我不是个信仰哲学家这一事实感到自豪：我主要是对思想、理论感兴趣，并且我发现是否有人相信它们则是比较不重要的。我猜想，哲学家们对信念的兴趣是由我叫做"归纳主义"的错误哲学引起的。他们是知识的理论家，他们从主观经验出发，没能区别客观知识与主观知识。这就使他们相信信念是类，其中知识是一个种（清晰、明了、有生命力[2]、"充足理由"

---

[1] H. S. 詹宁斯：《低等有机体的行为》，哥伦比亚大学，1906 年版。
[2] 参见休谟：《人性论》，265 页。

这样的"证明"或"真理标准",规定着种的差别)。

这就是我为什么像 E. M. 福斯特一样不相信信念的缘故。

但是,还有其他理由,并且是更重要的理由,要审慎地对待信念。我准备承认存在一些可以称为"期望"的心理状态,承认有各种各样的期望,从即将被带去散步的狗的活泼的期望到学童的几乎不存在的期望,学童知道但并不真正相信只要他活的时间足够长,有一天他会变成老人。但是哲学家是否用"信念"这个词来描述这个意义上的心理状态,这一点可能引起争论。看来他们经常用"信念"表示的并非瞬间状态而是可称之为"固定的"信念,包括那些构成我们的期望层的无数无意识的期望。这些期望与系统表述的假说,从而与"我相信……"这种形式的陈述真是天壤之别。

现在几乎所有这样的系统表述的陈述都可作批判的思考,在我看来,由批判性思考引起的心理状态的确与无意识的期望大不相同。因而当"固定的"信念被系统表述时以及系统表述之后,它就改变了。如果它的批判性思考的结果是"接受",它可能是企图禁止人们怀疑和犹豫的狂热的接受,也可能是尝试性的接受,即准备重新考虑并且一有通知立即修改,甚至可能同积极寻找反驳相联系的接受。

我认为这样区分不同"信念",对我自己的客观主义的知识理论没有什么益处,但是对任何认真研究归纳法的心理学问题(我不研究它)的人来说,这些区别应当是有意义的。

**11. 对归纳法的心理学问题的重述**

为了刚才说明的原因,我没有把归纳法的心理学问题看做是我自己的(客观主义的)知识理论的一部分。但是我认为转换原则提出了以下的问题与回答。

$P_{s1}$ 如果我们从有充分证明的观点批判地去看理论,而不是从实用的观点去看的话,我们对理论甚至受过最好检验的理论(例如每回日出)的真理性总是觉得完全有保证或有确定性吗?

我想这里的回答是:否。我认为休谟试图说明的确定性感觉即坚强的信念,是一个实用的信念;是与行动以及在两者之间进行选择密切联系的东西,不然就是与我们对规则性的本能需要和期望密切联系的东西。但是如果假定我们能够对证据及其允许我们断定的东西进行思考,那么我们将不得不承认太阳终究可能明天不在伦敦升起,例如,由于太阳可能在以后半个小时内爆炸，所以就没有明天了。当然，我们不会"认真地"即从实用上考虑这种可能性，因为这提不出任何可能的行动，我们对它束手无策。

因此，这就使我们考虑实用的信念。而这些信念的确可能是很坚强的。我们可以问道：

  $P_{52}$ 我们都抱有的诸如相信将有明天那样的"坚强的实用的信念"，是非理性的重复的结果吗？

我的回答是：否。重复论无论如何是站不住脚的。这些信念部分是天生的，部分是由尝试和消除错误的方法引起的天生信念的变种。但是这种方法完全是"理性的"，因为它与优选法非常一致，而优选法的合理性已经讨论过了。尤其对科学结果的实用信念不是非理性的，因为没有什么比批判讨论的方法更加"合理的"了，而这方法就是科学的方法。虽然把它的任何结果看做确定的将会是不合理的，但是当它用于实际行动时，没有什么是"更好的"了，没有能说是更合理的可供选择的方法了。

**12. 归纳法的传统问题与一切归纳原理或规则的无效**

现在我回到我所说的归纳法的传统哲学问题。

我认为，我用这个名称指的是，看到根据重复而归纳的常识观点受到休谟挑战、却没有足够认真地对待这种挑战的结果。就连休谟，终究仍然是一个归纳主义者；因此，不能指望休谟向之挑战的每一个归纳主义者都能看到休谟的挑战是对归纳主义的挑战。

传统问题的基本图式可以用各种方式来表述，例如：

  Tr1 怎样能为归纳法辩护（不管休谟）？

  Tr2 怎样能为归纳原理（即为归纳法辩护的非逻辑原理）辩护？

  Tr3 人们怎样能证明一种归纳原理，例如"未来将和过去一样"或所谓"自然界齐一性的原理"是正当的？

如我在《研究的逻辑》中简要指出的那样，我认为康德的问题"综合陈述怎样才能先天有效"是概括 Tr1 或 Tr2 的尝试。这就是我把罗素看做一个康德派（至少在某些方面）的原因，因为他试图通过一些先天的理由找到 Tr2 的答案。例如，在《哲学问题》中，罗素对 Tr2 的表述是"……什么样的一般信念足以证明太阳明天将升起的判断是正确的呢……"

在我看来，所有这些问题都表述得很不好。（或然论者的说法也是如此，例如，在汤姆斯·里德的归纳原理中所暗示的，"未来的情况可能和现在类似环境中的情况一样"。）它们的作者没有足够认真地对待休谟的逻辑批判；他们从未认真地考虑这种可能性，即我们可能并且必须做到不要根据重复的归纳法，而且实际上我们没有它也能行。

在我看来，我所知的对我的理论的一切反对意见，怀疑我的理论是否已经解决了归纳的传统问题，即我是否已经证明归纳推理是正确的。

当然，我没有解决这个问题。我的批评家们由此推论说，我没有解决休谟的归纳问题。

这尤其是因为第9节所说明的原因（还有其他原因），归纳原理的传统表述必须否弃。因为这些表述都不仅假定我们探求知识是成功的，而且假定我们应该能说明为什么是成功的。

然而，甚至按照这个假定（我也主张的）即我们对知识的探求至今是很成功的并且我们现在对宇宙已有所知，这个成功也变得奇迹般地不可几并因而不可说明；因为诉之于不可几偶然事件的无穷系列并不是说明。（我想我们能够做的最好的事情是调查这些偶然事件的几乎难以置信的演化史，从元素的构成到有机物的构成。）

一旦看出这一点，不仅休谟的论点即诉之于或然性不能改变对 $H_L$ 的回答（从而对 $L_1$ 和 Pr1 的回答）就显而易见，而且任何"归纳原理"的无效性也十分明显。

归纳原理观念是一种陈述——可被看做形而上学原理，或看做先天有效的或可几的，抑或仅仅看做是猜想——的观念，如果它是真的，就会提供我们信赖规则性的很好理由。如果信赖的意思仅仅指在 Pr2 的意义上即实用上信赖我们的理论优选的合理性，那么显然不需要归纳原理：我们不必依赖规律即依赖理论的真理性来证明这种优选是正当的。另一方面，如果"信赖"的意思是在 Pr1 的意义上说的，那么任何这样的归纳原理就完全是假的了。的确，在以下意义上来说，它会是悖论的。它会使我们信任科学；而今天的科学告诉我们，只有在非常特殊和不可几的条件下，才能出现人们可以观察到规律性或规则性实例的状况。事实上，科学告诉我们，这样的条件在宇宙的任何地方都很难发生，如果在某处（比如地球上）出现的话，从宇宙学的观点看来它们可能只出现一个很短暂的时期。

显然，这个批评不仅适用于为基于策略的归纳推理辩护的任何原理，而且也适用于为在 Pr1 意义上"信赖"尝试和消除错误的方法或任何其他可想象的方法辩护的任何原理。

### 13. 归纳问题和分界问题以外的问题

在我解决（至少我自己感到满意地解决）分界问题（经验科学与伪科学，尤其是形而上学之间的分界）之后一个相当时期，我才想到了我对归纳问题的解决办法。

只是在解决了归纳问题之后，我才认为分界问题客观上是重要的，因为我曾猜想它仅仅给出科学的定义。即使我发现它非常有助于澄清我对科学与非科学的态度，在我看来其重要性还是可疑的（也许是由于我对定义持否定态度）。

我看到，必须抛弃的是寻求辩护，指为理论是真的这一声言辩护。所有的理论都是假说；所有的理论都可以推翻。

另一方面，我决不认为我们要放弃寻求真理；我们对理论的批判性讨论受寻找一个真的（和强有力的）说明性理论的想法支配着，而且我们通过诉诸真理观念为我们的优选辩护：真理起着规则性观念的作用。我们通过消除谬误来测定真理。我们对猜测不能给出证明或充足理由，并不意味着我们不可能猜测到真理，我们有些假说很可能是真的。①

所有的知识都是假设性的，这种认识导致了否弃"对每一条真理都能给出的理由"（莱布尼茨）这种形式的或我们在贝克莱和休谟那里看到的更强的形式的"充足理由律"，贝克莱和休谟两人都认为如果我们"明白没有（充足的）理由相信"，那就是不相信的充足理由。②

一旦解决了归纳问题并认识到它与分界问题的密切联系，很快就接连出现了有趣的新问题和新的解决方法。

首先，我很快认识到，如上所述的分界问题以及我的解决方法是有点拘泥形式的和不现实的；经验的反驳总是能够避免的。使任何理论对批判"免疫"总是可能的。（我认为，可用来代替我的术语"约定论者的策略"和"约定论者的歪曲"的这个极好的表达，应归于汉斯·阿尔伯特。）

因此，这使我得出了方法论规则的思想，得出批判观点极其重要的思想，即，使我们防止一种让理论免于反驳的策略的观点。

同时，我还认识到相反的一面即教条态度的价值：有的人不得不保卫理论反对批判，否则理论就在能够对科学的成长做出它的贡献之前过于轻易地

---

① 这一点几乎不必要说。但是，《哲学百科全书》1967年版第3卷第37页把"真理本身只是个幻想"这个观点归于我。

② 参见贝克莱：《希勒斯和斐洛诺斯的三篇对话》，第二篇谈话："……如果我明白没有理由相信，对我来说就是不相信的充分理由。"至于休谟，可参见《猜想与反驳》，第21页（那里引用了《人类理解研究》第5节，第1部分）。

被推翻。

下一步是把批判的观点应用于试验陈述,"经验基础":我强调所有观察以及所有观察陈述的猜想特性和理论特性。

这一点使我认为一切语言都是渗透理论的;当然,这就意味着对经验主义的根本修正。这使我把批判态度看做理性态度的特征;而且还使我明白语言的辩论(或批判)功能的重要意义,使我把演绎逻辑作为批判的推理法,并且强调错误从结论到前提的逆传递(真理从前提到结论的传递的推论)。而且,这还进一步使我认识到只有系统表述的理论(与信仰理论截然不同)可以是客观的,并使我认识到正是这种系统表述或客观性才使批判成为可能,也才使我的"第三世界"(或者像约翰·艾克尔斯先生那样把它叫做"世界3"[①])的理论成为可能。

这些只是新观点所引起的许多问题中的一些问题。还有一些更具有技术性的问题,诸如与概率论相联系的许多问题,包括它在量子理论中的作用,以及我的优选理论与达尔文的自然选择理论之间的联系等问题。

### 选文出处

波普尔:《客观知识——一个进化论的研究》,舒炜光、卓如飞、周柏乔、曾聪明等译,上海,上海译文出版社,2001年,第90~114页。

---

[①] 约翰·C·艾克尔斯:《面对现实》,柏林—海德堡—纽约,1970年版。

# 艾耶尔

按照艾耶尔的看法，说一个命题是真的，正是肯定这一命题；而说这个命题是假的，则正是肯定它的矛盾命题。这一点就指出"真的"和"假的"这两个词并不指谓着什么东西，这些词在句子中的功能只是作为肯定和否定的记号。另外，艾耶尔区分了强的可证实性原则和弱的可证实性原则，前者规定一个命题是无意义的，除非经验能最后确立它的真，后者则只要求某些观察应该与决定一命题的真或假相关联。关于或然性，艾耶尔主张，说一个观察增加一个假设的或然性，是等值于说那个观察增加我们合理地接受那个假设的信任程度。在这里，我们可以重复说，一个信念的合理性并不是联系到任何绝对标准来下定义，而是联系到我们自己的部分实际的实践来下定义。

## 作者简介

艾耶尔（Alfred Jules Ayer，1910—1989），英国哲学家，逻辑实证主义主要代表之一。1932年于牛津大学毕业后到维也纳大学进修，结识维也纳学派成员，回国后在牛津大学、伦敦大学任教。主要著作有《语言、真理与逻辑》(1936)、《经验和知识的基础》(1940)、《知识问题》(1956)、《或然性和证据》(1972)等。

## 著作选读：

《语言、真理与逻辑》第五章：真理与或然性。

### 《语言、真理与逻辑》第五章——真理与或然性

我们已经表明先天命题的效准是如何决定的，现在我们将提出用以决定经验命题的有效性的标准。我们这样就将完成我们的真理论。因为很容易看到，"真理论"的目的只是去说明用以决定各种命题的有效性的标准。并且，因为一切命题不是经验的，就是先天的，而我们已经论述过先天命题，所以，现在为了完成我们的真理论所需要做的一切，就是指出用以决定经验命题效准的方法。我们将立即着手指明这一点。

但是，或许我们首先应该证明我们的下述假定，即"真理论"的对象只能是表明命题是如何有效的。因为通常认为，从事于"真理"的探讨的哲学家的职务，乃是回答"什么是真理"这个问题，并且，只有对这个问题做出回答，才能够被正确地认为构成一个"真理论"。但是，当我们考察这个著名的问题实际上意味着什么时，我们发现，这个问题不是一个会产生任何真正难题的问题；因此，就不可能要求有什么理论来处理这个问题。

我们已经注意到，"什么是 x 的性质"这种形式的一切问题都是要求我们对一个符号做出用法上的定义，并且，寻找一个符号 x 的用法上的定义就是去寻找 x 出现于其中的那些句子如何被翻译为一些等值的句子，这些等值的句子并不包括 x 或它的任何同义语。把这用于关于"真理"的情况，我们就发现去问"什么是真理"乃是寻求对"（命题）p 是真的"这个句子做出这样一种翻译。

在这里，人们可能提出诘难，说我们忽视了这样一个事实：不仅命题可能被认为是真或假，而且陈述、断定、判断、假定、意见和信念都可能被认为是真或假。但是，对这种诘难的答复是，我们说到一个信念、一个陈述或一个判断真，总是把真实性归之于被信仰、被陈述或被判断的那个命题的一种省略的形式。因此，如果我们说，马克思主义者的信念认为资本主义导致战争是真的，我们说的就是被马克思主义者所相信的那个命题，资本主义导致战争是真的；用"意见"、"假定"或上面列举的任何其他词来代替"信念"这个词，这个说明都是适用的。进一步说，必须弄清楚，我们并不是这样就同意那种形而上学学说，认为命题是一些实在的东西。① 我们把类看做一种逻辑构造，就可以把命题规定为一些句子的类，这些句子对每一个了解它们的人来说，都具有同样的内涵意义。因此，下列句子"I am ill"（英文：我病了），"Ich bin krank"（德文：我病了），"Je suis malade"（法文：我病了），都是"我病了"这个命题的元素。我在前面关于逻辑构造所已经说到的应该已经把这点说清楚了，即我们并不是断定，一个命题乃是一些句子的集合，我们所断定的毋宁是，说到一个给定的命题只是说到某些句子的一种方式，这正如从这种用法上来谈论到一些句子，就是谈论到一些特殊记号的一种方式。

当我们回到真理的分析时，我们就发现在一切"p 是真的"这一形式的句子中，"是真的"这个短语从逻辑上说是多余的。例如，当一个人说"安娜女

---

① 对这个学说的批评，可参阅莱尔：《有命题吗？》，见《亚里士多德学会会议录》，1929—1930年。

皇死了"这个命题是真的,这个人所说的只是安娜女皇死了。同样的,当一个人说"牛津是英国的首都"这个命题是假的,这个人所说的只是牛津不是英国的首都。因此,说一个命题是真的,正是肯定这一命题;而说这个命题是假的,则正是肯定它的矛盾命题。这一点就指出"真的"和"假的"这两个词并不指谓着什么东西,这些词在句子中的功能只是作为肯定和否定的记号。在这种情况下,要求我们去分析"真理"这个概念就不会有什么意义。

这一点似乎是太明显了,几乎不值得提起,但是哲学家专事研究"真理问题",就表明他们曾经忽视这一点。这些哲学家的辩解是,关于真理问题一般出现在这样一些句子中,这些句子的语法形式暗示"真实的"这个词代表一种真正的性质或关系。并且,对这些句子的表面考察可能引导人们去假定在"什么是真实性"这个问题中具有比要求分析"p 是真的"这个句子更多的东西。但是,当人们进而分析这些句子时,他总是发现那些句子包含有"p 是真的"或"p 是假的"这种形式的附句,并且,当这些附句用这样一种方式加以翻译,也就是使它们的含义变得清楚时,翻译出来的句子就不再提到真实性。因此,我们试举两个典型的例子来说明:"命题不是由于被相信而变为真实的"这个句子等值于"因为 p 或者 x 没有值,'p 是真的'是被'x 相信 p'所导致的",还有"真理有时比虚构还要奇怪"这个句子等值于"p 和 q 具有这样的值,使 p 是真的,q 是假的,并且 p 比 q 更令人惊异"。人们愿意举出的任何其他例子都会产生同样的结果。在任何情况下,句子的分析将证实我们的下述假定,即"什么是真理"这个问题可以归结为"什么是句子'p 是真的'的分析"这个问题。并且,很明显这个问题并没有提出任何真正的难题,因为,我们已经表明,我们说 p 真仅仅是断定 p 的一种方式。[①]因此,我们可以得出结论,没有通常设想的那种真理问题。把真理看做"实在的性质"或"实在的关系"这种传统概念,就和许多哲学错误一样,乃是因为没有对句子做出正确的分析。有这样的一些句子,像我们刚才分析过的两个句子,其中的"真理"这个词似乎代表某种实在的东西;并且,就是这一点把思辨哲学家引导到去探究这个"某种东西"是什么。这个问题他当然得不到满意的答复,因为他的问题根本就是不正当的。我们的分析已经表明,"真理"这个词不是像这个问题所要求的那样代表任何东西。

这就必然可以推论,如果一切真理论都是关于"真理"这个词被朴素地认为所代表的"实在的性质"或"实在的关系"的理论,那么这些理论便是完全没有意义的。但是事实上真理论多半是完全不同种类的理论。不管提出

---

① 参阅拉姆赛:《论事实与命题》,载《数学原理》,第 142~143 页。

这些理论的哲学家可能认为他们是在讨论什么样的问题，他们大部分时间中实际讨论的是"什么使一个命题真或假"这个问题。并且，这是以不精确的方式表达这个问题，即"关于任何命题 p，在什么条件下 p（是真的）和在什么条件下非 p"？换言之，是问这些命题如何成为有效的一种方式。这是我们从事于关于真理的分析时所附带考察的问题。

说到我们建议应当证明"命题如何成为有效的"，我们的意思当然不是说一切命题都是以同样的方式成为有效的。恰恰相反，我们着重指出：我们用以决定先天命题或分析命题的有效性的标准，对决定经验的或综合的命题的有效性来说，是不够的。因为经验命题的特点是它们的效准不是纯粹形式的。说一个几何学命题或一个几何学命题的系统是假的，也就是说它是自相矛盾的。但是一个经验命题或一个经验命题的系统可能没有矛盾，但仍然是假的。说经验命题或经验命题的系统是假的，并不是因为它形式上有缺点，而是因为它不能满足某种实质的标准。我们的任务就是去发现这个标准是什么。

我们到目前为止已经假定，经验命题虽然就它们的证实方法而言不同于先天命题，但是在经验命题之间证实方法上就没有什么不同。我们已经发现所有的先天命题都是以同样的方式证实的，我们已经认为这一点也适用于经验命题是当然的。但是，许多哲学家在其他大多数方面同意我们的观点，却反对我们的这个假定。①他们会说在经验命题之中，包括有一种命题的特殊的类，这一类命题的效准就在于它们直接记录即刻的经验。这些哲学家主张这些命题（这种命题我们可以称为"用实物表示的"命题）不仅是假设，而且是绝过确定的。因为，这种命题被认为从性质上说是纯粹指示的，所以不能被任何以后的经验所推翻。并且，从这种观点来说，这种命题是仅有的一些确定的经验命题。其余的命题都是假设，这种假设所有的效准是从它们与用实物表示的命题的关系中抽引出来的。因为人们认为它们的或然性决定于可能从它们演绎出来的用实物表示的命题的数目和种类。

除纯粹用实物表示的命题外，任何综合命题都不能做到在逻辑上不容怀疑，这一点完全可以被看做当然的。我们不能承认的是，任何综合命题都可能是纯粹用实物表示的。② 因为用实物表示的命题这个概念在用语上是有矛盾的。它蕴涵着可能有一种句子是由一些纯粹指示符号所构成，而同时又是可

---

① 例如，石里克：《关于认识的基础》，载《认识》，第 4 卷，第 2 册；《事实与命题》，载《分析》，第 2 卷，第 5 期；朱霍斯：《经验主义与物理主义》，载《分析》，第 2 卷，第 6 期。

② 还可参阅卡尔纳普：《论记录句子》，载《认识》，第 3 卷；纽拉特：《记录句子》，载《认识》，第 3 卷；《彻底物理主义与"真实世界"》，载《认识》，第 4 卷，第 5 册；汉伯尔：《论逻辑实证论的真理论》，载《分析》，第 2 卷，第 4 期。

以理解的。这甚至在逻辑上也是不可能的。由指示符号构成的句子，不会表达一个真正的命题。它只会是一种呼叫，它决不描述被假定为由它所指示的东西。①

事实是人们不能在语言中指示一个对象而没有描述它。如果一个句子是要表达一个命题，这个句子就不能仅仅提到一种情况，它一定要说一些关于这个情况的东西。并且在描述一个情况时，人们就不仅是"记录"一个感觉内容，而总是用这种或那种方式将感觉内容加以分类，这就意味着超出直接给定的范围之外。但是一个命题只有当它是记录所直接经验到的东西，而没有以任何方式涉及直接经验以外的东西时，它才会是实物表示的命题。因为这种情况是不可能的，所以我们就必然认为，没有真正的综合命题可能是用实物表示的命题，因此，就没有一个是绝对确定的。

因此，我们不仅仅认为没有用实物表示的命题曾被表达出来，而且认为任何用实物表示的命题在任何时候应当被表达出来是不能设想的。没有用实物表示的命题曾被表达出来这一点，甚至那些相信有这种命题的人也可能承认。他们可以承认在现实的实践活动中，人们决不会把他自己限制于描绘一个直接呈现的感觉内容的性质，而总是把这个感觉内容当做仿佛是一个物质事物。我们用来提出关于物质事物的日常判断的一些命题，显然都不是用实物表示的，因为这些命题所涉及的是现实的和可能的感觉内容的一个无限系列。但是，我们在原则上有可能做出仅描绘感觉内容的性质而不表达知觉判断的命题。而且有人认为，这些人为的命题就会是真正用实物表示的。从我们已经谈到过的论点中人们应当看得清楚，这种主张是不正确的。如果在这一点上仍然有任何怀疑，我们将用一个例子来帮助打消怀疑。

让我们假定，我断定命题"这是白的"，并且我用的一些词不是像这些词平常那样用来指某一物质事物，而是用来指一个感觉内容。因此，我关于这个感觉内容所说到的是，对我来说，它是构成"白"这个感觉内容的类的一个元素；或者，换句话说，这个感觉内容是在颜色上相似于某些其他的感觉内容，即那些我应当称为，或实际已称为白的感觉内容。我想，我也认为，这些内容是在某种方式中符合对其他的人构成"白"的那些感觉内容。所以，如果我发现我具有一个不正常的颜色感觉，我就应当承认，那个我觉得不正常的颜色感觉内容并不是白。但是，即使我们完全不涉及其他的人，仍然可能想到有一种情况，这种情况会引导我去假定我的感觉内容的分类是错误的。例如，我可能已经发现，我在无论什么时候，感觉到某种性质的感觉内容，

---

① 这个问题在导言中已经订正。

我的身体就会做出一些有特征的明显运动；可能有一次，我的面前呈现出我断定是属于那种性质的一个感觉内容，而我却未能做出我与这个感觉内容的出现相联系的身体的反应。在这种情况下，我或许应当抛弃那种假设，即认为那种性质的感觉内容总是引起我的那种身体反应。但是，从逻辑上说，我不会被迫抛弃这个假设。如果我发现这样做是更为适当的话，我就可能用下述方法来保存这种假设，即假定，虽然我没有注意到，我实在已经做出这种反应，或者从另一方面说，那个感觉内容并没有我断定它所具有的那种性质。这个论证是一个可能的论证，它并不包含逻辑矛盾，这一事实就证明描绘一个呈现的感觉内容的性质的命题，是和任何其他的经验命题一样都可能被正当地怀疑。① 对这种命题的怀疑就表明这样的命题并不是用实物表示的，因为我们已经见到，一个用实物表示的命题不能正当地被怀疑。但是，那些描绘呈现的感觉内容的实际性质的命题，是那些相信用实物表示的命题的人所曾经大胆提出的用实物表示的命题的唯一例子。如果这些命题都不是用实物表示的，那么我们就可以确定，没有一个命题是用实物表示的命题了。

我们在否定用实物表示的命题的可能性的时候，当然不是说在我们的每一个感觉经验之中实际上没有一个"给定"的元素。我们也不是暗示我们的感觉本身是值得怀疑的。的确，这样一个暗示会是毫无意义的。一个感觉不是那种可以怀疑或不可以怀疑的事物。一个感觉只是出现而已。可以怀疑的是涉及我们感觉的命题，包括描绘呈现的感觉内容的性质的命题，或者断定某个感觉内容已经出现的命题。把这一类命题与感觉本身等同起来将明显地是一个巨大的逻辑错误。我还设想用实物表示的命题的理论就是这样一种暗中把两者等同起来的结果。我们很难用别种方式去说明它。②

无论如何，我们将不在思考这一错误哲学理论的来源上浪费时间。这些问题可以留给历史家去研究。我们的工作是指出这个理论是错误的，而且这一点，我们可以说已经做好了。现在，没有绝对确定的经验命题这一点应当说已经清楚了。只有重言式命题才是确定的。经验命题都是在实际感觉经验

---

① 当然，那些相信"用实物表示的命题"的人，并不主张像"这是白的"这样的一个命题是单独由于其形式而有效的。他们所断定的是，当我实际在经验着一个白色的感觉内容，我就有权利把那个命题"这是白的"看做客观上确定的。但情况是否真的可能会这样，即他们所要断定的只是那种平凡的重言式命题：当我正看见什么白的东西，那么我就是正看见什么白的东西。参阅下面的一个注释。

② 我以后想到，用实物表示的命题这种理论可能是由于把"这是确定的，p 蕴涵着 p"这个命题（举例说明，那就是"这是确定的，如果我是在痛苦中，那么我是在痛苦中"，这个命题是一个重言式命题）与"p 蕴涵（p 是确定的）"这个命题（举例说明，那就是"如果我是在痛苦中，那么那个命题'我是在痛苦中'是确定的"）混淆的结果。一般说来，这种混淆是错误的。参阅我的论文《真理的标准》，载《分析》，第 3 卷，第 1、2 期。

中可能被肯定或否定的假设。我们记录证实这些假设的观察的命题本身，就是一种服从于进一步的感觉经验的检验的假设。因此，根本就没有最后的命题。当我们着手证实一个假设，我们可能做出一个在那个时候满足我们的观察。但是就在接着的一瞬间，我们可能怀疑那个观察实际上是不是发生过了，我们为了再一次保证，就要求有一次重新证实的过程。并且，从逻辑上说，我们没有理由说这种要求再证实的过程不应当无限地继续提出，每一个证实活动都供给我们一个新的假设，这个新的假设又引导到更进一步的一系列证实活动。在实践中，我们假定某些类型的观察是可靠的，并且，我们承认这样的假设，即这种类型的观察已经出现，而并不要求我们去作进一步证实。但是，我们这样做，不是由于服从任何逻辑必然性，而是由于纯粹实用的动机，这种动机的性质我们不久将加以解释。

当人们说到假设在经验中被证实时，重要的是要记住，观察所肯定或否定的决不是刚好一个单一的假设，而总是肯定或否定一个假设系统。假设我们已设计好一个实验，用来检验一个科学"规律"的效准。这个规律指出在某些条件下，某一类型的观察总是会产生。在这个特殊例子中，可能发生如同我们的规律所预示的那种观察。这样，不仅那个规律本身被证实了，而且断定那些必要条件存在的假设也被证实了。因为仅仅由于假定这些条件的存在，我们才能够主张我们的观察是关系到那个规律的。不是这样，我们就不可能做出预期的观察。在那个情况下，我们可以得出结论，这个规律被我们的经验证为不实。但是我们不是一定要采纳这一结论的。假如我们想要保存我们的规律，我们可以取消一个或几个其他有关的假设来做到这一点。我们可以说，那些条件实际上并不是它们好像已经出现的那样，并且我们还可以构造出一个理论去解释我们如何会把这些条件搞错了；或者我们可以说，我们认为无关而加以抛弃的某个因素实际上是有关系的因素，并提出补充的假设来支持这种观点。我们甚至可以假定那个实验实际上并不是不利的，而我们的否定观察才是一个幻觉。在那种情况下，我们必须使下述两种假设相一致：一种假设指明那些被认为是使幻觉出现的必要条件；另一种假设则描述那些被认为已经产生这种观察的条件。不把这些假设弄得一致，我们就会保持一些不兼容的假设。并且这是我们所不可能做的事情。但是，只要我们采取适当的步骤，使我们的假设系统不发生自相矛盾，我们就可以采取我们所选择的对我们的观察的任何解释。在实践中，我们选择一个解释是由我们将立即描述的某些考察所指导的。这些考察使我们在保存或拒绝这些假设的自由上受到限制。但是，从逻辑上说，我们的自由是没有限制的。任何自相一致的论证都将满足逻辑的要求。

因此，这表现出"经验事实"决不能强迫我们抛弃一个假设。一个人如果准备做出必要的特定的假定，他总是能够在面对显然敌对的证据时保持他的信念。但是虽然一个精心思考过的假设似乎会被驳倒的任何特殊例子总是能够加以辩解，然而必然还是存在着那个假设最后被抛弃的可能性。否则，这就不是个真正的假设。因为如果我们在任何经验的面前都决心保持一个命题的效准，那么这个命题就完全不是一个假设，而是一个定义。换言之，它不是一个综合命题，而是一个分析命题。

我们最视为神圣的一些"自然规律"，仅仅是伪装的定义，这一点，我认为是不容争辩的，但这不是我们在这里所能够考察的问题。① 我们只要指出有一种把这种定义错看做真正假设的危险就足够了，这一危险由于这样的事实而增加了，即同样形式的一些词，可能在一个时候对一群人表达一个综合命题，而在另外的时候或对另外一群人，却表达一个重言式命题。因为我们对事物的定义并不是不变的。如果经验引导我们接受一个很强的信念，即任何A类的事物具有B的属性，我们就趋向于使具有这种属性成为那个类的一个规定特征。最后，我们可以拒绝称任何事物为A，除非它也是一个B。并且，在这种情况下，"一切A的都是B的"这个句子，原来表达综合概括的，就会变成表达一个明显的重言式命题。

吸引人们注意有可能从综合概括变成重言式命题的一个正当理由是，由于哲学家们忽视了这种可能性，因而在很大程度上造成了他们对待普遍命题的混乱。我们试考察一个常见的例子："一切人都是会死的。"人们告诉我们，这个命题并不是如休谟所主张的，是一个可以怀疑的假设，而是一个具有必然联系的例子。如果我们问这里必然联系着的是什么，对我们说来，唯一可能的答案是"人"的概念与"会死的"概念必然地联系着。但是，我们认为两个概念必然地联系着在这个陈述中所包含的唯一意义，只是说一个概念的意义包含于另一个概念的意义之中。因此，说"一切人都是会死的"是一个必然联系的例子，就是说"会死的"概念被包括于"人"的概念之中，这等于说"一切人都是会死的"是一个重言式命题。哲学家可以用这种方式来使用"人"这个字，结果他就会拒绝称任何东西为人，除非这个东西是会死的。并且，在这种情况下，"一切人都是会死的"这个句子，对这个哲学家来说，就是表达一个重言式命题。但是，这并不意味着我们通常用那个句子所表达的命题是一个重言式命题。甚至对我们所讲的那个哲学家而言，这个句子仍然是一个真正的经验假设。只是他现在不能用"一切人都是会死的"那个形

---

① 关于这个观点的探讨，可以参阅彭加勒的《科学与假设》。

式来表达这个经验假设。他要表达这个经验假设时，就必须说具有一个人的其他确定属性的任何东西也具有会死的那个属性，或者大意如此的某种说法。因此，我们就可能用适当调整我们的定义的办法来提出重言式命题；但是不能仅仅把词的意义变变花样来解决经验问题。

当然，当一个哲学家说"一切人都是会死的"这个命题是一个必然联系的例子时，他并不想说那个命题就是一个重言式命题。而是要我们来指出：如果他所用的那些词带有这些词的通常意义，同时表达一个有意义的命题，那么，他所能说的只是那样。但我想他之所以认为有可能主张这种普遍命题既是综合的，又是必然的，仅仅是因为他暗中把这个命题和重言式命题等同起来，而那个重言式命题如果给予合适的约定，就可以用同样一些词的形式表达出来。同样的方法适用于其他一切作为规律的普遍命题。我们可以把表达这种普遍命题的句子变成表达定义的句子。这样一来，这些句子就将表达必然命题。但这些句子将是与原来的概括不同的命题。原来的概括，按照休谟的看法，决不能是必然的。无论我们如何坚定地相信它们，我们总可以设想将来有一种经验会引导我们抛弃它们。

这就重新把我们带到那个问题，即在任何给定的情况下，决定哪个相关的假设应被保留和哪个应被抛弃时所考虑的是什么？有些时候人们暗示说，我们是仅被经济的原则所指导，或者，换句话说，是被我们希望对以前接受的假设系统做出尽可能少的改变这一点所指导。但是，虽然我们无疑地具有这种希望，并且，在某种程度上被这种希望所影响，但是它并不是我们考虑过程中唯一的因素，或甚至是主要的因素。如果我们所关心的只是保持我们的现存假设系统原封不动，我们就不会感到必须注意不利的观察。我们就不会感到需要用一切方法来说明所发生的不利观察，甚至也不会说我们所具有的假设刚好产生了这个幻觉来解释这种不利的观察。我们应该做的只是不理睬这种不利观察。但是事实上，我们并没有漠视这些不利的观察。当这些不利的观察出现时，常常会使得我们顾不得要想保持假设系统完整的愿望，对我们的假设系统做出一些修改。为什么会这样呢？假如我们能够回答这一问题，并表明为什么我们发现完全改变我们的假设系统是必要的，那么我们就能够更好地决定我们实际上实行这种修改所依据的原则是什么。

为了解决这一问题，我们所必须做的是问我们自己，究竟提出假设的目的是什么？我们为什么首先构造出这种系统呢？回答是我们构造出这种系统是为了使我们能够预见到我们的感觉过程。一个假设系统的功能是在事前就警告我们，在某一领域我们会经验到什么，使我们可以做出正确的预计。因此，那些假设可能被描述为支配我们对将来经验的希望的规则。至于为什么我们要求有这些规则，那就不需要加以说明了。因为很明显，即使为了满足我们的最简单希望，包括希望活下去，都取决于我们做出成功预计的能力。

我们关于提出这些规则的论证的主要特点，是把过去的经验用做对将来事件的指导。当我们讨论所谓归纳问题时，我们已经说到这一点，并且，我们已经发现，要为这种规则找寻一个理论上的根据是没有意义的。如哲学家必须满足于去记录那些科学研究过程的事实。假如他在表明这些记录本身是首尾一致的之外，还要另外去为它找寻根据，他会发现他自己已经卷入到假问题中去了。这一点以前我们已着重说明，我们将不再费神去论证它。

这样，我们就注意到，我们对将来经验的预见在某些方面取决于我们在过去所已经经验到的事物。并且，这个事实解释了为什么基本上属于预见的科学也多多少少是我们经验的描述。① 但有一点是值得注意的，即我们倾向于不理睬我们的那些不能作为成功的概括的基础的经验特征。并且，进一步说，我们所描述的，我们也多多少少是自由地描述。正如彭加勒所说的："一个人并不把自己限于概括经验，他在修正经验；一个物理学家同意不作这种修正，并真正满足于赤裸裸的经验，那么他就不得不发表一些最特殊的规律。"②

但是，即使我们不是奴隶式地按照过去的经验做出我们的预见，我们也在很大程度上被过去的经验所指导。而且，这一点就解释了为什么我们不是单纯漠视一个不利试验的结论。我们假定一个假设系统一旦被打破了，它就可能再一次被打破。当然，我们可以假定它一点也未曾被打破，但是，我们相信这个假定比起承认这个系统已经真正使我们失败，不会给予我们更多的好处，因此，如果要使这个假设系统不再使我们失败，就需要对这个假设系统作些改变。我们之所以改变我们的系统，就是因为我们认为由于做了这种改变将使它成为在经验预见上更加有效的工具。这种信念是从我们的指导原则中抽引出来，概括言之，我们感觉的将来过程将于过去相一致。

我们希望有一套有效的规则来预见将来的过程，这种愿望使我们注意一些不利的观察，也是决定我们如何调整我们的系统以便包含新的材料的主要因素。我们真的感染了保守主义的精神，我们觉得与其作大的改变，毋宁作小的改变。承认我们现存的系统是有很多缺点的，对于我们来说是不愉快的，也是使我们讨厌的。的确，在其他条件相同的情况下，我们情愿要简单的假设，而不要复杂的假设，为了想使我们免于麻烦，我们也这样做。但是，如

---

① 有一种情况将被预见到，即甚至从一种意义上而言，"过去经验的描述"由于它们是用做"预见将来的经验的规则"，所以它们也是预见的。参阅这一章末尾对这一点的探讨。

② 《科学与假设》，第4部分，第9章，第170页。

果经验引导我们假定必须做一些剧烈的改变，那么，我们就预备做出一些剧烈的改变，即使这些改变如同近代物理学史所表明的那样，会使我们的系统更加复杂。当一个观察与我们最有把握的期望相反时，最容易的方法是不理睬这个观察，或者无论如何把它解释掉。如果我们没有这样做，那是因为我们想如果我们让我们的系统保留原样，我们会遭到进一步的失望。我们想，如果我们能够使我们的系统与已经出现我们所不希望的观察这个假设相融合，那么，就将增加我们的系统作为预见的工具的力量。不管我们这样想是不是正确，这是一个不能用论证解决的问题。我们只能等待并且看，我们的新的系统在实践中是不是成功了。假如没有成功，我们更调换一个。

现在我们已经获得了为回答我们原来的问题所需要的资料，这个问题是："我们检验一个经验命题的有效性的标准是什么？"对这个问题的回答是：我们检验一个经验假设的有效性是要看这个经验假设对于预定由它完成的功能实际上是否完成。并且我们已经见到，一个经验假设的功能是使我们预见经验。因此，如果与一个给定的命题相关的观察符合于我们的希望，那个命题的真实性就被肯定。人们不能说那个命题已经证明绝对有效，因为仍然可能将来会有一个观察来否定它。但是，人们可以说这个命题的或然性增加了。如果那个观察与我们的希望相反，那就危及了这个命题的地位。我们可以用采取或抛弃其他假设的办法去保存这个命题；或者我们可能把这个命题当做已被驳倒。但是即使这个命题由于不利的观察而被拒绝，人们也不能说这个命题已被证明绝对无效。因为，仍然有这样的可能，即将来的观察会引导我们重新把它建立起来。人们仅能说，这个命题的或然性已经降低了。

在这里，我们必须弄清楚，什么是"或然性"这个词的意义。关于一个命题的或然性，我们不是像有些时候所假定的，指这个命题的内在属性，或者甚至是指保持于这个命题与其他命题之间的不能分析的逻辑关系。大略地说，我们说一个观察增加了一个命题的或然性，我们的意思只是说这种观察增加我们对那个命题的信心，这种信心是以下列事实来估计的，即我们自愿在实践中依赖这个命题，把这个命题看做我们感觉的预见，并且在不利的经验面前，保持这一个命题而不采取别的假设。与这一点相类似，我们说一个观察减少了命题的或然性，意思就是说这个观察减弱了我们把那个命题包括到已经被接受的假设系统中去的决心，而这个假设系统是为将来提供指导的。①

像现在这样对或然性的概念的说明，是过分简单化了一点，因为它假定

---

① 当然，我们并不打算把这一定义应用到数学中关于"或然性"这个词的用法上去。

我们是用一种不变的自相融贯的方式去处理一切假设，但不幸的是情况并非如此。在实践中，我们联系信念与观察并不总是用那种普遍承认为最可靠的方式。虽然我们承认，在我们信念的形成中，某些证据的标准总应当被遵照，但是我们并不是始终遵照这些标准。换言之，我们并不总是合理的。因为只有在一个人形成他的一切信念时都运用一个自相融贯的可信任程序，他才是合理的。现在我们用以决定一个信念是否合理的程序，我们以后可能不信任了，这个事实在任何情况下都不会损伤到我们现在采用这个程序的合理性。因为我们把合理的信念定义为我们通过现在认为可靠的方法所达到的信念。正如没有保证可靠的构成假设的方法一样，也没有合理性的绝对标准。我们之所以相信现代科学的方法，乃是因为这种方法在实践中已经成功了。如果将来我们采用别的方法，那么，从这些新方法的立场而言，现在认为合理的信念就可能变成不合理的了。但是现在的信念可能变成不合理的这个事实，并不影响这些信念现在仍然是合理的。

这个合理性的定义使我们能修正对现在有关用法中"或然性"这个词的意义的说明。从我们愿意按照这个假设行动的情况来衡量，我们说一个观察增加一个假设的或然性，并不总是等值于说这个观察增加我们实际接受那个假设的信心。因为我们可能是在不合理地行动着。说一个观察增加一个假设的或然性，是等值于说那个观察增加我们合理地接受那个假设的信任程度。在这里，我可以重复说明，一个信念的合理性并不是联系到任何绝对标准来下定义，而是联系到我们自己的部分实际的实践来下定义。

对我们原来的或然性定义的明显诘难，是认为这个定义与下述事实不相符，即：人们有时把一个命题的或然性搞错了，也就是说，人们相信一个命题的程度可能比那个命题的实际情况有更多或更少的或然性。很明显，经过我们修正后的定义就避免了这种诘难。因为，按照我们修正后的定义，一个命题的或然性既决定于我们的观察的性质，又决定于我们的合理性的概念。所以当一个人用一种与可以信任的估价假设的科学方法相矛盾的方式去联系信念与观察时，这就与我们关于或然性定义不相符，即他在关于他所相信的那些命题的或然性上是错了。

提出对或然性的这个说明之后，我们关于经验命题的效准的讨论就完毕了。我们必须最后着重说明的一点是，我们的意见毫无例外地适用于一切经验命题，不管这些经验命题是单一的还是特殊的或普遍的。每一个综合命题都是为了预见将来经验的规则，并且，每一个综合命题都是联系到不同的情况，因而在内容上有别于其他的综合命题。所以，涉及过去事件的命题跟涉及现在事件和将来事件的命题一样都具有同样的假设性质这一点，绝不导致这三种类型的命题是没有区别的。因为这些命题被不同的经验所证实，而由于被不同的经验所证实，所以它们可以用来预计不同的经验。

可能因为不知道这一点，就使某些哲学家否认过去事件的命题，与自然科学的规律，是同样意义上的一种假设。因为这些哲学家未能用任何实质的论证支持他们的观点，或者去说明，如果关于过去事件的命题不是假设，那么，它们究竟是属于我们刚才已经描述过的命题的哪一类呢？按照我自己的看法，我的关于过去事件命题是预见"历史的"经验的规则（这些经验，人们通常说是去证实它们的）① 这一观点中，我没有看到任何过分矛盾之处，而且我也看不出如何用别的方法去分析"我们关于过去事件的知识"。此外，我认为那些反对我们从实用的观点对待历史的人，他们反对我们的基础，实际上是基于暗中或者明显地假定过去事件是应当想办法去符合的"客观的彼方"——即认为过去是"实在的"（从这个词的形而上学意义说）。从我们关于唯心论和实在论的形而上学问题所已经谈到的一些意见，可以明显地看到这样的假定并不是一个真正的假设。②

### 选文出处

艾耶尔：《语言、真理与逻辑》，尹大贻译，上海，上海译文出版社，2006年，第64～81页。

---

① 这个陈述的含义可能是使人误解的，参看导言。
② 按照我们的意思，实用地对待历史的例子，在刘易斯的《心灵与世界秩序》中有很好的说明，见该书第150～153页。

# 齐硕姆

作为基础论的典型代表，齐硕姆认为，一个体在任何时候所拥有的知识都是一个建筑物，其各部分、各层次是相互联结的，一个体的全部知识是建立在它的基础之上的。而一个体知识的基础就是他对"所与"、"感觉材料"等的领悟。他认为，断言某个人知道某个命题，就意味着已经具备三个条件：(1)这个命题是真的；(2)这个人相信这个命题；(3)这个命题对于这个人来说已被证明是正确的。

## 作者简介

**齐硕姆**（Roderick Chisholm,1916—1999），美国哲学家。长期在布朗大学任大学教授，美国全国科学院院士。致力于知识论、形而上学和伦理学研究。主要著作有《感知：哲学研究》(1957)、《人的自由和自我》(1964)、《知识论》(1966)、《人与对象:形而上学研究》(1976)、《认知的基础》(1982)等。

**著作选读：**

《知识论》第四章：标准问题。

### 《知识论》第四章——知识标准问题

在知识论里，有两个完全不同的问题，即"我们知道什么"和"在任何特定情况下，我们如何判定我们是否知道"。其中第一个问题也可以这样来问："我们知识的范围是什么？"第二个问题也可以说成，"知道的标准是什么？"

如果我们知道其中任何一个问题的解答，也许我们可以设计一种程序，使得我们能回答另一个问题。如果我们能够指出知识的标准，那么我们就有办法决定我们的知识范围有多大。或者，如果我们知道知识的范围有多大，并能说出我们知道的是什么东西，则我们就有可能制定一些标准使我们得以区分哪些是我们知道的事情，哪些是不知道的事情。

但是，如果我们没有对第一个问题做出解答，那么，看来我们不大可能回答第二个问题。同样，如果我们没有第二个问题的答案，那么，看来我们也不大可能回答第一个问题。

"经验论"（但不仅仅是"经验论"）的特点就是假定我们对这两个问题中的第二个问题有解答，然后试图在第二个问题解答的基础上回答第一个问题。经验，在诸多含义的这种或那种意义上，被说成我们知识的源泉。假设对知识的每个恰当的论断都将满足一定的经验标准，那么，结论就是这些标准可用于决定我们的知识范围。经验论就是这样从自身矛盾的前提出发的。但是，如果休谟是正确的话，这些标准的始终如一的应用表明我们对我们自己以及我们周围的物体几乎什么也不知道。

因此，作为知识论的另一种传统——"常识主义"的特点就在于假定我们确实知道大部分（如果不是全部）普通人所认为他们知道的事物。G. E. 摩尔写道："在这方面，我们没有任何理由不把我们的哲学观点与我们在其他时候必然相信的东西一致起来。我没有任何理由不自信地断言我确实知道一些外在事实，尽管我只能用简单地假定我知道来证明这个断言。事实上，我对此和对任何事情都一样地确信，一样合理地确信。"[①] 如果我们采取这种观点，那么，我们将和托马斯·里德一样地说，如果经验主义的结论是认为我们对这些"外在事实"一无所知，那么经验主义实际上就是错误的。

与我们这两个问题有关的第三种观点是"怀疑论"或"不可知论"的观点。怀疑论者或不可知论者一开始并不否定它具有对第一或第二个问题的解答。于是他就得出结论："我们并不知道我们知道什么，我们无法判定我们在任一特定情况下是否知道。"

许多哲学家也许是不知不觉地接受了所有的上述三种观点。因此，个别哲学家会试图同时在三个不同的方向上来着手工作。第一，他将使用他认为是他对外在物质事物的知识去检验各种可能的关于知道的标准的恰当性。在这一情况下，他从关于知道的论断开始，而不是从一种标准开始。第二，他将使用他认为是关于知道的恰当的标准去确定他是否知道有关"其他人的心灵"的任何事情，在这种情况下，他是从一种标准开始的，而不是从关于知道的论断开始。第三，他将探讨伦理学的领域而且无须任何类型的先入之见，他既不是从某个标准开始，也不是从关于知道的论断开始。因此，他将达不到任何标准或任何关于知道的论断。

---

[①] 《哲学研究》（伦敦：路德里奇和基根，保罗有限公司，1922 年）第 163 页。

### 知识的源泉

研究"在任何特定情况下，我们怎样判定我们是否知道"这个问题涉及知识"源泉"，并且，当且仅当知识被认做是合适的源泉的产物时，知识才是真正的知识。因此，西方哲学中传统的说法是认为有四种这样的源泉：

1. "外在知觉"；
2. 记忆；
3. "自我意识"（"反省"或"内在意识"）；
4. 推理。

（"自我意识"与所谓的直接明证有关，而"推理"是说能使我们借以获得先天必然性知识的方法。）

例如，笛卡儿写道："就对事物的认识而论，只有两个因素是必须考虑的，即作为认知主体的我们的自我和被认知的对象自身。对我们来说，我们只有四种官能可以用于此项目的，即理解、想象、感觉和记忆……"[1] 托马斯·里德甚至更清楚地说："因此意识的、记忆的、外在感觉的推理的官能同样都是自然的赐与。没有充分的理由认为这三种官能中的哪一种比起其他两种具有不同的力量。"[2]

我们试图阐述的证据原则，可以认为是承认这些传统来源，至少是承认前三个来源。我认为我知觉到那个东西是如此这般这个前提，表述的是自我意识的内容。但是我们还陈述了一些条件。根据这些条件可以把认为某人知觉到某物是如此这般的说成是对"某物是如此这般的"这个命题提供了证据或合理性；在这样做的时候，我们承认知觉是知道的一个源泉。"我认为我记得曾经知觉到事情是如此这般的"也表述了自我意识的内容。但我们也陈述了一些条件，根据这些条件，可以把认为某人记得曾感知到菜油是如此这般的说成是对于命题"某物曾是如此这般的"提供了合理性和可接受性。在这样做的时候，我们承认记忆是知道的一个源泉。并且我们已经说过，自我意识的内容是直接明证的。

但这种"来源"给我们留下了困惑。如果认真研讨"在任何特定情况下，我们怎样判定我们是否知道"的问题：那么，"当且仅当知识被认做是恰当的

---

[1] 《心灵的指向规则》，载《笛卡儿哲学著作集》第1卷，E. S. 哈尔旦和 G. R. 罗斯编辑（伦敦：剑桥大学出版社，1934年），第35页。

[2] 《关于理智的力量的论文集》，论文4，第4章，载《托马斯·里德选集》第4版，威廉·哈密尔顿爵士编辑（伦敦：朗曼格林公司，1854年），第439页。

源泉的产物，它才是名符其实的知识"。这一回答很可能是不充分的。因为这样的回答实质上导致了进一步的问题："我们如何判定知识的源泉是否恰当呢？"以及"我们如何判定从这种被称为是合适的知识源泉所产生的东西是什么呢？"

现在，我们就来思考一下在特殊情况下是怎样产生这个一般的"标准问题"的。

### "关于对和错的知识"之一例

冒着某种过于简单化的危险，让我们从道德哲学中有争议的一个问题开始我们的讨论。我们是否知道任何独特的道德的或伦理的事实？或者，关于这种知识的论断的地位是什么？这种问题的争论给我们提供了反复发生在知识的每个争论领域的一个范例。

"仁义慈爱即是善"和"忘恩负义即是恶"这两个命题是独特的道德的或伦理的实例。一些人认为，这些命题表达了某些我们能知其为对的东西，一些人认为，这些命题没有表达任何我们能知其为对的东西。我们这里的争论只是在下述观点取得一致以后才产生的，即如果我们从迄今所思考过的一类经验事实出发，我们就既不能构思出好的演绎推理，也不能构思出好的归纳推理，以支持像"仁义慈爱即是善"和"忘恩负义即是恶"这样的陈述。从这个事实出发，让我们来比较道德"直觉主义者"（或"教条主义者"）和道德"怀疑论者"（或"不可知论者"）的立场。

"直觉主义者"基本上是以下述方式进行推理的：

(P) 我们有关于一定的伦理事实的知识。
(Q) 经验和推理并不产生这种知识。
(R) 存在一种另外的知识源泉。

"怀疑论者"发现没有这种另外的知识源泉，他们以下述方式同样中肯地进行推理：

(非R) 除了经验和推理外没有其他的知识源泉。
(Q) 经验和推理并不产生任何关于伦理事实的知识。
(非P) 我们没有任何关于伦理事实的知识。

直觉主义者和怀疑论者对于第二个前提是一致的，这个前提说的是理性和经验并不产生任何关于伦理事实的知识。然而，直觉主义者把怀疑论者的相反结论作为它的第一前提；而怀疑论者把直觉主义的结论的反命题作为它的第一前提。因此我们可以说，怀疑论是从对哲学的概括（"没有经验和理性以外的别的知识源泉"）开始，对于某类事实或某类所谓的事实，否认我们具有关于这类事实的知识，借以来得出结论。另一方面，直觉主义者开始时说我们具有关于所论及的一类事实的知识，并借助于否定怀疑论者的哲学概括来得出结论。人们怎样在这两种方法中进行选择呢？

这两种推理的逻辑提醒我们，还有另一种可能性存在。因为如果 P 和 Q 蕴涵 R，那么不仅 R 和 Q 蕴涵非 P，而且非 R 和 P 蕴涵非 Q。因此，人们还能用这种方法进行推论：

（非 R）在经验和理性以外没有其他的知识源泉。
（P）我们有关于一定的伦理事实的知识。
（非 Q）经验和推理产生关于伦理事实的知识。

这一新论证的第一个前提遭到直觉主义者的反对，但为怀疑论者所接受；而第二个前提遭到怀疑论者的反对，但为直觉主义者所接受。其结论遭到直觉主义者和怀疑论者的共同反对。

可能有人会说，采取第三类推理的人，拒斥了直觉主义者所声称的能力而接受了直觉主义者所宣称的知识。这样做的结果是导致人们拒斥直觉主义者和怀疑论者对经验和理性的一致估价。这是对于相信我们确实有关于伦理事实的知识而没有道德直觉的特殊能力的人唯一可能采取的步骤。

但是，这些方法都为我们留下了一个康德式的问题：从经验和理性的本性来考虑，这种伦理知识如何可能？如果我们不能通过对我们迄今所考虑的那类经验命题应用演绎或归纳方法而推导出伦理学的命题的话，那么仍说经验和理性可"产生"我们的伦理知识，其意义何在？我相信对此只有两种可能的回答。

其中一种回答可以称之为"还原的"。如果我们"还原地"研究问题，则我们试图表明，表达伦理知识的意思的语句（"仁义慈爱即是善"和"忘恩负义即是恶"）可以翻译和解释成更明显地表达经验陈述的经验语句。或许我们说"仁义慈爱即是善"实际上意指"我赞成仁慈"或在我们文化界中大多数人赞成仁慈，或仁慈的行为有助于使人们幸福。但是，这种尝试性的还原完全是没有什么道理的，表达直观伦理知识的语句看来比把它们翻译成任何直观经验语句所表达的东西要多得多。

另一类回答可被称为"批判认知主义"。如果用这种方法，那么我们将说，没有可以作为表达我们伦理知识语句的翻译的经验语句；但是我们要说，存在着能够使我们知道某种伦理学真理的经验真理。或者，用我们早先的说法，我们将说，伦理学的知识是"通过"某种经验事实而"知道"的。那么，后者可以说是伦理学的真理的标志或标准。例如，忘恩负义的罪恶不在于我碰巧嫌恶它，但是，我碰巧嫌恶它，或至少在某种可辨认条件下嫌恶它这一事实，可用来使我知道忘恩负义是罪恶的东西。我自己的感觉是忘恩负义的罪恶本质的标志，可以说它为忘恩负义是恶这一陈述提供了证据。这种观点是典型的奥地利传统的"价值理论"。在这种传统中，我们对有价值的东西的感觉，即价值情感，被说成是某种我们通过自己的"内在意识"而知道的东西，同样它也使我们知道什么东西是有价值的，什么东西是没有价值的。

直觉主义者和怀疑论者几乎都不能接受"批判认知主义"，但是批判认知主义还是有两个优点，第一，它是个别看来都似乎是可接受的（如果不是合理的）一些前提的结果。因为批判认知主义有理由说："我们确实知道仁慈是善，忘恩负义是恶。表达这种真理的语句并不是对那些表达我们的知觉、我们对知觉的记忆，或者我们自身心理状态的语句进行归纳和演绎的结果，也不能把它们翻译或解释成这样的语句。我们没有伦理直觉，经验和理性是我们唯一的知识源泉。因此，必然存在某些可用来澄清伦理学事实的经验真理。这些真理只能是那些与我们关于什么是善、什么是恶的情感有关的东西。"

"批判认知主义者"还会提出其第二个观点，即提醒我们，批判认知主义对其别的较少争论的知识领域同样是最合理的方法。对于我们关于外在的物质事物的知识，例如，在某一特定情况下猫在屋顶上这一知识，也是有效的。

### "关于外在事物的知识"之一例

我们已经看到，从直接明证的前提——表达"自我意识"的前提——出发，归纳或演绎都不能得到"猫在屋顶上"的结论。对这一事实，我们至少可见四种不同的表达：（1）"直觉主义者"将得出结论，我们还有另一个知识来源，即我们不是通过我们的"自我展现状态"而知道外在事物的，而是依靠某种别的经验。但这样的经验还没有被发现。（2）"怀疑论者"将推断说，在任何情况下，我们都不能知道猫在屋顶上。但我们知道怀疑论者是错误的。（3）"还原论者"将由此推断说，"猫在屋顶上"可被翻译或解释成表达人的自我意识的语句——尤其是关于向某人显现的样子的语句。为了看出还原论的观点之不可信，我们只需问我们自己，当我们知道猫在屋顶上时，"以某种样式显现于我"这种形式的语句,可能表达我们所知道的什么样的东西。①(4)"批判认知主义者"将采用我们在前面概述的方法,认为存在证据的原则,而不是归纳和演绎的原则。证据原则将告诉我们,比如在什么条件下,"认为某人感知"的状态将为有关外在事物的命题提供证据或合理性。同时还将告诉我们,在什么条件下,我们称之为"认为某人记得"的状态将为有关过去的命题提供合理性或可接受性。②

"其他人的心灵"

对标准问题的另一看法涉及我们关于"其他人的心灵"的知识。我们每个人都知道各种有关别人的思想、情感和目的的事情,例如,我们可以说,"我知道琼斯正想到一匹马"或"我知道他正感到有点沮丧"。也许我们将部分地通过我们对一定的、我们用于表现或表达该思想和情感的肉体情况的知觉,证明我们对这种知识的主张是正确的(我能从他的眼神里和从他紧咬牙齿的样子中看出来,我能从他声音的声调中听出来),或者我们甚至可通过我们自己的悟性的感觉,或"直觉理解"("……我们知道一个人的愤怒与其说是某人的现实行为使我们产生了这种感觉,倒不如说是我们自己过去的行为使我们有过这种感觉。"③),证明它们是合理的。于是,哲学家会问,有何证据以相信某人以如此这般的方式看或行动,或何以证明他给我们留下他是在想一匹马还是感到有点沮丧的如此这般的感觉?

通常认为这种知识是通过上述所列举的"传统源泉"而产生的,我们借助由下述几点产生的知识而知道别人的思想或情感。(1)对外在事物的知觉,特别是我们对自身和别人的身体的知觉;(2)我们对自己的思想和情感的当下意识;(3)我们通过这种知觉和意识状态而得知的关于事物的记忆;

---

① 在"现象主义"(说明这种"还原论"的专门术语)的道路上的基本困难可以追溯到知觉的相对性——追溯到这样的事实:某物显现的样式不仅依赖于该物的性质,而且还依赖于它被知觉的条件和知觉到它的人的状态。由于是我们所知觉到的事物和我们知觉到它们的条件的联合作用,才能决定事物显现出来的样式。所以,我们不能把任意一组现象和任意特定的物质事实(譬如说,一只在屋顶上的猫)联系起来,除非我们说到一些其他的物质事实——介质的状态和知觉者的状态。试图仅以现象来定义特定的物质事实,不能不说有点像试图仅以"后裔"这个术语来定义"叔父"而不谈"男性"或"女性"。更详细的讨论可参见 C.I. 刘易斯的《齐硕姆教授和经验主义》,《哲学杂志》第95卷(1948年),第517~524页;罗德里克·弗斯的《激进的经验主义和知觉的相对性》,《哲学研究》第109卷(1950年),第164~183页,第319~331页;罗德里克·M·齐硕姆的《知觉:一种哲学研究》(伊莎卡:康奈尔大学出版社,1957年)第189~197页。上述三篇文章重印于《知觉·感觉·知道》,罗伯特·J·格瓦茨编辑(加登市:杜勃列特公司,1965年)。

② 见前章关于"合理性"的原理 B、C、D 和 E。

③ 第二段引文摘自约翰·威斯顿姆:《其他人的心灵》(牛津:巴西尔·布兰克威尔,1982年)第194页。

(4)把"推理"运用于我们以这些不同途径所知道的事物。但是,准确地说,如何能够使这种材料产生关于别人的思想和情感的知识呢?

有人试图用枚举归纳法回答这个问题。"通常,当一个人如此这般地在做出某种姿态时,他正感到沮丧;这个人现在正在做出这类姿态;因此,很可能他是沮丧的。"或者,"通常,当琼斯骑马经过这些场地时,他就想起他曾经拥有的马;现在,他正在骑马经过这些场地,并且从眼神里流露出多情的回忆;因此,很可能他又在想他的马"。但是,这类回答显然并不解决我们的哲学问题。因为我们进行归纳时所借助的哲学例子("昨天当他沮丧时他做出了这种姿态"或"上次他在这里时想起了一匹马"),预先假定了我们现在正努力证明的一般类型的知识论断("你认为你知道他昨天是沮丧的理由是什么?"或"你认为你知道他那天在想一匹马的理由是什么?")。

如果我们不是预先假定我们正在努力证明的知识论断的类型,如我们的论证必然是"假设归纳"的一个例子。关于琼斯现在是沮丧的,或他在想一匹马这种"假设",将被提出来作为我们所知道的某些其他事情——可能是有关琼斯的目前的行为和举止的某些事实——的最可能的解释。但是,为了构设一个归纳论证,从而确证关于琼斯是沮丧的,或他在想一匹马的假设,我们就必须以我们所得知的琼斯沮丧的某些结果,或他对马的想念的某些结果大概是什么为前提。如果我们无权使用有关琼斯的沮丧或思想的任何信息,那么我们如何证明这个前提呢?

寻找我们的假设归纳所用前提的唯一可能的办法是求助于另一种归纳法——这次是一种类推的论证(那些认为金星上有生命的人借助于金星与地球两个行星之间的相同属性的"肯定类推"。那些认为金星上无生命的人借助于"否定类推"——两行星不同的方面)。由此,我们可以认为:"我和琼斯有如此这般共同的身体特征;通常,在沮丧的时候都是用如此这般的声调讲话;所以,十之八九,如果琼斯是沮丧的,则他也将用那种声调说话;他正在用那种声调说话。"或者,我们可以认为:"我和琼斯有如此这般共同的身体特征;在绝大多数时间里,当我想一匹马时,如果有人问我,'你在想一匹马吗?'在这句话的刺激下,我将说'是的';所以,十有八九,琼斯在想一匹马的时候,如果在'你正在想一匹马吗?'这句话的刺激下,预计他是倾向于说'是的'。并且,琼斯刚被这句话刺激过,他确实说了'是的'。"我们假定在这些论证中,每个第一前提都依靠了我和琼斯之间的类推而获得某种肯定类推。但是,我们绝不能忘记,不管琼斯是谁,还存在一种给人以深刻印象的否定类推——背景、环境、遗传、体格和普通心理学上的差别,并且,人们能够无限地列举出这些差别。如果我们无权从涉及琼斯的心理状态的前提出发,那么估价关于各种各样的相似之点与不相似之点的相对重要性确实是非常困难的。所以,任何这种类推论证无疑都是无力的。但是,我们假定只有用这种类推论证的方法才能证明我们现在要进行的假设归纳的一个前提(该前提是:"如果琼斯沮丧,那么,他将用如此这般的声调说话"或"如果琼斯在想一匹马,在'你在想马吗?'这句话的刺激下他将说'是的'")。假设归纳将依次产生"琼斯现在是沮丧的"或"琼斯在想一匹马"的结论,并认为这是对琼斯现在的行为和举止的最可能的判断。

然而,如果这个过程是我们所具有的最佳的程序,那么我们关于其他人的心灵状态能够说是知道的东西,即使有的话,也是微乎其微的。

并且,这个事实再次将我们引向"直觉主义者"的特征推理。直觉主义者将告诉我们,知觉、记忆和"自我意识"不足以证明我们关于其他人的心灵状态所知道的论断是什么,因为没有任何以知觉、记忆和"自我意识"的资料为基础的演绎推理或归纳推理能对任何这样的知识论断作保证;因此,一定有另一种源泉——可能是德国哲学和心理学的悟性或"直觉理解"[①]。直觉主义者的要点不仅仅在于认为在悟性或直觉理解中,我们具有关于其他人的精神状态的丰富的假设源泉(大概没有人怀疑这种能力的实际应用),而是要做出证明。因此,直觉主义者认为,一句表达人的悟性的陈述,将对这句陈述提供合理性。

于是,"直觉主义者"就如在道德哲学里所做的那样进行推理:

(P)我们具有关于其他人心灵状态的知识(例如,我知道琼斯在想一匹马)。

(Q)这种知识不是由知觉、记忆或"自我意识"产生的。

(R)所以,还存在另一种知识源泉。

组成这一推理的三句陈述同样产生哲学的行为主义者"怀疑论"的推理:

(非R)除知觉、记忆和"自我意识"之外,没有其他的知识源泉。

---

[①] 强调悟性是知识的一个源泉的观点,可以追溯到威尔亥尔姆·狄尔泰的《社会科学导论》(莱比锡:图尔纳,1883年)和马克斯·舍勒的著作;见阿尔弗雷特·舒尔茨的《舍勒的中间主体性理论》,《哲学和现象学研究年鉴》第2卷(1942年),第323~341页。

(Q) 关于其他人的心灵状态的知识不是由知觉、记忆或"自我意识"产生的。

(非 P) 我们没有关于别人的心灵状态的知识。①

正如道德哲学中所讨论的那样，直觉主义者和怀疑论者对于第二个前提是一致的；直觉主义者把怀疑论者的结论的反命题作为其第一前提；而怀疑论者把直觉主义者的结论的反命题作为其第一前提。还有另一种可能性：

(非 R) 除知觉、记忆和"自我意识"外，没有其他的知识源泉。
(P) 我们具有关于其他人心灵状态的知识（例如，我知道琼斯在想一匹马）。
(非 Q) 知觉、记忆和"自我意识"产生了这种知识。

这就再次向我们提出了问题：知觉、记忆和内在意识是如何产生这种知识的？和前面一样，我们可在下述两个答案中作选择。

"还原论者"将告诉我们，关于其他人的思想和情感的语句（"琼斯在想一匹马"）可被翻译或解释成关于这些人的身体特征的语句。但在这里，"还原主义"决不比它在其他场合显得更有理些。为了看出这一点，我们只需问自己：有关琼斯身体的什么语句可能表达当琼斯在想一匹马时我们所知道的东西？

但"批判认知主义者"将告诉我们，存在着能使我们知道一个人的身体特征及其行为的事物，这些特征或行为将给关于这些人的思想和情感的命题提供证据或合理性；他还可以说，通过悟性，当我们由于其他人的表现而引起我们自己的某些心理状态将为其他人的思想和情感的命题提供合理性或可接受性。

按照托马斯·里德的批判认知主义的看法，"某些面部表情、说话声音和

---

① 参见 J.B. 华特生的《行为主义的道路》（纽约：W.W. 诺顿公司，1928 年）第 3 页和第 7 页。"行为主义者对于'意识'没有什么好说的。为什么他能这样做？行为主义是一门自然科学。行为主义者既没有看见、嗅到，也没有尝到意识，也没有发现它参与人类的任何行动。在他发现意识影响他的进展以前，又能对它说些什么呢？……行为主义向反省心理学提出了挑战：'你说存在一种所谓意识的东西，意识伴随着你，——那么，请证明这一点。你说你有感觉、知觉和想象，——那么，请像其他科学显示它们的事实一样把它们显示出来。'"当然，彻底的行为主义者也将试图避免"自我意识"这个事实。

身体姿势的特征指出了心灵的某些思想和意向"。里德的观点部分地是关于知识起源的观点（例如，他谈到孩子们获得信念的方式）。但这种观点也是证据的理论——它说明了什么东西为关于其他人的心灵的陈述提供证据，因此，我们值得详细地引用原文：

"当我们看见了符号，看见了总是与这符号联系在一起的被标记的事物，经验可以作为指示者，它教导我们怎样解释那符号。但是，当我们只是看见符号而看不见被标记的事物时，经验将如何指导我们呢？现在，这里的情况是这样的：心灵的思想和激情以及思想本身是看不见的。所以，它们与任何可见符号的联系不能首先是由经验来发现；一定存在某种这种知识的更深的源泉。看来是本能给人以能力或感觉，由此可发觉这种联系。这种感觉过程非常类似于在感觉的过程。

"当我手里抓住一个像牙球的时候，我感到某种触觉。在这种感觉中没有外在的、肉体的东西。这种感觉既不是圆的也不是硬的；这是一种心灵的感觉行为，我不能通过推理由此而推断任何事物的存在。但是，通过我的本能的结构，感觉传送了关于我的手里存在一个圆硬物体的概念和信念。类似的，当我看一张富有表情的脸时，我仅看到不断改变的脸型和脸色。但是，通过我的本能的结构可见的对象引起了我关于这人心灵上的某种激情或情绪的概念和信念。

"前一种情况，触觉是符号，我所感受到的物体的硬和圆是由这种感觉所表现的。后一种情况，人的表情是符号，激情或情绪是由它所表现的。"①

**最后一个例子**

上帝的知识，或表面上是有关上帝的知识，为我们提供了对标准问题的最后一种解说。或许我们现在能够懂得理解各种可能观点所遇到的那种绝境，因此，我们或许能比它们的倡导者更简单地表述这些观点。

"教条主义者"或"直觉主义者"将争论说，（P）我们确实具有关于神的存在和其他神学事实的知识；但是（Q）这种知识不是通过理性或经验而产生或明显确证的；所以，（R）除理性和经验外，还有另外知识源泉。因此，12世纪的圣维克多的胡认为，"除了我们能够借以知晓物质世界的肉体的眼睛之外，除了我们能够借以知道自身心灵状态的理性的眼睛之外，还有一种我们

---

① 《论人的理智的力量》论文6，第5章，载《托马斯·里德选集》第449～450页。对于本章开头两个语句中所区分的两类"符号"，斯多葛派把第一种叫做"纪念性的"，把第二种叫做"指示性的"；塞克斯都·恩披里柯作为一个怀疑论者，认为没有"指示性的符号"。见塞克斯都·恩披里柯的《反逻辑学家》第2册，第3章，载《塞克斯都·恩披里柯全集》第2卷，劳伯经典文库（坎布里奇：哈佛大学出版社，1933年），第313～397页。

能够借以知道宗教真理的冥思的眼睛"①。

由于没有发现这种冥思的眼睛,"怀疑论者"——宗教的怀疑论——争辩说,(非R)理性和经验是唯一的知识源泉;(Q)理性和经验没有提供任何关于上帝的存在或关于任何其他神学事实的信息,也没有明显确证任何这种假设;因此,(非R)我们对上帝一无所知。

第三种可能性是说,(非R)除了经验和理性外没有其他的知识源泉;(P)我们具有关于上帝存在和其他某些神学事实的知识;因此,(非Q)经验和理性确实为我们提供了关于上帝存在和关于其他神学事实的信息。

在寻找"还原论"或"批判认知主义"这样的避难所之前,有神论者可能要探究用归纳和演绎的方法从肉体的眼睛和理性的眼睛的作用中导出该真理的可能性。我们将不去评价下述几种证明:(1)由自然事实证明上帝的存在,(2)由对我们显现的样式证明外在事物的存在,(3)由他们的行为事实证明他们的心灵状态的存在。但是,许多不是怀疑论者的有神论者,怀疑这种传统的证明,对于他们来说,可供选择的方案是"还原论"和"批判认知主义"。②

"还原论"似乎被用来说明当代的新教神学,它认为"上帝存在"这样的语句的认知内容可以用关于有宗教信仰的人的思想、情感和行为的语句来表述。为了看出还原论的不可信,和前面一样,我们只需问自己,关于有宗教信仰的人的思想、情感和行为的什么语句能够有可能表述当有宗教信仰的人认为他们知道上帝存在时他们认为他们知道的东西?

最后,"批判认知主义"认为,我们所知道的关于上帝的东西是通过某些其他事物而知道的;这完全等同于其他类的知识的内容是"通过直接明证"而知道的,或者由本身通过直接明证而知道的东西而知道的。但恰是什么事实可以说是为宗教的真理提供了合理性或可接受性,似乎仍是有疑问的。但是,如果给定这些事实,那么对于这些事实是否与宗教经典、神父所言或某人对于圣迹的经验有关这个问题,正如神学家那样,批判认知主义者要区别注释和释义,前者只是说明这些事实是什么,后者说明这些事实对命题提供证据、合理性或可接受性所依据的命题类型。我们在第二章中考虑的直接明证可被类似地说成是关于注解的问题,第三章所考虑的间接明证就是关于释义的问题。

---

① 见毛里斯·德·沃尔夫《中世纪哲学史》第1卷(伦敦:朗曼·格林公司,1935年),第214页。

② 参见 J. 黑克《宗教哲学》第2、6章,普兰提斯霍尔哲学基础丛书。

于是，不必惊奇，一般的标准问题几乎在每一个知识的分支上都走上了绝路。我恐怕不能对该问题作进一步的阐述了，但是，如果我们能意识到这些困难，也许我们对下章探讨的一些争论会有更好的理解——下章我们探讨有关先验的知识，在那里，根据哲学家们对基本的"判断标准"问题的观点而将其区分开来。

### 选文出处

齐硕姆：《知识论》，邹惟远、邹晓蕾译，北京，三联书店，1988年，第112~137页。

## 苏珊·哈克

有鉴于基础论和融贯论在知识证成方面的困难与冲突，苏珊·哈克致力于发展一种能够比这对传统的竞争者更有说服力的知识证成理论，即"基础融贯论"。在她看来，这种理论由于承认弥漫在一个人的信念之间的相互支持，因而在此方面与基础论相似，而与融贯论不同；不过，它既不要求由一个主体的经验所证成的某类基本信念具有特殊地位，亦不要求一个关于证据性质的简单的、单向度的模型，在这一点上，它又与融贯论相似，而与基础论不同。

### 作者简介

苏珊·哈克(Susan Haack, 1945— )，当代英国哲学家、逻辑学家。曾任英国沃威克大学哲学教授，现为美国迈阿密大学人文学和科学学院库珀高级学者、哲学教授、法学教授。主要著作有《变异逻辑》、《逻辑哲学》、《变异逻辑，模糊逻辑》、《证据与探究》、《一位不热情的稳健派的宣言：不时髦的论文集》等。

### 著作选读：

《证据与探究——走向认识论的重构》第四章：精细表述的基础融贯论。

### 《证据与探究——走向认识论的重构》第四章——精细表述的基础融贯论

任何人在最终得出他的世界图景时，所拥有的全部证据就是对他的感觉接受器的刺激。

奎因：《自然化的认识论》<br/>(Quine, "Epistemo Logy Naturalized", p. 75)

……在一个解释和它的解释对象之间可能存在相互作用。不仅一个假设为真会获得可信性，如果我们想到了某种解释它的东西；而且反之亦然：如果一个解释说明了我们假设为真的东西，那么它也获得了可信性。

奎因和乌立安：《信念之网》<br/>(Quine and Ullian, The Web of Belief, p. 79)

本章的目标在于辨明认知证成，这种辨明与前几章的论证中的那些考虑相符合：允许经验与经验证成相关联（这将要求精确表述因果方面与评价方面两方面的相互作用）；允许信念之间普遍的相互支持（这将要求说明合理的相互支持与可以非议的循环之间的区别）。

被辨明项是：A 的信念 p 在 t 时或多或少被证成，这取决于……对被辨明项的选择已经暗示了一些实质性的预设：它是与人有关的用语，而不是像"信念 p 被证成"那样的原始的与人无关的用语；证成有程度之分；一个人相信某事是否被证成，或者在何种程度上被证成，可以随时间而变化，这些假定的根据将随着精确论述的展开而变得更加明显。

我的程序可称为"连续接近法"。我从一种直觉上似乎很合理但（不奇怪）也很模糊的表述开始，试着逐步把内含于最初的模糊公式中的东西表达得更精确。最初的真正的第一级近似是：A 的信念 p 在 t 时或多或少被证成，这取决于他的证据有多好。我倾向于认为，这种初始的表述价值不大（的确，将"证成"设想为实际上是认识者的合成词，表示这样的东西：在日常话语中，这些东西经常在不那么专门的词汇中得到表达，而这些词汇表示强有力的或不足信的理由，或弱或强的情况，好的或微妙的证据，等等）。然而，在当前的认识论争辩中，必须承认，这个看似无害的公式也并非是完全没有预设的；特别地，它显示出一种偏好：证据论探究胜过外在论探究。[①] 对于这种偏好，除了它的直觉合理性之外，眼下我不提出任何理由。不过，在后面，这种粗略的考虑将得到反对外在论论证的支持（第七章）。

对初始公式接下来的阐述将依赖对证成概念的因果方面与评价方面之间关系的精细表述。这种表述的基本原则在于，区分"信念"的状态含义和内容含义，区分某人相信某事和他所相信的东西；在下文中，我们把这种区分标记为"S—信念"与"C—信念"[②]（从此以后，如果我简单地提到"信念"，将是有意指这种歧义性）。如何证成 A 的信念 p，按照第一级近似，取决于他的证据有多好。详尽阐释这个第一级近似需要三个步骤，第一个步骤，按照

---

[①] 在我铸造"证据论"一词描述我的探索之后，我获悉该词已经在文献中流行。按费尔德曼（Feldman）和科尼（Conee）对"证据论"的理解，该表达式与"可靠论"相反，是指这样一些理论，它们根据主体的证据去辨明证成，而证据必定是该主体意识到的某种东西。这非常接近我对该概念的理解。在"改良的认识论"的卡尔文式提倡者所使用的那种意义上，我的说明也是证据论的——因为我将要求（下面第三节）：只有当 A 关于 p 有好的证据时，A 的信念 p 才被证成；而某些改良的认识论家主张，对于上帝的信念在缺乏证据时也被证成。See Plantinga, "Reason and Belief in God".
在我的术语中，证据论和外在论之间的区分，最近似于内在论和外在论之间被拒斥了的二分法。

[②] 我精细表述这一区分的最初的笨拙的尝试是"有认知主体的认识论"。杜威把信念描述为"面向两条路先生"（Mr Facing—both—ways）（《信念和存在》，169 页）是恰当的。

A 的 S—信念和 A 的其他状态（包括知觉状态）之间的因果关系来表达，试图刻画"A 关于 p 的 S—证据"。第二个也即中间步骤是一个手段，通过这个手段，在对"A 关于 p 的 S—证据"（由 A 的特定状态组成）进行刻画的基础上，得出"A 关于 p 的 C—证据"的刻画（由特定的语句和命题组成）。第三个也即评价步骤，通过刻画"A 关于 p 的 C—证据有多好"完成对"A 的信念 p 或多或少被证成"的辨明。

所要提供的至多是对一种理论的勾勒——而且是一种在细节上不只是稍微不均衡的勾勒。当然，原因在于，这至少是目前我所能做的最好的。我希望我自己或其他人发现它最终有可能改进对此理论的精细表述，我将努力找出主要困难，辨别这些困难中哪一些是基础融贯论方法所独有的，哪些为更熟悉的证成理论所分有；不过，我不会轻视任何困难，甚至当这些困难好像为我的方法所独有时，我将采取如下态度：那些仅仅因为我的说明在某些方面比它的竞争者更详细才出现的困难，应该被看做是一些挑战，而不是弃守的根据。我也将尽可能弄清楚这里提出的表述中哪些部分能够独自成立，也因此可能是有用的，即使其他部分失败了。

一

如何证成一个人相信某事，不仅取决于他相信的是什么，而且取决于他为什么相信它；"为什么相信它"不单是他相信别的什么的问题，或者他相信并察觉、内省或记住了别的什么的问题，而且也是在他的 S—信念和经验中，它是什么的问题，他具有所讨论的 S—信念便取决于此。（考虑这样两个人，他们都相信被告是无辜的，其中一个的理由是，案件发生时，他在一百米外亲眼看见了她；另一个的理由是，他认为她有一张诚实的脸。前者比后者得到较多证成。）于是设想 A 的信念 p；如何证成 A 的信念 p，以某种方式取决于引起他有 S—信念的东西是什么。

详细解释"以某种方式取决于引起他有 S—信念的是什么"的第一步，有必要区分 A 的 S—信念 p 的激发原因——不管最初包含于他开始相信 p 的行动中的是什么——和在讨论时有效的原因，也即在讨论他的证成程度时有效的原因。这些可能是相同的，但也有可能是不同的；当它们不同时，证成所依赖的正是讨论时有效的原因。（设想，一开始在时刻 $t_1$，A 开始相信被告无辜，因为在他看来没有比她有一张诚实的脸更好的理由了；但后来在时刻 $t_2$，A 得知她有一个无懈可击的不在场证据，并且正是这一点使他在那个时刻继续相信她是无辜的。他在 $t_2$ 时刻比在 $t_1$ 时刻得到较多证成。）这就是为什么被辨明项包括条件"在时刻 t"的原因；从此以后，即使它没有被陈述出来，也应该这样来理解。

第二步，有必要认识到，引起某人在一个时刻相信某事的东西经常是力量均衡问题；也就是说，一些因素使他倾向于相信 p，其他因素使他倾向于反对相信 p，前者的力量强于后者。（设想史密斯［Smith］教授相信，汤姆·格莱比特［Tom Grabit］偷了那本书，由于他记得看见格莱比特面带犯罪的表情偷偷摸摸地离开了图书馆，而且格莱比特的毛线衫可疑地鼓着，所以史密斯教授坚持他的 S—信念。这种信念的吸引力大于这样的信念——他不愿错误地相信他的学生，也大于他的这个信念——据他所知，格莱比特可能有一个手法灵巧的孪生兄弟。）所以，在考虑在时刻 t 是什么让 A 有如此这般的 S—信念时，有必要将支持性原因与抑制性原因区别开来。然而，它们都与对证成程度的评价有关。

第三步是区分下述两者：作为所谈论的那个人的状态的支持性或抑制性因素，与并非如此的支持性或抑制性因素。（例如，A 关于在房间里有一只狗的信念可能部分地得到他处于特定的知觉状态的支持，并且，这种状态最终由房间里有一只狗引起。）只有属于 A 的状态的 A 的 S—信念的原因，才会在对他的 S—证据的刻画中起作用。

"A 的 S—信念 p 在 t 时的因果关系"指的是，A 在 t 时对导致 A 的信念 p 的力量起作用的那些状态，不论是支持性的还是抑制性的。"关系"意在表示 S—信念相互之间、S—信念与主体的知觉经验之间以及它与主体的愿望和忧虑之间等的内在联系的网络。S—信念的因果联系包括直接支持或抑制那个 S—信念的状态，支持或抑制这些状态的状态，等等。这里的想法是，我们的证成标准既不单纯是原子的也不是绝对的整体的：它们关注的是 A 在 t 时的状态整体的那些元素，后者承担着与所讨论的这个特别的 S—信念的或者支持性或者抑制性的因果关系。

甚至在开始辨明"A 关于 p 的证据"是可能的之前，也需要在 S—信念的因果关系范围内区分证据成分和非证据成分。信念状态、知觉状态、内省状态以及记忆状态将被看做是证据性的，其他状态如主体的愿望与忧虑、他受到酒精或恐慌的影响等将不被看做证据性的。这样的状态有助于支持或抑制 A 的 S—信念 p，这一点可能对 p 为真的可能性有影响。（例如，某人非常担心 p 可能被证明是实情，因为这就可能极大地夸大他关于 p 是实情的证据的意义；有人可能将其称为"可怕的想法"；受致幻剂 LSD 影响的某个人，其感觉会极端混乱；等等。）不过，A 的 S—信念 p 的因果关系的这种成分不被认为是 A 的证据的组成部分，因为它们在直觉上被认为是影响我们对其证据给予反应或进行判断的因素，而它们本身不被认为是他的证据的组成部分。这样的非证据状态属于一个 S—信念的因果关系，它是有关下述一点的解释的必要组成部分：尽管他的证据不足信，但该主体仍然相信某件事情，这是怎么一回事？然而，它不是计算该主体的证成程度的组成部分。

现在，在区分状态与内容的明显范围内，我们有了解释"A的证据"的初步观念的必要工具，称为"A关于p的S—证据"①。"A相信的S—理由"是指那些支持A的S—信念p的S—信念；"A相信p的当前的感觉S—证据"是指支持A的S—信念p的知觉状态；"A相信p的过去的感觉证据"是指支持A的S—信念p的知觉痕迹；"A相信p的感觉S—证据"是指A相信p的现在的和过去的感觉S—证据；"A相信p的当前的内省S—证据"是指支持A的S—信念p的内省状态；"A相信p的过去的内省S—证据"是指支持A的S—信念p的内省痕迹；"A相信p的内省S—证据"是指A相信p的当前和过去的内省S—证据；"A相信p的经验S—证据"是指A相信p的感觉—内省的S—证据；而"A相信p的S—证据"是指A相信p的S—理由和经验S—证据。对"A反对相信p的S—证据"的刻画与"A相信p的S—证据"一样，但要用"抑制"代替"支持"；并且，"A关于p的S—证据"是指A相信p的S—证据和A反对相信p的S—证据。"A关于p的直接S—证据"是指那些直接支持或抑制他的S—信念p的证据状态，"A关于p的间接S—证据"是指那些直接支持或抑制他的关于p的直接S—证据的证据状态，如此等等。

A关于p的S—理由本身就是A的S—信念，关于这个S—信念，A可能有进一步的S—证据（这将是他关于p的S—证据的组成部分）。但是，A关于p的经验S—证据由A的非信念状态组成，不是那种关于它A有证据或需要证据的东西。经验S—证据显然支持或抑制S—信念，但反之不然。有人可能说，A的经验S—证据是他的根本的S—证据。（这是感觉—内省论的基础论试图采纳的重要真理——但是以被迫的和不自然的方式。）

"感觉的证据"的前分析概念并非与理论无关。按照常识性的描述，人类感知他们周围的事物和事件；人们通过自己的感官与他们周围的事物发生交互作用；这些交互作用就是所谓的"感觉经验"。大体上说，我们的感官善于察觉周围发生的事；但在不利的环境当中，我们可能不能清楚地看或听，并

---

① 为防止误解，有必要作两点说明：第一，从A的S—证据中应该排除这样的S—信念，它们属于A的S—信念p的因果联系，不是因为它们支持或抑制某些支持或抑制S—信念p的S—信念，而是因为在A的S—信念的因果联系中，它们与某些非信念状态保持因果关系。第二，可能有必要排除这样的证据状态，它们与A的S—信念p因果相关，却是以错误的方式。（"变异的因果链"是一种逻辑的可能性，哲学家们喜欢听到它，但在我们的前分析的概念框架中却被因果充分地忽略了。参看本节末尾关于支持性证据的讨论。）

且可能错误地感知,在极端不利的环境中,我们的感官严重失序,人们甚至可能"感知到"根本不存在的东西。

上面带有吓人的引号①的语句表明,常识性的观念想当然地认为,一般来讲,主体的知觉状态是他的感官与周围事物交互作用的结果,但在特别的环境中,主体可能处于这样一种状态中,他自己也不能把它与由他的感官和外界交互作用所导致的状态区分开来,然而这种状态不是这种交互作用的结果,而是他自身某种混乱的结果。这里的意图在于指出这种描述的积极方面和消极方面。在下文中,将给"知觉状态"以一种稍微宽松的解释,包括从现象学上不能与更严格意义的知觉状态相区分的状态。然而,当从辨明的因果阶段转到评价阶段时,将引入下述常识性假定:知觉状态一般来说是人的感官与外界事物和事件交互作用的结果。

"内省的S—证据"已经被当做一种经验S—证据包括在这样的信念当中:人有一些意识到他自己的(某些)心智状态和过程的手段以及审视外界事物与事件的感官,这个信念也是作为我们的证成的前分析概念基础的常识性描述的组成部分。但在这里,关于内省,除了下述一点外无话可说:感觉的S—证据和内省的S—证据被认为是截然不同的,其意图在于避免这两者之间的任何混淆,避免把知觉省略为对一个人自己的意识状态的内省了解。这样的省略暴露出这个常识性的假定,即我们所感知的是我们周围的事物——正相反,我希望坚持这个假定。

在"A记得看见或者听见……"这样的惯用语所表达的意义上,知觉状态所扮演的角色是给当前感觉经验与证成的关联定位,知觉[内省]痕迹所扮演的角色是给记忆的作用定位。在这里,术语将再次有意地在松散意义上使用。"知觉[内省]痕迹"可能被允许包括这样的状态,主体将不能把它们与那些过去的知觉[内省]状态的当前痕迹区分开来。

知觉状态与知觉痕迹的区分以及当前的与过去的感觉的S—证据的区分,是很粗糙的——可能比它们所表示的前分析观念还要粗糙。知觉不是瞬间性的,而是一个连续的过程。但证成程度在这个过程中可能发生改变,例如,当一个人对一件东西看得更清楚的时候("看上去好像有人正站在前门,直到我靠近一些才看见那只是绣球花丛的影子")。为了稍微减少当前的与过去的

---

① 吓人的引号:scare quotes。引号在英语中的作用与在汉语中类似:一是表示引述的词或句子。二是表示某个词或短语的非常规意义,例如所谓的"天才",实际上不是天才;上段末尾一句"人们甚至可能'感知到'根本不存在的东西",其中"感知到"加引号表示其具有非常规意义。苏珊·哈克常把这种意义的引号叫做"吓人的引号"。三是为了强调和突出,有时也给某个词或短语加引号。——中译者

感觉S—证据的区分的粗糙性，"知觉状态"不应被解释为瞬间性的，而应被解释为有某个没有详细说明的、可操控的持续时间。

过去的感觉S—证据提供了一种途径，通过这种途径记忆进入画面之中。记忆也突然以另一种形式出现：说"A记住了p"，就是说早些时候他逐渐相信p而现在他仍然相信p，他没有忘记它（当然，p是真的）。像所有的信念一样，A的这样一个"持续"的S—信念如何被证成，取决于他的证据——在所谈论的那个时间内的证据——有多好。（这不必意味着，一定要说我的下述信念没有被证成：例如，我称中学英语老师为"怀特小姐"；现在，这个持续的信念得到过去的经验S—证据的支持——看到和听到我自己和别人使用这个名字，等等。）

一个人的S—信念经常整体或部分地得到他听到、看到或记得曾听到或看到的以及另外某个人说的或写出来的东西的支持。我们可以在通常意义的明显扩充范围内称之为证明性证据，这样的证明性证据，经由A的感觉S—证据所起的作用进入此描述，如：A的S—信念p得到支持，因为A记得曾经听到B说p，并且他的S—信念是，B信息准确而且B在这个问题上没有强烈的动机去欺骗或者隐瞒。（假设如果A不理解B的语言，如果他有那个S—信念p，那么，他听到B说p不会是其因果关系的组成部分。）

二

A关于p的S—证据由A的状态的可操控的组合组成。但是在辨明的评价阶段，"证据"将不得不意指"C—证据"，因为正是语句或命题而不是人的状态能够相互支持或削弱，相互给予更大可能或否证，相互一致或不一致以及作为解释性说辞融贯或不融贯。所以，需要一个从S—证据到C—证据的过渡。"A相信p的C—理由"指A所相信的C—信念，它构成了A相信p的S—理由；"A相信p的感觉—内省的C—证据"是指语句或命题，其大意是：A处于某个或某些特定的状态中——这样的状态构成了A相信p的感觉—内省的S—证据；"A相信p的C—证据"是指A相信p的C—理由和A相信p的感觉—内省的C—证据；对"A反对相信p的C—证据"的刻画和"A相信p的C—证据"一样，但是要增加"反对"一词；"A关于p的C—证据"将用来指A相信p的C—证据和A反对相信p的C—证据。A关于p的直接1、间接1、间接2等C—证据的区分方式，与对A的S—证据的相应区分对应。

"语句或命题"是有意模糊的表述。这种有意模糊的优点在于，由于缺少识别命题的清晰标准，它暂时推迟了对一些棘手问题，例如在这里，对知觉（等）状态的哪种刻画可能是合适的讨论。我们描述"感觉的证据"的普通方法提供了一些线索。什么东西证成我的信念即在那棵橡树上有只啄木鸟？——"我看到了它，我能看到它这一事实"是自然而然的回答；然而，像"但我只是瞥了一眼"或者"但是逆着光线"或者"但是太暗了看不清斑纹"等回答经常有充分的资格或者产生足够的阻碍，于是答案可能修改为："对了，只是看上去好像有一只鸟在那里。"下述做法似乎合乎要求：将"A的感觉证据"和"对 A 来说它看起来（或听起来等）怎样"至少松散地联系起来；与此同时尊重或多或少有利的境况的常识性区分——好好去看是比一瞥或匆匆一看更好的证据，在完全处于视野当中和好的光线条件下看见一个东西是比部分隐藏着和在昏暗条件下看见它更好的证据，如此等等。因为这些（和别的）原因，我倾向于赞成这样的刻画："A 处于正常主体通常所处的那种知觉状态中，在正常的境况下，他看见三英尺外的一只兔子而且光线良好"，"处于正常主体通常所处的那种知觉状态中，在正常境况下，他在傍晚匆匆地瞥见一只快速移动的兔子"，等等。这就是尽管"知觉状态"允许包括这样的状态，从现象学上不能把它们与那些由我们的感官与外界交互作用所产生的状态区别开来，但正常的知觉就是这种交互作用的结果这一预设仍得以维持的原因。

此时在 C—证据的层次上，在 A 的理由和他的感觉—内省的证据之间，还存在一种不对称。A 关于 p 的 C—理由将由命题组成，它们可能为真也可能为假。然而，他的感觉—内省的 C—证据将由所有都为真的语句或命题组成。这不是对关于知觉或内省信念的任何形式的不可错论的重述；而仅仅是说，有关命题的大意是：A 处于如此这般的知觉（等）状态，并且这些命题都是真的，因为按照假定，A 确实处于那种知觉（等）状态。这一特征保证了可被称为被证成的经验信念的"经验支撑点"。

那么，按照第二级近似，如何证成某人相信某事，这取决于他的 C—证据有多好。剩下的问题是阐明"多好"。然而，为了避免任何人因受第二级近似完全按照 C—证据来表达这个事实的影响，而怀疑该理论的因果方面完全是多余的，在转向这个任务之前，应该再次强调，对"A 关于 p 的 C—证据"的刻画取决于对"A 关于 p 的 S—证据"的刻画，后者是该理论的因果部分提供的。哪些语句或命题组成了 A 关于 p 的 C—证据，这取决于什么状态在支持 A 的 S—信念 p 的力量中起重要作用。

三

证成有程度之分，这有无数熟悉的惯用语作证明："他有某些正当的理由认为……"；"他的看法……将被更多地证成，如果……"；"他的证据非常有力，或极为脆弱，或有些偏向或片面"；"他的根据合理或很合理或是压倒性的";"他的证据使……有可能成立或增加了……的可信度"——罗热（Roget）的《辞典》（*Thesaurus*）中有一个完整的部分，题名为"证据的程度"。这里精细表述的辨明旨在考虑证成分等级的特点；然而，并不想提供任何关于证成程度的数字等级一类的东西，或者甚至任何像线性序标准一样不一般的东西，而只是谈到什么因素提高了、什么因素降低了某人相信某事被证成的程度。

与基础论者的模型不同，这里的模型不是我们怎样确定数学证明的合理性或者相反；而是我们怎样确定一个纵横字谜中各个格的合理性或者相反。① 这个模型更有利于对等级的说明。但主要的动机在于，纵横字谜模型允许普遍的相互支持，而不是像数学证明模型那样鼓励一种本质上为单向的观念。（填写各个格的）提示是主体的经验证据的类似物；已经填好的那些格是他的理由的类似物。这些提示不取决于这些格，这些格在可变的程度上是相互依赖的；这些都是已经提到过的经验证据和理由之间不对称的类似物。

我们对纵横字谜中特定的格为正确的信心有多合理，这一点取决于：这个格得到提示和任何已经填充的相互交织的格所给予的支持有多少；独立于正在讨论的格，我们对那些已经填好的其他的格为正确的信心有多合理；以及已经填好的相互交织的格有多少。类似地，A 关于 p 的 C—证据有多好，将取决于：

 1. A 关于 p 的直接 C—证据在多大程度上是有利的；
 2. 不考虑 C—信念 p，A 关于 p 的直接 C—理由有多可靠；
 3. A 关于 p 的 C—证据有多全面。②

应该注意的是，尽管 2 只明确提到 A 关于 p 的直接 C—理由，但它的应用却驱使人去评价 A 关于 p 的间接 1、间接 2 等的 C—证据。因为，在考虑 A 的直接 C—证据如何独立可靠时，需要考虑它的间接 1 的 C—证据对它们提供多好的支持，他的间接 1 的 C—理由如何独立可靠，等等。

C—证据可能对一个 C—信念有利或不利，由于它表现一个极端而是决定性的，因表现另一个极端而妨碍了所谈论的命题的真。C—证据可以是有利的，但不是在或大或小的程度上是决定性的和支持性的；或者它可以是不利

---

① 根据敏兹（Mintz）的《有教养的人：削尖你的铅笔》第 15 页，纵横字谜"作为'字词交叉'，诞生于 1913 年"（感谢 Ralph Sleeper，他促使我注意到这篇文章）。

② 这里所建议的提示/感觉—内省证据之间的类比，不应该被允许鼓励一种头脑简单的一幅画面，其中每一个经验信念有它自己的明显的、简单的直接感觉—内省证据——我相信，在后面的部分我已经避免了这一危险。（感谢 John Clendinnen 这里提供的帮助。）

的，但不是在或大或小的程度上是致命的和破坏性的。可能有人会说，在上限，证据 E 使得 p 是确实的，在下限，E 使得非 p 是确实的；E 越有支持性就越有可能使得 p 为确实，越具有破坏性它就越不可能使得非 p 为确实。虽然这一说法足够真，但它并不是很有帮助的，因为"E 使 p 为确实"、"E 使 p 为可能"等只不过是需要辨明的措辞字面上的变化。有人可能说，更有助益的说法是：如果 E 是决定性的，那么它没有为 p 的替代者留下空间，如果 E 是有利的但非决定性的，那么它越具有支持性，为 p 的替代者留下的空间就越少。我将此称为"Petrocelli 原则"①。

至于那些极限情形，我建议用下面相当直接的刻画。只有在 E 的 p—外推（给 E 增加 p 的结果）一致并且它的非 p—外推不一致的情况下，E 对于 p 才是决定性的；只有在 E 的非 p—外推一致并且它的 p—外推不一致的情况下，E 对于 p 才是致命的。

对支持性小于决定性的程度进行刻画有更多的困难。"Petrocelli 原则"提供了一些线索，但我认为，它们不足以确定一种唯一的解决方法。无论如何，它指导我们审视 p 相对于其竞争者的成功之处。所以，这里是尝试性的第一个步骤。命题 C［p］是 p 的竞争者，当且仅当（i）给定 E，它排除 p，（ii）E 的 C［p］—外推比 E 能更好地被解释性地综合起来。关于支持性的强刻画在某种意义上可以如此进行：只有在给 E 增加 p 比给它增加 p 的竞争者提高了它的解释性综合的情况下，E 对于 p 才在某种程度上是支持性的。这些方法也适用于较弱的刻画。只有在给 E 增加 p 提高了它的解释性综合的情况下，E 对于 p 才在某种程度上是支持性的；如果 E 对于 p 越是支持性的，则越是给 E 增加 p，比越是给它增加 p 的竞争者对它的解释性综合的改善就越多。纵横字谜类比把我们拉向弱刻画的方向，因此那也是我倾向于赞成的——尽管不是非常赞成。

先前，我已经表示赞同这个猜测，即只有在 E 的 p—外推比它的非 p—外推可更好地解释性综合起来时，E 对于 p 才是支持性的；并且，E 的支持性越强，它的 p—外推就越能比它的非 p—外推更好地解释性综合起来。但是现在，我不再这样认为；问题在于，如果 p 是 E 的潜在的解释或者是 E 的某一成分，那么，不能期望非 p 会是竞争的潜在的解释项。（因为这个理由，这个

---

① Petrocelli 是美国前些年风行一时的一个电视节目的名称，它讲述一名得克萨斯州辩护律师 Petrocelli，在给他的当事人辩护时，总是设想一种可能的情形，它与所有现有证据相吻合，但在其中他的当事人是无罪的，另外某个人做了那件有罪的事情。苏珊·哈克在这里所说的"Petrocelli 原则"，指的是证据不足唯一地确定某个命题为真，像在 Petrocelli 那里一样，还存在其他的可能性和想象空间。——中译者

猜测也不是由纵横字谜类比很好地触发的。)这个现在受到反对的对支持性的刻画,部分地是由它与对决定性的刻画的同构引发的。面对这两种刻画中的任何一种,我认为,至少一种结构的类似可以得到维持:决定性是相对于与 E 保持一致性而言,p 是否优越于它的否定的问题;支持性是相对于 E 的解释性综合而言,p 是否优越于它的竞争者的问题。

所给出的这一刻画不同于诉诸 p 经由 E 的演绎蕴涵和归纳支持的说明;不同之处在于,它有特定的优点。如果 E 对于 p 是决定性的,E 演绎地蕴涵 p,但相反的说法却不是真的。如果 E 自身是不一致的,那么 E 演绎地蕴涵 p,但它对于 p 是不具备决定性的。如果 E 是不一致的,那么不但它的非 p—外推而且它的 p—外推都是不一致的。如我所要说的那样,不一致的证据对于 p 来说是无关紧要的,这一说法比基础论者关于它是决定性的观点更为合理;而且这个结果的获得无须屈从于那个过强的融贯论论题:如果 A 的信念集合有任何不一致,他所拥有的任何信念都未被证成。

存在着有利却非决定性的证据这样的东西,这个直觉比下面的直觉更强有力:存在这样的东西,如"归纳蕴涵"或者"归纳逻辑"——当然,如果"归纳逻辑"被用来意指容许纯句法刻画的关系的话。从这样的观点看,我对"E 对于 p 是支持性的(有利却非决定性的)"的探究,至少具有这样的负面优点,即不需要诉诸"归纳逻辑",后者在最好的情形下近似于悖论,在最坏的情况下可能属于虚构。①

或许它也有正面优点。至少,在辨明支持性时,通过诉诸解释性综合这一概念,基础融贯论借用了一些直觉的手段,如(在基础论一边)推论出最好的解释的概念和(在融贯论一边)解释性融贯的概念。与这些更熟悉的概念一样,支持性应该被解释为对于真理要求不多,它既不要求辨明项的真也不要求被辨明项的真。在性质上,推论出最好的解释这一概念既是单向的又是最优化的;解释性融贯的概念没有任何上述特征。② 所以,这里试探性地提出的辨明与后者也即融贯论概念更为接近,因为,首先,解释性综合被当做命题集合在不同程度上所具有的特征;其次,由于我比较偏好对支持性的弱刻画,就把 E 算做对于 p 的支持而言,E 的 p—外推不必比所有的 C [p]—

---

① 这就是为什么,我不像在《在海上漂流时重修这条船》一文中所说的那样:证成概念部分地是因果的,部分地是逻辑的,现在我偏向于说:证成概念部分地是因果的,部分地是评价的。参看第五章第三节关于归纳主义对演绎主义的(虚假)二元对立的论述。

② 感谢皮考克(Christopher Peacocke)促使我注意到下述问题,即我的说明与推论出最好解释的观念之间的关系。

外推更好地解释性综合起来。

E 对于 p 如何有利，这一点不足以确定证成的程度。如果 A 关于 p 的直接 C—证据包括其他信念，那么他相信 p 被证成的程度也将取决于他相信那些 C—理由被证成的程度。相互依赖的可能性不能排除；情况可能是，A 关于 p 的 C—理由包括某一个 C—信念，如 C—信念 z，A 关于 z 的 C—理由之一是 C—信念 p。条件 2 中的"不考虑 C—信念 p"的用意在于，避免可能会引发的循环的危险。

独立可靠性的观念在纵横字谜类比的背景中最容易掌握，所以，下面我参照图 4—1 中的一个简单的纵横字谜对之进行讨论。

|   | 1 | 2 | 3 |   |   |   |
|---|---|---|---|---|---|---|
|   | H | I | P |   |   |   |
|   |   | 4 |   |   | 5 |   |
|   |   | R | U | B | Y |   |
|   | 6 |   |   |   | 7 |   |
|   | R | A | T |   | A | N |
|   | 8 |   |   | 9 |   |   |
|   | E | T |   | O | R |   |
|   |   | 10 |   |   |   |   |
|   |   | E | R | O | D | E |

横格

1. A cheerful start（3）①
4. She's a jewel（4）
6. No, it's Polonius（3）
7. An article（2）
8. A visitor from outside fills this space（2）
9. What's the alternative?（2）

竖格

2. Angry Irish rebels（5）
3. Have a shot at an Olympic event（3）
5. A measure of one's back garden（4）
6. What's this all about?（2）
9. The printer hasn't got my number（2）
10. Dick Turpin did this to York; it wore' im out（5）

---

① 这是一个英语纵横字谜，"横格"和"竖格"线面的英语句子是关于如何填写相应格的提示，例如"1. A cheerful start（3）"，开头的 1 表示有数字 1 开始的那个横格，该英语句子是关于如何填写着一个的提示，后面括号内的 3 表示该格内已有的字母数。若把提示译成中文，就不再是在相应的格内填入英文字母的提示，故提示仍保留英文原态。——中译者

**考虑横格 4——RUBY**

认为它是正确的程度有多大，取决于：

(1) 提示

(2) IRATE 正确的可能性如何

(3) PUT 正确的可能性如何

(4) YARD 正确的可能性如何

认为 IRATE 是正确的程度有多大，取决于：

(i) 提示

(ii) HIP 正确的可能性如何（这也取决于 IRATE 和 PUT）

(iii) RAT 正确的可能性如何（这也取决于 IRATE 和 RE）

(iv) ET 正确的可能性如何（这也取决于 IRATE 和 RE）

(v) ERODE 正确的可能性如何（这也取决于 IRATE、OO 和 YARD）

(vi) RUBY 正确的可能性如何

认为 PUT 是正确的程度有多大，取决于

(a) 提示

(b) HIP 正确的可能性如何（这也取决于 IRATE 和 PUT）

(c) RAT 正确的可能性如何（这也取决于 IRATE 和 RE）

(d) RUBY 正确的可能性如何

认为 YARD 是正确的程度有多大，取决于：

(a) 提示

(b) AN 正确的可能性如何（这也取决于 YARD）

(c) OR 正确的可能性如何（这也取决于 YARD 和 OO）

(d) ERODE 正确的可能性如何（这也取决于 YARD、IRATE 和 OO）

(e) RUBY 正确的可能性如何

图 4—1

　　一个人关于横格 4 为正确的信心有多大，除其他因素外，取决于他关于竖格 2 为正确的信心有多大。而他关于竖格 2 为正确的信心有多大，除其他因素外，反过来又取决于他关于横格 4 为正确的信心有多大。但是，在判断一个人关于横格 4 为正确的信心有多大的时候，他不需要为了避免陷入恶性循环而忽略竖格 2 给予的支持；一个人判断他关于竖格 2 为正确的信心有多大时，只要撇开横格 4 给予的支持，就足够了。而这正好就解释了，我对 A 关于 p 的 C—理由的独立可靠性的说明如何避免了恶性循环。

　　纵横字谜类比也表明了接近另一种潜在反对意见的方法。A 关于 p 的 C—理由的独立可靠性程度，已经根据 A 相信他关于 p 的 C—理由的被证成程度进行了解释，而不依赖 C—信念 p。由于"证成"出现在右边，那么辨明不

是不可排除的吗？是的——但解释起来有些棘手，而在纵横字谜中再次更容易看清这一点。在判断我们对某个格的信心有多合理的时候，他将最终达至一点，在那里，问题不在于某个格得到其他格多好的支持，而在于它得到它的提示多好的支持。类似地，在评价不依赖 C—信念 p 如何证成 A 相信他关于这个信念的 C—理由的时候，他将最终达至一点，在那里，问题不在于某个信念得到其他 C—信念多好的支持，而在于它得到经验 C—证据多好的支持。证成问题的出现与经验 C—证据无关。① 但这不意味着这样的解释正在沦为一种基础论吗？是的。它意味着，当我们接触到这个问题，即某个（某些）信念得到经验 C—证据多好的支持的时候，"证成"最终脱离了这个被辨明项；这并不要求任何信念都唯一地被经验 C—证据所证成，不容置疑，也不要求所有别的被证成信念凭借这类信念的支持而被证成。（回忆一下基础融贯论者对"经验信念的最终证据是经验"的解释。）

值得注意的是，在 A 相信 p 的 C—理由的作用和 A 反对相信 p 的 C—理由的作用之间，存在一种不对称。A 相信 p 越是被更多［更少］地证成，他不依赖 C—信念 p 而相信他相信 p 的 C—理由，就越是被更多［更少］地证成；但是，他相信 p 越是被更少［更多］地证成，他不依赖 C—信念 p 而相信他反对相信 p 的 C—理由，就越是被更多［更少］地证成。

支持性程度和独立可靠性程度一起仍不足以确定证成的程度；还有全面性维度问题。在我的说明当中，全面性条件与更熟悉的关于归纳的全证据要求最为类似。然而，与这个要求不同，而与一些融贯论者所引入的全面性条件相同，它不是确定证据的支持性程度的因素，而是讨论确定证成程度时的一个独立标准。

全面性好像比支持性和独立可靠性更难讲清楚；在这里，纵横字谜类比没有很多帮助，而且对"A 的证据"的刻画不能以任何轻易的方式外推至"证据"本身。也许幸运的是，当我们判断某人的一个信念因为未能考虑到一些相关证据而未被证成或者几乎未被证成时，全面性从句的作用明显是否定性的。值得注意的是，"未能考虑到一些相关的证据"包括未能就近查看，未能核查这个东西从后面看会是什么样子，等等；所以，全面性条件必须被解释为包括经验证据。

甚至在任何进一步的分析之前，下述一点已相当明显：全面性维度不可能产生一个线性序。而且因为证据的相关性本身是一个程度问题，所以存在一种更复杂的情形：相对于未能考虑到非常少的处于更中心位置的相关证据

---

① 感谢斯旺（Andrew Swann）促使我弄清楚了这一点。

来说，在如何去权衡未能考虑到大量处于边缘的相关证据这一点上，存在某种不确定性。①证据的相关性被认为是一个客观问题。什么证据在 A 看来是相关的，这取决于各种可能为真或可能为假的背景信念。然而什么证据是相关的，只有当 A 的背景信念为真时，才与什么证据在 A 看来是相关的相偶合。

现在可以看出，信念集合的不一致确实要付出代价，尽管这种代价小于融贯论者所要求的。一个人关于某个信念的 C—证据不一致，其后果是他的那个信念没有被证成。为了避免这样的情况，其信念不一致的主体将不得不把其信念集合中不一致的部分彼此分开；但是要做到这一点，必须以有时不能考虑相关的证据为代价——这本身降低了它所影响的信念的证成程度。

"A 的信念 p 越是被证成，他关于 p 的直接 C—证据就越是支持性的，他赞成〔反对〕相信 p 的直接 C—理由就是越多〔越少〕独立可靠的，而且他关于 p 的 C—证据就越是全面的。"这比第一和第二个尝试更具体一些，但仍有一个问题，即 A 相信 p 在任何程度上被证成的最低条件是什么。

简单地讲，一个必要的条件是，有像 A 关于 p 的 C—证据这样的东西；如果他的信念是，例如头部受到打击，或者是服用了哲学家们喜欢想象的那些药丸的结果，那么，他根本不会被证成。进一步讲，由于所讨论的正是经验信念的证成，于是 A 的 C—证据包括某个经验 C—证据是必要的。（这是我和邦约尔的观察要求的类似之处——然而，注意，尽管他的条件在他的融贯论中不合适，但我的要求在我的经验论的基础融贯论中却正好是合适的。）另一个必要条件在对支持性的讨论中已经指出：A 的 C—证据对于 p 必须是有利的。大概某个全面性的最低标准也是必要的；表明 A 的 C—证据必须至少包括 A 具有的所有相关证据，这一说法是诱人的——但这要求得也太多了。给定 A 的其他信念，他所具有的一些相关证据在 A 看来可能是相关的；更糟的是，这个提议会产生我们不想要的结果，毕竟，A 的信念集的任何不一致都排除了他的任何信念被证成。最后，关于独立可靠性的最小标准问题，明显的建议是，A 相信他相信 p 的直接 C—理由必须在某种程度上被证成；但是，A 相信 p 的 C—理由和他反对相信 p 的 C—理由之间的不对称意味着：这样明显的建议不会出现在否定方面。

这个范围的上限情况如何呢？一般情况下，我们谈某人相信某事被"完全证成"是高度依赖背景的；它意味着这样的东西："在这种环境当中——包

---

① 对于"大量"和"非常少"证据的这种松散的谈论，将正确地引出下述怀疑，即语言相对性问题在这里可能妨害进一步的辨明。

括这样的问题,像弄清楚是否是 p,知道是否为 p 是不是 A 的特殊任务有多重要,等等——A 的证据足够好(足够支持、足够全面、足够可靠),以至于不能认为他相信 p 是出于认识上的疏忽,或者是认识上应受责备的。"这可以表示为"A 的信念 p 被完全证成",它将用来指一个依赖背景的区域,一个在证成范围上界限模糊的区域。他的模糊性和背景依赖性使这个一般的观念有益于实际目的(有益于葛梯尔型悖论的陈述)。但是,对"完全证成"的哲学讨论最好按照一种要求更高、背景中立的方式来进行解释。这可以表示为"A 的信念 p 被完全证成",这要求 A 的 C—证据具有决定性和最大程度的全面性,他的 C—理由具有最大程度的独立可靠性。

下面,我们给出一些推断和应用。

四

这里的辨明被认为是初步的,"A 的信念 p 被或多或少地证成"预设了 A 相信 p;但假如"A 的信念 p 被或多或少地证成"预设了 A 不相信 p,情形会怎样呢?A 在什么程度上被证成,取决于 A 关于 p 所具有的证据有多好。所以,对这个惯用语的辨明将涉及 A 与 p 有关的那些信念和经验是 A 与 p 有关的证据。

谈论不是单个人而是一群人相信 p 被证成的程度,其可能性如何?(我正在考虑这样一类情形,例如,一群科学家提出了一份工作报告,这个群体不同的成员完成了这项工作不同的但相互联系的部分,并且或多或少完全意识到了其他人的工作,在此意义上,这份报告是共同完成的。)[①] 搞清楚这里的某种意思可能是可行的,其方法是,从一个假定主体——他的证据包括这个群体所有成员的证据——相信 p 被证成的程度开始,然后,通过某个平均程度指数来降低上述程度,在这种平均程度上,此群体的成员们的下述信念被证成:该群体的其他成员都是可靠的。如果把这个群体的各个成员的证据聚集在一起的结果是不一致的,那么其结论是:即使这个群体的一些甚至所有成员都相信 p 被证成,这个群体本身相信 p 没有在任何程度上被证成。这个结论好像是正确的。

至于"信念 p 或多或少被证成"这个与人无关的惯用语,尽管我不想走得太远,以至于不能赋予它任何意义,我也不得不说,我不能提供任何辨明。问题部分在于,这个用语在不同的语境中起不同的作用;也许在某个语境中,它意指"某人相信 p 被或将被或多或少地证成",但这作为一种通用的辨明并不合理。当然,障碍在于,既然经验证成最终取决于经验,并且既然正是人

---

[①] Cf. Hardwig, "Epistemic Dependence".

才有经验，与人无关的惯用语乍看起来是不合适的。

　　有可能改编上述说明以便接纳下述观念：信念和证成都有程度之分。（信念的等级观念不是必需的，因为存在这样的选择：允许无条件地解释对信念的接近程度；但承认下述一点也是一条途径，并且是一条非常有用的途径：一个人接受一个命题为真，可能是或多或少完善的。）改编的基本原则很简单：证成程度和信念程度逆相关——也就是说，假设 A 的证据保持恒定，A 相信 p 的程度越低，他的这个（弱）信念就越被证成。在我看来，这个原则与休谟关于人的信念和他的证据的强度成比例的说法很类似。① 然而看上去，关于 A 的与一个信念有关的理由，似乎存在一种奇怪的复杂情形：A 相信他的理由未被完全接纳的可能性如何？不过，结果证明，人们可以让 A 的信念 p 被证成的程度，除其他因素之外，依赖于他完全相信他的与 p 有关的理由将被证成的程度（即使事实上，他只是部分地相信它们）。如果 A 不完全相信他相信 p 的理由，或者这将反映为他相信 p 的程度的降低，或者并非如此。如果是这样，已经表明的信念程度和证成程度之间的逆关系，将提高他的（适当弱的）信念 p 被证成的程度。如果不是这样，它将降低他的（不适当强的）信念 p 的被证成程度。这些——加上那个通常的不对称并已作必要修正的有关他反对相信 p 的理由的从句——似乎就是所需要的一切。

　　下面考察我的说明如何应对彩票悖论——它对任何证成理论都构成挑战，在应对这个悖论时，我认为等级说明可能有一些优势。

　　假设 A 相信第 1 张彩票不会获奖，他的证据是：有一百万张彩票，只有 1 张将获奖，第 1 张彩票获奖的机会是一百万分之一，第 2 张彩票获奖的机会是一百万分之一，如此等等。把这一点记为 [E]。再假设他的证据是全面的，他的理由相当可靠。关于第 1 张彩票不会获奖的信念，E 是高度支持性的，但不是决定性的。它不是决定性的，这一点是从已给辨明中推导出来的。需要对支持性的辨明给予更多精细的表述，以便决定性地确证它是高度支持性的，但是这恰好与"Petrocelli 原则"相一致，而后者旨在作为进一步精细表述的指导原则。所以，A 相信第 1 张彩票不会获奖，在很高程度上被证成，但不是被完全地证成。如果我们假设 A 相信第 2 张彩票不会获奖，而且他的证据又是 E，那么同样的论证是适用的……依此类推，对于第 3 张彩票不会获奖的信念……以及对第一百万张彩票不会获奖的信念，这样的论证同样适用。

---

　　① "A wise man, therefore, proportions his belief to the evidence"（"所以，一个聪明人，会使他的信念与证据成比例"），Enquiry Concerning Human Understanding, Section X, 87, p. 110。请注意，我关于这一准则的类似表述，与休谟的表述不同，我没有任何倾向去做出下述建议，即信念或信念度是自发的。

现在，假设 A 相信第 1 张彩票和第 2 张彩票都不会获奖。如果他的证据是 E，这不是决定性的；不过它是高度支持性的，但支持程度要小于对"第 1 张彩票不会获奖"或"第 2 张彩票不会获奖"的支持程度。所以，他相信这两张彩票都不会获奖，将不是被完全地而是在很高程度上证成，尽管其证成程度低于他的下述信念被证成的程度：第 1 张彩票不会获奖或者第 2 张彩票不会获奖。现在，如果有人假设，A 相信从第 1 张到第 3 张彩票都不会获奖，其证据仍是 E，相同方法的论证表明，他的此信念将被证成，但其证成程度低于他的下述信念被证成的程度：第 1 张和第 2 张彩票都不会获奖。

随着合取项的增加，A 的证成程度将下降；他相信第 1 到第 100 张彩票没有 1 张会获奖，将会被较少地证成；他相信第 1 到第 1 000 张彩票没有 1 张会获奖，会被更少地证成，如此等等。在此过程的适当时候，E 将不再是支持性的而变成削弱性的。①

现在，假设 A 相信没有彩票会获奖。如果他的证据是 E，那么 E 不仅不是决定性的，不是支持性的，而且是致命的；因为它包括着某张彩票将获奖。所以，A 相信没有彩票将获奖不会被证成。

但有人可能会说，这样说不得要领。通过从头到尾假设 A 的证据只有 E，我回避了这个问题，它产生于这样的直觉，即 A 相信第 1 张彩票不会获奖被证成，相信第 2 张彩票不会获奖被证成……相信第一百万张彩票不会获奖被证成，但是相信它们的合取，即没有彩票会获奖却不会被证成。

很好。回到 A 相信第 1 张彩票和第 2 张彩票都不会获奖的情况，但现在假定，他的证据是 E，加上第 1 张彩票不会获奖的 C—信念，加上第 2 张彩票不会获奖的 C—信念。记为 E'。E' 对于 C—信念即第 1 张和第 2 张都不会获奖是决定性的。但是，尽管按照假定 A 相信 E 被完全证成，他相信第 1 张彩票不会获奖没有被完全地证成，相信第 2 张彩票不会获奖也没有被完全地证成。到此为止，尽管他的理由是决定性的，却不是完全独立可靠的。做下述假定是合理的：（尽管这超出了对独立可靠性的辨明足够精确地、决定性衍推的内容）虽然他相信第 1 张和第 2 张都不会获奖将在很高的程度上被证成，但他相信它们的合取的被证成程度，将低于他相信任一合取支被证成的程度。如果是这样，那么像以前一样，随着合取支的增加，他的证成程度将下降。

最后，假设 A 相信没有彩票会获奖，而现在他的证据是 E，加上第 1 张

---

① 此句的后面还有一个句子："A 相信从第 1 到第 500 001 张彩票没有 1 张会获奖，将不会被证成。"但这个句子是不对的，因为 A 的这个信念有可能被证成。经与作者讨论，她同意删掉这个句子。——中译者

彩票不会获奖的C—信念，加上第2张彩票不会获奖的C—信念……加上第一百万张彩票不会获奖的C—信念，记为［E∗］。E∗演绎地蕴涵没有彩票会获奖。但这不足以使它成为决定性的。实际上，E∗是不一致的（因为它包括E，而E包括这样一个C—信念，即刚好有一张彩票会获奖），所以，照我的解释，它无关紧要。这样一来，A相信没有彩票会获奖，再一次没有在任何程度上被证成。

我希望这样就解决了那个悖论。它比已知的方法要间接，但这不一定是缺点。它不是简单地要求我们丢掉这个原则，即如果A的信念p被证成，并且信念q被证成，那么，他的信念p且q被证成，而是提供关于它问题出在何处的解释的开端。简略地讲：它说明情况之所以是这样的理由，即A的信念p在某种程度上而不是完全地被证成，信念q在某种程度上而不是完全地被证成，而他关于p且q的证据可能没有他关于p的证据或他关于q的证据好，或者根本就不好。

用下面的例子支持这种相当抽象的考察可能会有帮助，这些例子很常见而且不含悖论，但却指向相同的方向。假设A相信1号同事将出席明天的系务会议，这将在很高的程度上但不是完全地被证成（他的直接C—证据是，比如，1号同事可靠尽责而且从没有错过一次会议）；A相信2号同事将出席明天的会议，将在很高程度上而不是完全地被证成（他的直接C—证据是，比如，2号同事反复说他很想看到议程上的某个项目被通过，除非出现紧急情况使他不能出席而为之投上一票）。直觉上清楚的是，A相信1号同事和2号同事都将会出席，将在较小的程度上被证成。为什么呢？好了，仍从直觉上讲，那是因为有更多出错的可能，在他的C—证据与该合取为真之间有更大的间隙。他关于1号同事将出席会议的信念的C—证据不是决定性的——A不知道，例如，会不会有家庭紧急事件或者汽车抛锚事件阻碍他出现在会场；他关于2号同事将出席会议的信念的C—证据也不是决定性的——A不知道，例如，2号同事是否意识到，一夜之间，提议的变化包括教学负担的大量增加，并且最不令人尴尬的行动步骤是制造一个不出席会议的借口。如果A的C—证据中任何一个这样的间隙最终以不同的方式出现，那么，这两位同事中的一个将缺席会议。

尽管上述说明已经很复杂，但它还不够完善。我已经擅自使用了很多概念，其中某些概念完全未予辨明，也没有一个概念得到过令人满意的说明。诉诸下述事实不能成为借口，即证成的前分析概念本身是模糊的；因为辨明的目标之一就在于提高精确性。诉诸下述事实也不能成为借口，即任何辨明必须在某处结束；因为我依赖的那些概念几乎不是如此明晰以至可以作为这种地位的主要候选者。然而，在部分的缓和中，可以看到，一些所需概念（解释性综合、全面性）的邻近概念在文献中已经流行，而且基础融贯论者可自由地借用竞争理论家阐述它们的最好成果。

凭借连续的接近，已经提出了对证成的辨明。这种连续的接近意味着，有可能遵从我的一些步骤，而不遵从我的所有步骤。这让人放心，因为这些连续的步骤，在它们变得更具体的程度上，也变得更麻烦和棘手。有可能借用双面方法而不赞同所提供的基础融贯论结构；有可能改编关于证据支持结构的纵横字谜模型而无须采纳双面方法；或者有可能遵循我的双面方法和纵横字谜模型，而不必接受我根据解释性综合给出的对支持性所作的辨明；如此等等。

尽管这个辨明不够完善，但是我希望它至少近似地描绘了如我在第一至第三章中论证过的那种理论，我们需要用它来克服基础论和融贯论所面临的那些困难。后面的任务还很艰巨。

由于从一开始，寻求"第三种可供选择的"理论的主要动机是，融贯论者的说明根本不能允许经验与证成的关联，而基础论者的说明只允许这种关联以一种被迫的、不自然的方式出现，所以，关于经验在基础融贯论说明中的作用，有必要作进一步分析。我希望，把这个任务与对波普尔"没有认知主体的认识论"（它特别明显地不重视经验的作用问题）的批评结合起来，这不仅是方便的，而且是有启发意义的。

### 选文出处

苏珊·哈克：《证据与探究——走向认识论的重构》，陈波、张力锋、刘叶涛译，北京，中国人民大学出版社，2004年，第72~92页。

# 葛梯尔

> 在《有证成的真的信念是知识吗?》一文中,葛梯尔对传统所谓知识就是有证成的真的信念这一观念发起攻击。他以清楚的例子证明传统的知识三要素观念的问题。此文对当代知识论的发展起了很重要的作用。

**作者简介**

葛梯尔(Edmund L. Gettier, 1927— ),当代美国哲学家。曾任麻省理工大学哲学教授。《有证成的真的信念是知识吗?》(1963)一文是其代表作。

**著作选读:**

《有证成的真的信念是知识吗?》。

### 《有证成的真的信念是知识吗?》——知识三要素的问题

近年来有许多想说明我们知道某个所与命题的必要而充分的条件的尝试。这些尝试常常都可以用像下面这样的形式被陈述①:

(a) S 知道 P　IFF
(i) P 是真的
(ii) S 相信 P,并且
(iii) S 相信 P 有证成

例如,齐硕姆曾主张以下面这种形式给出知识的必要

---

① 柏拉图在《泰阿泰德篇》201 里似乎想到某种这样的定义,并且也许在《美诺篇》98 里接受这一定义。

而充分的条件①：

  (b) S 知道 P　IFF
  (i) S 接受 P
  (ii) S 对 P 有充分证据，并且
  (iii) P 是真的

艾耶尔曾这样陈述知识的必要而充分的条件②：

  (c) S 知道 P　IFF
  (i) P 是真的
  (ii) S 确信 P 是真的，并且
  (iii) S 有理由确信 P 是真的

  我将论证说（a）是错误的，因为这里所陈述的诸条件并不对 S 知道 P 这一命题的真构成充分的条件。如果"有充分证据"或"有理由确信"不过只是替换了"相信 P 有证成"的话，那么同样的论证也将表明（b）和（c）是失败的。

  我将首先指明两点：第一，如果 S 相信 P 有证成是 S 知道 P 的必要条件，那么在这种"证成"的意义上，很可能某人在相信一个事实上是假的命题时有证成；第二，对于任一个命题 P，如果 S 相信 P 有证成，并且 P 推出 Q，而且 S 从 P 演绎出 Q 并接受 Q 为这一演绎的结果，那么 S 相信 Q 有证成。请记住这两点。现在我将举两个例子，其中在（a）中所说的条件对于某个命题是真的，虽然所说的人知道该命题，同时是假的。

  例 I
  假设斯密士和琼斯申请某项工作。并假设斯密士对于下述合取命题具有充分的证据：

  (d) 琼斯将会得到这项工作，而且琼斯的口袋里有十枚硬币。

---

① R. M. 齐硕姆：《感知：哲学研究》（*Perceiving：A Philosophical Study*），Cornell 大学出版社（Ithaca，纽约，1957），16 页。

② A. J. 艾耶尔：《知识问题》（*The Problem of Knowledge*，Macmillan，伦敦，1956），34 页。

斯密士关于（d）的证据可能是公司经理曾告诉他琼斯将最终得到这份工作，并且斯密士在十分钟前还亲自数了数琼斯口袋里的十枚硬币。命题（d）推出：

（e）将得到这份工作的人有十枚硬币在他的口袋里。

让我们假设斯密士看到了从（d）到（e）的推出关系，并根据他具有充分证据的（d）接受（e）。在此例中，斯密士相信（e）是真的，显然是有证成的。

但是再进一步假定，斯密士本人并不知道，最终是他而不是琼斯将得到这份工作。而且斯密士也不知道，他自己口袋里也正好有十枚硬币。这样，命题（e）是真的，虽然斯密士从之而推出（e）的命题（d）是假的。那么在我们的例子中，下述所有命题都是真的：（1）（e）是真的，（2）斯密士相信（e）是真的，并且（3）斯密士相信（e）是真的是有证成的。但是同样清楚的是，斯密士并不知道（e）是真的；因为（e）是真的，是由于斯密士口袋里硬币的数量，但是斯密士并不知道他自己口袋里到底有多少硬币，他相信（e）是依据琼斯口袋里的硬币的数量，他错误地认为琼斯是将会得到工作的人。

例Ⅱ

让我们假设斯密士对下述命题有充分的证据：

（f）琼斯有辆福特车。

斯密士的证据可能是如下事实，即根据斯密士的记忆，琼斯在过去很长时间内曾有辆车，并且是福特车，而且在不久前琼斯还让斯密士驾过福特车兜风。现在让我们假定，斯密士还有另一位朋友布朗，但他并不清楚布朗现在究竟在何处。斯密士随意选了三个地名，构成下述三个命题：

（g）或者琼斯有辆福特车，或者布朗在波士顿；
（h）或者琼斯有辆福特车，或者布朗在巴塞罗那；
（i）或者琼斯有辆福特车，或者布朗在布雷斯特—立陶宛。

上述三个命题是从（f）推出来的。假定斯密士知道他根据（f）构造的这些命题每一个的推出关系，并进一步根据（f）去接受（g）、（h）和（i）。斯密士从自己有充分证据的命题正确地推出（g）、（h）和（i）。因此斯密士相信这三个命题中的任何一个命题都是有完全证成的。当然，斯密士对于布朗究竟在何处没有观念。

但是，现在让我们进一步假定另外两个条件：第一，琼斯并不拥有一辆福特车，他现在驾驶的是一辆租用来的车；第二，由于完全的巧合，并且斯密士本人也完全不知道，命题（h）里提到的巴塞罗那正是布朗现在所在的地方。如果这两个条件成立，那么斯密士并不知道（h）是真的，尽管（1）（h）是真的，（2）斯密士相信（h）是真的，并且（3）斯密士相信（h）是真的，这是有证成的。

这两个例子表明定义（a）对于某人知道某个所与命题并未陈述充分的条件。稍加改变，同样的例子也足以表明定义（b）或定义（c）也未给出充分条件。

### 选文出处

本文由洪汉鼎先生根据 Louis P. Pojman 编的《知识理论》(*The Theory of Knowledge*，*Classical and Contemporary Readings*，Wadsworth Publishing Company，1999) 第 142~143 页译出，该论文原发表于《分析杂志》(*Analysis*) 1963 年第 23 期。

# 版权声明

本书在编辑过程中,由于无法与部分作品的权利人取得联系,为了尊重作者的著作权,特委托北京版权代理有限责任公司向权利人转付稿酬。请您与北京版权代理有限责任公司联系并领取稿酬。联系方式如下:

吴文波  方芳
北京版权代理有限责任公司
北京海淀区知春路 23 号量子银座 1403 室
邮编:100083
电话:86(10)82357056/57/58-230/229
传真:86(10)82357055